超人气 PPT 模版设计素材展示

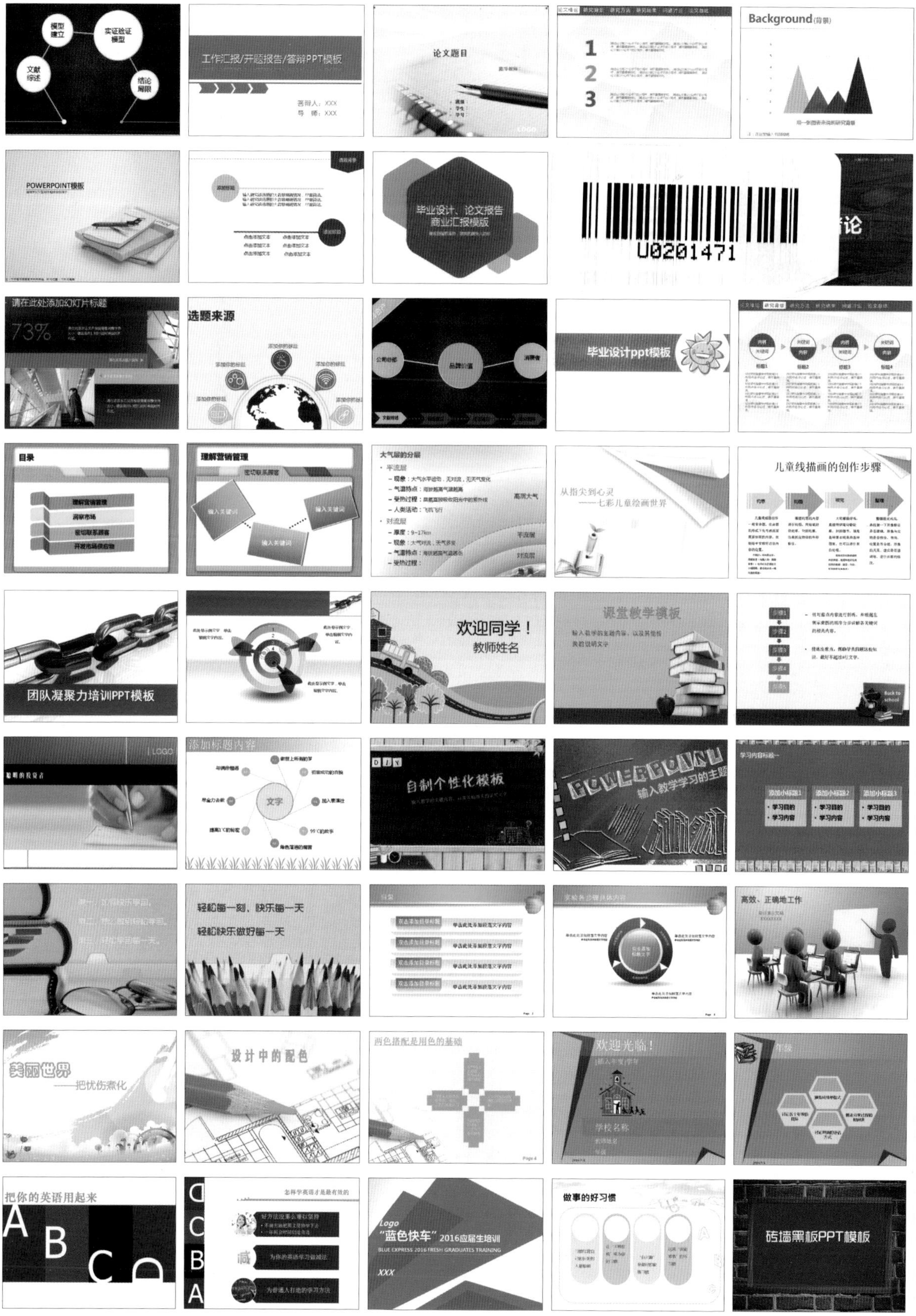

毕业答辩类模板

教育培训类模板

商务类模板

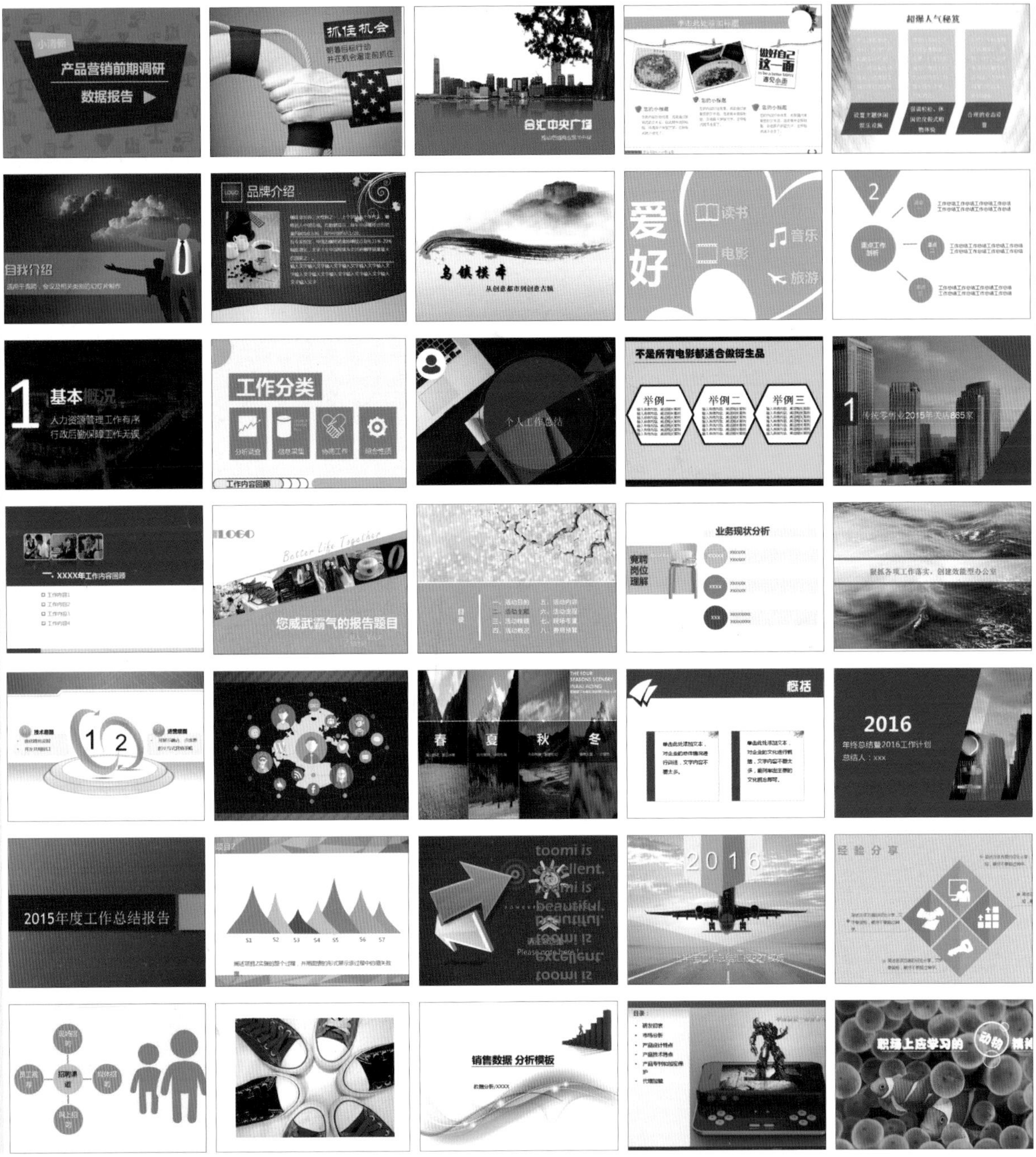
产品营销前期调研
数据报告
抓住机会
合汇中央广场
超爆人气秘笈
自我介绍
品牌介绍
爱好
读书
电影
音乐
旅游
1 基本概况
人力资源管理工作有序
行政后勤保障工作无误
工作分类
个人工作总结
不是所有电影都适合做衍生品
举例一
举例二
举例三
业务现状分析
您威武霸气的报告题目
春
夏
秋
冬
概括
2016
年终总结暨2016工作计划
2015年度工作总结报告
2016
经验分享
销售数据 分析模板
职场上应学习的

生活类模板

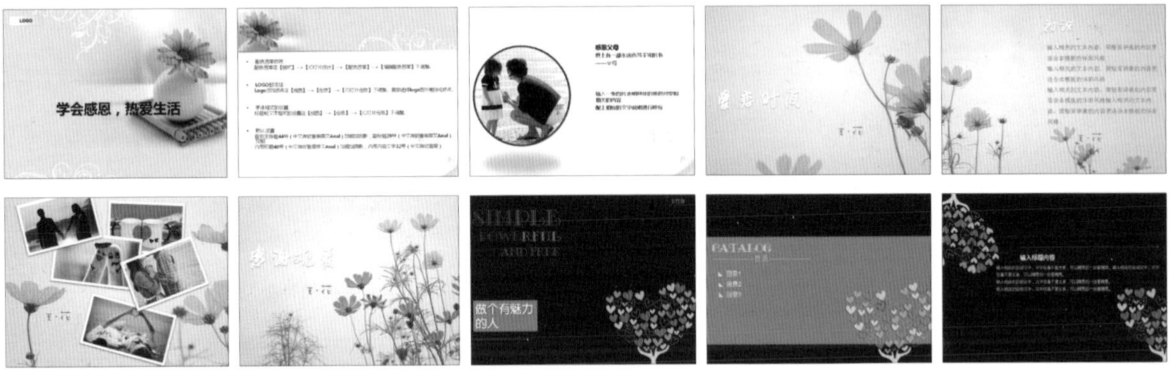
学会感恩，热爱生活
SIMPLE
POWERFUL
做个有魅力的人
CATALOG

这样用就对啦！

Excel

Excel 公式与函数、图表、数据处理与分析实战

凤凰高新教育◎编著

北京大学出版社
PEKING UNIVERSITY PRESS

内 容 提 要

在职场中，光说不练假把式，光练不说傻把式！会 Excel 很重要，会实战更重要！为了帮你巧用 Excel 来“偷懒”，我们特别策划了这本集高效办公理念和 Excel 实用技巧于一身的书。

本书以商务办公职场应用实际为出发点，通过大量典型案例，系统、全面地讲解了 Excel 电子表格的设计方法与实战应用。全书共分 11 章，分别介绍了 Excel 表格数据的录入与编辑方法，表格内容的格式设置与美化，条件格式标记数据的方法，公式与函数的使用，统计图表、数据透视表、数据透视图的应用，数据排序、筛选与分类汇总，数据的预算与决算处理，Excel 数据共享与协同办公应用，Excel 宏与 VBA 的交互应用等内容。

本书既适合零基础又想快速掌握Excel商务办公的读者阅读，还可以作为大中专院校或者企业的培训教材，对有经验的Excel使用者也有极高的参考价值。

图书在版编目(CIP)数据

这样用就对啦！Excel 公式与函数、图表、数据处理与分析实战 / 凤凰高新教育编著. — 北京 : 北京大学出版社，, 2017.1

ISBN 978-7-301-27857-4

Ⅰ. ①这… Ⅱ. ①凤… Ⅲ. ①表处理软件 Ⅳ. ①TP391.13

中国版本图书馆 CIP 数据核字(2016)第 296828 号

书　　名 这样用就对啦！Excel 公式与函数、图表、数据处理与分析实战
ZHEYANG YONG JIU DUI LA! EXCEL GONGSHI YU HANSHU、TUBIAO、SHUJU CHULI YU FENXI SHIZHAN
著作责任者 凤凰高新教育　编著
责 任 编 辑 尹　毅
标 准 书 号 ISBN 978-7-301-27857-4
出 版 发 行 北京大学出版社
地　　址 北京市海淀区成府路205号　100871
网　　址 http://www.pup.cn　　新浪微博：@北京大学出版社
电 子 信 箱 pup7@pup.cn
电　　话 邮购部 62752015　发行部 62750672　编辑部 62580653
印 刷 者 北京大学印刷厂
经 销 者 新华书店
787 毫米 × 1092毫米　16开本　彩插1　26印张　623千字
2017年1月第1版　　2017年1月第1次印刷
印　　数 1—4000 册
定　　价 59.00 元

前 言

为了完成任务绞尽脑汁，却还是得不到领导赏识？

工作能力超群，却败给了小小的办公软件？

埋头苦干，工作效率却怎么也提不高？

——从今天起，要事半功倍地使用 Excel，在与书同步实战中见证成长，从此从繁杂工作中解放出来！

实战！实战！实战！这个真的很重要！

我们知道，花费时间研究最常用软件的实战方法，可以帮您节约大量的时间，毕竟时间才是最宝贵的财富。本书对 Excel 电子表格无死角全覆盖，办公秘技招招实用、步步制敌，更有精美配图，跟枯燥的教科书文字说再见！

本书与市面上的书最大的不同就是，我们不仅通过大量典型案例，讲解了 Excel 表格设计、数据处理与分析实战的办公技能，还在每章提炼出了大牛都在用的“内功心法”，并通过“要点”的形式展示给您，从而让您从“以为自己会 Excel”，成为“真正的 Excel 达人”！让您在职场中更加高效、更加专业！

无论您是一线的普通白领，还是高级管理层的金领；无论您是做行政文秘、人力资源的工作，还是做财务会计、市场销售、教育培训，或者其他管理岗位的工作，都将从本书中受益。

本书特色

◆ 真正“学得会，用得上”。本书不是以传统单一的方式来讲解软件功能的操作与应用，而是以“命令、工具有什么用→命令、工具怎么用→职场办公实战应用”为线索，全面剖析 Excel 软件在现代职场办公中的应用。

◆ 案例丰富，参考性强。书中所有案例都是作者精心挑选的商业例子，在实际工作中具有很强的借鉴、参考价值，涵盖范围包括行政文秘、人力资源、市场营销、财务会计、教育培训、统计管理等工作领域。

◆ 图文讲解，易学易懂。本书在讲解时，一步一图，图文对应。在操作步骤的文字讲述中分解出操作的小步骤，并在操作界面上用“①、②、③…”的形式标出操作的关键位置，以帮助读者快速理解和掌握。

◆ 温馨提示，拓展延伸。为了丰富读者的知识面和掌握案例制作中的注意事项与技巧，书中内容在讲解过程中还适时穿插了“高手点拨”和“知识拓展”栏目板块，介绍相关的概念和操作技巧。

本书配套光盘内容丰富、实用，全是干货，赠送了实用的办公模板、教学视频及 Excel 办公技巧速查手册，真正让您花一本书的钱，得到多本书的超值学习内容，光盘内容如下。

（1）配有与书中所有案例同步的素材文件与结果文件，方便您同步学习使用。

（2）8 小时与书同步的多媒体教学视频，让您像看电视一样快速学会本书的内容。

（3）赠送共 13 集 220 分钟《Windows 7 系统操作与应用》的视频教程，让您完全掌握 Windows 7 系统的应用。

（4）赠送 200 个 Word 商务办公模板、200 个 Excel 商务办公模板、100 个 PPT 商务办公模板，实战中的典型案例，不必再花时间和心血去搜集，拿来即用。

（5）赠送《即用即查——Excel 办公实用技巧 300 个》电子书，提升您的办公效率，排解您的 Excel 办公疑难。

（6）赠送《微信高手技巧随身查》《QQ 高手技巧随身查》《手机办公 10 招就够》电子书，教会您移动办公诀窍。

本书还赠送读者一本《高效能人士效率倍增手册》，教您学会日常办公中的一些管理技巧，让您真正成为“早做完，不加班”的上班族。

本书适合读者

- 零基础，想快速学会 Excel 办公应用技能的读者。
- 对 Excel 表格略知一二，但在职场办公应用中不太熟悉或不太懂的人员。
- 有一点基础，但缺乏 Excel 办公实战应用经验的人员。
- 即将走入社会参加工作岗位的广大院校毕业生。

本书由凤凰高新教育策划并组织编写。全书由一线办公专家和多位微软 MVP 老师合作编写，每一位编写者都拥有丰富的 Excel 软件应用技巧和办公实战经验，对于他们的辛苦付出在此表示衷心的感谢！同时，由于计算机技术发展非常迅速，书中疏漏和不足之处在所难免，敬请广大读者及专家指正。

编　者

目　录

第 1 章

简单易学的电子表格——录入与编辑表格数据

本章导读：

Excel 是 Office 软件中的一个常用组件，具有强大的表格制作与数据处理功能。在日常办公中，我们常常会使用 Excel 制作各类表格。本章主要介绍 Excel 电子表格中数据的录入与编辑方法，通过本章内容的学习，读者可以熟练应用 Excel 来创建与制作自己需要的电子表格。

知识要点：

★ 创建模板表格

★ 在表格中输入各种类型数据

★ 使用自动填充功能

★ 工作表中行列的操作

★ 工作表的相关操作

★ 工作簿的相关操作

案例效果

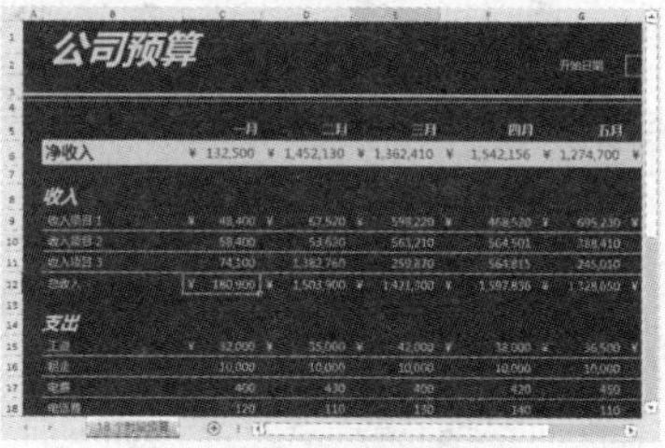

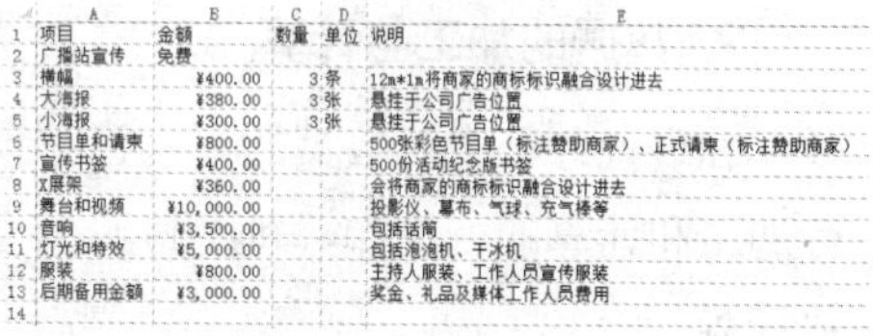

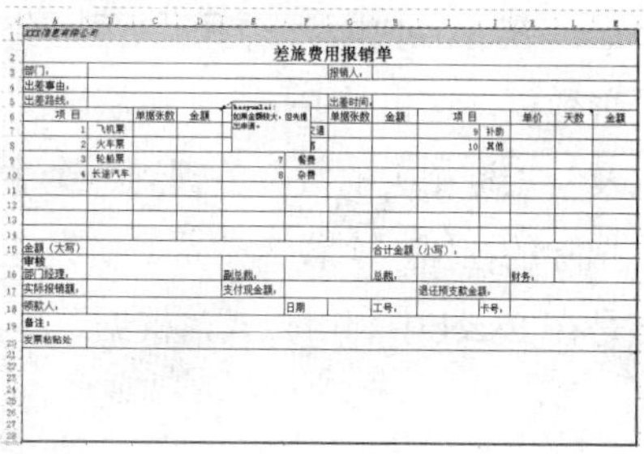

大师点拨——Excel 制表的知识要点

使用 Excel 软件制作表格之前，首先认识 Excel 在现代办公中的应用，以及 Excel 应用中的一些常见概念。

要点 1 浅谈 Excel 在日常工作中的应用

既然 Excel 具有强大的制表功能和数据处理功能，那么在日常工作中，Excel 的应用具体体现在哪些方面呢？下面我们来浅谈 Excel 的功能应用。

1. 数据的收集、存储与查询

收集数据有非常多的方式，用 Excel 不是最好的方式，但相对于纸质方式和其他类型的文件方式来讲，利用 Excel 收集数据会有很大的优势。至少收集的数据在 Excel 中可以非常方便地进行进一步的加工处理，包括统计、分析与管理。例如，我们需要存储客户信息，如果把每个客户的信息都单独保存到一个文件中，那么，当客户量增大之后，后期对于客户数据的管理和维护就非常不方便了。如果我们用 Excel，则可以先建立好客户信息的数据表格，然后有新客户就增加一条客户信息到该表格中，由于每条信息都保持了相同的格式，后期数据查询、统计、分析等就可以很方便地完成。

在一个 Excel 文件中可以存储许多独立的表格，我们可以把一些不同类型的但是有关联的数据存储到一个 Excel 文件中，这样不仅方便存储数据，还方便我们查找和应用数据。

将数据存储到 Excel 后，当我们需要查看或应用数据时，可以利用 Excel 中提供的查找功能快速定位到需要查看的数据，还可以使用 Excel 中的公式和函数等功能快速地收集、查询数据。

2. 数据的加工与计算

在现代办公中对数据的要求已不仅仅是存储和查看，很多时候是需要对现有的数据进行加工和计算的。例如，每个月我们会核对当月的考勤情况、核算当月的工资、计算销售数据等。

在 Excel 中，我们可以运用公式和函数等功能来对数据进行计算，利用计算结果自动完善数据，这也是 Excel 值得炫耀的功能之一。例如，核算当月工资时，我们将所有员工信息及与工资相关的数据整理到一个表格中，然后运用 Excel 中的公式自动计算出每个员工当月扣除的社保、个税、杂费、实发工资等。如下图所示，左图为员工工资基础数据，右图中则是在 Excel 中利用公式，根据这些基础数据计算出明细数据的完整工资表。

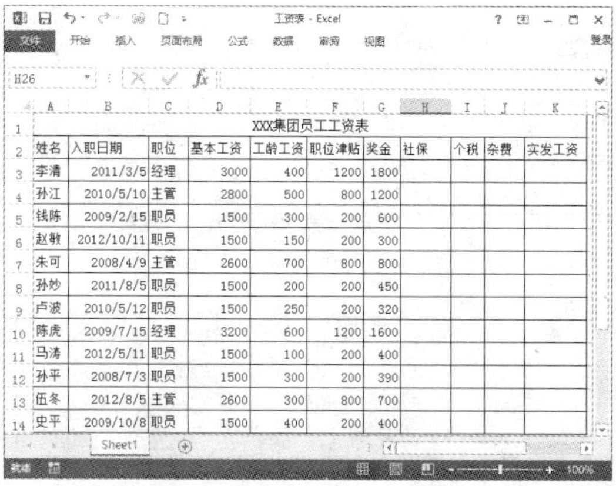

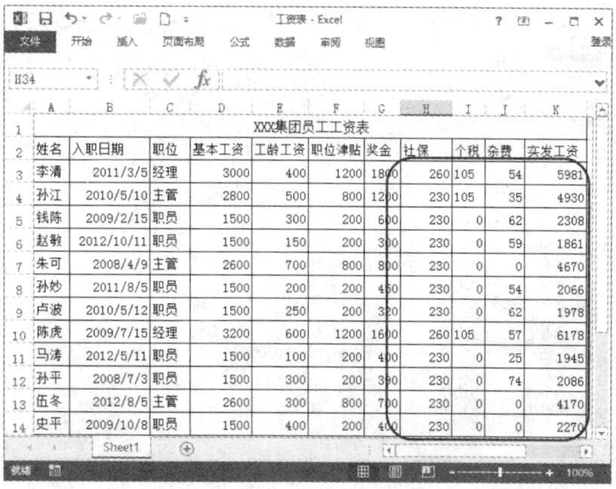

除数学运算外，在 Excel 中还可以进行字符串运算和较为复杂的逻辑运算，利用这些运算功能，我们还能让 Excel 完成更多、更智能的操作。例如我们在收集员工信息时，让大家填写身份证号之后，完全可以不用再让大家填写籍贯、性别、生日、年龄这些信息，因为这些信息在身份证号中本身就已存在，只需要应用好 Excel 中的公式及函数，就能让 Excel 自动帮我们填写出这些信息。

3. 数据的统计与分析

在工作中，我们常常还需要对数据进行统计和分析，例如，对销售数据进行各方面的汇总，根据不同条件对各种商品的销售情况进行分析，根据分析结果对未来数据变化情况进行预测，以帮助调整计划或进行决策。左下图所示是在 Excel 中利用直线回归法根据历史销售记录预估今年的销售额，右下图所示为利用公式进行的商品分期付款决策分析。

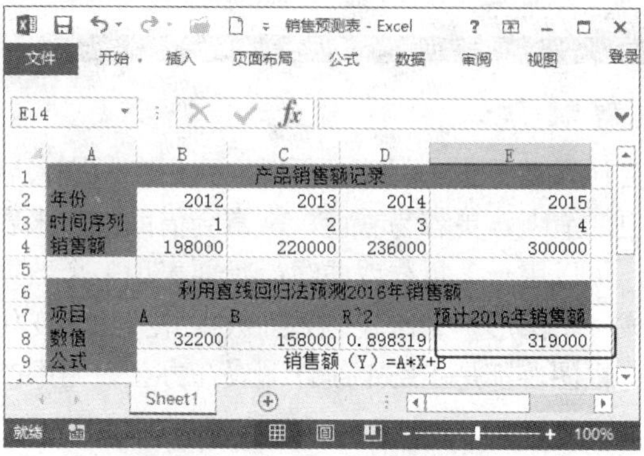

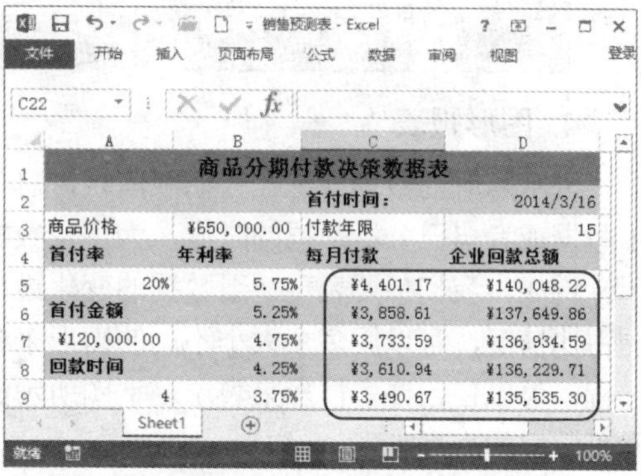

在 Excel 中除了可以计算数据外，还可以对数据进行排序、筛选、分类汇总等操作。例如，在左下图的产品销售表格中，我们可以使用“筛选”功能，得到右下图所示的“空调”产品销售数据。

“分类汇总”也是 Excel 数据统计分析中的常用功能之一。下图所示是以“部门”为分类字段，汇总出各部门员工的“基本工资”“奖金”“应发工资”的数据。

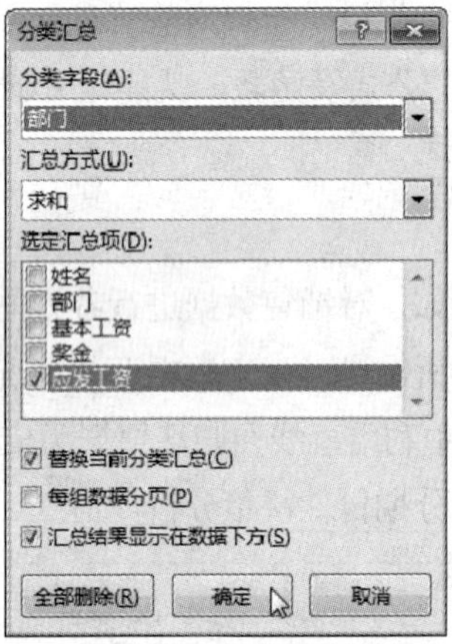

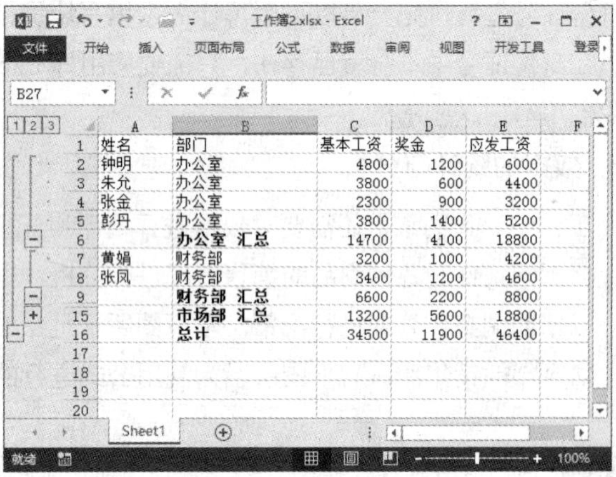

4. 图形报表

密密麻麻的数据展现在人们眼前时，总是会让人觉得头晕眼花，所以，我们在向别人展示数据或者自己分析数据的时候，为了使数据更加清晰，更容易看懂，常常会借助图形来表示。例如，我们想要表现一组数据的变化过程，可以用一条折线或曲线；想要表现多个数据的占比情况，可以用多个大小不同的扇形来构成一个圆形；想比较一系列数据并关注其变化过程，可以使用许多柱形来表示。下图所示的每幅图，都是 Excel 统计图表在办公应用中的常见数据的直观表现。

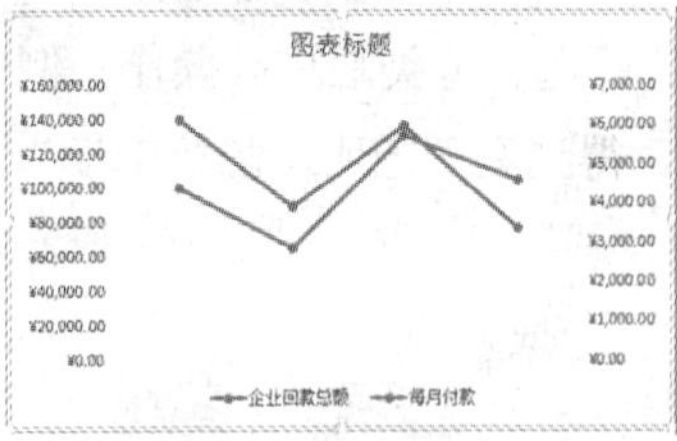

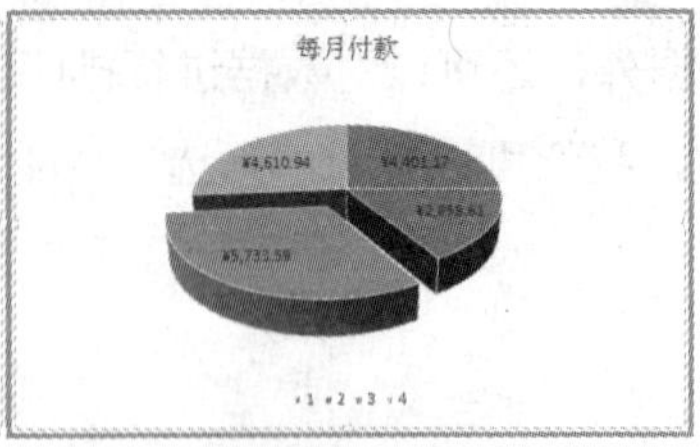

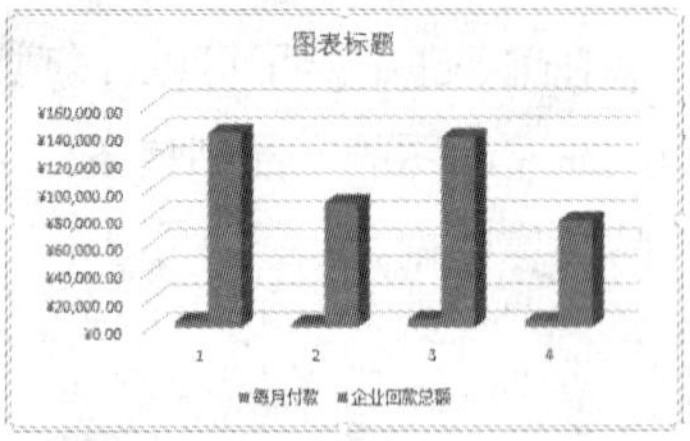

在 Excel 中，这些图形不需要我们使用绘图工具去绘制，也不需要复杂的操作，只需在 Excel 中准备好表格数据，然后应用“插入图表”命令便可以快速地创建出清晰、漂亮的数据统计图表。应用 Excel 中图表相关的命令或功能，可以调整图表的各种属性和参数，让图表的外观效果更加直观、漂亮。

Excel 数据处理功能的应用还有许多，在后面章节的实例中，会与读者一起来学习和认识，这里就不一一举例说明了。

要点 2 熟知 Excel 电子表格中的常见概念

在使用 Excel 2013 中，用户经常会遇到工作簿、工作表、单元格之类的名词。因此，下面针对这些概念对读者进行解释和说明，只有正确掌握这些概念与对象，才能正确操作与应用 Excel 的制表功能。

1. 单元格

每一张工作表都是由多个长方形的“存储单元”所构成，这些长方形的“存储单元”即为单元格。输入的任何数据都将保存在这些单元格中。单元格由它们所在行和列的位置来命名，如单元格 B2 表示列号为第 B 列与行号为第 2 行的交叉点上的单元格。

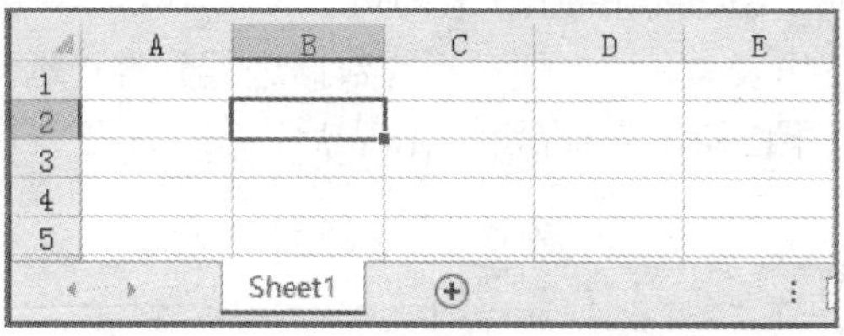

当前选择的单元格称为当前活动单元格。若该单元格中有内容，则会将该单元格中的内容显示在“编辑栏”中。在 Excel 中，当单击选择某个单元格后，在窗口“编辑栏”左边的“名称”框中，将会显示该单元格的名称，如下图所示。

	A	B	C	D	E	F
1	产品名称	销售区域	销售数量	产品单价	销售额	
2	洗衣机	天津分部	180	¥2,000.00	¥360,000.00	
3	洗衣机	天津分部	160	¥2,000.00	¥320,000.00	
4	洗衣机	上海分部	270	¥2,000.00	¥540,000.00	
5	洗衣机	北京分部	100	¥2,000.00	¥200,000.00	
6	洗衣机	北京分部	300	¥2,000.00	¥600,000.00	
7	热水器	天津分部	100	¥1,800.00	¥180,000.00	
8	热水器	上海分部	170	¥1,800.00	¥306,000.00	

2. 单元格区域

在 Excel 中对数据进行处理时，常常会同时对多个单元格的数据进行处理，而许多连续的单元格构成的一个矩形区域就被称为单元格区域，它代表了这个区域中的所有单元格。要选择一个单元格区域，可以直接在单元格上拖动，要表示一个单元格区域，可以使用区域对角的两个单元格的地址并在之间增加“:”表示，例如，要表示 A1 单元格到 C4 单元格之间的单元格区域，可以使用“A1:C4”表示，如左下图所示。在选择单元格区域时，也可以选择不连续的两个单元格区域，例如，要选择 A1:B4 和 D5:E12 单元格区域，如右下图所示。

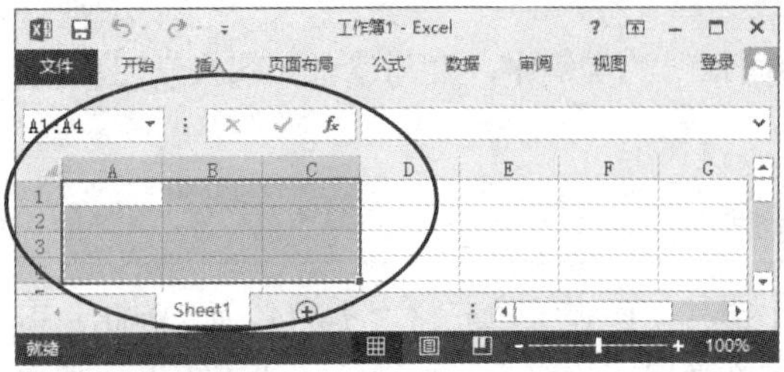

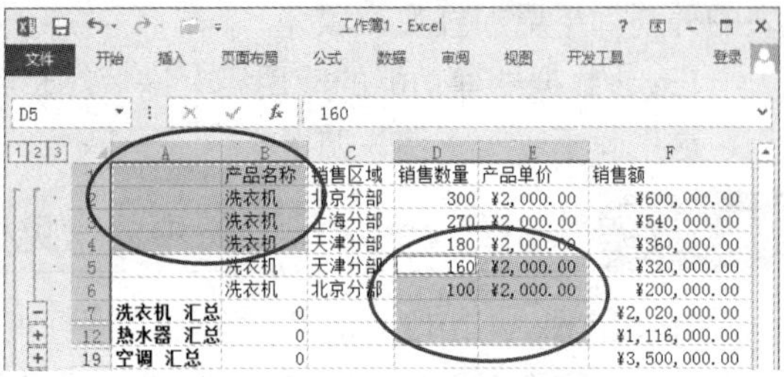

3. 工作表

工作表是 Excel 完成工作的基本单位，是显示在工作簿窗口中的表格。每个工作表都有一个名字，工作表名显示在工作表标签上，默认工作表的名称为“Sheet1”，单击工作表标签右侧的“+”按钮可以新建工作表，新增一个工作表自动命名为“Sheet2、Sheet3”，如左下图所示。一个 Excel 文件最多可以包含 255 张工作表，当然在实际工作中，不是工作表越多越好，用户在操作 Excel 时，添加够用的工作表即可。

我们也可以自己为工作表命名，方便对不同数据进行分类管理。左下图所示为工作表名称保持为默认的名称；右下图所示为重命名工作表后，在一个工作表中存放了多张相互关联的工作表。

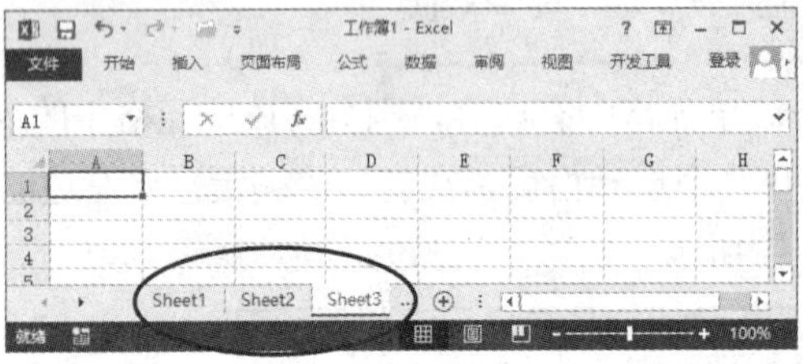

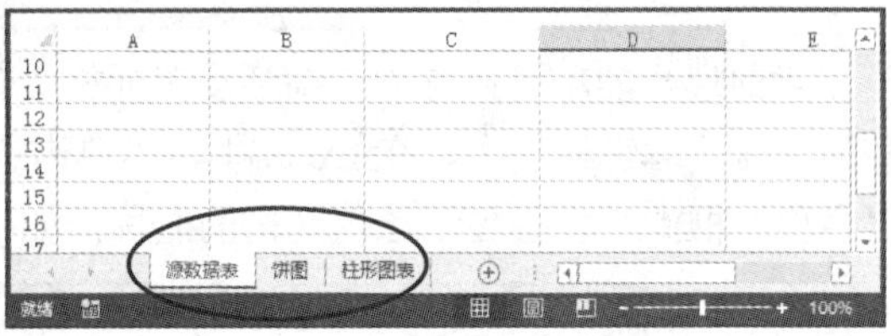

4. 工作簿

所谓工作簿是指 Excel 环境中用来储存并处理工作数据的文件。也就是说，一个 Excel 文件就是一个工作簿。工作簿如同活页夹，工作表如同其中的一张张活页纸，它是 Excel 工作区中一个或多个工作表的集合。在 Excel 2013 中，工作簿文件的扩展名为“xlsx”。每一个工作簿可以拥有许多不同的工作表，工作簿中最多可建立 255 张工作表。

高手点拨

Excel 不同版本的扩展名

在 Excel 2003 及其之前的版本中，Excel 工作簿文件的扩展名为“xls”，在 Excel 2007 及其之后的版本中，Excel 工作簿使用了新的扩展名“xlsx”，在新版本的软件中可以编辑和创建老版本的工作簿文件。

案例训练——实战应用成高手

通过前面知识要点的学习，主要让读者认识和掌握在 Excel 中制表前的相关技能。下面，针对日常办公中的相关应用，列举几个典型的表格案例，给读者讲解在 Excel 中如何录入与编辑数据。

案例 01 创建公司预算表

◇ 案例概述

公司预算表是每个公司做财务都会使用的表格，但公司经营的内容不同，表格的标题类别也有所不同，我们可以通过创建模板预算表后，根据公司的实际需求输入相关数据，快速创建公司预算表，效果如下图所示。

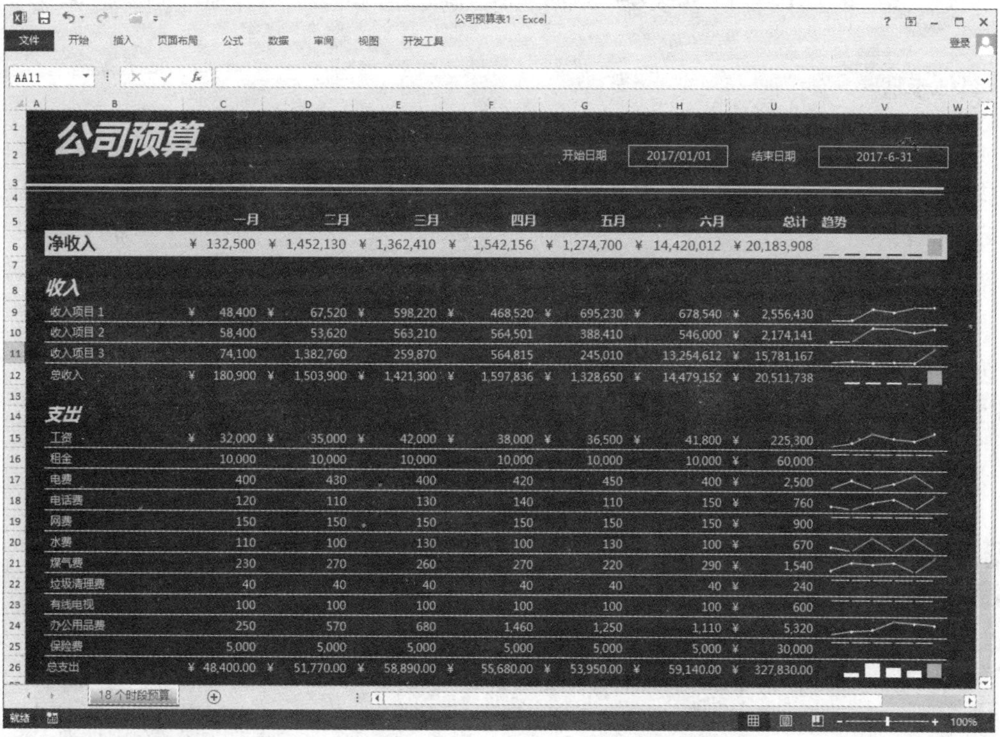

	素材文件：无
	结果文件：光盘\结果文件\第 1 章\案例 01\公司预算表.xlsx
	教学文件：光盘\教学文件\第 1 章\案例 01.mp4

◇ 制作思路

在 Excel 中制作“公司预算表”的流程与思路如下所示。

一 **使用模板创建表格**：Excel 2013 启动时不会直接打开空白工作簿，因此，在创建的页面中根据需要，选择模板进行创建工作簿。

二 **将表格另存为**：创建好表格后会以内置模板的名称显示，要将表格变为自己的模板，则需要使用另存为命令。

三 **按照公司收入情况录入数据**：创建好表格，根据公司的情况将数据录入至表格。

四 **使用拆分查看窗口**：将表格制作完成后，可以使用拆分窗口的命令，以多个窗口显示表格，从而方便查看表格内容。

◇ 具体步骤

在 Excel 2013 中，提供了很多有用的模板文件，用户可以根据需要创建相关的模板，在提供的模板中，根据自己需要的项目更改项目名称，然后输入相关内容，即可快速制作出属于自己的表格。

1. 使用模板创建表格

启动 Excel 2013 程序，在软件面板中选择预算表，然后选择预算表的类型，选中后，单击创建按钮即可下载至 Excel。具体操作步骤如下。

第 1 步：执行所有程序命令。

❶单击“开始”按钮；❷指向“所有程序”命令，如下图所示。

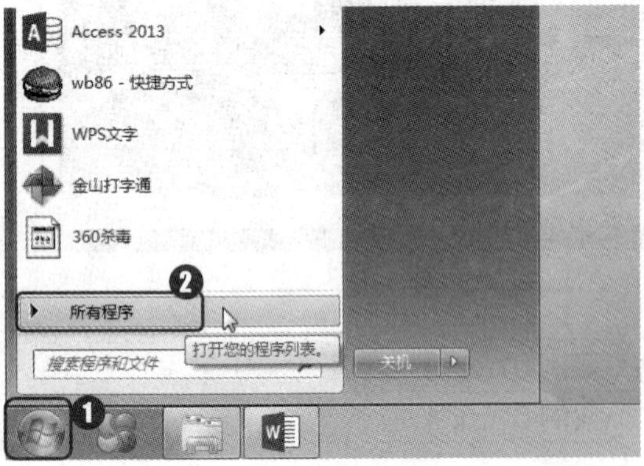

第 2 步：单击 Excel 2013 命令。

❶单击“Microsoft Office 2013”文件夹；❷单击“Excel 2013”命令，如下图所示。

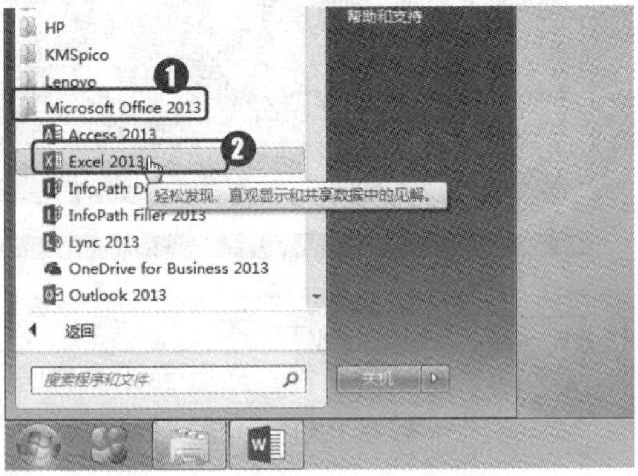

第 3 步：单击“预算”链接。

在 Excel 面板中，选择需要的模板选项，如“预算”链接，如下图所示。

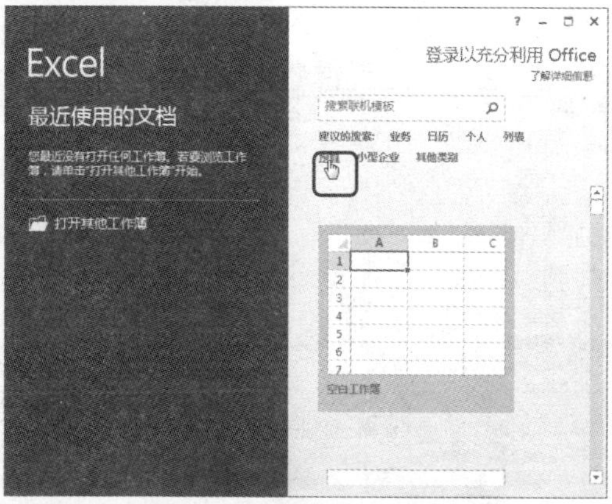

第 4 步：单击“18 个时段预算”选项。

❶在“预算”面板中拖动滚动条；❷选择需要创建的模板，如“18 个时段预算”选项，如下图所示。

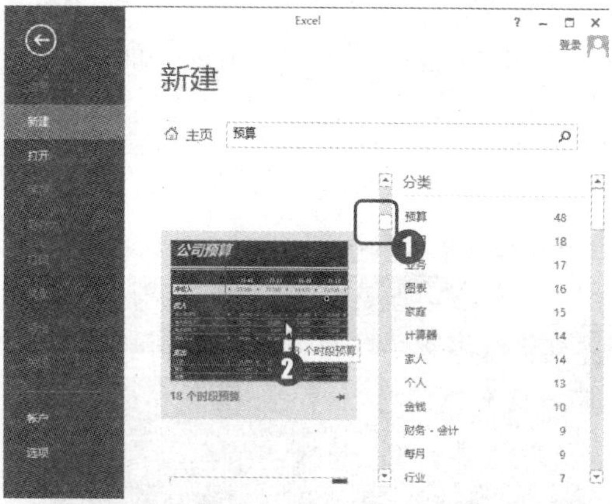

第 5 步：单击“创建”按钮。

弹出“18 个时段预算”对话框，单击“创建”按钮，如下图所示。

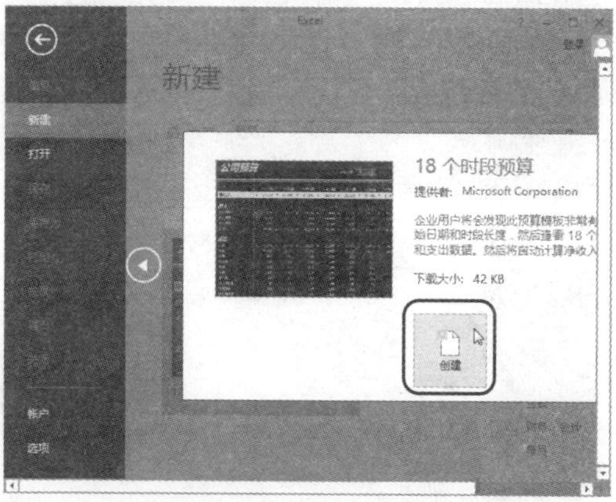

> **知识拓展　下载模板注意事项**
>
> 电脑在连网的状态下，执行“创建”命令后，自动开始下载，如果没有连网，可能会出现创建失败的状态。在创建的模板中，如果不是 Excel 自带的，就需要通过网络进行下载。

2. 将表格另存为自己的模板

下载模板后，为方便下次再使用该表格，可以生成模板文件，保存在自己指定的位置。具体操作步骤如下。

第 1 步：执行文件命令。

单击“文件”菜单，打开文件面板，如下图所示。

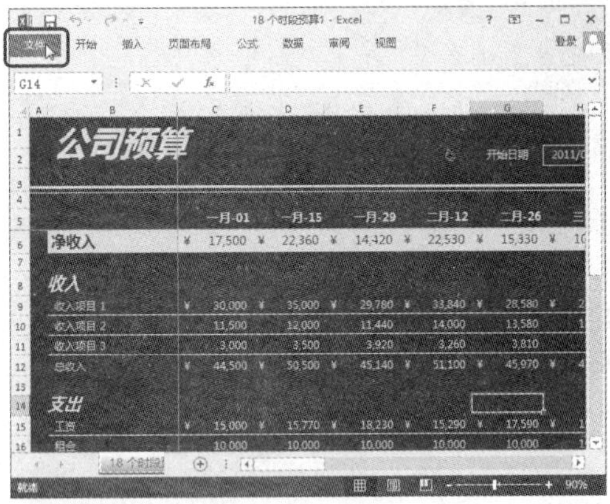

第 2 步：执行另存为命令。

❶单击“另存为”选项；❷单击“计算机”选项；❸单击“浏览”按钮，如下图所示。

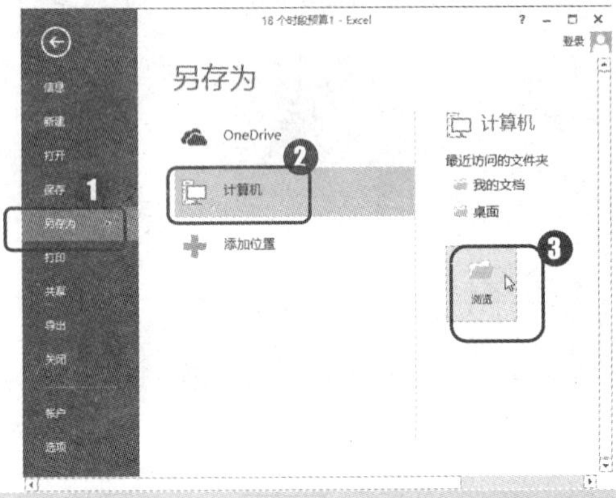

第 3 步：设置保存选项。

❶选择文件保存路径；❷输入名称和选择文件类型；❸单击“保存”按钮，如下图所示。

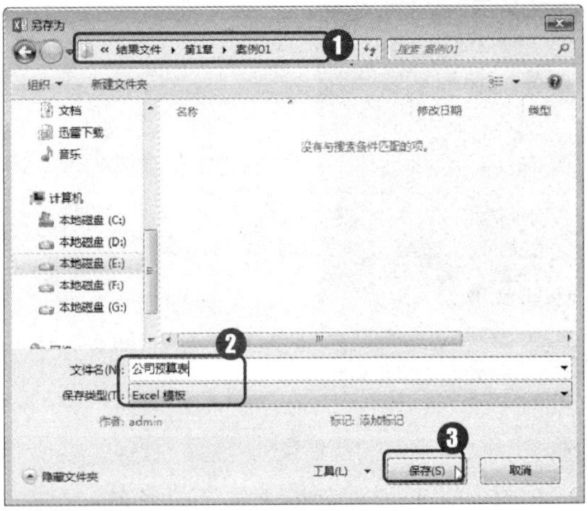

知识拓展

让低版本 Excel 能打开 Excel 2013 格式的表格

为了让保存的 Excel 2013 格式文档能在低版本的 Excel 中打开，在保存文档时，必须将工作簿保存为 Excel 97-2003 兼容的版本格式。其方法为：在打开的“另存为”对话框，选择保存类型为“Excel 97-2003 工作簿”选项，然后单击“保存”按钮。

3. 修改表格数据

在 Excel 模板中下载的表格，都是罗列出的一些预算标题，下载后用户可以根据自己的实际对表格标题进行修改，输入数据，在表格中就会根据模板中提供的公式显示出结果值。具体操作步骤如下。

第 1 步：输入制表日期。

选中需要编辑的单元格，如“H2”单元格，然后输入制表的日期，如“2017-7-1”，如下图所示。

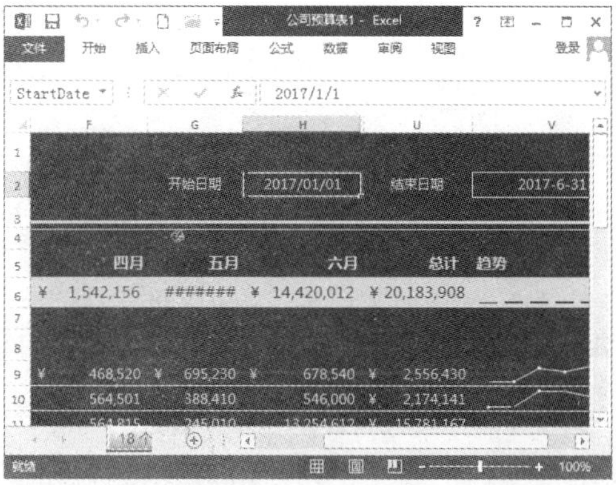

第 2 步：显示修改数据的效果。

重复操作上一步，修改单元格的数据，最终效果如下图所示。

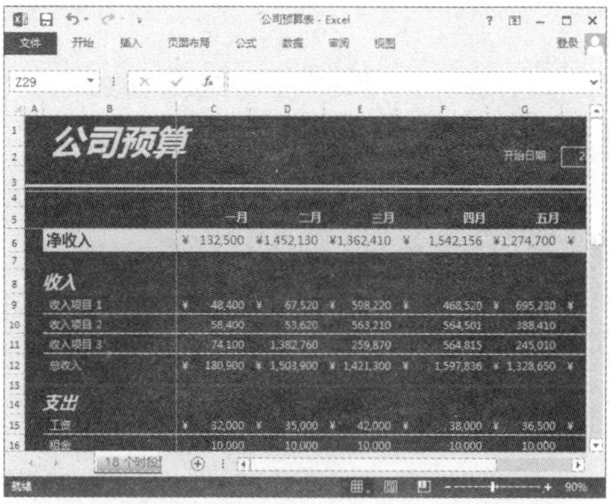

知识拓展

隐藏列的方法

创建模板工作表时，如果表格中有一些列是不用的，可以将其隐藏，其方法为：将鼠标指针移至列标上，按住左键不放拖动选择多列后，在列标签上单击鼠标右键，弹出快捷菜单中选择“隐藏”命令即可。

4. 拆分工作簿窗口

Excel 提供了拆分功能，用户可以把工作表数据窗口拆分开来，比较查看同一个工作表中的数据，方便用户对一些数据较长的工作表进行查看，在拆分工作表窗口时，最多能拆分 4 个窗格，以便将工作表分成多个区域显示，滚动一个窗格中的内容将不影响其他窗格的内容。拆分窗口的具体操作如下。

第 1 步：执行拆分窗口命令。

❶将鼠标光标定位至 F12 单元格；❷单击“视图”选项卡；❸单击“窗口”工作组中“拆分”按钮，如下图所示。

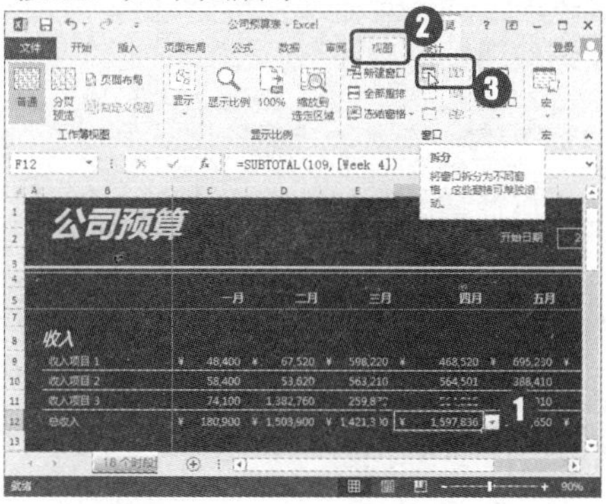

第 2 步：显示拆分窗口效果。

经过以上操作后，即可将工作表拆分为四个，效果如下图所示。

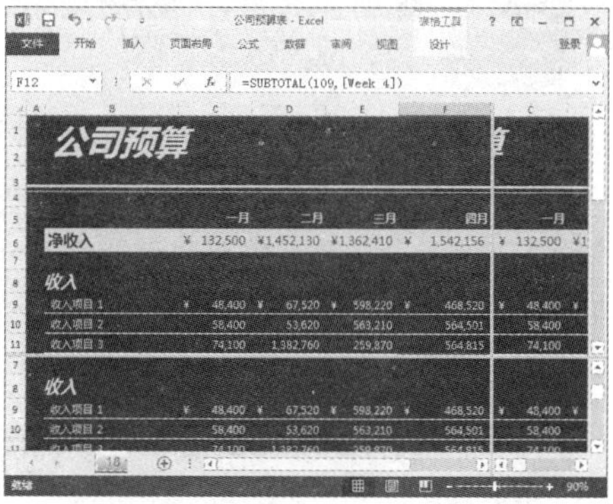

知识拓展　取消拆分窗口的方法

将 Excel 窗口进行拆分后，若是不想拆分显示数据了，可以再次单击“拆分”按钮取消窗口的拆分。

案例 02　制作活动经费表

◇ 案例概述

活动经费表也是日常办公中经常需要制作的表格之一。制作活动经费表需要将活动经费所有项目列举出来，然后输入各项目所需要的经费。最后通过审核，才能领取活动经费。本案例主要以制作活动经费表为例，介绍录入与编辑表格的内容，最终效果如下图所示。

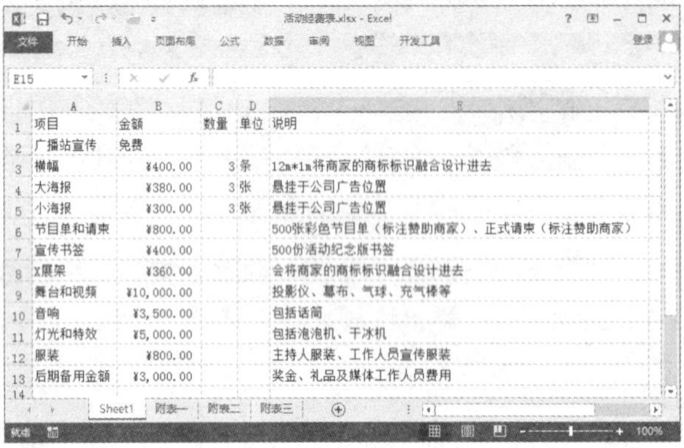

项目	金额	数量	单位	说明
广播站宣传	免费			
横幅	¥400.00	3	条	12m*1m将商家的商标标识融合设计进去
大海报	¥380.00	3	张	悬挂于公司广告位置
小海报	¥300.00	3	张	悬挂于公司广告位置
节目单和请柬	¥800.00			500张彩色节目单（标注赞助商家）、正式请柬（标注赞助商家）
宣传书签	¥400.00			500份活动纪念版书签
X展架	¥360.00			会将商家的商标标识融合设计进去
舞台和视频	¥10,000.00			投影仪、幕布、气球、充气棒等
音响	¥3,500.00			包括话筒
灯光和特效	¥5,000.00			包括泡泡机、干冰机
服装	¥800.00			主持人服装、工作人员宣传服装
后期备用金额	¥3,000.00			奖金、礼品及媒体工作人员费用

素材文件：	无
结果文件：	光盘\结果文件\第 1 章\案例 02\活动经费表.xlsx
教学文件：	光盘\教学文件\第 1 章\案例 02.mp4

◇ 制作思路

在 Excel 中制作“活动经费表”的流程与思路如下所示。

一　**编制基本的活动费用表格**：公司开展一项活动，需要制作出活动经费的预算基本表格，通过审核后才能领取活动经费。

二　**输入预计费用**：编制好基本的表格后，将预算的金额输入表格中，并设置数据类型为货币。

三　**制作附表**：在活动费用表中，除了主要的活动项目外，还有一些附表需要制作出来，在活动后可以根据支出再录入金额。

◇ 具体步骤

制作活动经费表，不仅要将基本的活动经费表制作出来，还需要制作附表，将人员费用明细表、差旅费明细表、礼品和奖品明细表制作出来。制作本案例，只需要在活动经费的基本表格中输入数据，其他附表只需要输入标题名称即可。

1. 制作活动经费基本表格

活动经费表需要将整个活动的项目罗列出来，并给出相关项目的预算费用，各项目需要说明。具体操作步骤如下。

第 1 步：输入活动经费基本表格内容。

在 A1:E13 单元格区域中输入活动经费基本表格内容，如下图所示。

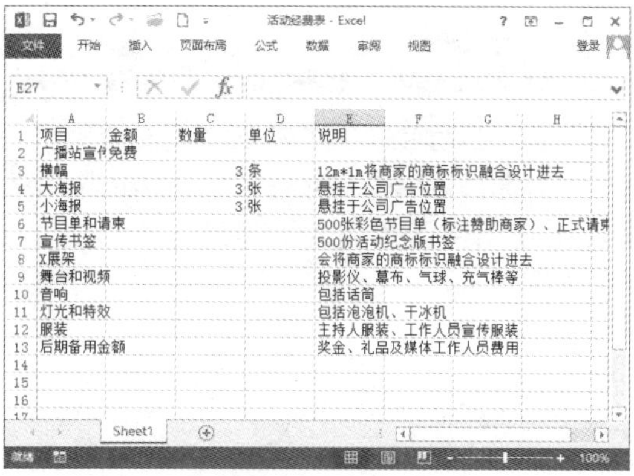

第 2 步：拖动调整列宽。

将鼠标指针移至 A 列和 B 列的线上，指针变成“✛”时，拖动调整列宽，通过同样的方法调整其他列的宽度，如下图所示。

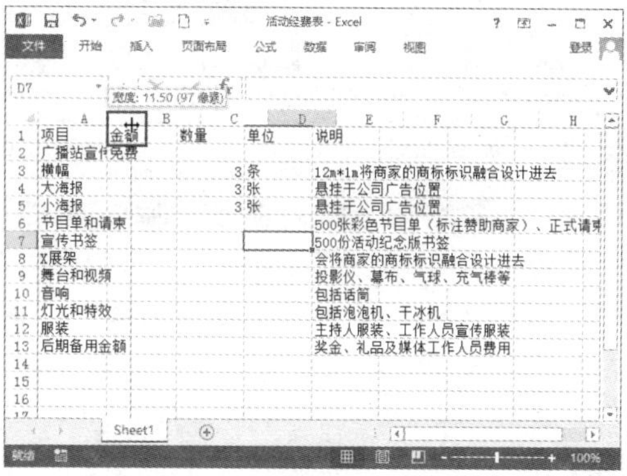

2. 输入预计费用并设置格式

制作好表格的基本内容后，在单元格中输入各项预计费用，并设置费用类型为货币。具体操作步骤如下。

第 1 步：输入数据并选中。

在 B3:B13 单元格区域中输入数据并选中，如下图所示。

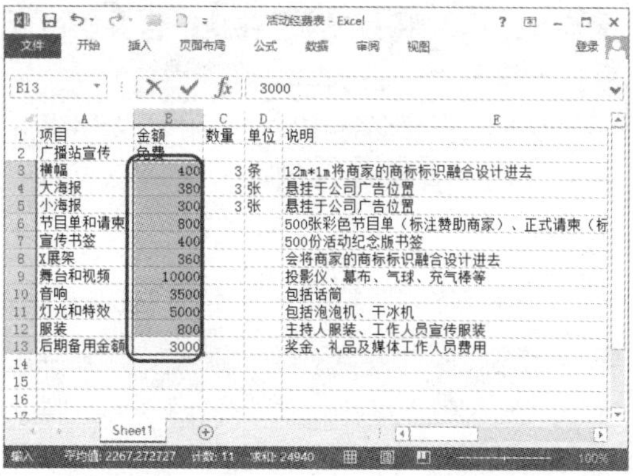

第 2 步：设置数据类型。

❶单击“数字”组中“常规”右侧的下拉按钮 ▾；❷单击“货币”选项，如下图所示。

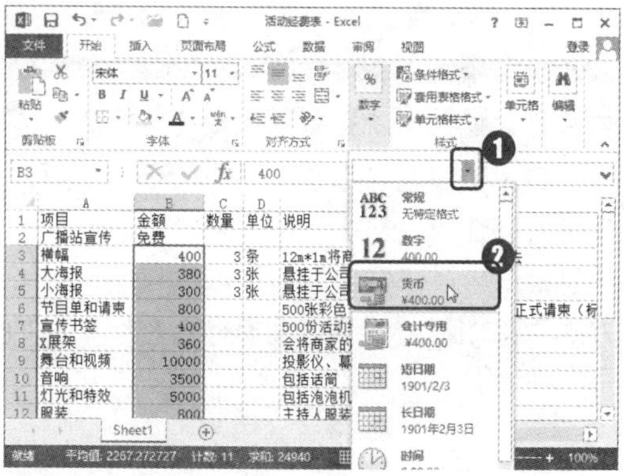

3. 制作附表

Excel 2013 默认情况下只有一张工作表，如果要在该工作簿中制作其他表格，则需要插入新工作表。具体操作步骤如下。

第 1 步：执行新建工作表命令。

单击“Sheet1”右侧新工作表“⊕”按钮，新建 3 张工作表，如下图所示。

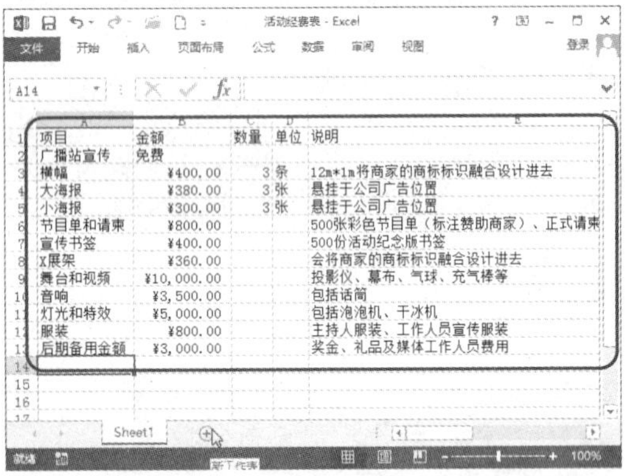

第 2 步：执行重命名命令。

❶右击“Sheet2”工作表；❷选择“重命名”命令，如下图所示。

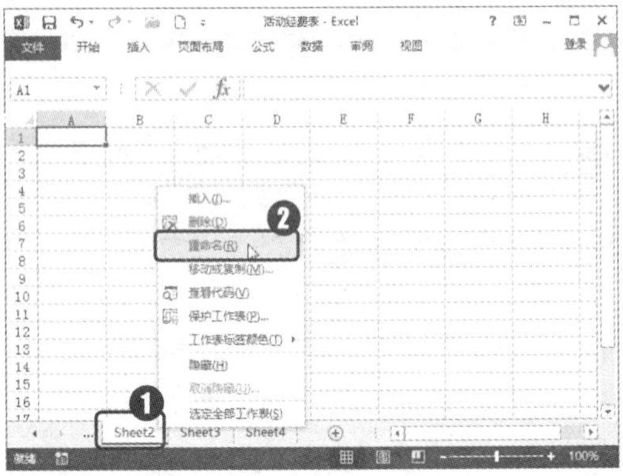

第 3 步：输入名称和基本信息。

❶在工作表名称中输入“附表一”名称；❷在 A1:E2 单元格区域中输入“附表一”的信息；❸选择 D2 单元格区域，单击“对齐方式”工作组中的“自动换行”按钮，如下图所示。

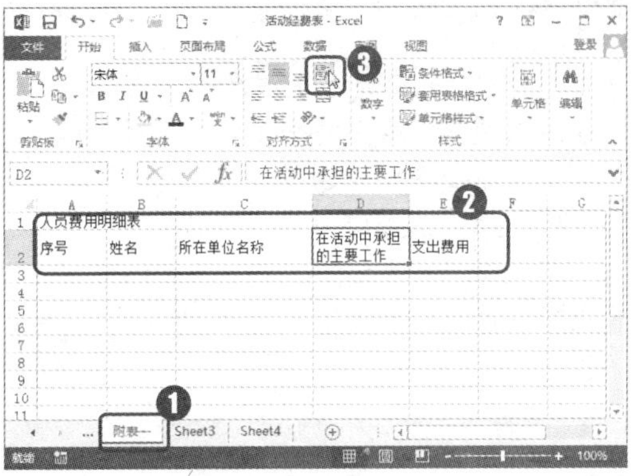

第 4 步：执行合并后居中命令。

❶选择 A1:E1 单元格区域；❷单击“对齐方式”工作组中的“合并后居中”按钮，如下图所示。

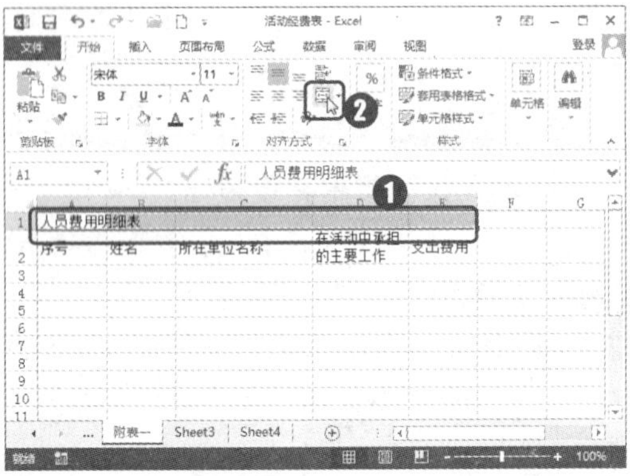

第 5 步：输入附表二信息并执行合并居中命令。

❶在工作表名称中输入“附表二”名称；❷在 A1:E2 单元格区域中输入附表二的信息；❸选择 A1:E1 单元格区域，单击“合并后居中”按钮，如下图所示。

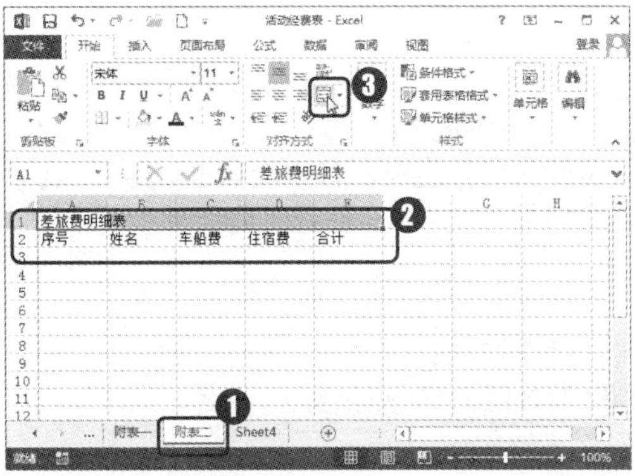

第 6 步：输入附表三信息。

❶在工作表名称中输入“附表三”名称；❷在 A1:E2 单元格区域中输入附表三的信息；❸选择 A1:E1 单元格区域，单击“合并后居中”按钮，如下图所示。

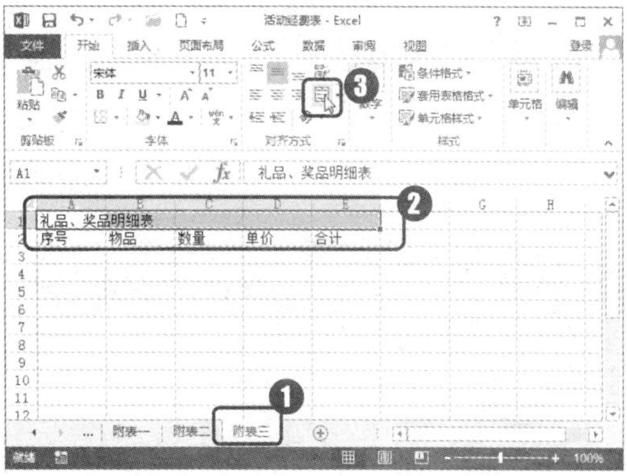

案例 03 制作员工档案表

◇ 案例概述

员工档案表是员工在入职时就需要填写的表格资料，公司为了管理，都会将员工的档案进行存档。本案例主要讲解在 Excel 中如何制作与编辑员工档案表，最终效果如下图所示。

何氏集团员工档案表

员工编号	入职日期	姓名	性别	岗位	专业	毕业学校	身份证号码	籍贯	联系电话
001	2008年4月6日	朱丹	女	财务组长	计算机应用	电子高专	510123198310120542	四川	13568812130
002	2007年5月26日	刘林	男	行政专员	电子商务	旅游职校	222103198805112160	广西	13721354210
003	2008年3月16日	吴鹏	男	市场销售	旅游管理	旅游职校	440103198908160503	广州	15908151723
004	2010年6月22日	雷军	男	市场销售	工商管理	工商学院	512501198006172130	四川	13022823125
005	2006年3月4日	李清平	男	门市经理	广告设计	四川电大	513701198604130520	四川	13975675246
006	2008年2月17日	赵恒毅	男	市场销售	环境艺术	成都电大	510123198402010542	四川	15516231426
007	2009年8月6日	陈平	女	市场销售	播音专业	成都电大	222103198803112160	广西	18980906211
008	2010年5月23日	卢佳	女	门市经理	市场营销	商茂学院	440103198908160503	广州	13752145120
009	2011年8月12日	曹辉	男	行政专员	金融学	电子科大	512501198706172130	四川	15813264215
010	2009年6月12日	孙士明	男	门市经理	会计	旅游职校	510123198210120542	四川	13624136320
011	2008年12月10日	余小军	男	市场销售	法学	电子科大	222103198505112160	广西	15962131425
012	2007年5月3日	陈国军	男	市场销售	对外汉语	工商学院	440103198808160503	广州	15813541623
013	2009年5月20日	伍仕国	男	市场销售	临床医学	四川电大	513701198904130520	四川	13765824623
014	2010年5月3日	尚皓	男	行政专员	计算机应用	四川电大	520123198910219023	四川	13709775497
015	2012年6月4日	刘悯	女	门市经理	工商管理	工商学院	511524198704052512	四川	15630294892

素材文件：无

结果文件：光盘\结果文件\第 1 章\案例 03\员工档案表.xlsx

教学文件：光盘\教学文件\第 1 章\案例 03.mp4

◇ 制作思路

在 Excel 中制作“员工档案表”的流程与思路如下所示。

一 **创建档案表**：Excel 2013 启动时不会直接打开空白工作簿，因此，需要在创建页面直接单击空白工作簿，输入基本信息并进行保存。

二 **进行设置单元格类型**：创建好表格标题后，在输入信息时，有些特定的数据需要按文件格式进行输入，那么就需要对单元格的类型设置。

三 **快速输入相同内容**：如果在多个单元格中输入相同的信息，可以使用填充或快速输入相同内容的方法进行输入。

四 **设置行与列**：将表格制作完成后，根据表格调整行高与列宽，让表格看起来视觉效果更好。

◇ 具体步骤

在本案例中主要讲解录入数据信息和编辑表格方法，制作时会应用到创建表格、输入文本信息以及设置表格等操作。

1. 输入员工档案表的标题

输入表格标题内容之前，首先选择单元格，然后输入相关信息，之后按【Tab】键或【Enter】键切换至下一单元格。具体操作步骤如下。

第 1 步：执行空白工作簿命令。

启动 Excel 2013 程序，在界面中单击“空白工作簿”按钮，如下图所示。

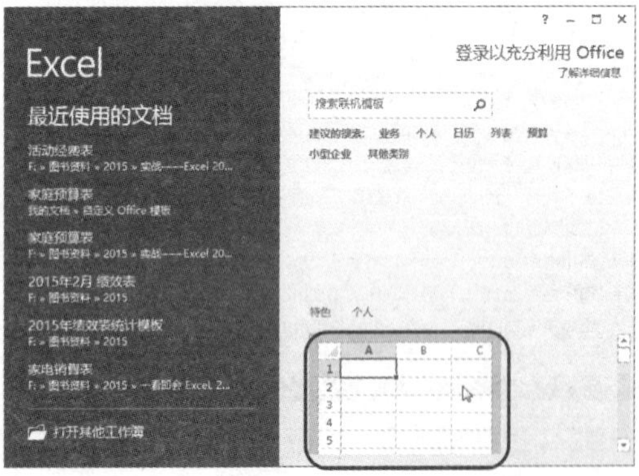

第 2 步：输入标题行。

在 A1 单元格中输入标题，效果如下图所示。

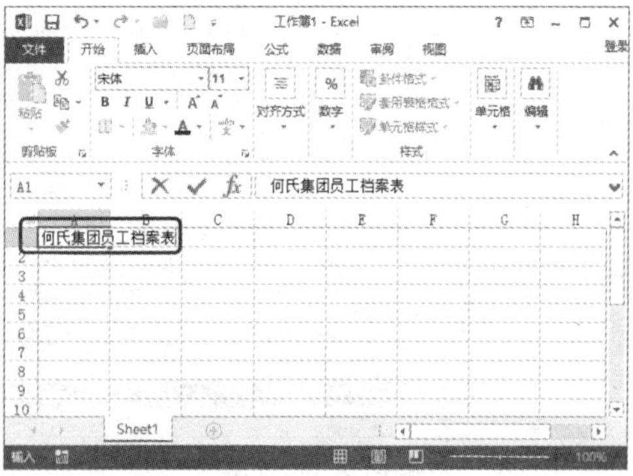

第 3 步：单击文件菜单。

❶在 A2:K2 单元格区域输入信息；❷单击“文件”选项卡，如下图所示。

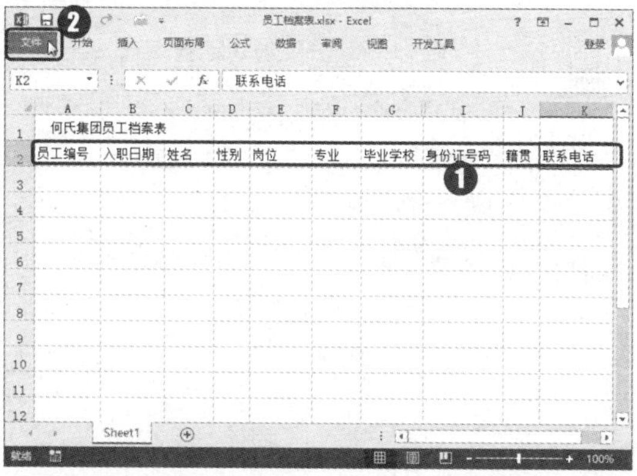

第 4 步：执行另存为命令。

❶单击“另存为”选项；❷单击“计算机”选项；❸单击“浏览”按钮，如下图所示。

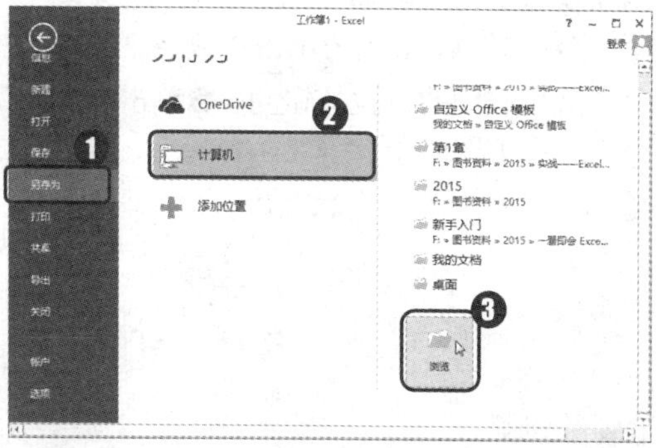

第 5 步：设置保存选项。

❶选择文件保存路径；❷输入文件名称；❸单击“保存”按钮，如下图所示。

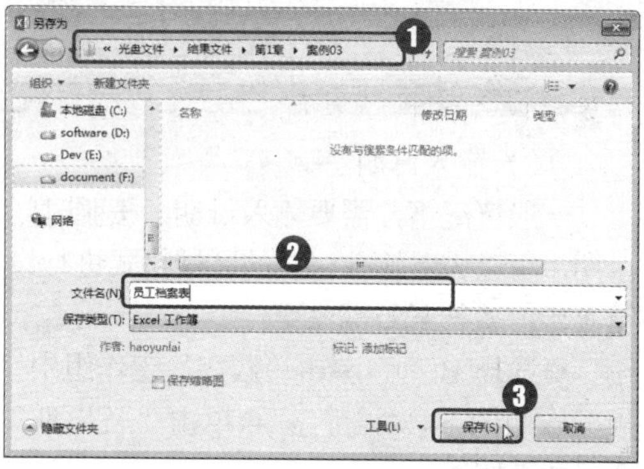

2. 输入档案表内容

在 Excel 工作表中，单元格内的数据可以有多种不同的类型，例如，文本、日期和时间、百分数等，不同类型的数据在输入时需要使用不同的输入方式。下面，为读者介绍文本、日期和特殊符号的输入方式。

（1）输入文本

在 Excel 中，需要对表格数据进行说明，会直接输入文本信息。除此之外，如果需要让数据位数达到一定上限或者要输入特殊的数据（如编号 001）等，也可以将单元格区域设置为文本格式。

例如，在“员工档案表”工作表中设置 A 列和 I 列为文本格式，再直接输入数据，具体操作方法如下。

第 1 步：执行文本命令。

❶选择 A、I 列，单击“数字”工作组中“常规”右侧的下拉按钮▾；❷单击“文本”命令，如下图所示。

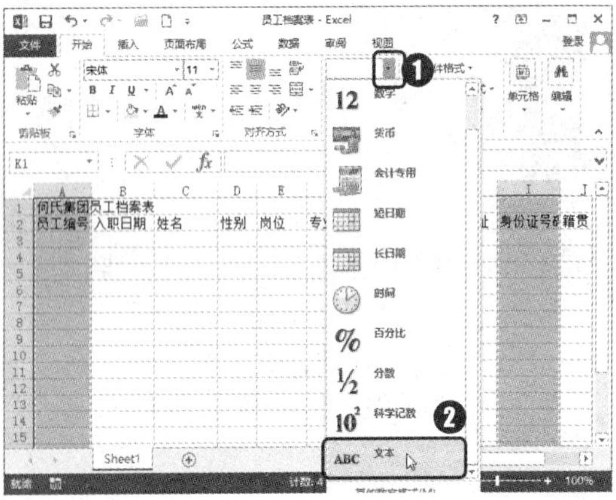

第 2 步：输入编号。

设置完类型后，在 A3 单元格中输入编号，如下图所示。

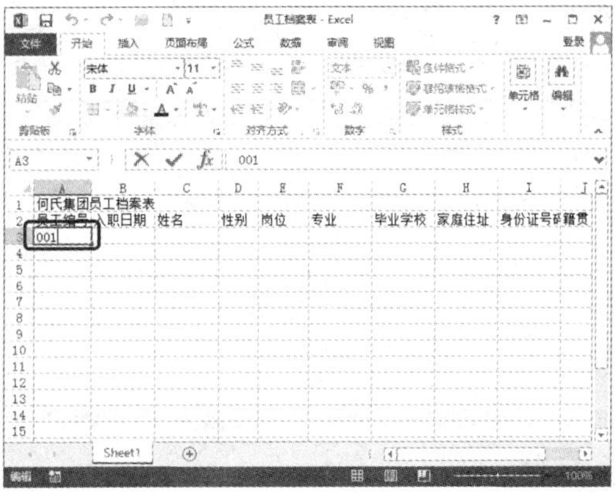

（2）输入日期

一般情况下，需要输入日期，按照时间年月日直接输入即可，如果需要输入特定格式的日期，可以先对输入日期的区域格式进行设置，然后再输入内容。具体操作步骤如下。

第 1 步：执行长日期命令。

❶选择 B 列，单击“数字”工作组中“常规”右侧的下拉按钮▾；❷单击“长日期”命令，如下图所示。

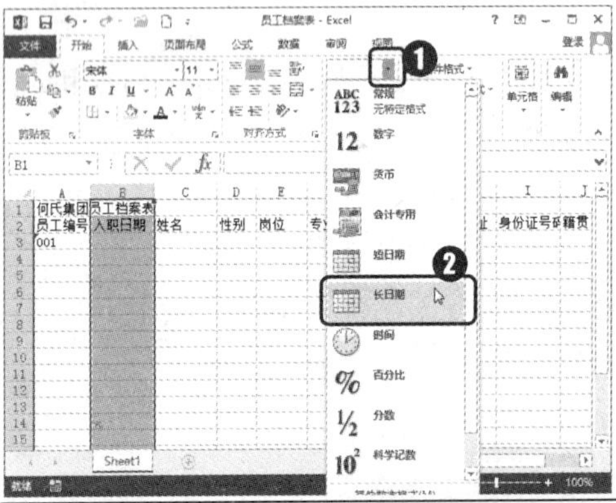

第 2 步：在单元格中输入日期。

在 B3 单元格中输入入职日期，如下图所示。

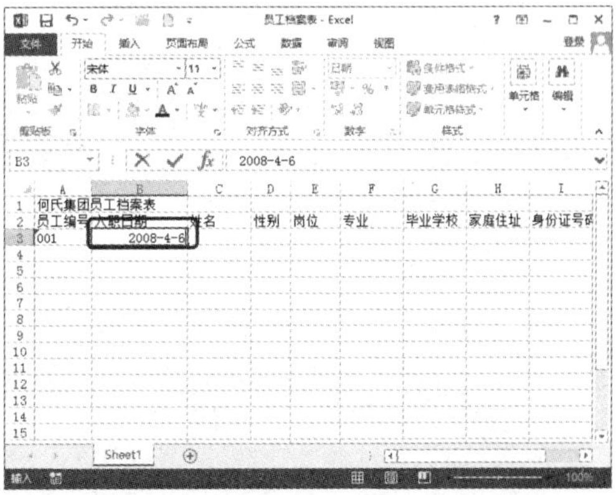

> **高手点拨**
>
> **如何手动输入日期**
>
> 在 Excel 中，要设置日期格式都需要先将日期输入至单元格，然后再选择日期的类型。输入日期时，年月日之间常用“-”或“/”两种符号进行输入，用户可以按照自己的习惯选择输入。

(3) 输入特殊符号

有时在单元格中需要输入特殊字符， Excel 2013 中可以使用以插入符号的方式输入特殊符号。具体操作步骤如下。

第 1 步：执行插入符号命令。

❶选中单元格，双击鼠标左键将光标定位至文本前；❷单击“插入”选项卡；❸单击“符号”工作组中“符号”按钮Ω，如下图所示。

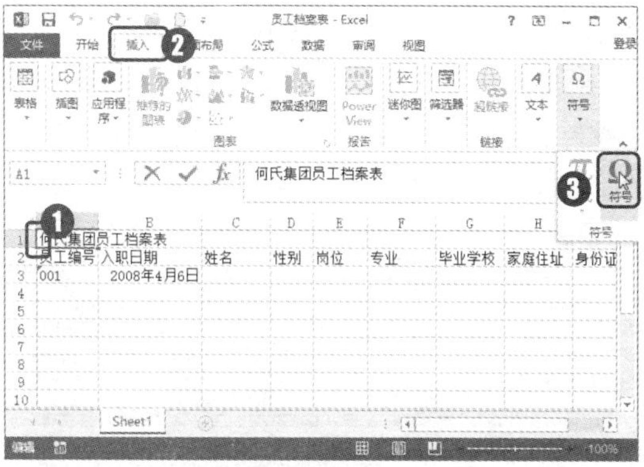

第 2 步：选择并插入符号。

打开“符号”对话框，❶选择需要的字体；❷选择需要插入的符号；❸单击“插入”按钮；❹单击“关闭”按钮，如下图所示。

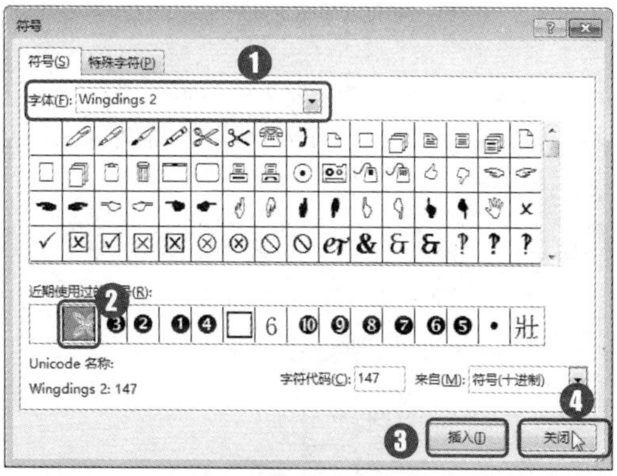

第 3 步：重复操作插入特殊符号。

将光标定位至标题文本末尾，重复操作第 1 步和第 2 步，为标题添加特殊符号，效果如下图所示。

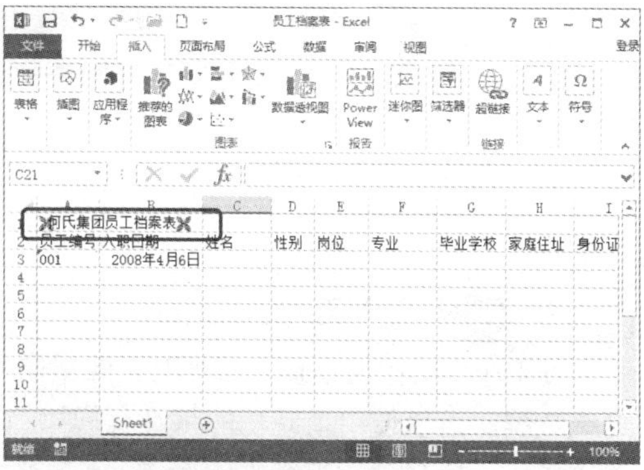

高手点拨

使用快捷键输入符号

按 Alt+215 可以快速输入乘号“×”；按 Alt+41420 快速输入打勾“√”；按 Alt+41409 快速输入打叉“×”；按 Alt+41446 快速输入摄氏度“℃”；按 Alt+247 快速输入除号“÷”；按 Alt+128 快速输入欧元符号；按 Alt+137 快速输入千分号“‰”；按 Alt+153 快速输入商标(TM)；按 Alt+165 快速输入人民币“¥”；按 Alt+177 快速输入正负符号“±”；按 Alt+178 快速设置上标“2”；按 Alt+179 快速设置上标“3”；按 Alt+185 快速输入上标“1”；按 Alt+186 快速输入上标“º”；按 Alt+189 快速输入“1/2”。

3. 快速输入相同内容

在输入内容时，如果要输入的数据在多个单元格中都是相同的，此时可以同时在这些单元格中输入内容。具体操作步骤如下。

第 1 步：选择单元格并输入内容。

❶选择要输入相同内容的多个单元格或单元格区域；❷在一个单元格中输入数据，如下图所示。

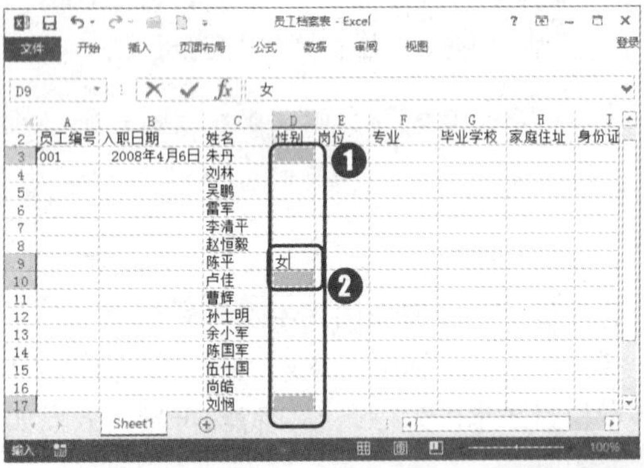

第 2 步：显示执行输入内容的效果。

输入完数据后，按【Ctrl+Enter】组合键，即可在多个单元格中一次性输入相同的内容，效果如下图所示。

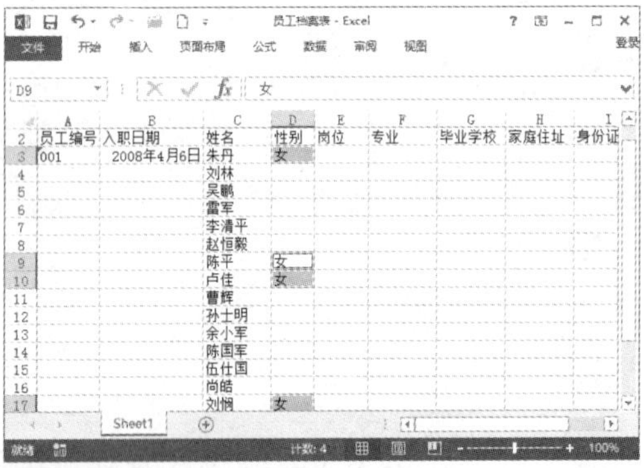

高手点拨　如何选择多个不相邻的单元格

如果需要在多个不相邻的单元格中输入相同内容，需要先选中一个单元格，然后按住【Ctrl】键不放，再继续选择其他单元格即可。

4. 使用填充的方式快速输入

在 Excel 工作表中输入数据时，经常需要输入一些有规律的数据（如月份、星期），对于这些数据，可以使用填充功能将具有规律的数据填充到相应的单元格。具体操作步骤如下。

第 1 步：执行自动填充数据的操作。

❶选择 A3 单元格；❷将鼠指针标移至右下角，指针变成“+”时，按住左键不放拖动向下填充至 A17，如下图所示。

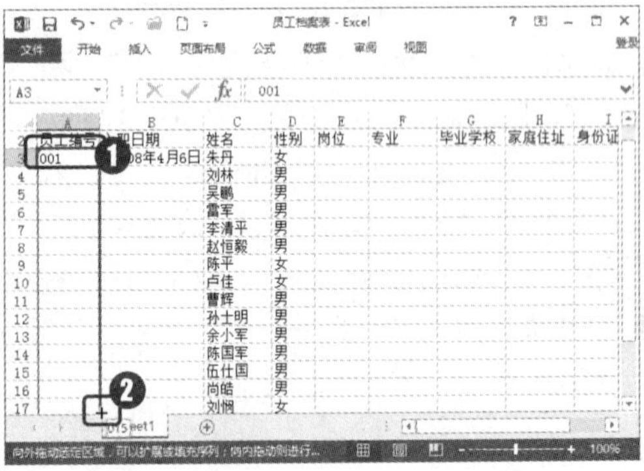

第 2 步：显示填充数据的效果。

经过上步操作后，填充员工编号效果如下图所示。

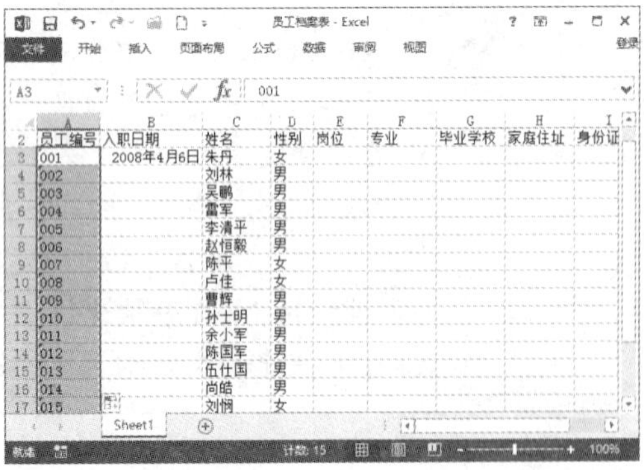

5. 设置行高与列宽

新建的工作表中，每个单元格的行高与列宽是固定的，但在实际表格制作时，可能会在一个单元格中输入较多内容，导致文本或数据不能正确地显示出来，这时就需要适当调整单元格的行高或列宽了。具体操作步骤如下。

第 1 步：执行自动调整列宽命令。

继续输入表格中的其他数据，在输入过程中可结合前面介绍的输入方法加快输入速度。❶选择 A:K 列，单击“单元格”工作组中“格式”按钮；❷单击“自动调整列宽”命令，如下图所示。

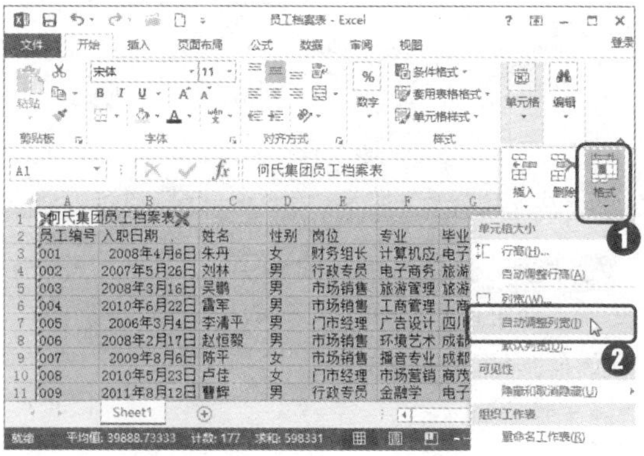

第 2 步：拖动调整列宽。

鼠标指针移至 A 列上，当指针变成“✛”时，拖动调整列宽，如下图所示。

第 3 步：执行行高命令。

❶选择 1:17 行，单击“单元格”工作组中的“格式”按钮；❷单击“行高”命令，如下图所示。

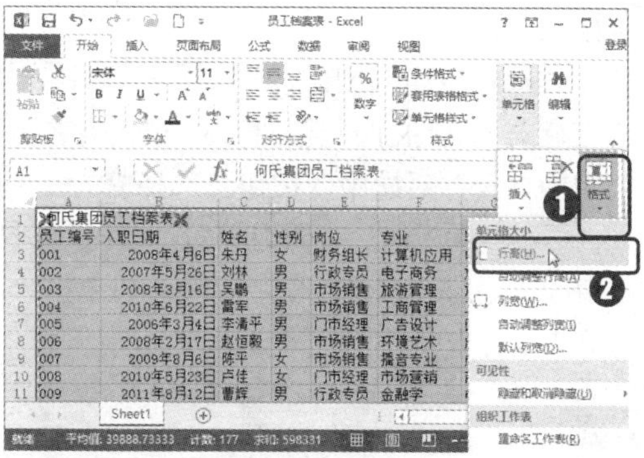

第 4 步：输入行高值。

❶打开“行高”对话框，在“行高”框中输入高度值；❷单击“确定”按钮，如下图所示。

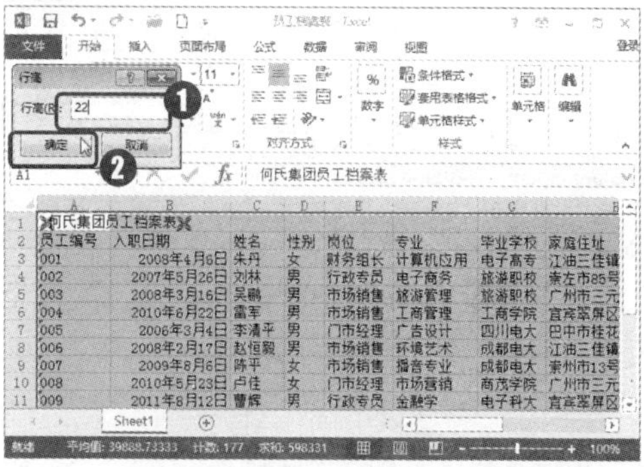

第 5 步：显示设置行高和列宽的效果。

经过以上操作，设置表格的行高和列宽，效果如下图所示。

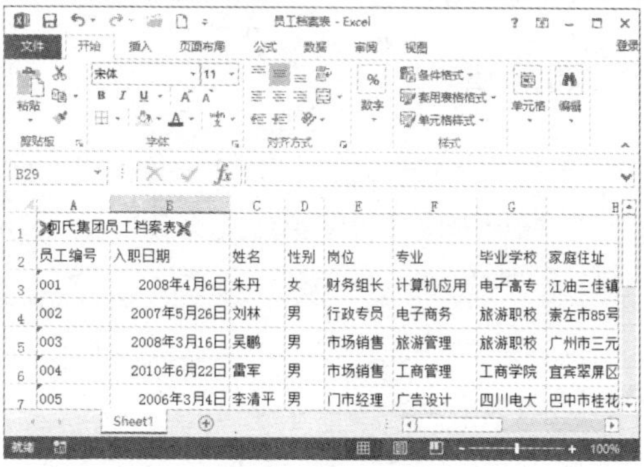

6. 隐藏与显示行列

通过对行和列隐藏，可以有效地保护行和列内的数据不被误操作。在 Excel 2013 中，用户可以使用“隐藏”命令隐藏行或列，使用“取消隐藏”命令使行或列再次显示。具体操作方法如下。

第 1 步：执行隐藏列命令。

❶选择 A1:K1 单元格区域，单击对齐方式组中的“合并后居中”按钮。选择 B、G、H 列，单击“单元格”工作组中的“格式”按钮；❷指向“隐藏和取消隐藏”命令；❸单击“隐藏列”命令，如下图所示。

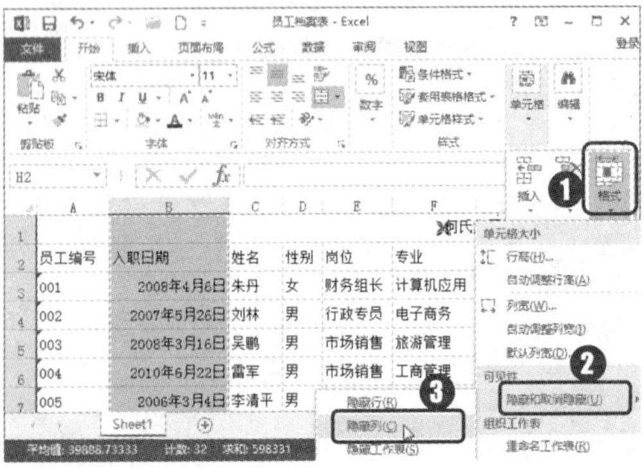

第 2 步：执行取消列的操作。

将鼠标指针移至隐藏的列线上，鼠标指针变成“⟺”，如下图所示。

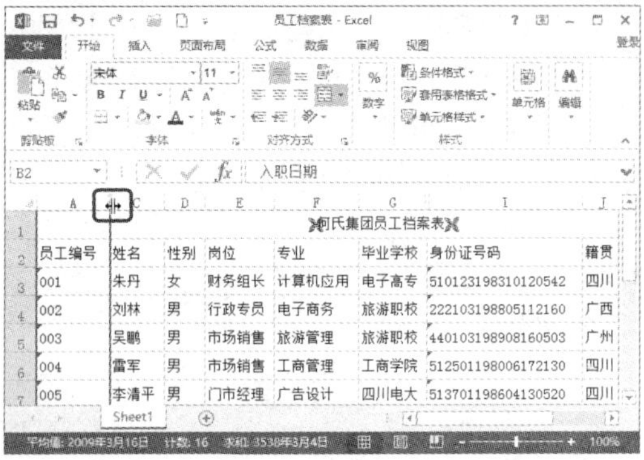

第 3 步：执行取消隐藏命令。

❶单击鼠标右键；❷单击“取消隐藏”命令，如下图所示。

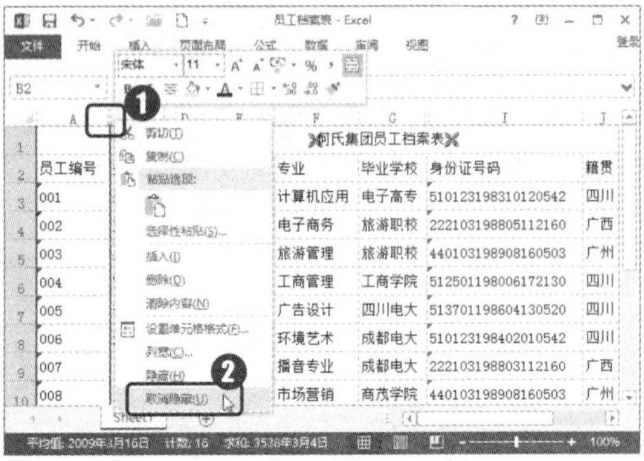

案例 04 标记差旅报销单

◇ 案例概述

差旅费报销单是日常办公中必备的单据，为了让填制人员正确填写，可以使用批注进行提示，标记差旅费报销单的最终效果如下图所示。

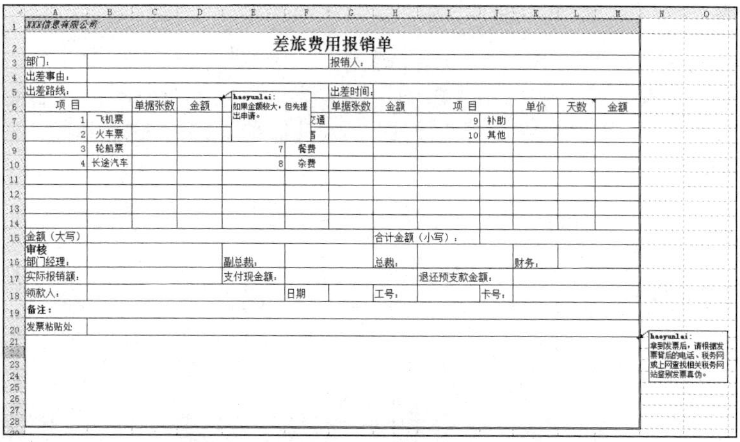

	素材文件：光盘\素材文件\第 1 章\案例 04\差旅报销单.xlsx
	结果文件：光盘\结果文件\第 1 章\案例 04\差旅报销单.xlsx
	教学文件：光盘\教学文件\第 1 章\案例 04.mp4

◇ 制作思路

在 Excel 中对“差旅报销单”进行标记的流程与思路如下所示。

一 **在表格中插入批注：**制作好差旅报销单后，行政人员须告知填单人的要求，可以使用批注的方式。

二 **显示与隐藏批注：**如果在表格中插入多个批注，全部显示出来会让界面很乱，为了美观，可以将批注隐藏起来。

三 **冻结工作簿窗口：**为了让表格前面的内容不随表格后翻而发生变化，需要冻结工作簿窗口。

四 **保护工作簿：**为了保证工作簿结构的安全性，可以使用密码的方式进行加密，让其他浏览者只能翻阅，不能修改整体结构。

◇ 具体步骤

公司会根据会计提出的要求，完善差旅报销单的编制。因此，各员工在填写差旅报销单时需要根据查看批注的提示内容，避免出错，报账不及时，耽误会计报表的编制。为了不影响填写单据，可使用冻结窗格的方式将首行进行冻结。

1. 在表格中插入批注

在 Excel 中编辑数据时，如果需要为单元格的数据添加注释或提示信息，为了不影响单元格中原有的数据信息，可以使用批注功能。具体操作步骤如下。

第 1 步：执行新建批注命令。

打开素材文件\第 1 章\案例 04\差旅报销单.xlsx，❶选择 A20 单元格；❷单击“审阅”选项卡；❸单击“批注”工作组中“新建批注”按钮，如下图所示。

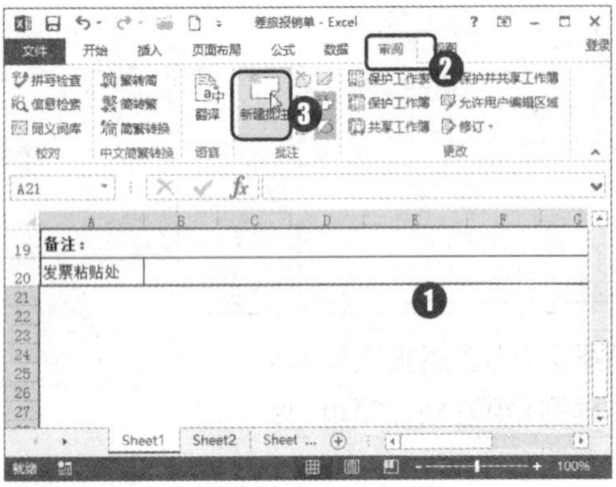

第 2 步：输入批注信息。

插入批注后，在批注框中输入相关的文本信息，如下图所示，然后使用相同的方法为其他单元格添加批注。

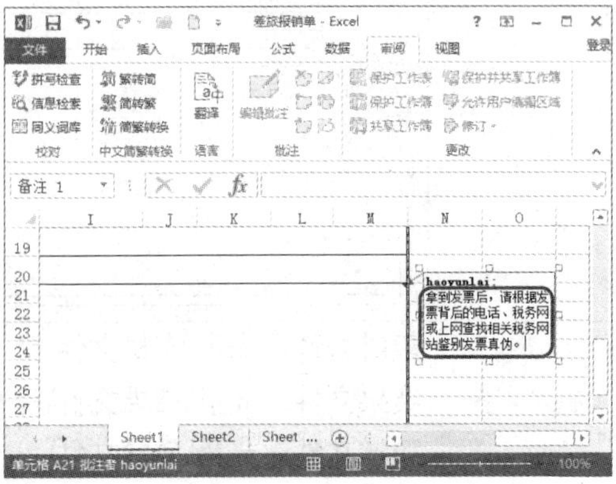
haoyunlai:
拿到发票后，请根据发票背后的电话、税务网或上网查找相关税务网站鉴别发票真伪。

高手点拨　删除批注

浏览完表格中的数据，清楚批注的内容后，为了让表格更加规范，可以删除批注。其方法是，选中包含批注的单元格，单击鼠标右键，弹出快捷菜单中选择“删除批注”命令即可。

2. 显示与隐藏批注

在单元格中添加了批注后，直接显示在页面中，会影响整个表格的美观，因此，用户可以对批注进行显示或隐藏。具体操作步骤如下。

第 1 步：执行显示所有批注命令。

如果当前的批注信息是显示状态，单击“批注”工作组中“显示所有批注”按钮，将隐藏所有的批注信息，如下图所示。

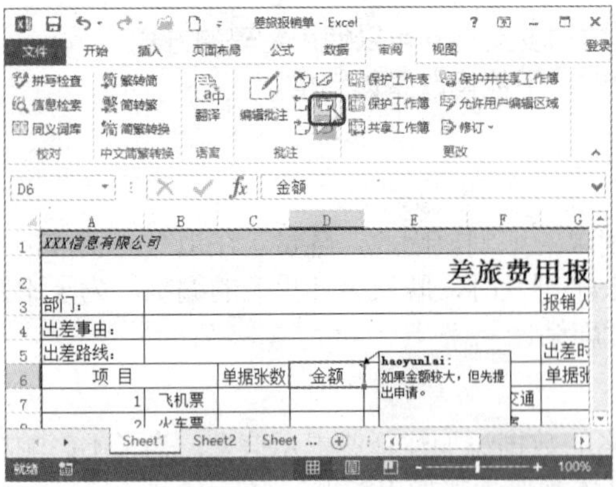
haoyunlai:
如果金额较大，但先提出申请。

第 2 步：执行显示/隐藏批注命令。

❶如果需要将某个单元格的批注显示出来，则需要选中该单元格，如 D6 单元格；❷单击“批注”工作组中“显示/隐藏批注”按钮，如下图所示。

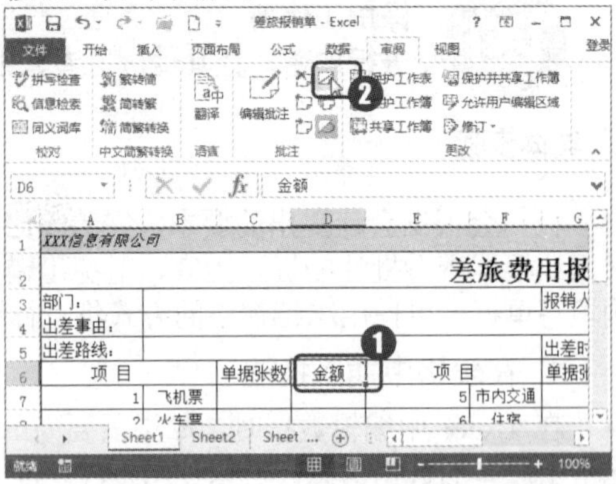

3. 冻结工作簿窗口

如果工作表中的数据比较多，在浏览数据时，要保持标题行不变，可用 Excel 提供的冻结窗格功能，将表格的字段项目（标题行）设置为始终可见。冻结窗口的具体操作如下。

第 1 步：执行冻结首行命令。

❶单击“视图”选项卡；❷单击“窗口”工作组中“冻结窗格”按钮；❸单击“冻结首行”命令，如下图所示。

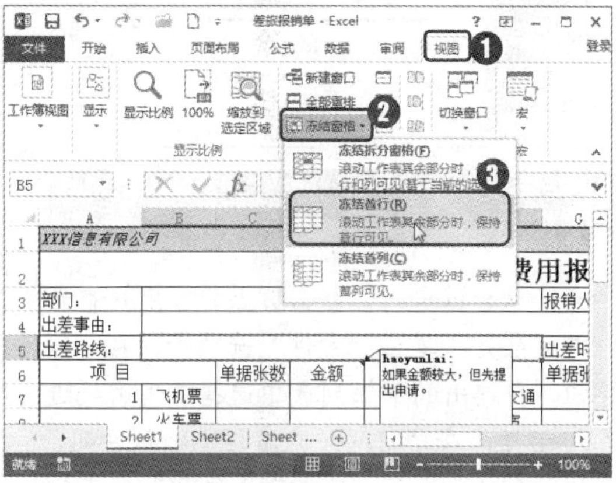

第 2 步：显示冻结效果。

冻结窗格后，拖动滚动条向下查看数据，首行不变，效果如下图所示。

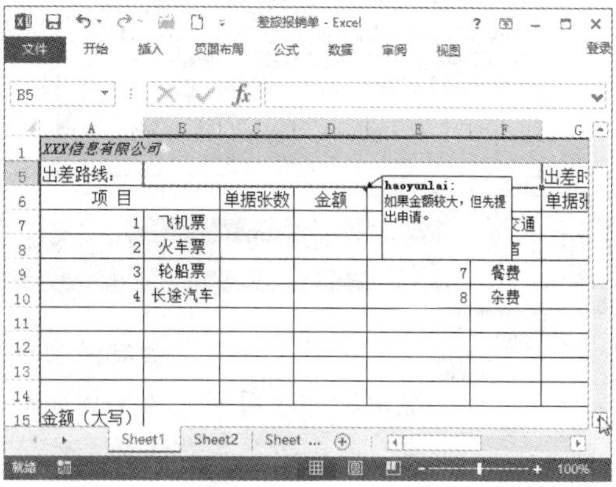

4. 保护工作簿

如果要对工作簿中工作表的个数、工作表位置以及窗口排列方式进行保护，则可以使用“保护工作簿”命令。具体操作步骤如下。

第 1 步：执行保护工作簿命令。

❶单击“审阅”选项卡；❷单击“更改”工作组中“保护工作簿”按钮，如下图所示。

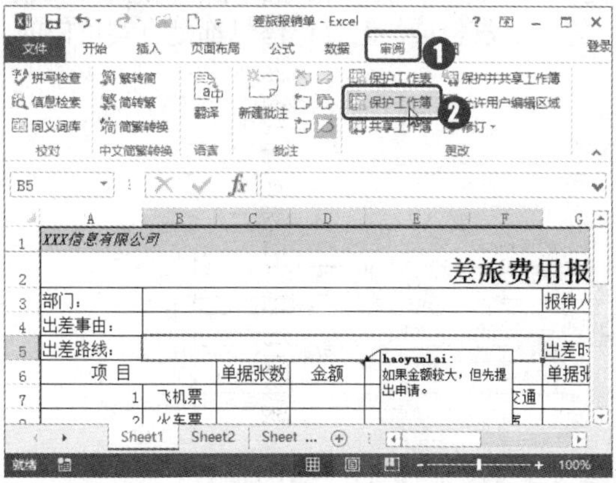

第 2 步：选择保护内容及输入密码。

打开“保护结构和窗口”对话框，❶选中“结构”复选框；❷输入密码，如“123”；❸单击“确定”按钮，如下图所示。

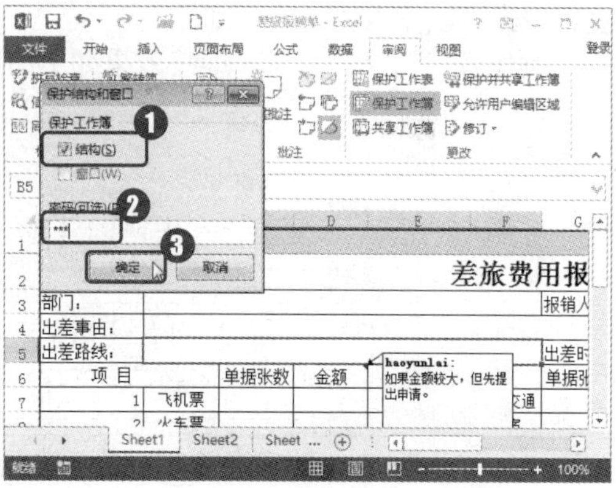

第 3 步：输入确认密码。

打开“确认密码”对话框，❶在“重新输入密码”框中再次输入设置的密码；❷单击“确定”按钮，如下图所示。

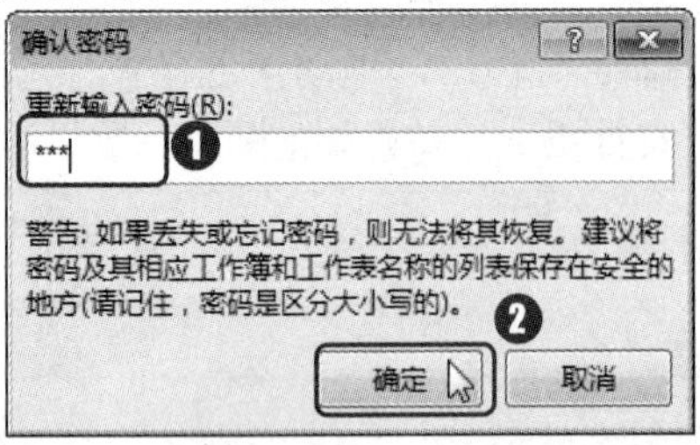

第 4 步：查看保护工作簿的效果。

单击“文件”菜单，在“信息”面版中即可看到保护工作簿的效果，如下图所示。

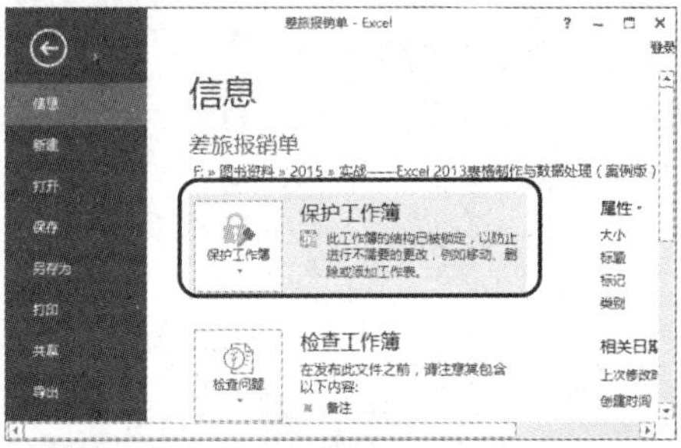

知识拓展　如何为工作簿加密

如果工作簿中含有保密数据，为了对数据进行保护，防止非法用户查看数据，可以用密码为工作簿加密。其方法是：单击“文件”选项卡，在“信息”面版中单击“保护工作簿”按钮，在弹出的下拉列表中选择“用密码进行加密”命令，打开“加密文档”对话框，在“密码”文本框中输入密码，单击“确定”按钮，打开“确认密码”对话框，在“重新输入密码”文本框中再次输入密码，然后单击“确定”按钮即可完成加密操作。

案例 05　制作客户信息登记表

◇ 案例概述

在企业中，登记表是比较常用的一个表格类型，来访客户可以根据制作的信息登记表进行资料填写。因此，登记表是可以作为工作范围的一个备忘录，但登记信息都是真实可信的，登记表也可以作为凭证的一部分。

制作客户信息登记表，最终效果如下图所示。

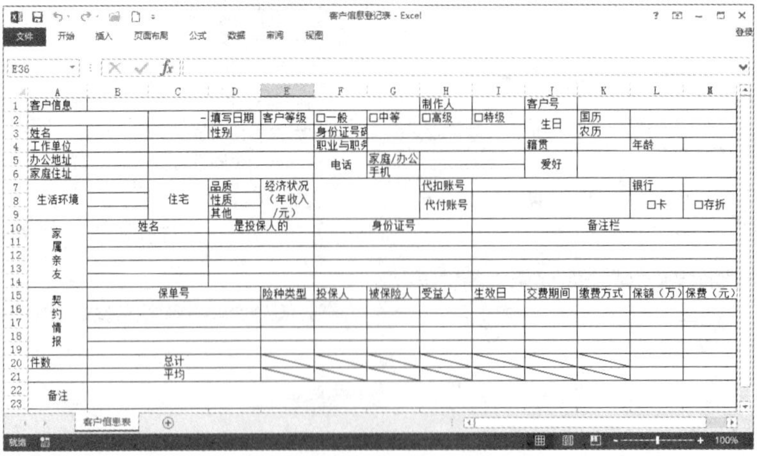

素材文件：无
结果文件：光盘\结果文件\第 1 章\案例 05\客户信息登记表.xlsx
教学文件：光盘\教学文件\第 1 章\案例 05.mp4

◇ **制作思路**

在 Excel 中制作“客户信息登记表”的流程与思路如下所示。

一 **制作登记表的信息**：启动 Excel 2013，在空白工作簿中输入客户信息登记表的相关信息。

二 **插入与删除行/列/工作表**：在输入表格的基本信息时，若有输入漏掉的信息，可以插入行/列进行添加，根据需要也可以插入工作表。

三 **设置单元格的有效性**：为了在单元格中输入的数据位数不出错，可以使用数据有效性进行控制。

四 **隐藏与保护工作表**：在工作簿中允许制作多张工作表进行描述问题，显示时需要将部分表格隐藏起来，为了表格的安全性，可以加密。

◇ **具体步骤**

在制作登记表时，需要录入与编辑数据，对单元格进行设置等操作。在本案例中会应用到录入数据、合并单元格、添加边框、设置对齐方式、自定义数据类型、插入与行/列/工作表等相关知识。

1. 制作登记表

登记表根据公司性质不同，制作的表格会有所差异。下面在 Excel 表格中制作客户信息登记表。具体操作如下。

第 1 步：保存文档。

启动 Excel 2013，将创建的工作簿保存至结果文件中，如下图所示。

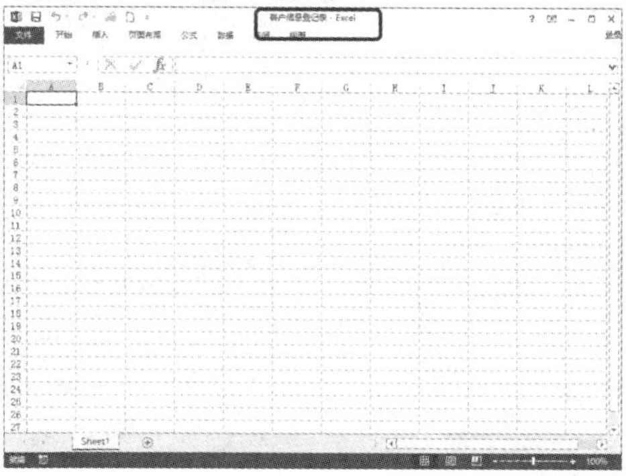

第 2 步：输入表格信息。

在 A1:M16 单元格区域中输入表格的基本信息，如下图所示。

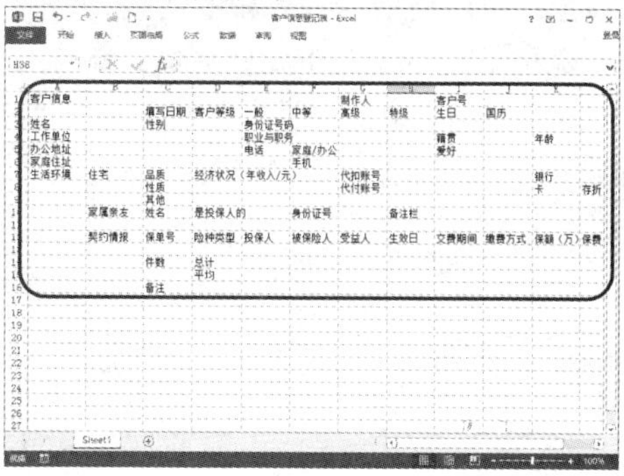

第 3 步：执行合并后居中命令。

❶选择 B1:F1 单元格区域；❷单击“对齐方式”工作组中的“合并后居中”按钮，如下图所示。

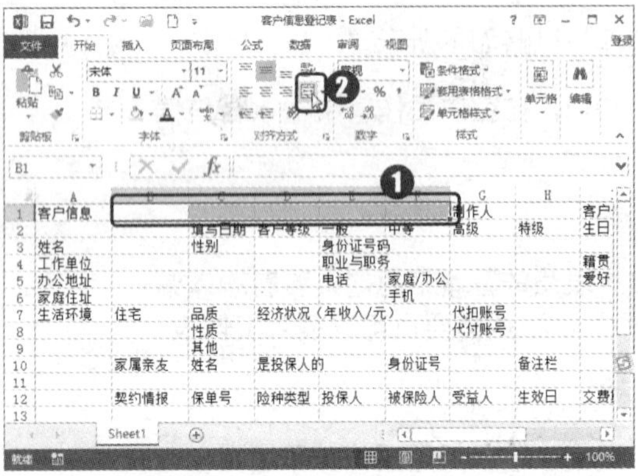

第 4 步：执行自动换行命令。

重复操作第 3 步，合并其他单元格，❶选中 D7 单元格；❷单击“对齐方式”工作组中的“自动换行”按钮，如下图所示。

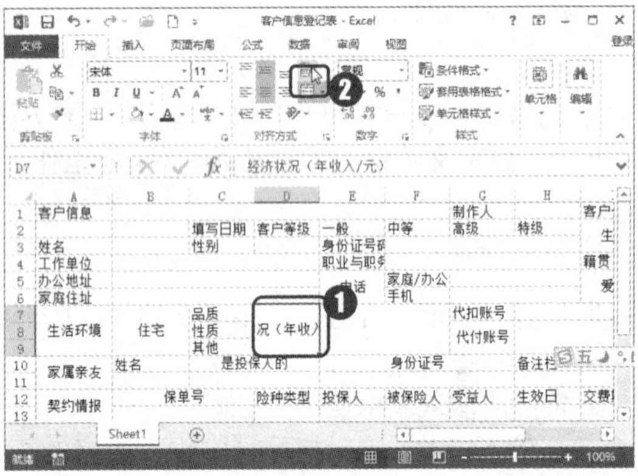

第 5 步：执行对话框开启命令。

❶选择 A10:A12 单元格区域；❷单击“对齐方式”工作组中的对话框开启按钮，如下图所示。

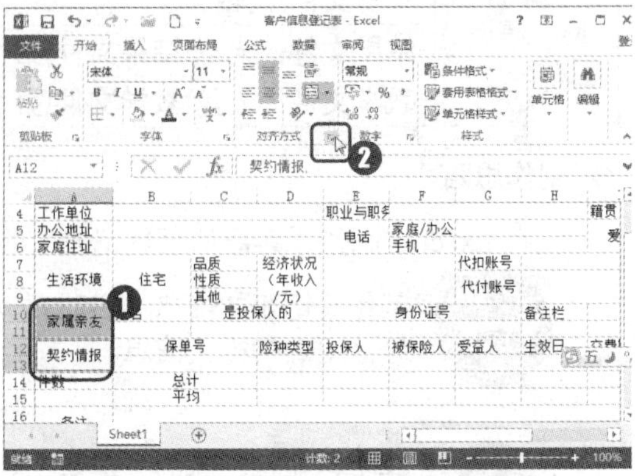

第 6 步：设置文本方向。

❶选择竖排方向；❷单击“确定”按钮，如下图所示。

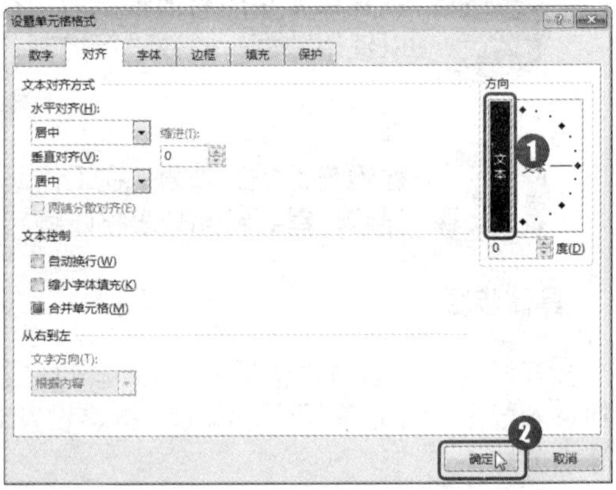

第 7 步：执行对话框开启命令。

❶在 B2 单元格输入公式“=A2”，按【Enter】键确认，再选中 B2 单元格；❷单击“数字”工作组中的对话框开启按钮，如下图所示。

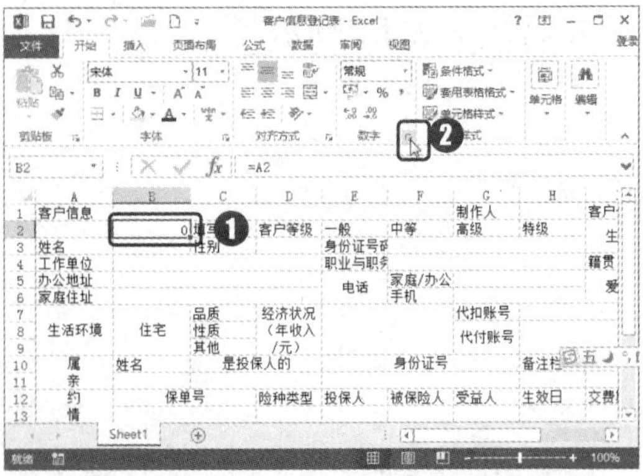

第 8 步：设置自定义类型。

打开“设置单元格格式”对话框，❶单击“数字”选项卡中“分类”的“自定义”选项；❷在“类型”框中输入定义的类型；❸单击“确定”按钮，如下图所示。

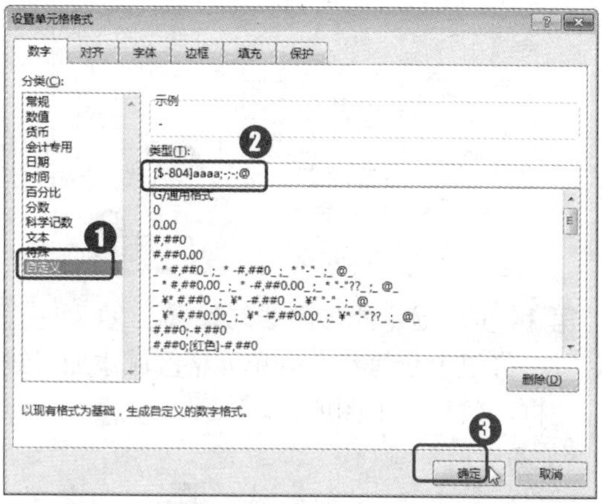

高手点拨

输入的单元格的类型是什么意思

在“设置单元格格式”对话框的“自定义”选项的“类型”文本框中输入“[$-804]aaaa;-;-;@”，表示在 A2 单元格中输入日期后，B2 单元格中根据自定义的类型，会自动计算出是星期几。

第 9 步：执行符号命令。

❶将文本插入点定位于标题文字前；❷单击“插入”选项卡；❸单击“符号”工作组中的“符号”按钮，如下图所示。

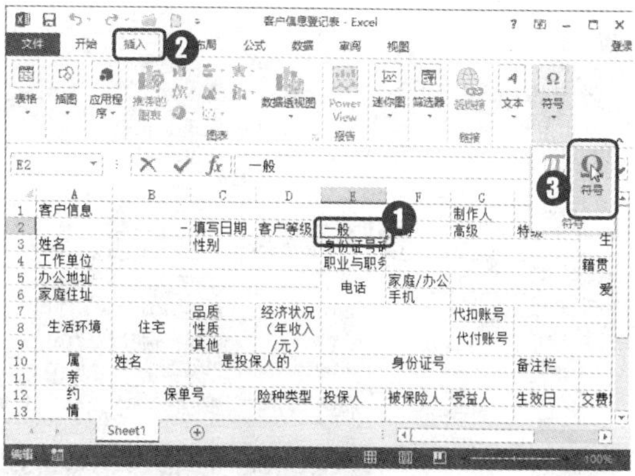

第 10 步：选择并插入方框符号。

打开“符号”对话框，❶选择需要的字体；❷选择需要插入的符号；❸单击“插入”按钮；❹单击“关闭”按钮，如下图所示。重复操作第9步和第10步为其他需要方框符号的单元格添加方框。

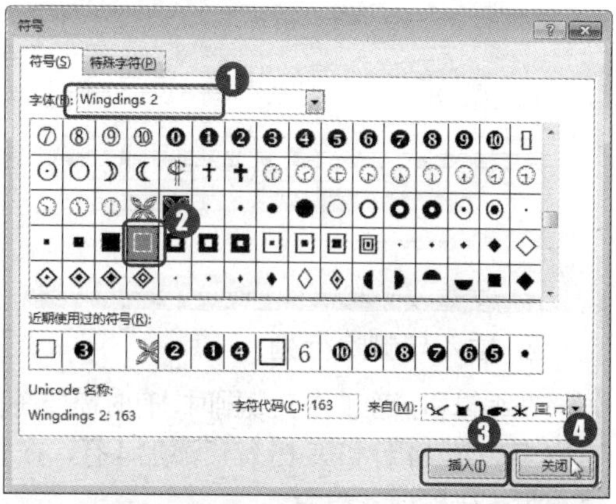

第 11 步：执行所有框线命令。

❶选择 A1:L16 单元格区域；❷单击“下框线”右侧的下拉按钮；❸单击“所有框线”命令，如下图所示。

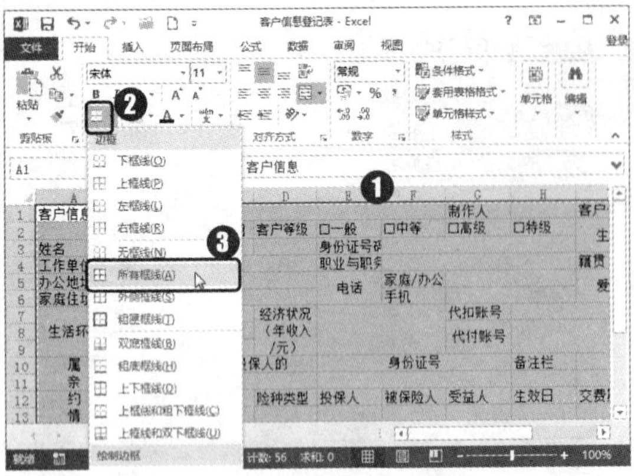

第 12 步：执行对话框开启命令。

❶选择 D14:J15 单元格区域；❷单击“字体”工作组中的对话框开启按钮，如下图所示。

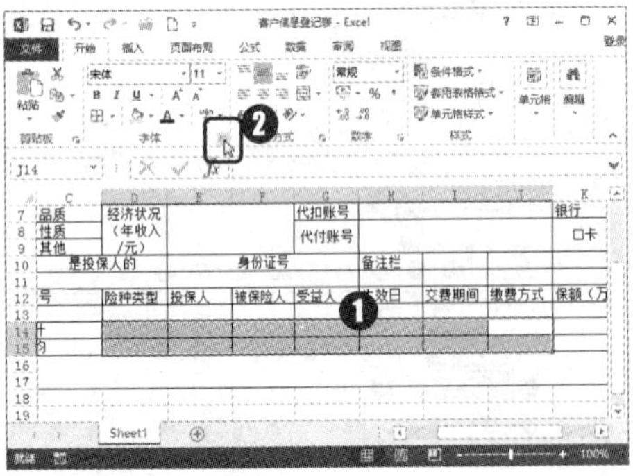

第 13 步：执行斜线命令。

打开“设置单元格格式”对话框。❶单击“边框”选项卡；❷单击“斜线”按钮；❸单击“确定”按钮，如下图所示。

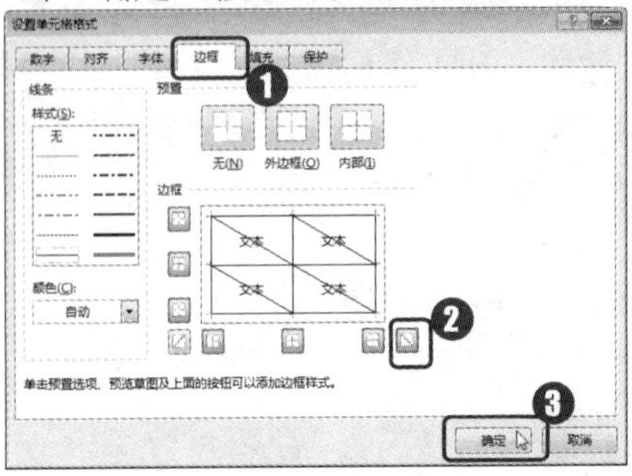

第 14 步：显示添加斜线的效果。

经过上步操作，为单元格区域添加斜线边框，效果如下图所示。

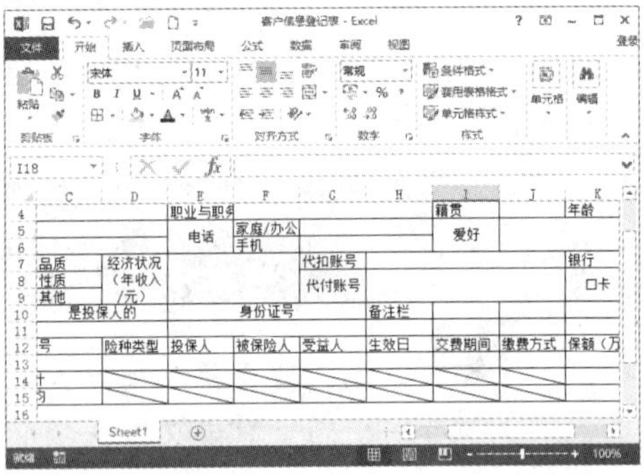

2. 插入与删除行列

在编辑和管理工作表数据时，有时需要在表格数据区域中增加或删除整行。例如，在第 11 行、第 12 行、第 14 行和第 15 行后添加 4 行，在 B 列前插入两列和删除 C 列。具体操作步骤如下。

第 1 步：执行插入命令。

❶选择第 11 行和第 13 行，单击鼠标右键；❷单击“插入”命令，如下图所示。

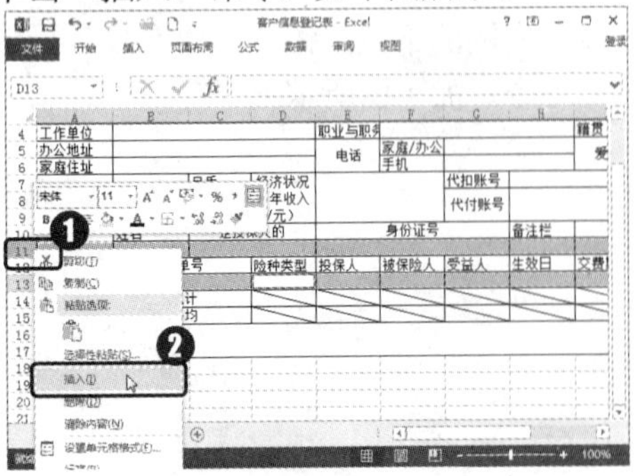

第 2 步：执行插入命令。

❶选择第 11 行、第 12 行、第 14 行和第 15 行，单击鼠标右键；❷单击“插入”命令，如下图所示。

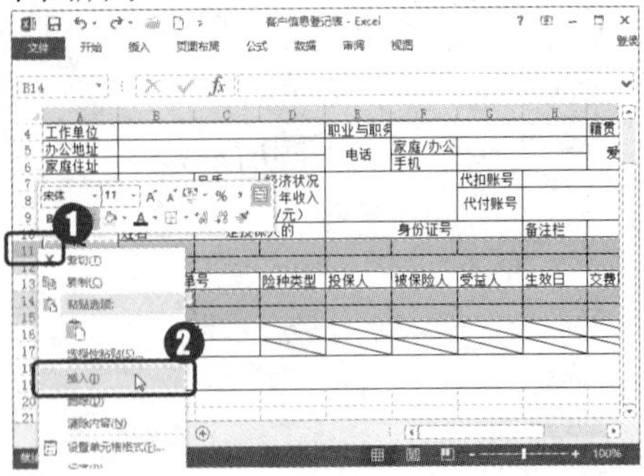

第 3 步：执行插入列的操作。

❶选择 B 和 C 两列，单击鼠标右键；❷单击“插入”命令，如下图所示。

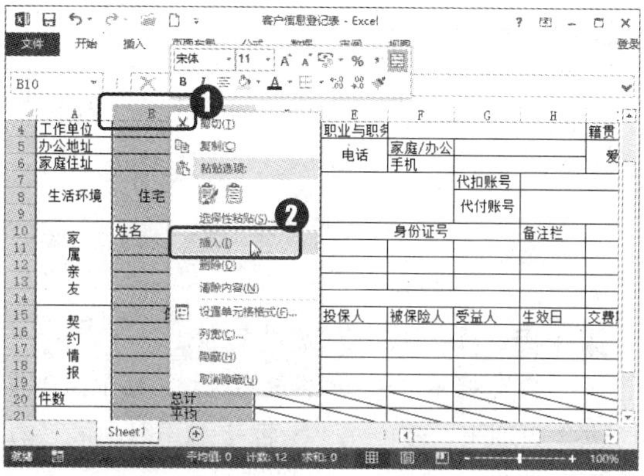

第 4 步：执行删除列的操作。

❶选择 C 列，单击鼠标右键；❷单击“删除”命令，如下图所示。

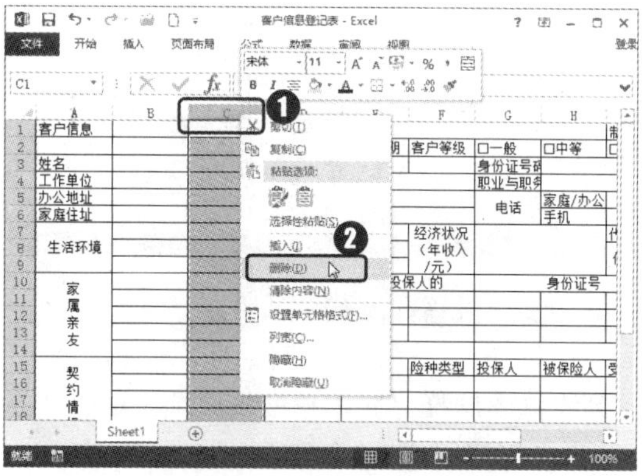

第 5 步：执行合并后居中命令。

❶选择 B10 和 C10 单元格；❷单击“对齐方式”工作组中的“合并后居中”按钮，如下图所示。

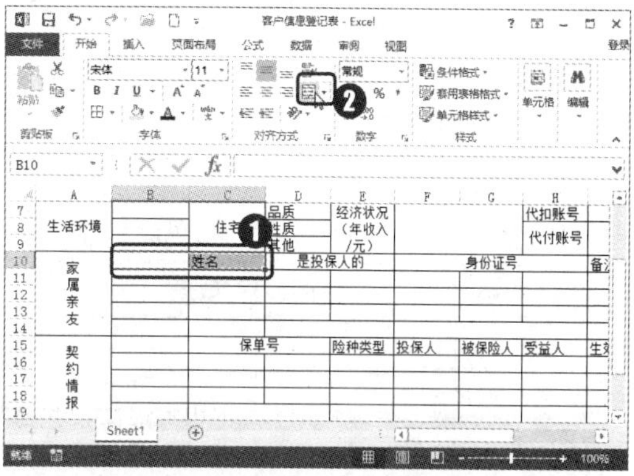

第 6 步：显示插入行和列的效果。

重复操作第 5 步，将其他需要合并的单元格合并，最终效果如下图所示。

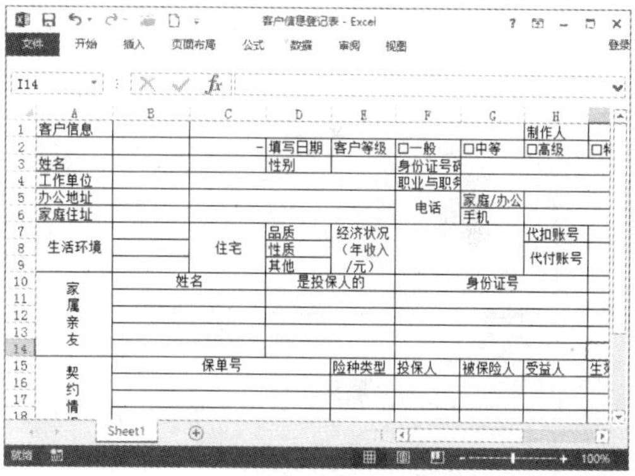

3. 设置单元格数据有效性

在输入表格数据时，为了防止输入的数据出错，可以对单元格区域进行数据有效性设置，从而让 Excel 自动验证输入数据的正确性。

例如，在本案例中设置“代扣账号”“代付账号”为 19 位的数字和“身份证号”为 18 位文本长度，根据设置的文本长度，输入相关的提示信息。具体操作步骤如下。

第 1 步：执行数据有效性命令。

❶选择 I7:I9 单元格区域；❷单击“数据”选项卡；❸单击“数据工具”组中的“数据验证”按钮，如下图所示。

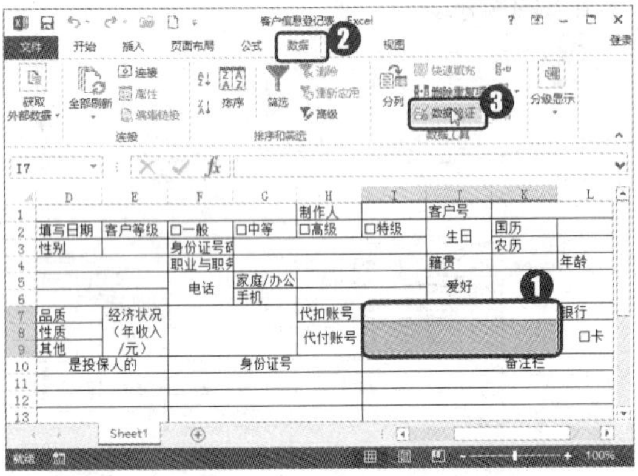

第 2 步：设置数据验证条件。

打开“数据验证”对话框，❶在“允许”列表框中选择“文本长度”选项；❷在“数据”列表框中选择“等于”选项；❸在“长度”框中输入值；❹再单击“确定”按钮，如下图所示。

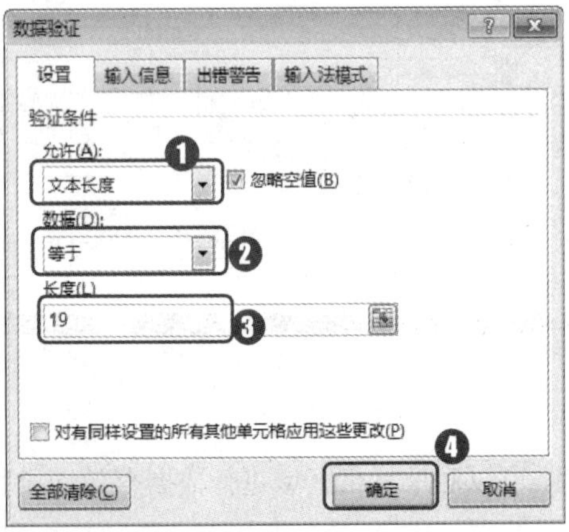

第 3 步：输入提示信息。

❶单击“输入信息”选项卡；❷在“标题”和“输入信息”框中输入提示信息；❸单击“确定”按钮，如下图所示。

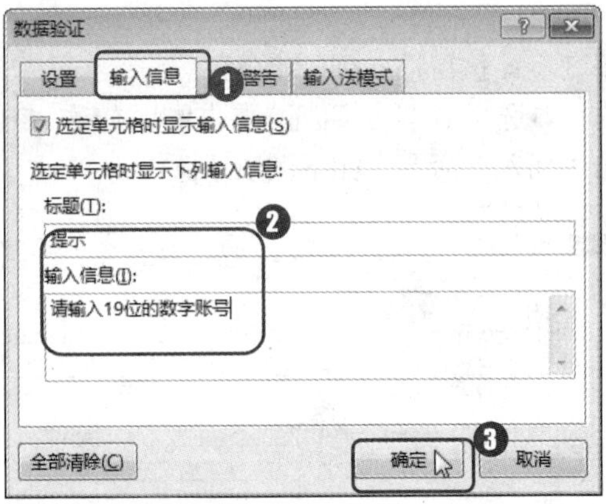

第 4 步：执行数据有效性命令。

❶选择 F11:F14 单元格区域；❷单击“数据”选项卡；❸单击“数据工具”组中的“数据验证”按钮，如下图所示。

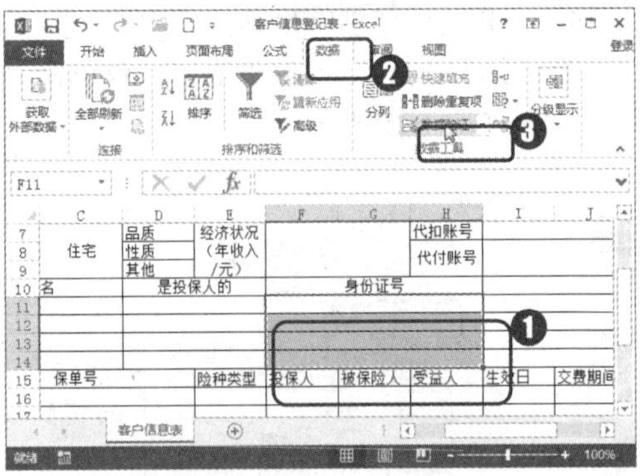

第 5 步：设置数据验证条件。

打开“数据验证”对话框，❶在“允许”列表框中选择“文本长度”选项；❷在“数据”列表框中选择“等于”选项；❸在“长度”框中输入值，如下图所示。

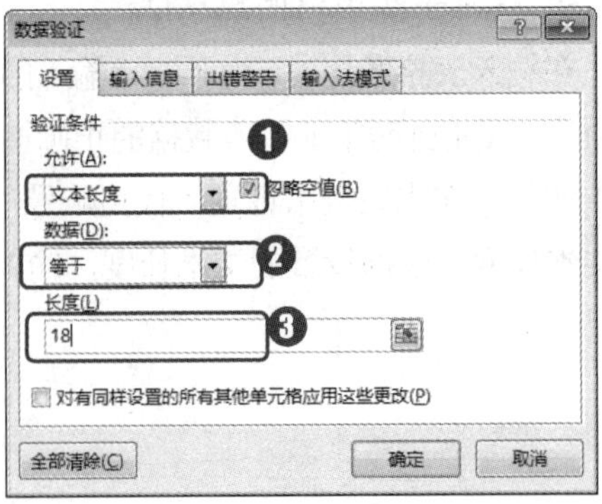

第 6 步：输入提示信息。

❶单击“输入信息”选项卡；❷在“标题”和“输入信息”框中输入提示信息；❸单击“确定”按钮，如下图所示。

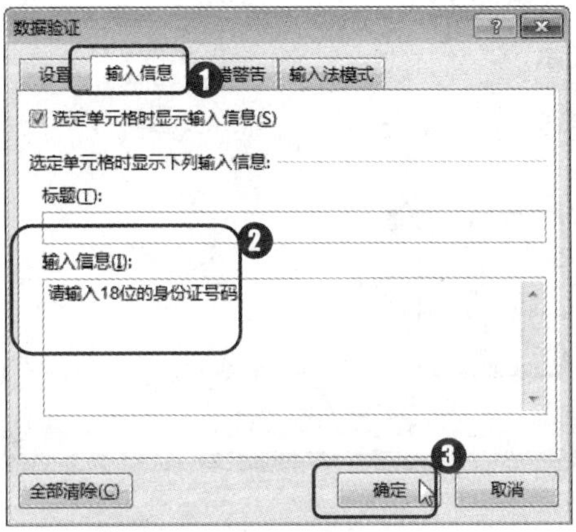

第 7 步：设置单元格数据类型。

❶选择 I7:I9 和 F11:F14 单元格区域；❷单击“常规”右侧的下拉按钮；❸单击“文本”命令，如下图所示。

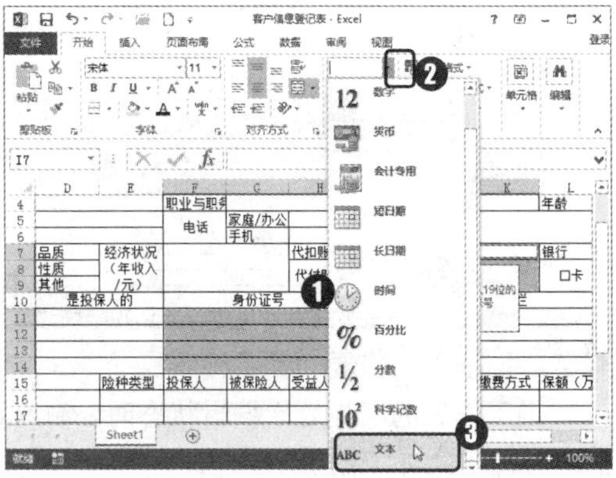

4. 插入/删除工作表

在新建的 Excel 空白工作簿中，默认只有一张工作表，在制作时，根据需要可以插入/删除工作表。在本例中，插入与删除工作表的方法如下。

第 1 步：执行插入工作表命令。

单击“Sheet1”工作表右侧“插入工作表”按钮⊕，插入 Sheet2 和 Sheet3 两张工作表，如下图所示。

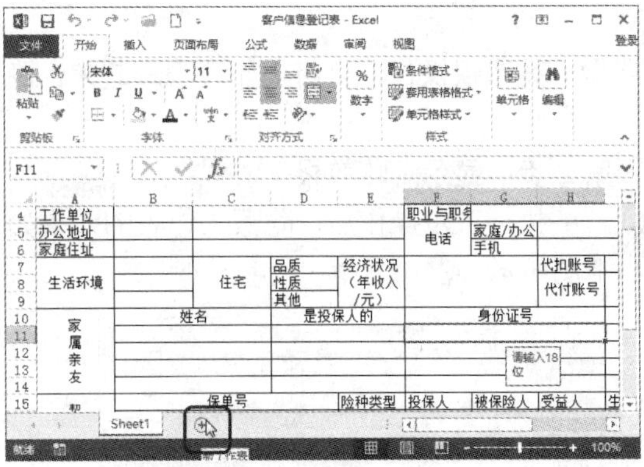

第 2 步：执行删除命令。

❶右击“Sheet3”工作表；❷单击“删除”命令，如下图所示。

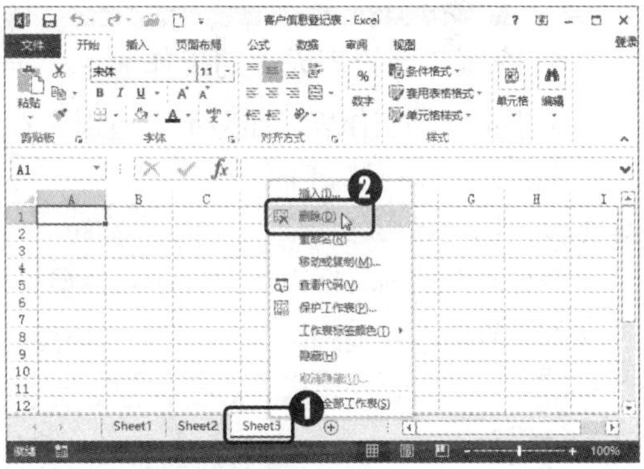

5. 对工作表进行重命名

当一个工作簿中的工作表较多时，为了区别不同的工作表，可以为不同的工作表设置更为容易区别和理解的名称。重命名工作表的方法如下。

第 1 步：执行重命名命令。

❶右击“Sheet1”工作表；❷单击“重命名”命令，如下图所示。

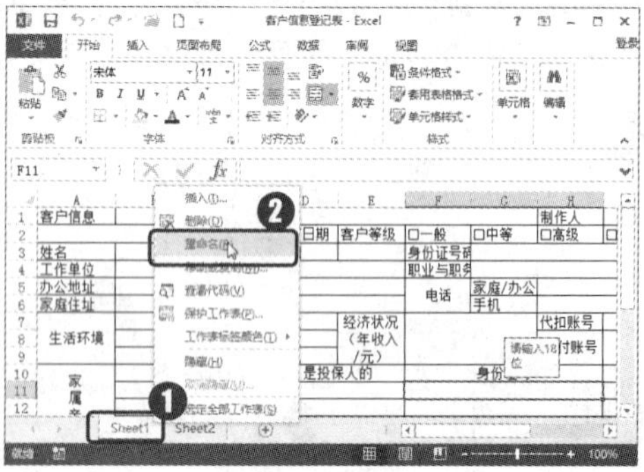

第 2 步：输入工作表的新名称。

当工作表的名称处于编辑状态时，输入新的名称即可，如下图所示。

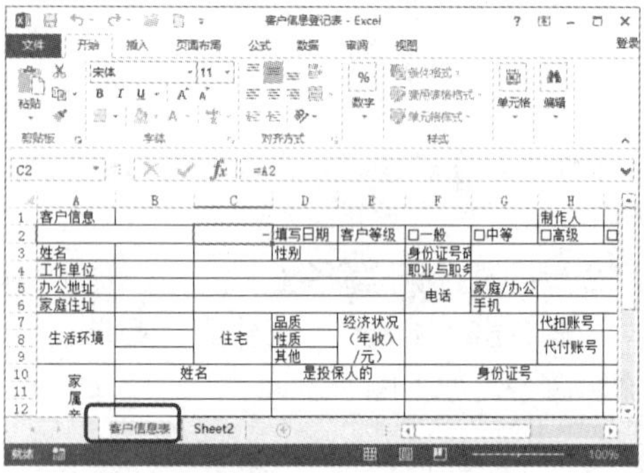

第 3 步：重命名“Sheet2”工作表并输入内容。

❶双击“Sheet2”工作表，输入新的工作表名称；❷在 A1:B9 单元格区域中输入工作表的新内容，如下图所示。

6. 隐藏与登记表无关的工作表

对于重要的工作表，如果不希望别人看到或做一些错误操作，可将工作表隐藏起来。隐藏工作表的操作方法如下。

第 1 步：执行隐藏命令。

❶右击“录制表格人员”工作表；❷单击“隐藏”命令，如下图所示。

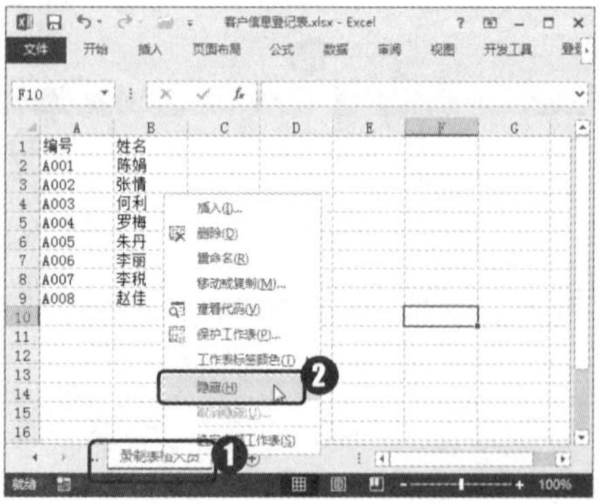

第 2 步：显示隐藏效果。

执行上步操作后，隐藏工作表的效果如下图所示。

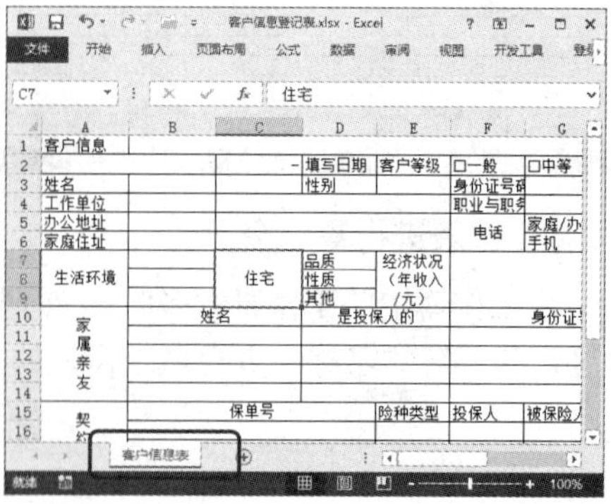

高手点拨

如何让工作表显示出来

将工作表隐藏后，可以通过格式命令功能显示出来。其方法为：单击“单元格”工作组中的“格式”按钮，指向“隐藏和取消隐藏”命令，单击“取消隐藏工作表”命令即可将隐藏的工作表显示出来。

7. 保护工作表

很多办公人员在编辑工作表的过程中，因为工作需要防止表格中的信息被修改，通常会用到保护工作表的操作。具体操作步骤如下。

第 1 步：执行保护工作表命令。

❶单击“审阅”选项卡；❷单击“更改”工作组中“保护工作表”按钮，如下图所示。

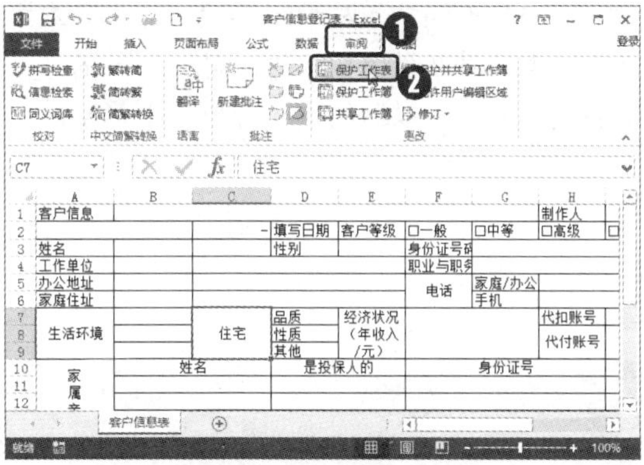

第 2 步：输入保护工作表的密码。

打开“保护工作表”对话框，默认情况下会选中“选定锁定单元格”和“选定未锁定的单元格”复选框，❶在“取消工作表保护时使用的密码”文本框中输入密码，如“123”；❷单击“确定”按钮，如下图所示。

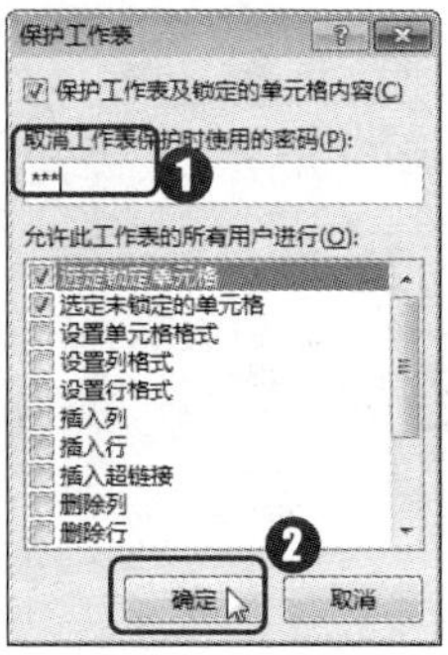

第 3 步：输入确认密码。

打开“确认密码”对话框，❶在“重新输入密码”文本框中输入密码；❷单击“确定”按钮，如下图所示。

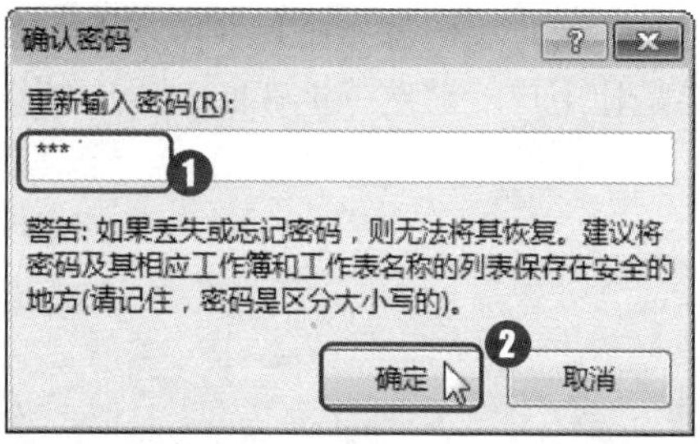

第 4 步：验证保护工作表。

设置完保护工作表后，操作工作表中任一单元格，会弹出“Microsoft Excel”提示框，单击“确定”按钮，如下图所示。

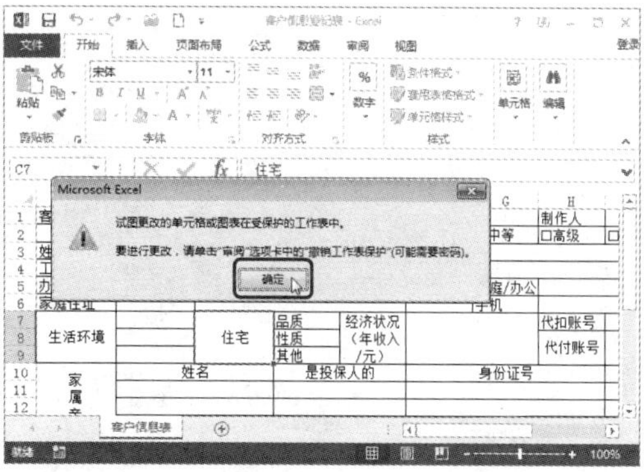

高手点拨

设置保护工作表可操作对象

Excel 默认情况下，单元格都是锁定状态，因此在保护工作表时，如果所有的单元格的内容、数据位置等都不允许修改时，那么就可以设置勾选默认的选项，再设置密码即可。

对保护的工作表，允许浏览者对表格进行筛选等操作，可以在“保护工作表”对话框“允许此工作表的所有用户进行”组中，拖动滚动条，勾选“使用自动筛选”复选框，然后在表格中选中单元格，单击鼠标右键，指向“筛选”命令，在下一级列表中选择需要的筛选命令即可。

本章小结

本章通过几个案例的讲解，介绍了 Excel 2013 中数据的录入与编辑知识。在学习本章内容时，一定要注意一些特殊数据的录入方法，如文本编号、长串数字等。学完本章内容，主要是让用户能够熟练地在 Excel 中制作出基础的数据表，为以后的数据分析打下基础。

第 2 章

让表格更漂亮
——设置与美化表格内容

本章导读：

制作表格不仅仅是输入数据和添加边框就完事了。一份完美的表格，除了录入数据信息外，还需要对表格的格式进行设置。本章主要介绍设置单元格、表格的格式及页面格式的相关内容。

知识要点：

★ 掌握输入表格信息与设置文本格式

★ 掌握合并单元格的操作

★ 掌握文本对齐方式

★ 掌握添加边框和底纹的方法

★ 掌握应用内置单元格样式

★ 掌握新建与修改样式的操作

案例效果

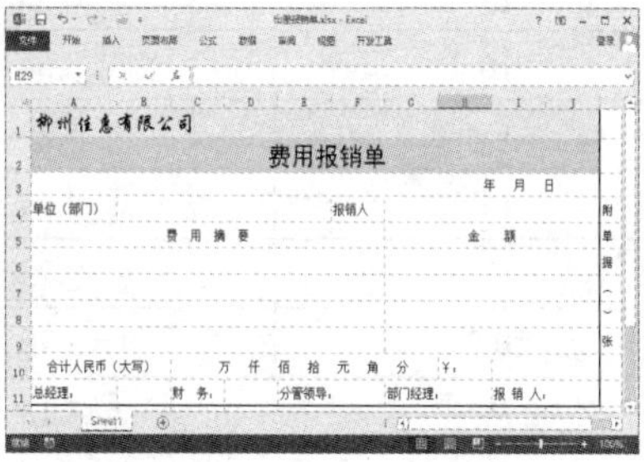

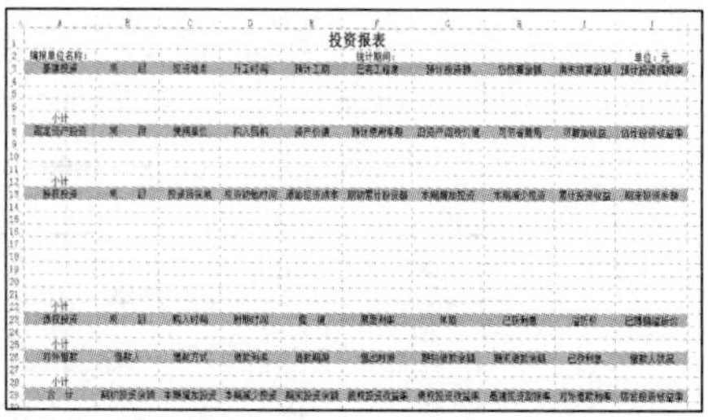

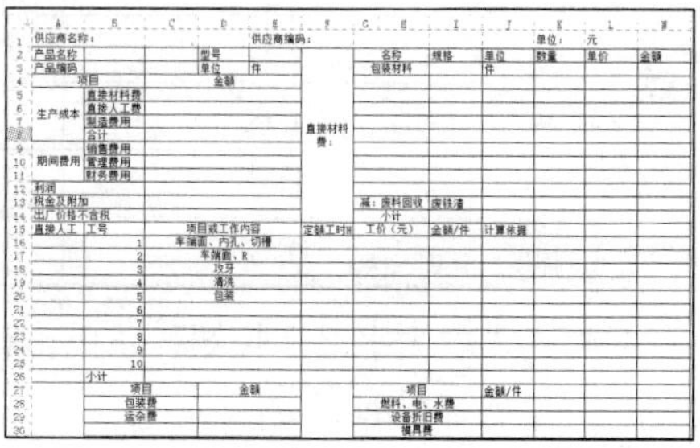

大师点拨——美化表格与打印表格的知识要点

表格不仅是存储数据的工具，更是用数据沟通的重要方式。数据的精准是表格质量的基石，而表格清晰易读则能让您的数据自己说话，大大提高数据的说服力。

要点 1 Excel 表格美化的几大内容

在 Excel 中，对表格进行美化操作，主要从以下几个方面进行。

1．字体格式设置

在 Excel 字体工作组中主要是对表格信息的字体、字号、加粗、倾斜、下划线、边框和底纹以及文字颜色进行设置。

- 字体 宋体 ：字体是指某种语言字符的样式。在日常行文中，对字体的固定格式是有要求的，如黑体主要用于表格标题，以及需要突出显示的文字内容。宋体或仿宋体主要用于常规的表格内容的字体格式。
- 字号 11 ：字号是指字符的大小。在 Excel 中字号都是以磅值大小进行设置的，用户也可以根据自己的需要对比设置字号大小。下表为 Word 与 Excel 字号对照表。

Word 字号	Excel 字号/磅	尺寸大小/mm
初号	42	14.82
小初	36	12.70
一号	26	9.17
小一	24	8.47
二号	22	7.76
小二	18	6.35
三号	16	5.64
小三	15	5.29
四号	14	4.94
小四	12	4.23
五号	10.5	3.70
小五	9	3.18
六号	7.5	2.56
小六	6.5	2.29
七号	5.5	1.94
八号	5	1.76

- “增大字号”按钮 A˄ ：单击该按钮，将根据字符列表中排列的字号大小依次增大所选字符的字号。
- “减小字号”按钮 A˅ ：单击该按钮，将根据字符列表中排列的字号大小依次减小所

选字符的字号。

- “加粗”按钮 B：单击该按钮，可将所选字符加粗显示，再次单击该按钮又可取消字符的加粗显示，如**加粗**。
- “倾斜”按钮 I：单击该按钮，可将所选字符倾斜显示，再次单击该按钮又可取消字符的倾斜显示，如*倾斜*。
- “下划线”按钮 U：单击该按钮，可为选择的字符添加下划线效果。单击该按钮右侧的下拉按钮，在弹出的下拉列表中还可选择“双下划线”选项，为所选字符添加双下划线效果，如 生产时间：2016/12/30 。
- “字体颜色”按钮 A：单击该按钮，可自动为所选字符应用当前颜色，或单击该按钮右侧的下拉按钮，在弹出的下拉列表中可设置自动填充的颜色；在“主题颜色”栏中可选择主题颜色；在“标准色”栏中可以选择标准色；选择“其他颜色”命令后，在打开的“颜色”对话框中提供了“标准”和“自定义”两个选项卡，单击选项卡可在其中进一步设置需要的颜色。
- “填充底纹”按钮：单击该按钮，可以为选择的字符添加默认的底纹效果。如果需要设置其他颜色，需要单击该按钮右侧下拉按钮，在弹出的下拉列表中选择需要的颜色进行填充。
- 添加或隐藏拼音字段：这个功能主要是为输入的文字添加或隐藏文字的拼音。Excel 的该功能不能自动为选中的内容添加拼音，需要手动拼音输入。因此在制作表格时，如果遇到比较偏僻的生字，可以将拼音输入进去，这样可方便阅读者阅读。

2. 对齐方式设置

在 Excel 的对齐方式工作组中，主要有垂直和水平对齐、方向、自动换行和合并后居中等设置，如下图所示。

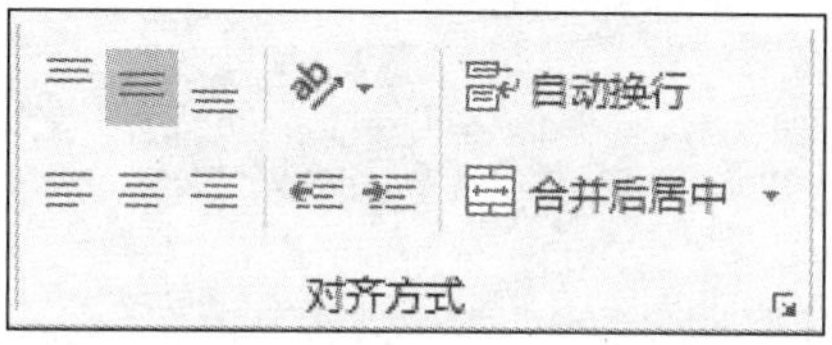

如果不调整行高，垂直对齐设置后看不出效果，当单元格的高度发生改变时，这个对齐方式就能显示出效果。在对齐方式中，用得最多的是水平对齐。当单元格的内容特别多时，我们需要设置单元格的内容自动换行，对于标题行或者是相同字段在不影响美观的情况下，会使用合并单元格的操作。在 Excel 中制作特殊表格时，还会应用到设置表格内容显示的方向，此时可以使用方向列表的选项命令进行操作。

- **垂直对齐**

垂直对齐主要包括顶端对齐、垂直居中和底端对齐三种方式，效果如左下图所示。

- **水平对齐**

水平对齐主要包括左对齐、居中和右对齐三种方式，效果如右下图所示。

顶端对齐	垂直居中	底端对齐
产品名称	产品名称	产品名称

左对齐	居中	右对齐
产品名称	产品名称	产品名称

- **方向**

在 Excel 表格中文字的显示方向不是唯一的，为了制作出清楚明了、简单易懂的表格，将需要的文字设置为对应的方向，可以在方向列表中进行，如左下图所示。如果列表中没有自己需要的方向，可以在“设置单元格格式”对话框中，手动调整文字方向，如右下图所示。

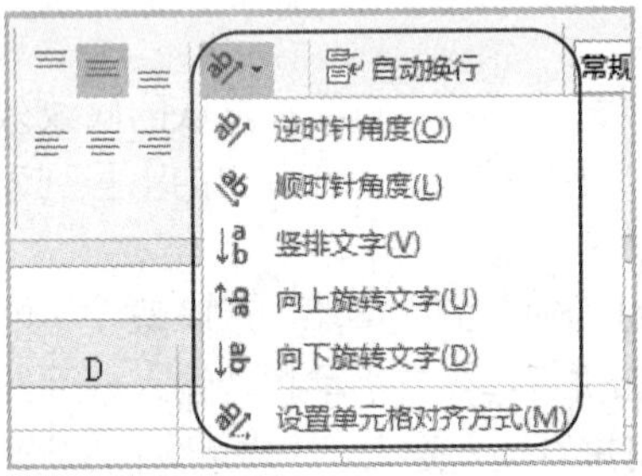

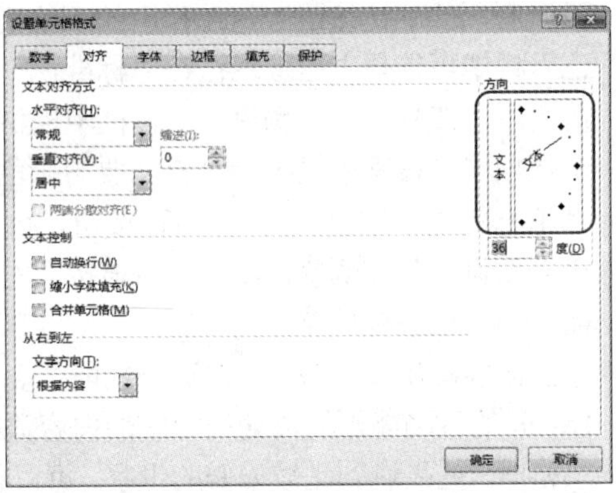

- **自动换行**

一般情况下，Excel 工作表中的列宽都不大，如果输入了比较多的文字，那么这些文字尽管能显示出来，但是却超出了当前单元格的宽度，这时就需要设置自动换行，如下图所示。

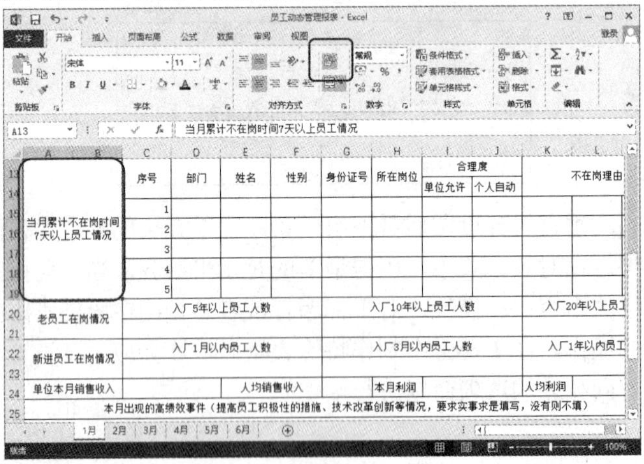

3. 数字格式设置

在 Excel 中录入数据后，为了让数据显示更加专业化，会根据不同的表格数据，设置不同的数字格式。数字格式包括数字、货币、会计专用、日期、时间、百分比、分数、科学记数和文本等，下图中包含日期和会计专用格式。

	A	B	C	D
1	销售日期	销售数量	销售单价	销售总额
2	2016/5/8	86	¥ 350.00	¥ 30,100.00
3	2016/5/9	39	¥ 268.00	¥ 10,452.00
4	2016/5/10	64	¥ 599.00	¥ 38,336.00
5	2016/5/11	86	¥ 300.00	¥ 25,800.00
6	2016/5/12	94	¥ 360.00	¥ 33,840.00
7	2016/5/13	73	¥ 259.00	¥ 18,907.00
8	2016/5/14	81	¥ 680.00	¥ 55,080.00
9	2016/5/15	82	¥ 799.00	¥ 65,518.00
10	2016/5/16	56	¥ 589.00	¥ 32,984.00

录入数据常用人民币或美元格式，如果需要使用其他货币符号，可以在“会计数字格式”右侧下拉列表中选择货币符号，如左下图所示。或者在“设置单元格格式”对话框中选择需要的货币符号，如右下图所示。

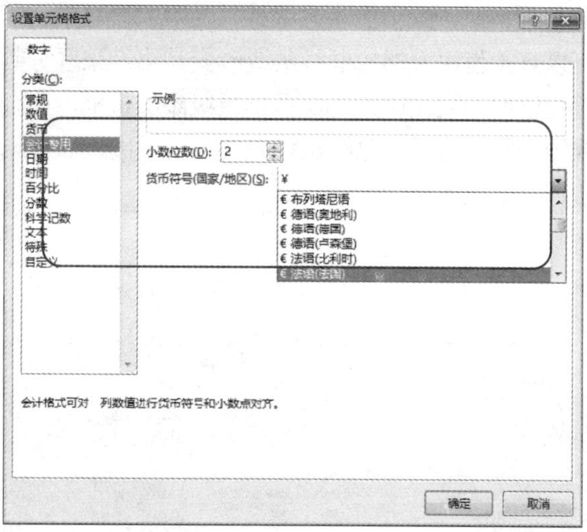

在数字格式设置中，百分比的应用也是非常广泛的，为了快速输入带百分比的数字，用户在录入时，需要先选中输入百分比的单元格区域，单击“百分比”按钮 %，然后输入对应数据即可。

如果输入的数据有小数，可以直接单击“数字”工作组中的“减少小数位数”按钮 .00→.0 或“增加小数位数”按钮 ←.0 .00 进行设置。

4. 样式设置

在 Excel 中内置了很多样式，用户可以根据条件格式、套用表格格式和单元格样式，快速为制作的表格添加需要的样式。

各种样式设置的选项以及内置样式，如下图所示。

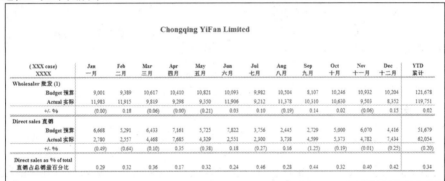

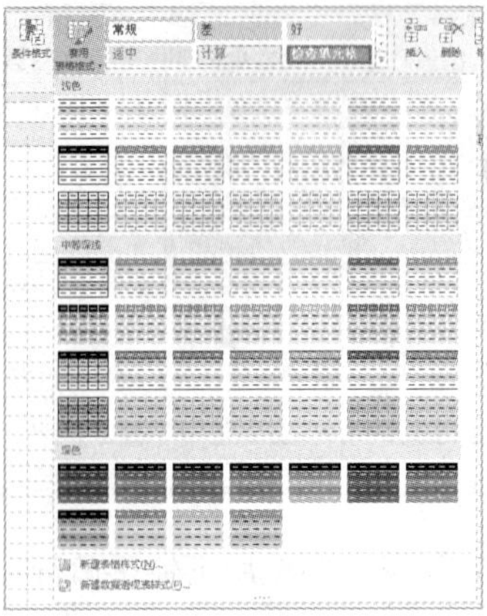
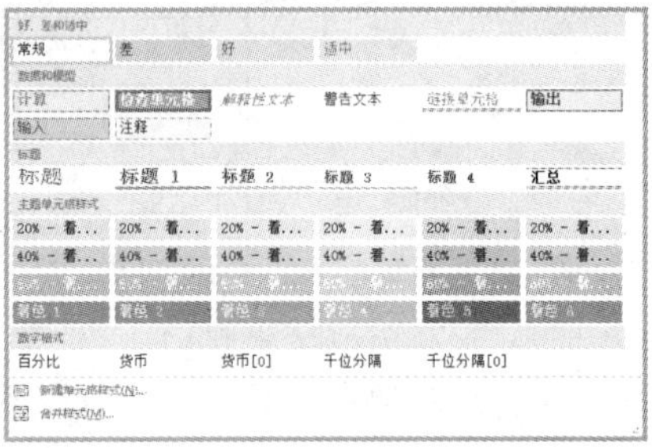

5. 使用边框和底纹美化表格

在美化表格时，除了上述方法外，还可以自己手动对单元格进行设置。为了让表格更加醒目，可以直接使用添加边框线条或改变其粗细来区分数据的层级，也可只在重要层级的数据上设置边框或加粗。比如，在重要层级添加边框，明细级数据不添加边框；同一层级应使用同一粗细的线条边框。除结构化表格、引导阅读、强调并突出数据、美化表格外，一般不必使用边框，如下图所示。

Chongqing YiFan Limited

(XXX case) XXXX	Jan 一月	Feb 二月	Mar 三月	Apr 四月	May 五月	Jun 六月	Jul 七月	Aug 八月	Sep 九月	Oct 十月	Nov 十一月	Dec 十二月	YTD 累计
Wholesaler 批发 (1)													
Budget 预算	9,001	9,389	10,617	10,410	10,821	10,093	9,982	10,504	8,107	10,246	10,932	10,204	121,678
Actual 实际	11,983	11,915	9,819	9,298	9,350	11,906	9,212	11,378	10,310	10,630	9,503	8,352	119,751
+/- %	(0.00)	0.18	(0.06)	(0.00)	(0.21)	0.03	0.10	(0.19)	0.14	0.02	(0.06)	0.15	0.02
Direct sales 直销													
Budget 预算	6,668	5,291	6,433	7,161	5,725	7,822	3,756	2,445	2,729	5,000	6,070	4,416	51,679
Actual 实际	2,780	2,557	4,468	7,685	4,329	2,551	2,300	3,738	4,599	5,373	4,782	7,434	62,054
+/- %	(0.49)	(0.64)	(0.10)	0.35	(0.38)	0.18	(0.27)	0.16	(1.25)	(0.19)	(0.01)	(0.25)	(0.20)
Direct sales as % of total 直销占总销量百分比	0.29	0.32	0.36	0.17	0.32	0.24	0.46	0.28	0.44	0.32	0.40	0.42	0.34

知识拓展　保持表格版面清洁

在对表格进行美化之前，首先需要对表格的格式进行清除，删除表格之外单元格的内容和格式，去掉表格所有单元格的边框和填充色。

尽量少用批注，如果必须使用批注，至少要做到不遮挡其他数据。也可以在需要批注的数据后加“*”号标注，然后在表格末尾备注。

隐藏或删除零值。如果报表使用者不喜欢看到有零值，应根据用户至上的原则，将零值删除或显示成小短横线。

为不同层次的数据设置不同的填充色，可以用填充色进行突出强调。填充色种类不能太多，多了显得花哨，填充色不能太暗也不能太亮，颜色要与字体颜色相协调，如下图所示。

2016 年商品采购统计表

单位名称：

		1月	2月	3月	4月	5月	6月	7月	8月	9月	10月	11月	12月
供应商A													
	商品A1	996.00	1,010.00	1,041.00	968.00	978.00	967.00	1,030.00	987.00	1,009.00	1,032.00	980.00	1,010.00
	商品A2	1,010.00	1,008.00	961.00	1,042.00	1,016.00	1,008.00	1,008.00	988.00	1,006.00	1,019.00	1,012.00	956.00
	商品A3	968.00	1,017.00	997.00	1,018.00	955.00	1,029.00	1,031.00	1,036.00	1,026.00	971.00	975.00	961.00
	商品A4	1,017.00	997.00	978.00	963.00	1,045.00	968.00	1,047.00	1,020.00	970.00	1,014.00	1,043.00	1,023.00
	小计	**3,991.00**	**4,032.00**	**3,977.00**	**3,991.00**	**3,994.00**	**3,972.00**	**4,116.00**	**4,031.00**	**4,011.00**	**4,036.00**	**4,010.00**	**3,950.00**
供应商B													
	商品B1	971.00	1,049.00	1,028.00	993.00	1,037.00	968.00	1,014.00	1,007.00	984.00	1,042.00	1,005.00	961.00
	商品B2	1,022.00	1,013.00	976.00	1,048.00	966.00	980.00	991.00	963.00	971.00	1,024.00	1,021.00	977.00
	商品B3	1,041.00	1,008.00	990.00	1,027.00	1,031.00	961.00	954.00	994.00	992.00	961.00	1,049.00	989.00
	小计	**3,034.00**	**3,070.00**	**2,994.00**	**3,068.00**	**3,034.00**	**2,909.00**	**2,959.00**	**2,964.00**	**2,947.00**	**3,027.00**	**3,075.00**	**2,927.00**
供应商C													
	商品C1	1,049.00	957.00	978.00	972.00	978.00	1,004.00	982.00	977.00	971.00	998.00	1,047.00	1,035.00
	商品C2	1,047.00	1,027.00	1,035.00	1,027.00	952.00	950.00	1,032.00	1,033.00	953.00	958.00	993.00	981.00
	商品C3	980.00	965.00	950.00	1,023.00	959.00	963.00	1,028.00	990.00	960.00	961.00	1,044.00	980.00
	商品C4	1,000.00	1,011.00	970.00	1,045.00	957.00	958.00	981.00	994.00	1,029.00	967.00	1,001.00	972.00
	商品C5	994.00	1,015.00	1,041.00	1,021.00	983.00	974.00	1,024.00	1,011.00	1,000.00	989.00	1,042.00	997.00
	小计	**5,070.00**	**4,975.00**	**4,974.00**	**5,088.00**	**4,829.00**	**4,849.00**	**5,047.00**	**5,005.00**	**4,913.00**	**4,873.00**	**5,127.00**	**4,965.00**
供应商D													
	商品D1	997.00	956.00	1,033.00	976.00	979.00	1,032.00	969.00	960.00	1,025.00	953.00	970.00	971.00
	商品D2	986.00	953.00	953.00	952.00	1,013.00	959.00	972.00	984.00	1,014.00	1,000.00	980.00	956.00
	小计	**1,983.00**	**1,909.00**	**1,986.00**	**1,928.00**	**1,992.00**	**1,991.00**	**1,941.00**	**1,944.00**	**2,039.00**	**1,953.00**	**1,950.00**	**1,927.00**

对需要强调的重点数据，施以特别的字体颜色、添加不同的单元格底色、加大加粗字体、加粗边框、加图形标注等。下图所示就是以不同的边框线对数据进行标记。

2015年 商品C5采购量明显高于同类商品

单位名称：

商品	合计	1月	2月	3月	4月	5月	6月	7月	8月	9月	10月	11月	12月
商品A1	12,008.00	996.00	1,010.00	1,041.00	968.00	978.00	967.00	1,030.00	987.00	1,009.00	1,032.00	980.00	1,010.00
商品A2	12,034.00	1,010.00	1,008.00	961.00	1,042.00	1,016.00	1,008.00	1,008.00	988.00	1,006.00	1,019.00	1,012.00	956.00
商品A3	11,984.00	968.00	1,017.00	997.00	1,018.00	955.00	1,029.00	1,031.00	1,036.00	1,026.00	971.00	975.00	961.00
商品A4	12,085.00	1,017.00	997.00	978.00	963.00	1,045.00	968.00	1,047.00	1,020.00	970.00	1,014.00	1,043.00	1,023.00
商品B1	12,059.00	971.00	1,049.00	1,028.00	993.00	1,037.00	968.00	1,014.00	1,007.00	984.00	1,042.00	1,005.00	961.00
商品B2	11,952.00	1,022.00	1,013.00	976.00	1,048.00	966.00	980.00	991.00	963.00	971.00	1,024.00	1,021.00	977.00
商品B3	11,997.00	1,041.00	1,008.00	990.00	1,027.00	1,031.00	961.00	954.00	994.00	992.00	961.00	1,049.00	989.00
商品C1	11,948.00	1,049.00	957.00	978.00	972.00	978.00	1,004.00	982.00	977.00	971.00	998.00	1,047.00	1,035.00
商品C2	11,988.00	1,047.00	1,027.00	1,035.00	1,027.00	952.00	950.00	1,032.00	1,033.00	953.00	958.00	993.00	981.00
商品C3	11,803.00	980.00	965.00	950.00	1,023.00	959.00	963.00	1,028.00	990.00	960.00	961.00	1,044.00	980.00
商品C4	11,885.00	1,000.00	1,011.00	970.00	1,045.00	957.00	978.00	981.00	994.00	1,029.00	967.00	1,001.00	972.00
商品C5	16,912.00	1,415.00	1,415.00	1,441.00	1,421.00	1,383.00	1,374.00	1,424.00	1,411.00	1,400.00	1,389.00	1,442.00	1,397.00
商品D1	11,823.00	997.00	956.00	1,033.00	976.00	979.00	1,032.00	969.00	960.00	1,025.00	953.00	970.00	971.00

表格的美化除了可以添加简单的边框或单元格底色外，还可以将边框和底色相结合进行造型，以进一步美化表格，制作出与众不同的表格。

左下图所示是用纯边框造型的效果，而右下图所示则是使用不同的填充色来区分行标题、列标题以及不同的数据行。

2014年商品采购统计表

单位名称：

		1月	2月	3月	4月	5月	6月
供应商A	商品A1	996.00	1,010.00	1,041.00	968.00	978.00	967.00
	商品A2	1,010.00	1,008.00	961.00	1,042.00	1,016.00	1,008.00
	商品A3	968.00	1,017.00	997.00	1,018.00	955.00	1,029.00
	商品A4	1,017.00	997.00	978.00	963.00	1,045.00	968.00
	小计	**3,991.00**	**4,032.00**	**3,977.00**	**3,991.00**	**3,994.00**	**3,972.00**
供应商B	商品B1	971.00	1,049.00	1,028.00	993.00	1,037.00	968.00
	商品B2	1,022.00	1,013.00	976.00	1,048.00	966.00	980.00
	商品B3	1,041.00	1,008.00	990.00	1,027.00	1,031.00	961.00
	小计	**3,034.00**	**3,070.00**	**2,994.00**	**3,068.00**	**3,034.00**	**2,909.00**
供应商C	商品C1	1,049.00	957.00	978.00	972.00	978.00	1,004.00
	商品C2	1,047.00	1,027.00	1,035.00	1,027.00	952.00	950.00
	商品C3	980.00	965.00	950.00	1,023.00	959.00	963.00
	商品C4	1,000.00	1,011.00	970.00	1,045.00	957.00	958.00
	商品C5	994.00	1,015.00	1,041.00	1,021.00	983.00	974.00
	小计	**5,070.00**	**4,975.00**	**4,974.00**	**5,088.00**	**4,829.00**	**4,849.00**

	TEXT	TEXT	TEXT
项目1	4,581	5,019	6,025
项目2	5,095	3,479	3,206
项目3	5,321	3,338	5,106
项目4	6,373	4,456	6,551
项目5	5,431	4,290	4,956

除了单纯的通过边框或单元格底色进行造型美化外，还可通过单元格底色与边框相结合的方式设计更丰富、更漂亮的别致造型，效果如下图所示。

销售地区	销售人员	品名	数量	销售金额
北京				
	张三			
		按摩椅	73	58, 400
		微波炉	120	181, 500
		液晶电视	77	385, 000
	李四			
		跑步机	201	442, 200
		微波炉	5	2, 500
山东				
	王五			
		微波炉	69	34, 500
		显示器	157	235, 500
		液晶电视	87	435, 000

No repetition,please

A DNA coding scheme

Previous base written	Digit to be encoded		
	0	1	2
A	C	G	T
C	G	T	A
G	T	A	C
T	A	C	G

Source: Nick Goldman *et al*,*Nature*

表格来源：《经济学人》Issue date: 2013. 01. 26

要点 2 美化表格的注意事项与技巧

要让你的表格易读、美观，不得不提及表格美化这项工作。表格美化首先要做的是表面文章，由此不但可以提升品质感而且可以提升表格的易读性、创造价值。它可能要多花费整个表格制作过程 20%的努力，但是却能增加 80%的沟通效力。当然，要制作出赏心悦目的电子文档，还必须懂得一些基本技巧。

1. 选择合适的显示比例

中文字体通常使用宋体，而宋体在默认的 100%显示比例状态下并不好看。相比而言，85%的显示比例就舒服很多，75%的显示比例略嫌小。不过当你有大量的数据时，或者制作文字较多的文档时， 75%的显示比例就比较合适。85%的显示比例很容易调节，只需在默认的（100%）状态下按住【Ctrl】键并向上滚动滚轮一次即可。75%的显示比例需要手动输入。比 75%再小的显示比例会使文字变形，不宜使用。另外 Excel 工作表保存后显示比例也会被一起保存，这可以保证阅读者与您看到同样的效果，下图从左到右所示分别为 100%、75%和 85%的显示效果。

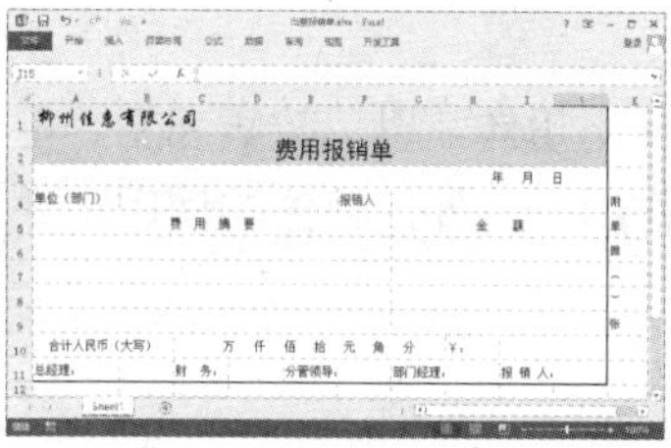

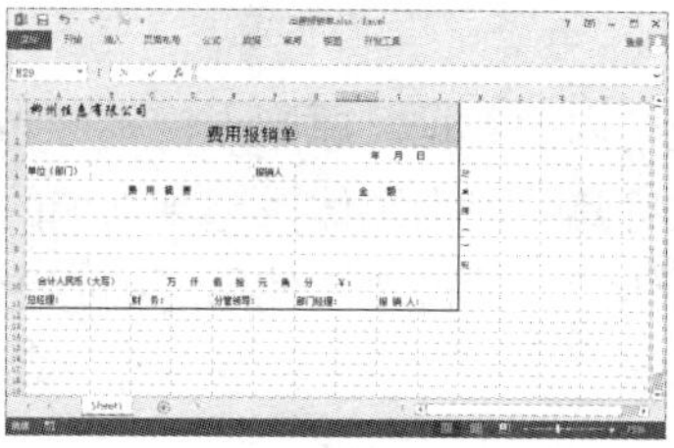

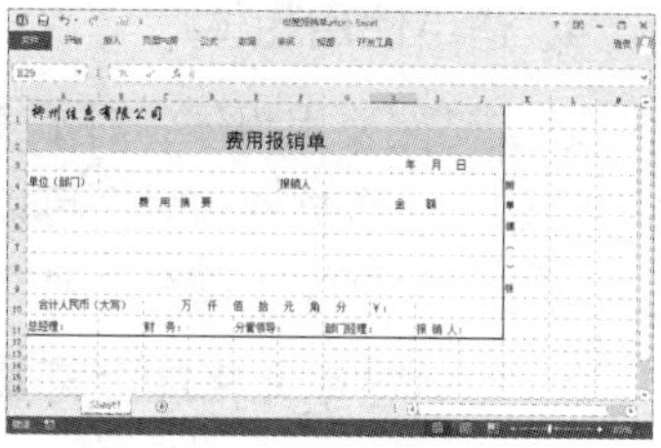

2. 适当隐藏 Excel 网格线

Excel 在默认情况下会显示灰色的网格线，而这个网格线会对显示效果产生很大的影响。同一张表格在有无网格线两种情况下给人的感觉会完全不同。有网格线时给人一种“这是一张以数据为主的表格”的心理暗示，或者影响表格显示的效果，如左下图所示。而去掉网格线则会使重点落到工作表的内容上，削弱表格的作用，让表格外观更加美观，如右下图所示。因此，以表格为主的工作表可以保留网格线，而以文字说明为主的工作表则最好去掉网格线。

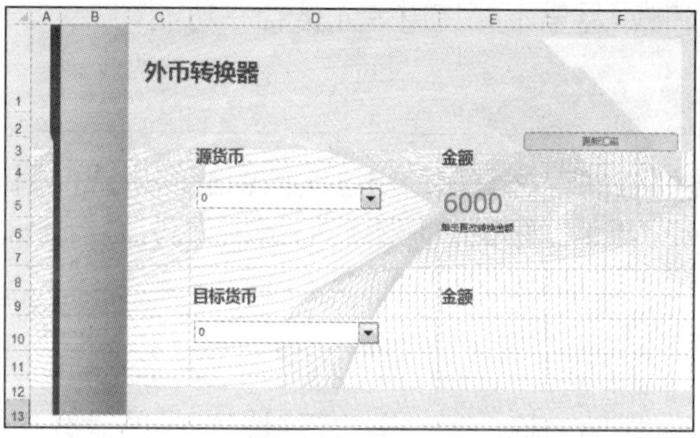

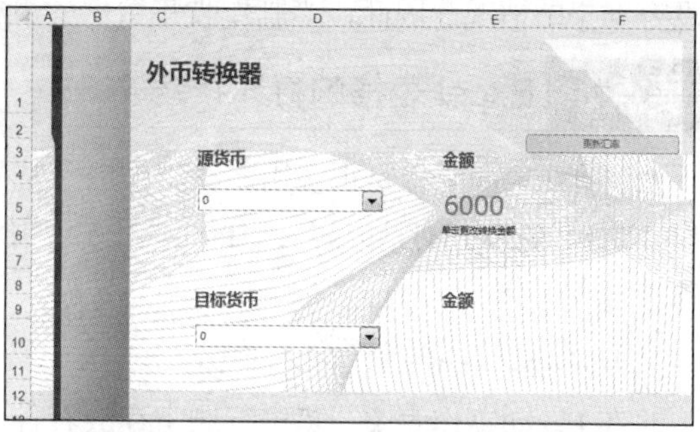

去掉网格线可以在“文件”列表中单击“选项”按钮，打开“Excel 选项”对话框，在“高级”选项右侧“此工作表的显示选项”组中取消勾选“网格线”复选框，去掉显示网格线，但这种方法依赖于用户使用的 Excel 软件设置。

3. 设置适当的线宽

表格线宽度会对使用表格的人造成比较大的影响，合理地使用边框粗细线，让表格显示更加突出。粗细线的合理结合会让人感觉表格是你用心设计出来的，会产生一种信任感，如左下图所示。另外，当有大片的小单元格聚集时，表格边线则可考虑采用虚线，以免影响使用者视觉感受，如右下图所示。

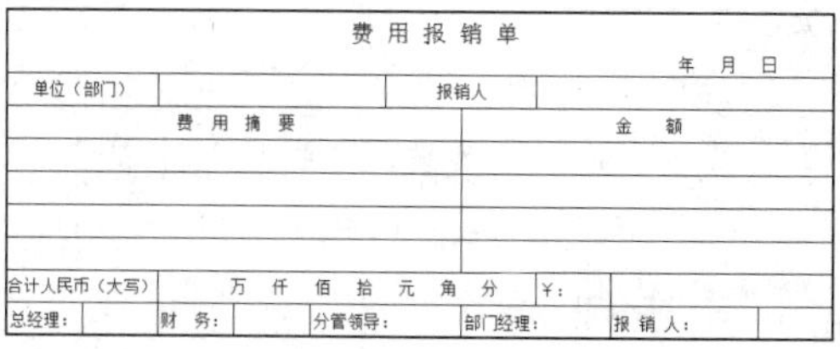

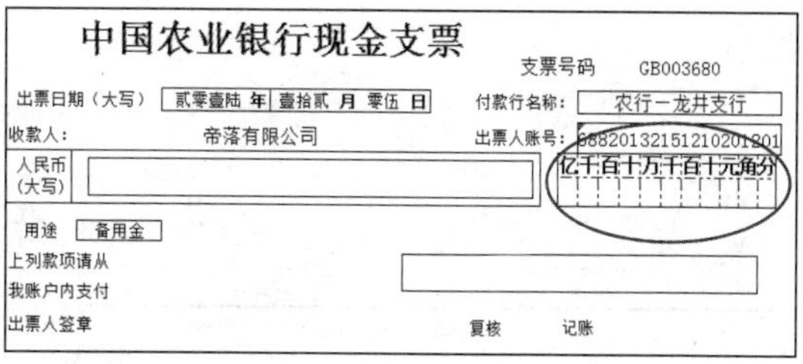

4. 适当使用粗体

表头当然要用粗体。对于表格内的数据，原则上说不应当使用粗体，以免喧宾夺主。但也有特例，当数据稀疏时，可以将其设置为黑体，起到强调的作用。另外，粗体的使用不要泛滥，当一屏文字大部分都是粗体时，就得考虑使用者的感受了。

5. 给标题单元格加上背景色

为了突出显示单元格的内容，可以为单元格添加背景色。背景色的添加可以使用添加底纹的方法，也可以使用单元格样式进行设置。

6. 单元格合并功能需要慎用

单元格合并的操作还有一些缺点：如合并的单元格前后插入新行时，新行的单元格不会自动合并，这会导致每一行的结合方式不一致；有些情况下合并过的单元格将无法粘贴数据，带来不必要的麻烦。还有，在对数据进行管理与分析操作时，有些合并的单元格会出现分析没有结果的情况。因此，当制作收集数据的表格时，尽量不要使用单元格合并功能。

要点 3 Excel 表格的打印技巧

打印 Excel 表格是很多用户在工作中常常要面临的，这里我们通过实例图解的方式向用户介绍一些实用的打印技巧。仔细学习并使用这些技巧，可以更加得心应手地完成工作中的各种打印任务。

1. 重复打印标题行

在 Excel 工作表中，第一行通常存放着各个字段的名称，如“客户资料表”中的“客户姓名”“服务账号”“公司名称”等，我们把这行数据称为标题行（标题列依此类推）。当工作表的数据超过一页时，只有第一页打印出行标题，这样阅读不太方便。为了查阅的方便，需要将行标题或列标题打印在每页上面。

其方法为：单击“页面布局”选项卡“页面设置”工作组中的对话框开启按钮，打开“页面设置”对话框，在“工作表”选项卡“打印标题”工作组中的“顶端标题行”文本框中选择需要设置打印的标题行，如下图所示。

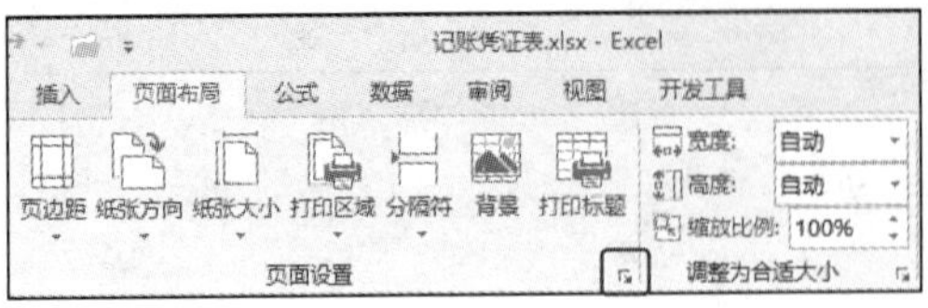

2. 打印工作表的特定区域

在实际的工作中，我们并不总是要打印整个工作表，而可能只是打印某个特定的区域，那么应该如何设置呢？可以跟着案例 04 的设置页面格式中设置打印区域的方法进行设置。

3. 将数据缩印在一页纸内

如果要打印出表格上所有的数据，还需要对表格分页的情况进行处理，这个技巧主要运用于以下情形。

（1）当数据内容超过一页宽时，Excel 总是先打印左半部分，把右半部分单独放在后面的新页中，但是右半部分数据并不多，可能就是一两列。

（2）当数据内容超过一页高时，Excel 总是先打印前面部分，把超出的部分放在后面的新页中，但是超出的部分并不多，可能就是一两行。

针对上面的情况不论是单独出现或是同时出现，如果不进行调整就直接打印，效果肯定不能令人满意，而且浪费纸张。为了打印出来效果更好，可以通过分页预览的方法进行调整。其方法是：单击“视图”选项卡，在“工作簿视图”工作组中单击“分页预览”按钮，然后将鼠标指针移至分页符线上，当指针变成“双箭头”样式时，按住左键不放拖动调整，如下图所示。

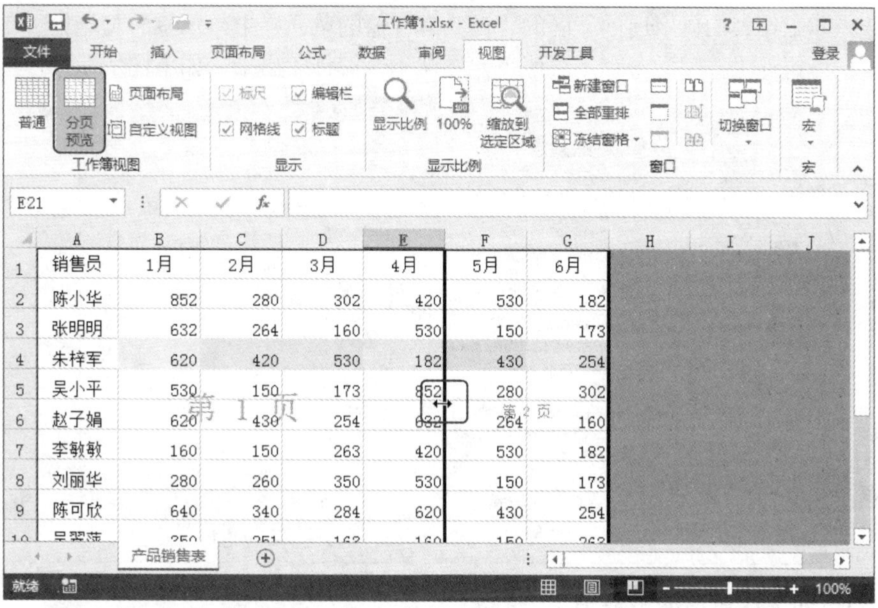

4. 将报表打印在指定的几页内

当数据的内容比较长时，打印出来的纸张可能有很多页，当然，这些页之间的分隔，都是 Excel 默认添加的。在实际情况中，可以按照需求对表格每页的行进行设置。制作表格时，可以使用插入分页符的方法调整每页的行数，如下图所示。

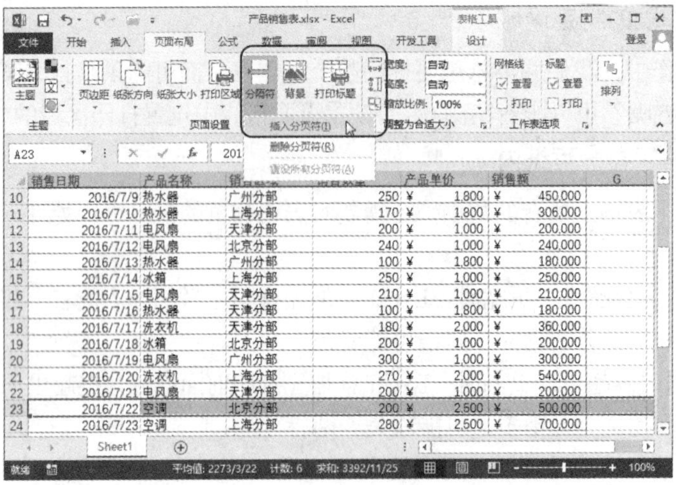

5. 不打印工作表中的零值

有些 Excel 工作表中，如果认为把“0”值打印出来不太美观，可以进行如下设置，以避免打印“0”值。

单击文件菜单列表中的“选项”命令，打开“Excel 选项”对话框，单击“高级”选项，取消勾选“此工作表的显示选项”区的“在具有零值的单元格中显示零”复选框，单击“确定”按钮，再执行“打印”命令，零值单元格就不会被打印出来，如下图所示。

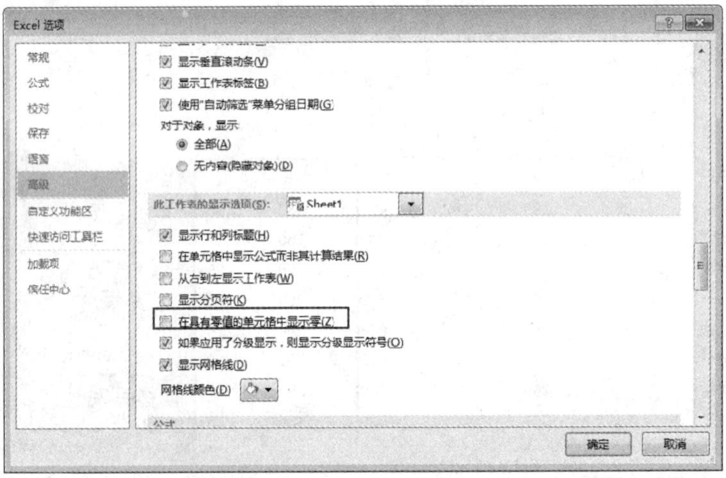

6. 不打印工作表中的错误值

当工作表中使用了公式或者函数之后，有些时候难免会出现一些错误提示信息，如果把这些错误信息也打印出来就非常不雅了。要避免将这些错误提示信息打印出来，可以按照下面的方法进行设置。

单击“页面布局”选项卡“页面设置”工作组中的对话框开启按钮，打开“页面设置”对话框，单击“工作表”选项卡，在“打印”区单击“错误单元格打印为”下拉框，选择“空白”选项，最后单击“确定”按钮，这样在打印的时候就不会将这些错误信息打印出来了。

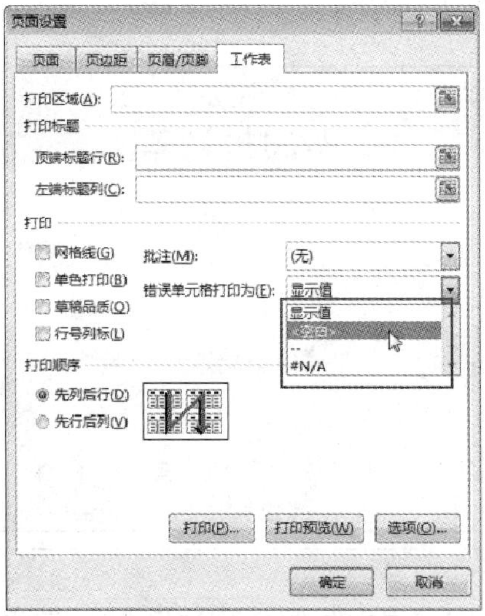

7. 打印工作表中的公式

一般情况下，我们不需要打印工作表中的公式内容，但是某些特殊情况下，为了方便对计算公式进行分析，可以把公式内容打印出来。其方法是：单击“公式”选项卡“公式审核”工作组中的“显示公式”按钮，在 Excel 编辑窗口，就可以看到所有的公式都显示出来了，此时再打印工作表，就会把工作表中所有的公式内容都打印出来。

高手点拨

快速切换计算结果与显示公式

使用快捷键【Ctrl+~】可以快速在公式和计算结果之间进行切换。要打印公式，切换到公式显示状态时，执行“打印”命令即可。

案例训练——实战应用成高手

通过前面知识要点的学习，主要是让读者认识和掌握如何美化表格以及美化表格的注意事项。下面，针对日常办公中的相关应用，列举几个典型的表格案例，讲解 Excel 表格的格式设置与美化技能。

案例 01 制作出差报销单

◇ 案例概述

费用报销单是日常办公中常用的表格，因此，公司可根据要求，将费用报销单制作出模板文件，员工报销费用时，直接填写即可。在本案例中主要介绍如何在 Excel 中制作“费用报销单”，其效果如下图所示。

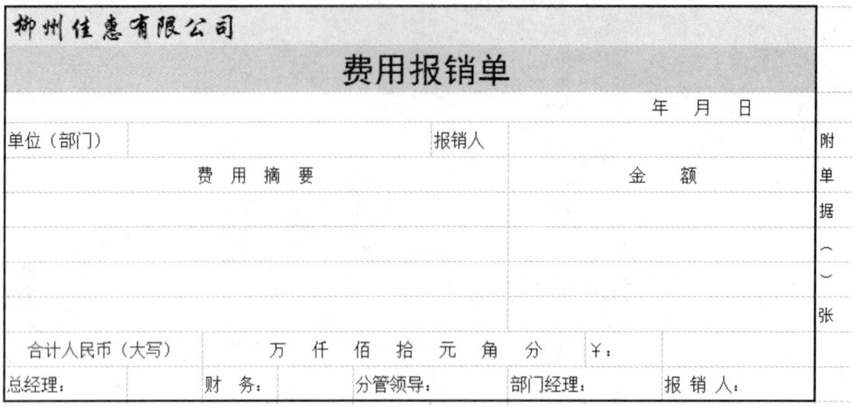
柳州佳惠有限公司
费用报销单
年 月 日
单位（部门） | 报销人 | 附单据（ ）张
费 用 摘 要 | 金 额
合计人民币（大写） | 万 仟 佰 拾 元 角 分 | ￥：
总经理： | 财 务： | 分管领导： | 部门经理： | 报 销 人：

	素材文件：无
	结果文件：光盘\结果文件\第 2 章\案例 01\出差报销单.xlsx
	教学文件：光盘\教学文件\第 2 章\案例 01.mp4

◇ **制作思路**

在 Excel 中制作“出差报销单”的流程与思路如下所示。

一 **制作出差报销单的基本表格**：首先根据公司的要求，将各项目罗列至工作表中，然后使用空格键调整文字间距。

二 **合并单元格**：在工作表中输入多列内容后，有些内容需要占用几列或几行，就需要使用合并单元格进行操作。

三 **设置单元格格式**：表格中的文字格式设置，是最基本的格式设置，对于标题文字都会根据需要设置字体和字号，以突出显示效果。

四 **设置边框和底纹**：Excel 中的表格线都是灰色的，为了表格线更加清晰，可以添加边框。为了让表格内容更加突出，可以添加底纹。

◇ **具体步骤**

制作出差报销单是根据公司财务的规定，填写规整后，才能通过的记账凭证。为了符合财务的要求，需要制作一份出差报销单的模板表格，然后使用格式设置为表格进行美化操作。

1. 输入与编辑文本格式

启动 Excel 2013 程序，在工作表中输入出差报销单的各个项目，然后使用空格键调整文字间距。具体操作步骤如下。

第 1 步：输入文本信息。

启动 Excel 2013，在工作表中输入下图所示的信息。

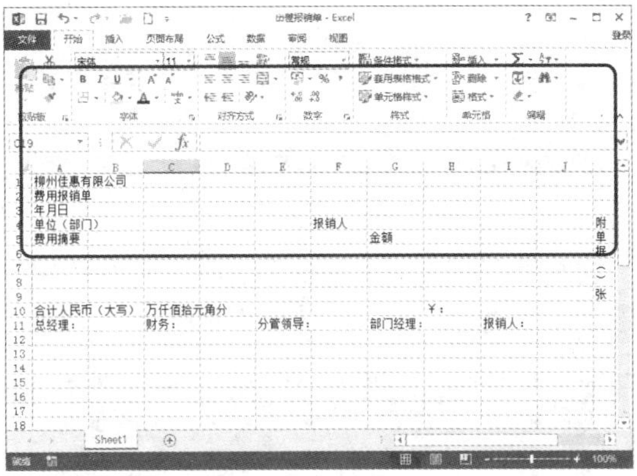

第 2 步：调整文字间距。

将鼠标指针移动到需要调整的文字中间，使用空格键进行调整，效果如下图所示。

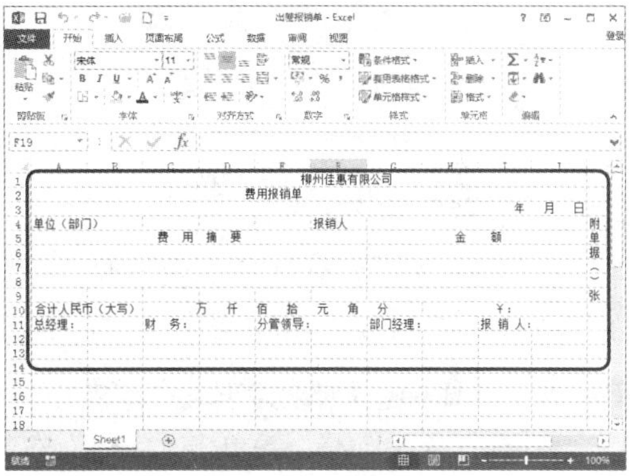

2. 合并单元格

工作表中的内容排列都是比较规范的，根据数据安排的需要，有时需要对多个单元格进行合并操作。不过需要注意，在 Excel 中如果对已经输入了各种数据的单元格区域进行合并，则合并后的单元格中将只显示原来第一个单元格中的内容。

例如，在制作的数据表格中，对部分单元格进行合并。具体操作步骤如下。

第 1 步：执行合并单元格命令。

❶选择 A1:J1 单元格区域；❷单击“对齐方式”工作组中的“合并居中”按钮右侧的下拉按钮；❸单击“合并单元格”命令，如下图所示。

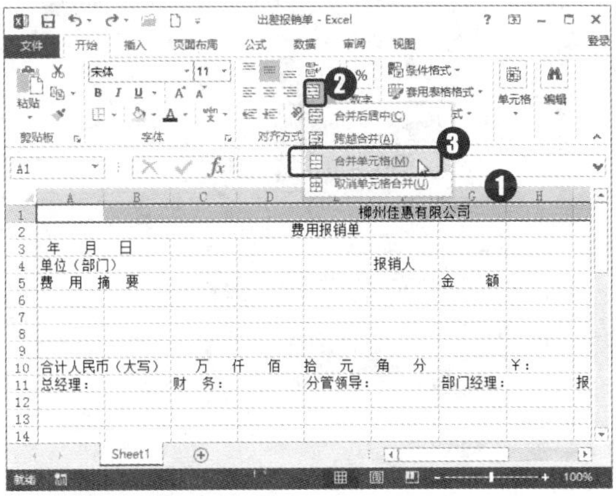

第 2 步：执行合并后居中命令。

❶选择 B4:E4 单元格区域；❷单击“对齐方式”工作组中的“合并后居中”按钮，如下图所示。

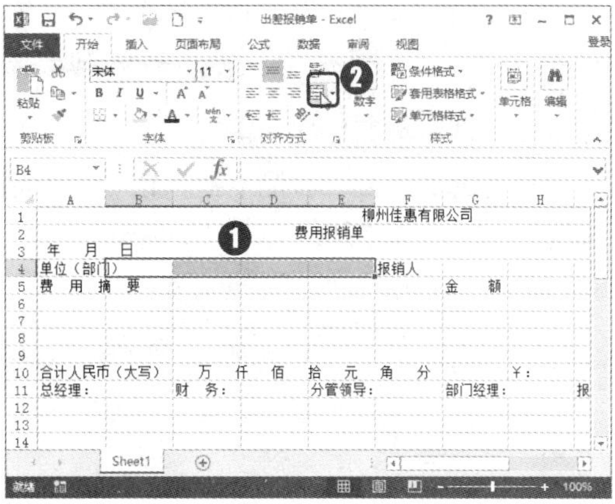

第 3 步：显示合并单元格的效果。

重复操作第 1 步和第 2 步，将其他单元格也进行合并操作，效果如下图所示。

如果合并后不想让内容居中，可以再次单击“对齐方式”按钮，即可设置文本位置。

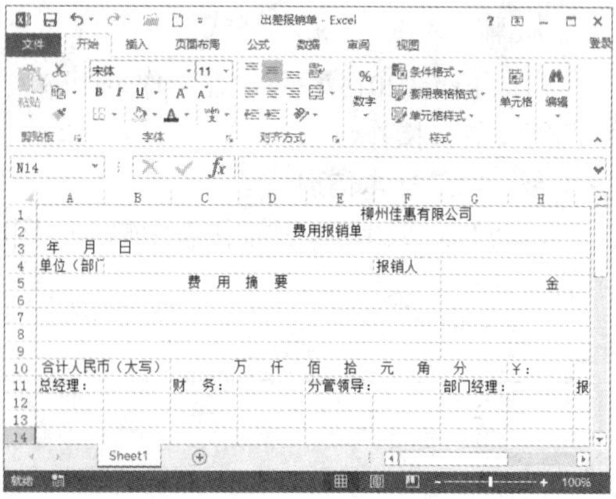

3. 设置单元格格式

在 Excel 中主要对数据进行处理，但该软件同时拥有强大的文字处理功能，为了突出整个表格的美化操作，常常会对字体、字号、字形和颜色进行调整。具体操作步骤如下。

第 1 步：选择标题文本的字体。

❶选择 A1 单元格；❷单击“字体”右侧的下拉按钮▾；❸选择需要的字体，如“华文行楷”，如下图所示。

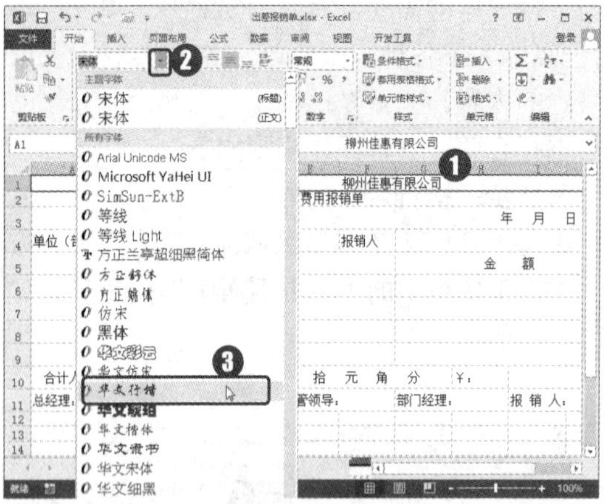

第 2 步：选择标题文字的字号。

❶单击“字号”右侧下拉按钮▾；❷选择需要的字号，如“20”，如下图所示。

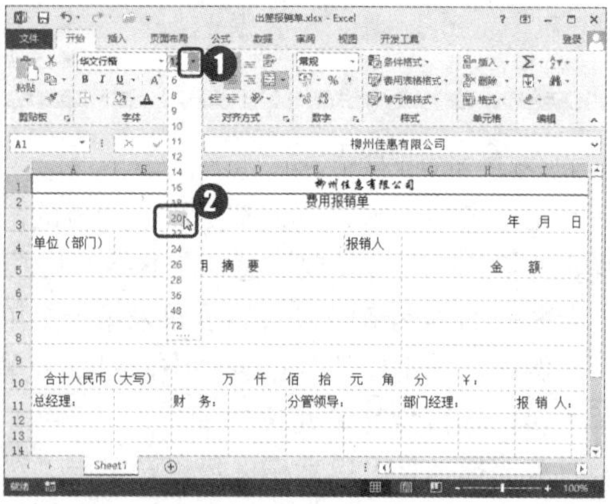

第 3 步：选择 A2 单元格的字体。

❶选择 A2 单元格；❷单击“字体”右侧的下拉按钮；❸选择需要的字体，如“黑体”，如下图所示。

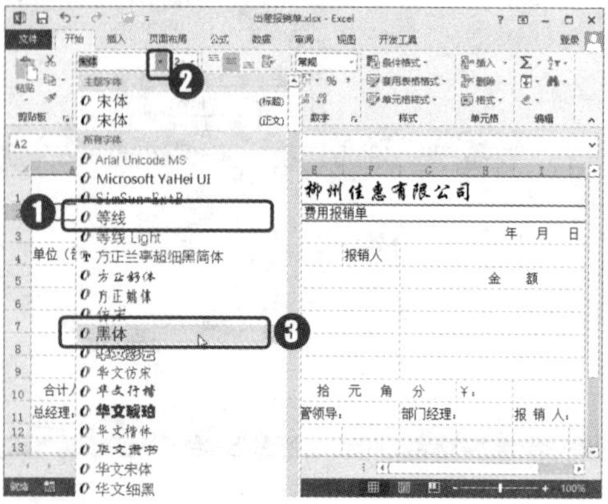

第 4 步：选择 A2 单元格的字号。

❶单击“字号”右侧的下拉按钮；❷选择需要的字号，如“24”，如下图所示。

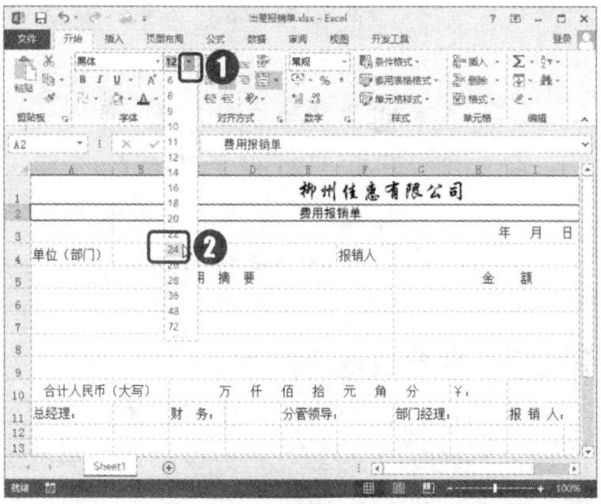

第 5 步：单击左对齐按钮。

❶选择 A1 单元格；❷单击“对齐方式”工作组中的“左对齐”按钮，如下图所示。

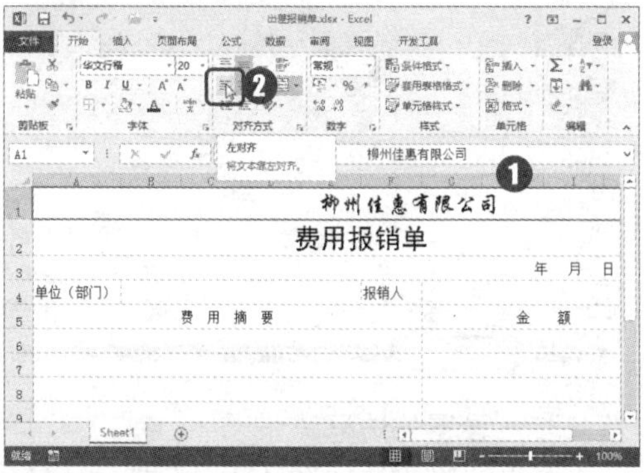

第 6 步：删除空格。

将鼠标指针定位至标题文字前并单击，当指针变成光标后，按清除键删除空格，如下图所示。

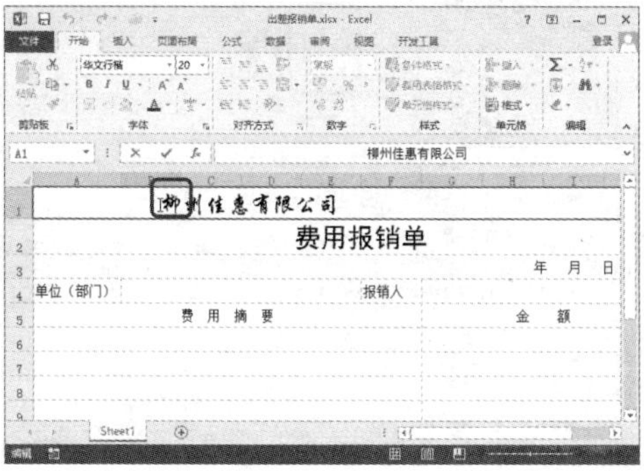

第 7 步：拖动调整列宽。

将鼠标指针移至 A 列与 B 列之间，当指针变成双箭头时，按住左键不放拖动调整列宽，如下图所示。

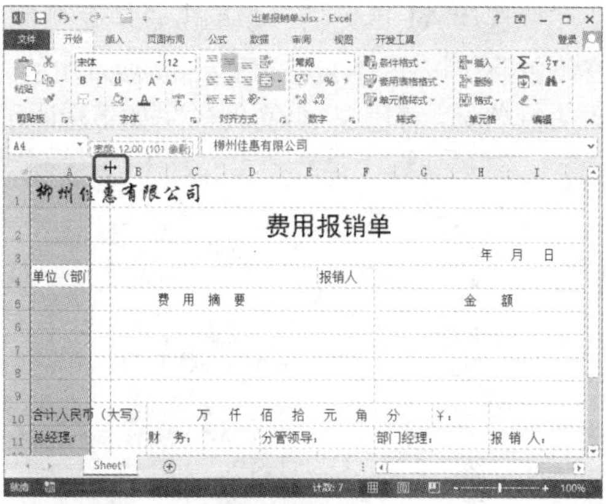

第 8 步：拖动调整行高。

选中 4~11 行，将鼠标指针移至 4 行下，当指针变成双箭头时，按住左键不放拖动调整行高，如下图所示。

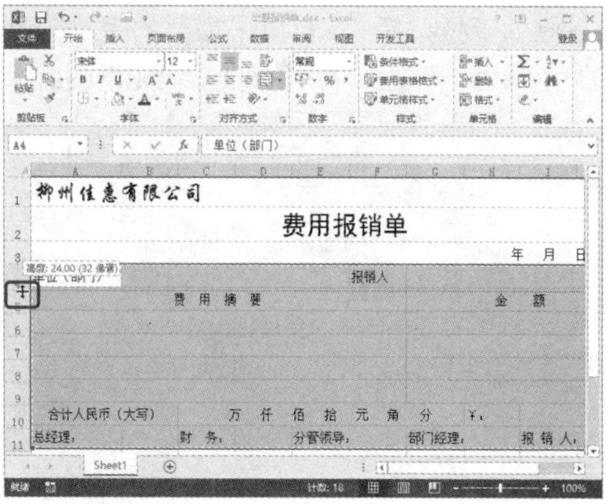

4. 设置边框和底纹

在工作表中为了突出显示数据表格，使表格更清晰，可以对表格添加边框和底纹。具体操作方法如下。

第 1 步：设置 A1 单元格的底纹颜色。

❶选择 A1 单元格；❷单击“填充颜色”右侧的下拉按钮▾；❸单击需要的底纹颜色，如“灰色-50%，着色 3，淡色 80%”，如下图所示。

第 2 步：设置 A2 单元格的底纹颜色。

❶选择 A2 单元格；❷单击“填充颜色”右侧的下拉按钮▾；❸单击需要的底纹颜色，如“绿色，着色 6，淡色 60%”，如下图所示。

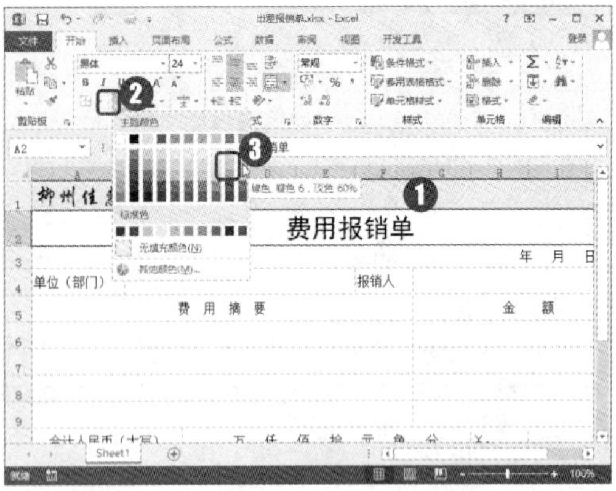

高手点拨

可以直接单击填充颜色按钮吗？

启动 Excel 程序后，默认的底纹填充颜色为黄色，如果用户直接单击单元格填充颜色按钮，那么为单元格添加的底纹就是黄色的，若是想要其他底纹颜色，则必须单击填充颜色右侧的下拉按钮▾，然后在列表中选择需要的颜色进行填充。

第 3 步：执行其他边框命令。

❶选择 A1:J11 单元格区域；❷单击“下框线”右侧的下拉按钮▾；❸单击“其他边框”命令，如下图所示。

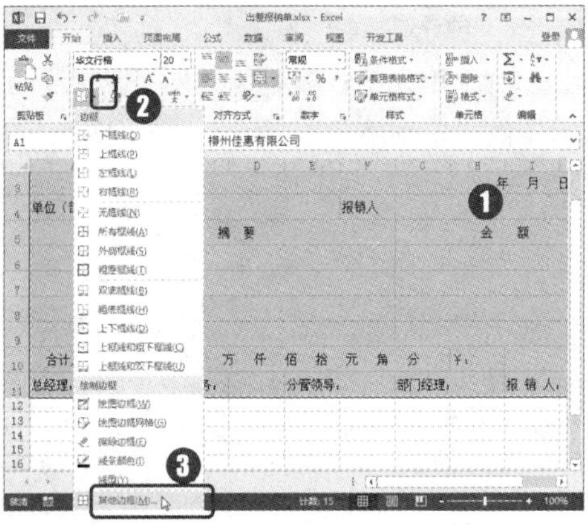

第 4 步：设置外边框。

打开“设置单元格格式”对话框，❶在“边框”选项卡中选择线条样式；❷单击“外边框”按钮，如下图所示。

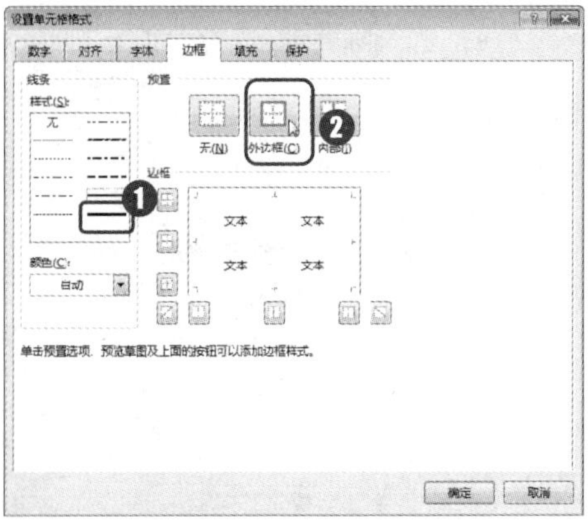

第 5 步：选择内边框样式和颜色。

❶选择内边框的样式；❷单击“颜色”下拉按钮；❸选择线条的颜色，如下图所示。

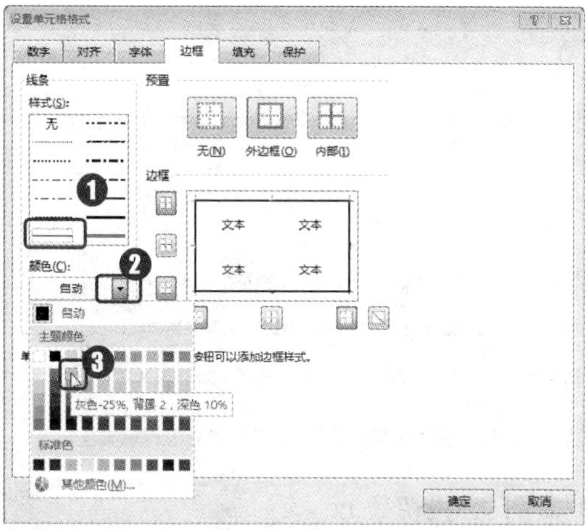

第 6 步：设置内部边框。

❶单击“内部”按钮；❷单击“确定”按钮，如下图所示。

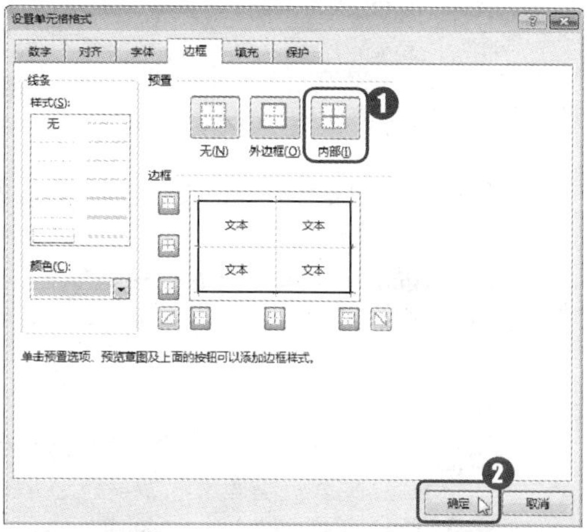

第 7 步：显示设置边框和底纹的效果。

经过以上操作后，为单元格设置边框和底纹，效果如下图所示。

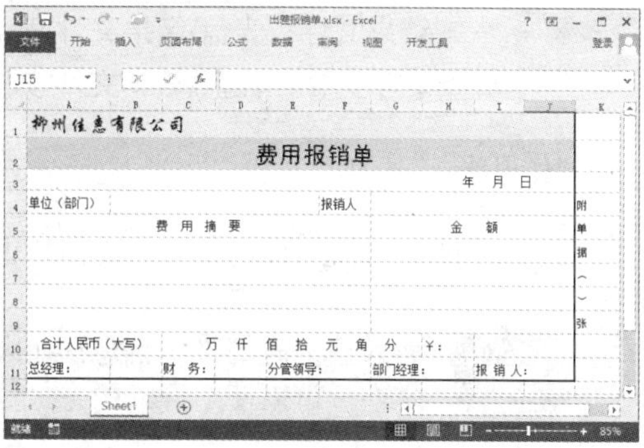

案例 02 制作投资表

◇ 案例概述

制作投资表都会根据表格中各项目的清单，从而计算出相关数据。因此，如果要填制一份投资表格，需要先制作一个投资报表的模板，本案例主要是从应用导入数据信息、设置标题文字格式和设置文字对齐方式方面进行知识讲解，最终效果如下图所示。

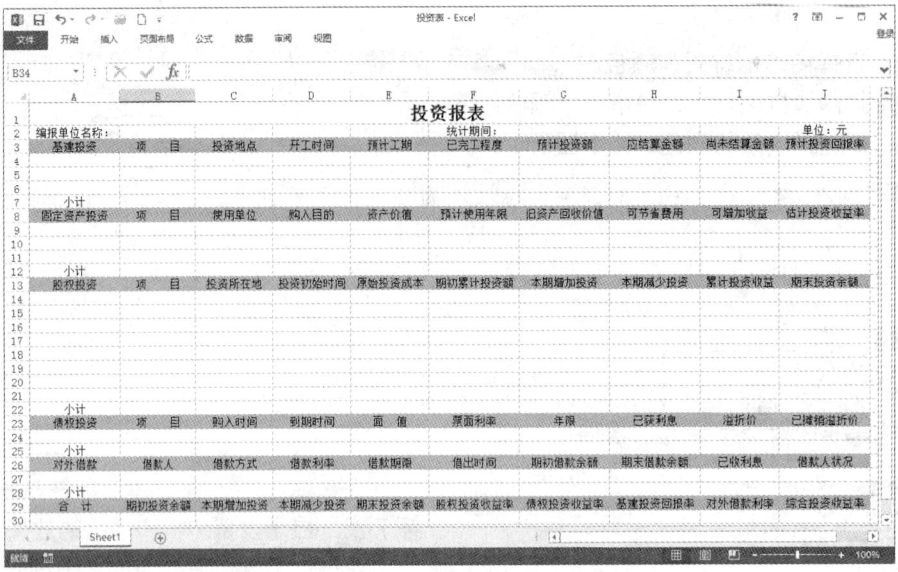

	素材文件：光盘\素材文件\第 2 章\案例 02\投资表.txt
	结果文件：光盘\结果文件\第 2 章\案例 02\投资表.xlsx
	教学文件：光盘\教学文件\第 2 章\案例 02.mp4

◇ 制作思路

在 Excel 中制作“投资表”的流程与思路如下所示。

一 **导入投资表的基本信息**：如果要制作的表格内容提前输入在了记事本中，可以使用导入的方式插入表格中。

二 **设置标题文字格式**：将文本信息导入工作表后，需要设置标题文字格式和调整个别单元格的信息存放位置。

三 **设置文字对齐方式**：调整好文字格式和位置后，可以根据文字的多少自动调整列宽，然后设置文字对齐方式和单元格的底纹。

◇ 具体步骤

在制作表格之前，可以使用记事本先将投资表的各项目名称简单记录下来，然后启动 Excel 程序，再将这些整理好的文本信息导入表格中，最后根据需要对表格的标题和其他文字的格式进行设置。

1. 导入投资表的基本信息

对于已经有表格信息的文件，可以使用 Excel 的导入功能，将已有的文件导入表格中.具体操作步骤如下。

第 1 步：执行复制命令。

打开素材文件\第 2 章\案例 02\投资表.txt，❶选中所有文本信息，单击“编辑”菜单；❷单击“复制”命令，如下图所示。

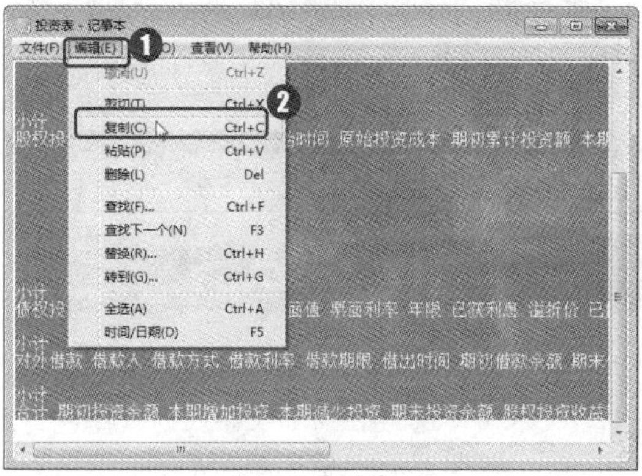

第 2 步：执行使用文本导入向导命令。

启动Excel新建工作簿,将其保存并命令为“投资表”,❶单击“粘贴”按钮的下拉按钮 ▾；❷单击“使用文本导入向导”命令，如下图所示。

第 3 步：执行导入数据第 1 步。

打开“文本导入向导-第 1 步，共 3 步”对话框，❶单击选中“分隔符号”单选按钮；❷单击“下一步”按钮，如下图所示。

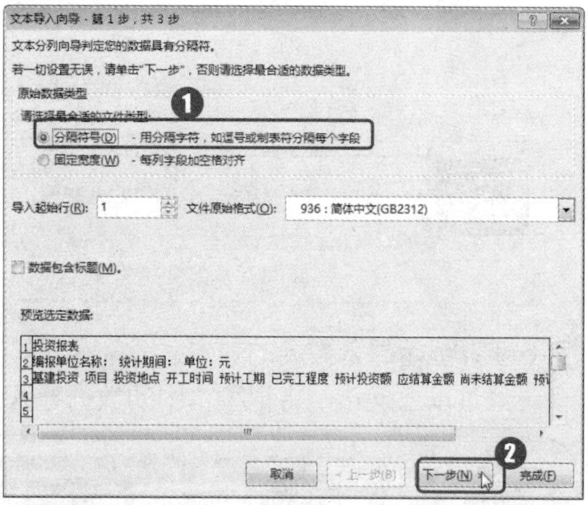

第 4 步：选择分隔符号。

进入“文本导入向导-第 2 步，共 3 步”对话框，❶单击勾选“空格”复选框；❷单击“下一步”按钮，如下图所示。

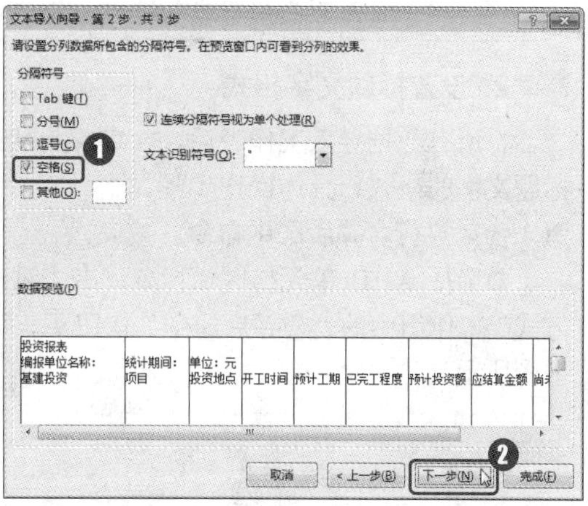

第 5 步：选择文本导入的数据格式。

进入“文本导入向导-第 3 步，共 3 步”对话框，❶单击选中“常规”单选按钮；❷单击“完成”按钮，如下图所示。

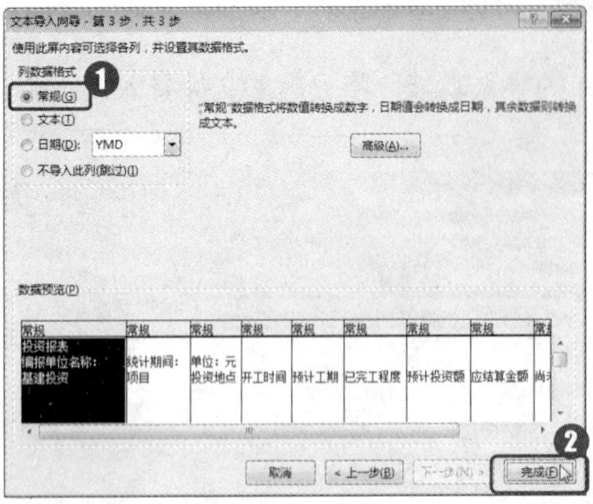

第 6 步：显示导入数据的效果。

经过以上操作，将记事本中的数据导入 Excel 工作表中，效果如下图所示。

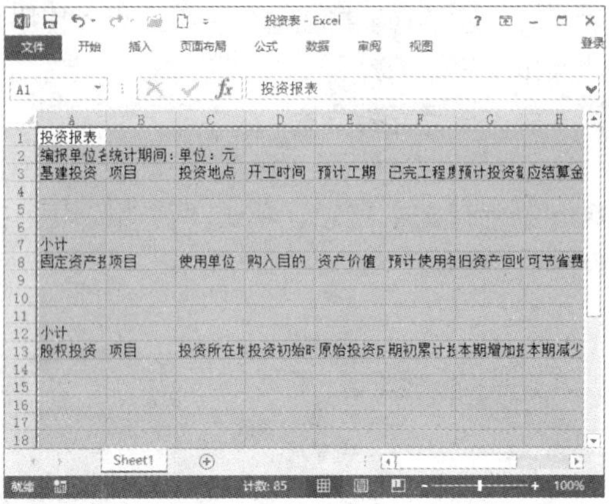

高手点拨 导入数据格式的功能

在“文本导入向导-第 3 步，共 3 步”对话框中，如果导入的数据包含 14 位以上的数据，则需要单击选中“文本”单选按钮；如果导入的数据包含日期，则可以选中“日期”单选按钮，并在右侧选择日期格式的类型；若是某些列不进行导入，则可以选中“不导入此列（跳过）”单选按钮。

2. 设置标题文字格式

将所有数据导入工作表后，文字都是默认的字体字号，为了让表格更加规范，需要设置标题文字的格式。具体操作步骤如下。

第 1 步：执行合并后居中命令。

❶选择 A1:J1 单元格区域；❷单击“对齐方式”工作组中的“合并后居中”按钮，如下图所示。

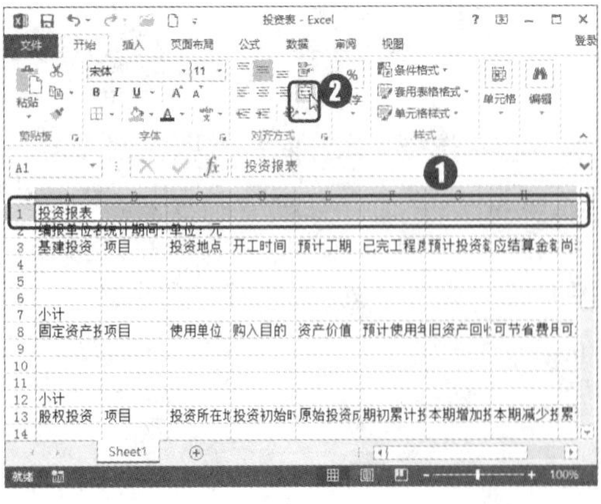

第 2 步：选择字号。

选中 A1 单元格，❶单击“字体”工作组中“字号”右侧的下拉按钮；❷在下拉列表中选择需要的字号，如“18”，如下图所示。

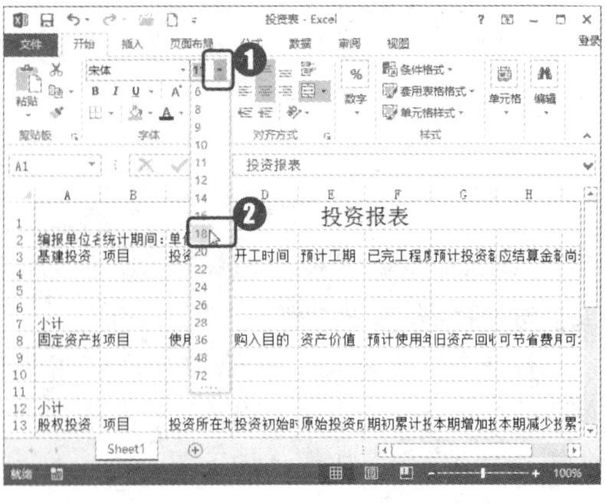

第 3 步：单击加粗按钮。

选中 A1 单元格，单击“加粗”按钮B，如下图所示。

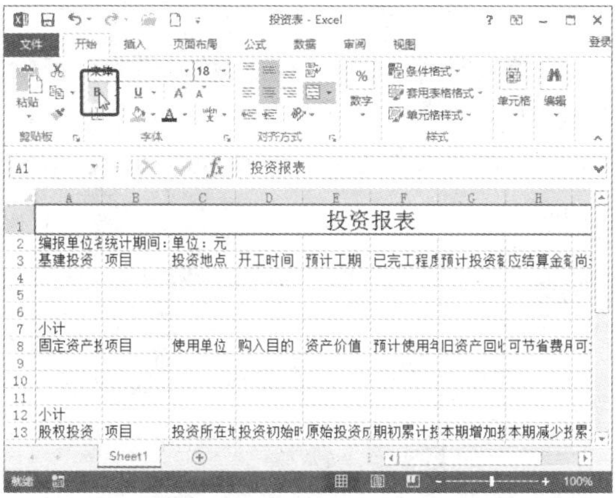

第 4 步：执行剪切命令。

❶选择 C2 单元格；❷单击“剪贴板”工作组中的“剪切”按钮✂，如下图所示。

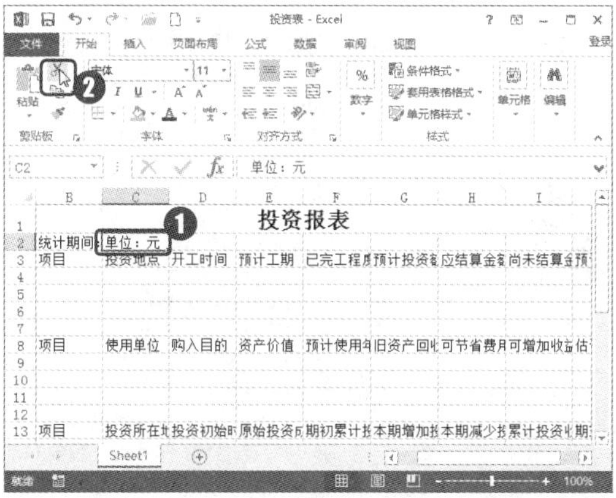

第 5 步：执行粘贴命令。

❶将鼠标光标定位至 J2 单元格；❷单击“剪贴板”工作组中的“粘贴”按钮，如下图所示。

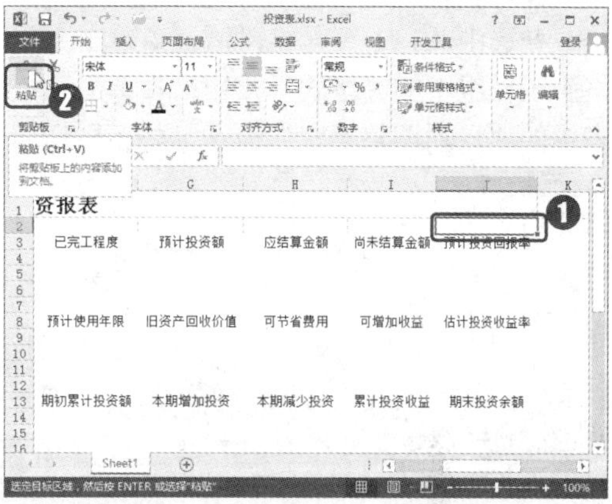

第 6 步：执行粘贴命令。

❶选择 B2 单元格；❷单击“剪贴板”工作组中的“剪切”按钮✂；❸将鼠标光标定位至 F2 单元格；❹单击“剪贴板”工作组中的“粘贴”按钮，如下图所示。

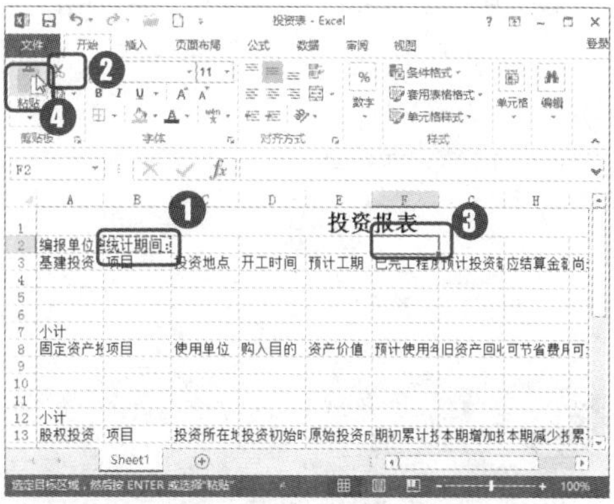

高手点拨

快速移动文字位置

将导入的信息会以默认的方式显示在表格中，为了将文字放置在需要的位置，需要重新定位信息位置，除了使用“剪切”命令和“粘贴”命令外，还可以直接选中需要移动的信息，将鼠标指针移至需要的单元格，当指针变成“✥”时，按住左键不放拖动至目标单元格放开即可。

3. 设置文字对齐方式模式

在 Excel 中导入或录入信息，文字信息都是左对齐，数据类型的都是右对齐，为了整个表格效果更好，会重新对文字的对齐方式进行设置。具体操作步骤如下。

第 1 步：执行自动调整列宽命令。

❶选中 A1:J1 单元格区域；❷单击“单元格”工作组中的“格式”按钮；❸单击下拉列表中的“自动调整列宽”命令，如下图所示。

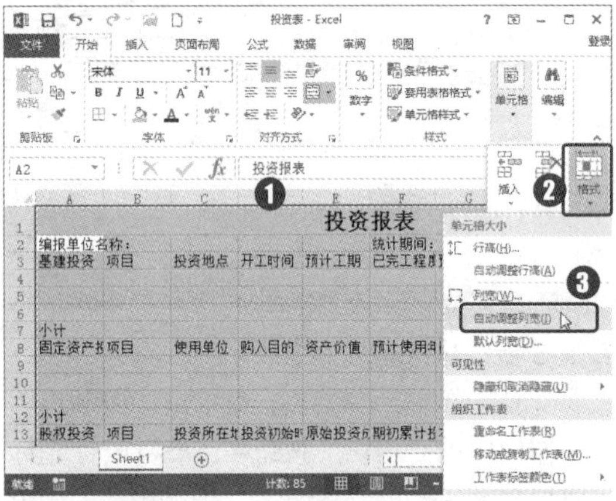

第 2 步：执行居中命令。

❶选中 A1:J29 单元格区域；❷单击“对齐方式”工作组中的“居中”按钮 ≡，如下图所示。

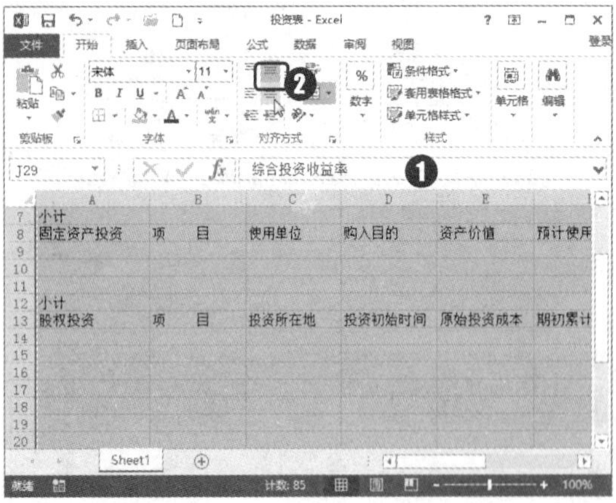

第 3 步：填充单元格底纹。

❶按住【Ctrl】键不放，拖动选择间断的单元格；❷单击“填充颜色”右侧的下拉按钮 ˇ；❸在列表中选择需要的颜色，如下图所示。

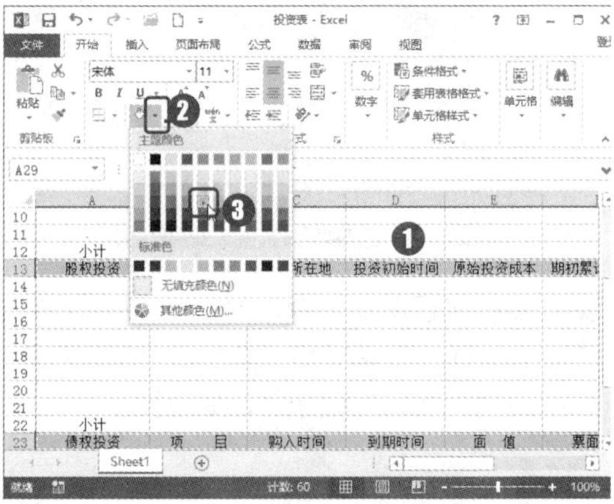

第 4 步：显示填充底纹的效果。

经过以上操作，为单元格添加底纹，效果如下图所示。

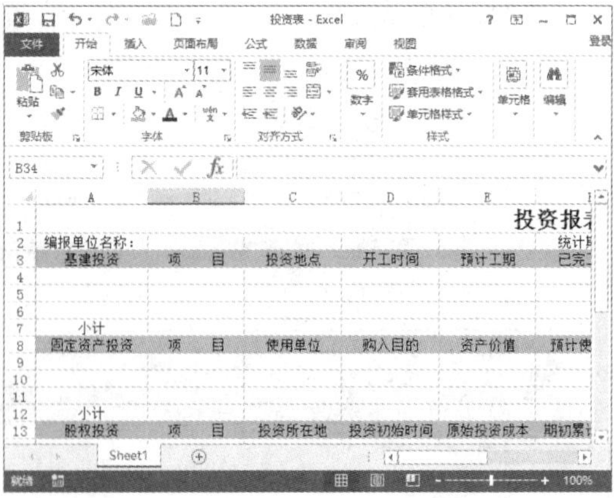

案例 03 制作项目绩效报告

◇ 案例概述

在本案例中，项目绩效报告主要包括每个项目的开始和结束时间、项目人数、开发进度以及完成进度。为了让表格中的内容更加突出，可以使用样式对表格进行操作。通过套用表格样式，可以根据项目绩效报告表的各项目进行筛选，效果如下图所示。

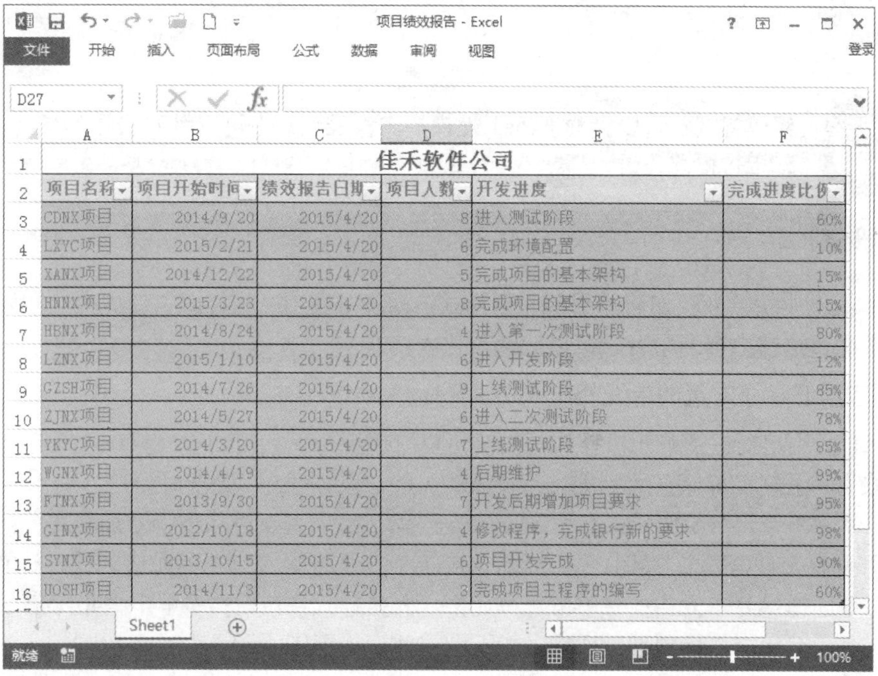

	素材文件：光盘\素材文件\第 2 章\案例 03\项目绩效报告.xlsx
	结果文件：光盘\结果文件\第 2 章\案例 03\项目绩效报告.xlsx
	教学文件：光盘\教学文件\第 2 章\案例 03.mp4

◇ 制作思路

在 Excel 中制作“项目绩效报告”的流程与思路如下所示。

一 **应用单元格样式**：对于标题文本要填充一个比较醒目的样式，可以应用内置的单元格格式。

二 **套用表格样式**：在 Excel 2013 中，使用套用表格样式为表格添加样式，可以根据表格的需要选择内置的样式。

三 **新建样式**：如果工作表中提供的样式都不适合自己的表格，可以新建样式。

四 **修改样式**：可以针对 Excel 提供的内置表格，也可以针对新建的样式进行修改。

◇ 具体步骤

在本案例中主要介绍如何应用单元格样式、为表格套用表格样式、新建样式和修改样式等知识，通过这些内容的学习，可以快速美化表格。

1. 应用 Excel 内置的单元格样式

Excel 为用户提供了单元格样式，用户可以直接应用到选定的单元格中，这样方便用户快捷地设置单元格的样式，起到美化工作表的目的。具体操作步骤如下。

第 1 步：为 A1 单元格添加样式。

打开素材文件\第 2 章\案例 03\项目绩效报告.xlsx，❶选择 A1 单元格；❷单击“单元格样式”按钮；❸单击“标题 1”样式，如下图所示。

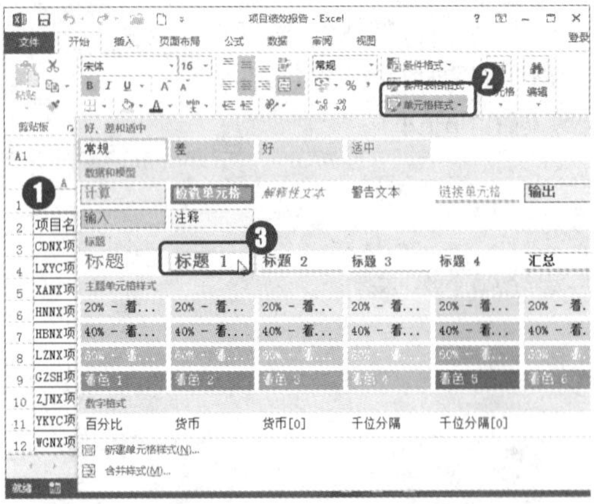

第 2 步：为项目标题行添加样式。

❶选择 A2:F2 单元格区域；❷单击“单元格样式”按钮；❸单击“40%-着色 4”样式，如下图所示。

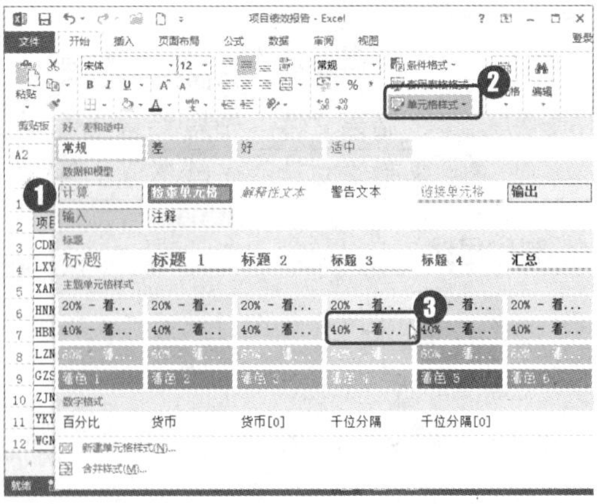

第 3 步：显示添加单元格样式的效果。

经过以上操作，为 A1:F2 单元格区域添加单元格样式，效果如下图所示。

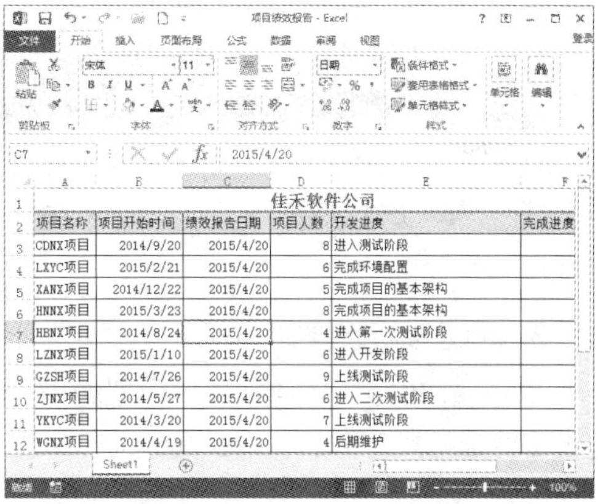

2. 套用表格样式

在 Excel 2013 中，为了快速对数据表格进行美化，可以使用为表格自动套用格式，自动套用格式是一整套可以快速应用于某一数据区域的内置格式和设置的集合，利用自动套用格式功能，可以快速地构建带有特定格式特征的表格。具体操作步骤如下。

第 1 步：执行应用内置表格样式操作。

❶选择单元格区域；❷单击“套用表格格式”按钮；❸单击应用内置的表格样式，如下图所示。

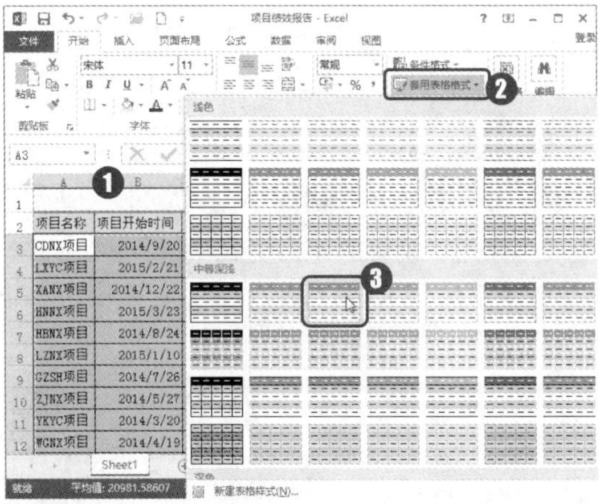

第 2 步：选择表格区域。

打开“套用表格式”对话框，❶选择单元格区域；❷单击“确定”按钮，如下图所示。

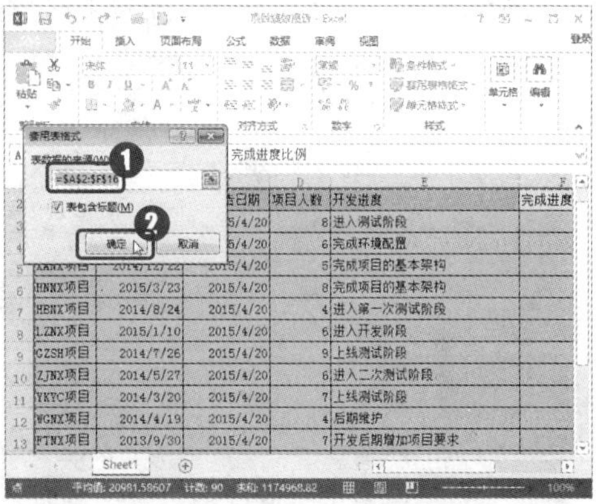

第 3 步：显示应用表格样式的效果。

经过以上操作，为单元格应用内置的样式，效果如下图所示。

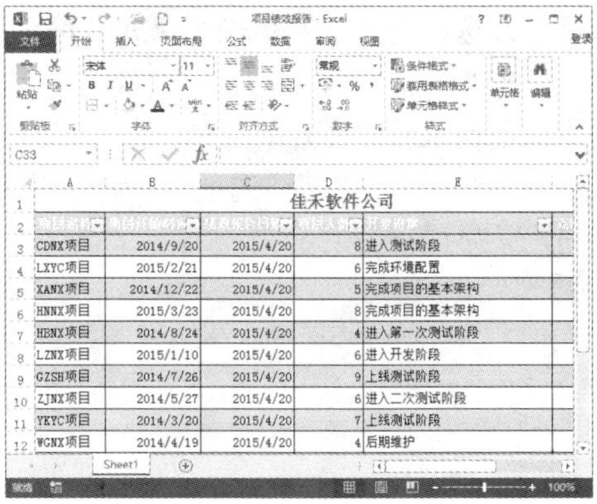

高手点拨

添加样式后右侧按钮是什么？

为表格添加样式后，在标题栏项目右侧会显示“筛选器”按钮▼，单击该按钮，在下拉列表中可以对相应列的内容进行筛选操作。

3. 新建与修改样式

在 Excel 2013 中，除了应用内置的样式外，还可以根据表格新建和修改样式，快速地构建带有特定格式特征的表格。具体操作步骤如下。

（1）新建表样式

在 Excel 中，如果预定义的表样式不能满足需要，用户可以创建并应用自定义的表样式。自定义表样式的具体操作方法如下。

第 1 步：执行新建表格样式的操作。

❶单击“样式”工作组中的“套用表格格式”按钮；❷单击下拉列表中“新建表格样式”命令，如下图所示。

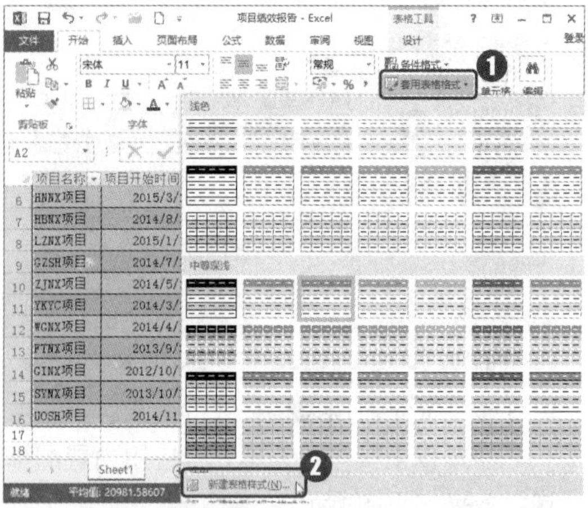

第 2 步：选择整个表并单击“格式”按钮。

打开“新建表样式”对话框，❶在“名称”文本框中输入新建样式的名称；❷在“表元素”列表框中选择“整个表”选项；❸单击“格式”按钮，效果如下图所示。

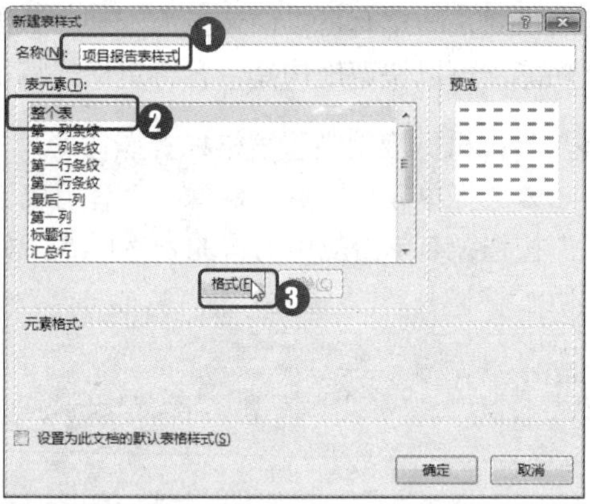

第 3 步：设置文字颜色。

打开“设置单元格格式”对话框，❶在“颜色”选项卡中设置文字颜色；❷单击“确定”按钮，如下图所示。

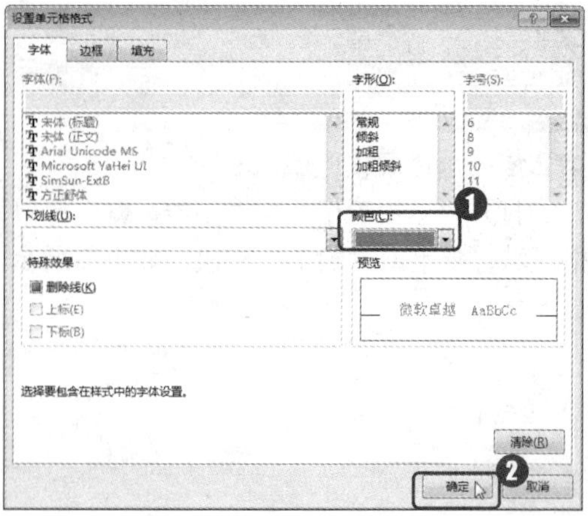

第 4 步：选择表元素，执行格式命令。

返回“新建表样式”对话框，❶在“表元素”列表框中选择“第二列条纹”选项；❷单击“格式”按钮，如下图所示。

第 5 步：设置单元格底纹颜色。

❶单击“填充”选项卡；❷在“背景色”面板中选择需要的颜色；❸单击“确定”按钮，如下图所示。

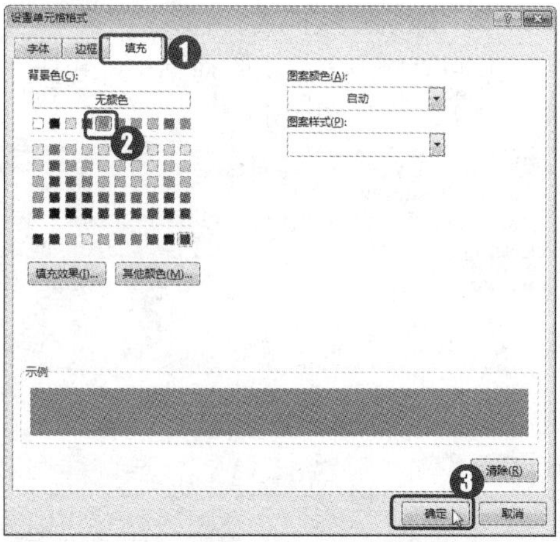

第 6 步：确认新建样式的操作。

返回“新建表样式”对话框，单击“确定”按钮，如下图所示。

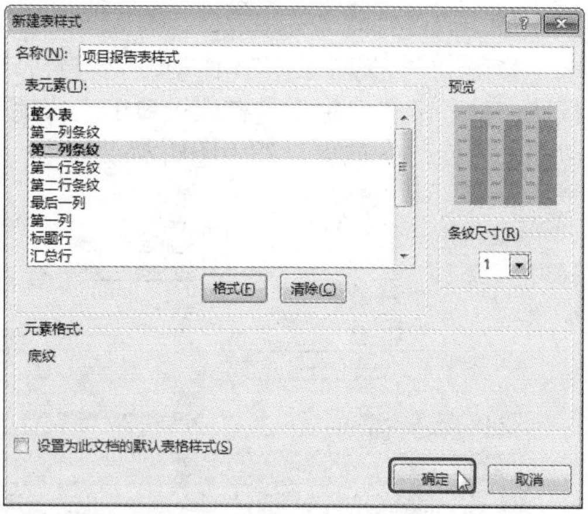

第 7 步：应用新建表格样式。

❶选择 A2:F16 单元格区域；❷单击“套用表格格式”按钮；❸单击下拉列表中的“自定义”样式，如下图所示。

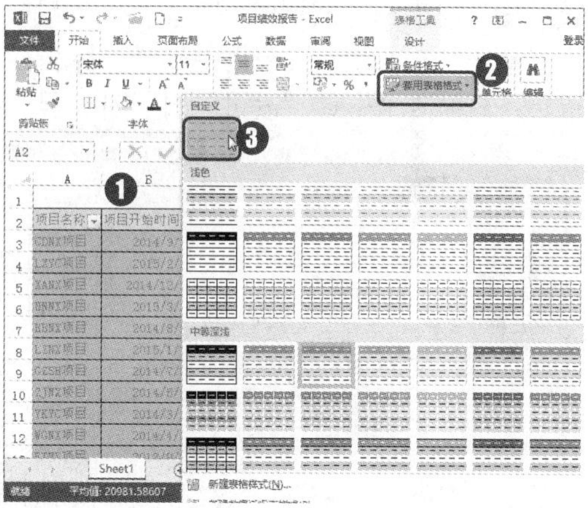

> **知识拓展　新建单元格样式**
>
> 选择需要设置单元格样式的单元格，单击“样式”工作组中的“单元格格式”按钮，在弹出的下拉列表中选择“新建单元格样式”命令，打开“格式”对话框，在“样式名”文本框中输入名称，单击“格式”按钮，打开“设置单元格格式”对话框，然后根据需要设置字体的相关格式即可。

（2）修改样式

当新建的样式效果或内置的样式没有满足用户需要时，可以通过修改样式的方法重新设置样式效果。具体操作步骤如下。

第 1 步：执行修改命令。

❶单击“样式”工作组中“套用表格格式”按钮；❷右击“自定义”样式；❸单击快捷菜单中的“修改”命令，如下图所示。

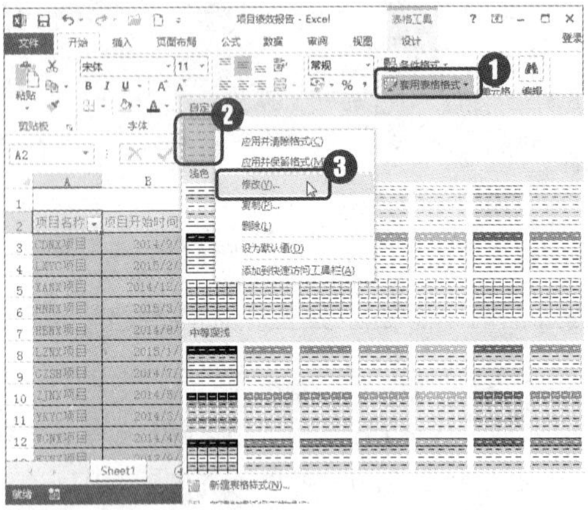

第 2 步：单击格式按钮。

❶在“表元素”列表框中选择“标题行”选项；❷单击“格式”按钮，如下图所示。

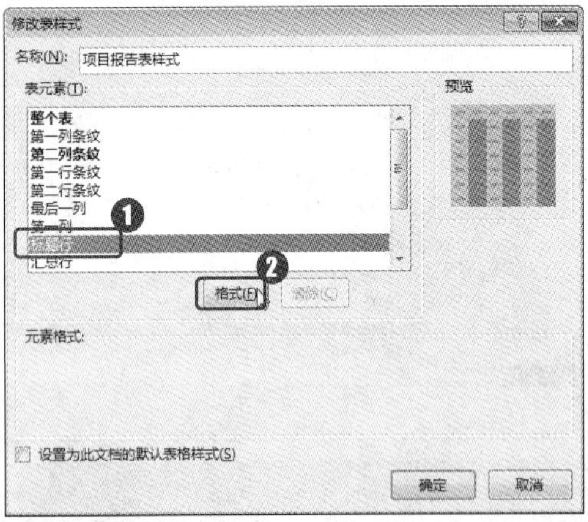

第 3 步：设置字体格式。

打开“设置单元格格式”对话框，❶在“字体”选项卡中单击“加粗”选项；❷单击“确定”按钮，如下图所示。

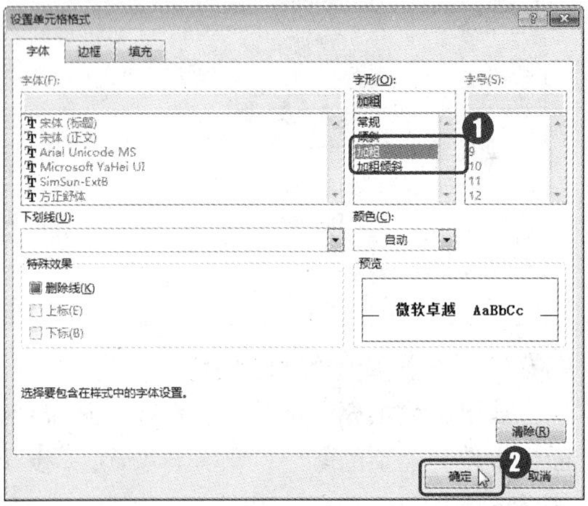

第 4 步：确认修改样式。

返回“修改表样式”对话框，单击“确定”按钮，如下图所示。

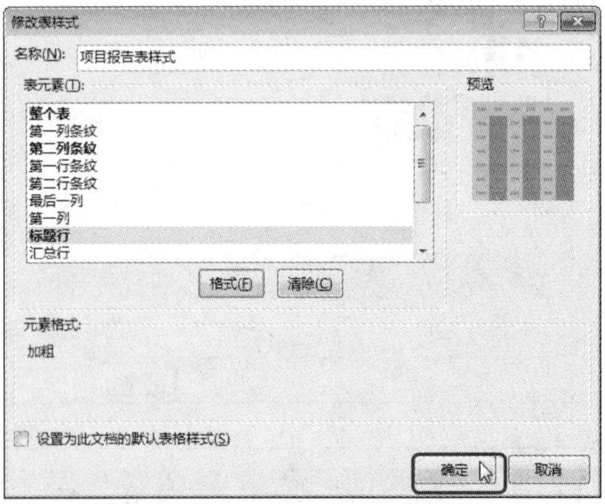

案例 04 设置与打印报价单

◇ 案例概述

在 Excel 中制作表格后，为了让打印出来的表格更美观，在打印之前都会对表格的页面进行设置，如打印范围、添加页眉页脚等。通过页面格式与打印选项的设置，报价单的最终效果如下图所示。

滴珠装饰有限公司

供应商名称：				供应商编码：					单位：	元	
产品名称			型号		直接材料费：	名称	规格	单位	数量	单价	金额
产品编码			单位	件		包装材料		件			
项目		金额									
生产成本	直接材料费										
	直接人工费										
	制造费用										
	合计										
期间费用	销售费用										
	管理费用										
	财务费用										
利润											
税金及附加						减：废料回收	废铁渣				
出厂价格不含税						小计					
直接人工	工号	项目或工作内容			定额工时	工价（元）	金额/件	计算依据			
	1	车端面、内孔、切槽									
	2	车端面、R									
	3	攻牙									
	4	清洗									
	5	包装									
	6										
	7										
	8										
	9										
	10										
	小计										

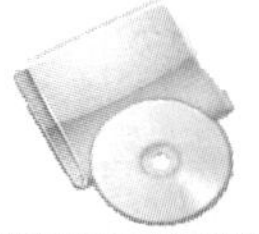

素材文件：	光盘\素材文件\第 2 章\案例 04\报价单.xlsx
结果文件：	光盘\结果文件\第 2 章\案例 04\报价单.xlsx
教学文件：	光盘\教学文件\第 2 章\案例 04.mp4

◇ 制作思路

在 Excel 中设置与打印“报价单”的流程与思路如下所示。

一 **添加页眉页脚**：在 Excel 中制作表格，如果在表头输入公司名称不太好时，可以利用页眉的方式，这样打印的表格就会在页眉显示出内容。

二 **调整打印表格范围**：如果要将制作的表格上的所有列在一页纸中显示，可以使用分页预览进行调整。

三 **设置页面格式**：为了让表格打印出来的效果更好，需要合理地调整表格与边线的距离，将含有文字的表格按须进行打印等。

◇ 具体步骤

在本案例中，主要应用到插入页眉页脚、分页预览和设置页面格式等知识点，为了使打印效果更好，在打印工作表之前，先设置表格格式。

1. 插入页眉页脚

为了表格的美观，有时用户会将表格文档的文件名、页码、制作日期等内容添加到 Excel 表格的页眉和页脚区域中。具体操作步骤如下。

第 1 步：执行页眉页脚命令。

打开素材文件\第 2 章\案例 04\报价单.xlsx，❶单击“插入”选项卡；❷单击“文本”工作组中的“页眉和页脚”按钮，如下图所示。

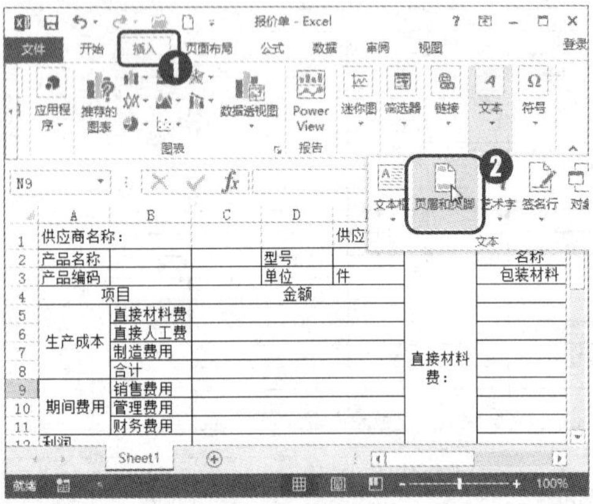

第 2 步：输入页眉内容并执行转到页脚命令。

❶在页眉中输入文本信息；❷单击“导航”工作组中的“转至页脚”按钮，如下图所示。

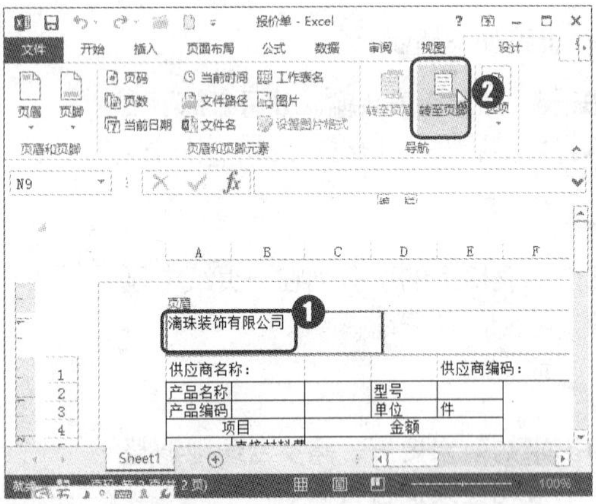

第 3 步：执行插入页码命令。

❶将鼠标光标定位在页脚中部；❷单击“页眉和页脚元素”工作组中的“页码”按钮，如下图所示。

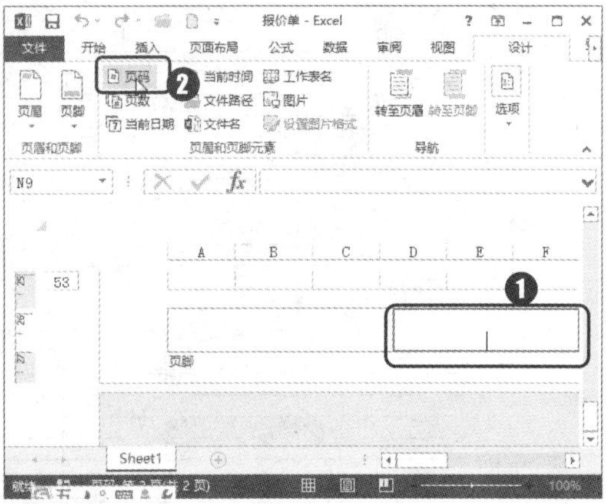

第 4 步：执行插入页数命令。

❶在页码后面输入“/”；❷单击“页眉和页脚元素”工作组中的“页数”按钮，如下图所示。

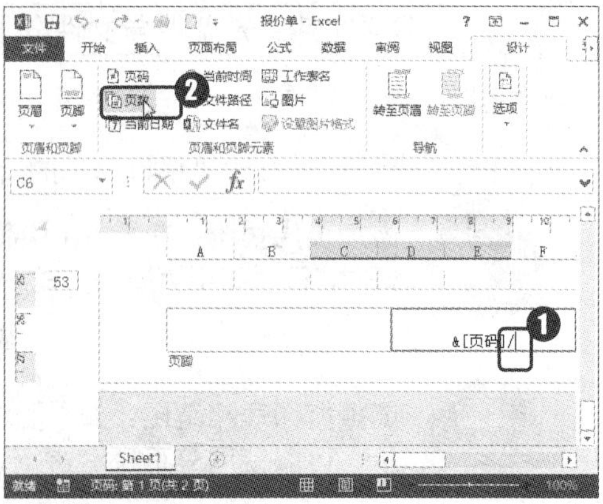

第 5 步：确认页脚的输入。

在表格中输入页眉和页脚后，将鼠标指针定位在表格任一位置单击即可完成，如下图所示。

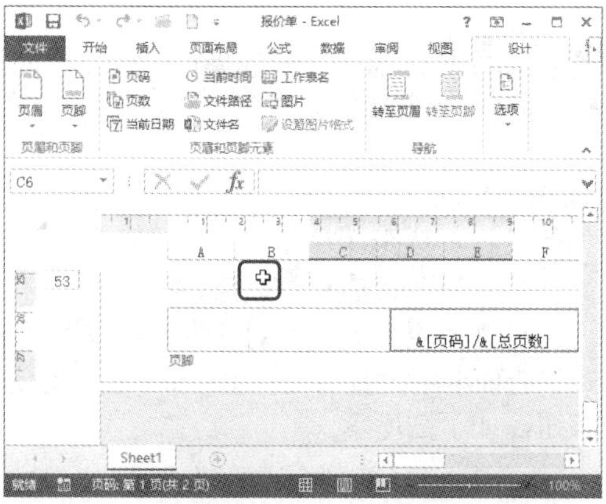

第 6 步：切换 Excel 视图。

❶单击“视图”选项卡；❷单击“工作簿视图”工作组中的“普通”按钮，如下图所示。

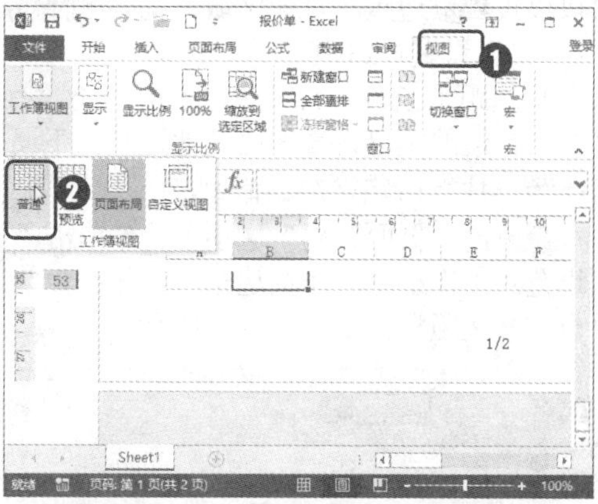

知识拓展

使用其他方法插入页眉和页脚

除了可以在“插入”选项卡中执行“插入页眉页脚”命令外，还可以通过“视图”选项卡进行操作，在页面视图中，直接选择页眉和页脚的位置输入内容即可。

2. 使用分页预览调整表格

制作完表格后，如果需要将表格打印出来，可以先使用分页预览进行查看，如果在页面中有 1 列或者几列显示在第 2 页，能够调整到同一页面时，直接拖动分页线即可。具体操作步骤如下。

第 1 步：执行分页预览命令。

❶单击“视图”选项卡；❷单击“工作簿视图”工作组中的“分页预览”按钮，如下图所示。

第 2 步：输入行高值。

进入到分页预览的状态，将鼠标指针移至分页线上按住左键不放拖至列尾，如下图所示。

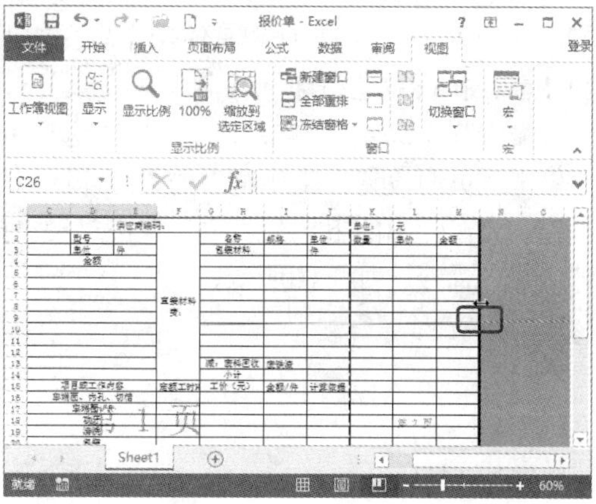

3. 设置页面格式

为了打印出来的表格整洁、美观，页面设置是打印文件之前很重要的操作。通过页面设置可以设置页边距、打印区域，插入/删除分页符和设置打印份数等。

（1）设置页边距

页边距是指表格与纸张边缘的距离，有时打印出的表格需要装订成册，此时常常会将装订线所在边的距离设置得比其他边宽。下面介绍如何设置页边距，具体操作步骤如下。

第 1 步：执行自定义边距命令。

❶单击“页面布局”选项卡；❷单击“页面设置”工作组中的“页边距”按钮；❸单击“自定义边距”命令，如下图所示。

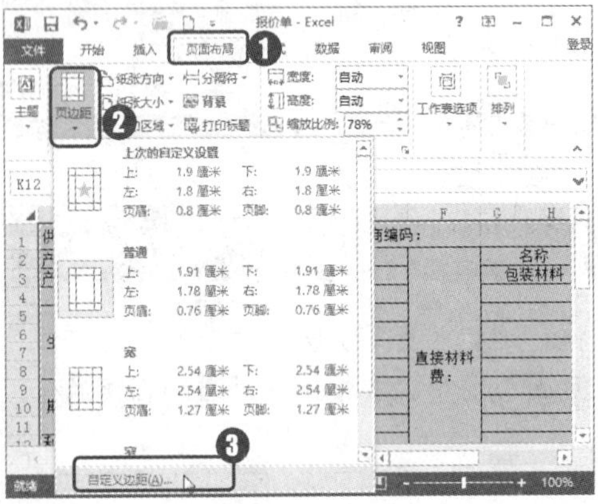

第 2 步：输入页边距数据值。

打开“页面设置”对话框，❶在“页边距”选项卡中设置页边距值；❷单击“确定”按钮，如下图所示。

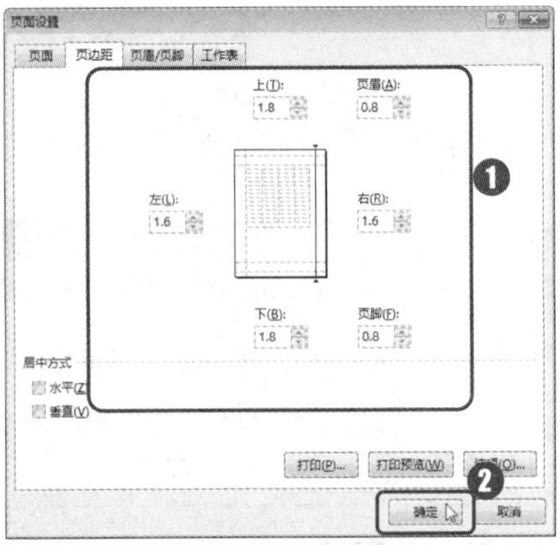

高手点拨　居中方式的功能

如果打印的表格需要显示在纸张的中部，则可以在设置页面边距时，单击选中“水平”和“垂直”复选框。

（2）设置打印区域

在制作的表格中，如果只需要打印其中的一部分，使用设置打印区域即可。例如，设置打印区域为 1 行至 36 行。具体操作步骤如下。

第 1 步：执行设置打印区域命令。

❶选择 1:36 行，单击“页面布局”选项卡；❷单击“页面设置”工作组中的“打印区域”按钮；❸在弹出的下拉列表中，单击“设置打印区域”命令，如下图所示。

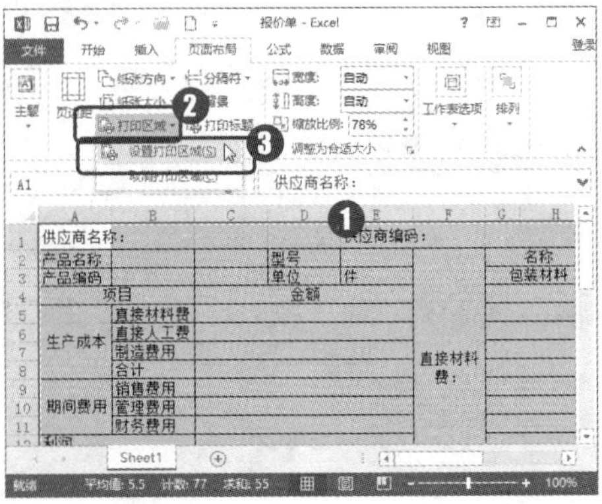

第 2 步：显示设置打印区域的效果。

经过上步操作，将需要打印的区域进行设置，在设置的行数后以虚线显示，效果如下图所示。

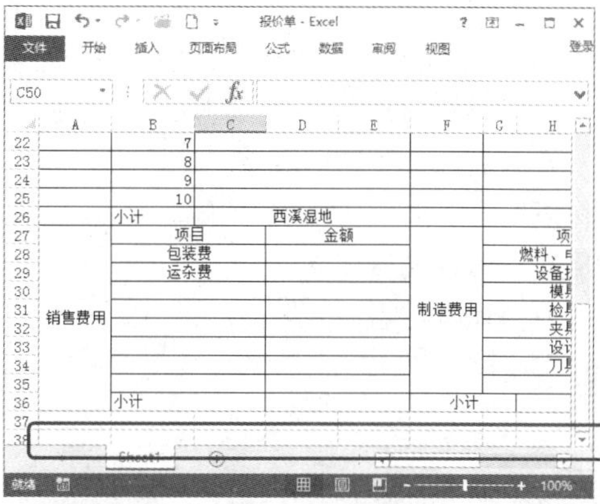

高手点拨　取消打印区域

如果不需要设置打印区域，可以选中单元格，单击“页面设置”工作组中的“打印区域”按钮，在弹出的下拉列表中选择“取消打印区域”命令即可。

另外打印区域的设置只对本次有效，不能进行保存。

（3）插入与删除分页符

分页符用于标记表格分页位置，即可在分页符位置将页面分为两页。分页符是以虚线表示的。假设打印的表格每页要求 26 行，要在表格中添加分页符以实现该要求，具体操作步骤如下。

第 1 步：执行插入分页符命令。

❶选择第 27 行；❷单击“页面布局”选项卡“页面设置”工作组中的“分隔符”按钮；❸单击“插入分页符”命令，如下图所示。

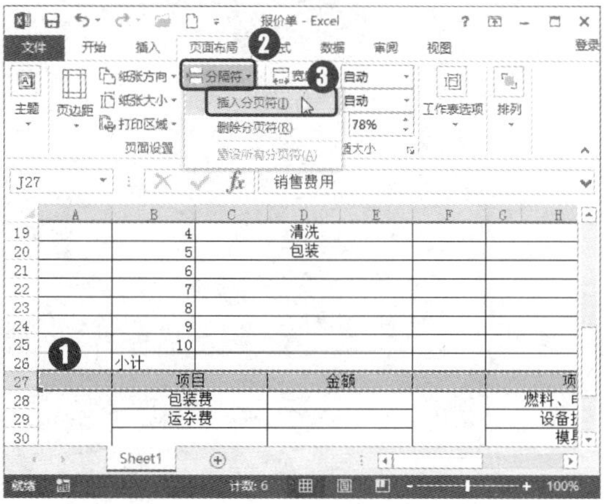

第 2 步：显示插入分页符的效果。

经过上步操作，插入分页符效果如下图所示。

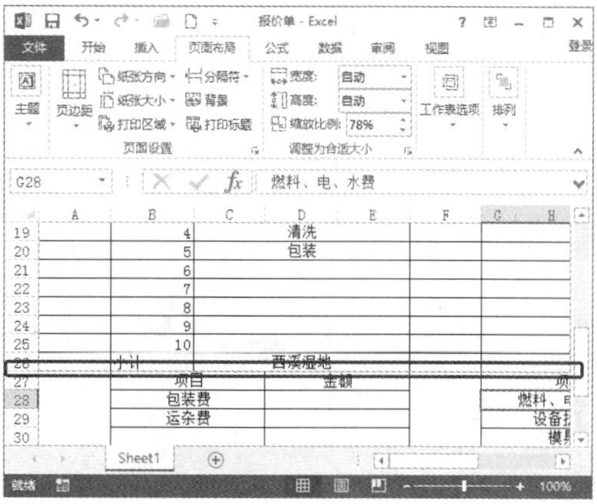

如果用户需要撤销某个分页符，只需选中分页符所在的单元格，然后单击“分隔符”下拉列表中的“删除分页符”命令即可。

（4）设置打印工作表份数

在打印面板中默认打印工作表份数为 1，如果用户需要本次打印多张工作表，可以在“打印份数”文本框中输入相应数据。具体操作步骤如下。

第 1 步：执行文件命令。

设置完工作表的页面后，单击“文件”菜单，如下图所示。

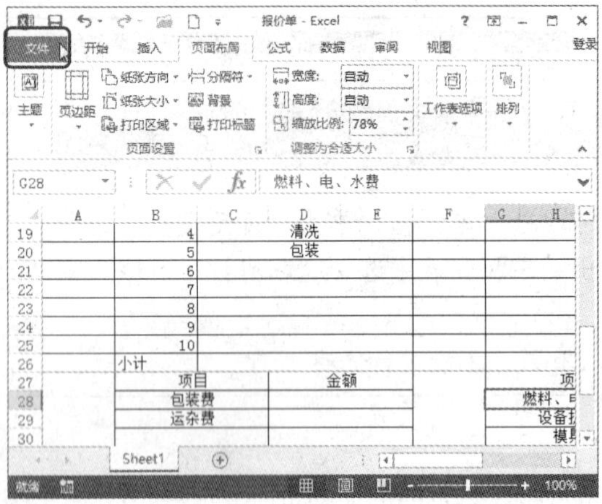

第 2 步：输入打印的份数值。

❶单击“打印”选项；❷在右侧面板中设置打印份数；❸单击“打印”按钮即可，如下图所示。

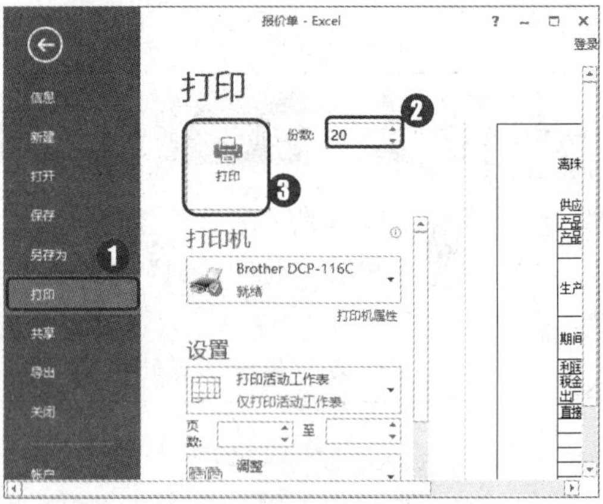

本 章 小 结

在本章中，主要以案例的方式介绍了设置与美化表格的相关知识。希望用户跟着这些案例学习操作，快速掌握 Excel 表格的格式设置与美化技能，制作出更加漂亮的表格。

第3章

让数据更突出
——使用条件格式标记数据

本章导读：

在 Excel 工作表中录入数据信息后，根据“条件格式”的功能可以给单元格内容有选择性地自动应用格式。为了突出 Excel 数据得理功能给工作带来的方便，本章将介绍如何使用条件格式对数据进行标记的相关知识。

知识要点：

★ 根据条件标记数据

★ 标记重复值

★使用选取规则筛选数据

★ 使用数据条查看数据

★ 使用色阶查看数据

★ 使用图标集标记数据

案例效果

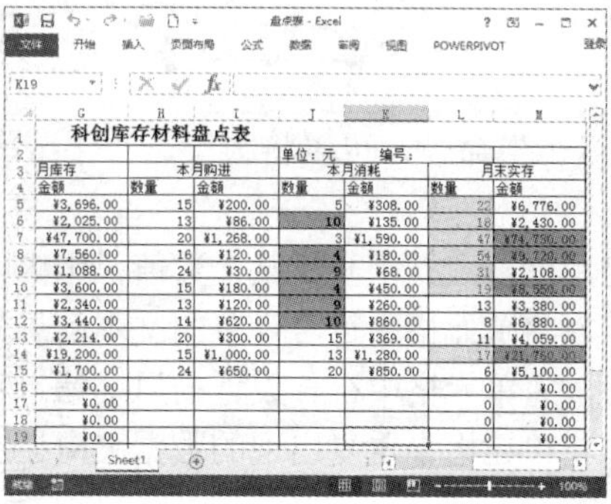

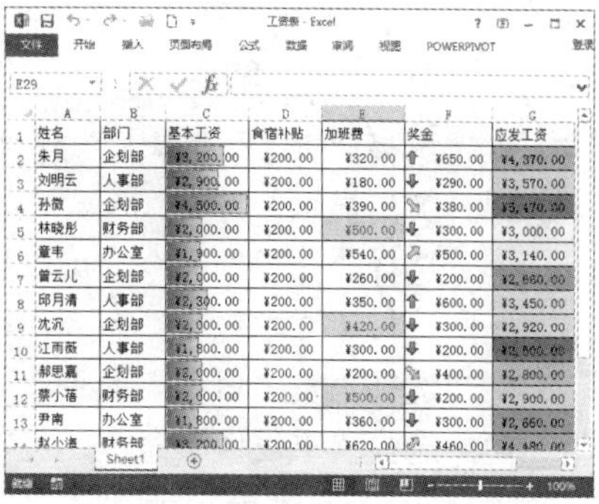

大师点拨——条件格式的知识要点

在任何文档中有效地使用颜色，均可以显著提高文档的吸引力和可读性。在 Excel 中，条件格式能够根据单元格的内容，有选择地和自动地应用单元格格式。

要点 1 条件格式的分类

Excel 2013 提供的条件格式非常丰富，如填充颜色、数据颜色刻度和图标集等，使用这些设置条件格式可以更直观地显示数据。

1. 使用突出显示单元格规则

如果要突出显示单元格中的一些数据，如大于某个值的数据、小于某个值的数据、等于某个值的数据等，可以基于比较运算符设置这些特定单元格的格式。

单击“开始”选项卡“样式”工作组中的“条件格式”下拉按钮，在弹出的下拉菜单中选择“突出显示单元格规则”命令后，在其子菜单中选择不同的命令，可以实现不同的突出显示效果。

- 选择“大于”“小于”或“等于”命令，可以将大于、小于或等于某个值的单元格突出显示。
- 选择“介于”命令，可以将单元格数据中介于某个数值范围内的数据突出显示。
- 选择“文本包含”命令，可以将单元格中符合设置的文本信息突出显示。
- 选择“发生日期”命令，可以将单元格中符合设置的日期信息突出显示。
- 选择“重复值”命令，可以将单元格中重复出现的数据突出显示。

2. 使用项目选取规则

项目选取规则允许用户识别项目中最大或最小的百分数或数字所指定的项，或者指定大于或小于平均值的单元格，而且可以使用颜色直观地显示数据，并可以帮助用户了解数据分布和变化。通常情况下用户会使用双色刻度来设置条件格式。即使用两种颜色的深浅程度来比较某个区域的单元格，颜色的深浅表示值的高低。

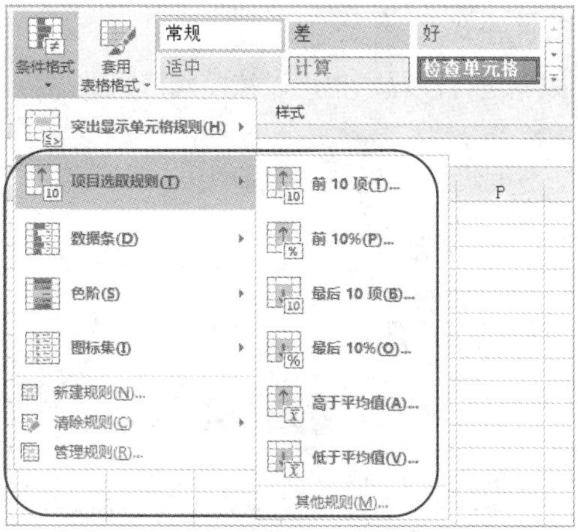

选择“项目选取规则”命令，在其子菜单中选择不同的命令，可以实现不同的项目选取目的。

- 选择“前 10 项”或“最后 10 项”命令，将突出显示值最大或最小的 10 个单元格。
- 选择“前 10%”或“最后 10%”命令，将突出显示值最大或最小的 10%（相对于所选单元格总数的百分比）的单元格。
- 选择“高于平均值”或“低于平均值”命令，将突出显示值高于或低于所选单元格区域所有值的平均值的单元格。

3. 使用数据条设置条件格式

使用数据条可以查看某个单元格相对于其他单元格的值。数据条的长度代表单元格中的值，数据条越长，表示值越高；反之，则表示值越低。若要在大量数据中分析较高值和较低值，使用数据条尤为有用。

例如，在“员工工资统计表”中，使用数据条标记“月收入合计”，效果如下图所示。

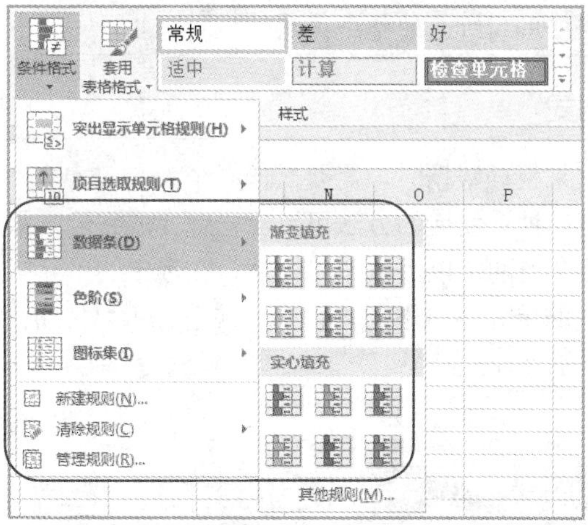

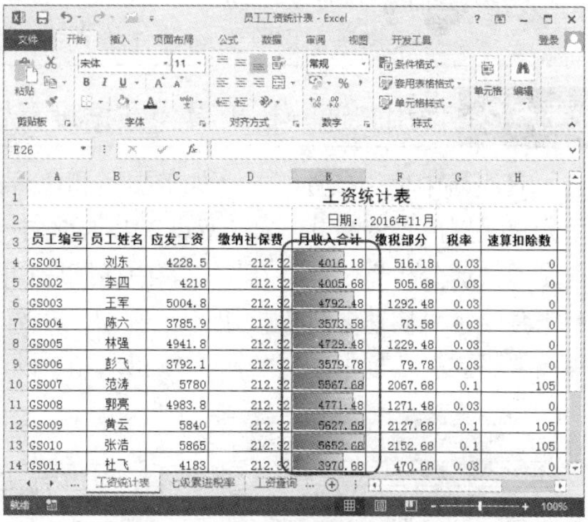

4. 使用色阶设置条件格式

使用色阶可以按照阈值将数据分为多个类别，其中每种颜色代表一个数值范围。

5. 使用图标集设置条件格式

使用图标集既可以对数据进行注释，也可以按照阈值将数据分为 3~5 个类别，其中每个图标代表一个数值范围。

例如，在“三向箭头”图标集中，绿色的上箭头代表较高值、黄色的横向箭头代表中间值；红色的下箭头代表较低值，效果如下图所示。

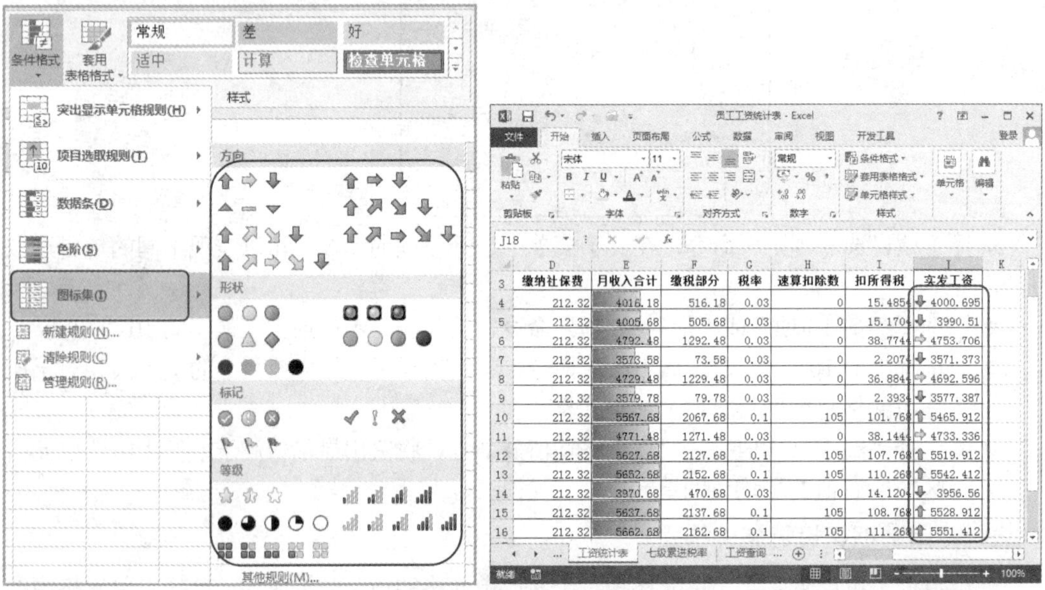

> **高手点拨　条件格式应用区域**
>
> 如果设置条件格式的单元格区域中有一个或多个单元格包含的公式返回错误，则设置的条件格式就不会应用到所选的整个区域。

要点 2　使用快速分析工具为数据设置格式

在表格中使用条件格式（如数据条和色阶）来整理数据时，需要操作多个命令，才能为单元格设置内置的格式。在 Excel 2013 版本中有一种更便捷的方法可以轻松地完成它们，那就是“快速分析”工具。在工作表中连续选择两个及两个以上数据单元格，在选中的单元格右下角显示“快速分析”按钮。例如，在选定的单元格右下角，单击“快速分析”按钮，单击“格式”选项卡中“色阶”按钮，如下图所示。

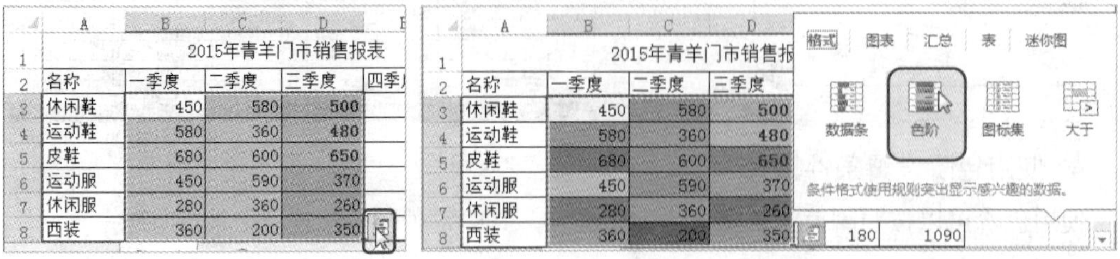

要点 3 管理条件格式

当两个或两个以上条件格式规则应用于一个单元格区域时，将按其在此对话框中列出的优先级顺序（自上到下）计算这些规则。

1. 设置管理条件规则

在数据表中除了应用内置的格式外，还可以对数据的大小自定义格式，如使用公式判断一组单元格值的大小，需要应用多个条件。

对 B2:B13 单元格区域新建规则，值大于 1500 的显示为“红色”，值小于 1500 的显示为“蓝色”，如左下图所示，执行定义的规则后，效果如右下图所示。

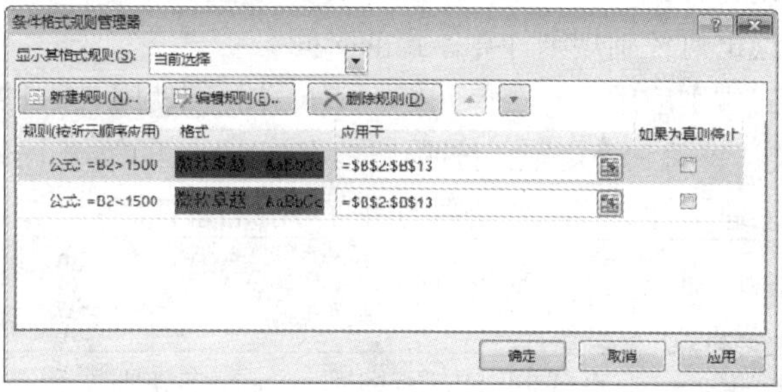

2. 调整规则的优先级顺序

列表中较高处的规则的优先级高于列表中较低处的规则。默认情况下，新规则总是添加到列表的顶部，因此具有较高的优先级，所以要留意它们的顺序。在实际中，可以使用对话框中的“上移”箭头▲和“下移”箭头▼更改优先级顺序。

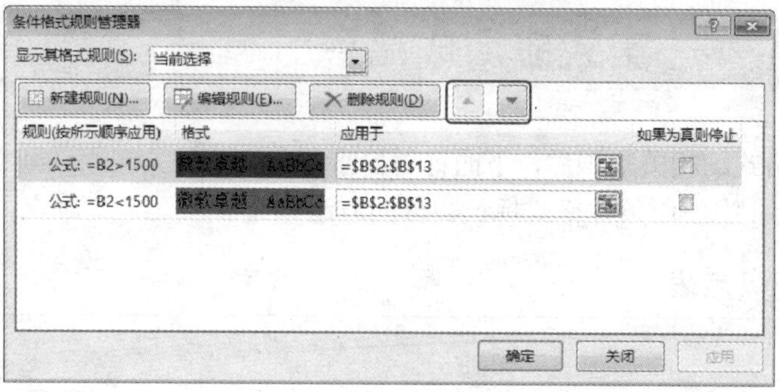

对于一个单元格区域，多个条件格式规则计算值为真时将发生何种情况？首先是规则不冲突的情况，然后是规则冲突的情况。下面将介绍如何应用规则。

（1）规则不冲突

例如，如果一个规则将单元格格式设置为字体加粗，而另一个规则将同一个单元格的格式设置为红色，则该单元格的字体将被加粗并设为红色。因为这两种格式间没有冲突，所以两个规则都得到应用。

（2）规则冲突

例如，一个规则将单元格字体颜色设置为红色，而另一个规则将单元格字体颜色设置为绿色。因为这两个规则冲突，所以只应用一个规则，应用优先级较高的规则（在对话框列表中的较高位置）。

粘贴、填充和格式刷如何影响条件格式规则？编辑工作表时，可以复制和粘贴具有条件格式的单元格值，用条件格式填充单元格区域，或者使用格式刷。这些操作对条件格式规则优先级的影响是：为目标单元格创建一个基于源单元格的新条件格式规则。

条件格式和手动格式冲突时将发生何种情况？对于单元格区域，如果格式规则计算值为真，它将优先于现有的手动格式。通过使用“开始”选项卡上“字体”组中的按钮，可以应用手动格式。如果删除条件格式规则，单元格区域的手动格式将保留。

手动格式没有列在“条件格式规则管理器”对话框中，也不用于确定优先级。

通过使用“如果为真则停止”复选框可控制规则计算停止的时间。

例如，如果有三个以上的条件格式规则应用于一个单元格区域，并正在使用 Excel 2007 之前的 Excel 版本，则该 Excel 版本仅计算前三个规则。按照优先级应用为真的第一个规则，忽略为真的优先级较低的规则。下表汇总了针对前三个规则的所有可能的条件。

如果规则	为	并且如果规则	为	并且如果规则	为	那么
一	真	二	真或假	三	真或假	应用规则一，忽略规则二和三
一	假	二	真	三	真或假	应用规则二，忽略规则三
一	假	二	假	三	真	应用规则三
一	假	二	假	三	假	不应用任何规则

案例训练——实战应用成高手

熟悉了条件格式的相关知识后，下面针对日常办公中的相关应用，列举几个典型的表格案例，讲解在 Excel 中使用条件格式标记数据的方法。

案例 01 标记盘点表

◇ 案例概述

盘点表主要是针对公司目前所有的产品进行清查得出数据。通过条件格式的方法，对本月消耗数量、月末实存数量及金额的单元格进行标记，效果如下图所示。

科创库存材料盘点表

制表日期：　　年　月　日									单位：元　　编号：				
序号	品名	单位	规格	单价	上月库存		本月购进		本月消耗		月末实存		备　注
					数量	金额	数量	金额	数量	金额	数量	金额	
1	点钞机	台		¥308.00	12	¥3,696.00	15	¥200.00	5	¥308.00	22	¥6,776.00	
2	验钞机	台		¥135.00	15	¥2,025.00	13	¥86.00	10	¥135.00	18	¥2,430.00	
3	收银机	台		¥1,590.00	30	¥47,700.00	20	¥1,268.00	3	¥1,590.00	47	¥74,730.00	
4	标签机	台		¥180.00	42	¥7,560.00	16	¥120.00	4	¥180.00	54	¥9,720.00	
5	条码扫描	台		¥68.00	16	¥1,088.00	24	¥30.00	9	¥68.00	31	¥2,108.00	
6	切纸机	台		¥450.00	8	¥3,600.00	15	¥180.00	4	¥450.00	19	¥8,550.00	
7	塑封机	台		¥260.00	9	¥2,340.00	13	¥120.00	9	¥260.00	13	¥3,380.00	
8	数据采集器	台		¥860.00	4	¥3,440.00	14	¥620.00	10	¥860.00	8	¥6,880.00	
9	装订机	台		¥369.00	6	¥2,214.00	20	¥300.00	15	¥369.00	11	¥4,059.00	
10	保险箱	个		¥1,280.00	15	¥19,200.00	15	¥1,000.00	13	¥1,280.00	17	¥21,760.00	
11	食堂刷卡机	台		¥850.00	2	¥1,700.00	24	¥650.00	20	¥850.00	6	¥5,100.00	
12						¥0.00					0	¥0.00	
13						¥0.00					0	¥0.00	
14						¥0.00					0	¥0.00	
15						¥0.00					0	¥0.00	
16						¥0.00					0	¥0.00	
17						¥0.00					0	¥0.00	
	合　计												
负责人：						核准：							

素材文件：	光盘\素材文件\第 3 章\案例 01\盘点表.xlsx
结果文件：	光盘\结果文件\第 3 章\案例 01\盘点表.xlsx
教学文件：	光盘\教学文件\第 3 章\案例 01.mp4

◇ 制作思路

在 Excel 中标记"盘点表"的流程与思路如下所示。

一 **标记超额数据**：对于盘点表的数据，每盘点一次都会做一次分析，以查看产品的销售情况。

二 **标记大于平均值数据**：在上月库存量中标记大于平均值的数据，作为销售有待提高的产品。

三 **标记重复值**：对于本月不同产品销售数量相同的情况下，为了统计下次购进的数量，可以将重复值标记出来。

◇ 具体步骤

在盘点表中输入数据后，会对数据进行分析或处理，如使用颜色将产品销售情况较好与较差的数据都标记出来，然后对产品的销售进行分析。

1. 标记超额数据

在盘点表中，将月末实存金额大于 8 000 元的数据使用红色进行标记，然后根据标记值的多少，对该产品进行重新销售定位。具体操作步骤如下。

第 1 步：执行大于命令。

打开素材文件\第 3 章\案例 01\盘点表.xlsx，❶选择 M5:M21 单元格区域，单击“样式”工作组中的“条件格式”按钮；❷指向“突出显示单元格规则”命令；❸在弹出的下一级列表中选择“大于”命令，如下图所示。

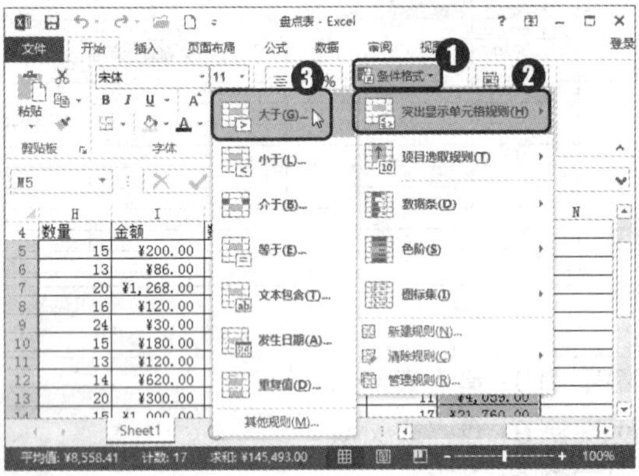

第 2 步：执行自定义格式命令。

打开“大于”对话框，❶在数据值框中输入条件值；❷单击“设置为”条件右侧的下拉按钮；❸单击“自定义格式”命令，如下图所示。

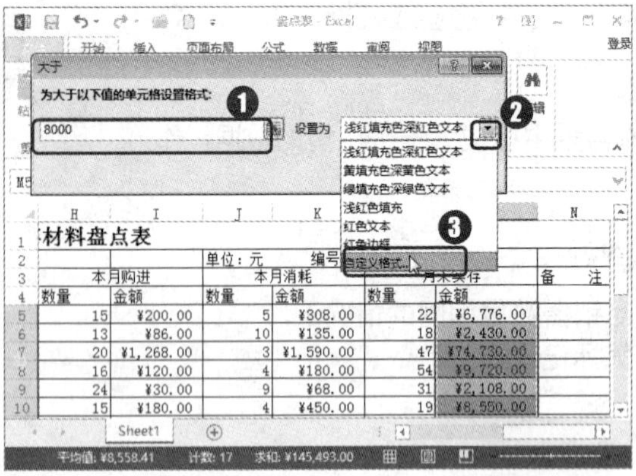

第 3 步：设置字体颜色。

打开“设置单元格格式”对话框，❶单击“字体”选项卡；❷单击“颜色”列表框右侧的下拉按钮；❸选择需要的颜色，如下图所示。

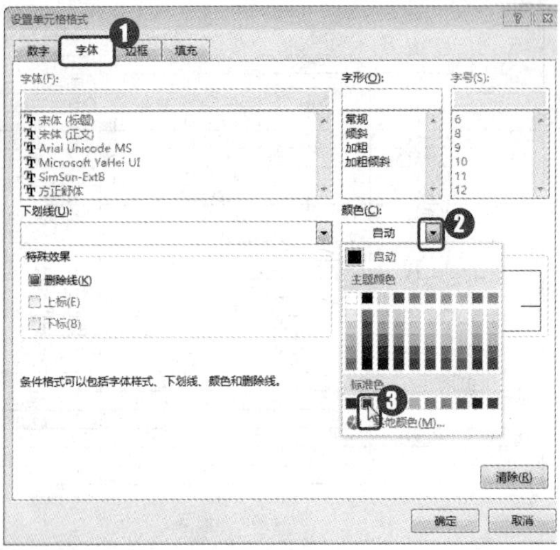

第 4 步：设置底纹颜色。

❶单击“填充”选项卡；❷在“背景色”面板中选择需要的底纹颜色；❸单击“确定”按钮，如下图所示。

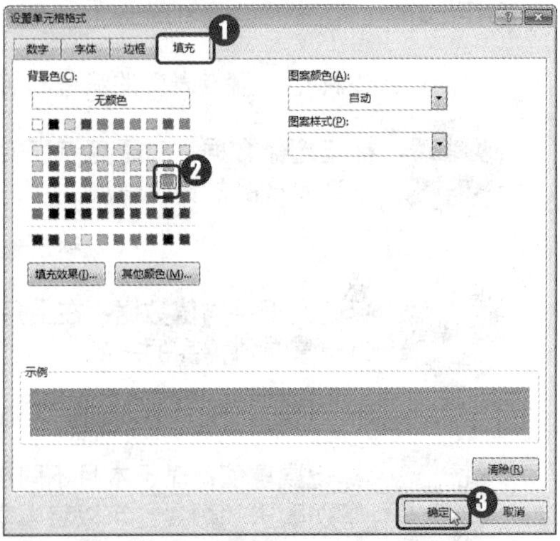

第 5 步：单击确定按钮。

返回“大于”对话框，单击“确定”按钮，如下图所示。

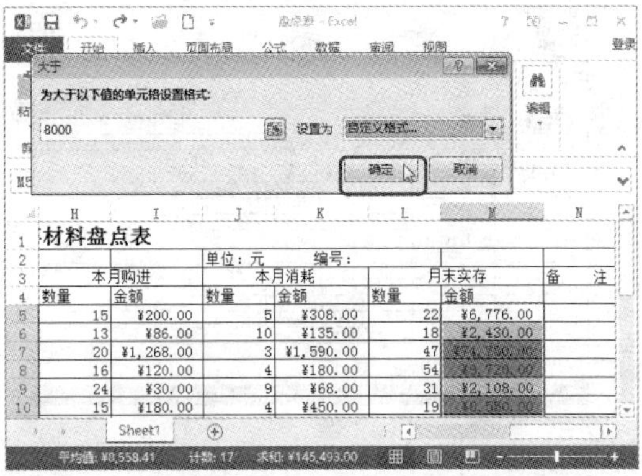

第 6 步：显示标记颜色效果。

经过以上操作，即可标记出“月末实存”的“金额”大于 8 000 的数据，效果如下图所示。

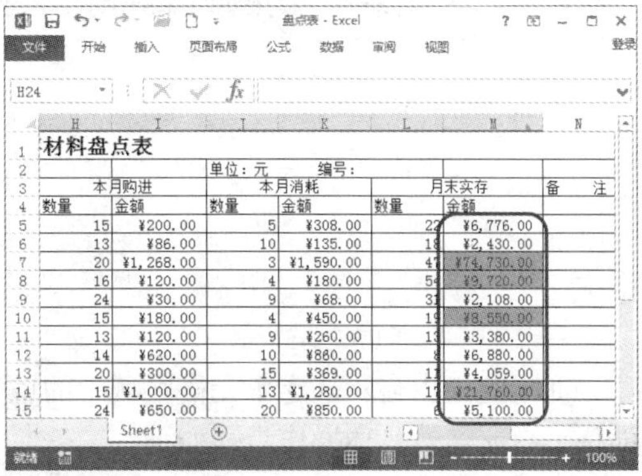

2. 标记库存数量高于平均值的单元格

在根据规则突出显示单元格时，如果要将单元格中的数据与整体区域中数据的平均值做比较，然后突出显示单元格，例如，要突出显示高于此区域平均值的单元格。具体操作步骤如下。

第 1 步：执行高于平均值命令。

❶选择 L5:L21 单元格区域，单击“样式”工作组中的“条件格式”按钮；❷指向“项目选取规则”命令；❸在弹出的下一级列表中选择“高于平均值”命令，如下图所示。

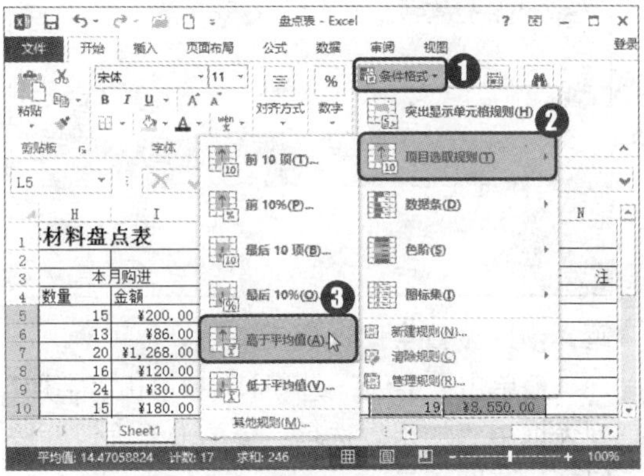

第 2 步：选择平均值的样式。

打开“高于平均值”对话框，❶单击“设置为”条件右侧的下拉按钮；❷单击“黄填充色深黄色文本”命令，如下图所示。

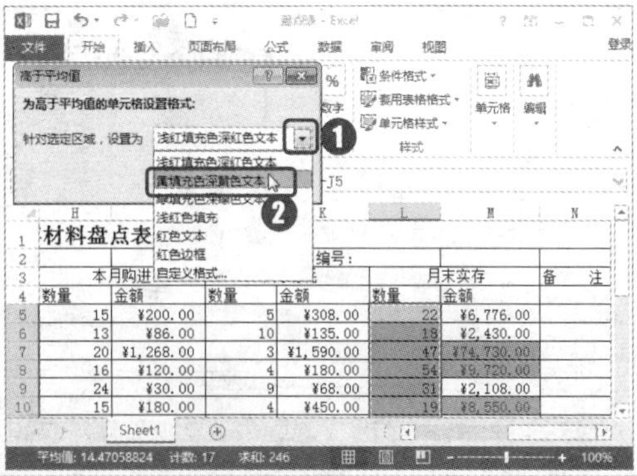

第 3 步：单击确定按钮。

设置完标记选项后，单击“确定”按钮，如下图所示。

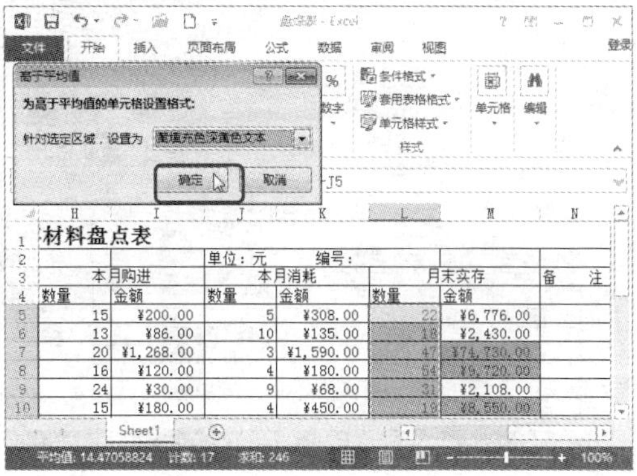

第 4 步：显示标记效果。

经过以上操作，完成标记库存数量高于平均值的单元格的设置。效果如下图所示。

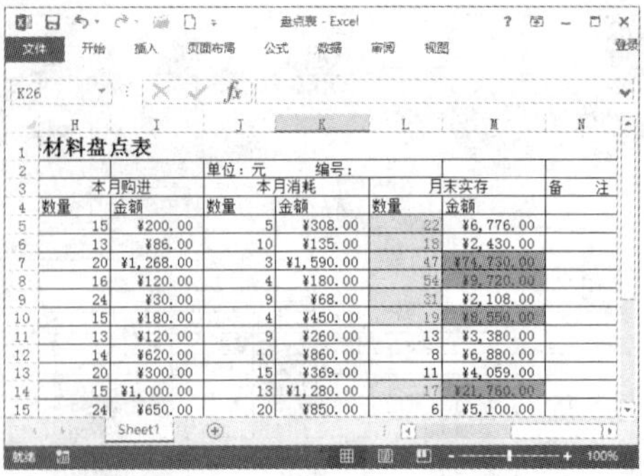

3. 标记重复值

如果要突出显示选定单元格区域中的重复值，可以使用“条件格式”中的“重复值”功能标记单元格。具体操作步骤如下。

第 1 步：执行重复值命令。

❶选择 J5:J21 单元格区域；❷单击“样式”工作组中的“条件格式”按钮；❸指向“突出显示单元格规则”命令；❹在弹出的下一级列表中选择“重复值”命令，如下图所示。

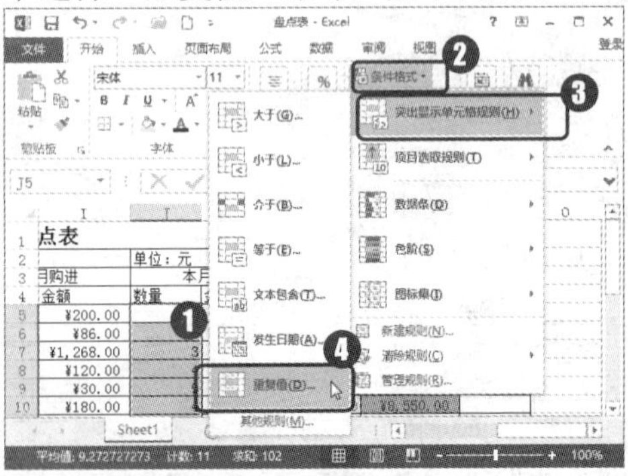

第 2 步：执行自定义格式命令。

打开“重复值”对话框，❶单击“设置为”条件右侧的下拉按钮；❷单击“自定义格式”命令，如下图所示。

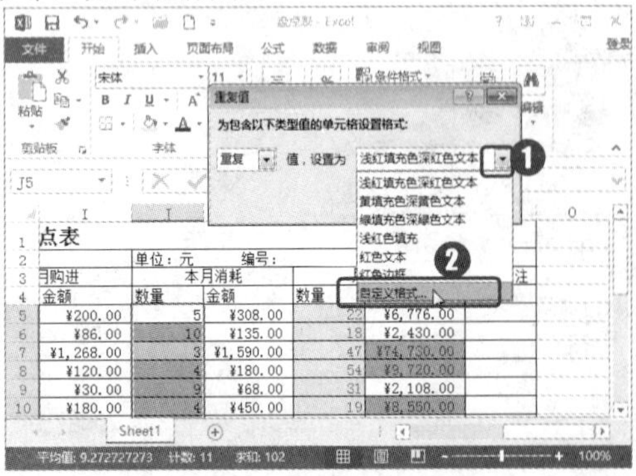

第 3 步：选择底纹颜色。

打开“设置单元格格式”对话框，❶单击“填充”选项卡；❷在“背景色”面板中选择需要的底纹颜色，如下图所示。

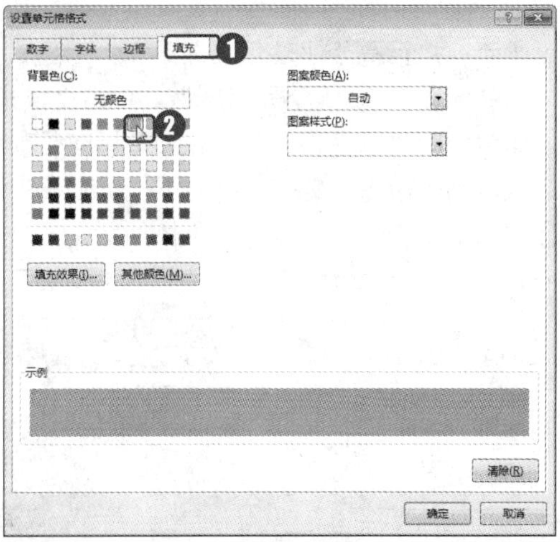

第 4 步：设置字体选项。

❶单击“字体”选项卡；❷单击“字形”列表框中“加粗”选项；❸单击“确定”按钮，如下图所示。

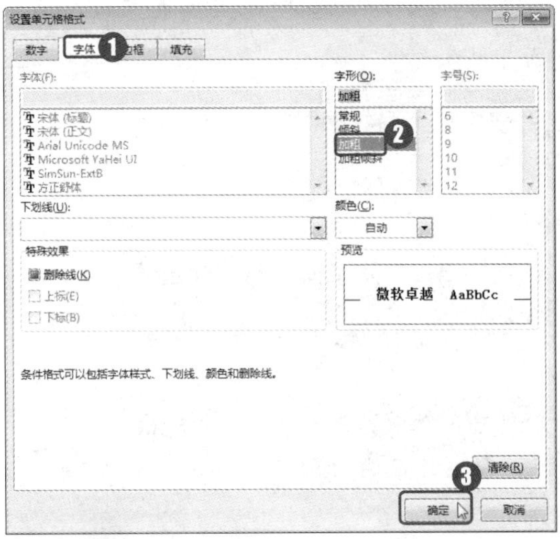

第 5 步：单击确定按钮。

返回“重复值”对话框，单击“确定”按钮，如下图所示。

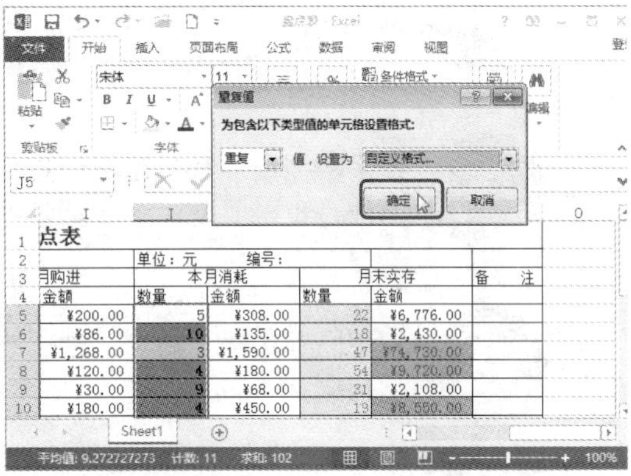

案例 02 标记工资表

◇ 案例概述

工资表是发放薪酬计算数据的表格，包含工资所有明细项目，具有真实性和有效性。每月的工资表公司都是存档的，并以此作为公司支出金额的一部分记账凭证。同时也方便用户今后对工资进行查询。本案例主要使用条件格式对工资表中的数据进行标记，效果如下图所示。

	A	B	C	D	E	F	G	H
1	姓名	部门	基本工资	食宿补贴	加班费	奖金	应发工资	实发工资
2	朱月	企划部	¥3,200.00	¥200.00	¥320.00	¥650.00	¥4,370.00	¥4,370.00
3	刘明云	人事部	¥2,900.00	¥200.00	¥180.00	¥290.00	¥3,570.00	¥3,570.00
4	孙微	企划部	¥4,500.00	¥200.00	¥390.00	¥380.00	¥5,470.00	¥5,470.00
5	林晓彤	财务部	¥2,000.00	¥200.00	¥500.00	¥300.00	¥3,000.00	¥3,000.00
6	章韦	办公室	¥1,900.00	¥200.00	¥540.00	¥500.00	¥3,140.00	¥3,140.00
7	曾云儿	企划部	¥2,000.00	¥200.00	¥260.00	¥200.00	¥2,660.00	¥2,660.00
8	邱月清	人事部	¥2,300.00	¥200.00	¥350.00	¥600.00	¥3,450.00	¥3,450.00
9	沈沉	企划部	¥2,000.00	¥200.00	¥420.00	¥300.00	¥2,920.00	¥2,920.00
10	江雨薇	人事部	¥1,800.00	¥200.00	¥300.00	¥200.00	¥2,500.00	¥2,500.00
11	郝思嘉	企划部	¥2,000.00	¥200.00	¥200.00	¥400.00	¥2,800.00	¥2,800.00
12	蔡小蓓	财务部	¥2,000.00	¥200.00	¥500.00	¥200.00	¥2,900.00	¥2,900.00
13	尹南	办公室	¥1,800.00	¥200.00	¥360.00	¥300.00	¥2,660.00	¥2,660.00
14	赵小海	财务部	¥3,200.00	¥200.00	¥620.00	¥460.00	¥4,480.00	¥4,480.00
15	吴军	办公室	¥1,800.00	¥200.00	¥430.00	¥580.00	¥3,010.00	¥3,010.00

素材文件：光盘\素材文件\第 3 章\案例 02\工资表.xlsx
结果文件：光盘\结果文件\第 3 章\案例 02\工资表.xlsx
教学文件：光盘\教学文件\第 3 章\案例 02.mp4

◇ 制作思路

在 Excel 中标记“工资表”的流程与思路如下所示。

一 **根据条件设置单元格格式**：在工资表中对某列数据根据给定的条件，为单元格添加指定的格式。

二 **使用数据条件和色阶标记数据**：在条件格式中除了使用条件标记数据外，也可以使用渐变颜色标记单元格。

三 **使用图标集标记数据**：根据单元格数据的等级范围，使用图标集标记数据。

◇ 具体步骤

对大型数据表进行统计分析时，为了便于区别和查看，可以使用条件格式对内容进行突出显示，让数据变得更加直观，以便在统计分析时，能够轻松地查看与分析数据。

1. 使用突出显示单元格规则标记数据

在数据表中，可以通过一定的规则来突出显示标记的单元格，从而使表格中的数据显示更加清晰、突出。

例如，在对“工资表”中的“加班费”数据进行统计分析时，可以标记出指定范围中金额较小值或者重复值。具体操作步骤如下。

第 1 步：执行介于命令

打开素材文件\第 3 章\案例 02\工资表.xlsx，❶选择 E2:E15 单元格区域，单击“条件格式”按钮；❷指向“突出显示单元格规则”命令；❸在弹出的下一级列表中选择“介于”命令，如下图所示。

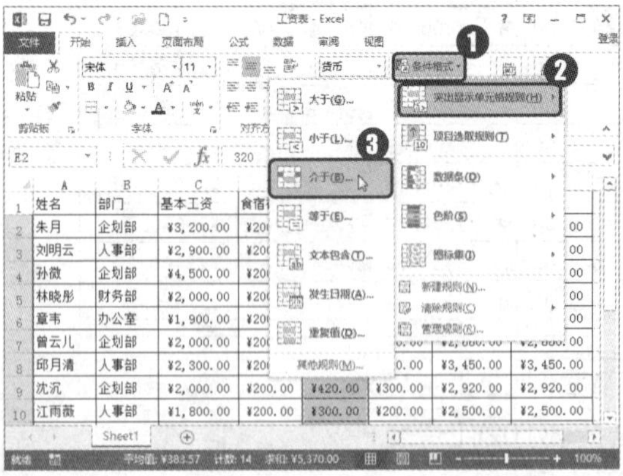

第 2 步：设置介于条件。

打开“介于”对话框，❶在“介于”框中输入数值；❷选择设置的格式为“绿填充色深绿色文本”选项；❸单击“确定”按钮，如下图所示。

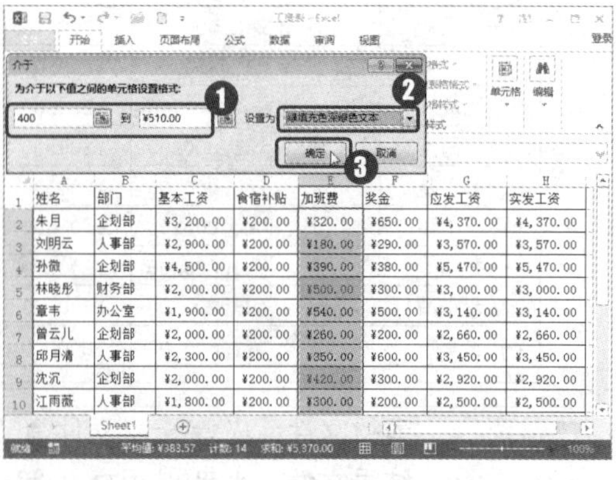

第 3 步：显示设置数据标记的效果。

经过以上操作，为加班费设置条件格式，效果如下图所示。

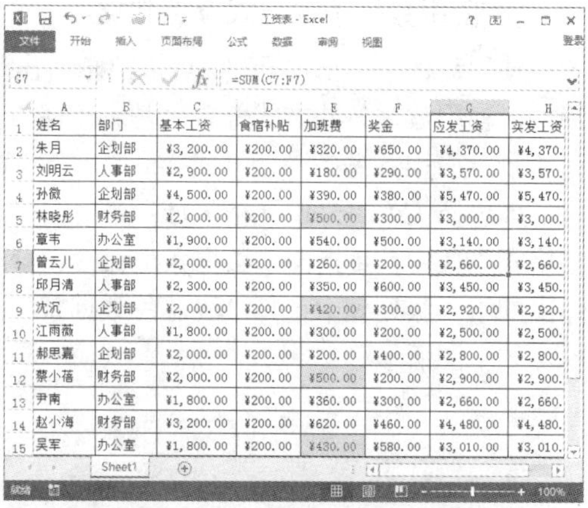

> **高手点拨**
>
> **选择介于命令的事项**
>
> 如果要突出显示数值大于指定数值的单元格时，可以使用“条件格式”按钮列表中“突出显示单元格规则”子列表的“大于”命令；若是要突出显示数值在一个区间范围内的单元格，则使用“介于”命令；如果是要突出显示单元格数据与指定数据相同的单元格，则使用“等于”命令。

2. 根据项目选取规则筛选数据

要突出显示数据中最大的几项，则可以使用“前 10 项”命令。例如，要在工资表中突出显示“实发工资”中最高的前 10 个金额，具体操作步骤如下。

第 1 步：执行前 10 项命令。

❶选择 H2:H15 单元格区域，单击“条件格式”按钮；❷指向“项目选取规则”命令；❸在弹出的下一级列表中选择“前 10 项”命令，如下图所示。

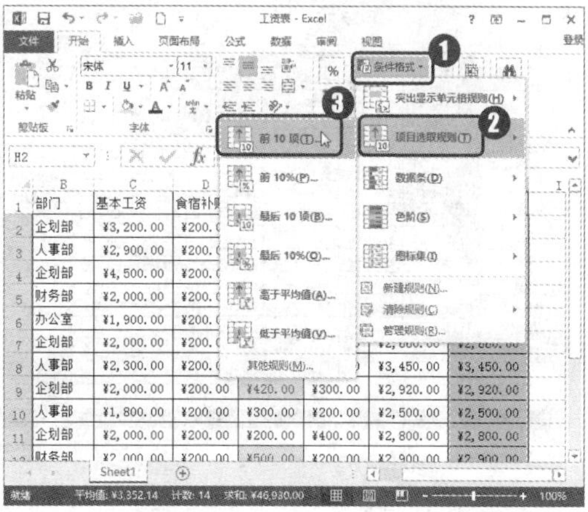

第 2 步：设置数据格式。

❶将前 10 项设置为“红色文本”选项；❷单击“确定”按钮，如下图所示。

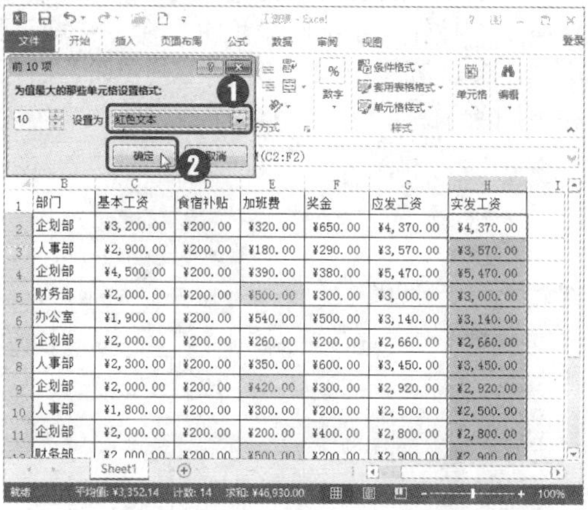

3. 使用数据条的方式查看数据

使用数据条标记单元格，可以清晰看出数据之间存在的差别，在分析数据时显得很直观。例如，使用数据条的方式查看“基本工资”数据。具体操作步骤如下。

第 1 步：应用数据条渐变样式。

❶选择 C2:C15 单元格区域；❷单击“条件格式”按钮；❸指向“数据条”命令；❹在弹出的下一级列表中选择“浅蓝色数据条”命令，如下图所示。

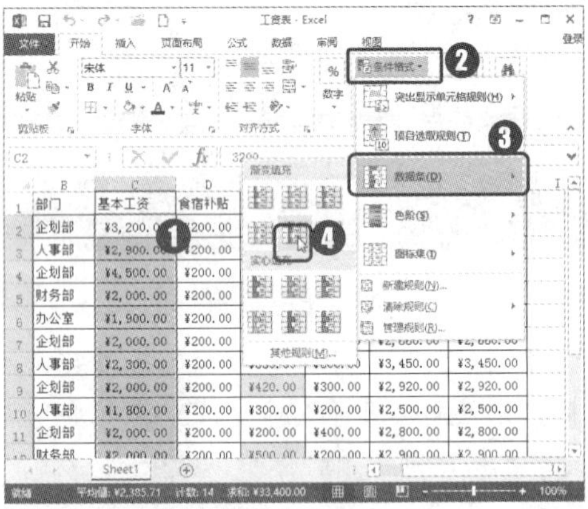

第 2 步：显示应用数据条渐变样式效果。

经过上步操作后，使用数据条查看数据，效果如下图所示。

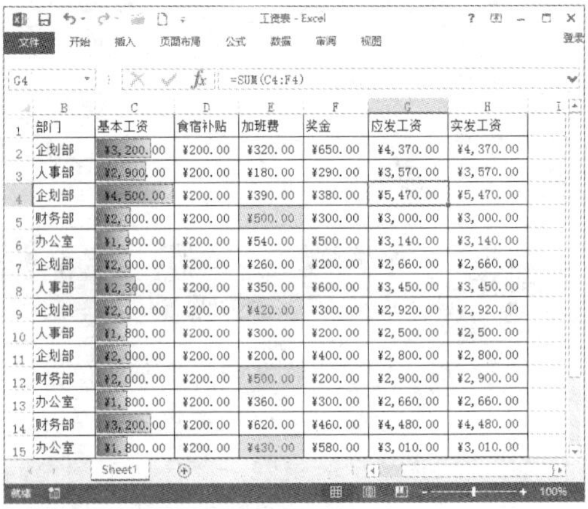

4. 使用色阶查看数据变化

对表中不同数据进行分析时，可以使用不同的色阶来显示大小不同的数据。使用“条件格式”中的“色阶”，可以通过双色刻度和三色刻度标记单元格的数据状态，也就是在同一个区域中，用两种或者三种颜色的深浅来标记单元格，表现它们之间存在的差异，颜色的深浅就表示数据表中值的高低或者高中低的等级关系。使用色阶标记单元格的具体操作步骤如下。

第 1 步：执行色阶命令。

❶选择 G2:G15 单元格区域；❷单击“条件格式”按钮；❸指向“色阶”命令；❹在弹出的下一级列表中选择“红-白-蓝色阶”命令，如下图所示。

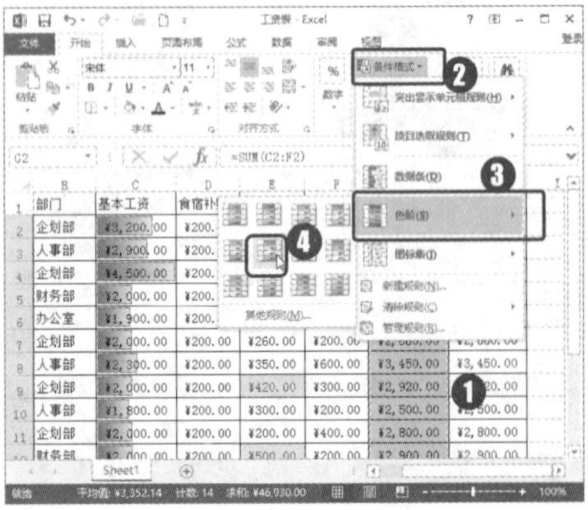

第 2 步：显示添加色阶的效果。

添加色阶的效果如下图所示。

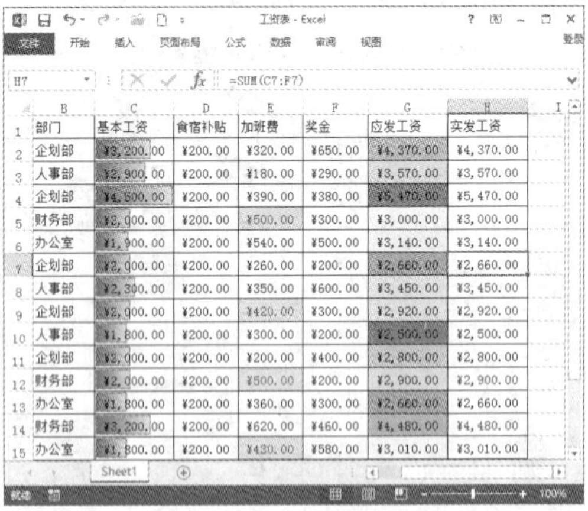

5. 使用图标集标记数据

在 Excel 2013 中对数据进行格式设置和美化时，为了表现一组数据中的等级范围，还可以使用图标对数据进行标记。在图标集中每个图标代表一个值的范围，也就是一个等级。使用图标集标记数据的具体操作步骤如下。

第 1 步：执行图标集命令。

❶选择 F2:F15 单元格区域；❷单击“条件格式”按钮；❸指向“图标集”命令；❹在弹出的列表中选择“方向-四色箭头”命令，如下图所示。

第 2 步：拖动调整列宽。

添加图标集后，拖动调整列宽才能将数据显示完整，如下图所示。

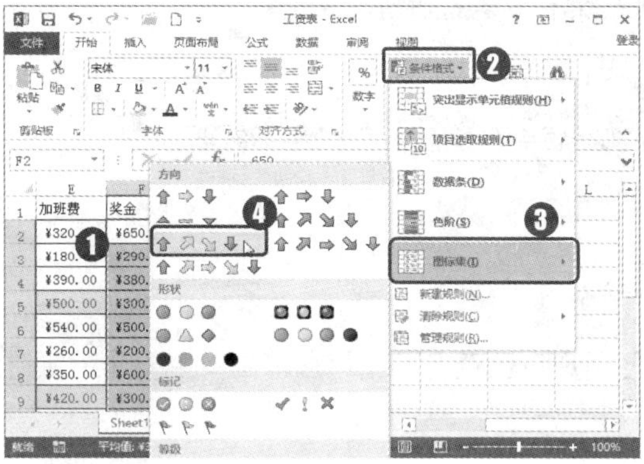

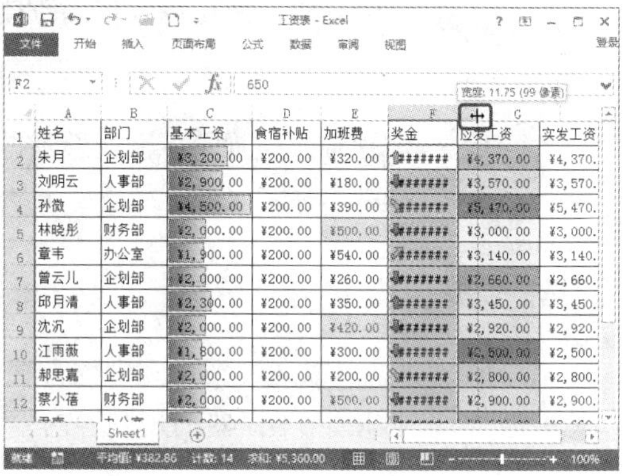

案例 03 标记销售报表

◇ 案例概述

在 Excel 中，销售报表也是公司市场部的一个重要类型的表格。公司会要求对产品按每周、每月、每季度或以年报形式做出一些分析，通过这些数据反映各产品的销售情况。分析数据时我们可以使用一些规则对数据进行标记，标记表格数据效果如下图所示。

	A	B	C	D	E	F
1	2015年青羊门市销售报表					
2	名称	一季度	二季度	三季度	四季度	合计
3	休闲鞋	450	580	**500**	620	2150
4	运动鞋	580	360	**480**	420	1840
5	皮鞋	680	600	**650**	580	2510
6	运动服	450	590	370	460	1870
7	休闲服	280	360	260	500	1400
8	西装	360	200	350	180	1090

素材文件：光盘\素材文件\第 3 章\案例 03\销售报表.xlsx
结果文件：光盘\结果文件\第 3 章\案例 03\销售报表.xlsx
教学文件：光盘\教学文件\第 3 章\案例 03.mp4

◇ 制作思路

在 Excel 中制作“销售报表”的流程与思路如下所示。

一 **新建规则**：对选中的数据区域，根据自己的方式选择并定义一组规则，通过设置字体格式和底纹等相关操作，美化单元格区域。

二 **管理规则**：在 Excel 2013 中使用管理规则可以一次对单元格新建多个规则，也可以通过管理规则删除不需要的规则。

三 **清除单元格规则**：使用新建的规则查看完数据后，可以将不需要的规则清除掉。

◇ 具体步骤

在工作表中，可以通过新建规则的方式方便用户自己查看数据。在本例中主要介绍新建规则、管理规则和清除不需要的规则等内容。

1. 新建规则

条件格式的规则类型有 6 种，用户可以根据需要进行选择。以新建“基于各自值设置所有单元格的格式”为例。具体操作步骤如下。

第 1 步：执行新建规则命令。

打开素材文件\第 3 章\案例 03\销售报表.xlsx，❶选择 F3:F8 单元格区域，单击“条件格式”按钮；❷单击“新建规则”命令，如下图所示。

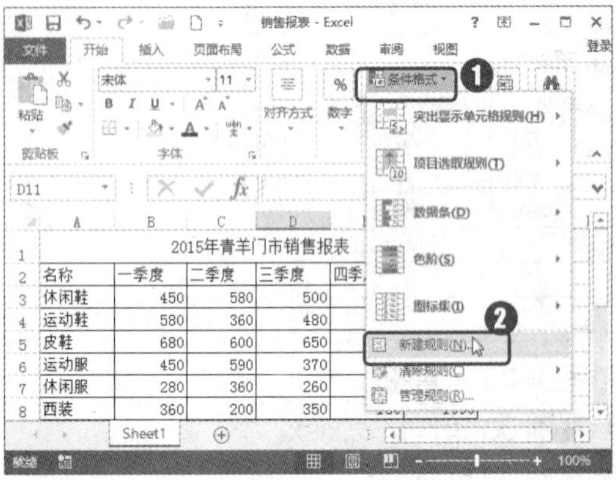

第 2 步：设置规则选项。

打开“新建格式规则”对话框，❶选择“基于各自值设置所有单元格的格式”选项；❷在“格式样式”列表中选择“三色刻度”选项；❸设置各刻度颜色；❹单击“确定”按钮，如下图所示。

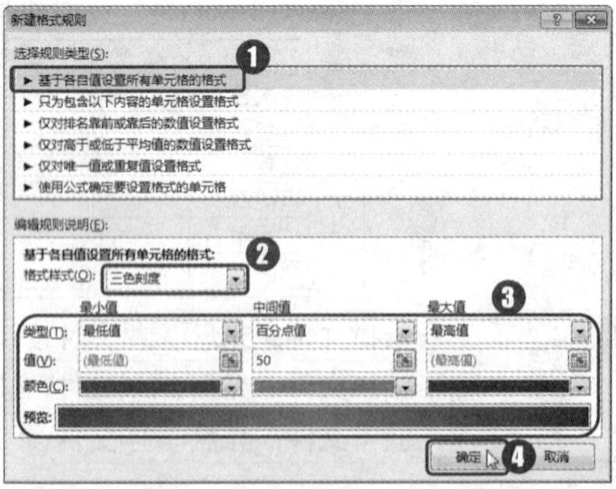

第 3 步：显示新建规则的效果。

经过以上操作，为选定单元格新建规则，效果如下图所示。

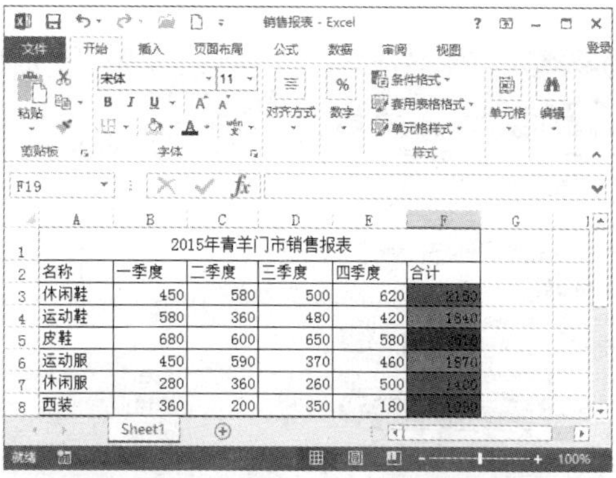

知识拓展 如何将新建规则应用于其他没选定区域

将设置新建规则的单元格选中，在“条件格式”列表中选择“管理规则”命令，在“条件格式规则管理器”对话框中，在单元格区域中重新选择应用区域，单击“确定”按钮即可。

2. 管理规则

在表格中无论是使用条件格式，还是利用新建规则标记单元格，对单元格标记的区域或颜色不满意或者不需要该格式，都可以通过管理规则管理器进行设置。以在选定单元格区域新建两个规则为例，其具体的操作步骤如下。

第 1 步：执行管理规则命令。

❶选择 D3:D8 单元格区域；❷单击“条件格式”按钮；❸单击“管理规则”命令，如下图所示。

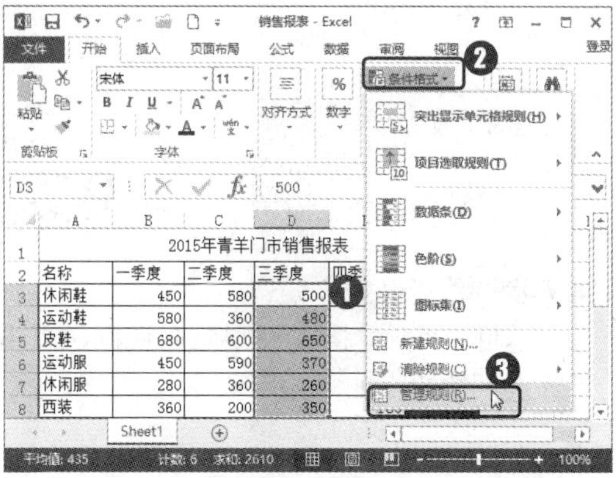

第 2 步：单击新建规则按钮。

打开“条件格式规则管理器”对话框，单击 “新建规则”按钮，如下图所示。

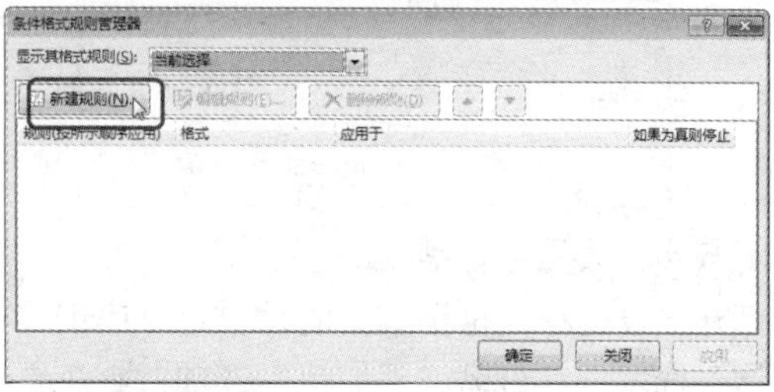

第 3 步：选择数据条选项。

打开“新建格式规则”对话框，❶单击“格式样式-双色刻度”右侧的下拉按钮 ；❷在弹出的列表中单击“数据条”选项，如下图所示。

第 4 步：设置格式选项并单击格式按钮。

❶单击“仅对排名靠前或靠后的数值设置格式”选项；❷将“为以下排名内的值设置格式”文本框中的内容设置为前 3 项；❸单击“格式”按钮，如下图所示。

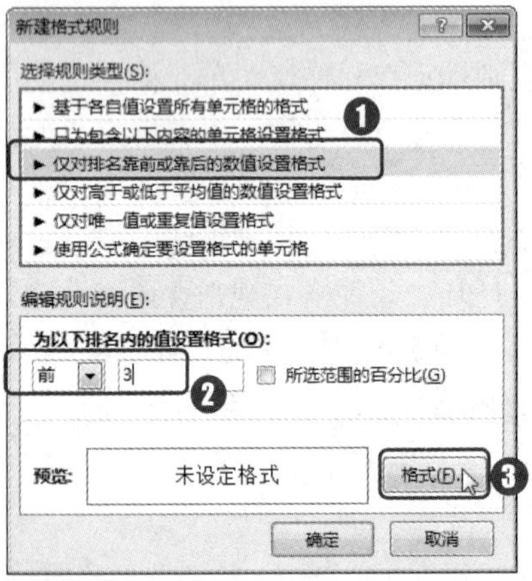

第 5 步：设置字体格式。

打开“设置单元格格式”对话框，❶单击“字体”选项卡；❷单击“加粗”选项；❸在“颜色”列表框选择需要的颜色，如下图所示。

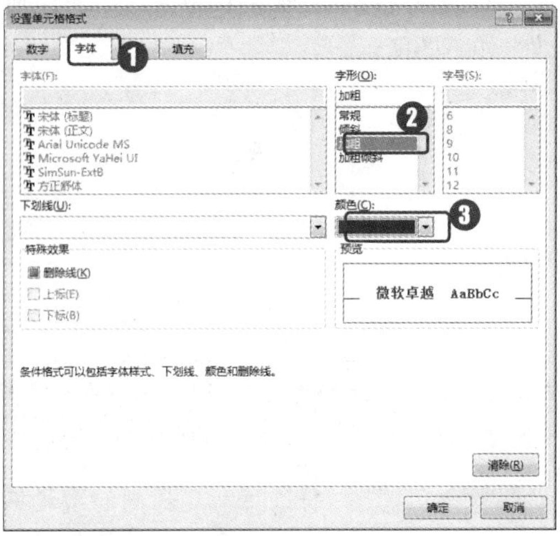

第 6 步：设置底纹颜色。

❶单击“填充”选项卡；❷在“背景色”面板中选择需要的颜色；❸单击“确定”按钮，如下图所示。

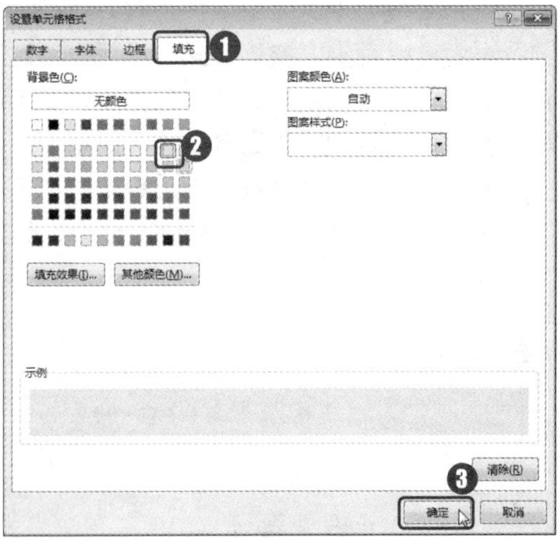

第 7 步：单击确定按钮。

返回 “新建格式规则”对话框，单击“确定”按钮，如下图所示。

第 8 步：重复操作插入特殊符号。

返回 “条件格式规则管理器” 对话框，单击“新建规则” 按钮，如下图所示。

第 9 步：选择新建规则类型。

打开“新建格式规则”对话框，❶单击“仅对高于或低于平均值的数值设置格式” 选项；❷在 “为满足以下条件的值设置格式” 列表框中选择 “等于或低于” 选项；❸单击 “格式” 按钮，如下图所示。

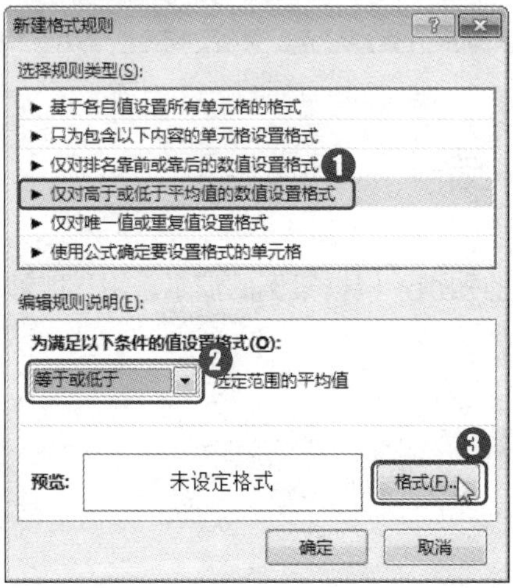

第 10 步：设置底纹填充颜色。

❶单击 “填充” 选项卡；❷在 “背景色” 面板中选择需要的颜色；❸单击 “确定” 按钮，如下图所示。

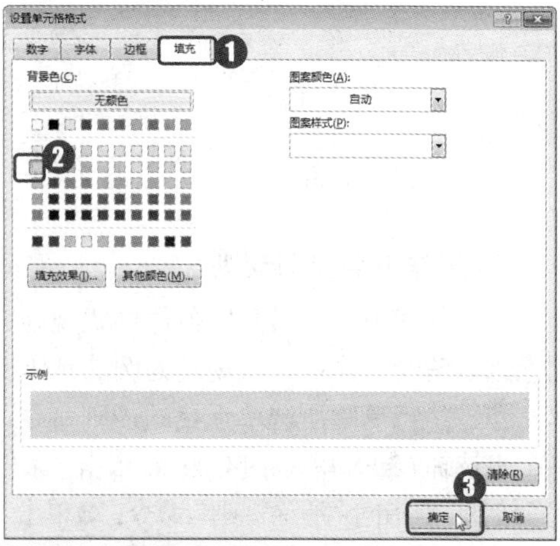

第 11 步：单击确定按钮。

返回“新建格式规则”对话框，单击“确定” 按钮，如下图所示。

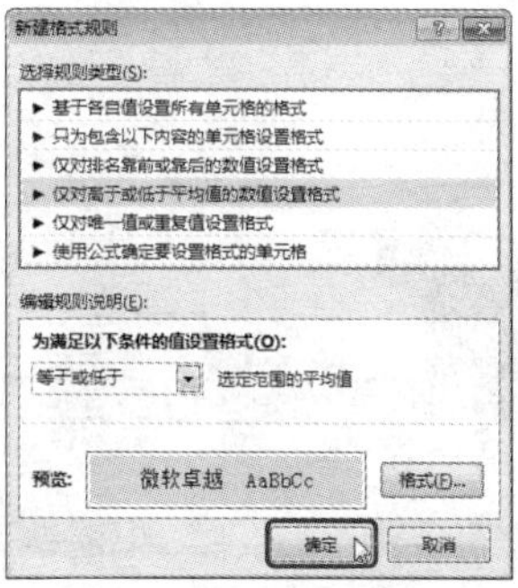

第 12 步：单击确定按钮完成创建规则。

返回 “条件格式规则管理器” 对话框，单击 “确定” 按钮，如下图所示。

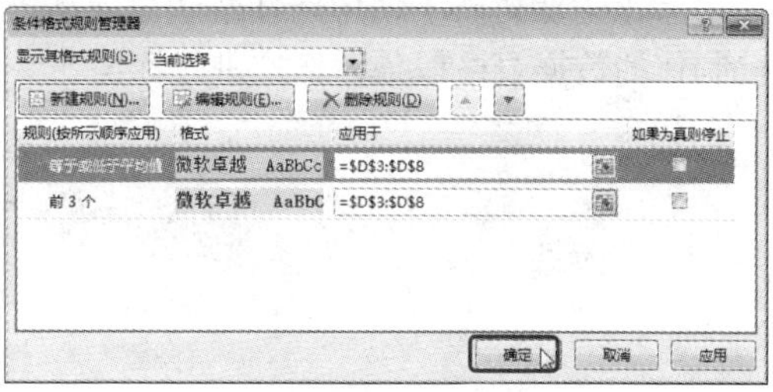

第 13 步：显示使用管理规则的效果。

经过以上操作，使用管理规则为选定的单元格区域创建两个规则，效果如下图所示。

3. 清除不需要的规则

当工作表中不再需要以条件格式规则突出显示数据的关系时，可将应用的条件格式规则删除。以清除单元格区域规则为例的具体操作步骤如下。

第 1 步：执行清除所选单元格的规则命令。

❶选择 F3:F8 单元格区域；❷单击“条件格式”按钮；❸指向“清除规则”命令；❹单击“清除所选单元格的规则”命令，如下图所示。

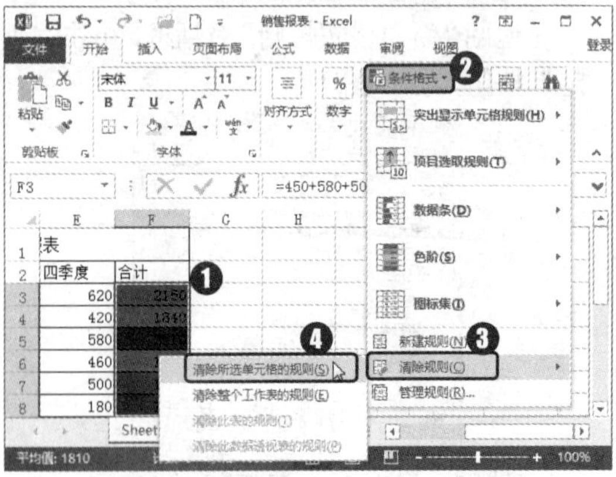

第 2 步：显示清除单元格规则的效果。

经过上步操作后，清除合计值单元格的规则，效果如下图所示。

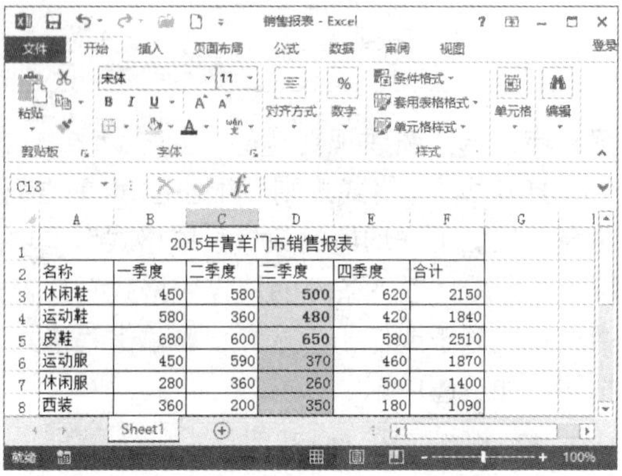

本 章 小 结

本章主要讲解了使用条件格式对数据进行标记的知识，根据案例的演示，用户能够对自己制作的数据表格按条件格式进行标记。

第 4 章

让计算变简单
——使用公式计算数据

本章导读：

在 Excel 2013 中，除了可以创建电子表格外，有时还需要对表格中的数据进行计算与分析。Excel 2013 提供了强大的公式计算功能，通过使用公式可以快速、简单地计算出数据结果。本章主要列举相关案例，讲解 Excel 2013 公式计算数据的方法。

知识要点：

- ★ 掌握公式的应用
- ★ 如何定义单元格名称
- ★ 掌握名称应用于公式的方法
- ★ 掌握追踪引用单元格的操作
- ★ 掌握显示应用公式的方法
- ★ 掌握公式错误检查的操作

案例效果

下半年销售数据分析表

金额 / 城市	销售统计金额（单位：万元）			
	计划金额	实际金额	完成率	占公司销售量比率
北京	3500	3670	105%	13%
上海	2800	2790	100%	10%
天津	2200	2200	100%	8%
河北	2500	2600	104%	9%
河南	1800	2000	111%	7%
陕西	1900	1920	101%	7%
山西	2000	2100	105%	7%
太原	2400	2350	98%	8%
成都	2350	2400	102%	8%
重庆	2200	2300	105%	8%
深圳	4000	4800	120%	16%

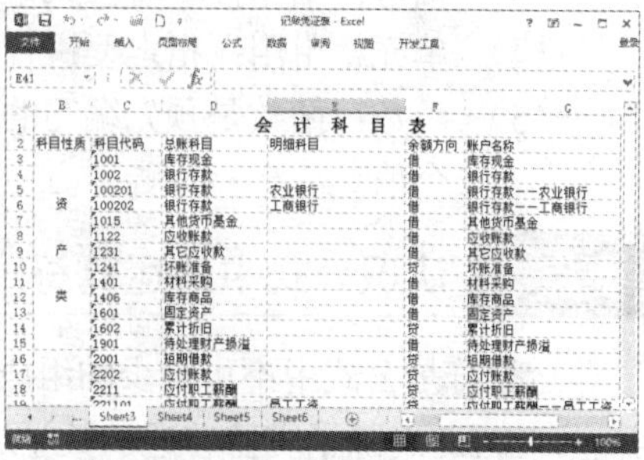

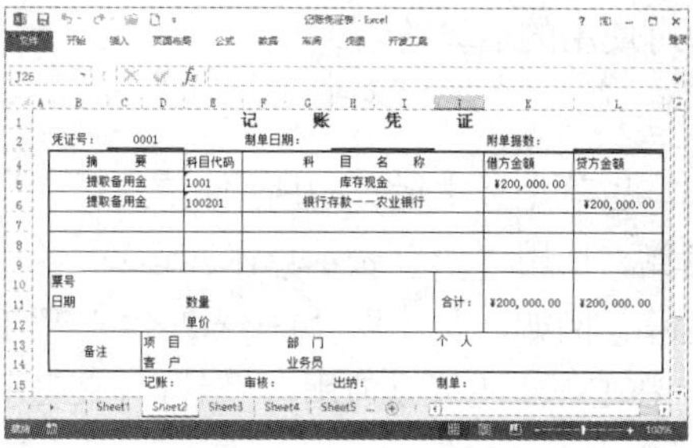

大师点拨——公式的知识要点

使用Excel的公式计算数据，在表格数据处理中具有方便、准确、快速等优点。在使用公式计算数据之前，首先来认识公式的相关知识要点。

要点1 公式基础知识

使用Excel的公式方法对数据进行计算，是Excel数据计算的重要方法之一。对于初学者而言，什么是公式呢？公式的组成是怎样的？带着这些问题，我们来认识一下公式基础知识。

1. 什么是公式

Excel中的公式是存在于单元格中的一种特殊数据，它以字符等号“=”开头，表示单元格输入的是公式，而Excel会自动对公式内容进行解析和计算，并显示出最终的结果。

例如，在单元格内输入“=3+6”，输入完成后单元格中会显示“3+6”的计算结果“9”。在公式中，我们运用特定的运算符表示要计算的方式，公式中的相关数据，是指参与公式计算的相关参数，并最终在单元格内得出计算结果。

2. 公式的组成

输入单元格中的公式可以包含以下5种元素中的部分内容或全部内容。

（1）运算符：运算符是Excel公式中的基本元素，它用于指定表达式内执行的计算类型。

（2）常量数值：直接输入公式中的数字或文本等各类数据，如“0.8”和“加班”等。

（3）括号：括号控制着公式中各表达式的计算顺序。

（4）单元格引用：指定要进行运算的单元格地址，从而方便引用单元格中的数据。

（5）函数：函数是预先编写的公式，可以对一个或多个值进行计算，并返回一个或多个值。

要点2 认识公式中的运算符

运算符是公式中不可缺少的组成元素，运用不同的运算符，可以对数据进行不同运算。并且，Excel中除了支持普通的数学运算外，还支持多种比较运算和字符串运算等，下面分别为大家介绍在不同类型的运算中可使用的运算符。

1. 数学运算

数学运算是最常见的运算方式，也就是算术运算中所用到的加、减、乘、除等运算。在Excel中，使用“+”表示算术加运算、使用“－”表示算术减运算、使用“*”表示算术乘法运算、使用“/”表示算术除法运算。例如，要计算“4+6－2×4÷2”的结果，可以使用公式“=4+6－2*4/2”来计算。此外，在Excel还可以使用“^”符号来表示乘方运算，例如，要计算3的3次方“3^3”，可以使用公式“=3^3”。

2. 比较运算

在了解比较运算时，首先需要了解两个特殊类型的值，一个是“TRUE”，另一个是“FALSE”，它们分别表示逻辑值“真”和“假”或者理解为“对”和“错”，也称为“布尔值”。例如，假如我们说 1 是大于 2 的，那么这个说法是错误的，我们可以使用逻辑值“FALSE”表示。

Excel 中的比较运算主要用于比较值的大小和判断，而比较运算得到的结果就是逻辑值“TRUE”或“FALSE”。要进行比较运算，通常需要运算“大于”“小于”之类的比较运算符，在 Excel 公式中使用“>”符号表示“大于”、使用“<”符号表示“小于”、使用“>=”表示“大于等于”、使用“<=”表示“小于等于”、使用“=”表示“相等”、使用“< >”表示“不等于”。例如，公式“=5>6”“=100<=180”“=90=80”等均为比较运算，各公式的意义分别为“5 是否大于 6”“100 是否小于等于 180”“90 是否等于 80”，其运算结果分别为“FALSE”“TRUE”“FALSE”。

高手点拨

等号应用的注意事项

“=”符号应用在公式开头，用于表示该单元格内存储的是一个公式，是需要进行计算的，当其应用于公式中时，通常用于表示比较运算，判断“=”左右两侧的数据是否相等。另外需要注意，任意非 0 的数值如果转换为逻辑值后结果为 TRUE，数值 0 转换为逻辑值后结果为“FALSE”。

3. 文本运算

在 Excel 中，文本内容也可以进行公式运算，使用“&”符号可以连接文本内容。需要注意，在公式中使用文本内容时，需要为文本内容加上引号，以表示该内容为文本。例如，要将两段文字“李明”和“先生”连接为一段文字，可以使用公式“="李明"&"先生" ”，最后公式得到的结果为“李明先生”。

4. 其他运算符

除了以上用到的运算符外，Excel 公式中常常还会用到括号。在公式中，如果有连续的多个运算，公式中的运算顺序会自动根据运算符的优先级进行计算，比如，公式中同时存在加减乘除运算，则 Excel 会按“先乘除后加减”的顺序来进行计算。所以，当我们需要改变公式中的运算顺序时，可以使用括号“( )”来提升运算级别，并且无论公式多复杂，凡是需要提升运算级别均使用小括号“( )”，例如公式“=60/6+120/8－5*4”计算结果为“5”，如使用括号将公式更改为“=60/(6+120/(8-5))*4”后，结果为“5.217391304”。

要点 3 熟悉公式中的运算优先级

运算符的优先级？说直白一点就是运算符的先后使用顺序，同时也是进行运算的一种规则。默认情况下，如果公式中包含多个优先级相同的运算符，则 Excel 将根据从左到右的顺序依次计算。如果要更改公式默认的运算顺序，和数学中的计算一样，需要使用括号“()”参与计算。

如果一个公式中有若干个运算符，那么 Excel 将按下表所示的次序进行计算，运算符的优先级及其运算符如下表所示。

优先顺序	运算符	说明
1	:、、 ,	引用运算符：冒号、单个空格和逗号
2	—	算术运算符：负号（取得与原值正负号相反的值）
3	%	算术运算符：百分比
4	^	算术运算符：乘幂
5	*和 /	算术运算符：乘和除
6	+和—	算术运算符：加和减
7	&	文本运算符：连接文本
8	=、<、>、<=、>=、<>	比较运算符：比较两个值

高手点拨

常用符号与数学计算符号

Excel 中的计算公式与日常使用的数学计算式相比，运算符号有所不同，其中算术运算符中的乘号和除号分别用“*”和“/”符号表示，请注意区别于数学中的×和÷，比较运算符中的大于等于号、小于等于号、不等于号分别用“>=”“<=”和“< >”符号表示，请注意区别于数学中的≥、≤和≠。

要点 4 单元格的正确引用方法与原则

在应用公式对 Excel 中的数据进行计算时，公式中用到的数据通常是来源于 Excel 表格中的，为了快速在公式中使用单元格或单元格区域中的数据，我们可以引用单元格或单元格区域。

1. 单元格的引用方法

在 Excel 2013 中单元格的引用分为当前工作表的单元格引用、同一工作簿不同工作表的引用和不同工作簿中的单元格引用 3 种类型。

例如，在计算“应发工资”时，要引用“工资数据表”中的“应发工资”单元格的数据，将鼠标指针定位至存放数据的单元格，然后输入“=”，单击需要引用的工作表，进入工作表的界面中，再单击需要引用的单元格，计算出结果，如下图所示。

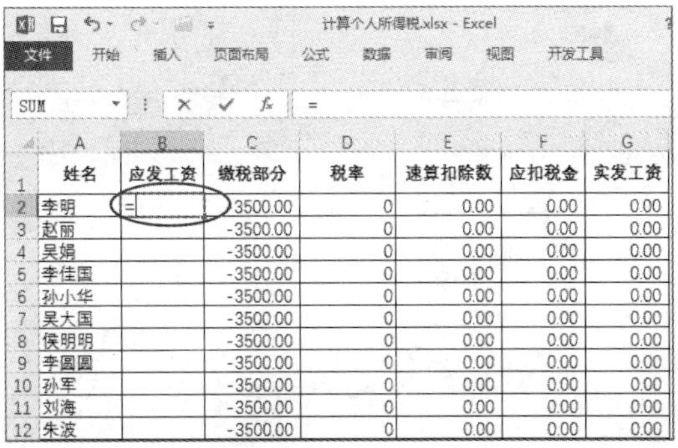

高手点拨

手动输入跨表引用单元格地址

如果用户觉得使用鼠标单击的方法引用跨工作表单元格比较麻烦，可以使用手动输入的方法，但首先需要清楚引用的单元格在哪张工作表，确定工作表后，再明确引用的单元格，上图所示为引用的“工资数据表”中的“E2”单元格，手动输入的单元格公式为“=工作表名称+! +单元格地址”，如“工资数据表！E2”，按【Enter】键确认即可。

引用单元格数据以后，公式的运算值将随着被引用单元格内的数据变化而变化。当被引用的单元格数据被修改后，公式的运算值将自动修改。

单元格的引用分为引用单元格和引用单元格区域。引用单元格，直接用鼠标指针单击要引用的目标单元格即可；如果要引用单元格区域，可以按住鼠标左键不放拖动目标区域。

在计算公式中输入需要引用单元格的列标及行号，如A5（表示A列中的第5个单元格）、A6:B7（表示从A6到B7之间的所有单元格）、B3:B10、D3:D10（表示计算B3:B10单元格区域和D3:D10单元格区域）。

2. 单元格的引用法则

公式中单元格引用是指对工作表上的单元格或单元格区域进行引用，并告之Excel在何处查找公式中所使用的值或数据。

公式中单元格的引用类型有相对引用、绝对引用和混合引用。

（1）相对引用

单元格的相对引用是基于包含公式的单元格与被引用的单元格之间的相对位置。如果公式所在的单元格的位置改变，引用也随之改变，公式的计算结果也会发生改变。

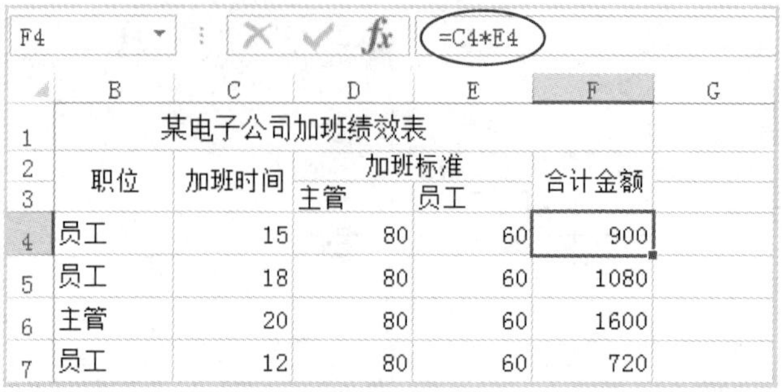

F4 =C4*E4

	B	C	D	E	F	G
1	某电子公司加班绩效表					
2	职位	加班时间	加班标准		合计金额	
3			主管	员工		
4	员工	15	80	60	900	
5	员工	18	80	60	1080	
6	主管	20	80	60	1600	
7	员工	12	80	60	720	

（2）绝对引用

与相对引用对应的是绝对引用，表示引用的单元格地址在工作表中是固定不变的，结果与包含公式的单元格地址无关。在相对引用的单元格的列标和行号前分别添加“$”绝对引用符号表示冻结单元格地址，便可成为绝对引用。

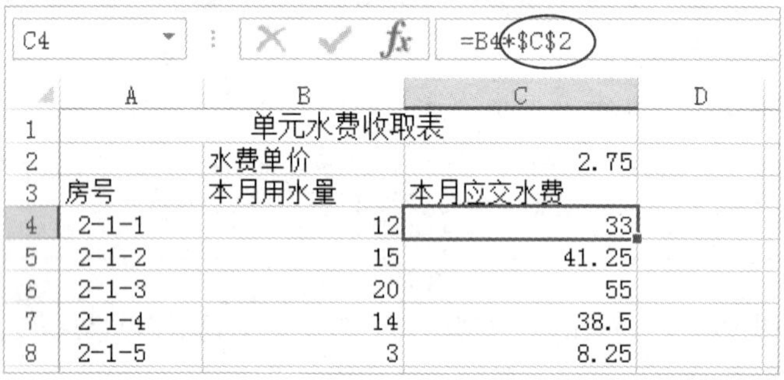

C4 =B4*$C$2

	A	B	C	D
1	单元水费收取表			
2		水费单价	2.75	
3	房号	本月用水量	本月应交水费	
4	2-1-1	12	33	
5	2-1-2	15	41.25	
6	2-1-3	20	55	
7	2-1-4	14	38.5	
8	2-1-5	3	8.25	

（3）混合引用

所谓混合引用，是指公式中引用的单元格具有绝对列与相对行或绝对行与相对列。绝对引用列采用如$A1、$B1 等形式，绝对引用行采用 A$1、B$1 等形式。

在混合引用中，如果公式所在单元格的位置改变，则相对引用将改变，而绝对引用不变。如果多行或多列地复制或填充公式，相对引用将自动调整，而绝对引用不作调整。

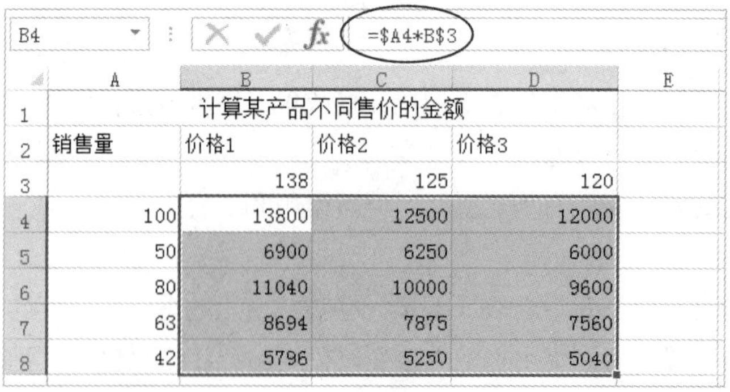

B4 =$A4*B$3

	A	B	C	D	E
1	计算某产品不同售价的金额				
2	销售量	价格1	价格2	价格3	
3		138	125	120	
4	100	13800	12500	12000	
5	50	6900	6250	6000	
6	80	11040	10000	9600	
7	63	8694	7875	7560	
8	42	5796	5250	5040	

案例训练——实战应用成高手

在前面掌握了公式计算数据的相关基础知识和技能后，下面，列举一些表格计算的应用案例，给读者介绍 Excel 中公式计算数据的方法与技巧。

案例 01 计算销售表中的数据

◇ 案例概述

销售表在日常工作中经常会用到，左下图所示为某公司各城市的销售业绩表原始数据，现需要计算出每个城市的“完成率”及“占公司销售量比率”值，效果如右下图所示。

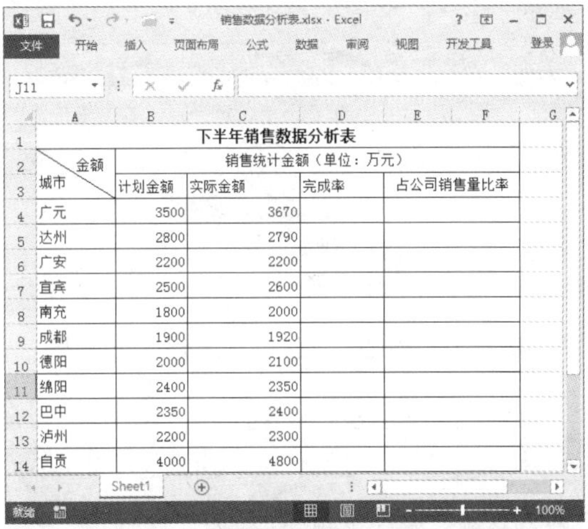

下半年销售数据分析表				
金额/城市	销售统计金额（单位：万元）			
	计划金额	实际金额	完成率	占公司销售量比率
广元	3500	3670		
达州	2800	2790		
广安	2200	2200		
宜宾	2500	2600		
南充	1800	2000		
成都	1900	1920		
德阳	2000	2100		
绵阳	2400	2350		
巴中	2350	2400		
泸州	2200	2300		
自贡	4000	4800		

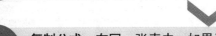

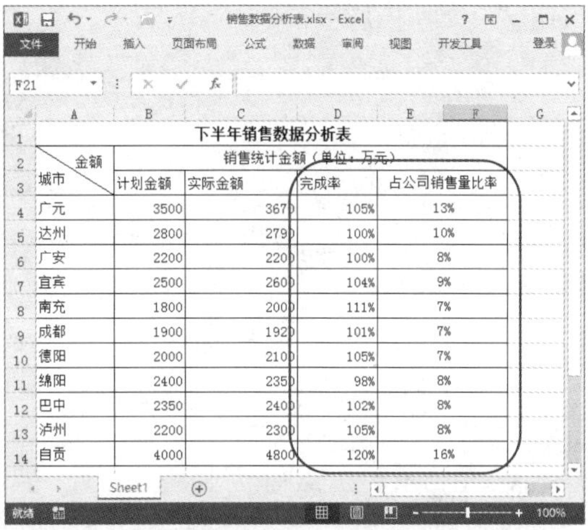

下半年销售数据分析表				
金额/城市	销售统计金额（单位：万元）			
	计划金额	实际金额	完成率	占公司销售量比率
广元	3500	3670	105%	13%
达州	2800	2790	100%	10%
广安	2200	2200	100%	8%
宜宾	2500	2600	104%	9%
南充	1800	2000	111%	7%
成都	1900	1920	101%	7%
德阳	2000	2100	105%	7%
绵阳	2400	2350	98%	8%
巴中	2350	2400	102%	8%
泸州	2200	2300	105%	8%
自贡	4000	4800	120%	16%

素材文件：光盘\素材文件\第 4 章\案例 01\销售数据分析表.xlsx
结果文件：光盘\结果文件\第 4 章\案例 01\销售数据分析表.xlsx
教学文件：光盘\教学文件\第 4 章\案例 01.mp4

◇ 制作思路

在 Excel 中制作“销售数据分析表”的流程与思路如下所示。

一 **自定义公式的应用：** 在 Excel 中要对数据进行计算，首先要学习如何在单元格中自定义公式快速计算数据。

二 **单元格的引用：** 在参与计算的单元格中包含多种引用，因此用户需要根据自己表格的内容选择如何引用单元格。

三 **复制公式：** 在同一张表中，如果计算数据的方法是一样的，为了节省计算时间，可以使用复制公式进行快速计算。

◇ 具体步骤

本案例主要是通过手动输入公式计算出数据，然后使用填充功能快速填充计算的数据，最后再对计算的数据设置格式。

1. 自定义公式的应用

使用自定义公式的方法，计算出“广元”的“完成率”，在该公式中会应用到除号“/”，完成率是百分比，因此还会添加百分比符号“%”。具体操作步骤如下。

第 1 步：输入自定义公式。

打开素材文件\第 4 章\案例 01\销售数据分析表.xlsx，❶在 D4 单元格中输入公式“=C4/B4”；❷单击“编辑栏”中的“输入”按钮✔，如下图所示。

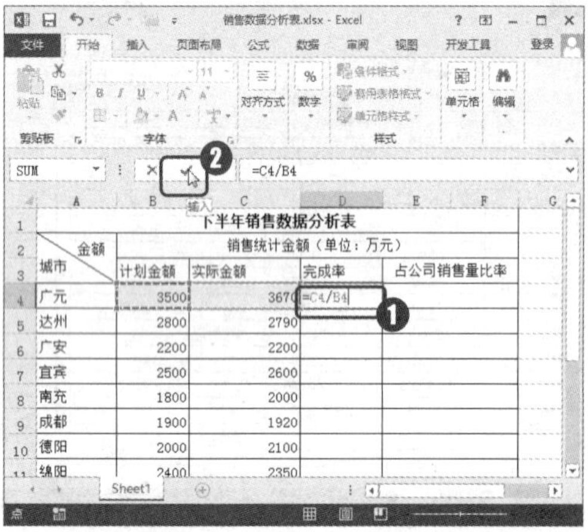

第 2 步：添加百分比符号。

❶选中计算出“广元”的“完成率”的 D4 单元格；❷单击“数字”工作组中的“百分比”按钮 %，如下图所示。

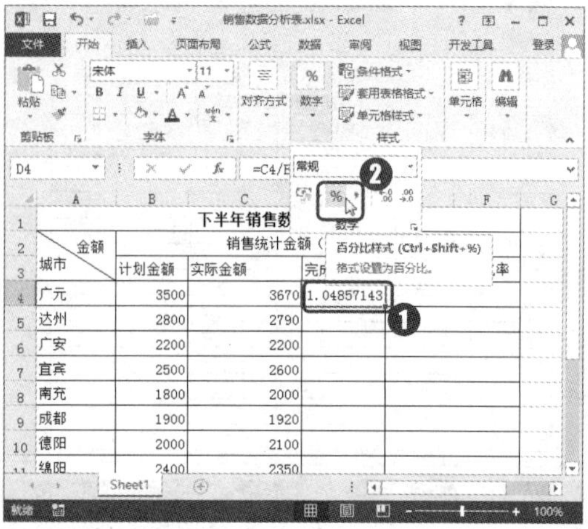

2. 单元格的引用

下面，计算各城市“占公司销售量比率”，公司销售量为各城市销售金额的总额，因此各城市的引用求和地址不变，需要使用绝对引用，各城市分别在总额中占多少比例，这个城市地址是会发生改变的，所以城市地址使用相对引用。具体操作步骤如下。

第 1 步：输入计算公式。

❶在 E4 单元格中输入公式“=C4/SUM($C$4:$C$14)”；❷单击“编辑栏”中的“输入”按钮✔，如下图所示。

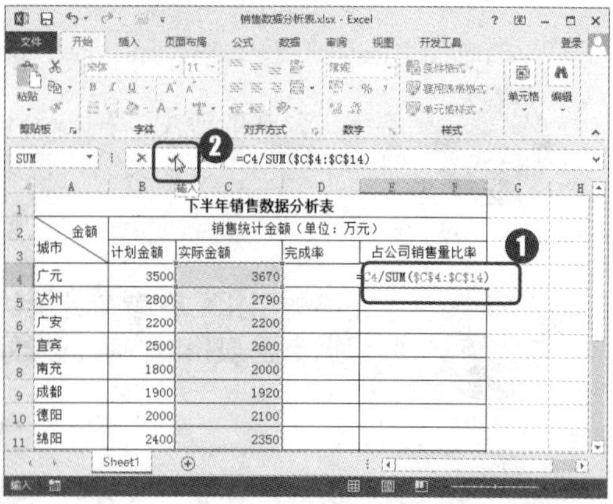

第 2 步：添加百分比符号。

❶选择 E4 单元格；❷单击“数字”工作组中的“百分比”按钮 %，如下图所示。

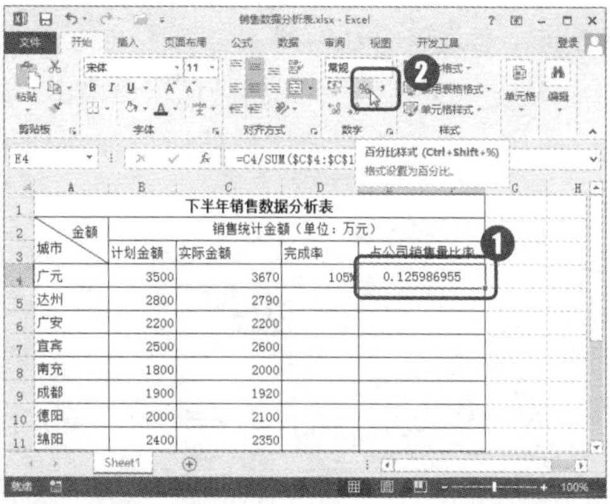

高手点拨

SUM 函数的使用

在计算“占公司销售量比率”的公式中使用了 SUM 函数，该函数用于求和计算，参与计算的区域为连续的，直接使用 SUM 函数可以简化求和区域的操作，在该案例中要让这个参与计算的区域填充公式时，不发生改变，因此要使用绝对引用符号“$”。SUM 函数的具体介绍参见第 5 章。

3. 复制公式

为了提高工作效率，对于相同的计算公式，可以使用复制公式的方法，快速计算出其他单元格的结果。

例如，使用复制公式的方法，计算出其他城市的“完成率”和“占公司销售量比率”，具体操作如下。

第 1 步：执行复制命令。

❶选择 D4:E4 单元格区域；❷单击“剪贴板”工作组中的“复制”按钮，如下图所示。

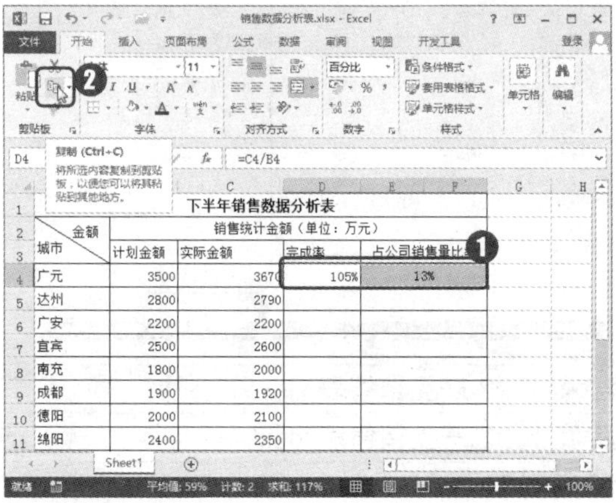

第 2 步：选择公式选项。

❶选择 D5:E14 单元格区域；❷单击“剪贴板”工作组中的“粘贴”按钮；❸单击下拉列表中的“公式”选项，如下图所示。

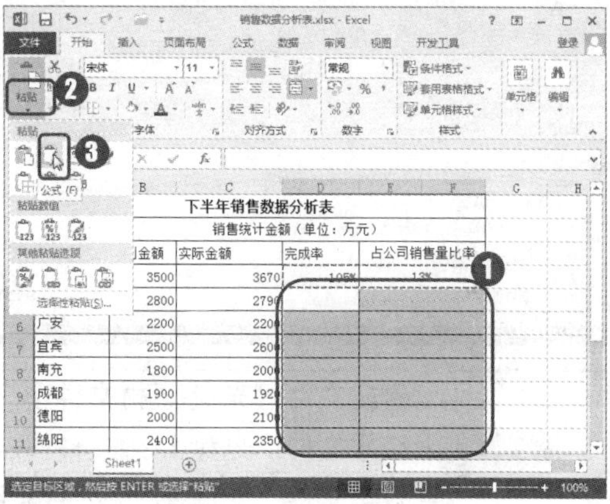

第 3 步：添加百分比符号。

❶选择 D5:E14 单元格区域；❷单击“数字”工作组中的“百分比”按钮 %，如下图所示。

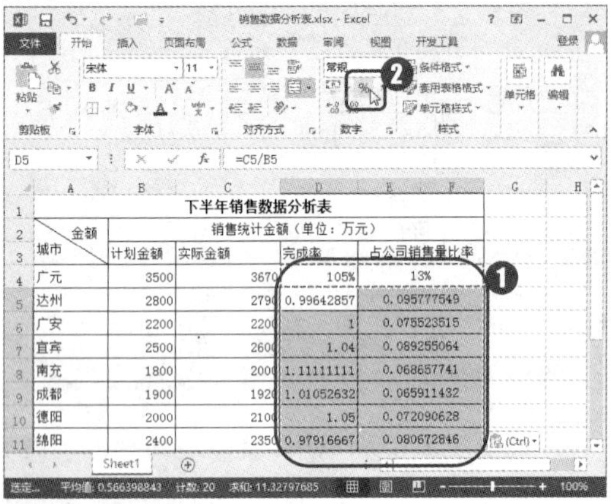

第 4 步：显示复制公式效果。

经过以上操作，复制公式并添加百分比符号，效果如下图所示。

案例 02 计算产品销售表中的数据

◇ 案例概述

在 Excel 中，使用引用单元格计算数据得出结果，表格中数据行很多时，不能显示标题行名称就不容易分清楚参与计算的单元格表示的内容是什么，此时可以使用定义名称的方法，按标题名对公式进行命名，从而让浏览者查看时，能清楚地知道参与计算的单元格。

左下图所示为本案例的素材原始表格，右下图所示是通过名称管理器计算出的数据结果。

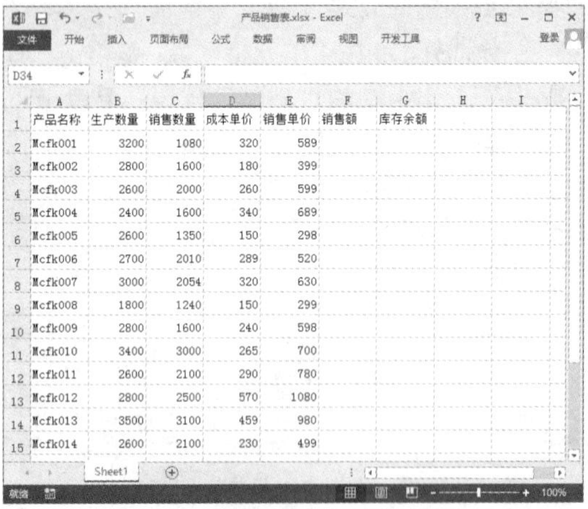

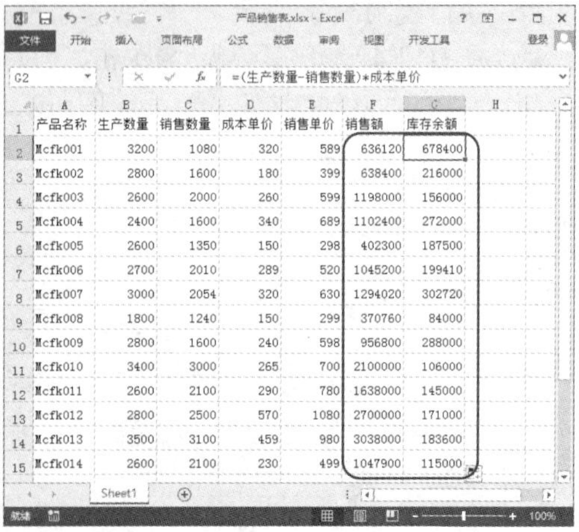

	素材文件：光盘\素材文件\第 4 章\案例 02\产品销售表.xlsx
	结果文件：光盘\结果文件\第 4 章\案例 02\产品销售表.xlsx
	教学文件：光盘\教学文件\第 4 章\案例 02.mp4

◇ 制作思路

在 Excel 中计算“产品销售表”的流程与思路如下所示。

一 **管理名称：为了方便计算数据，使用名称管理器按标题名称定义数据区域。**

二 **使用定义的名称计算数据：将名称定义好后，输入计算公式计算出“Mcfk001”的“销售额”和“库存余额”。**

三 **填充计算公式：选中计算的“销售额”和“库存余额”，使用拖动填充的功能，填充计算公式。**

◇ 具体步骤

本案例主要介绍如何定义单元格名称、使用名称计算数据以及填充公式计算的操作。

1. 为单元格区域定义名称

在工作表中，为了能够清楚地表达公式计算的参数，可以为单元格定义名称。例如，在本案例中将需要参与计算的单元格以标题行进行命名，具体操作步骤如下。

第 1 步：执行名称管理器命令。

打开素材文件\第 4 章\案例 02\产品销售表.xlsx，❶单击“公式”选项卡；❷单击“定义的名称”工作组中的“名称管理器”按钮，如下图所示。

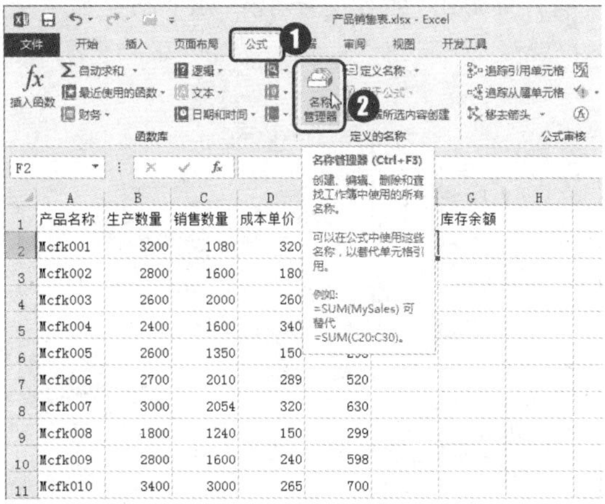

第 2 步：单击新建按钮。

打开“名称管理器”对话框，单击“新建”按钮，如下图所示。

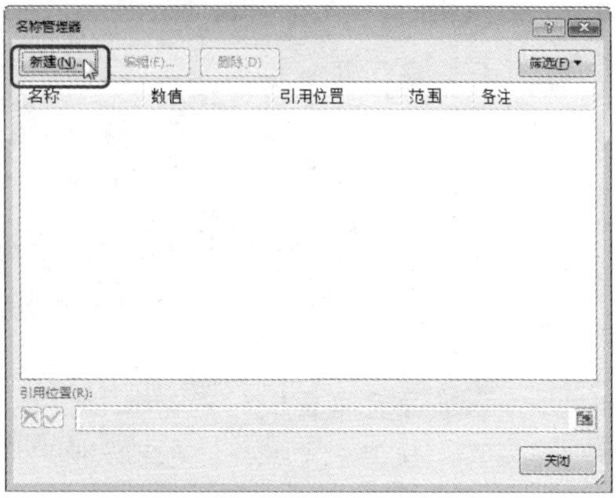

第 3 步：输入单元格名称。

打开“新建名称”对话框，❶在“名称”框中输入名称；❷将鼠标光标定位至“引用位置”框，如下图所示。

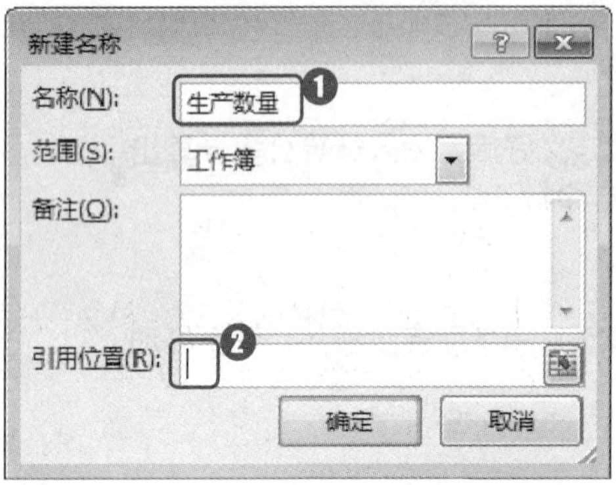

第 4 步：引用单元格区域。

❶在“工作表”中拖动选择 B2:B19 单元格区域；❷在“新建名称”框中单击“确定”按钮，如下图所示。

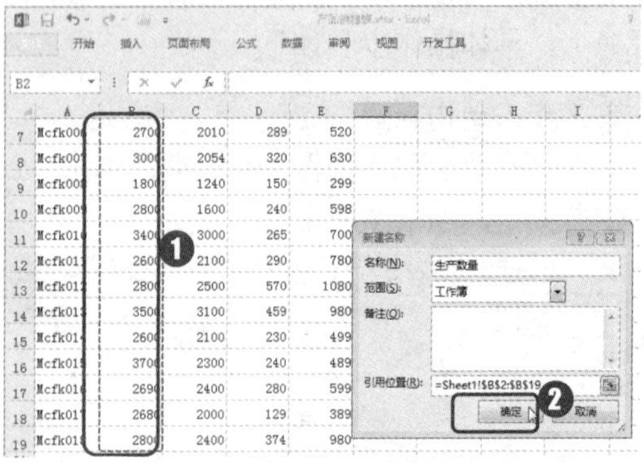

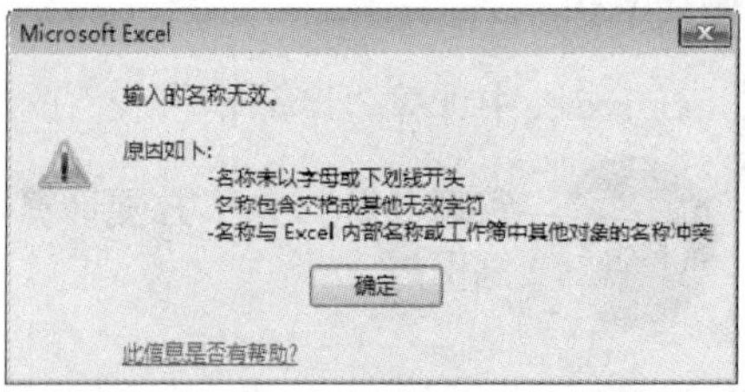

第 5 步：执行新建命令。

返回“名称管理器”对话框，单击“新建”按钮，如下图所示。

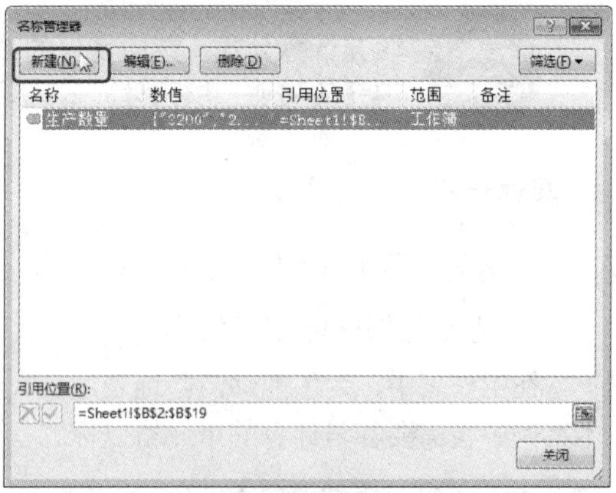

第 6 步：定义销售数量名称。

打开“新建名称”对话框，❶在“名称”框中输入名称；❷将鼠标光标定位至“引用位置”框，引用工作表中 C2:C19 单元格区域；❸单击“确定”按钮，如下图所示。

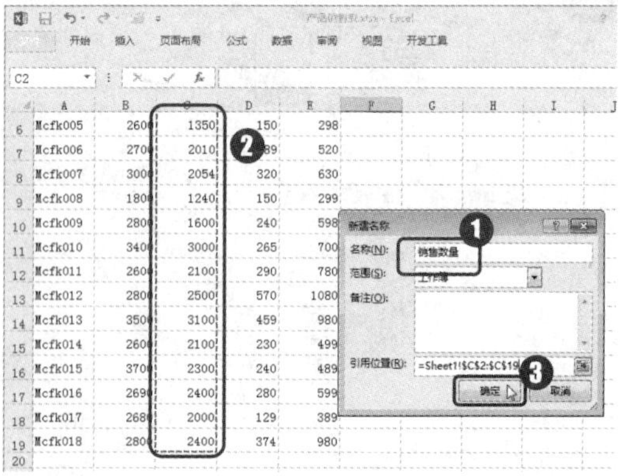

高手点拨

如何输入正确的单元格名称

在工作表中对单元格或单元格区域定义名称，可以使用中文字符，也可以使用英文字符，但不能输入一些特殊的字符，如“/、*”等，如果输入了错误的名称，单击“确定”按钮时会弹出右图所示提示框。

第 7 步：执行新建命令。

返回“名称管理器”对话框，单击“新建”按钮，如下图所示。

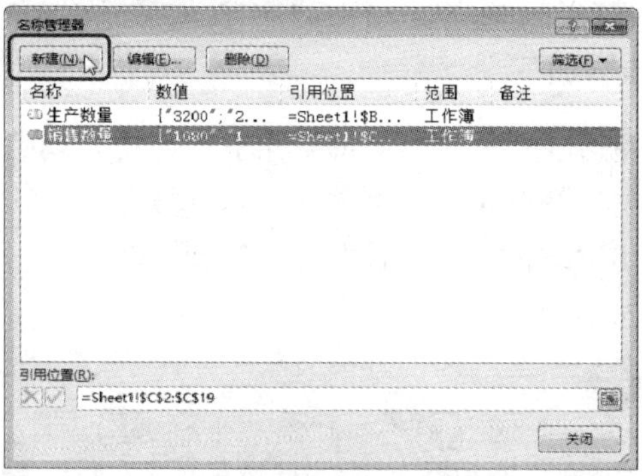

第 8 步：定义成本单价名称。

打开“新建名称”对话框，❶在“名称”框中输入名称；❷将鼠标光标定位至“引用位置”框，引用工作表中 D2:D19 单元格区域；❸单击“确定”按钮，如下图所示。

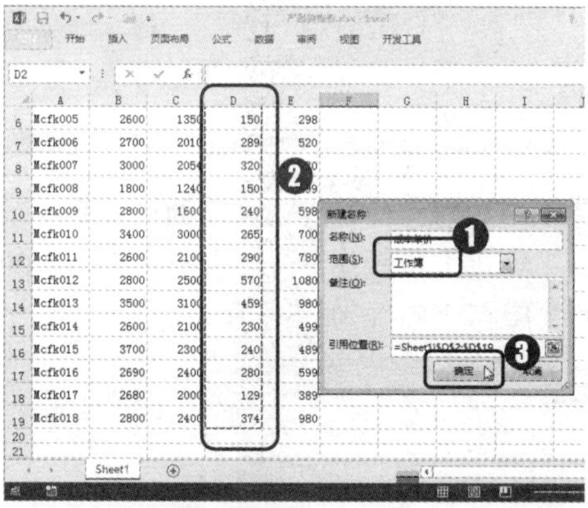

第 9 步：执行新建命令。

返回“名称管理器”对话框，单击“新建”按钮，如下图所示。

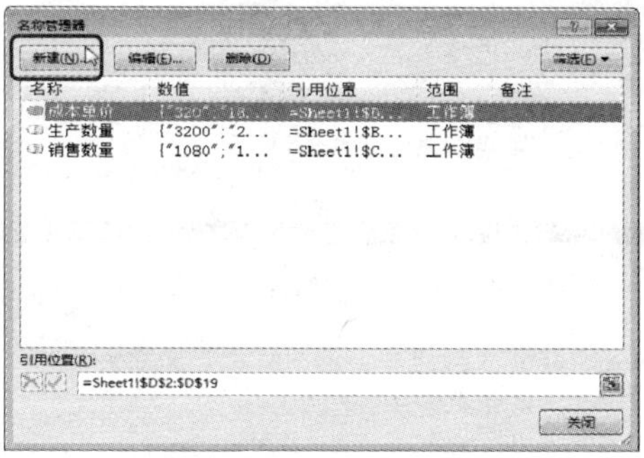

第 10 步：定义销售单价名称。

打开“新建名称”对话框，❶在“名称”框中输入名称；❷将鼠标光标定位至“引用位置”框，引用工作表中“E2:E15”单元格区域；❸单击“确定”按钮，如下图所示。

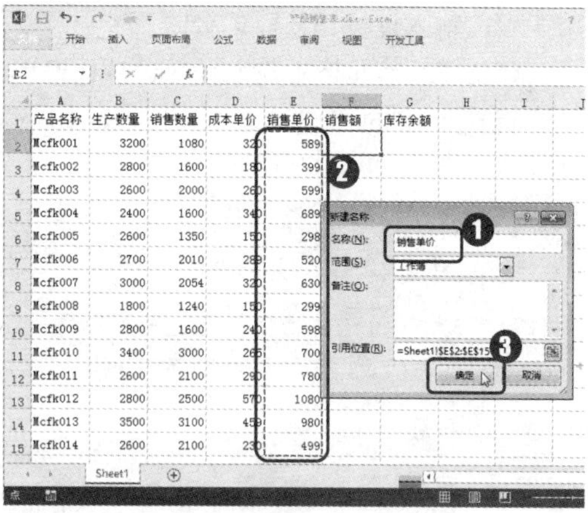

第 11 步：执行关闭命令。

返回“名称管理器”对话框，完成定义名称后，单击“关闭”按钮，关闭对话框，如下图所示。

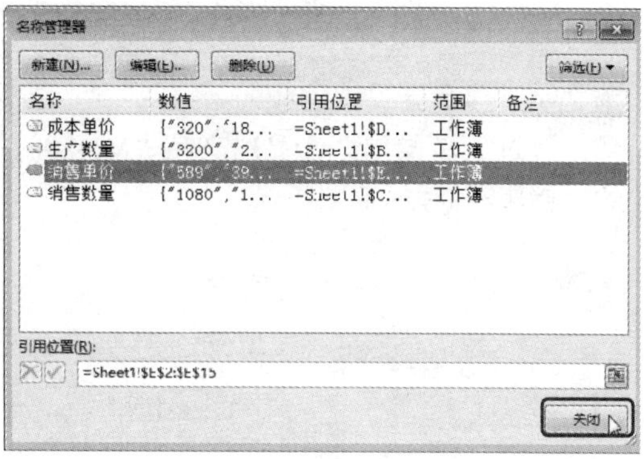

2. 使用名称计算数据

将单元格区域定义为名称后，就可以在单元格中根据计算数据的要求，按名称输入计算公式。例如，计算“销售额”的公式为“销售数量*销售单价”，计算“库存余额”的公式为“(生产数量－销售数量)*成本单价”，具体操作步骤如下。

第1步：输入计算销售额的公式。

❶在F2单元格中输入计算公式；❷单击“编辑栏”中的“输入”按钮 ✔，如下图所示。

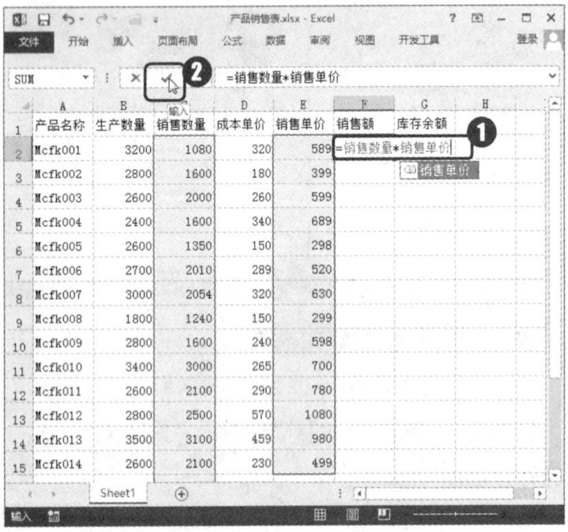

第2步：显示计算销售额的结果。

经过上步操作，计算出产品“Mcfk001”的“销售额”，如下图所示。

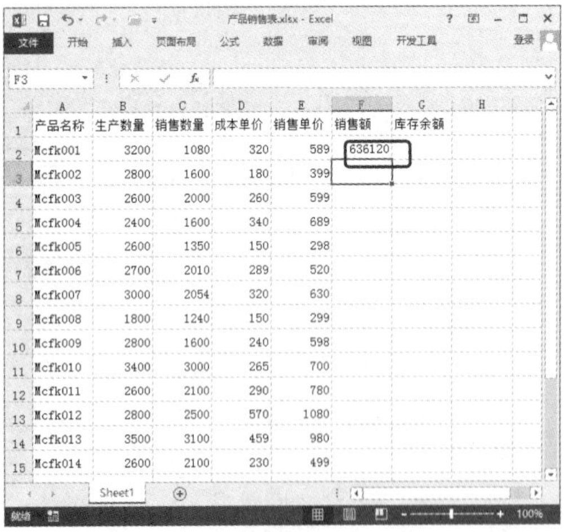

第3步：输入计算库存余额的公式。

❶在G2单元格中输入计算公式；❷单击“编辑栏”中的“输入”按钮 ✔，如下图所示。

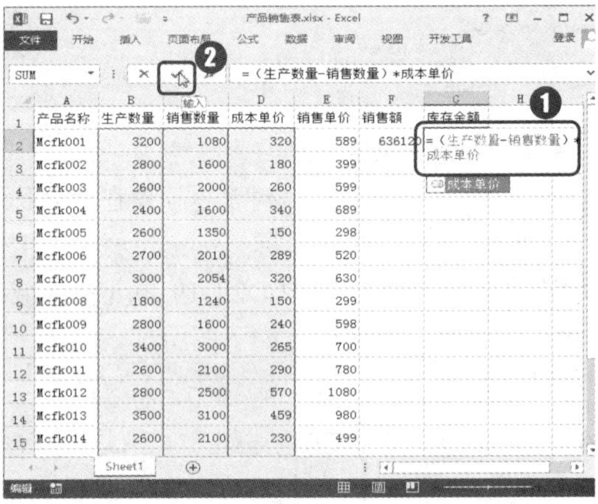

第4步：显示计算库存余额的结果。

经过上步操作，计算出产品“Mcfk001”的“库存余额”，如下图所示。

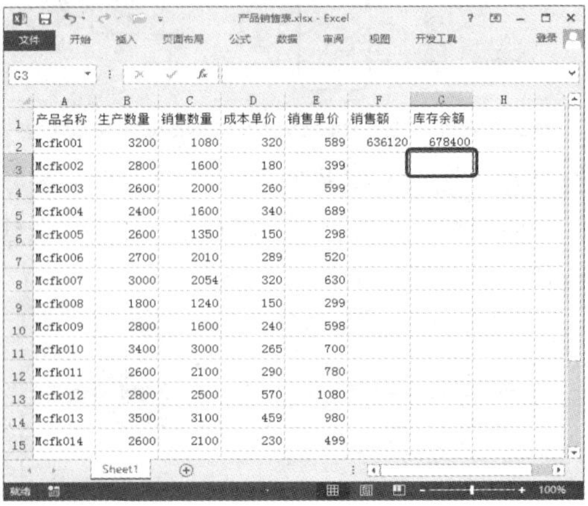

3. 使用填充公式快速计算数据

在产品销售表中，其他产品也可以用同样的方法计算“销售额”和“库存余额”，只需要拖动鼠标填充即可，快速计算出其他数据值。具体操作步骤如下。

第 1 步：执行拖动填充操作。

❶选择 F2 和 G2 单元格；❷鼠标指针移至右下角，按住左键不放拖动填充计算公式，如下图所示。

第 2 步：显示填充公式效果。

经过上步操作，填充计算公式，效果如下图所示。

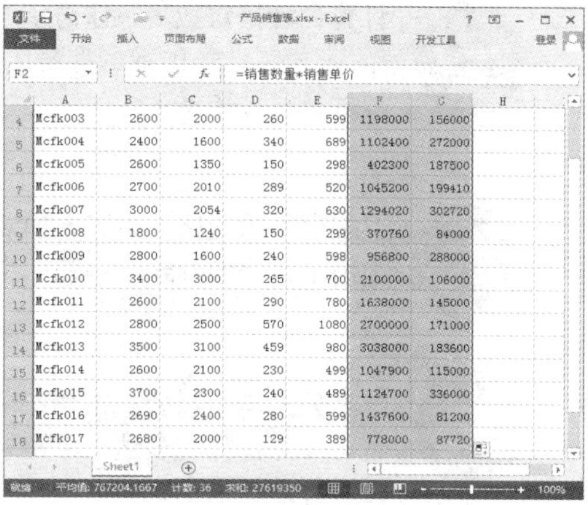

案例 03 计算年度报表数据

◇ 案例概述

公司常常要求制作月报表、季度报表和年度报表，并在每年年终总结时，查看各店的年报数据，从而对过去的一年进行总结。

在本案例中，主要通过公式计算各分店的合计销量，以及使用公式审核的方法对表格中的数据计算进行查看。

左下图所示为打开的素材文件，右下图所示则是通过公式计算出的数据，以及审核工作表的效果。

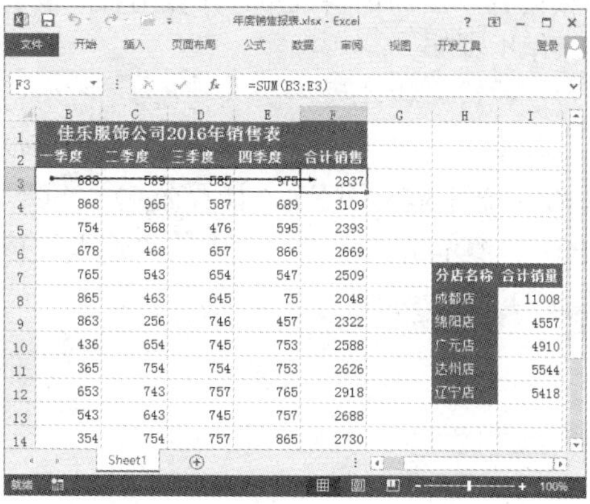

素材文件：光盘\素材文件\第 4 章\案例 03\年度销售报表.xlsx	
结果文件：光盘\结果文件\第 4 章\案例 03\年度销售报表.xlsx	
教学文件：光盘\教学文件\第 4 章\案例 03.mp4	

◇ **制作思路**

在 Excel 中计算“年度销售报表”的流程与思路如下所示。

一 **计算合计销售数量**：作为年度报表，需要计算出各季度的“合计销量”，为了让各项数据都是比较精准的，因此，还会使用公式按城市计算合计销量。

二 **追踪引用单元格**：为了更加清楚参与计算的单元格，可以使用追踪引用单元格的方式。追踪引用单元格执行命令后，不能进行保存。

三 **显示公式与查看公式求值**：在单元格中使用显示公式的命令，可以查看参与计算的表达式，如果公式有引用无效的数据，可以使用求值进行分步检查。

四 **公式错误检查**：使用公式错误检查可以在提示框中找到错误所在，然后根据提示进行修改公式。

◇ **具体步骤**

使用求和功能和自定名称的方式进行计算，如果计算过程中有错误值，用户还可以对公式进行审核，以确保计算的结果正确。本案例将介绍计算合计销量、追踪引用单元格，显示应用的公式、查看公式求值、公式错误检查等知识。

1. **计算合计销量**

根据各季度的销售数量，计算出各店的合计销量，再根据各城市计算出季度的合计销量，具体操作步骤如下。

第 1 步：执行求和计算。

打开素材文件\第 4 章\案例 03\年度销售报表.xlsx，❶在 F3 单元格输入计算公式“=SUM(B3:E3)”；❷单击“编辑栏”中的“输入”按钮✔，如下图所示。

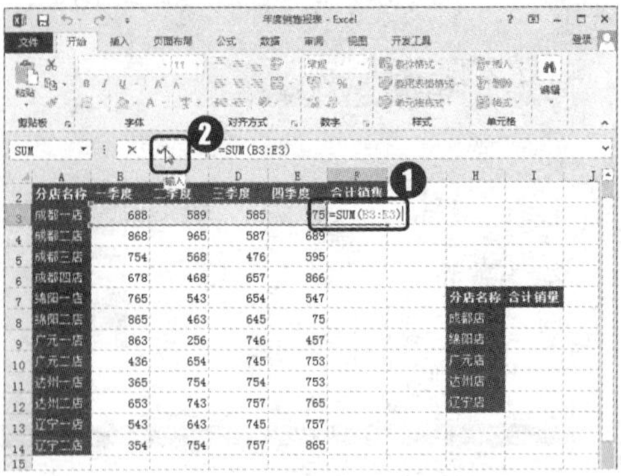

第 2 步：拖动填充公式。

❶选择 F3 单元格；❷鼠标指针移至右下角，当指针变成十字样式后，按住左键不放拖动向下填充，如下图所示。

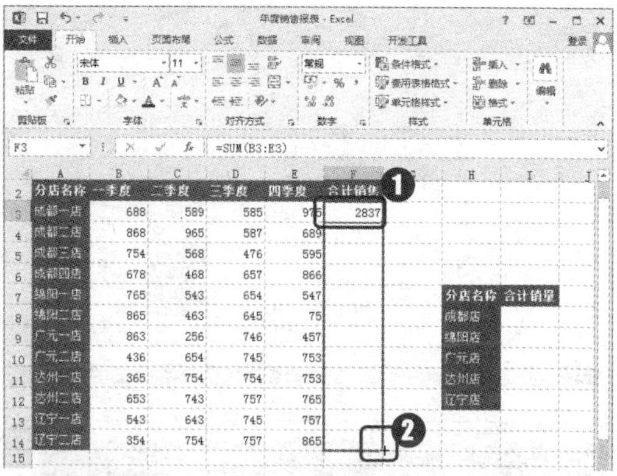

第 3 步：执行定义名称命令。

❶选择 B3:E6 单元格区域；❷单击“公式”选项卡；❸单击“定义的名称”工作组中的“定义名称”按钮，如下图所示。

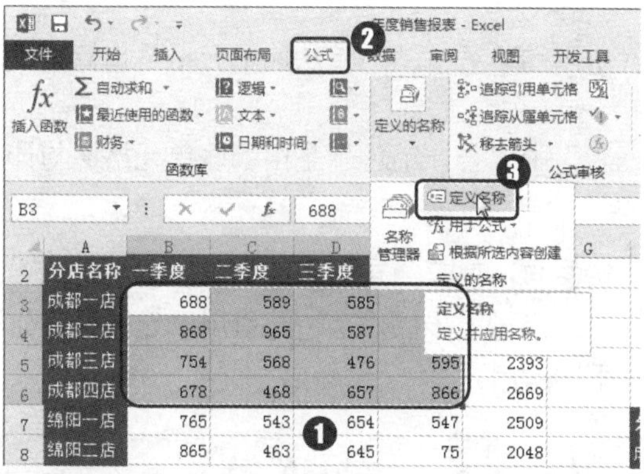

第 4 步：输入名称和公式。

打开“新建名称”对话框，❶在“名称”框中输入名称；❷鼠标指针定位在“引用位置”框，在工作表中引用 B3:E6 单元格区域；❸单击“确定”按钮，如下图所示。

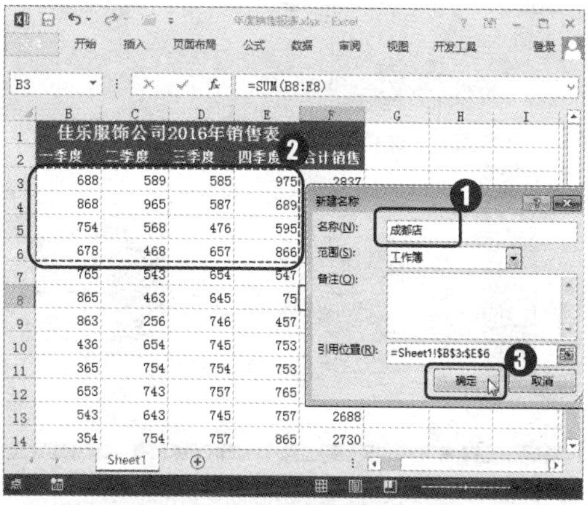

第 5 步：使用名称进行计算。

❶在 I8 单元格中输入公式“=成都店”；❷单击“编辑栏”中的“输入”按钮✔，如下图所示。

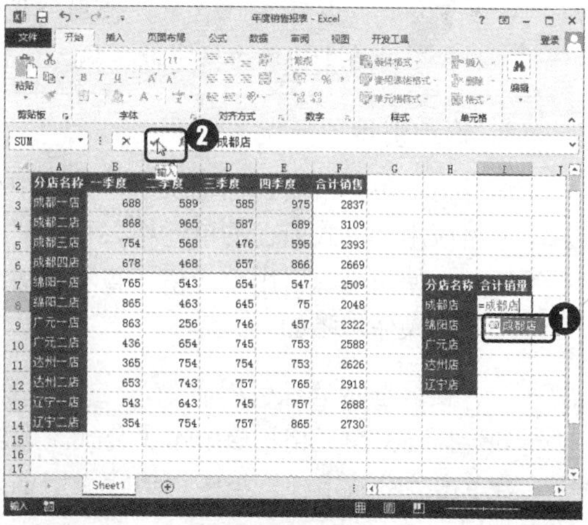

第 6 步：输入计算公式。

❶在 I9 单元格中输入公式“=SUM(B7:E8)”；❷单击“编辑栏”中的“输入”按钮✔，如下图所示。

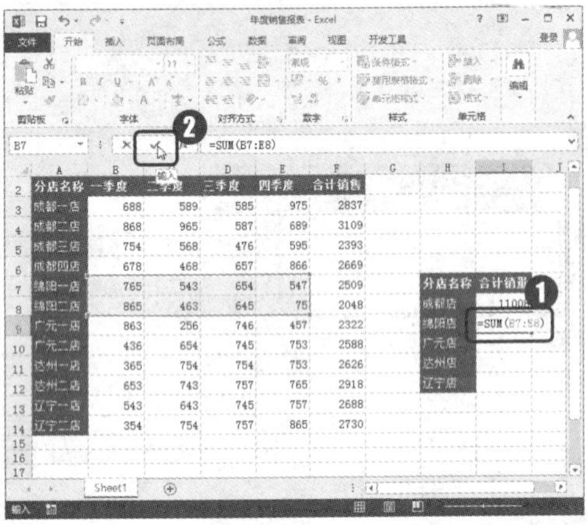

第 7 步：输入计算其他城市销售量公式。

依次在 I10、I11 和 I12 单元格中输入公式“=SUM(B9:E10)”“=SUM(B11:E12)”“=SUM(B13:E)”，计算出各城市的合计销量，效果如下图所示。

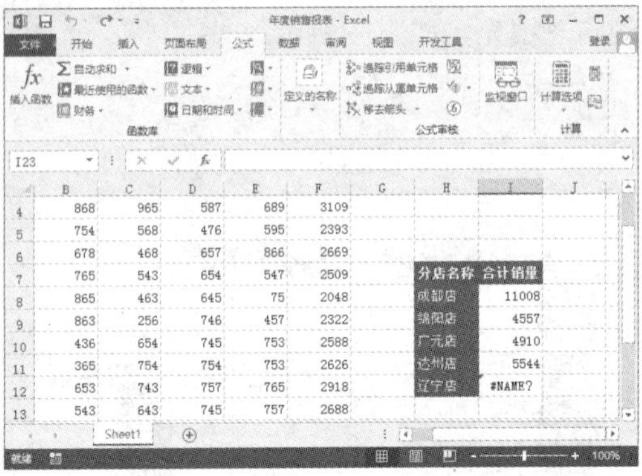

> **高手点拨**
>
> **I12 单元格为什么会出现错误值**
>
> 在该工作表中，使用公式错误检查的功能对计算的公式进行检查，因此在 I12 单元格中故意输入了错误的公式。

2. 追踪引用单元格

追踪引用单元格是指标记所选单元格中公式引用的单元格，追踪从属单元格是指标记所选单元格应用于公式所在的单元格。

例如，使用追踪引用单元格，查看“成都一店”中“合计销售”是由哪些单元格参与计算的，具体操作步骤如下。

第 1 步：执行显示追踪引用命令。

❶选择 F3 单元格；❷单击“公式”选项卡；❸单击“公式审核”组中“追踪引用单元格”按钮，如下图所示。

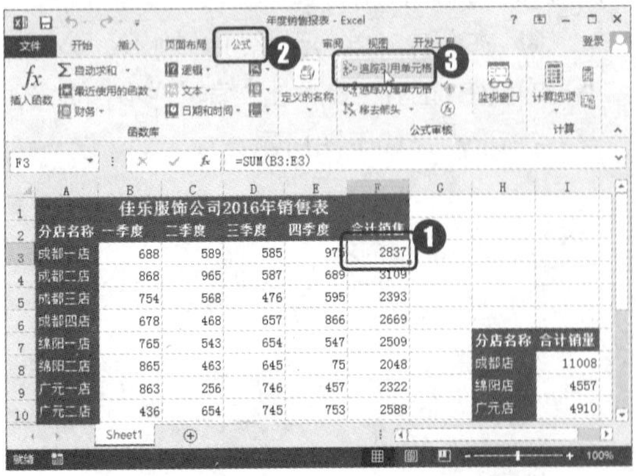

第 2 步：显示追踪引用效果。

经过上步操作，追踪引用单元格效果如下图所示。

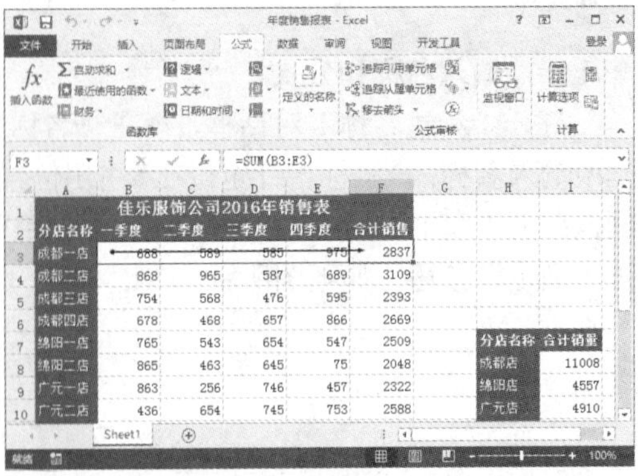

3. 显示应用的公式

除了前面介绍的通过追踪单元格来检查公式以外，还可以直接在结果单元格中显示应用的公式，对公式进行检查，具体操作步骤如下。

第 1 步：执行显示公式命令。

❶选择 I9 单元格；❷单击“公式审核”工作组中的“显示公式”按钮，如下图所示。

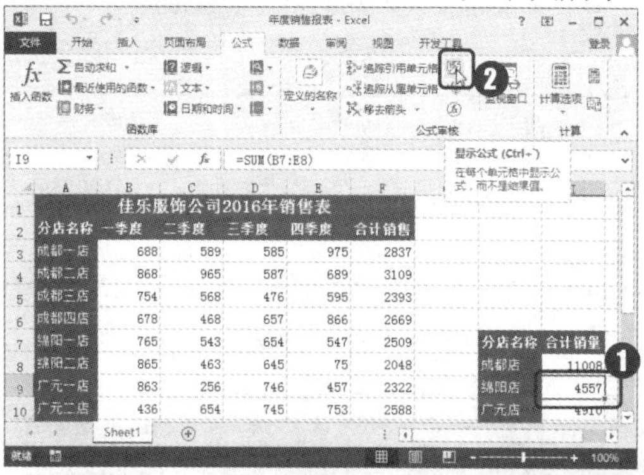

第 2 步：显示工作表中所有的公式。

经过上步操作，即可显示工作表中所有的公式，效果如下图所示。

> **高手点拨**
>
> **如何恢复列宽**
>
> 在单击“显示公式”按钮后，工作表中数据列宽全部以公式单元格的内容列宽为标准自动变宽，如果需要恢复列宽，再次单击“显示公式”按钮即可恢复。

4. 查看公式求值

如果需要逐步查看公式进行的计算步骤，可以使用公式求值功能通过逐步计算来对公式进行审核。

例如，使用查看公式求值的方法查看 I10 单元格的计算步骤，具体操作步骤如下。

第 1 步：执行查看公式求值命令。

❶将鼠标指针定位至 I10 单元格；❷单击“公式审核”工作组中的“公式求值”按钮，如下图所示。

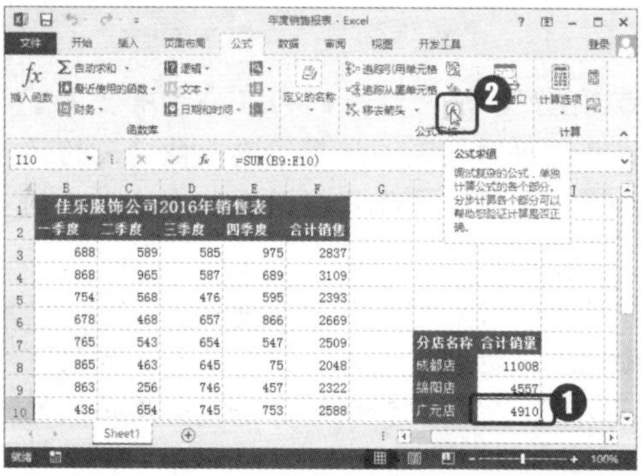

第 2 步：单击求值按钮。

打开“公式求值”对话框，单击“求值”按钮，如下图所示。

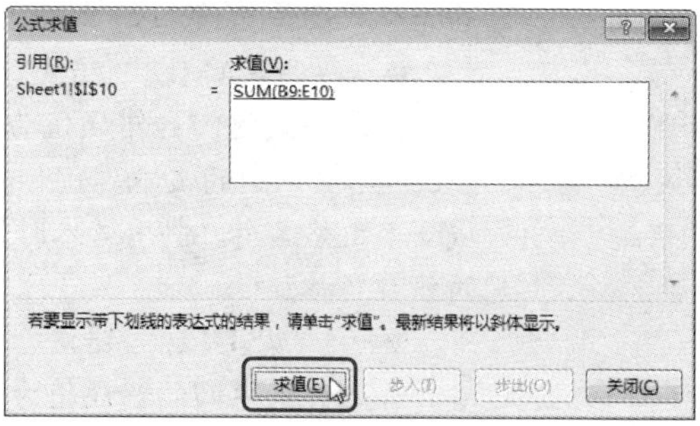

第 3 步：执行关闭对话框的操作。

经过以上操作，计算出结果后，单击“关闭”按钮，关闭对话框，如下图所示。

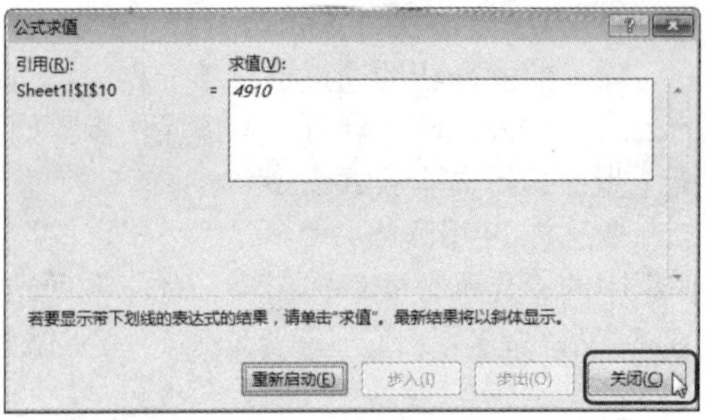

5. 公式错误检查

通过公式对数据进行计算后，还可以使用错误检查功能快速对公式进行检查，以便对存在错误的公式进行修改。

例如，在 I12 单元格中输入了错误的公式，因此计算出的结果显示为错误值，通过公式错误检查方法，根据错误提示，修改输入的计算公式，最后得到正确值，具体的操作步骤如下。

高手点拨

Excel 错误值及处理方法

使用 Excel 公式时，经常会出现一些问题，如语法错误、引用错误、逻辑错误和循环引用错误 4 种公式错误，这些问题导致无法使用公式进行计算而返回错误值。下面，介绍出现这些错误值时如何处理。

- “#####”错误

单元格所含的数字、日期或时间比单元格宽，或者单元格的日期时间公式产生了一个负值，就会产生“#####”错误，此时可以通过修改列宽的方法解决此错误。

- “#DIV/0!”错误

当公式被零除或在单元格中输入的公式除数为 0 值时，将会产生错误值“#DIV/0!”，可以通过输入正确值即可解决此错误。

- “#N/A”错误

在公式使用查找功能的函数(VLOOKUP、HLOOKUP、LOOKUP 等)时，找不到匹配的值，将会产生“#N/A”错误值。解决该错误值的方法是输入正确的查找条件。

- “#NAME?”错误

如果公式返回的错误值为“#NAME?”，这常常是因为在公式中使用了 Excel 无法识别的文本，例如函数的名称拼写错误，使用了没有被定义的区域或单元格名称，引用文本时没有加引号等。解决此错误的方法是输入正确的参数名称。

- “#NULL!”错误

如果公式返回的错误值为“#NULL!”，这常常是因为使用了不正确的区域运算符或引用的单元格区域的交集为空。解决此错误的方法是引用正确的单元格区域。

● “#NUM!”错误

如果公式返回的错误值为“#NUM!”，这常常是因为以下几种原因：当公式需要数字型参数时，我们却给了它一个非数字型参数；给了公式一个无效的参数；公式返回的值太大或者太小。

● “#REF!”错误

如果公式返回的错误值为“#REF!”，这常常是因为公式中使用了无效的单元格引用。通常以下这些操作会导致公式引用无效的单元格：删除了被公式引用的单元格；把公式复制到含有引用自身的单元格中。

● “#VALUE!”错误

如果公式返回的错误值为“#VALUE”，这常常是因为以下几种原因：文本类型的数据参与了数值运算，函数参数的数值类型不正确；函数的参数本应该是单一值，却提供了一个区域作为参数；输入一个数组公式时，忘记按【Ctrl + Shift + Enter】组合键。

第 1 步：执行公式错误检查命令。

❶选择 I12 单元格；❷单击“公式审核”工作组中“错误检查”按钮，如下图所示。

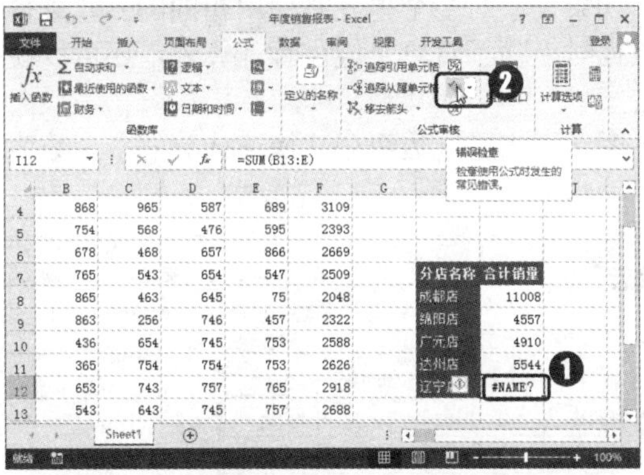

第 2 步：单击继续按钮。

打开“错误检查”对话框，提示公式出错的问题，单击“继续”按钮，如下图所示。

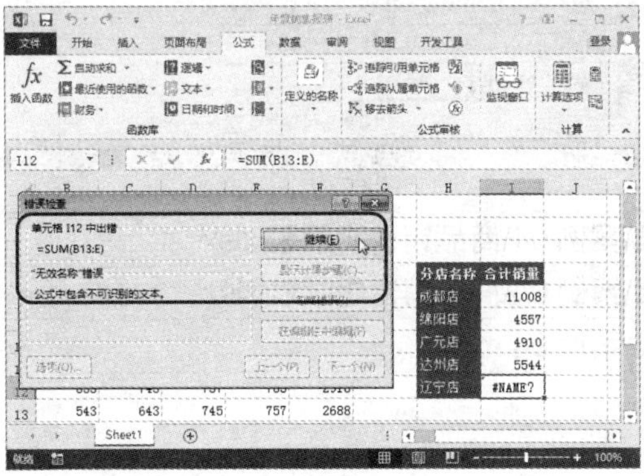

第 3 步：单击“在编辑栏中编辑”按钮。

单击“在编辑栏中编辑”按钮，在编辑栏中更正公式，如下图所示。

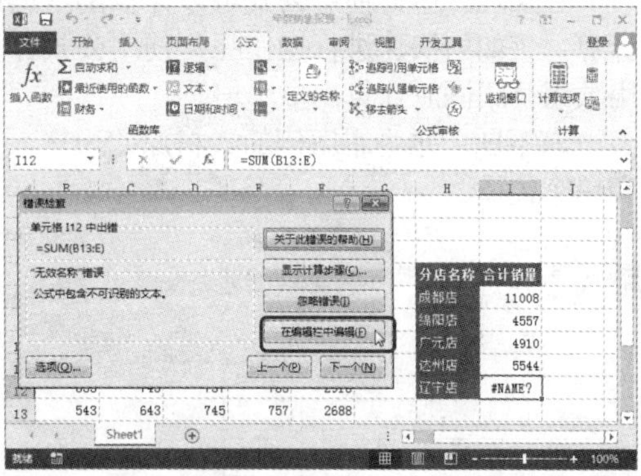

第 4 步：输入正确的公式。

❶在“编辑栏”中输入正确的名称；❷单击“继续”按钮，如下图所示。

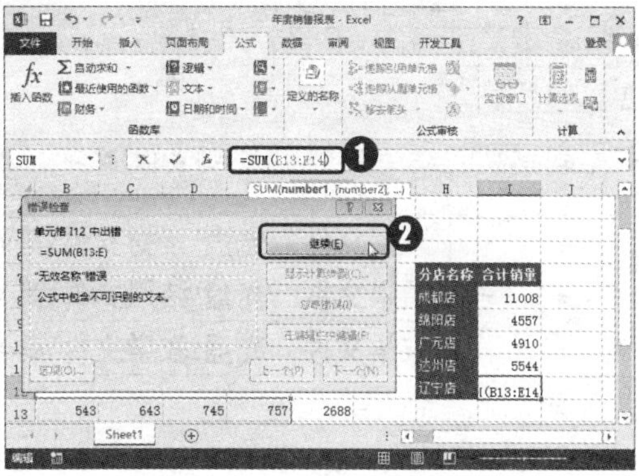

第 5 步：单击确定按钮。

打开“Microsoft Excel”提示框，单击“确定”按钮，如下图所示。

第 6 步：完成公式错误检查。

经过以上操作，完成公式错误检查，效果如下图所示。

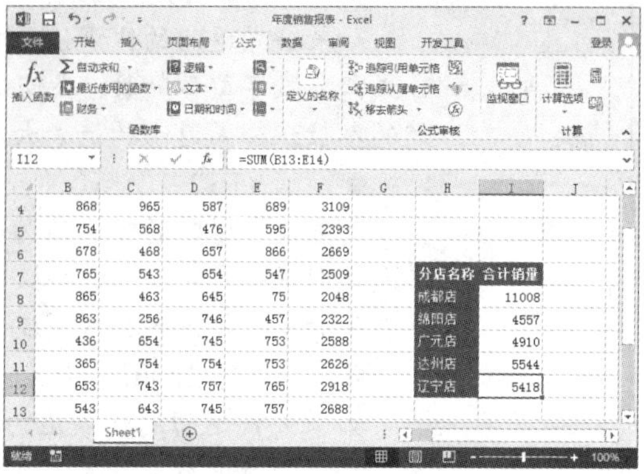

案例 04 使用数组计算数据

◇ 案例概述

在 Excel 中，使用公式可以计算出数据值，如果需要对多个单元格使用相同的公式进行计算，该如何快速进行操作呢？使用公式计算数据时，除了对单个值进行计算外，还可以使用数组公式同时计算出多个值。

左下图所示为本案例的素材原始表格，右下图所示为通过数组公式快速计算的多个数值和单个数值。

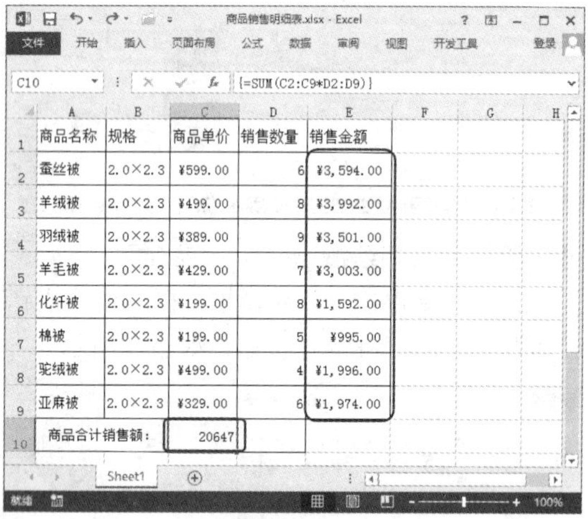

	素材文件：光盘\素材文件\第 4 章\案例 04\商品销售明细表.xlsx
	结果文件：光盘\结果文件\第 4 章\案例 04\商品销售明细表.xlsx
	教学文件：光盘\教学文件\第 4 章\案例 04.mp4

◇ 制作思路

在 Excel 中计算“商品销售明细表”的流程与思路如下所示。

一 **认识数组公式**：在使用数组公式之前，首先需要了解数组公式，这样在操作过程中才不会出错。

二 **使用数组公式计算多个结果**：在表格中，销售金额=商品单价×销售数量，各个商品都是使用该方法进行计算，因此可以使用数组的方法一次进行计算。

三 **使用数组公式计算单个结果**：在表格中，如果要将所有的商品按照销售数量计算出销售金额，也可以使用数组的方式在单个单元格中进行计算。

◇ 具体步骤

本案例主要认识数组公式、使用数组公式计算多个结果、使用数组公式计算单个结果的操作。

1. 认识数组公式

数组公式在 Excel 2013 中的应用十分频繁，数组公式可以认为是 Excel 对公式和数组的一种扩充，换一句话说，即它是 Excel 公式在以数组为参数时的一种应用。数组公式可以看成是有多重数值的公式。与单值公式的不同之处在于它可以产生一个以上的结果。一个数组公式可以占用一个或多个单元格。数组的元素可多达 6500 个。在输入数组公式时，必须遵循相应的规则，否则，公式将会出错，无法计算出数据的结果。

（1）确认输入数组

当数组公式输入完毕之后，按【Ctrl+Shift+Enter】组合键时，在公式的编辑栏中可以看到公式的两侧会出现括号，表示该公式是一个数组公式。需要注意的是，括号是输入数组公式之后由 Excel 自动添加上去的。如果用户自己加上去，会视为文本输入。

（2）删除数组规则

在数组公式所涉及的区域中，不能够编辑、插入、删除或移动某个单元格，因为数组公式所涉及的单元格区域是一个整体。

（3）编辑数组的方法

如果需要编辑或删除数组公式，需要选择整个数组公式所涵盖的单元格区域，并激活编辑栏，然后在编辑栏中进行修改或删除数组公式，完成之后，按【Ctrl+Shift+Enter】组合键，计算出新的数据结果。

（4）移动数组

如需将数组公式移动至其他位置，需要先选中整个数组公式所涵盖的单元格区域，然后将整个区域放置到目标位置；也可以通过“剪切”和“粘贴”命令进行数组公式的移动。

2. 使用数组公式计算多个结果

在 Excel 2013 中，某些公式和函数可能会得到多个返回值，有一些函数也可能需要一组或多组数据作为参数。如果要使数组公式能计算出多个结果，则必须将数组输入到与数组参数具有相同的列数和行数的单元格区域中。

例如，要分别计算各商品的“销售金额”，应用数组公式进行计算，具体操作步骤如下。

第 1 步：输入计算公式。

打开素材文件\第 4 章\案例 04\商品销售明细表.xlsx，❶选中 E2:E9 单元格区域；❷在 E2 单元格中输入计算公式，如“=C2:C9*D2:D9”，如下图所示。

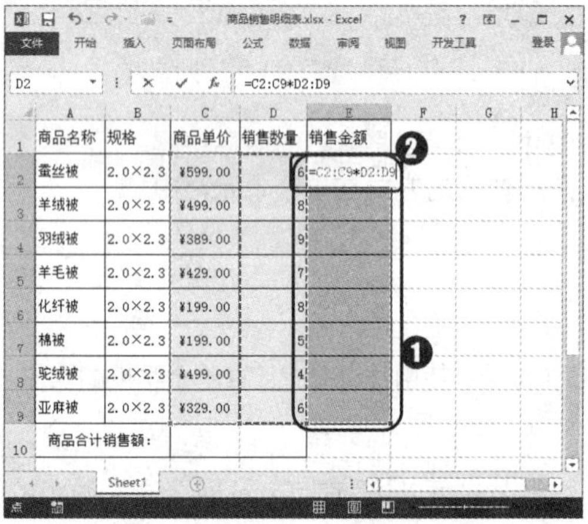

第 2 步：确认计算公式。

输入完计算公式后，按【Ctrl+Shift+Enter】组合键确认，结果如下图所示。

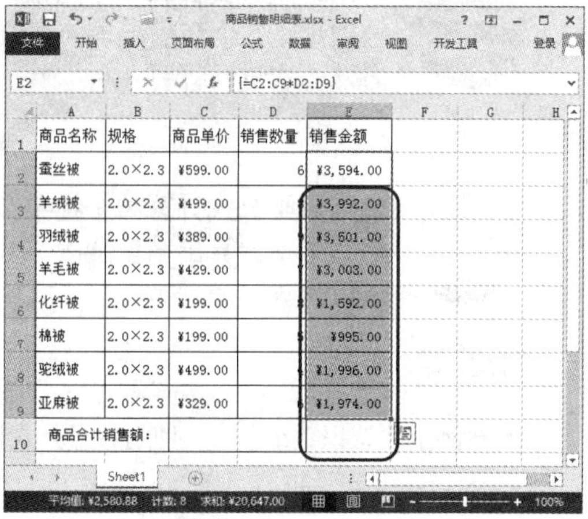

3. 使用数组公式计算单个结果

利用数组公式计算数据可以代替多个公式，从而简化工作表模式。例如，在表格中记录了多个商品的单价及销售数量，如果要一次性计算所有商品的销售总额，可以使用数组公式，具体操作步骤如下。

第 1 步：输入计算公式。

在 C10 单元格中输入计算“商品合计销售额”的公式，如“=SUM(C2:C9*D2:D9)”，如下图所示。

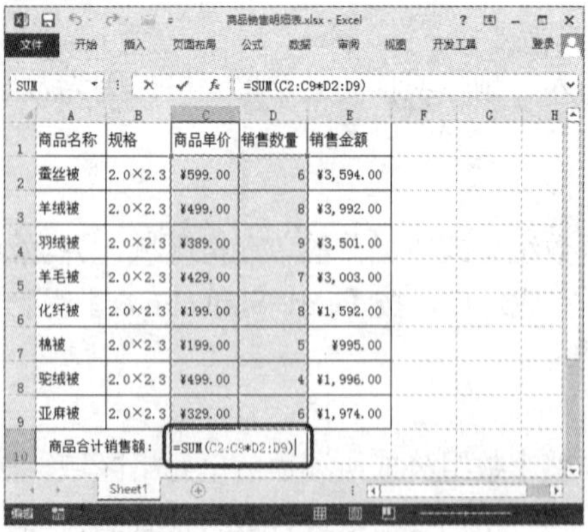

第 2 步：确认计算公式。

输入完计算公式后，按【Ctrl+Shift+Enter】组合键确认，结果如下图所示。

本章小结

数据计算是数据分析的前提，也是数据处理的一种重要而常见的方式。本章主要介绍了如何在表格中使用公式计算数据以及计算数据出错后如何解决等知识。希望用户可以利用公式计算数据的方法，对编制的表格数据进行计算。

第 5 章

强大的函数功能
——使用函数计算数据

本章导读：

Excel 中的函数是预先编写好的公式，可以对一个或多个值进行运算，并返回一个或多个值。函数可以简化和缩短工作表中的公式，尤其是用公式执行很长或很复杂的计算时，更适合使用函数计算数据。本章主要介绍在 Excel 2013 中使用函数计算数据的方法与技巧。

知识要点：

★ 常用函数的使用　　★ 查找与引用函数的使用

★ 财务函数的使用　　★ 文本函数的使用

案例效果

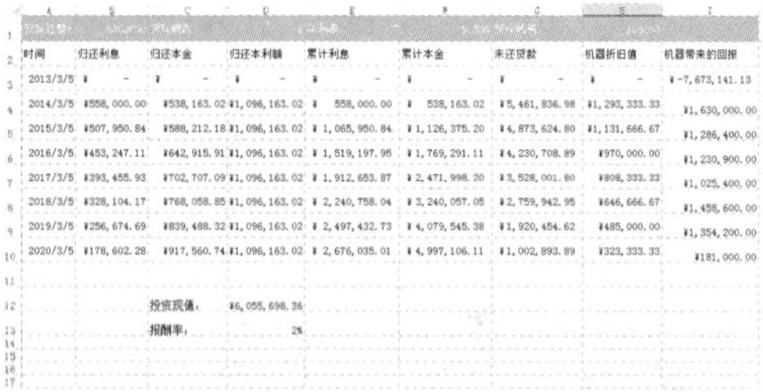
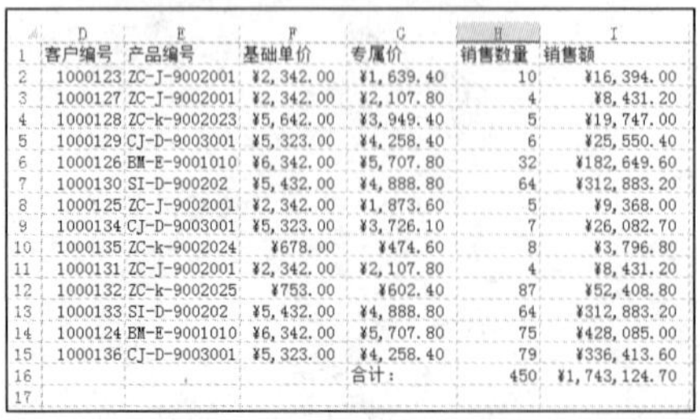

大师点拨——Excel 函数的相关知识

Excel 2013 具有强大的数据计算功能，通过其提供的函数种类，用户可以直接在公式中使用系统预设的函数，快速对数据进行自动计算。在使用函数之前，首先要了解 Excel 函数的相关知识。

要点 1 Excel 函数有哪些分类

Excel 2013 提供了多种类型的函数，根据函数的功能，可主要分为 11 个类型。函数在使用过程中，一般也是依据这个分类进行定位，然后再选择对应的函数。因此，学习函数知识，必须先了解函数的分类。

1. 财务函数

Excel 中提供了非常丰富的财务函数，使用这些函数，可以完成大部分的财务统计和计算工作。如 DB 函数可返回固定资产的折旧值，IPMT 函数可返回投资回报的利息部分等。财务人员如果能够正确、灵活地使用 Excel 进行财务函数的计算，将能大大减轻日常工作中有关指标计算的工作量。

2. 逻辑函数

该类型的函数只有 7 个，用于测试某个条件，总是返回逻辑值 TRUE 或 FALSE。它们与数值的关系为：（1）在数值运算中，TRUE=1，FALSE=0；（2）在逻辑判断中，0=FALSE，所有非 0 数值=TRUE。

3. 文本函数

在公式中处理文本字符串的函数。主要功能包括截取、查找或搜索文本中的某个特殊字符，或提取某些字符，也可以改变文本的编写状态。如 TEXT 函数可将数值转换为文本，LOWER 函数可将文本字符串的所有字母转换成小写形式等。

4. 日期和时间函数

该函数用于分析或处理公式中的日期和时间值。例如，TODAY 函数可以返回当前日期。

5. 查找与引用函数

该函数用于在数据清单或工作表中查询特定的数值，或某个单元格引用的函数。

6. 数学和三角函数

该类型函数包括很多，主要运用于各种数学计算和三角计算。如 RADIANS 函数可以把角度转换为弧度等。

7. 统计函数

统计函数可以对一定范围内的数据进行统计学分析，如计算平均值、模数、标准偏差等。

8. 工程函数

工程函数常用于工程应用中。它们可以处理复杂的数据，在不同的计算体系和测量体系之间转换。例如，可以将十进制数转换为二进制数。

9. 多维数据集函数

多组数据集函数用于返回多维数据集中的相关信息。例如，返回多维数据集中成员属性的值。

10. 信息函数

信息函数有助于确定单元格中数据的类型，还可以使单元格在满足一定的条件时返回逻辑值。

11. 数据库函数

数据库函数用于对存储在数据清单或数据库中的数据进行分析，判断其是否符合某些特定的条件。这类函数在需要汇总符合某一条件的列表中的数据时十分有用。

要点 2 熟悉函数的结构与函数优势

函数是 Excel 的精华所在，利用函数可以使公式的功能得到提升。因此，在使用函数之前，首先需要熟悉函数的结构与使用函数的优势。

1. 函数的结构

函数是预先编写的公式，可以将其认作是一种特殊的公式。它一般具有一个或多个参数，可以更加简单、便捷地进行多种运算，并返回一个或多个值。函数与公式的使用方法有很多相似之处，如首先需要输入函数才能使用函数进行计算。输入函数前，还需要了解函数的结构。

函数作为公式的一种特殊形式存在，也是由“=”符号开始的，右侧依次是函数名称、左括号、以半角逗号分隔的参数和右括号。具体结构示意图如下。

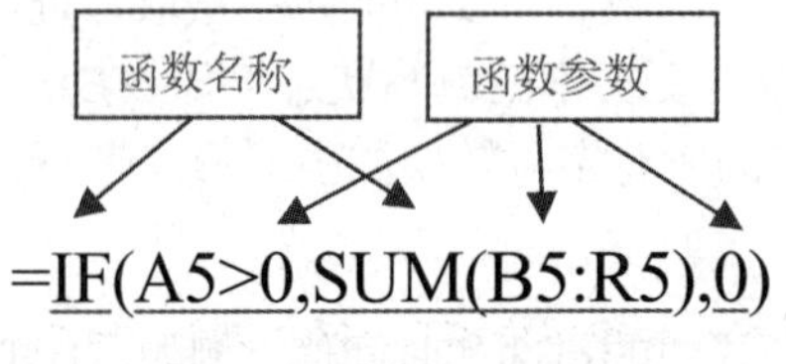

高手点拨　解读函数公式

在函数公式中，括号用于公式包含的参数，括号的配对让一个函数成为完整的个体。每个参数以逗号进行分隔。因此，逗号是解读函数的关键。

2. 使用函数的优势

在进行数据统计和分析时，使用函数可以带来极大的便利，其优势主要体现在以下几个方面。

- 简化公式

使用函数最直观的效果就是可以简化和缩短工作表中的公式，尤其是在用公式执行很长或很复杂的计算时。例如，要计算 B2:D5 单元格区域中 12 个数值的平均值，如果使用普通的公式，就需要输入“=(B2+B3+B4+B5+C2+C3+C4+C5+D2+D3+D4+D5)/12”，而利用函数 AVERAGE，则只要输入“=AVERAGE(B2:D5)”即可。

- 实现特殊功能

很多函数运算可以实现使用普通公式无法完成的功能。例如，需要求得某个单元格区域内的最大值就可以利用 MAX 函数来实现。

- 减小工作量，提高工作效率

函数有时可以减少手工编辑，能将一些烦琐的工作变得简单。如需要将一个包含上千个名字的工作表打印出来，并在打印过程中将原来全部使用英文大写字母保存的名字打印为第一个字母大写，其他字母小写。如果使用手工编写，这将是一项庞大的工程，但是使用 PROPER 函数却可立即转换为需要的格式。

- 允许有条件地运行公式，使之具备基本判断能力

如需要在单元格中计算销售提成的金额，当销售额超过 20 000 元时，其提成比例为 7%；否则为 3%。如果不使用函数，就需要创建两个不同的公式，并确保为每笔销售额使用正确的公式。如果使用 IF 函数，就可以一次性检查单元格中的值，并自动根据条件计算提成值。

要点 3 正确理解函数的参数

在讲解函数的结构时，提到所有的函数都需要使用括号。括号中的内容就是函数的参数。函数参数与公式中的数据有何不同呢？

函数的参数可以是数字、文本、逻辑值数组、错误值或单元格引用，指定的参数都必须为有效参数值，参数也可以是常量、公式或其他函数。函数参数的使用方法互不相同，参数的个数也有所不同。有些可以不带参数，如 NOW、TODAY、RAND 等函数；有些只有一个参数；有些有固定数量的参数；有些函数又有数量不确定的参数；还有些函数中的参数是可选的。下面，将介绍不同类型的函数参数。

1. 文本值类型的函数参数

在使用文本值类型参数的函数时，需要用半角双引号括住文本，如果使用 FIND 函数在 A1 单元格中查找"你好"应表示为“=FIND("你好",A1)”；若要查找文本“"你好"”时，则必须将该文本的双引号改为两层双引号；函数“=FIND("""你好""",A1) ”中，最外一层双引号表示括住的是文本，里面两层双引号表示查找的文本原来有一对双引号。

2. 名称类型的函数参数

函数可以把单元格或单元格区域引用作为其参数，如果为这些范围定义了名称，则可直接使用名称作为参数。

例如，要求 A2:D50 单元格区域中的最大值，则输入函数“=MAX(A2:D50)”。若为 A2:D50 单元格区域定义名称为“first”，则可使用名称来替换引用，将函数简化为“=MAX(first)”。

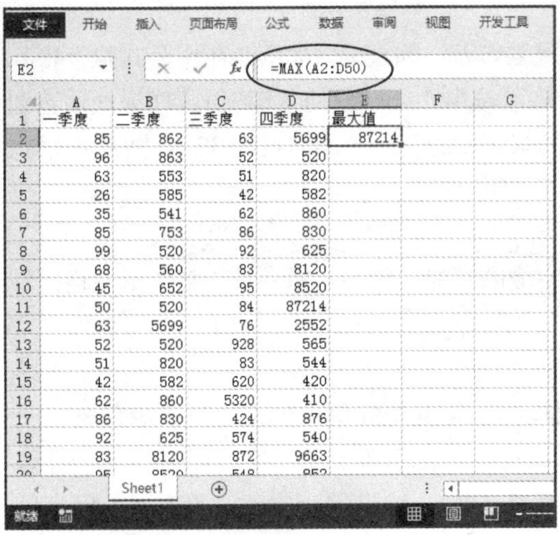

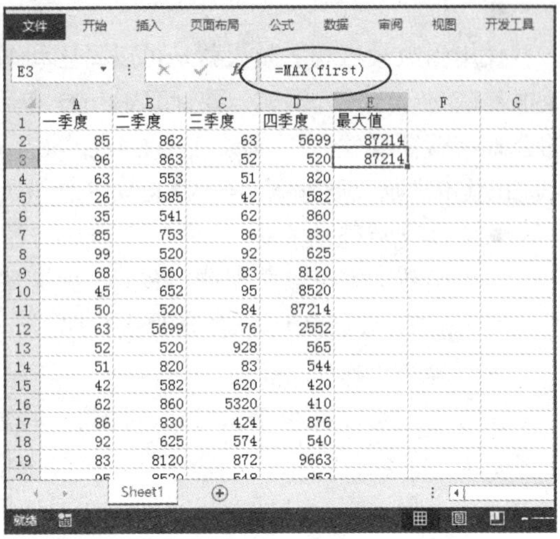

3. 整行/整列为函数参数

在一个随时需要增加记录和计算总销售量的销售表格中，虽然使用函数能比较容易得到结果，但是需要不断更改销售参数，较为麻烦。此时，我们可以将这些变化的数据单独存储在一行或一列中，然后将存储数据的整行或整列作为函数的参数进行计算。

例如，将销售量数据单独存储在 A 列中，再输入“=SUM(A:A)”，将整列作为参数计算总和。

4. 使用表达式为函数参数

在 Excel 中也可以把表达式作为参数使用。在输入函数时，直接输入相应的表达式即可。在遇到作为函数参数的表达式时，Excel 会先计算这个表达式，然后将结果作为函数的参数再进行计算。

例如，“=SQRT(PI()*(2.4^2)+PI()*(3.6^2))”公式中使用了 SQRT 函数，它的参数是两个计算半径分别是 2.4 和 3.6 的圆面积的表达式“PI()*(2.4^2)”和“PI()*(3.6^2)”。Excel 在计算公式时，首先计算这两个圆的面积，然后计算该结果的平方根。

5. 数组型函数参数

在实际操作中，函数也可以使用数组作为参数，这样可以使公式更加简洁。例如，要计算 5*2、2*4、3*3 的和，可以使用公式“=SUM(5*2,2*4,3*3)”，利用数组型参数，则可以写成“=SUM({5,2,3}*{2,4,3})”，它们的结果是相同的。

要点 4 函数的调用方法

了解函数的基本概念与相关知识后，就可以在工作表中编辑和使用函数了。

1. 使用“插入函数”对话框输入函数

在工作表中使用函数计算数据时，可以直接输入函数。若对函数不是特别熟悉，则可使用 Excel 中的向导功能创建函数。

通过“插入函数”对话框可以选择需要插入的函数，如在 H3 单元格中输入函数计算员工的“应发工资”。

将鼠标光标定位至存放结果的单元格，单击“公式”选项卡“函数库”工作组中的“插入函数”按钮，如左下图所示。打开“插入函数”对话框，在“选择函数”列表框中选择需要应用的函数，如求和函数“SUM”，单击“确定”按钮，如右下图所示。

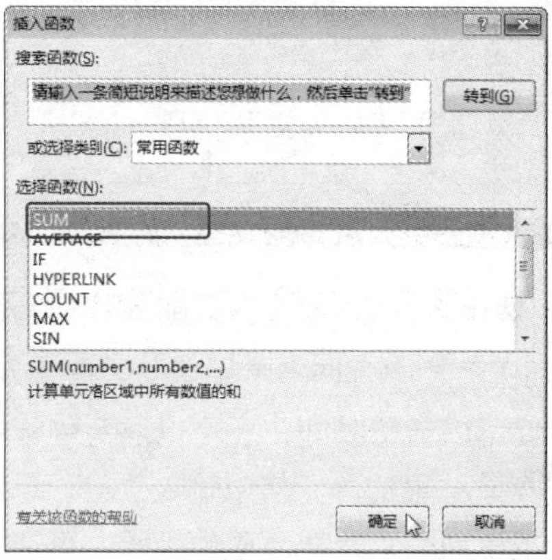

打开“函数参数”对话框，在“Number1”框中选择参与计算的单元格区域，再单击“确定”按钮，即可完成计算，操作如下图所示。

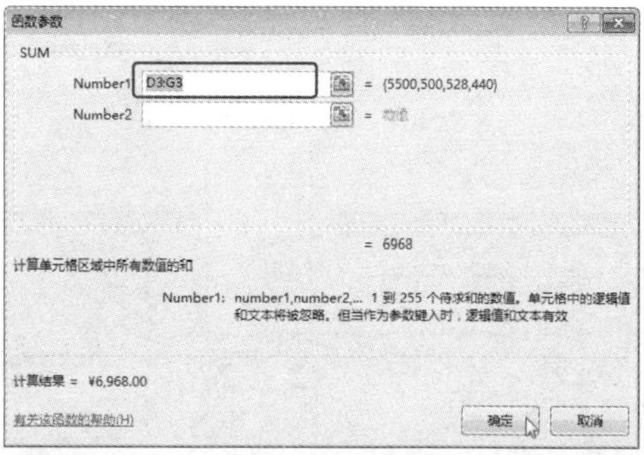

高手点拨

SUM 函数的 Number 参数

打开 SUM 函数的“函数参数”对话框，默认会显示出 Number1 和 Number2 两个参数框，如果用户需要对多个区域进行计算，在 Number2 框中引用单元格地址后，会自动添加 Number3、Number4……

2. 使用“插入函数”按钮输入函数

要输入函数，可以在公式编辑栏单击“插入函数”按钮 f_x，单击该按钮也可打开“插入函数”对话框，然后使用上例中的方法输入需要的函数即可，如下图所示。

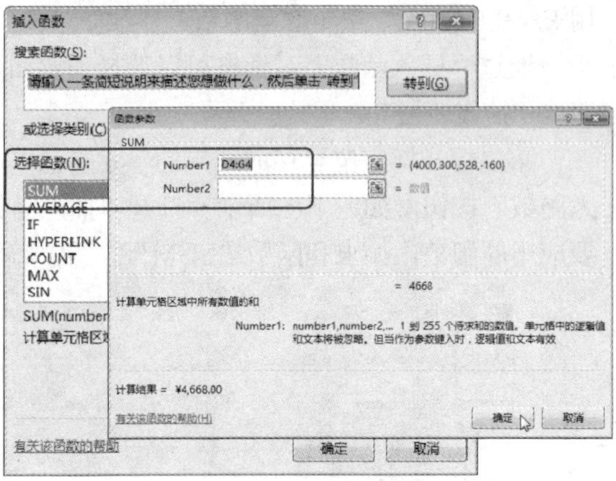

3. 使用自动完成输入功能输入函数

Excel 函数中有许多常用函数，在输入这些函数时可以使用自动完成输入功能进行输入。这样不仅可以节省时间，还可以避免因记错函数而出现的错误。

在存放结果的单元格中输入“=”，单击“编辑栏”中的“名称框”按钮 SUM ▾，在弹出的下拉列表中选择需要的函数，再选择参与计算的单元格区域即可，如下图所示。

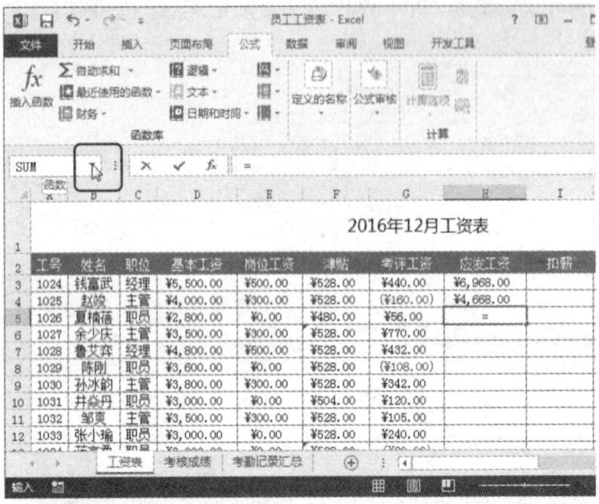

要点 5 函数嵌套的使用方法与技巧

在实际办公应用中，直接使用单个函数进行计算的都比较简单，用户只需要掌握参数的意思，对应选择单元格或单元格区域即可完成。但是要完成对表格数据的要求，大部分都会使用两个或两个以上的函数进行嵌套操作，这样才能得出需要的结果。

在 Excel 中最常用的嵌套函数有 IF 函数、AND 函数、OR 函数，如果对数组进行计算，那么 LOOKUP 函数、ROW 函数、INDIRECT 函数和 COUNTA 函数等也是比较常用的。

1. 什么是函数嵌套

即使是复杂运算，有时也可以找到对应的函数来简化步骤。只是复杂运算中的函数都需要层层嵌套使用，即使用一个函数作为另一个函数的参数。当函数的参数也是函数时，我们就称为函数的嵌套。

例如，在销售业绩表中要结合使用 IF 函数和 SUM 函数计算出绩效值大于“30000”的为“优”，绩效大于“20000”的为“良”，绩效值小于“20000”的为“差”三个等级，如下图所示。

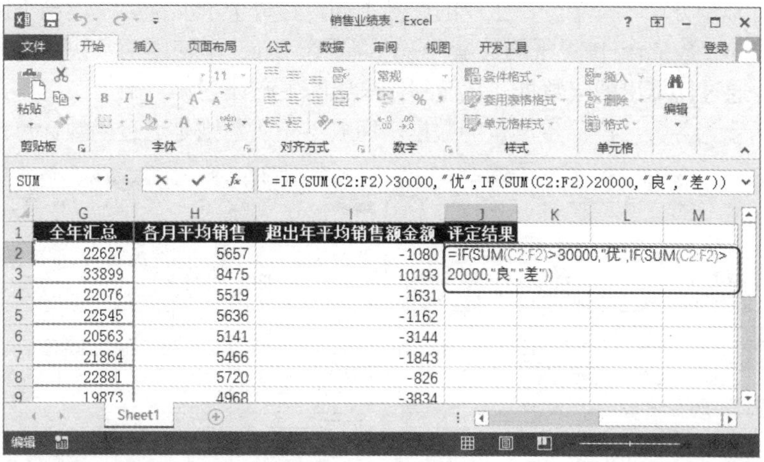

2. 如何突破函数的 7 层嵌套限制

一个 Excel 函数公式中，最多可以包含多达 7 级的嵌套函数，如果大于 7 个，就要使用特殊方法来突破层数限制。

在实际工作中，常需要突破函数的 7 层嵌套限制才能编写满足计算要求的公式。例如，编写公式：=IF(AND(A1<60),"F","")&IF(AND(A1>=60,A1<=63), "D","")&IF(AND(A1>=64,A1<=67), "C-","")&IF(AND(A1>=68，A1<=71"C","")&IF(AND(A1>=72,A1<=74), "C+","")&IF(AND(A1>=72,A1<=74), "B-","")&IF(AND(A1>=75,A1<=77), "B","")&IF(AND(A1>=78,A1<=81), "B+","")&IF(AND(A1>=82,A1<=84), "A-","")&IF(AND(A1>=85,A1<=89), "A","")&IF(AND(A1>=90, "A+","")。

> **高手点拨**
>
> **正确输入嵌套公式的符号**
>
> 上面的公式使用了 11 个 IF 语句，通过“&”符号连接起来就可以突破 7 层限制。当然，如果是数值参加运算，则需要将连接符“&”改为“+”，空文本参数“""”改为“0”。

案例训练——实战应用成高手

在 Excel 中运用函数可以进行哪些运算，在日常工作中都能发挥了什么样的作用？下面将通过一些实例，来学习函数在日常办公工作中的应用。

案例 01 计算与统计生产数据

◇ 案例概述

某公司有几个分厂，每个分厂生产的产品不同，且每个季度都会生产出不同的数量，为了计算出本年的“数量合计”“平均数量”等，需要在 Excel 中使用函数快速地计算出各厂全年的生产量，通过计算出的年数据，从而制作来年的生产计划。

左下图所示为各分厂产品生产量的数据，而右下图所示则是通过函数计算的数据值。

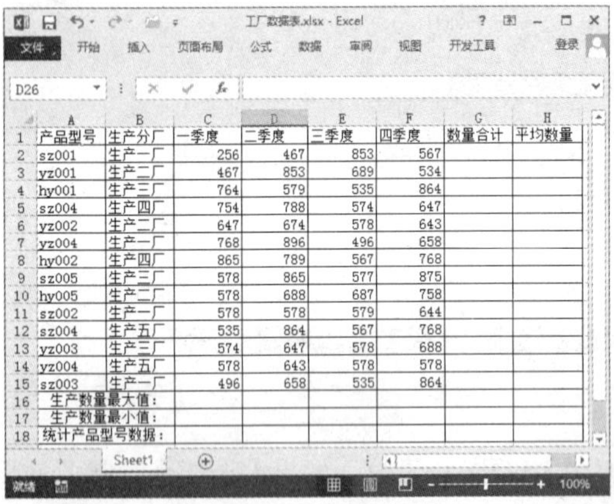

	A	B	C	D	E	F	G	H
1	产品型号	生产分厂	一季度	二季度	三季度	四季度	数量合计	平均数量
2	sz001	生产一厂	256	467	853	567		
3	yz001	生产二厂	467	853	689	534		
4	hy001	生产三厂	764	579	535	864		
5	sz004	生产四厂	754	788	574	647		
6	yz002	生产二厂	647	674	578	643		
7	yz004	生产一厂	768	896	496	658		
8	hy002	生产四厂	865	789	567	768		
9	sz005	生产三厂	578	865	577	875		
10	hy005	生产二厂	578	688	687	758		
11	sz002	生产一厂	578	578	579	644		
12	sz004	生产五厂	535	864	567	768		
13	yz003	生产三厂	574	647	578	688		
14	yz004	生产五厂	578	643	578	578		
15	sz003	生产一厂	496	658	535	864		
16	生产数量最大值：							
17	生产数量最小值：							
18	统计产品型号数据：							

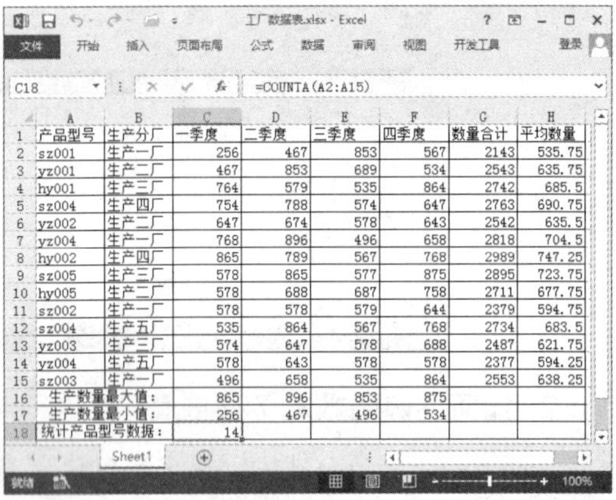

	A	B	C	D	E	F	G	H
1	产品型号	生产分厂	一季度	二季度	三季度	四季度	数量合计	平均数量
2	sz001	生产一厂	256	467	853	567	2143	535.75
3	yz001	生产二厂	467	853	689	534	2543	635.75
4	hy001	生产三厂	764	579	535	864	2742	685.5
5	sz004	生产四厂	754	788	574	647	2763	690.75
6	yz002	生产二厂	647	674	578	643	2542	635.5
7	yz004	生产一厂	768	896	496	658	2818	704.5
8	hy002	生产四厂	865	789	567	768	2989	747.25
9	sz005	生产三厂	578	865	577	875	2895	723.75
10	hy005	生产二厂	578	688	687	758	2711	677.75
11	sz002	生产一厂	578	578	579	644	2379	594.75
12	sz004	生产五厂	535	864	567	768	2734	683.5
13	yz003	生产三厂	574	647	578	688	2487	621.75
14	yz004	生产五厂	578	643	578	578	2377	594.25
15	sz003	生产一厂	496	658	535	864	2553	638.25
16	生产数量最大值：		865	896	853	875		
17	生产数量最小值：		256	467	496	534		
18	统计产品型号数据：		14					

素材文件：光盘\素材文件\第 5 章\案例 01\工厂数据表.xlsx

结果文件：光盘\结果文件\第 5 章\案例 01\工厂数据表.xlsx

教学文件：光盘\教学文件\第 5 章\案例 01.mp4

◇ 制作思路

在 Excel 中计算与统计“工厂数据表”的流程与思路如下所示。

一 **SUM 函数的使用**：对于计算合计的数据为连续区域时，可使用 SUM 函数快速计算出结果。

二 **AVERAGE 函数的使用**：与求和的方法类似，确定参与计算的单元格区域，快速计算出多个数据的平均数据。

三 **MAX 和 MIN 函数的使用**：根据季度数据计算出生产最多和最少的数据值。

四 **COUNTA 函数的使用**：使用该函数可以按文本单元格快速计算出产品型号的数据值。

◇ 具体步骤

本例先使用 SUM 函数计算出各产品的年总数量，接着使用 AVERAGE 函数计算各产品的季平均数量，然后使用 MAX 函数计算各季度数量最高值，再使用 MIN 函数计算各季度数量最低值，最后使用 COUNTA 函数计算参数产品型号的单元格的个数。

1. 计算出各型号的数量合计值

在厂家年报表的表格中，要快速计算出各产品 4 个季度的总数量，当求和的单元格区域为连续时，为了简化公式，可以使用 SUM 函数进行计算。

> 语法：SUM (number1,[number2],...)
>
> 参数：number1 为必需的参数，表示相加的第 1 个数字。
>
> number2,... 为可选的参数，表示相加的第 2 个数字，在 SUM 函数中可以指定最多 255 个数字。

使用 SUM 函数计算“数量合计”的具体操作步骤如下。

第 1 步：执行自动求和命令。

打开素材文件\第 5 章\案例 01\工厂数据表.xlsx，❶选择存放计算结果的 G2 单元格；❷单击“公式”选项卡；❸单击“函数库”工作组中的“自动求和”按钮，如下图所示。

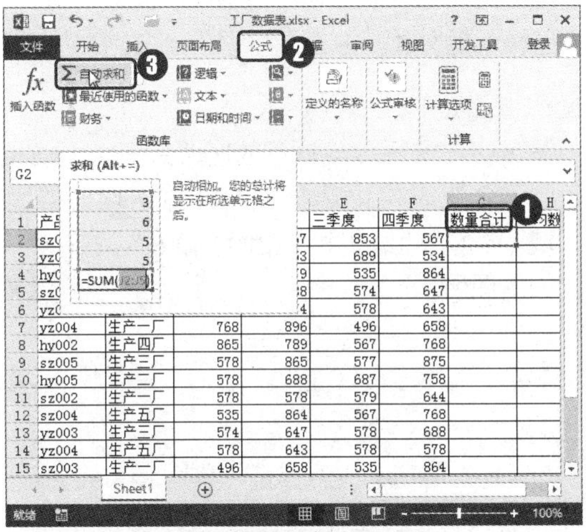

第 2 步：选择求和区域并确认计算。

❶在表格中选择求和区域，如“C2:F2”；❷单击“编辑栏”中的“输入”按钮 ✔，如下图所示。

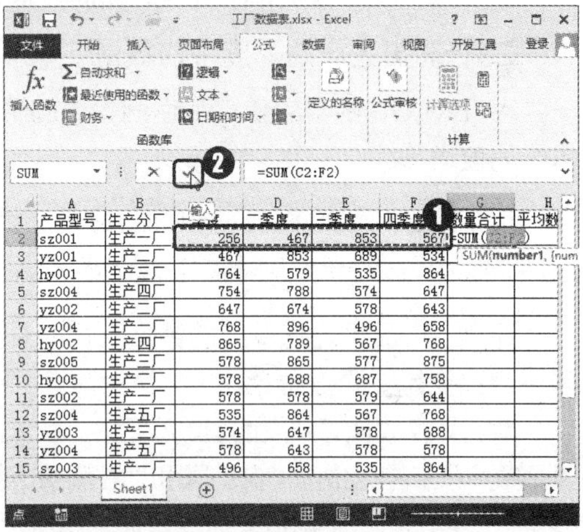

第 3 步：使用填充柄填充数据。

❶选择存放计算结果的 G2 单元格；❷鼠标指针移至单元格右下角，变成“+”形状时，按住左键不放拖动填充公式，如下图所示。

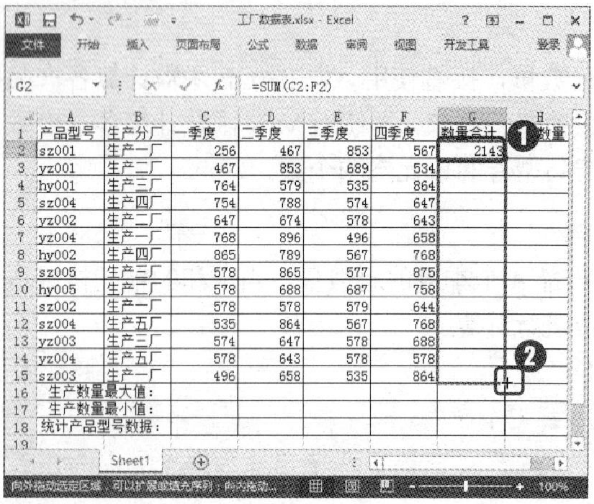

第 4 步：显示计算所有产品的数量合计值。

经过以上操作，计算出所有产品的数量合计值，如下图所示。

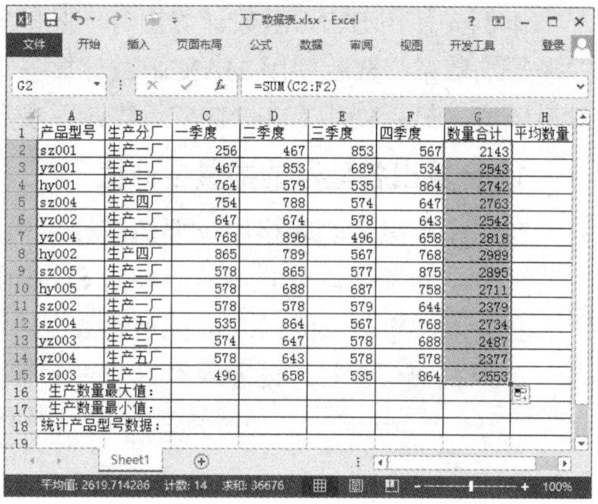

2. 计算出生产的季度平均数量

AVERAGE 函数的作用是返回参数的平均值，表示对选择的单元格或单元格区域进行算术平均值运算。

> 语法：AVERAGE (number1,[number2],...)
>
> 参数：number1,number2,...表示要计算平均值的 1 到 255 个参数。

计算各产品平均每季度的销量数据的具体操作步骤如下。

第 1 步：执行平均值命令。

❶选择存放计算结果的 H2 单元格；❷单击“函数库”工作组中的“自动求和”右侧的下拉按钮 ▾；❸单击“平均值”命令，如下图所示。

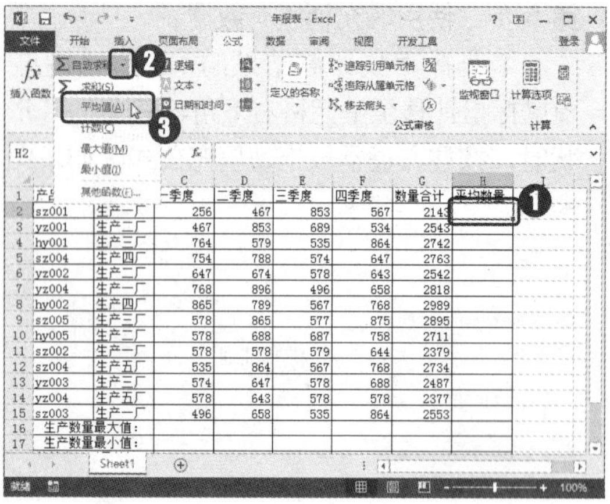

第 2 步：选择参与计算的区域并确认。

❶在表格中选择参与计算平均值的区域；❷单击“编辑栏”中的“输入”按钮 ✔，如下图所示。

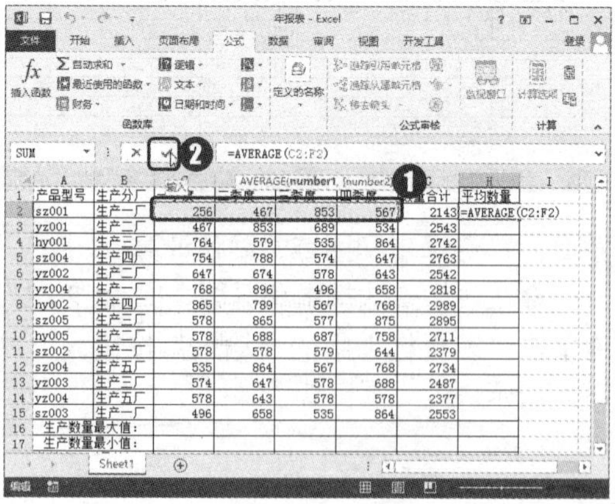

第 3 步：使用填充柄填充数据。

❶选择存放计算结果的 H2 单元格；❷鼠标指针移至单元格右下角，变成“+”形状时，按住左键不放拖动填充公式，如下图所示。

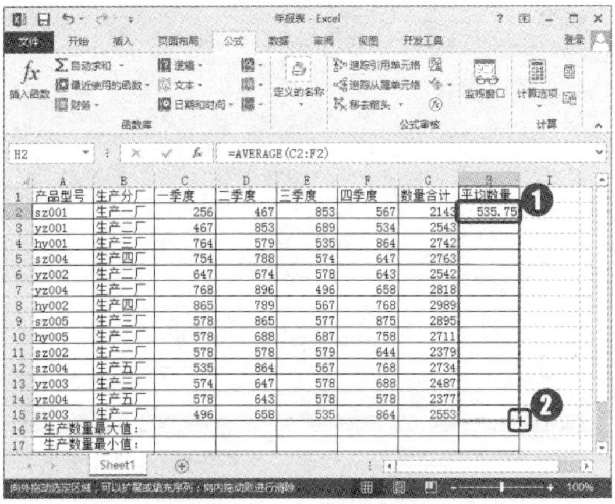

第 4 步：显示计算所有产品的平均数量值。

经过以上操作，计算出所有产品的平均数量值，如下图所示。

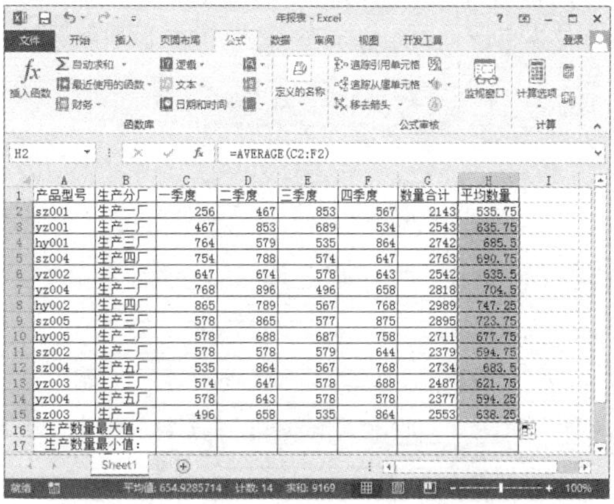

3. 计算出最高生产的数量

MAX 函数用于返回一组数据中的最大值，函数参数为要求最大值的数值或单元格引用，多个参数间使用逗号分隔，如果是计算连续单元格区域的最大值，参数中可直接引用单元格区域。

> 语法：MAX (number1,[number2],...)
> 参数：number1,number2,...表示要计算最大值的 1 到 255 个参数。

计算“生产数量最大值”是多少的具体操作步骤如下。

第 1 步：执行最大值命令。

❶选择存放计算结果的 C17 单元格；❷单击“函数库”工作组中的“自动求和”右侧的下拉按钮 ▾；❸单击“最大值”命令，如下图所示。

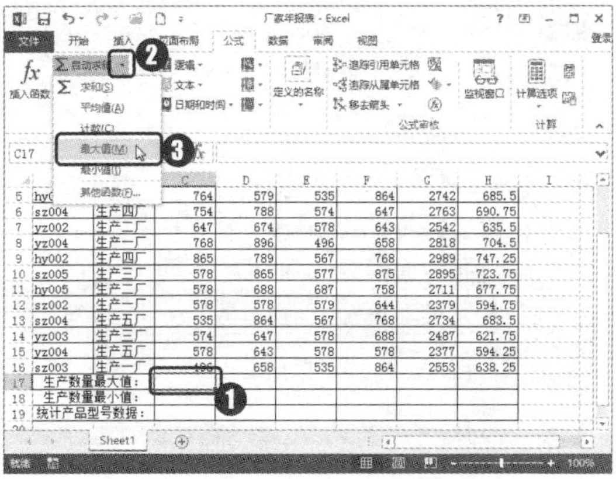

第 2 步：选择参与计算的区域并确认。

❶在表格中选择参与计算最大值的区域，如 C3:C16；❷单击“编辑栏”中的“输入”按钮 ✔，如下图所示。

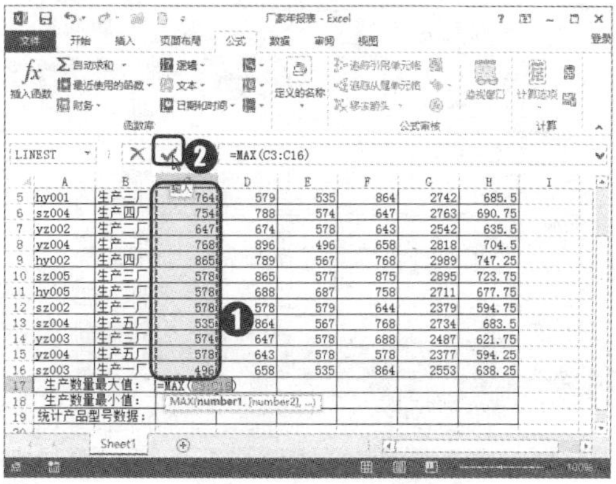

第 3 步：使用填充柄填充数据。

❶选择存放计算结果的 C17 单元格；❷鼠标指针移至单元格右下角，变成“+”形状时，按住左键不放拖动填充公式，如下图所示。

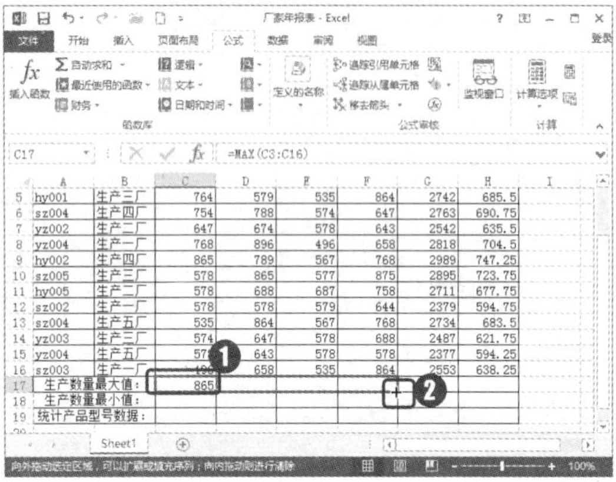

第 4 步：显示计算所有产品的数量最大值。

经过以上操作，计算出所有产品的最高数量值，如下图所示。

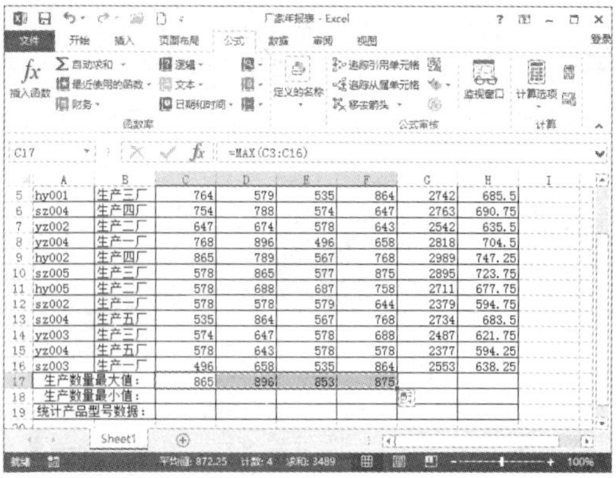

4. 计算出最低生产的数量

MIN 函数用于返回一组数据中的最小值，其使用方法与 MAX 函数相同，MIN 函数参数为要求最小值的数值或单元格引用，多个参数间使用逗号分隔，如果是计算连续单元格区域的最小值，参数中可直接引用单元格区域。

语法：MIN (number1,number2,...)

参数：number1,number2,...表示要计算最小值的 1 到 255 个参数。

计算各产品每季度的“生产数据最小值”，具体操作步骤如下。

第 1 步：执行最小值命令。

❶选择存放计算结果的 C18 单元格；❷单击“函数库”工作组中“自动求和”右侧的下拉按钮 ▾；❸单击“最小值”命令，如下图所示。

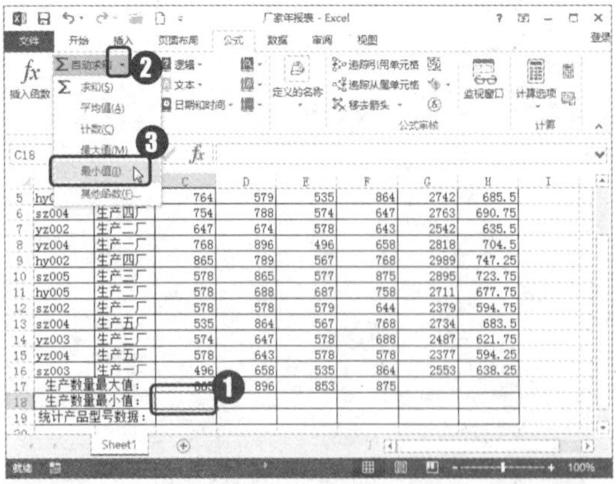

第 2 步：选择参与计算的区域并确认。

❶在表格中选择参与计算最小值的区域，如 C3:C16；❷单击“编辑栏”中的“输入”按钮 ✔，如下图所示。

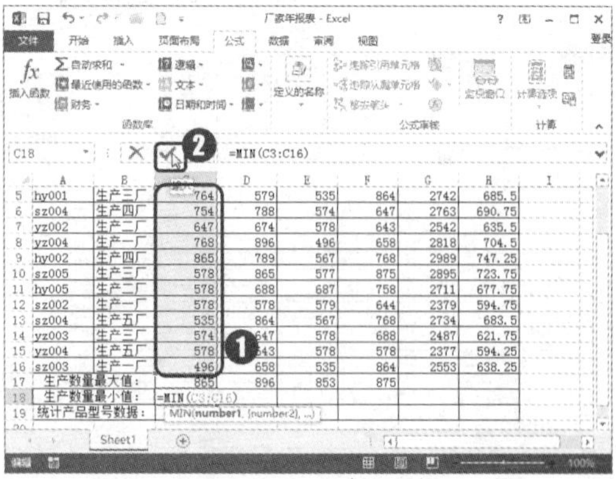

第 3 步：使用填充柄填充数据。

❶选择存放计算结果的 C18 单元格；❷鼠标指针移至单元格右下角，变成“+”形状时，按住左键不放拖动填充公式，如下图所示。

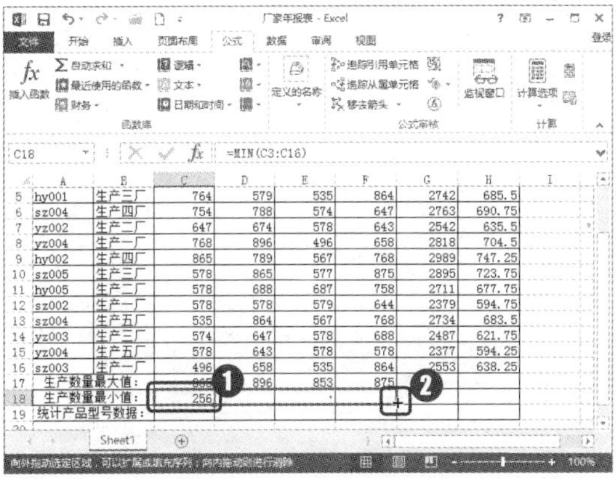

第 4 步：显示计算所有产品的数量最小值。

经过以上操作，计算出所有产品的最小数量值，如下图所示。

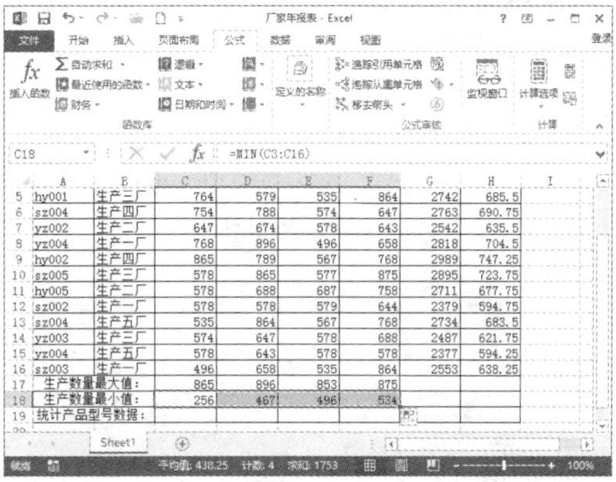

5. 计算出本年度所生产的型号数据值

COUNTA 函数是属于统计类函数，表示计算选择的单元格或单元格区域的个数。

> 语法：COUNTA (value1,[value2],...)
> 参数：value1 为必需的参数。表示要计数的值的第一个参数。
> value2,...为可选参数。表示要计数的值的其他参数，最多可包含 255 个参数。

计算出公司有多少个产品的具体操作步骤如下。

第 1 步：输入计算公式并确认计算。

❶在存放计算结果的 C19 单元格中输入公式“=COUNTA(A3:A16)”；❷单击“编辑栏”中的“输入”按钮✔，如下图所示。

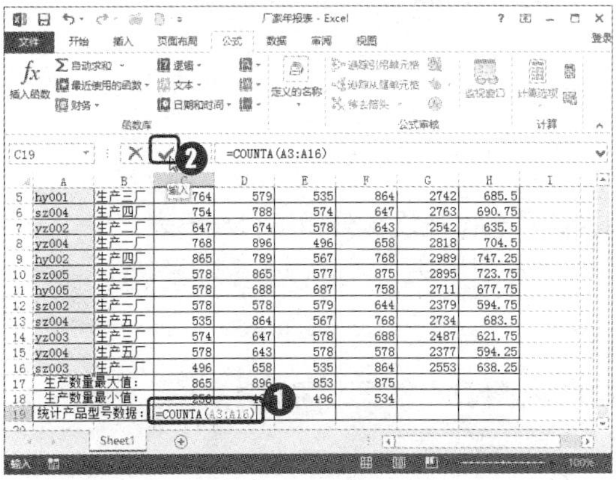

第 2 步：显示计算结果。

经过上步操作，计算出本年度所生产的产品型号数据个数，效果如下图所示。

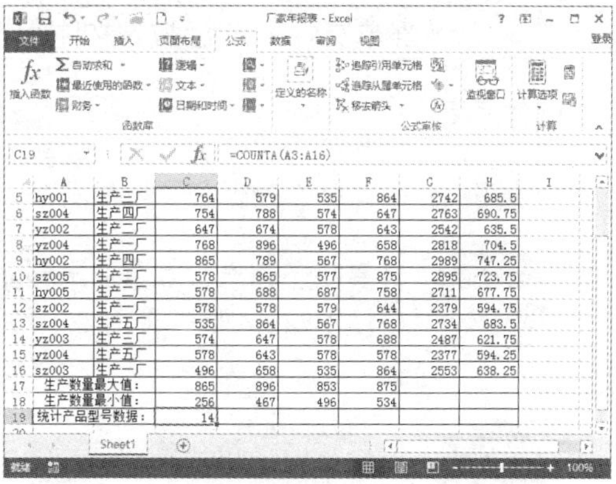

案例 02 制作投资公司项目利率表

◇ 案例概述

使用财务函数对贷款金额进行投资，要求计算其归还利息、归还本金、归还本利额、累计利息、累计本金、未还贷款、机器折旧、投资现值和报酬率。

例如，向银行贷款 6 000 000 元，贷款期限为 8 年，年利率为 9.3%，预计最后残值为 180 000 元，使用函数求出相关数值，如下图所示。

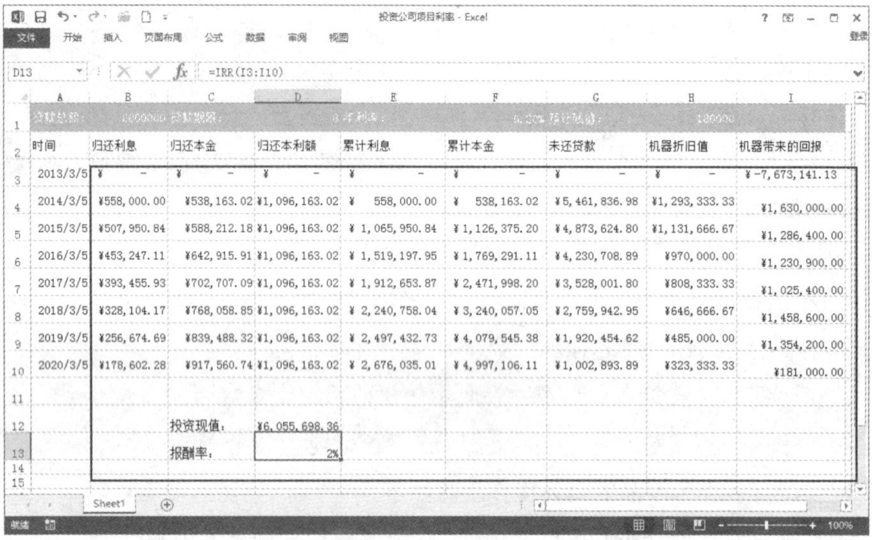

D13 =IRR(I3:I10)

时间	归还利息	归还本金	归还本利额	累计利息	累计本金	未还贷款	机器折旧值	机器带来的回报
2013/3/5	¥ -	¥ -	¥ -	¥ -	¥ -	¥ -	¥ -	¥ -7,673,141.13
2014/3/5	¥558,000.00	¥538,163.02	¥1,096,163.02	¥ 558,000.00	¥ 538,163.02	¥5,461,836.98	¥1,293,333.33	¥1,630,000.00
2015/3/5	¥507,950.84	¥588,212.18	¥1,096,163.02	¥ 1,065,950.84	¥ 1,126,375.20	¥4,873,624.80	¥1,131,666.67	¥1,286,400.00
2016/3/5	¥453,247.11	¥642,915.91	¥1,096,163.02	¥ 1,519,197.95	¥ 1,769,291.11	¥4,230,708.89	¥970,000.00	¥1,230,900.00
2017/3/5	¥393,455.93	¥702,707.09	¥1,096,163.02	¥ 1,912,653.87	¥ 2,471,998.20	¥3,528,001.80	¥808,333.33	¥1,025,400.00
2018/3/5	¥328,104.17	¥768,058.85	¥1,096,163.02	¥ 2,240,758.04	¥ 3,240,057.05	¥2,759,942.95	¥646,666.67	¥1,458,600.00
2019/3/5	¥256,674.69	¥839,488.32	¥1,096,163.02	¥ 2,497,432.73	¥ 4,079,545.38	¥1,920,454.62	¥485,000.00	¥1,354,200.00
2020/3/5	¥178,602.28	¥917,560.74	¥1,096,163.02	¥ 2,676,035.01	¥ 4,997,106.11	¥1,002,893.89	¥323,333.33	¥181,000.00
		投资现值：	¥6,055,698.36					
		报酬率：	2%					

素材文件：光盘\素材文件\第 5 章\案例 02\投资公司项目利率.xlsx
结果文件：光盘\结果文件\第 5 章\案例 02\投资公司项目利率.xlsx
教学文件：光盘\教学文件\第 5 章\案例 02.mp4

◇ 制作思路

在 Excel 中计算“投资公司项目利率表”的流程与思路如下所示。

一 **计算归还利息、本金、本利额和累计利息：**在投资公司项目利率表中使用归还利息、本金、本利额和累计利息的函数计算出相关数据。

二 **使用折旧函数计算数据：**使用 SYD 函数计算出根据不同的时间长，机器折旧的数据。

三 **投资现值和报酬率：**使用 NPV 和 IRR 函数计算出投资现值和报酬率。

◇ 具体步骤

在本实例计算过程中主要用到IPMT、PPMT、PMT、CUMIPMT、CUMPRINC、SYD、NPV和IRR函数。通过财务函数计算出相关数据。

1. 计算归还利息、本金、本利额和累计利息

当一笔款项作为投资使用时，需要在不同的日期中计算出相关的金额。例如，归还利息、本金、本利额和累计利息是多少。

（1）使用IPMT函数计算归还利息

基于固定利率及等额分期付款方式情况下，使用PMT函数可以计算贷款的每期付款额。但有时候需要知道在还贷过程中，利息部分占多少，本金部分占多少。如果需要计算该种贷款情况下支付的利息，就需要使用IPMT函数了。

语法：IPMT(rate,per,nper,pv,[fv],[type])

参数：rate为必需的参数，表示各期利率。 通常用年利表示利率，如果是按月利率，则利率应为11%/12，如果指定为负数，则返回错误值“#NUM!”。

per为必需的参数，表示用于计算其利息的期次，如分几次支付利息，第一次支付为1。per必须在1到nper之间。

nper为必需的参数，表示投资的付款期总数。如果要计算出各期的数据，则付款年限*期数值。

pv为必需的参数，表示投资的现值（未来付款现值的累积和）。

fv为可选参数，表示未来值，或在最后一次支付后希望得到的现金余额，如果省略fv，则假设其值为零。如果忽略fv，则必须包含pmt参数。

type为可选参数，表示期初或期末，0为期末，1为期初。

使用IPMT函数计算 “归还利息”的金额的具体操作步骤如下。

第1步：输入计算归还利息的公式。

❶在存放计算结果的B4单元格中输入公式“=-IPMT($F$1,YEAR(A4)-2013,$D$1,$B$1)”；❷单击“编辑栏”中的“输入”按钮✔，如下图所示。

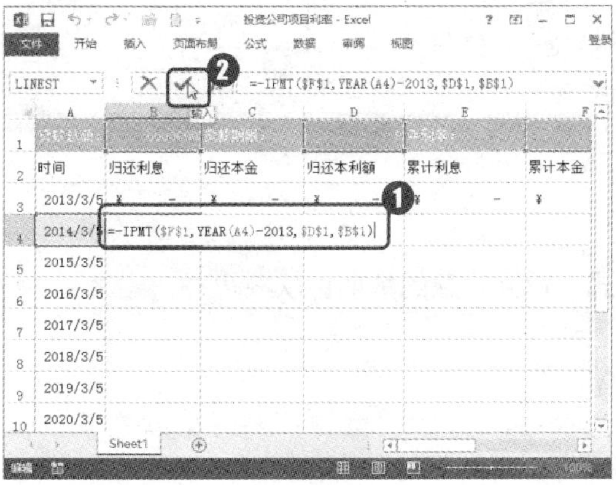

第2步：填充公式。

❶选中存放计算结果的B4单元格；❷按住左键不放向下拖动填充公式，如下图所示。

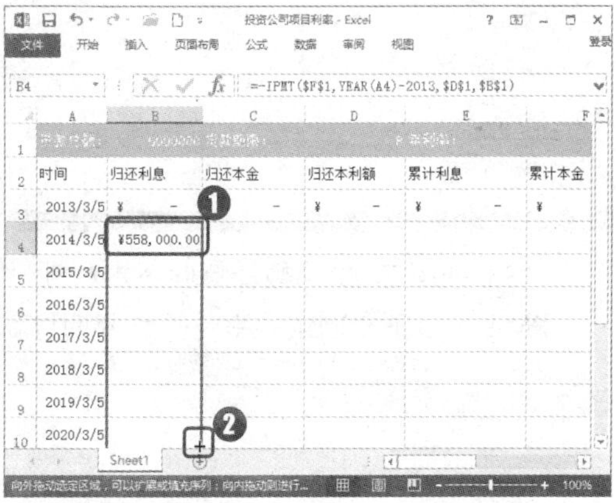

（2）使用 PPMT 函数计算本金

基于固定利率及等额分期付款方式情况下，使用 PPMT 函数计算贷款在给定期间内投资本金的偿还额，从而更清楚地确定还贷的利息/本金是如何划分的。

语法：PPMT(rate,per,nper,pv,[fv],[type])

参数：rate 为必需的参数，表示各期利率。通常用年利表示利率，如果是按月利率，则利率应为 11%/12，如果指定为负数，则返回错误值“#NUM!”。

per 为必需的参数，表示用于计算其利息的期次，求分几次支付利息，第一次支付为 1。per 必须在 1 到 nper 之间。

nper 为必需的参数，表示投资的付款期总数。如果要计算出各期的数据，则付款年限*期数值。

pv 为必需的参数，表示投资的现值（未来付款现值的累积和）。

fv 为可选参数，表示未来值，或在最后一次支付后希望得到的现金余额，如果省略 fv，则假设其值为零。如果忽略 fv，则必须包含 pmt 参数。

type 为可选参数，表示期初或期末，0 为期末，1 为期初。

使用 PPMT 函数计算“归还本金金额”的具体操作步骤如下。

第 1 步：输入计算本金的公式。

❶在存放计算结果的 C4 单元格中输入公式“=-PPMT($F$1,YEAR(A4)-2013,$D$1,$B$1)”；❷单击“编辑栏”中“输入”按钮✔，如下图所示。

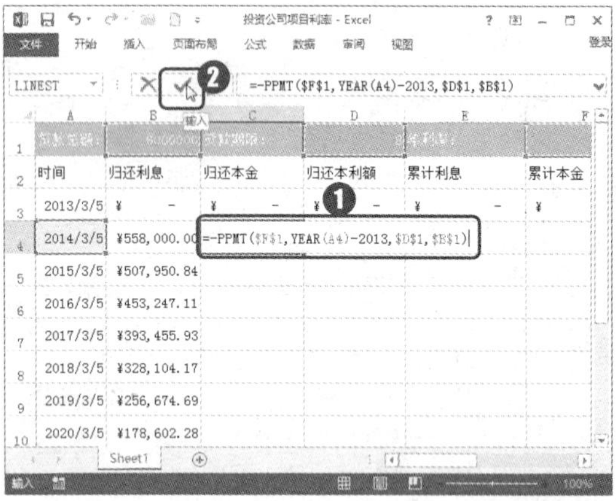

第 2 步：填充公式。

❶选中存放计算结果的 C4 单元格；❷按住左键不放向下拖动填充公式，如下图所示。

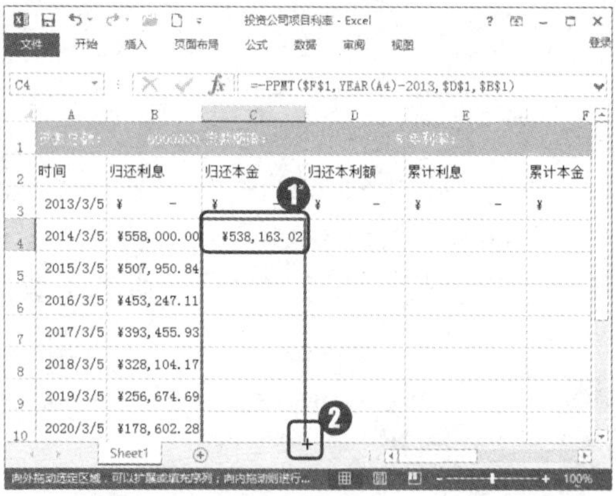

（3）使用 PMT 函数计算归还本利额

PMT 可以基于固定利率及等额分期付款方式，返回贷款的每期付款额。

语法：PMT(rate,nper,pv,[fv],[type])

参数：rate 为必需的参数，表示各期利率。通常用年利表示利率，如果是按月利率，则利率应为 11%/12，如果指定为负数，则返回错误值“#NUM!”。

nper 为必需的参数，表示投资的付款期总数。

pv 为必需的参数，表示投资的现值（未来付款现值的累积和）。

fv 为可选参数，表示未来值，或在最后一次支付后希望得到的现金余额，如果省略 fv，则假设其值为零。如果忽略 fv，则必须包含 type 参数。

type 为可选参数，表示期初或期末，0 为期末，1 为期初。

使用 PMT 函数计算“归还的本利额”的具体操作步骤如下。

第 1 步：输入计算归还本利额的公式。

❶在存放计算结果的 D4 单元格中输入公式“=-PMT($F$1,$D$1,$B$1)”；❷单击“编辑栏”中的“输入”按钮✔，如下图所示。

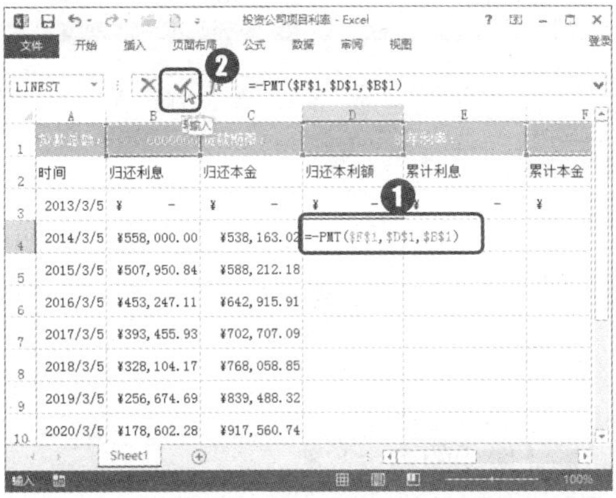

第 2 步：填充计算公式。

❶选中存放计算结果的 D4 单元格；❷按住左键不放向下拖动填充公式，如下图所示。

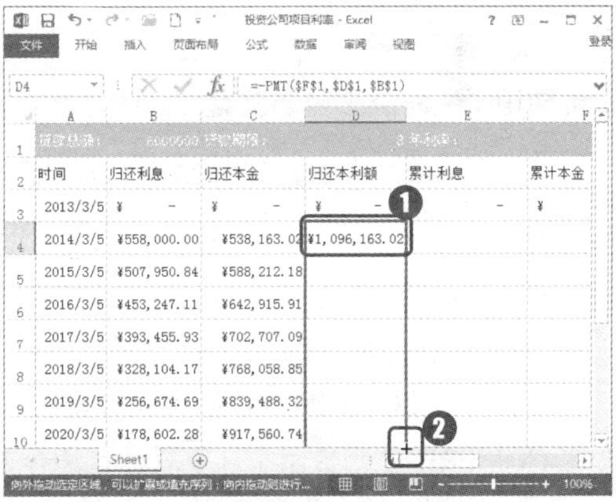

（4）使用 CUMIPMT 函数计算累计利息

使用前面的三个函数都只计算了某一个还款额的利息或本金，如果需要计算一笔贷款的某一个时间段内的还款额的利息总数，就需要使用 CUMIPMT 函数。

语法：CUMIPMT (rate,nper,pv,start_period,end_period,type)

参数：rate 为必需的参数，表示各期利率。如果是按月利率，则利率应为 11%/12，如果指定为负数，则返回错误值“#NUM!”。

nper 为必需的参数，表示投资的付款期总数。如果要计算出各期的数据，则付款年限*期数值。

pv 为必需的参数，表示投资的现值（未来付款现值的累积和）。

start_period 为必需的参数，表示计算中的首期，付款期数从 1 开始计数。

end_period 为必需的参数，表示计算中的末期。

type 为必需的参数，表示期初或期末，0 为期末，1 为期初。

使用 CUMIPMT 函数计算“累计利息”的具体操作步骤如下。

第 1 步：输入计算累计利息公式。

❶在存放计算结果的 E4 单元格中输入公式“=-CUMIPMT($F$1,$D$1,$B$1,1,YEAR(A4)-2013,0)”；❷单击“编辑栏”中的“输入”按钮✔，如下图所示。

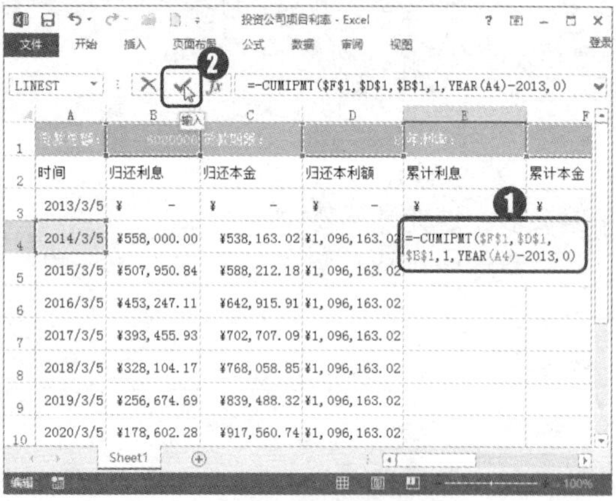

第 2 步：填充计算公式。

❶选中存放计算结果的 E4 单元格；❷按住左键不放向下拖动填充公式，如下图所示。

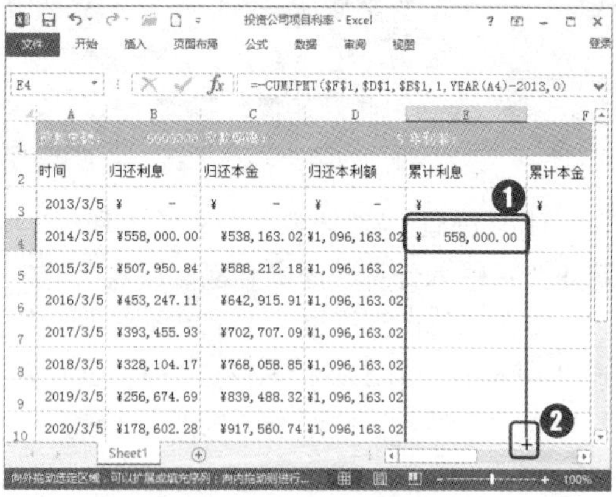

2. 计算累计本金、机器折旧、投资现值和报酬率

在投资公司项目利率表中，需要计算出“累计本金”“未还贷款金额”，当机器在不同的使用期间折旧值不同，则根据机器带来的回报值，计算出按年利率和机器带来的回报——“投资现值”，并按照输入的机器带来的回报计算出“报酬率”。

（1）使用 CUMPRINC 函数计算累计本金

CUMPRINC 函数用于计算贷款首期至末期间累计偿还的本金数额。

语法：CUMPRINC (rate,nper,pv,start_period,end_period,type)

参数：rate 为必需的参数，表示各期利率。 如果是按月利率，则利率应为 11%/12，如果指定为负数，则返回错误值“#NUM!”

nper 为必需的参数，表示投资的付款期总数。如果要计算出各期的数据，则付款年限*期数值。

pv 为必需的参数，表示投资的现值（未来付款现值的累积和）。

start_period 为必需的参数，表示计算中的首期，付款期数从 1 开始计数。

end_period 为必需的参数，表示计算中的末期。

type 为必需的参数，表示期初或期末，0 为期末，1 为期初。

使用 CUMPRINC 函数计算“累计本金”的具体操作步骤如下。

第 1 步：输入计算累计本金的公式

❶在 F4 单元格输入公式“=-CUMPRINC($F$1,$D$1,$B$1,1,YEAR(A4)-2013,0)”；❷单击“编辑栏”中的的“✔”按钮，如下图所示。

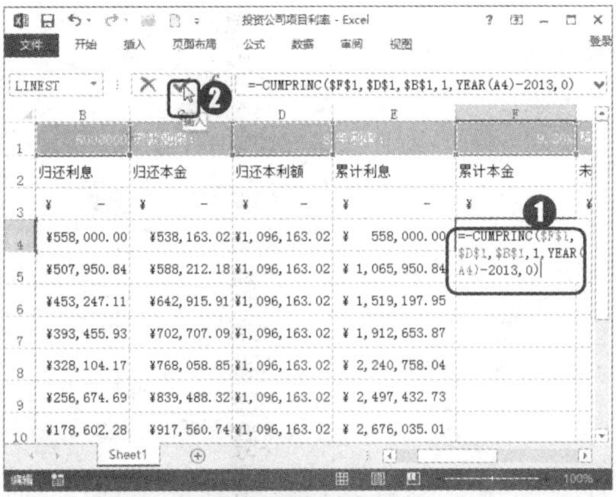

第 2 步：填充计算公式

❶选中存放计算结果的 F4 单元格；❷按住左键不放向下拖动填充公式，如下图所示。

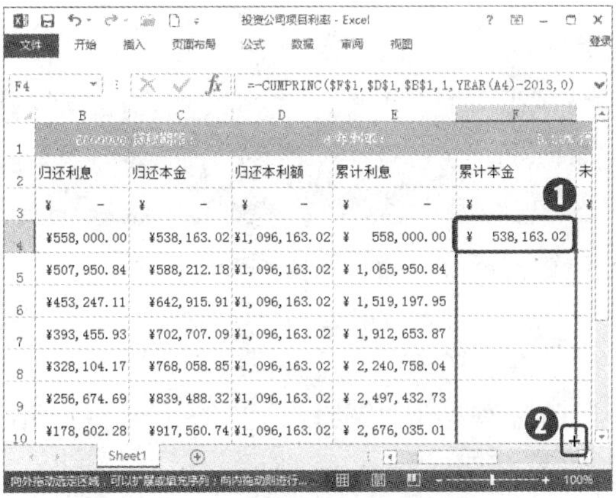

第 3 步：输入计算未还贷款的公式

❶在存放计算结果的G4单元格输入公式“=$B$1-F4”；❷单击“编辑栏”中的“✔”按钮，如下图所示。

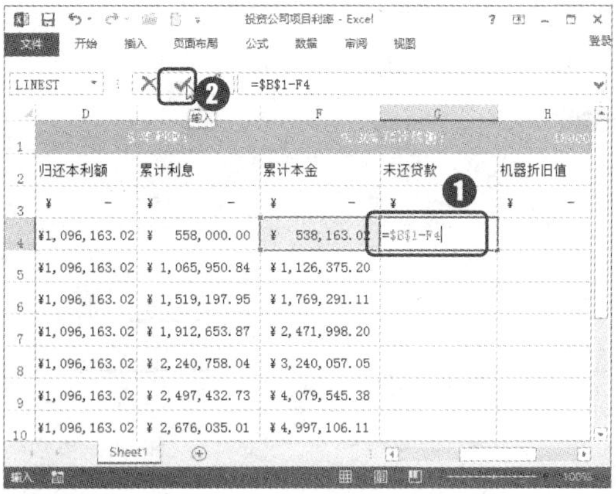

第 4 步：填充计算公式

❶选中存放计算结果的 G4 单元格；❷按住左键不放向下拖动填充公式，如下图所示。

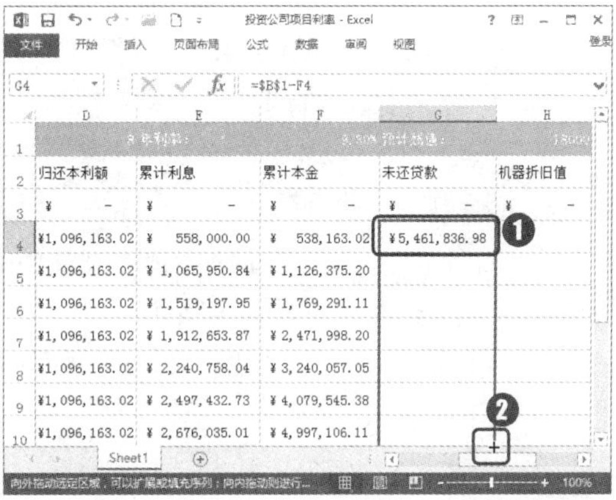

（2）使用 SYD 函数计算机器折旧值

SYD 函数用于计算某项资产按年限总和折旧法计算的指定期间的折旧值。

语法：SYD (cost,salvage,life,per)

参数：cost 为必需的参数，表示资产原值。

salvage 为必需的参数，表示资产在使用寿命结束时的残值。

life 为必需的参数，表示资产的折旧期限。

per 为必需的参数，表示期间，与 life 单位相同。

使用 SYD 函数计算“机器折旧值”的具体操作步骤如下。

第 1 步：输入计算折旧公式

❶在存放计算结果的 H4 单元格输入公式“=SYD($B$1,$H$1,$D$1,YEAR(A4)-2013)”；❷单击“编辑栏”中的“✔”按钮，如下图所示。

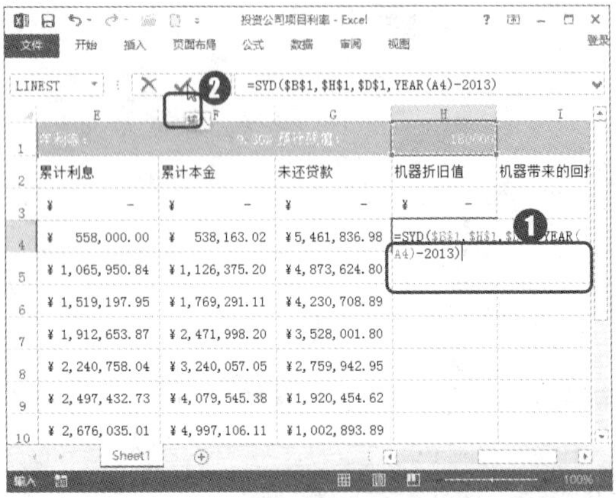

第 2 步：填充计算公式

❶选中存放计算结果的 H4 单元格；❷按住左键不放向下拖动填充公式，结果如下图所示。

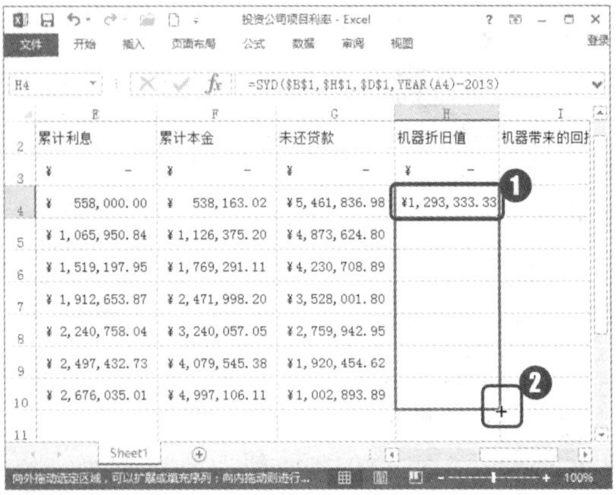

（3）使用 NPV 函数计算出投资现值

NPV 函数可以根据投资项目的贴现率和一系列未来支出（负值）和收入（正值），计算投资的净现值，即计算定期现金流的净现值。

> 语法：NPV (rate,value1,[value2],...)
> 参数：rate 为必需的参数，表示投资项目在某期限内的贴现率。
> value1,value2,... 其中 value1 是必需的，后续值是可选的。这些是代表支出及收入的 1 到 254 个参数。

在表格中输入机器带来的回报，并使用公式计算投资现值的具体操作步骤如下。

第 1 步：输入机器带来的回报值

在 I4:I10 单元格区域中输入机器带来的回报值，如下图所示。

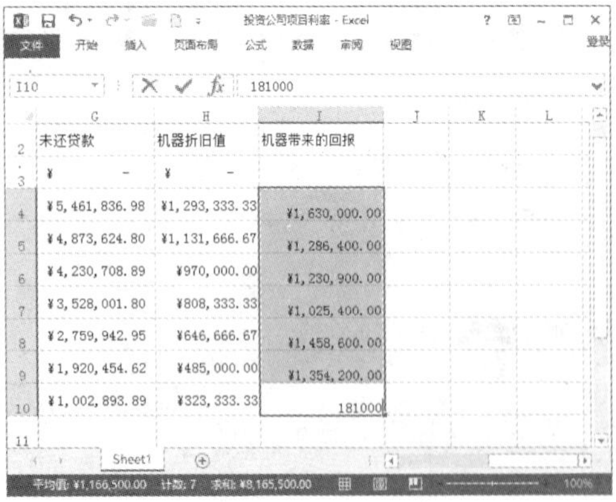

第 2 步：输入计算公式

❶选择 I3 单元格输入公式“=-(E10+F10)”；❷单击“编辑栏”中的“✔”按钮，如下图所示。

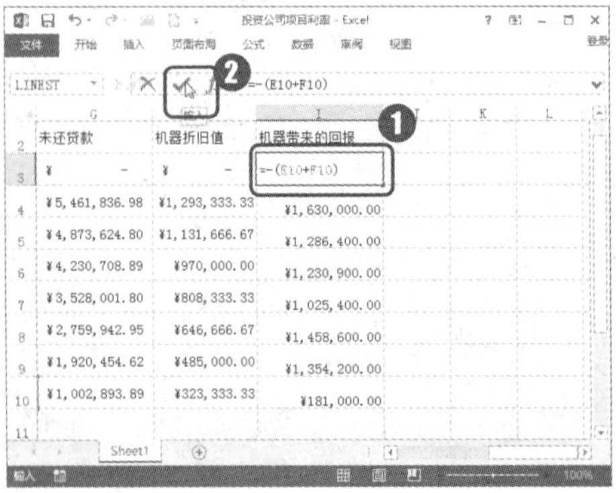

第 3 步：输入计算投资现值的公式

❶在存放计算结果的 D12 单元格中输入公式“=NPV(F1,I4:I10)”；❷单击“编辑栏”中的“✔”按钮，如下图所示。

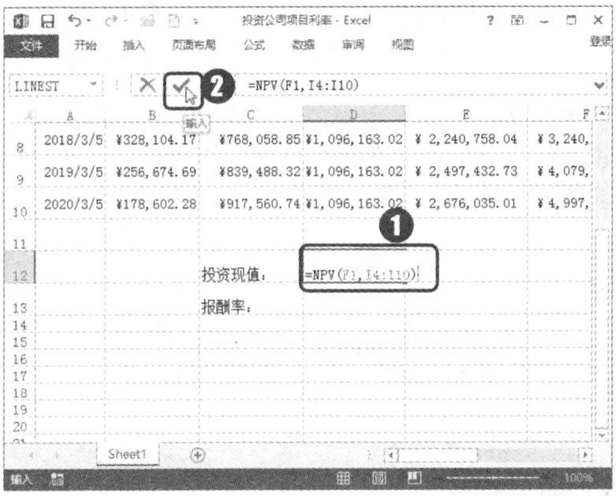

第 4 步：显示计算结果

经过上步操作后，计算出投资现值，结果如下图所示。

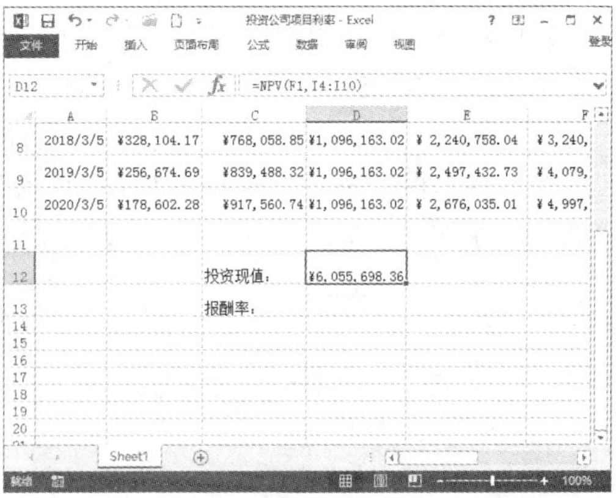

（4）使用 IRR 函数计算报酬率

IRR 函数可以返回由数值代表的现金流的内部收益率。这些现金流不必是均衡的，但作为年金，它们必须按固定的间隔产生，如按月或按年。内部收益率为投资的回收利率，其中包含定期支付（负值）和定期收入（正值）。

语法：IRR (values,[guess])

参数：values 为必需的参数，表示用于指定计算的资金流量。

guess 为可选参数，表示函数计算结果的估计值。大多数情况下，并不需要该参数。省略 guess，则假设它为 0.1(10%)。

例如，根据机器带来的回报计算“报酬率”的具体操作步骤如下。

第 1 步：输入计算报酬率的公式。

❶选择存放计算结果的 D13 单元格，并输入公式“=IRR(I3:I10)”；❷单击“编辑栏”中的“✔”按钮，如下图所示。

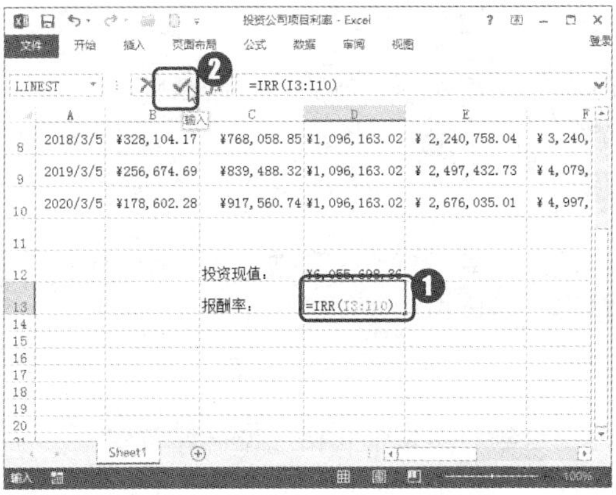

第 2 步：显示计算结果。

经过上步操作后，计算出报酬率的值，结果如下图所示。

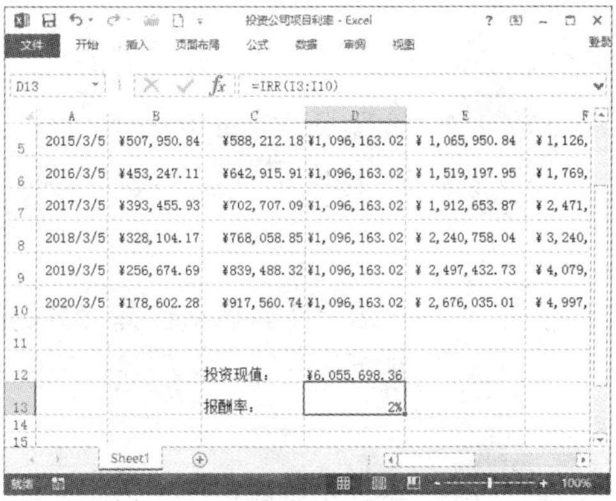

案例 03 计算与统计销售数据

◇ 案例概述

除日常办公中会用到数据的计算外，在销售行业，数据的计算与统计更为广泛。本例将根据现有的“销售记录”“客户记录”“商品信息”等数据，利用公式和函数来计算和统计销售员的业绩、客户消费情况以及商品的销售情况等数据。

左下图为根据公式计算出的“基础单价”“专属价”以及“销售额”数据表，右下图为计算出的各员工业绩。

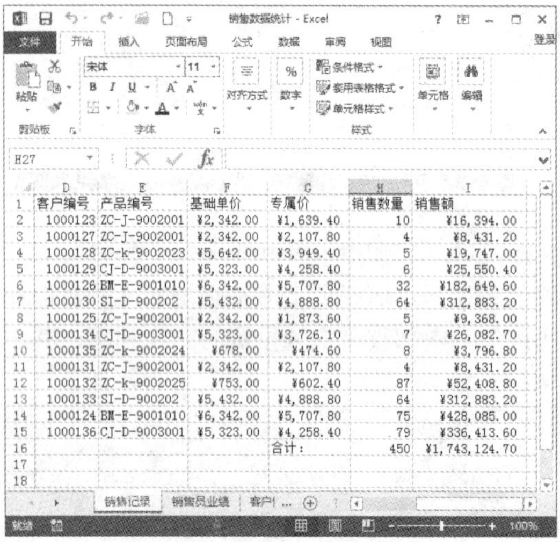

客户编号	产品编号	基础单价	专属价	销售数量	销售额
1000123	ZC-J-9002001	¥2,342.00	¥1,639.40	10	¥16,394.00
1000127	ZC-J-9002001	¥2,342.00	¥2,107.80	4	¥8,431.20
1000128	ZC-k-9002023	¥5,642.00	¥3,949.40	5	¥19,747.00
1000129	CJ-D-9003001	¥5,323.00	¥4,258.40	6	¥25,550.40
1000126	BM-E-9001010	¥6,342.00	¥5,707.80	32	¥182,649.60
1000130	SI-D-900202	¥5,432.00	¥4,888.80	64	¥312,883.20
1000125	ZC-J-9002001	¥2,342.00	¥1,873.60	5	¥9,368.00
1000134	CJ-D-9003001	¥5,323.00	¥3,726.10	7	¥26,082.70
1000135	ZC-k-9002024	¥678.00	¥474.60	8	¥3,796.80
1000131	ZC-J-9002001	¥2,342.00	¥2,107.80	4	¥8,431.20
1000132	ZC-k-9002025	¥753.00	¥602.40	87	¥52,408.80
1000133	SI-D-900202	¥5,432.00	¥4,888.80	64	¥312,883.20
1000124	BM-E-9001010	¥6,342.00	¥5,707.80	75	¥428,085.00
1000136	CJ-D-9003001	¥5,323.00	¥4,258.40	79	¥336,413.60
			合计：	450	¥1,743,124.70

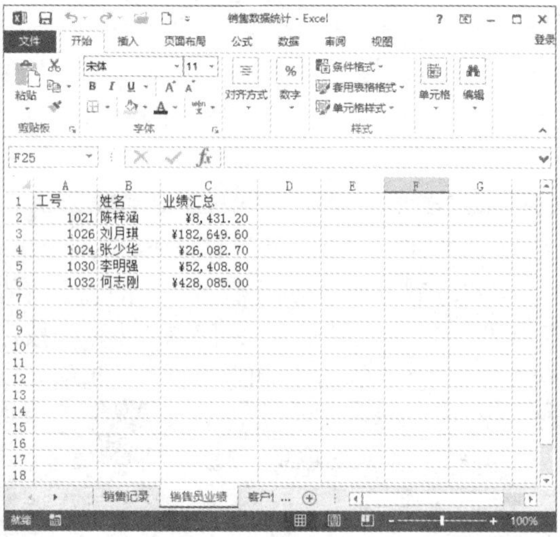

工号	姓名	业绩汇总
1021	陈梓涵	¥8,431.20
1026	刘月琪	¥182,649.60
1024	张少华	¥26,082.70
1030	李明强	¥52,408.80
1032	何志刚	¥428,085.00

素材文件：光盘\素材文件\第 5 章\案例 03\销售数据统计.xlsx
结果文件：光盘\结果文件\第 5 章\案例 03\销售数据统计.xlsx
教学文件：光盘\教学文件\第 5 章\案例 03.mp4

◇ 制作思路

在 Excel 中计算“销售数据统计表”的流程与思路如下所示。

一 **按要求计算折扣比例**：对输入完基本数据的表格，按照给定的条件使用 IF 函数计算出对应的折扣比例。

二 **在表格中查询单价并计算出产品价格**：使用 VLOOKUP 函数在表格中查询出单价，使用自定义公式计算出产品价格。

三 **统计销售额**：使用 SUMIF 函数统计销售额，并为单元格数据区域设置货币类型。

◇ 具体步骤

在一张工作簿中，如果几张工作表的数据有关联，则可以使用公式或函数在指定的工作表中对数据进行计算。在本案例中将应用 IF 函数、VLOOKUP 函数和 SUMIF 函数共同来完成销售数据统计表的计算。

1. 计算折扣比例

在销售行业中，往往会针对不同的客户制定不同的价格。本例中需要根据客户的级别不同，给客户不同的价格折扣比例，“一级”客户享受 7 折优惠、“二级”客户享受 8 折优惠、“三级”客户享受 9 折优惠，在计算折扣比例时需要使用 IF 函数。

IF 函数是一种常用的条件函数，它能对数值和公式执行真假值判断，并根据逻辑计算的真假值返回不同结果。

> 语法：IF(logical_test,[value_if_true],[value_if_false])
>
> 参数：logical_test 是必须参数，表示计算结果为 TRUE 或 FALSE 的任意值或表达式。
>
> value_if_true 和 value_if_false 为可选参数。
>
> value_if_true 为可选参数，表示 logical_test 为 TRUE 时要返回的值，可以是任意数据。
>
> value_if_false 为可选参数，表示 logical_test 为 FALSE 时要返回的值，也可以是任意数据。

使用 IF 函数计算“折扣比例”的具体操作步骤如下。

第 1 步：输入计算折扣比例公式。

❶在 D2 单元格中输入公式“=IF(C2="一级",0.7,IF(C2="二级",0.8,0.9))”；❷单击“编辑栏”中的“✔”按钮，如下图所示。

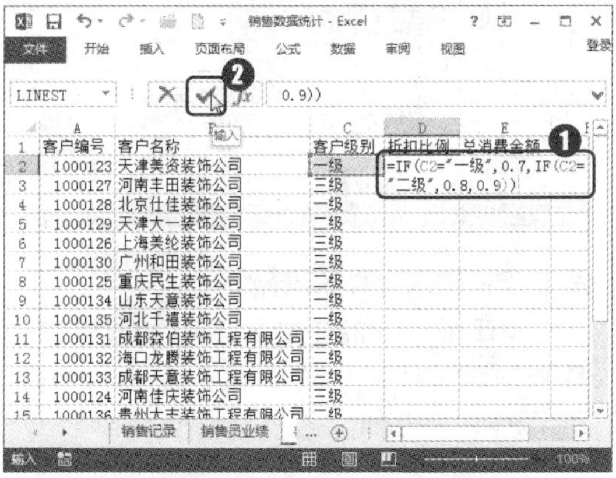

第 2 步：填充计算公式。

❶选中 D2 单元格；❷按住左键不放，将公式拖动填充至表格中 G 列的最后一个单元格，如下图所示。

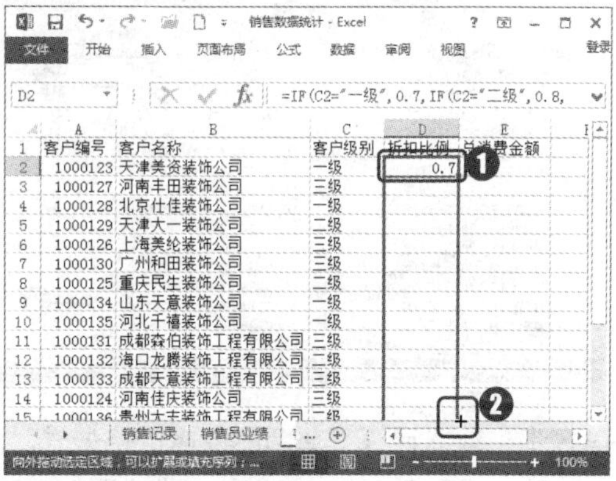

2. 查询单价并计算出产品价格

在“销售记录”表中需要根据商品的“基础单价”来计算“专属价”，不同商品的“基础单价”存放于“商品信息”表中，现需要根据“产品编号”从“商品信息”工作表中查询出商品对应的“基础单价”。在“销售记录”表中的“销售额”只需用“专属价”乘上“销售数量”即可。

第 1 步：输入查询基础单价公式。

❶在“销售记录”工作表中选择 F2 单元格，输入公式“=VLOOKUP(E2,商品信息!$A$2:$B$27,2,FALSE)”；❷单击“编辑栏”中的“ ✔ ”按钮，如下图所示。

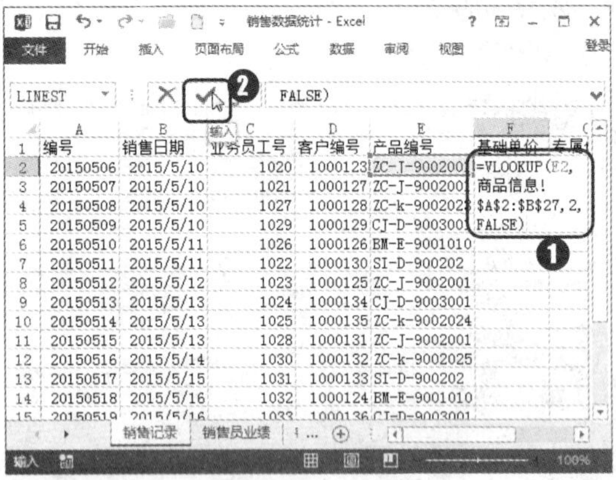

第 2 步：填充计算公式。

❶选中 F2 单元格；❷按住左键不放，将公式拖动填充至表格中 G 列的最后一个单元格，如下图所示。

第 3 步：输入计算订单商品专属价格公式。

❶在 G2 单元格中输入公式“=VLOOKUP(D2,客户信息!$A$2:$E$66,4,FALSE)*F2”；❷单击“编辑栏”中的“ ✔ ”按钮，如下图所示。

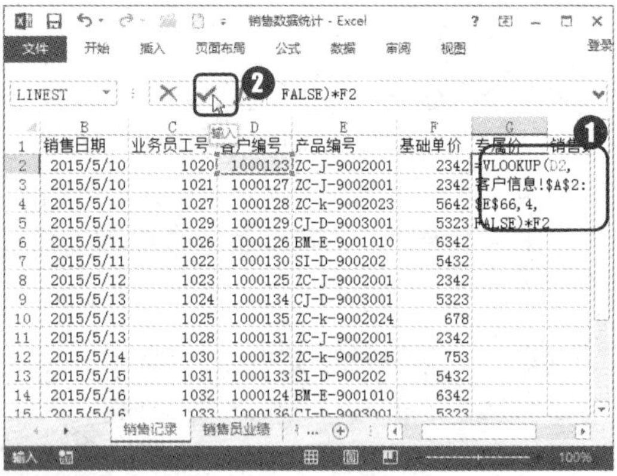

第 4 步：填充计算公式。

❶选中 G2 单元格；❷按住左键不放，将公式拖动填充至表格中 G 列的最后一个单元格，如下图所示。

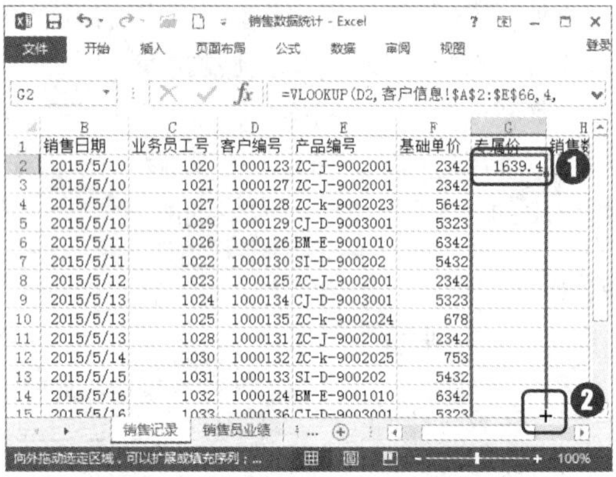

第 5 步：输入计算销售额公式。

❶在 I2 单元格中输入公式“=G2*H2”；❷单击“编辑栏”中的“ ✔ ”按钮，如下图所示。

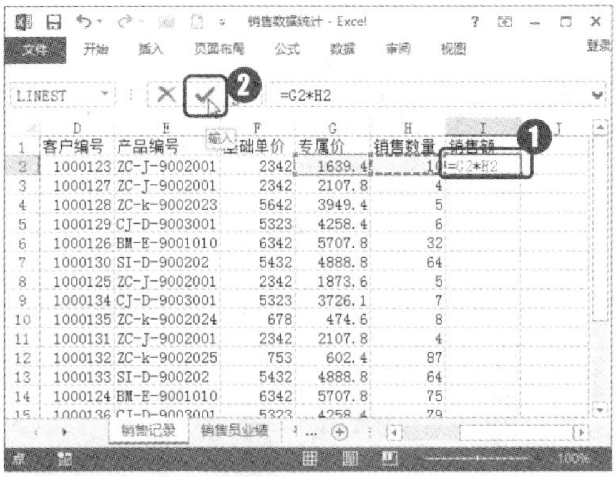

第 6 步：填充计算公式。

❶选择 I2 单元格；❷按住左键不放，将公式拖动填充至 I15 单元格，如下图所示。

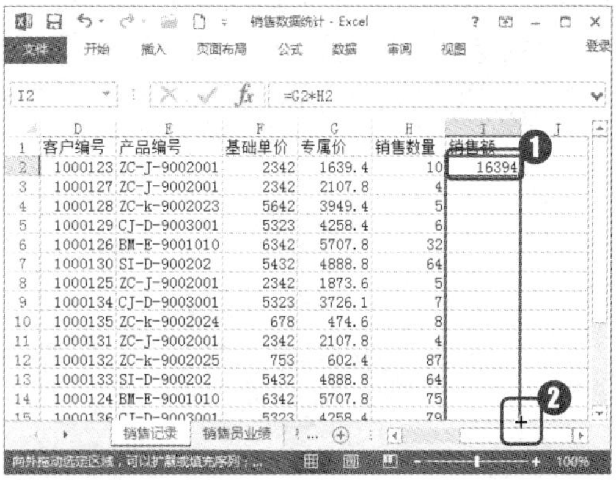

3. 统计销售额

在“销售员业绩”工作表中需要统计各销售员的销售业绩，在“销售记录”工作表中“业务员工号”中存储了每笔订单对应的业务员工号，因此，可以根据“销售员业绩”工作表中的“业务员工号”统计销售额。此时我们可以选择 SUMIF 函数，使用条件进行求解。

SUMIF 函数用于对区域（工作表上的两个或多个单元格，区域中的单元格可以相邻或不相邻。）中符合指定条件的值求和。

语法：SUMIF (range,criteria,[sum_range])

参数：range 为必需的参数，用于条件计算的单元格区域。每个区域中的单元格都必须是数字或名称、数组或包含数字的引用。空值和文本值将被忽略。

criteria 为必需的参数，用于确定对哪些单元格求和的条件，其形式可以为数字、表达式、单元格引用、文本或函数。

sum_range 为可选参数，即要求和的实际单元格（如果要对未在 range 参数中指定的单元格求和）。如果 sum_range 参数被省略，Excel 会对在 range 参数中指定的单元格（即应用条件的单元格）求和。

例如，在销售数据统计表中使用 SUMIF 函数计算“销售员业绩”工作表中的“业绩汇总”和“商品信息”工作表中的“销量”“销售额”和“平均单价”值。具体操作步骤如下。

第 1 步：输入计算业绩汇总的公式。

❶在“销售员业绩”工作表 C2 单元格中输入公式“=SUMIF(销售记录!$C$2:$C$69,销售员业绩!A2,销售记录!$I$2:$I$69)”；❷单击“编辑栏”中的“✔”按钮，如下图所示。

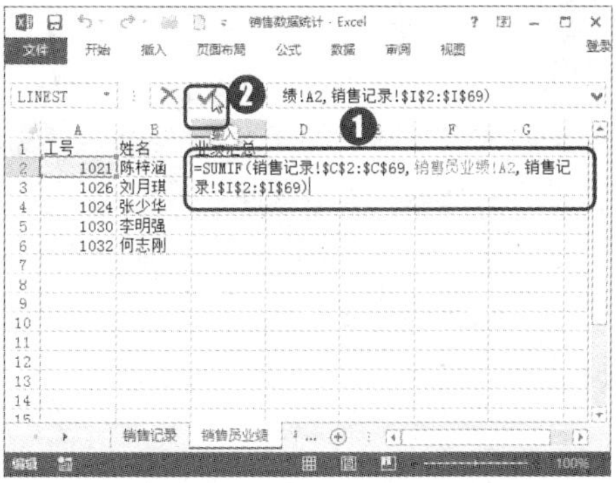

第 2 步：填充公式并设置单元格类型。

❶选择C2单元格并将公式填充至C6单元格；❷选择 C2:C6 单元格区域，单击“常规”右侧的下拉按钮 ；❸选择“货币”选项，如下图所示。

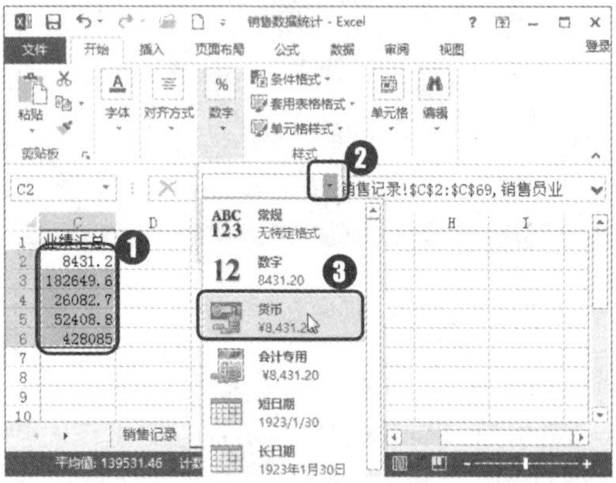

第 3 步：统计商品销量。

❶在“商品信息”工作表 C2 单元格中输入公式“=SUMIF(销售记录!$E$2:$E$69,A2,销售记录!$H$2:$H$69)”；❷单击“编辑栏”中的“ ✔ ”按钮，如下图所示。

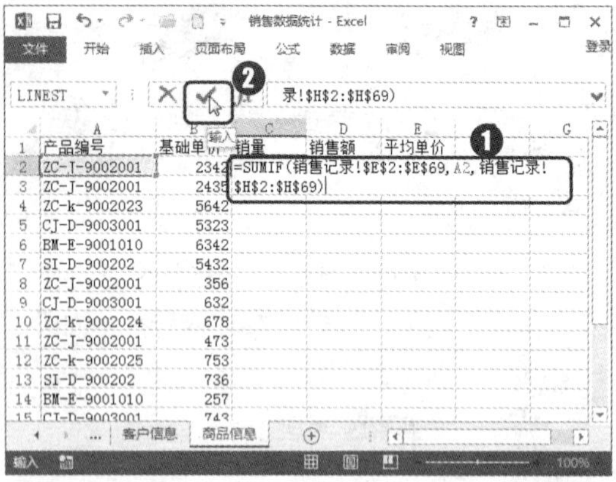

第 4 步：计算各产品销售额。

❶选中 C2 单元格；❷将公式填充至 C15 单元格，如下图所示。

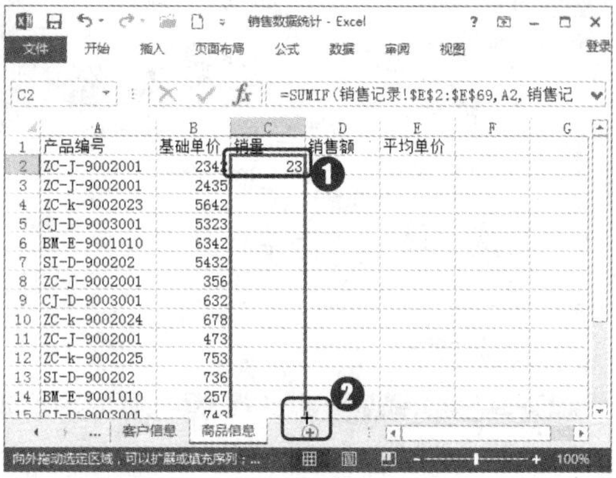

第 5 步：输入计算销售额的公式。

❶在“商品信息”工作表 D2 单元格中输入公式“=SUMIF(销售记录!$E$2:$E$69,A2,销售记录!$I$2:$I$69)”；❷单击“编辑栏”中的“ ✔ ”按钮，如下图所示。

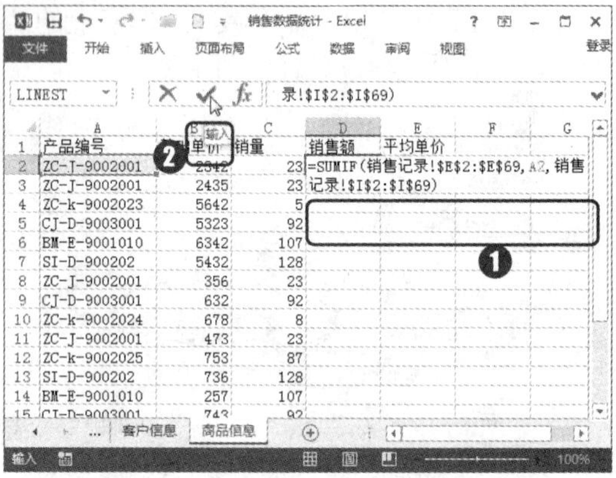

第 6 步：填充计算公式。

❶选中 D2 单元格；❷将公式填充至 D15 单元格，如下图所示。

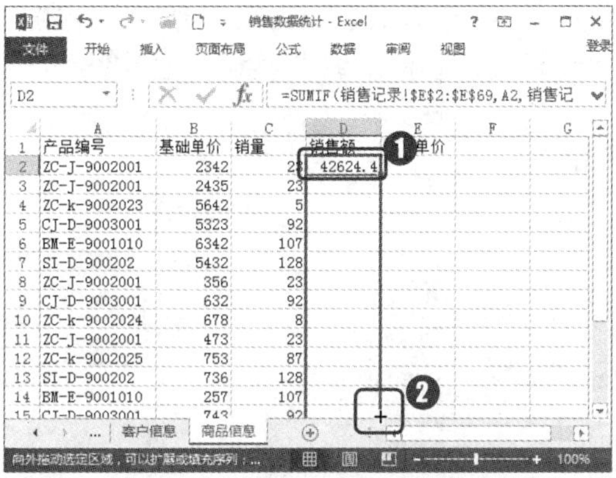

第 7 步：输入计算商品平均销售单价的公式。

❶在 E2 单元格中输入公式“=D2/C2”；❷单击“编辑栏”中的“✔”按钮，如下图所示。

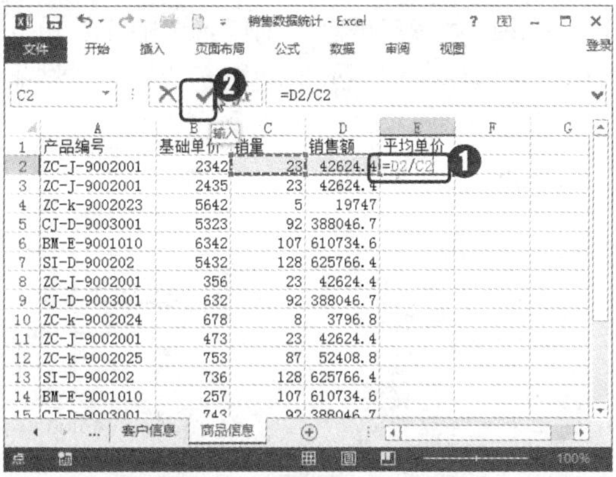

第 8 步：填充计算公式。

❶选中 E2 单元格；❷按住左键不放拖动填充公式，如下图所示。

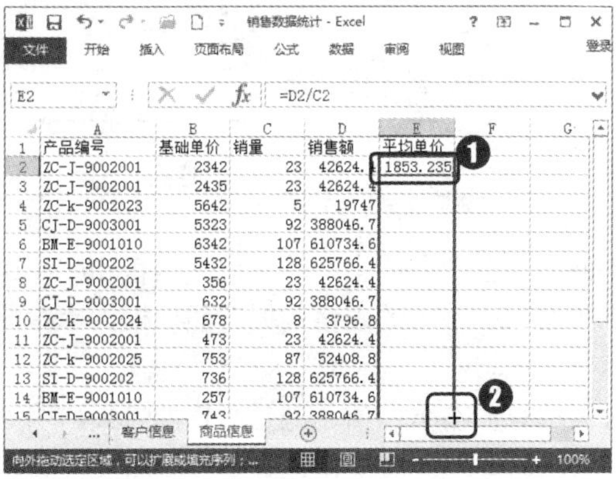

第 9 步：输入计算合计销售数量的公式。

❶在“销售记录”工作表 G16 单元格中输入“合计:”，在 H16 单元格中输入公式“=SUM(H2:H15)”；❷单击“编辑栏”的中“✔”按钮，如下图所示。

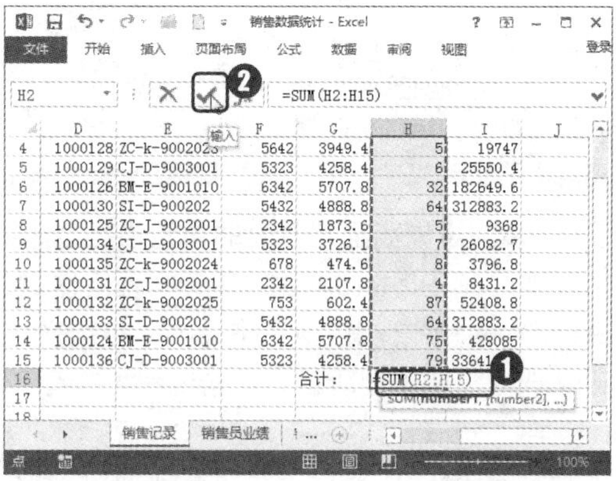

第 10 步：填充计算公式。

❶选中 H16 单元格；❷按住左键不放向右拖动填充公式，如下图所示。

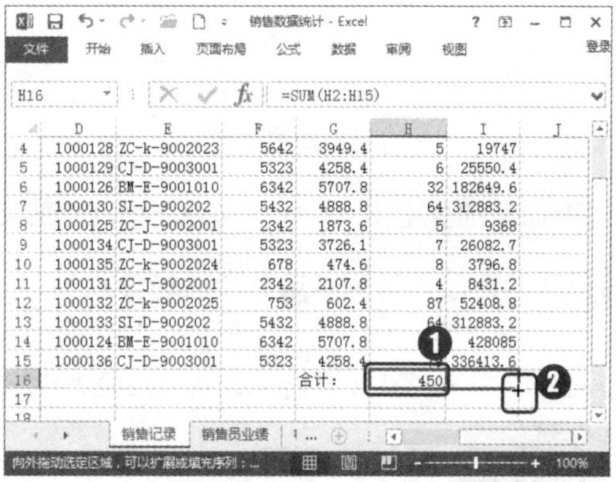

第 11 步：设置销售记录表的单元格类型。

❶选择 F2:G15、I2:I15 单元格区域；❷单击“常规”右侧的下拉按钮 ▾；❸选择“货币”选项，如下图所示。

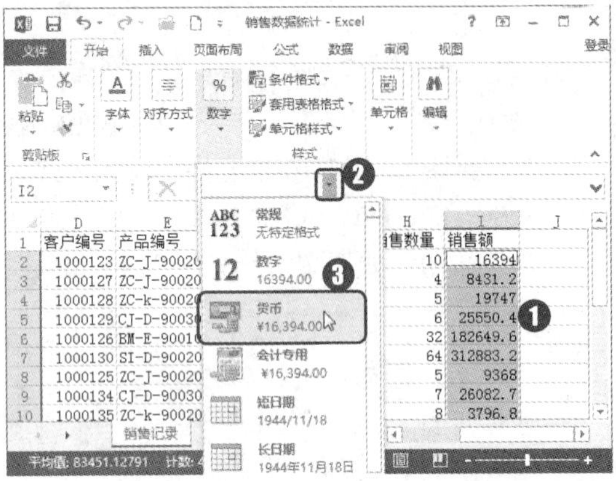

第 12 步：设置商品信息表的单元格类型。

❶选择 B2:B15、D2:E15 单元格区域；❷单击“常规”右侧的下拉按钮 ▾；❸选择“货币”选项，如下图所示。

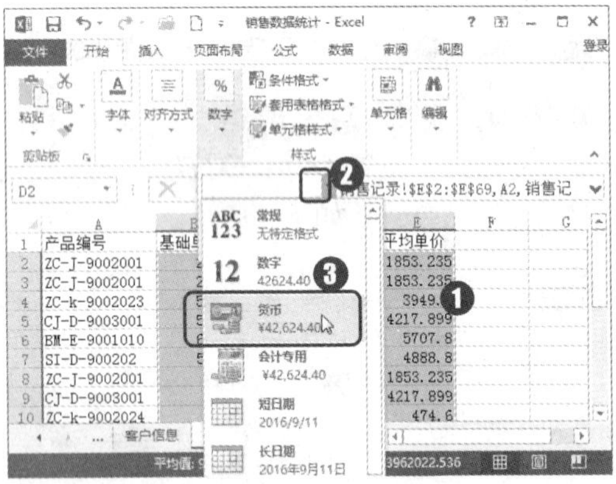

第 13 步：输入计算总消费金额的公式。

❶在“客户信息”工作表 E2 单元格中输入公式“=SUMIF(销售记录!$D$2:$D$69,客户信息!A2,销售记录!$I$2:$I$69)”；❷单击“编辑栏”中的“✔”按钮，如下图所示。

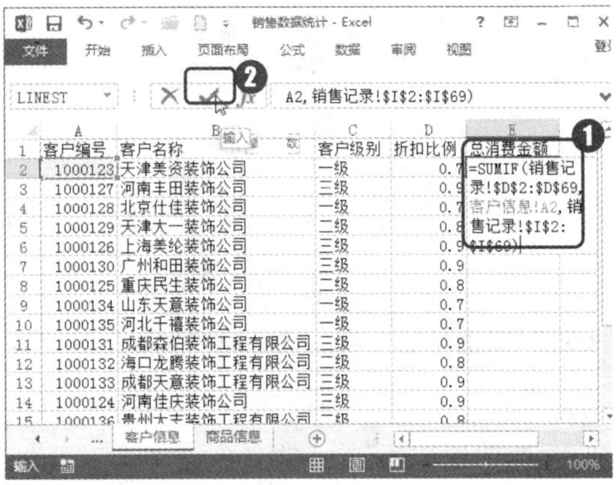

第 14 步：填充计算公式。

❶在“客户信息”工作表选中 E2 单元格；❷按住左键不放拖动填充计算公式结果如下图所示。

案例 04 制作进销存管理表单

◇ 案例概述

进销存管理表是 Excel 中常用的一种表格。进销存管理主要由产品采购、销售和库存这三个表来完成。本案例主要以前面介绍的 Excel 知识制作基本的表格数据，然后根据本章的函数来计算数据。

左下图所示是在表格中制作的“请购单”数据信息；右下图所示则是制作的“采购明细表”，并输入公式计算出“采购金额”。

请购单						
申请部门：车间一					申请时间：	
序号	物料名称	规格型号	库存数量	申请数量	单位	需求时间
SG001	物料A	WL-A	200	500	kg	2016/12/10
SG002	物料B	WL-B	100	300	kg	2016/12/10
SG003	物料C	WL-C	150	400	kg	2016/12/12
SG004	物料D	WL-D	130	600	kg	2016/12/12
SG005	物料E	WL-E	112	700	kg	2016/12/15
SG006	物料F	WL-F	90	500	kg	2016/12/15
	部门负责人：			会计主管：		

采购明细表					
2016年12月					
采购日期	货品名称	供应商	采购数量	单价	采购金额
2016/12/7	物料A	供应商A	500	150	75000
2016/12/7	物料B	供应商B	300	125	37500
2016/12/8	物料C	供应商C	400	200	80000
2016/12/8	物料D	供应商D	600	120	72000
2016/12/10	物料E	供应商E	700	100	70000
2016/12/10	物料F	供应商F	500	88	44000
合计					378500

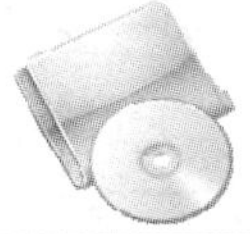

素材文件：光盘\素材文件\第 5 章\案例 04\进销存管理表.xlsx
结果文件：光盘\结果文件\第 5 章\案例 04\进销存管理表.xlsx
教学文件：光盘\教学文件\第 5 章\案例 04.mp4

◇ 制作思路

在 Excel 中制作“进销存管理表”的流程与思路如下所示。

一 **采购管理**：做好进销存的管理，首先要做好商品或材料的采购工作，保证企业生产经营活动的持续进行。

二 **销售管理**：销售业务是企业实现经营利润的关键环节。一般情况下，销售数据都是通过流水账的形式进行记录。

三 **存货管理**：存货管理主要是对期初数量加上采购数量减去销售数量，计算出期末结存数量。

四 **进销存业务分析**：进销存业务明细建立之后，会计人员可以制作进销存分析表，对各种业务信息进行加工、分析，便于企业管理层及时了解和掌握进销存的状况，从而做出正确的进销存管理决策。

◇ 具体步骤

在本实例计算过程中主要用到制作表格基本框架、输入数据信息、使用函数计算数据和根据条件突出显示数据等相关知识。

1. 采购管理

在采购管理中需要制作“请购单”和“采购明细表”两张信息表格，“采购明细表”是根据“请购单”所列举的清单数据进行编制的。

（1）制作请购单

请购是指某人或者某部门根据生产需要确定一种或几种物料，并按照规定的格式填写一份要求，递交至公司的采购部以获得这些物料的单子的整个过程。该过程所填的单据称为请购单。

请购单主要包括申请时间、申请部门、物料名称、规格型号、采购数量以及库存数量等信息。接下来我们将利用电子表格制作请购单，具体操作步骤如下。

第 1 步：打开素材文件。

打开本实例的素材文件"进销存管理表"，如下图所示。

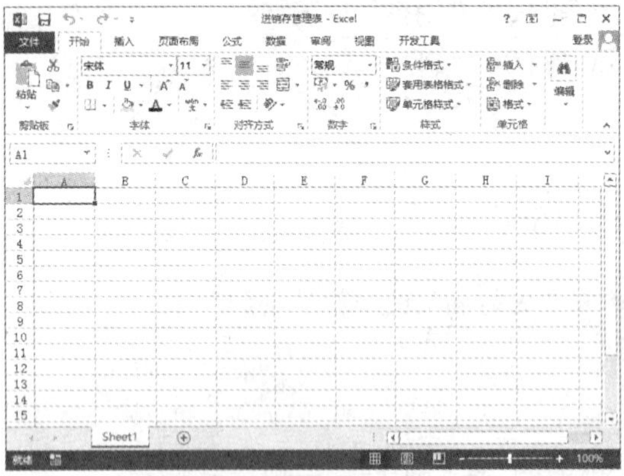

第 2 步：重命名工作表。

将工作表"Sheet1"重命名为"请购单"，效果如下图所示。

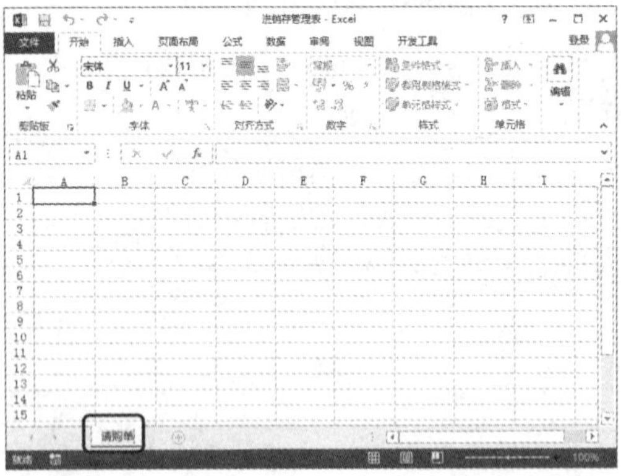

第 3 步：录入基本内容。

在表格 A1:G11 单元格区域中录入下图所示的基本内容。

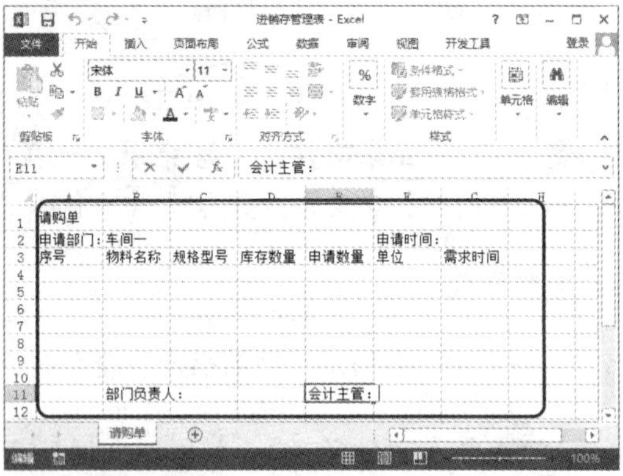

第 4 步：执行合并后居中命令。

❶选中单元格区域"A1:G1"；❷单击"开始"选项卡"对齐方式"工作组中的"合并后居中"按钮，如下图所示。

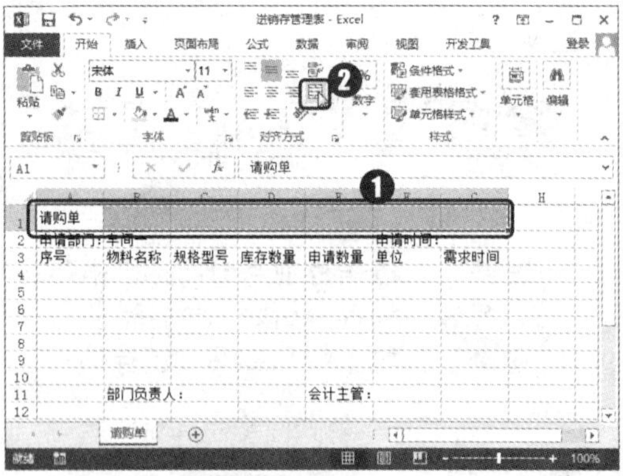

第 5 步：设置标题字体格式。

❶选中 A1 单元格；❷在"字体"工作组中设置字体、字号，如下图所示。

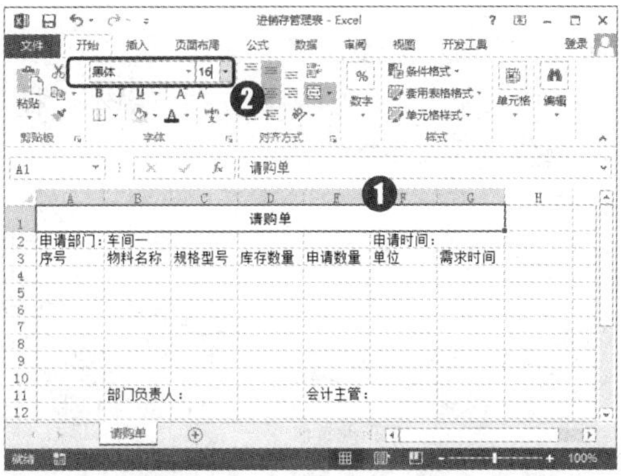

第 6 步：执行所有边框命令。

❶选择 A3:G10 单元格区域；❷单击“下框线”右侧的下拉按钮▾；❸单击“所有框线”命令，如下图所示。

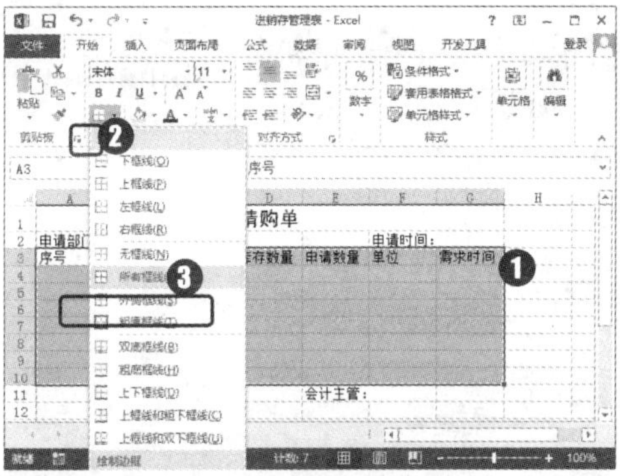

第 7 步：执行加粗、居中命令。

❶选择 A3:G3 单元格区域；❷单击“字体”工作组中的“加粗”按钮**B**；❸单击“对齐方式”工作组中的“居中”按钮≡，如下图所示。

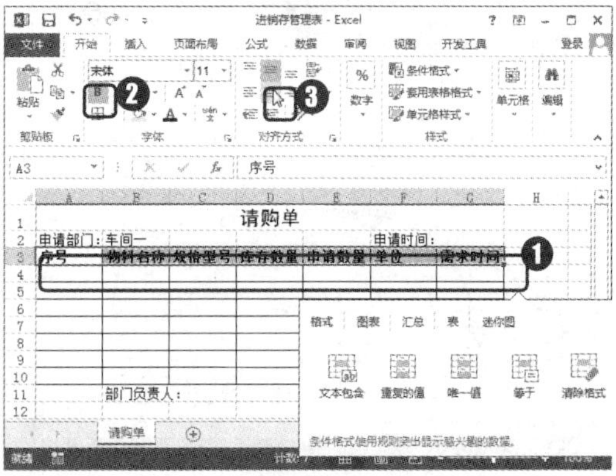

第 8 步：录入请购数据信息。

请购单制作完成后，就可以根据需要进行填写了，结果如下图所示。

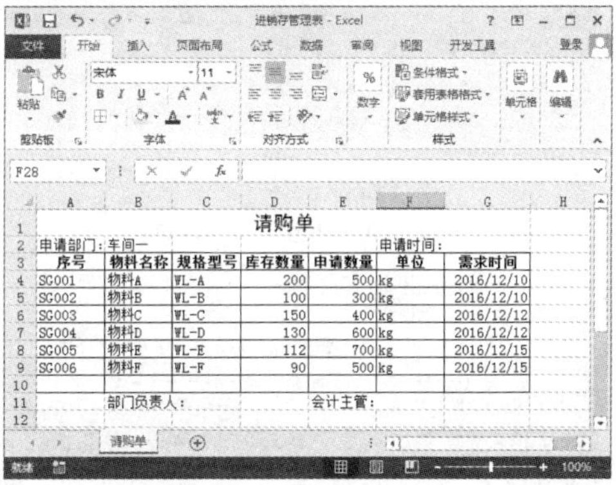

（2）制作采购明细表

采购申请单经单位相关领导审批后，由采购部门实施采购，然后根据采购信息制作采购明细表。采购明细表主要包括采购日期、货品名称、供应商、采购数量、单价和采购金额等内容，具体操作步骤如下。

第 1 步：新建并重命名工作表。

将新建的工作表“Sheet2”重命名为“采购明细表”，效果如下图所示。

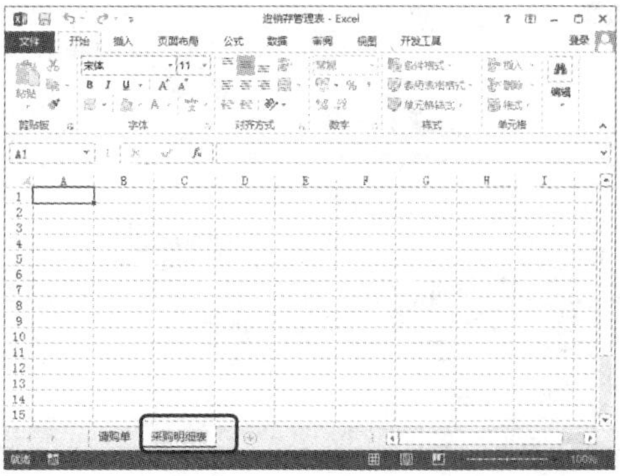

第 2 步：设置表格框架。

录入表格的基本项目，添加边框，然后设置字体格式，效果如下图所示。

第 3 步：输入采购信息。

在“采购明细表”中输入详细采购信息，如下图所示。

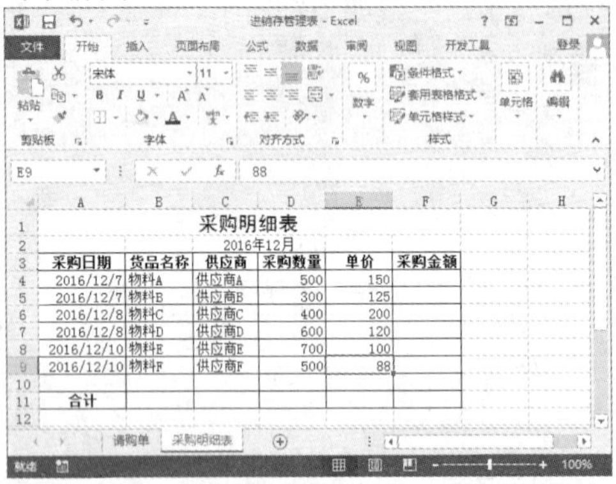

第 4 步：输入计算公式。

❶ 在 F4 单元格中输入计算公式“=D4*E4”；❷单击“编辑栏”中的“✔”按钮，如下图所示。

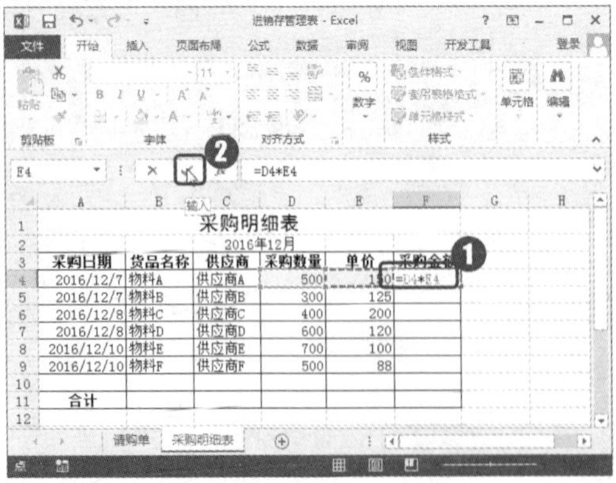

第 5 步：填充计算公式。

❶选中 F4 单元格；❷按住左键不放拖动填充公式，如下图所示。

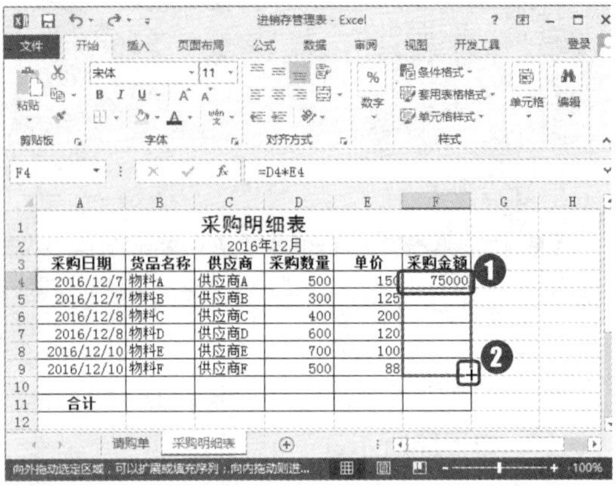

第 6 步：执行自动求和命令。

❶选中存放计算结果的 F11 单元格；❷单击“函数库”工作组中的“自动求和”按钮，如下图所示。

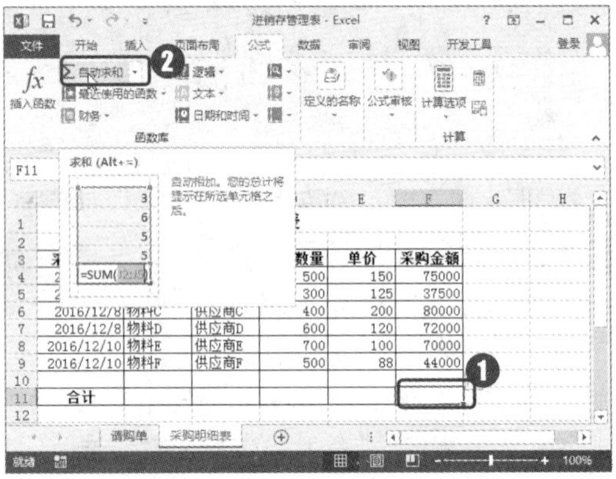

第 7 步：选择参与计算的单元格区域。

❶选择计算求和的区域，如“F4:F9”；❷单击“编辑栏”中的“✔”按钮，如下图所示。

第 8 步：显示计算结果。

经过上步操作，此时即可计算出所有采购记录的采购金额合计，结果如下图所示。

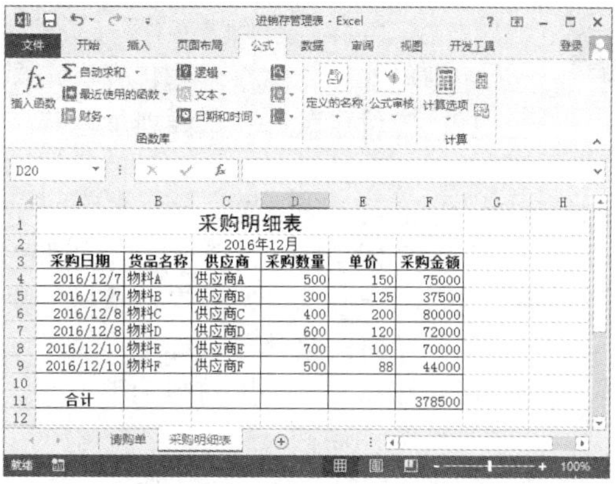

（3）采购业务的账务处理

采购业务一般包括采购货物、原材料或低值易耗品等，接下来分别介绍这些采购业务的账务处理。

- 购进货物

例如，某商业企业购进一批家具，发票价款（含税）是 26 000 元，其中：写字台 9 000 元，办公椅 5 000 元，沙发 12 000 元。商品经过验收已经入库，货款通过银行支付。

该公司是小规模纳税人，不做进项税的抵扣，所以厂家开的发票即使是增值税发票，也不能抵扣。

该笔业务的会计分录如下。

借：库存商品——写字台　　9 000
　　　　　　——办公椅　　5 000
　　　　　　——沙发　　12 000
　贷：银行存款　　　　　　26 000

这里的“写字台、办公椅、沙发”计入“库存商品”科目。假如上述购入商品暂未付款，或者根据合同延后支付，则“贷方”为“应付账款”科目。

商业企业购入的商品，在入库前发生的包装费、运杂费、运输费、装卸费、挑选整理费用、合理损耗等，为了简便核算直接计入销售费用，不摊到库存商品价值中。

> **高手点拨　什么是小规模纳税人？**
>
> 按照现行税收政策规定，工业企业年销售额在 50 万元以下，商业企业年销售额在 80 万元以下界定为小规模纳税人。

- 购进原料

例如，某工业企业向某原料加工厂购进原材料一批，不含增值税价款 200 000 元，增值税 34 000 元，其中：甲材料 120 000 元，乙材料 80 000 元。货款尚未支付，该工业企业属于一般纳税人。

该笔经济业务的会计分录如下。

借：原材料——甲材料　　　　　　　　　120 000

　　　　——乙材料　　　　　　　　　　80 000

　　应交税费——应交增值税（进项税额）　34 000

　　贷：应付账款——某原料加工厂　　　　　　　234 000

这里的“应交税费——应交增值税（进项税额）”是要在销售商品、产品的增值税中抵扣的税款，故记入“借方”，相当于“应交增值税”的减少。“应付账款”是往来性质的负债科目，一般按对方单位或者个人名称设置明细科目，以便于今后与对方结算。“应付账款”形成增加记入“贷方”，如果支付了材料款，则记入“借方”。

支付材料款时的会计分录如下。

借：应付账款——某原材料加工　　　234 000

　　贷：银行存款　　　　　　　　　　234 000

另外，企业还有购进周转材料的业务。周转材料是指企业能够多次使用、逐渐转移其价值但仍保持原有形态且不确认为固定资产的材料。包括包装物、低值易耗品，建筑业的钢模板、木模板、脚手架等。周转材料购进的核算方法与原材料相同，只是要设置“周转材料”科目。

高手点拨

什么是一般规模纳税人？

按照现行税收政策规定，工业企业年销售额在50万元以上，商业企业年销售额在80万元以上，经当地税务机关批准认定为一般纳税人。一般纳税人可以对外开具增值税专用发票，购货取得的增值税专用发票中所列增值税税款可以在销售商品、产品的增值税中抵扣。

2. 销售管理

销售业务指商品或材料从报价、销售到出库与收款的过程。日常的销售业务主要包括签订销售订单、填制销售发货单并开具销售发票、发出商品、收款结算与销售退回、计提与冲销坏账准备等，相应的核算主要为销售收入确认、结转销售成本、销售退回等。

（1）制作销售明细表

销售明细表一般包括销售日期、货品名称、客户名称、销售数量、单价以及金额等。创建销售明细表，具体操作步骤如下。

第1步：重命名工作表。

新建工作表并重命名为“销售明细表”，效果如下图所示。

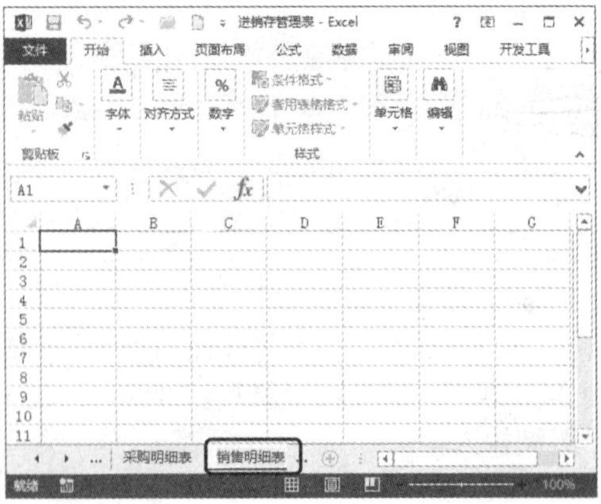

第 2 步：设置表格框架。

录入表格的基本项目，添加边框，然后设置字体格式，效果如下图所示。

第 3 步：录入基本内容。

在表格中录入销售明细表的基本内容，如下图所示。

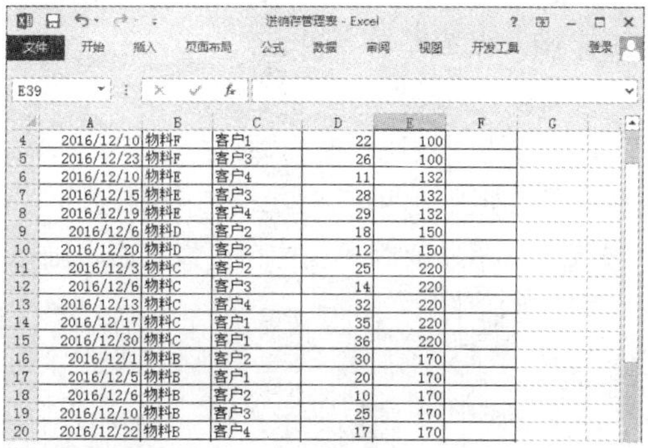

第 4 步：输入公式。

❶在 F4 单元格中输入公式“=D4*E4”；❷单击“编辑栏”中的“✔”按钮，如下图所示。

第 5 步：填充公式。

❶选中 F4 单元格；❷将鼠标指针放到右下角，当指针变成十字形状时，按住左键不放拖动填充公式，如下图所示。

第 6 步：显示计算数据的效果。

经过以上操作，填充公式计算，效果如下图所示。

（2）销售收入汇总分析

为了便于查看销售收入的来源，用户可以通过 Excel 的分类汇总功能对销售收入进行汇总分析。此项功能既可以按照货品名称汇总各种物料的销售数量，也可以统计出各种物料的销售金额合计。接下来将按货品名称的不同对“销售明细表”进行汇总分析。具体操作步骤如下。

第 1 步：执行排序命令。

❶选中 A3:F26 单元格区域；❷单击“数据”选项卡；❸在“排序和筛选”工作组中单击“排序”按钮，如下图所示。

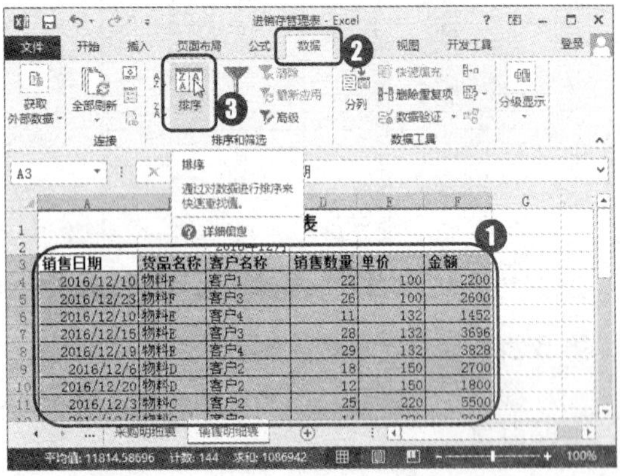

第 2 步：设置排序条件。

打开“排序”对话框，❶在“主要关键字”下拉列表中选择“货品名称”选项，在“排序依据”下拉列表中选择“数值”选项，在“次序”下拉列表中选择“降序”选项；❷单击“确定”按钮，如下图所示。

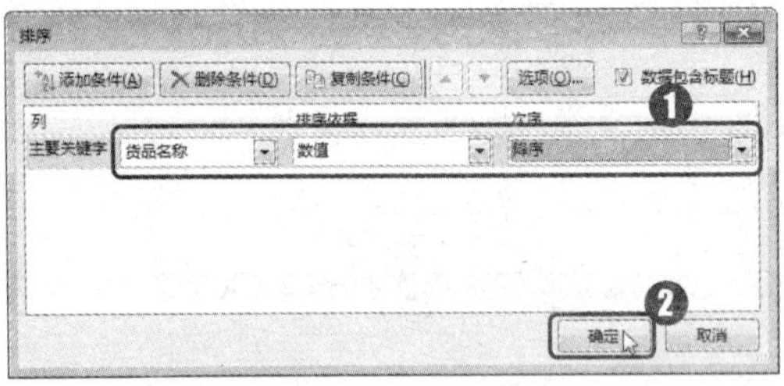

第 3 步：执行分类汇总命令。

❶选中 A3:F26 单元格区域；❷单击“数据”选项卡；❸在“分级显示”工作组中单击“分类汇总”按钮，如下图所示。

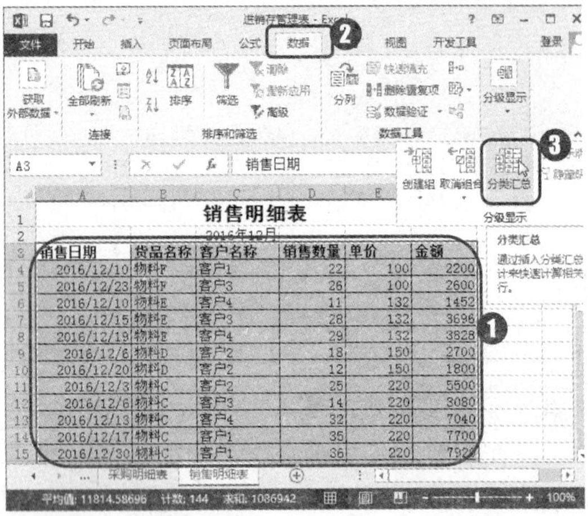

第 4 步：设置汇总条件。

打开“分类汇总”对话框，❶在“分类字段”下拉列表中选择“货品名称”选项；❷在“选定汇总项”列表框中分别勾选“销售数量”和“金额”复选框；❸单击“确定”按钮，如下图所示。

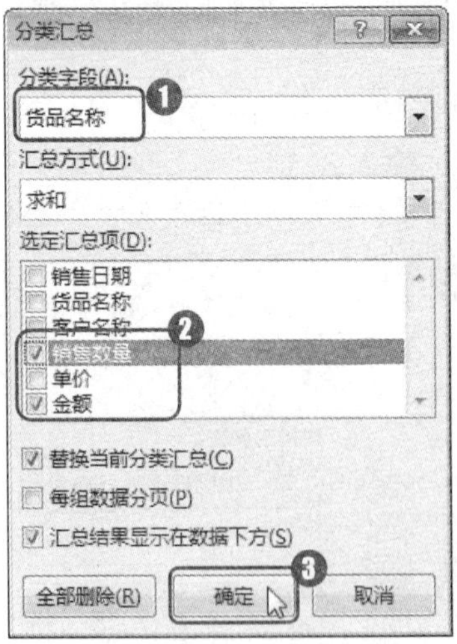

第 5 步：执行二级汇总命令。

返回工作表，此时即可看到分类汇总的三级数据，单击分类汇总界面左上角的数字按钮“2”，如下图所示。

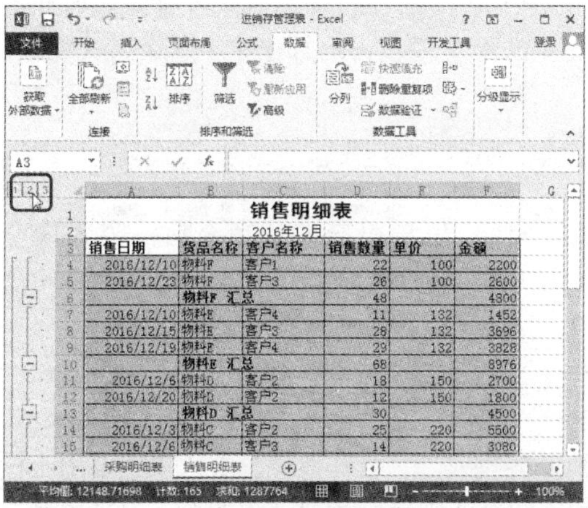

第 6 步：查看二级汇总数据。

此时即可查看二级数据，操作到这里。会计科目表就制作完成了，效果如下图所示。

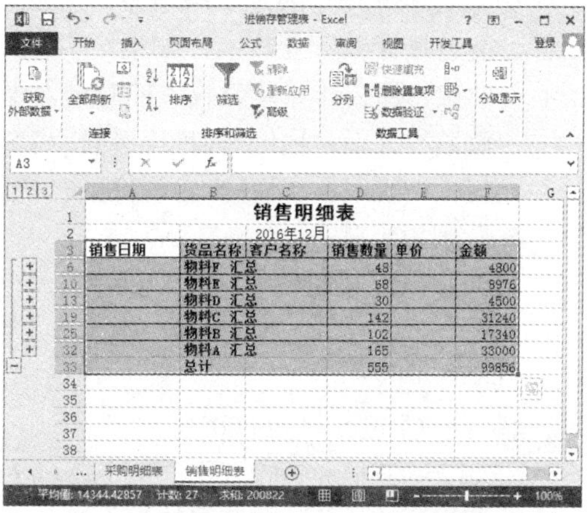

高手点拨

知识链接

在“销售明细表”中，需要对数据表的“货品名称”进行排序，然后对数据信息进行分类汇总，“排序”和“分类汇总”的知识详细讲解见第8章。

（3）销售业务的账务处理

销售业务主要包括销售商品、产品或报废的边角余料，接下来分别介绍这些业务的账务处理。

- 销售商品

例如，某商业企业属于一般纳税人，向某客户销售办公桌椅一批，给客户开具“增值税专用发票”，不含税价款 200 000 元，其中办公桌椅 140 000 元，沙发 60 000 元。增值税税额 34 000 元。商品已经发出，收到货款 150 000 元，余下货款约定在下月初才能收到。其会计分录如下。

借：银行存款　　　　　　150 000
　　应收账款——某客户　　84 000
　　贷：主营业务收入——办公桌椅　　140 000
　　　　　　　　　　——沙发　　　　60 000
　　　　应交税费——应交增值税（销项税额）34 000

收到余款时，借记“银行存款”，贷记“应收账款”；期末结转成本时，借记“主营业务成本”，贷记“库存商品”。

凡是销售商品、产品，提供加工修理、修配劳务都要计算增值税。一般纳税人按税法规定的税率计算增值税销项税额（如一般税率17%，优惠税率13%，一般出口商品零税率）；小规模纳税人增值税的征收率是3%。

如果给客户开具的是“增值税专用发票”，那么发票上标明了的不含税价款和增值税税额，能直接计算营业收入；如果给客户开具的是“增值税普通发票”或者有些零售业务没有开发票，那么计算营业收入的时候，要把真正的不含税收入换算出来，这个公式如下。

一般纳税人不含税价=含税价格/(1+税率)

小规模纳税人不含税价=含税价格/(1+征收率)

- 销售余料

例如，某工业企业属于一般纳税人，向某个体户出售报废的边角余料，收入现金2 000元。

其会计分录如下。

借：库存现金　　2 000

　　贷：其他业务收入——某个体户 2 000

出售报废的边角余料获得的收入记入“其他业务收入”。“其他业务收入”主要用于核算企业从事副营业务活动所取得的各项收入，如工业企业销售原材料、工业企业对外提供运输劳务、企业出租包装物或设备收取的租金。结转销售成本时记入“其他业务成本”。

3. 存货管理

存货管理是企业进销存管理中不可或缺的重要环节。无论是企业外购的商品还是本企业生产的产品，都可以通过存货明细表进行核算和管理。存货主要包括各类材料、商品、在产品、半成品、产成品以及包装物、低值易耗品、委托代销商品等。接下来将在电子表格中制作存货明细表，统计和分析存货的购入、销售和结存情况。

（1）制作存货明细表

在制作存货明细表中，存货业务处理会用到的函数有MONTH函数和SUMIF函数。

语法：MONTH(serial_number)

参数：serial_number 表示一个日期值，包括要查找的月份的日期。该函数还可以指定加双引号的表示日期的文本，例如，“2013 年 12 月 5 日”。如果该参数为日期以外的文本，则返回错误值“#VALUE！”。

语法：SUMIF(range,criteria,sum_range)

参数：range 为必需的参数，选定的用于条件判断的单元格区域。

criteria 为必需的参数，在指定的单元格区域内检索符合条件的单元格，其形式可以是数字、表达式或文本。直接在单元格或编辑栏中输入检索条件时，需要加双引号。

sum_range 为必需的参数，选定的需要求和的单元格区域。该参数忽略求和的单元格区域内包含的空白单元格、逻辑值或文本。

存货明细表一般包括月份、货品名称、客户、期初数量、采购数量、销售数量以及期末结存数量等内容。

创建存货明细表的具体操作步骤如下。

第 1 步：新建工作表并重命名。

将新插入的工作表“Sheet2”重命名为“存货明细表”，效果如下图所示。

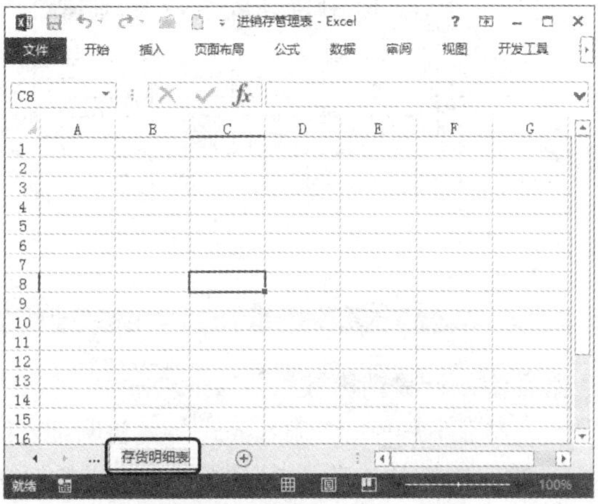

第 2 步：设置表格框架。

录入表格的基本项目，添加边框，然后设置字体格式，效果如下图所示。

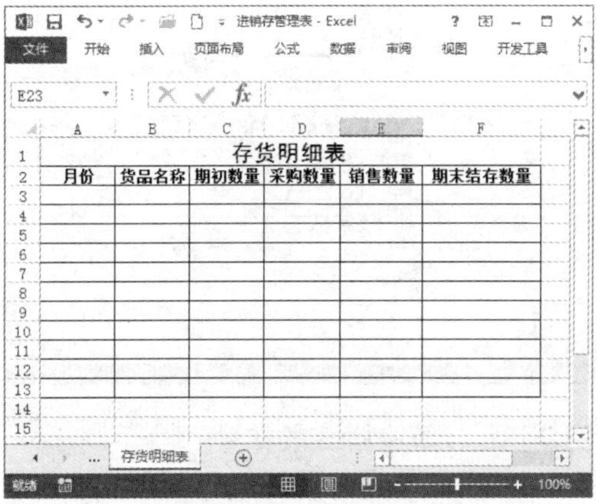

第 3 步：使用函数计算月份。

❶在 A3 单元格中输入公式“=MONTH(采购明细表!A4)”；❷单击“编辑栏”中的“✔”按钮，如下图所示。

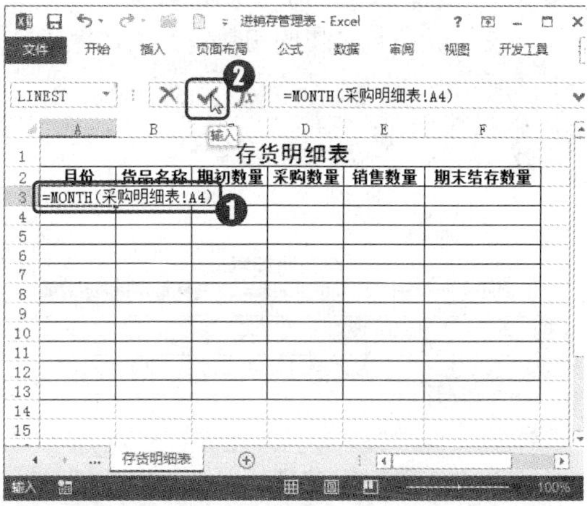

第 4 步：填充计算月份的公式。

❶选中 A3 单元格；❷将鼠标指针放到右下角，当指针变成形状“+”时，按住左键不放拖动填充至 A8 单元格，如下图所示。

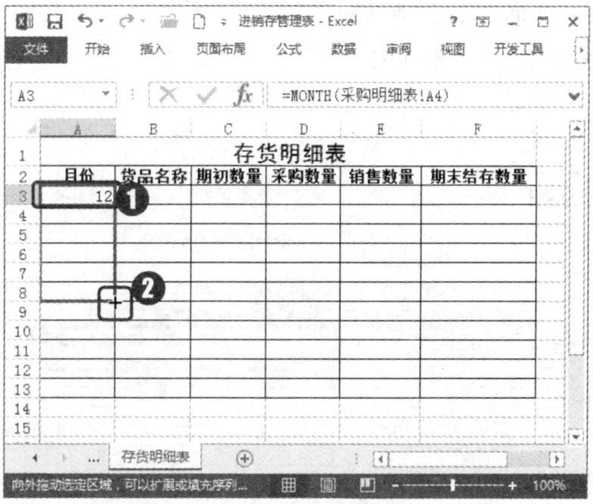

第 5 步：录入货品名称和期初数量。

录入货品名称和期初数量，录入完毕，如下图所示。

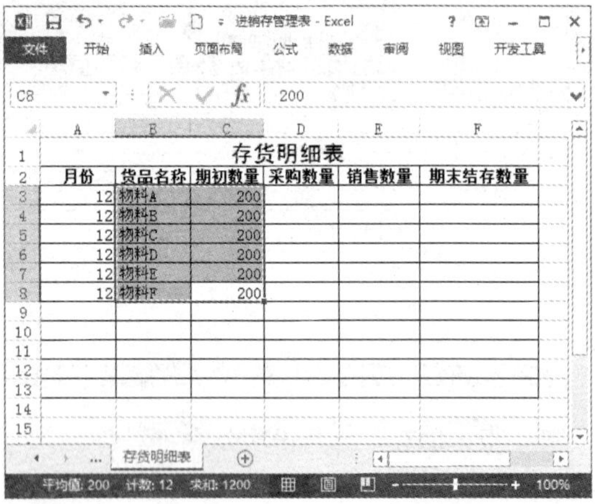

第 6 步：计算采购数量。

❶在 D3 单元格输入公式“=SUMIF(采购明细表!$B$4:$B$10,B3,采购明细表!$D$4:$D$10)”；❷单击“编辑栏”中的“✔”按钮，如下图所示。

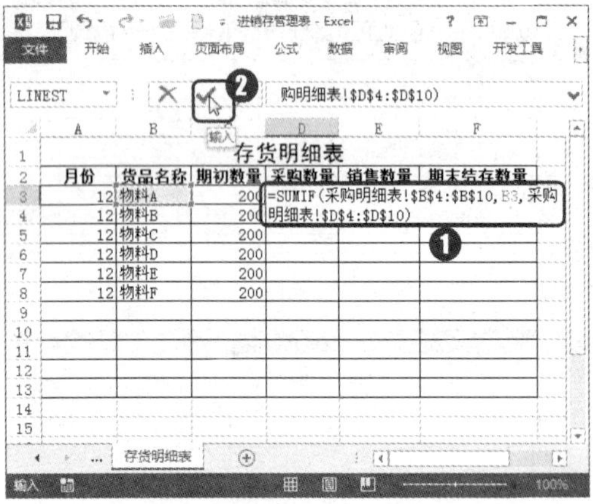

第 7 步：执行填充功能。

❶选中 D3 单元格；❷将鼠标指针放至右下角，当指针变成形状“+”时，按住左键不放拖动填充至 D8 单元格，如下图所示。

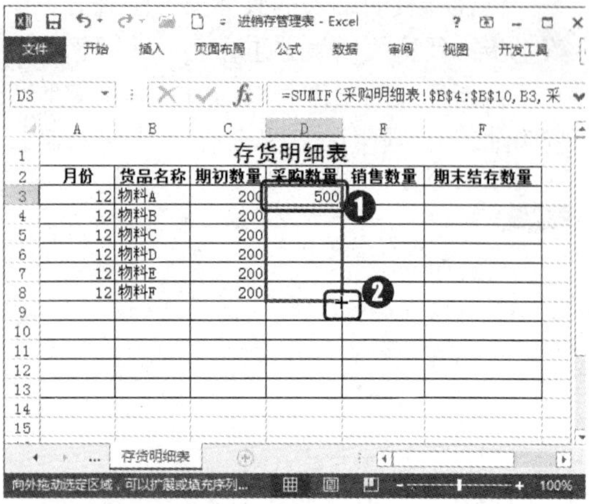

第 8 步：计算销售数量。

❶在 E3 单元格输入公式“=销售明细表!D32”；❷单击“编辑栏”中的“✔”按钮，如下图所示。

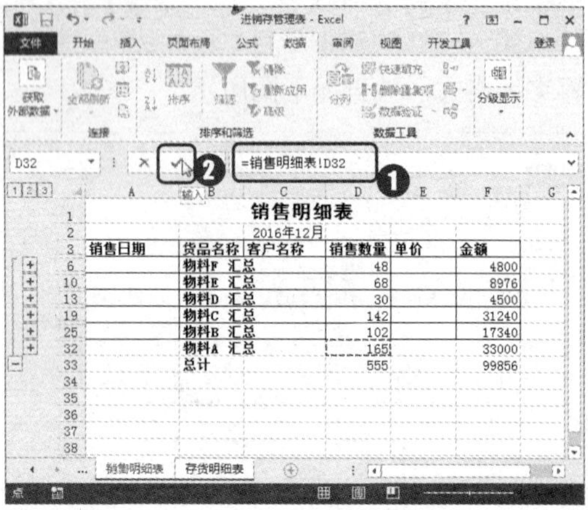

第 9 步：计算物料 B 的数量。

❶在 E4 单元格输入公式“=销售明细表!D25”；❷单击“编辑栏”中的“✔”按钮，如下图所示。

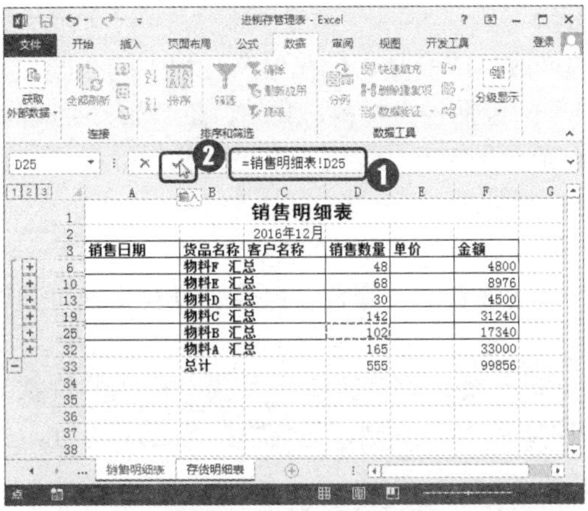

第 10 步：计算其他物料的数量。

在 E5 单元格输入公式“=销售明细表!D19”、E6 单元格输入公式“=销售明细表!D13”、E7 单元格输入公式“=销售明细表!D10” 、E8 单元格输入公式“=销售明细表!D6”，如下图所示。

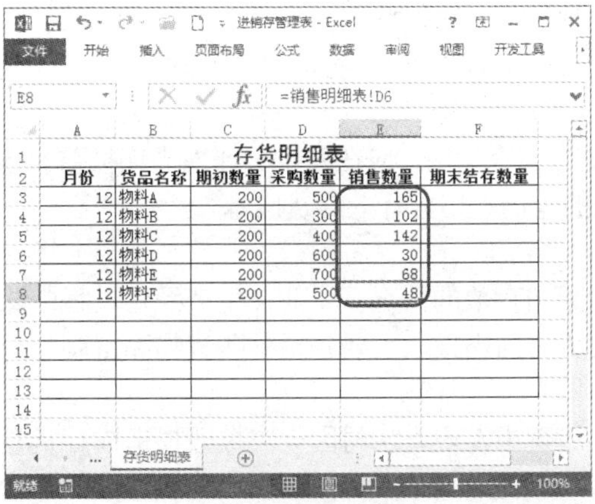

第 11 步：计算期末结存数量。

❶在 F3 单元格输入公式“= C3+D3-E3”；❷单击“编辑栏”中的“✔”按钮，如下图所示。

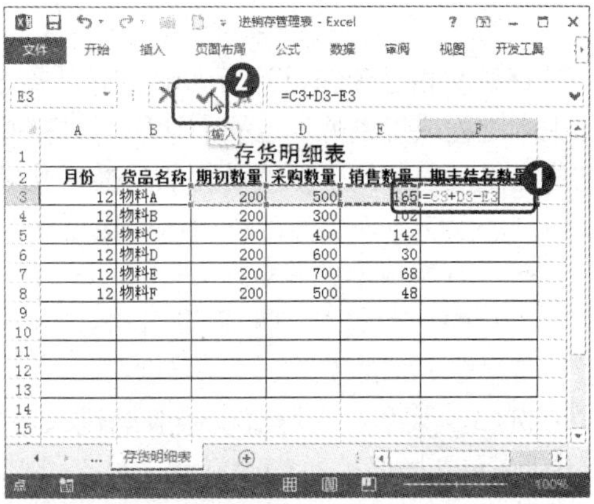

第 12 步：执行填充功能。

❶选中 F3 单元格；❷将鼠标指针放至右下角，当指针变成形状“+”时，按住左键不放拖动填充至 F8 单元格，如下图所示。

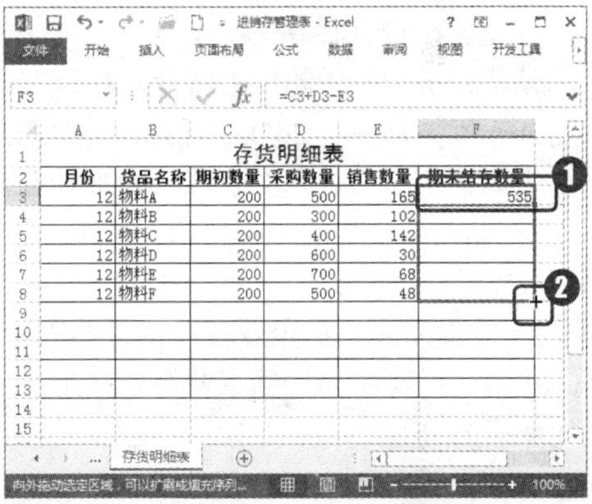

第 13 步：显示存货明细表效果。

经过以上操作，制作完成的存货明细表效果如下图所示。

（2）存货业务的账务处理

存货是指企业在日常活动中持有以备出售的产成品或商品、处在生产过程中的在产品、在生产过程或提供劳务过程中耗用的材料或物料等，包括各类材料、商品、在产品、半成品、产成品以及包装物、低值易耗品、委托代销商品等。存货应当按照成本进行初始计量。如果在财产清查中发现盘亏或盘盈，要根据规定及时进行处理。

● 存货成本的确定

存货的采购成本，包括购买价款、相关税费、运输费、装卸费、保险费以及其他可归属于存货采购成本的费用。

例如，某企业为增值税一般纳税人，购入材料一批，增值税专用发票上标明的价款为 250 000 元，增值税为 42 500 元，另支付材料的保险费 20 000 元、包装物押金 20 000 元，材料已验收入库。

该笔经济业务的会计分录如下。

借：原材料　　270 000
　　应交税费－应交增值税（进项税额）　　42 500
　　其他应收款　　20 000
　　贷：银行存款　　332 500

该笔经济业务中的保险费计入材料的采购成本，材料的采购成本=250 000+20 000=270 000（元）；包装物押金 20 000 元计入其他应收款。

下列费用不应计入存货成本，而应在其发生时计入当期损益。

1）非正常消耗的直接材料、直接人工和制造费用，应在发生时计入当期损益，不应计入存货成本。

2）仓储费用，指企业在存货采购入库后发生的储存费用，应在发生时计入当期损益。但是，在生产过程中为达到下一个生产阶段所必需的仓储费用应计入存货成本。

● 存货的盘亏

存货盘亏是盘点后存货的账面结存数大于实际结存数的情况。企业在生产经营过程中除正常损失外，因自然灾害、管理不善等原因造成货物的损毁，主要包括外购货物和自制半成品、在产品、产成品的短少，即税法中所称的“非正常损失”。

例如，某企业为增值税一般纳税人，在财产清查中发现，木材因火灾被毁损造成存货盘亏，价值 30 000 元，损失数量 30 方，报经领导批准后进行处理，保险公司已确认赔偿 23 400 元，其余由企业自行承担。

1）木料毁损时，会计分录如下。

借：待处理财产损溢——待处理流动财产损溢　　35 100
　　贷：原材料——木料　　30 000
　　应交税金——应交增值税（进项税额转出）　　5 100

盘亏、毁损的各种材料、产成品、库存商品等存货，借记“待处理财产损溢”科目，贷记“原材料”“库存商品”“固定资产”等科目。材料、产成品、库存商品采用计划成本（或售价）核算的，还应同时结转成本差异。涉及增值税的，还应进行相应处理。

2）报经批准后处理损毁木材，会计分录如下。

借：其他应收款——保险公司　　23 400

营业外支出——非常损失　　11 700

贷：待处理财产损溢——待处理流动财产损溢　　35 100

企业盘亏的存货，按管理权限报经批准后处理时，按残料价值，借记“原材料”等科目；按可收回的保险赔偿或过失人赔偿，借记“其他应收款”科目；按“待处理财产损溢”科目余额，贷记“待处理财产损溢”科目；按其借方差额，借记“管理费用”“营业外支出”等科目。

- 存货的盘盈

企业盘盈的各种材料、产成品、库存商品等存货，借记“原材料”“库存商品”等科目，贷记“待处理财产损溢”科目。

例如，某企业在存货清查中，发现甲材料盘盈 50 千克，甲材料的单位成本为 10 元。经企业查实，盘盈甲材料是由于收发计量差错造成的，该企业所有存货适用的增值税税率均为 17%。

1）发现盘盈时，会计分录如下。

借：原材料——甲材料　　500（50×10）

贷：待处理财产损溢——待处理流动资产损溢　　500

2）批准处理时，会计分录如下。

借：待处理财产损溢——待处理流动资产损溢　　500

贷：管理费用　　500

盘盈的存货，通常是由企业日常收发计量或计算上的差错所造成的，即正常损失，其盘盈的存货，可冲减管理费用。

4. 进销存业务分析

通过制作进销存分析表，可以计算或统计出本期“期末库存数量”“库存占用资金”“销售成本”“销售收入”及“销售毛利”的数据。另外，还可以使用 Excel 的条件格式功能制作“期末库存数量”不足时的预警。

（1）制作进销存分析表

进销存业务分析表的内容主要包括期末库存数量、库存占用资金、销售成本、销售收入以及销售毛利等。

接下来在电子表格中创建进销存业务分析表的具体操作步骤如下。

第 1 步：输入进销存业务分析表框架。

新建工作表，重命名为“进销存业务分析”，输入进销存业务分析表的基本框架，并设置相关格式，效果如下图所示。

第 2 步：输入返回“期末库存数量”的公式。

❶在“进销存业务分析”工作表的 B4 单元格输入“=”，单击“存货明细表”工作表的 F3 单元格；❷单击“编辑栏”中的“✔”按钮，如下图所示。

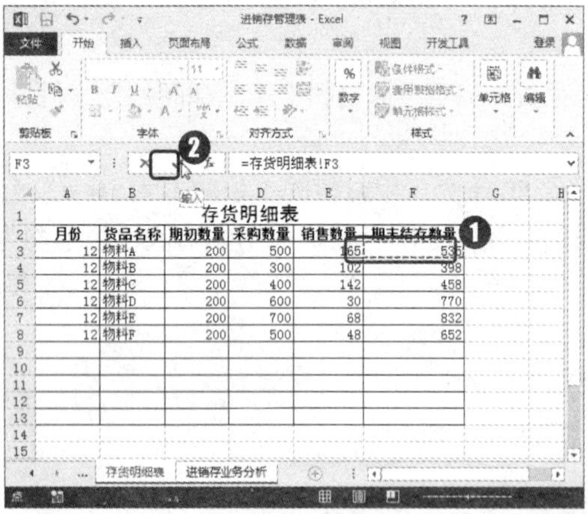

第 3 步：填充“期末库存数量”公式。

❶选中 B4 单元格；❷将鼠标指针放至右下角，当指针变成形状“+”时，按住左键不放拖动填充至 B9 单元格，如下图所示。

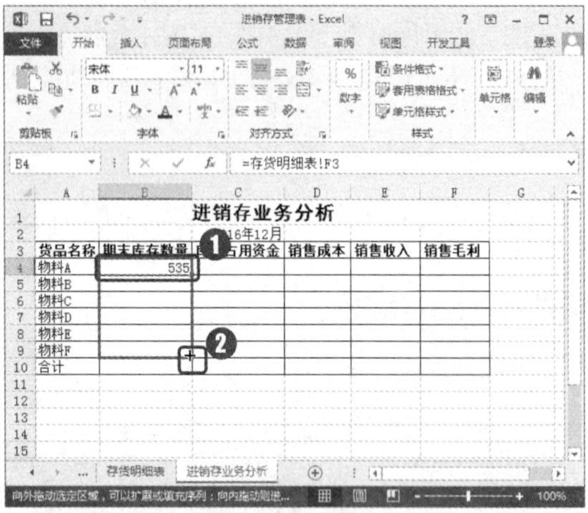

第 4 步：输入返回采购单价的公式。

❶在“进销存业务分析”工作表的 C4 单元格输入“=”，单击“采购明细表”工作表的 E4 单元格；❷单击“编辑栏”中的“✔”按钮，如下图所示。

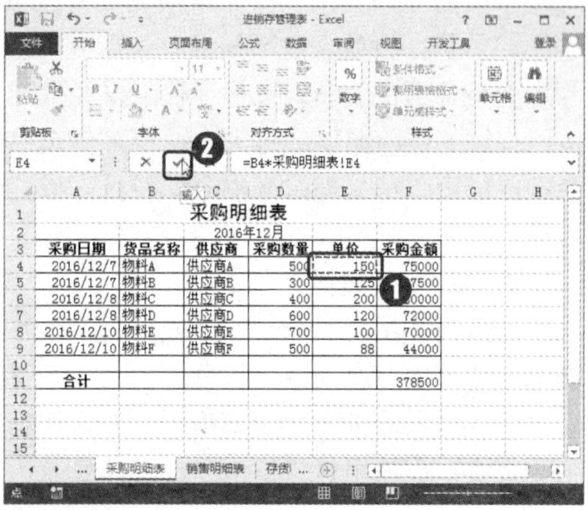

第 5 步：拖动填充公式。

❶选中 C4 单元格；❷将鼠标指针放至右下角，当指针变成形状“+”时，按住左键不放拖动填充至 C9 单元格，如下图所示。

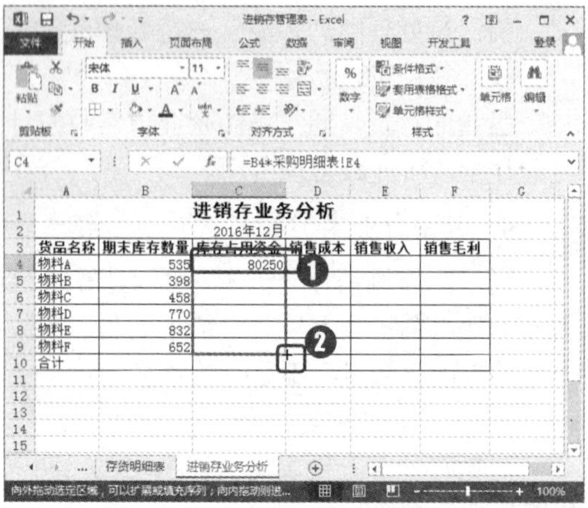

第 6 步：输入计算销售成本的公式。

❶在“进销存业务分析”工作表的 D4 单元格输入“=”，然后单击“存货明细表”工作表的 E3 单元格，输入“*”，再单击“采购明细表”E4 单元格；❷在“编辑栏”中显示引用公式的全部内容“=存货明细表！E3*采购明细表！E4”，单击“✔”按钮，如下图所示。

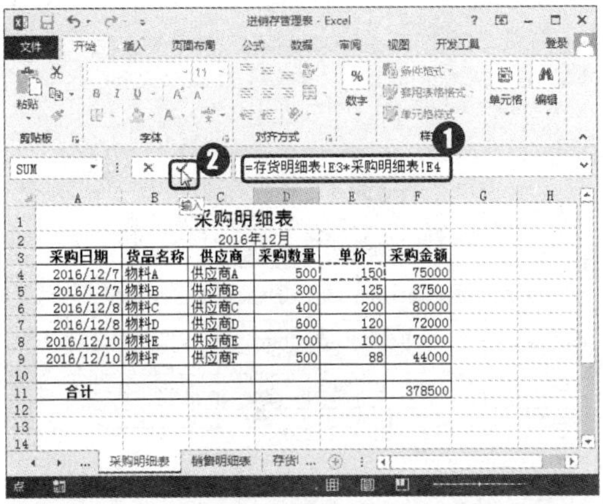

高手点拨

计算销售成本的公式如何编写？

在“进销存业务分析”表中，销售成本=销售数量*采购价格（如果一种库存商品的类别在两个以上，要计算加权平均采购价格）。

第 7 步：执行填充功能。

❶选择 D4 单元格；❷将鼠标指针放至右下角，当指针变成形状“+”时，按住左键不放拖动填充至 D9 单元格，如下图所示。

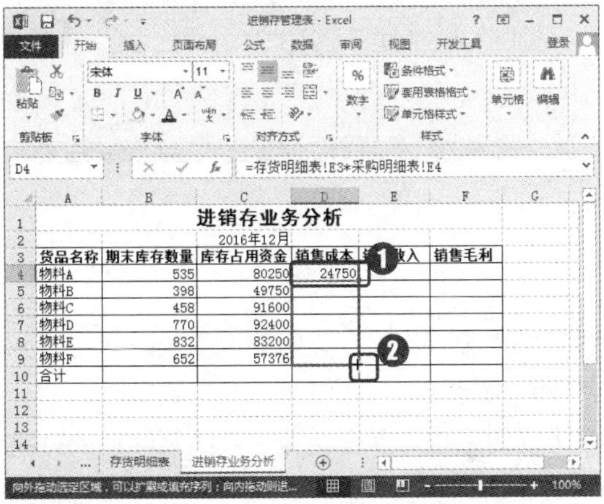

第 8 步：输入计算销售收入的公式。

❶在“进销存业务分析”工作表的 E4 单元格中输入“=SUMIF(”，然后引用“销售明细表!$B$4:$B$32,A4,销售明细表!$F$4:$F$26)；❷在“编辑栏”中显示公式的全部内容，单击“✔”按钮，如下图所示。

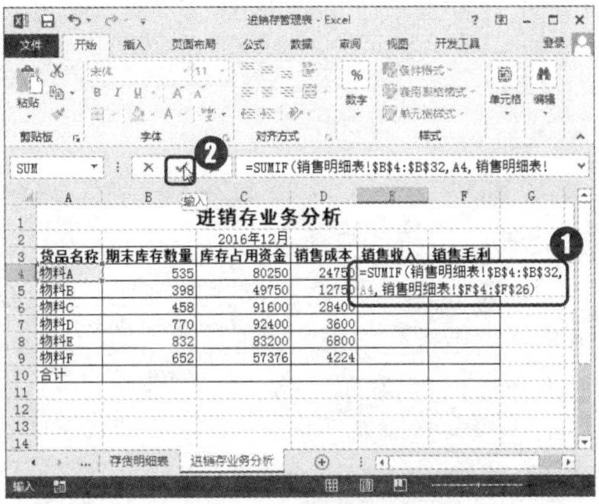

第 9 步：执行填充功能。

❶选中 E4 单元格；❷将鼠标指针放至右下角，当指针变成形状“+”时，按住左键不放拖动填充至 E9 单元格，如下图所示。

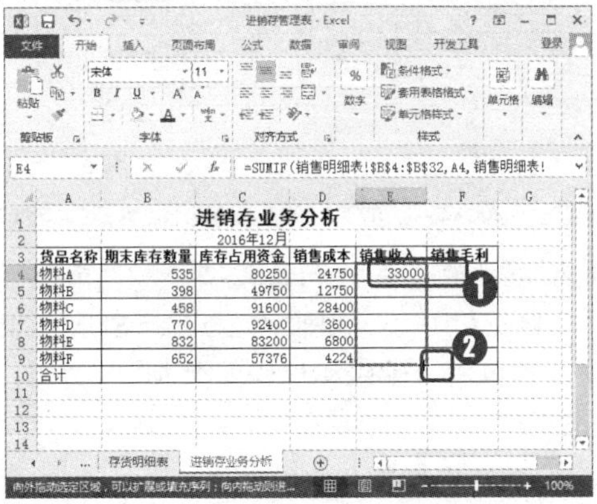

第 10 步：输入销售毛利的公式。

❶在 F4 单元格输入公式“=E4-D4”；❷单击“编辑栏”中的“✔”按钮，如下图所示。

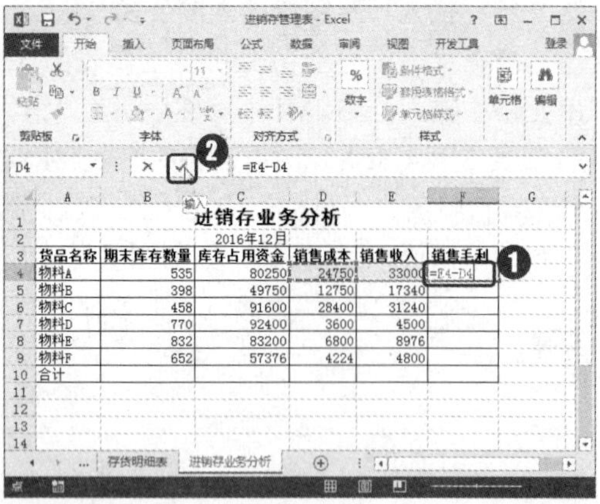

第 11 步：执行填充功能。

❶选中 F4 单元格；❷将鼠标指针放至右下角，当指针变成形状“+”时，按住左键不放拖动填充至 F9 单元格，如下图所示。

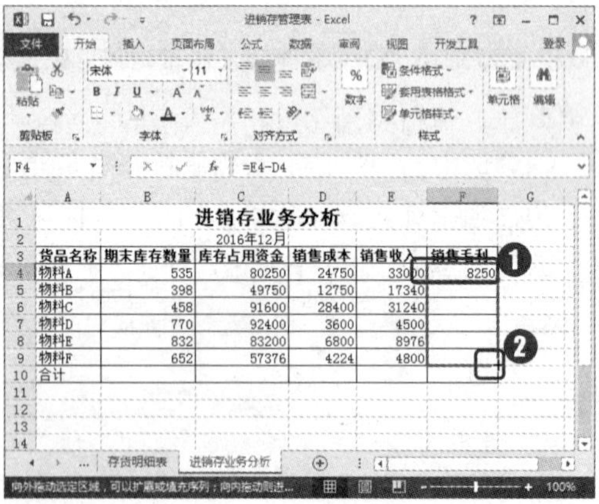

第 12 步：输入合计的公式。

❶在 C10 单元格输入公式“=SUM(C4:C9)”；❷单击“编辑栏”中的“✔”按钮，如下图所示。

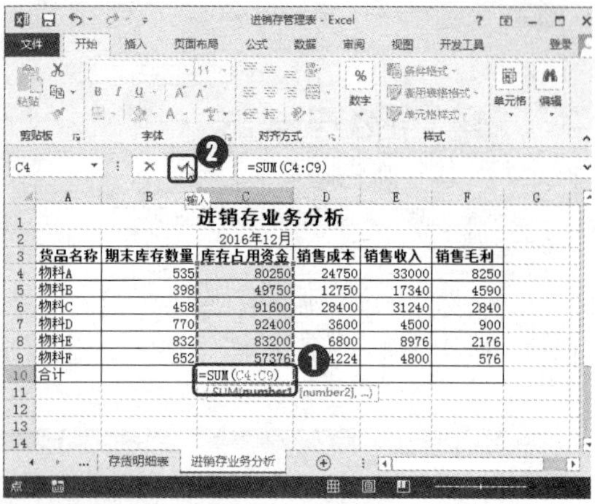

第 13 步：执行填充功能。

❶选中 C10 单元格；❷将鼠标指针放至右下角，当指针变成形状“+”时，按住左键不放拖动填充至 F10 单元格，如下图所示。

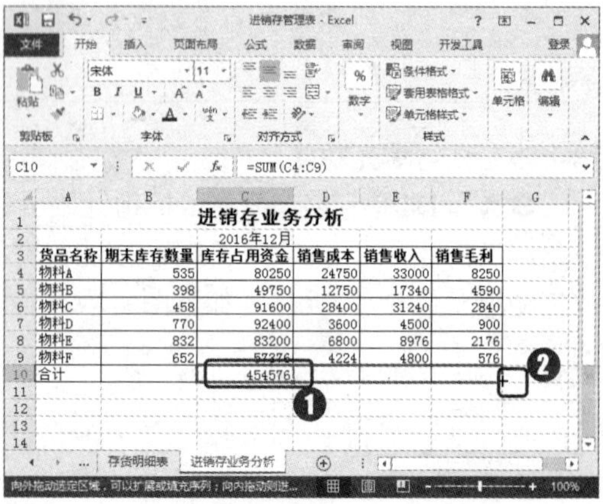

（2）设置存货紧缺预警

在企业的生产经营过程中经常会出现存货紧缺的现象，如果存货紧缺现象长时间得不到解决，就会影响企业的正常运转。如果设置了存货紧缺提示，当存货少于一定数量时，就会显示紧缺提示，企业管理层可以根据提示及时安排物资采购，保证企业生产经营活动的持续进行。设置存货紧缺提示的具体操作步骤如下。

第 1 步：执行新建规则命令。

❶选中 B4:B9 单元格区域；❷单击“样式”工作组中的“条件格式”按钮；❸单击“新建规则”命令，如下图所示。

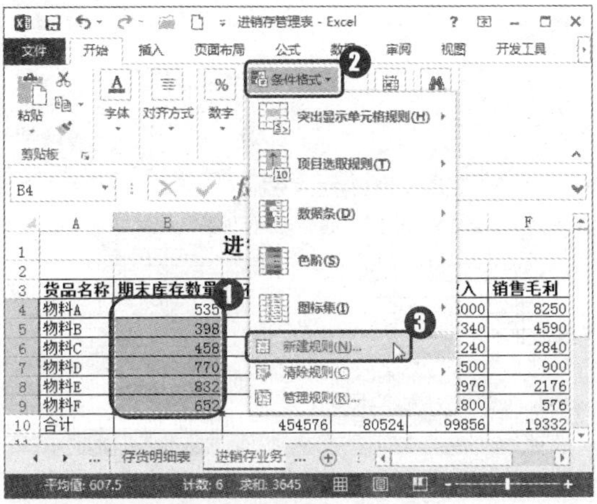

第 2 步：设置单元格值。

打开“新建格式规则”对话框，❶在“选择规则类型”列表框中选择“只为包含以下内容的单元格设置格式”选项，❷在“编辑规则说明”组合框中将格式规则设置为“单元格值小于或等于 500”。❸单击“格式”按钮，如下图所示。

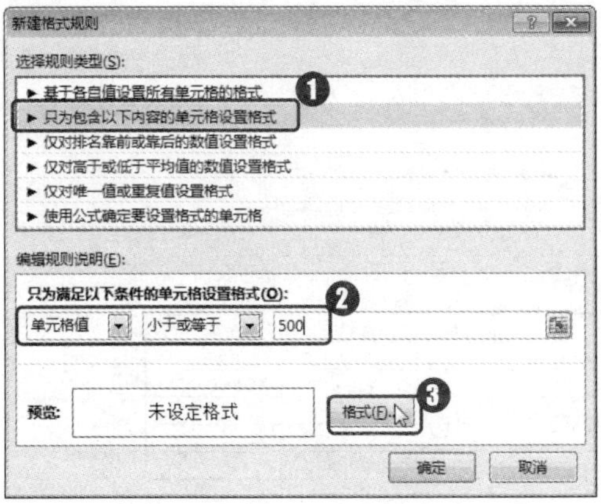

第 3 步：设置字体格式。

打开“设置单元格格式”对话框，❶在“字形”列表框中选择“加粗”选项；❷在“颜色”下拉列表中选择“红色”，如下图所示。

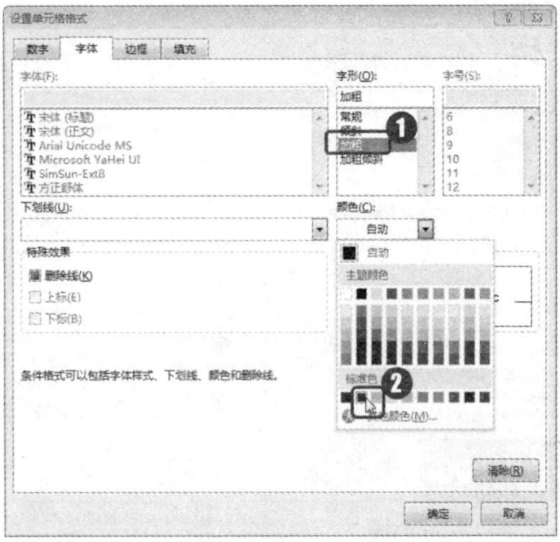

第 4 步：选择底纹颜色。

❶单击“填充”选项卡；❷在“背景色”面板中选择“橙色”选项；❸单击“确定”按钮，如下图所示。

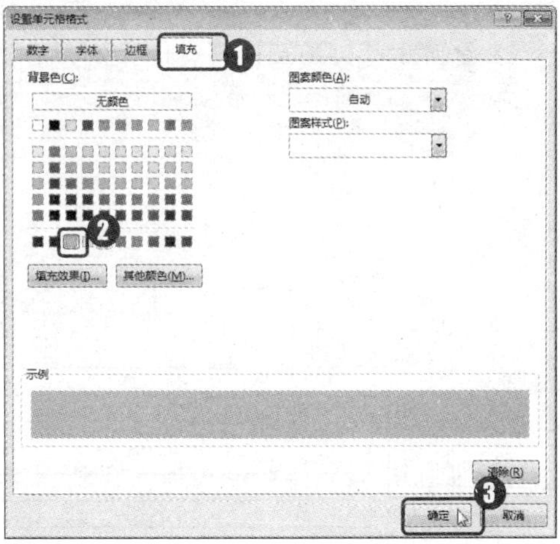

第 5 步：确认定义条件格式的操作。

返回“新建格式规则”对话框，单击“确定”按钮，完成定义条件格式的操作，如下图所示。

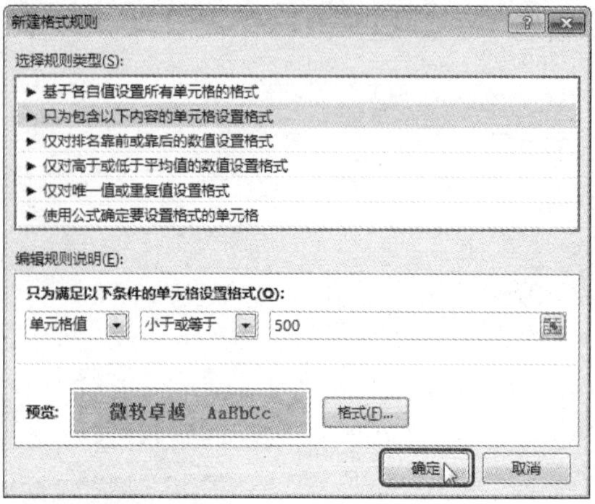

第 6 步：显示定义单元格的效果。

返回工作表，当货品的期末库存数量小于或等于 500 时，库存数量所在的单元格就会显示橙色背景和加粗红色字体。

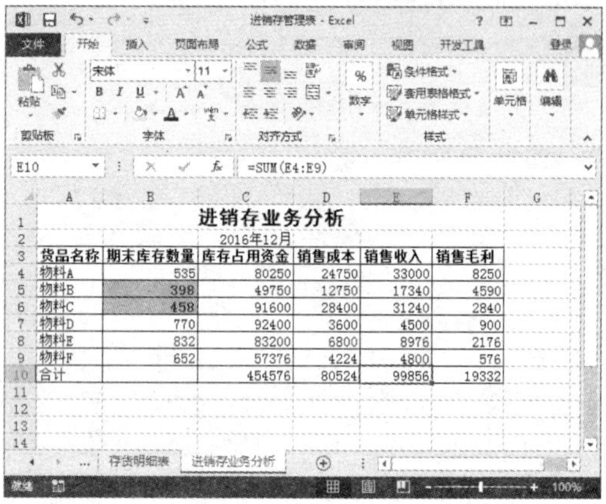

案例 05 制作记账凭证表

◇ 案例概述

填制记账凭证，就是会计人员将各项记账凭证要素按照规定的方法填制齐全，便于账簿登记。填制记账凭证必须以审核的原始凭证为依据，即必须对原始凭证审核无误后填制记账凭证。

本案例主要以填写记账凭证为例，介绍填写的方法，最终效果如下图所示。

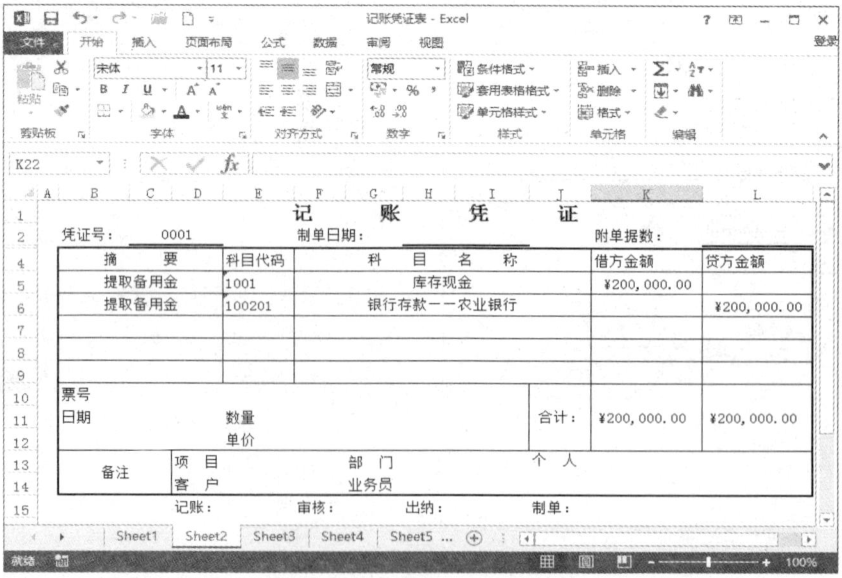

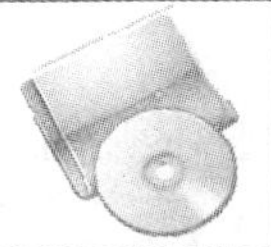	素材文件：光盘\素材文件\第 5 章\案例 05\记账凭证表.xlsx
	结果文件：光盘\结果文件\第 5 章\案例 05\记账凭证表.xlsx
	教学文件：光盘\教学文件\第 5 章\案例 05.mp4

◇ **制作思路**

在 Excel 中填制“记账凭证表”的流程与思路如下所示。

一 **管理名称**：为了提高工作效果，可以对参与计算的单元格区域设置一个名称，然后将名称应用到公式中。

二 **VLOOKUP 函数**：使用 VLOOKUP 函数查看相关会计科目的名称，然后填充公式。

三 **SUM 函数**：在工作表中使用 SUM 函数计算合计金额值。

◇ **具体步骤**

在记账凭证表中，填写记账凭证时，需要对 Sheet3 工作表中的科目代码区域进行定义名称，然后根据定义的名称设置数据有效性，设置完成后，即可在单元格中选择科目代码。如果要重新编辑定义的单元格名称，或删除不需要的名称，可以使用名称管理器进行操作。

1. 定义单元格名称

在 Sheet3 工作表中对科目代码单元格区域进行定义名称，方便在 Sheet2 工作表中选择科目代码。定义名称的具体操作步骤如下。

第 1 步：执行定义名称命令。

打开素材文件\第 5 章\案例 05\记账凭证表.xlsx，❶选择 C3:C41 单元格区域；❷单击“公式”选项卡；❸单击“定义的名称”工作组中的“定义名称”按钮，如下图所示。

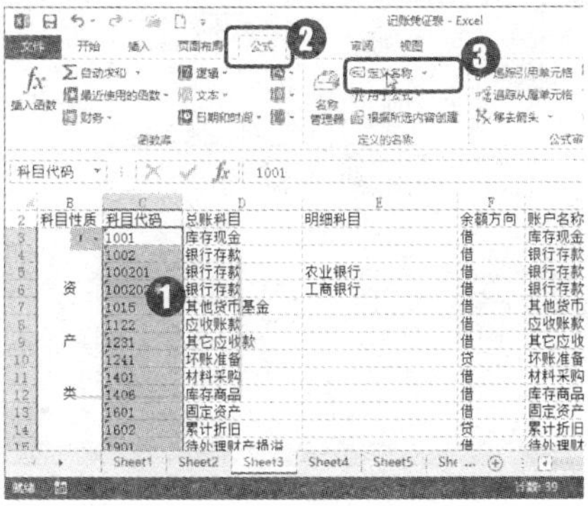

第 2 步：输入名称。

打开“新建名称”对话框，❶在“名称”框中输入名称；❷单击“确定”按钮，如下图所示。

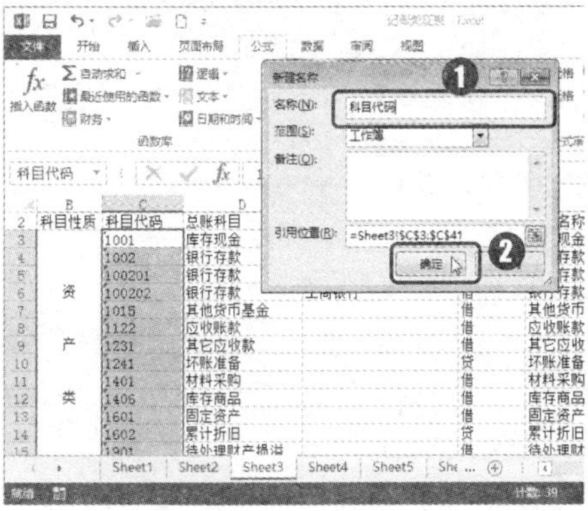

2. 将定义名称用于公式

通过定义名称后，可以使用数据有效性设置 Sheet2 工作表中科目代码为序列，应用时直接选择相应的代码即可。定义序列具体操作步骤如下。

第 1 步：执行数据有效性命令。

❶选择 E5:E9 单元格区域；❷单击“数据”选项卡；❸单击“数据工具”工作组中的“数据验证”按钮，如下图所示。

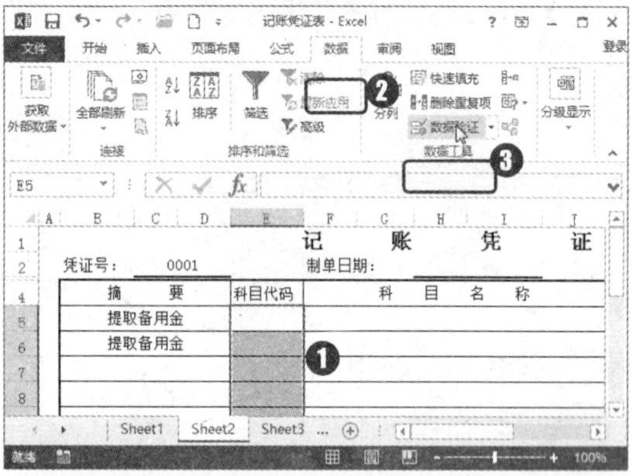

第 2 步：设置有效性的条件为序列。

打开“数据验证”对话框，❶在“允许”列表框中选择“序列”选项；❷在“来源”文本框中输入“=科目代码”；❸单击“确定”按钮，如下图所示。

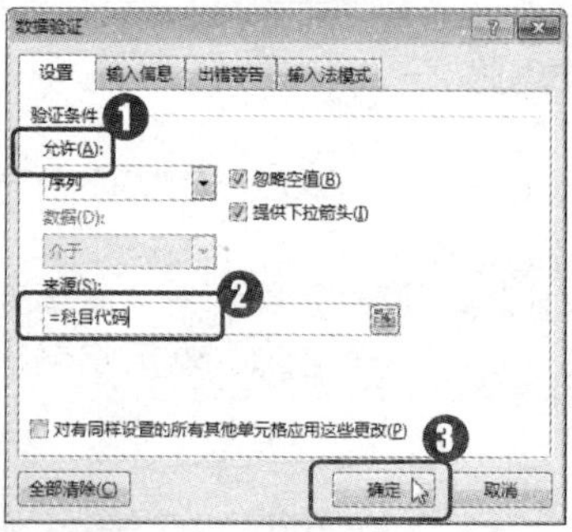

第 3 步：选择科目代码。

经过以上操作后，将定义的科目代码使用序列的方式应用于科目代码单元格，❶单击 E5 单元格右侧的下拉按钮▾；❷选择“1001”选项，效果如下图所示。

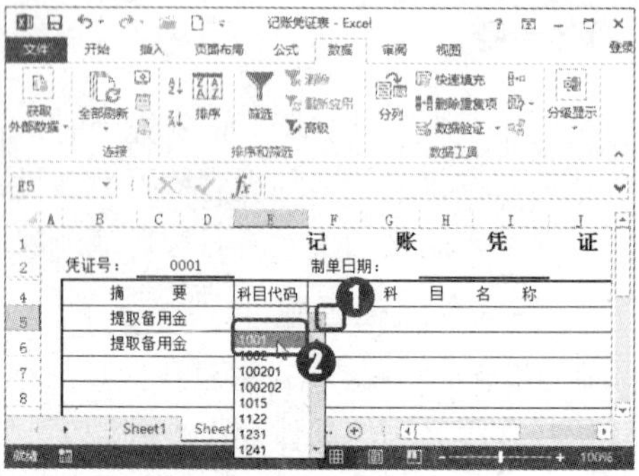

3. 使用名称管理器

定义的单元格名称都将显示在名称管理器中，用户可以在其中对定义的名称进行管理，如编辑名称、删除名称、通过筛选更改定义应用的范围等。

第 1 步：执行名称管理器命令。

❶单击“公式”选项卡；❷单击“定义的名称”工作组中的“名称管理器”按钮，如下图所示。

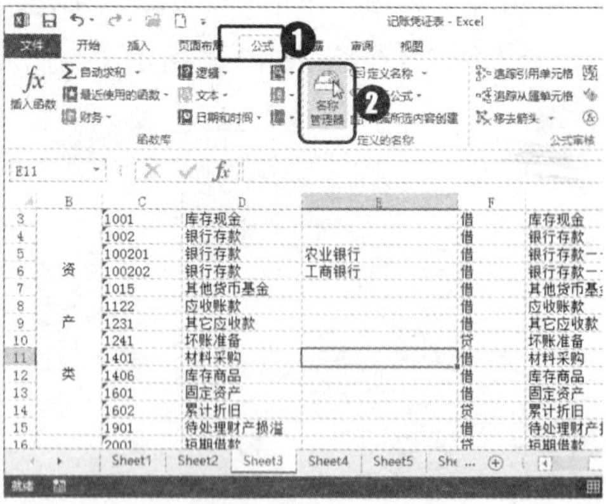

第 2 步：显示渐变填充效果。

打开“名称管理器”对话框，单击“新建”按钮，如下图所示。

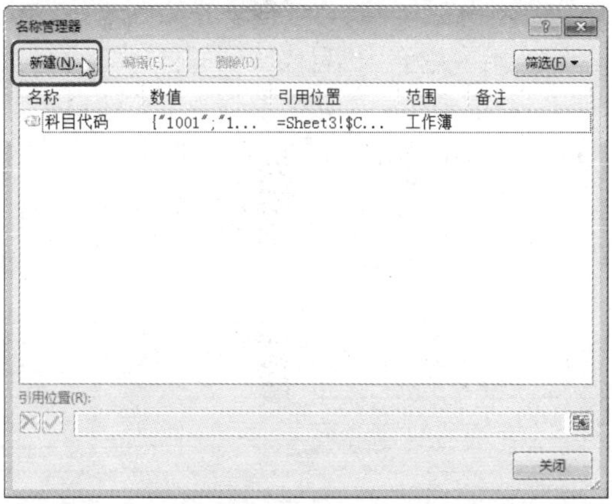

第 3 步：输入名称和引用单元格区域。

打开“新建名称”对话框，❶在“名称”框中输入定义的名称；❷将鼠标光标定位至“引用位置”文本框，在表格中按住左键不放拖动选择“Sheet3!$D$3:$D$41”单元格区域；❸单击“确定”按钮，如下图所示。

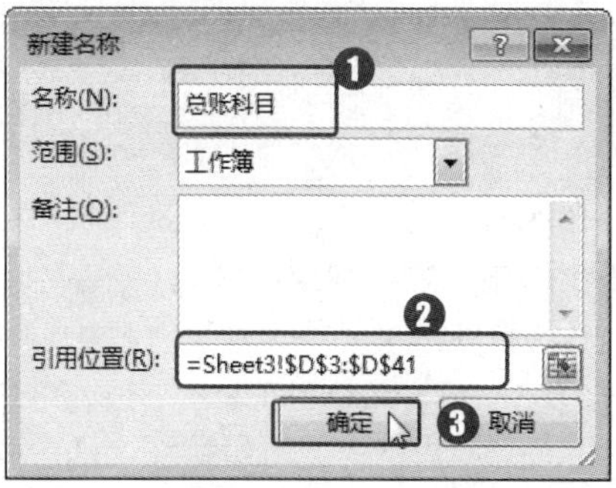

第 4 步：单击关闭按钮。

返回“名称管理器”对话框，单击“关闭”按钮，完成添加新名称的操作，如下图所示。

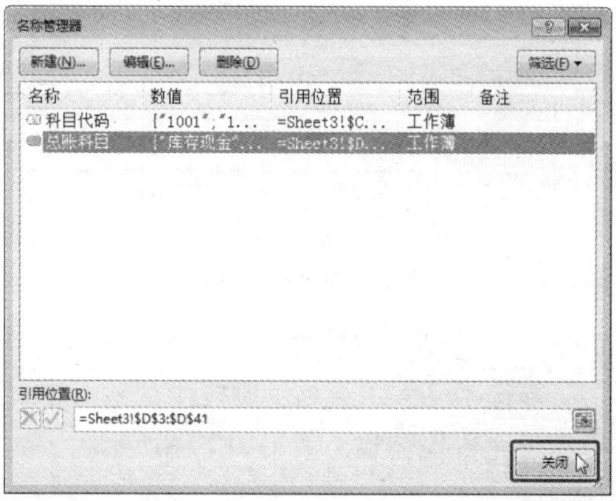

4. 使用 VLOOKUP（）函数查找数据

在记账凭证中要填入科目名称，会使用 IF 函数和 VLOOKUP 函数嵌套，在 Sheet3 工作表中进行查找数据。当选择科目代码后，会显示使用 VLOOKUP 函数查找的结果值。

VLOOKUP 函数：在表格或数值数组的首列查找指定的数值，并由此返回表格或数组当前行中指定列处的数值。

语法：VLOOKUP（lookup_value,table_array,col_index_num,range_lookup）

参数：lookup_value 为必需的参数，表示需要在数组第 1 列中查找的数值。可以为数值、引用或者文本字符串。

table_array 为必需的参数，表示需要在其中查找数据的数据表。可以使用对区域或区域名称的引用，如数据库或列表。

col_index_num 为必需的，表示 table_array 中待返回的匹配值的列序号。col_index_num 为 1，返回第 1 列的数据；col_index_num 为 2，返回第 2 列的数据，依次类推。如果 col_index_num<1，则返回错误值“#VALUE!”。

Fange_lookup 为必需的，表示逻辑值，指明函数 VLOOKUP 返回时是精确匹配还是近似匹配。如果为 TRUE 或省略，则返回近似匹配值，也就是说，如果找不到精确匹配值，则返回小于 lookup_value 有最大值；如果 range_value 为 FALSE，函数 VLOOKUP 将返回精确匹配值。如果找不到，则返回错误值“#N/A”。

在 Sheet2 工作表 F5 单元格中使用函数嵌套查找科目名称，具体操作步骤如下。

第 1 步：输入查找数据的公式。

❶选择 F5 单元格，在编辑栏中输入公式“ =IF(E5="","",VLOOKUP(E5,Sheet3!C3:G41,5,FALSE))”；❷单击“编辑栏”中的“输入”按钮，如下图所示。

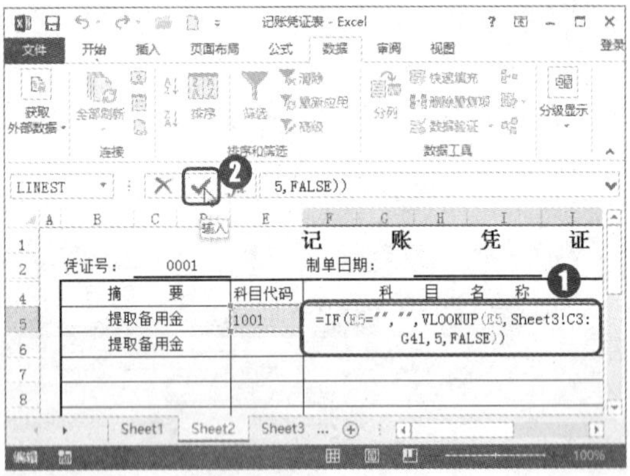

第 2 步：拖动填充公式。

❶选中 F5 单元格；❷按住左键不放向下拖动填充查找公式，效果如下图所示。

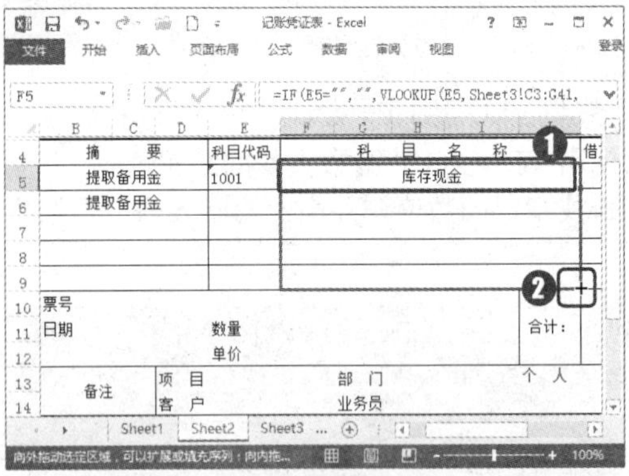

第 3 步：执行“科目代码”的选择。

❶单击 E6 单元格右侧的下拉按钮 ▾；❷单击“100201”选项，如下图所示。

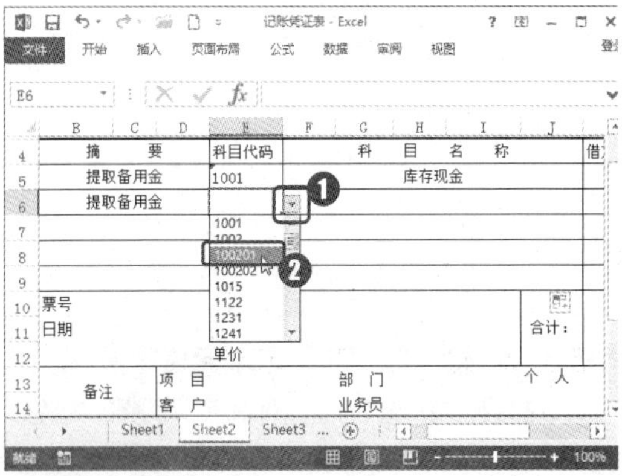

第 4 步：选择“货币”选项。

❶在 K5 和 L6 单元格中输入金额，选择 K5:L12 单元格区域；❷单击“常规”右侧的下拉按钮 ▾；❸单击“货币”选项，如下图所示。

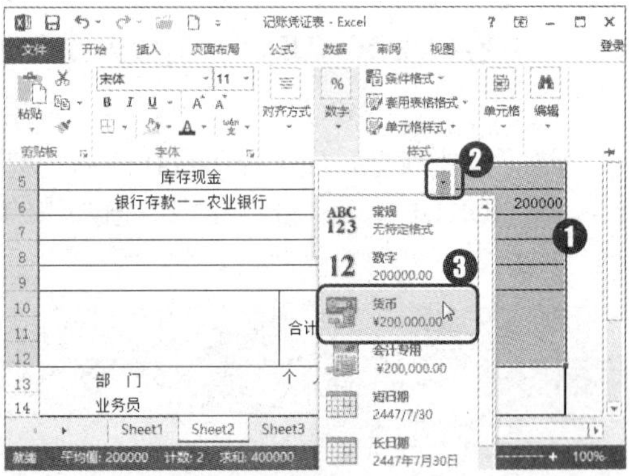

5. 使用 SUM 函数计算合计金额

在记账凭证中输入借方和贷方的金额后，使用 SUM 函数计算合计金额值。SUM 函数可以将用户指定为参数的所有数字相加，每个参数可以是区域、单元格引用、数组、常量、公式或另一个函数的结果。

语法：SUM（number1,[number2],...）

参数：number1 为必需的参数，是需要相加的第一个数值参数。

number2,... 为可选的参数，是需要相加的 2 到 255 个数值参数。

第 1 步：执行合计值的计算并填充命令。

❶在 K10 单元格中输入公式“=SUM(K5:K9)”，按【Enter】键确认，选中 K10 单元格；❷按住左键不放拖动向右填充公式，如下图所示。

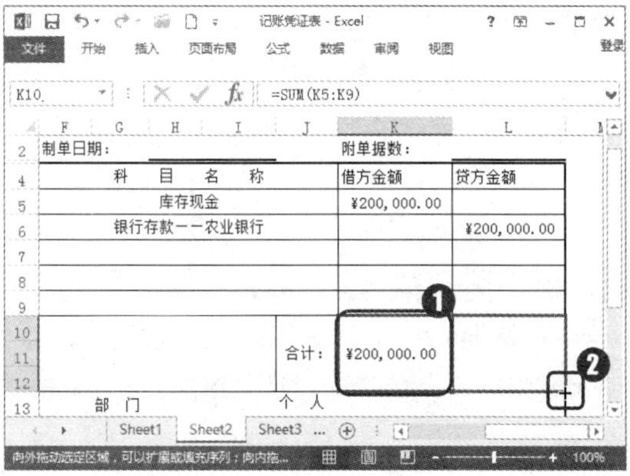

第 2 步：显示合计值的结果。

经过上步操作后，计算出借方金额和贷方金额的合计值，结果如下图所示。

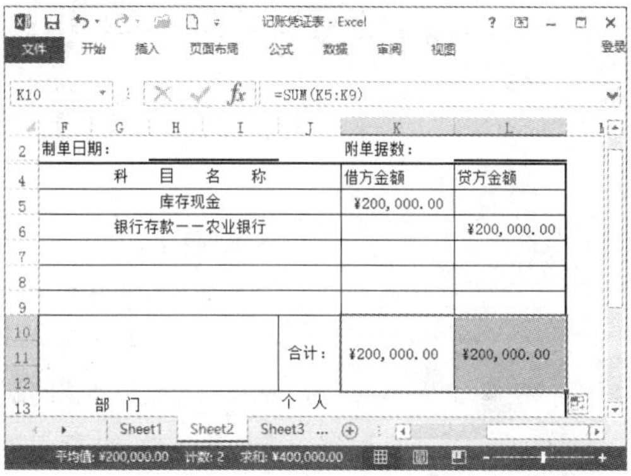

本 章 小 结

本章介绍了一些常用的函数，综合应用这些知识，可以进行更多、更复杂的运算。此外，在 Excel 中还可以应用更多的函数，读者可以通过“插入函数”对话框去查找和学习，每个函数都有一定的应用范围，掌握函数的用法越多，会让工作变得越轻松。

第 6 章

让数据更直观
——使用图表分析数据

本章导读：

在 Excel 中创建好表格数据后，为了更好地分析或给客户展示表格中的数据，可以将表格中的数据创建成统计图表。使用图表可以更形象、更直观地反映表格中数据的走向和趋势。本章将介绍 Excel 统计图表的创建、编辑与应用等相关技能和知识。

知识要点：

★ 创建与编辑迷你图表
★ 创建并调整图表布局
★ 掌握饼图的使用方法
★ 掌握制作折线图的方法
★ 为图表添加趋势线的操作
★ 掌握预测图表的制作方法

案例效果

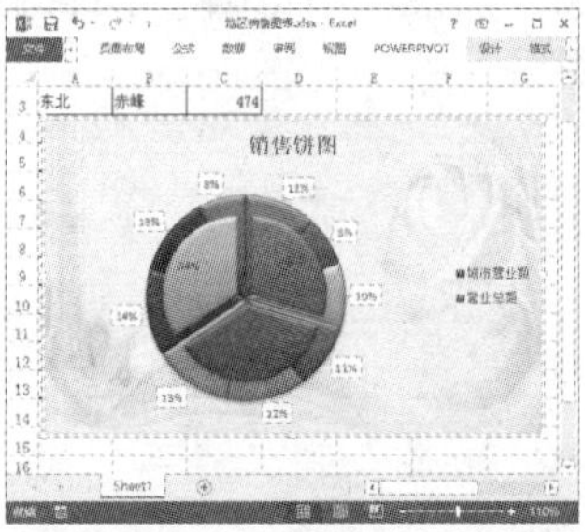

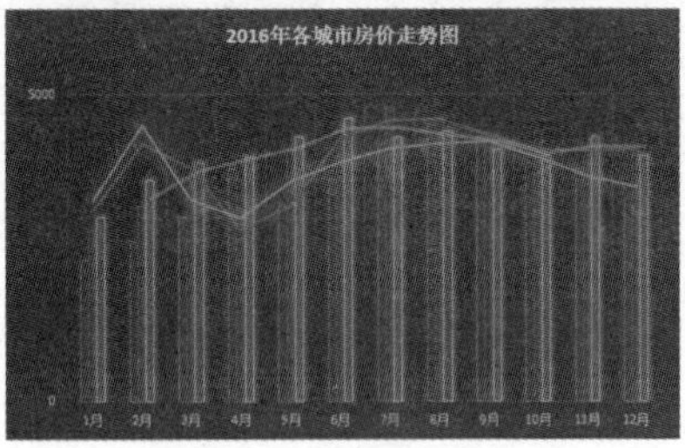

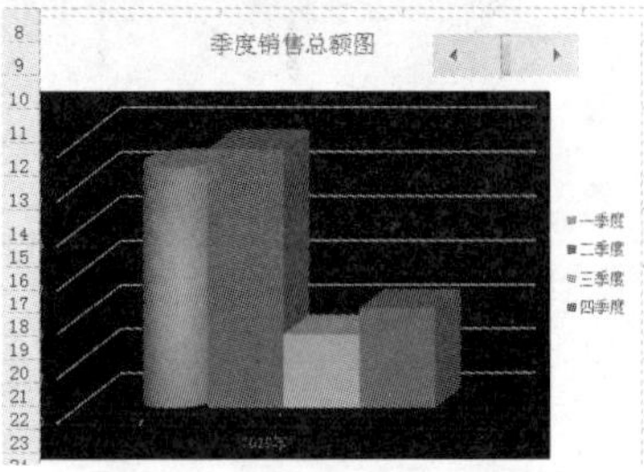

大师点拨——Excel 图表的相关知识

Excel 为我们提供了多种类型的图表用于展示数据。在使用这些图表前，我们需要先了解图表相关的各种知识，只有明白了图表的作用及其应用范围后，我们才能更好地应用图表来表现数据，达到简化数据、突出重点的目的。

要点 1 用图表说话的重要性

Excel 中的图表可以将数据图形化，更直观地显示数据，使数据的比较或趋势变得一目了然，从而更容易表达我们的观点。简言之，图表是表达结果最有效的方式。好的图表可以把获得的结果迅速、准确地传达给使用者。

如果换一种方式进行浏览并分析这些数据，选择图表就是一种好的方法。下面所示两个图表就能直观地反映表格中数据的高低及趋势。

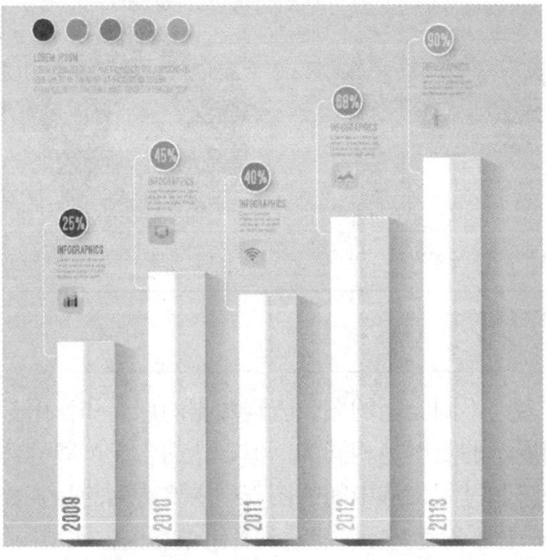

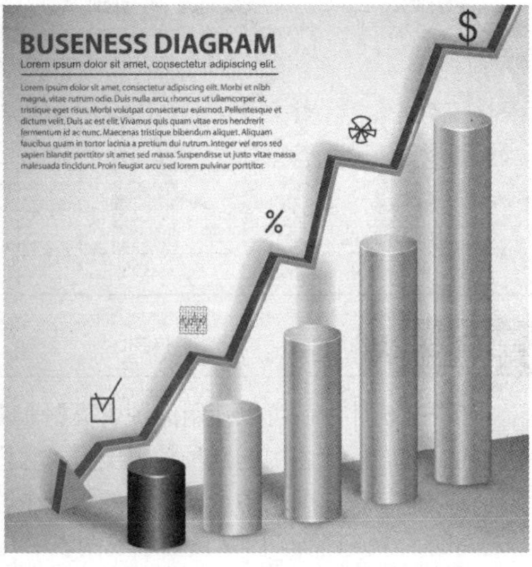

1. 图表的作用

在研究工作以及论文中，图表具有不可忽视的作用。它集中、概括，便于分析和比较，有利于发现各种变量之间的关系；它生动、形象，能使复杂和抽象的问题变得直观、清晰；它简洁、明了，用在论文中，可以代替大量复杂的文字说明。

下图所示的统计图和统计表，直观而清晰地展示了成年国民阅读的调研成果。

2013 年成年国民
倾向的阅读方式人数分布统计图

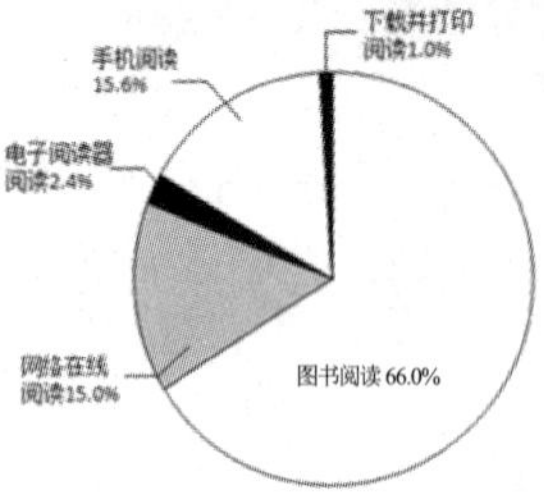

2009~2013 年成年国民
年人均阅读图书数量统计表

年份	年人均阅读图书数量（本）
2009	3.88
2010	4.12
2011	4.35
2012	4.56
2013	4.78

2. 图表的关键要素

虽然提倡图表简洁的表达效果，但也不能忽略图表的关键要素，如传达明确的信息、图表与标题相辅相成、清晰易读、格式简单明了、具有连续性等。

左下图所示在图表中按不同的年份展示数据，直接使用该图表即可看清楚表格的数据。而右下图所示则是将图表详细信息显示在左侧，右侧以圆环图的方式显示各项目情况。

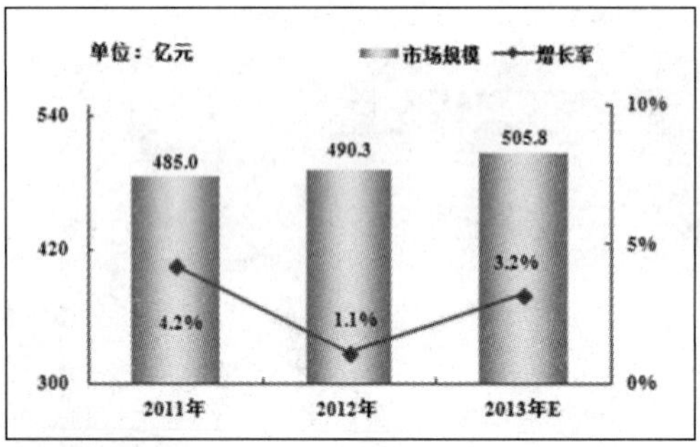

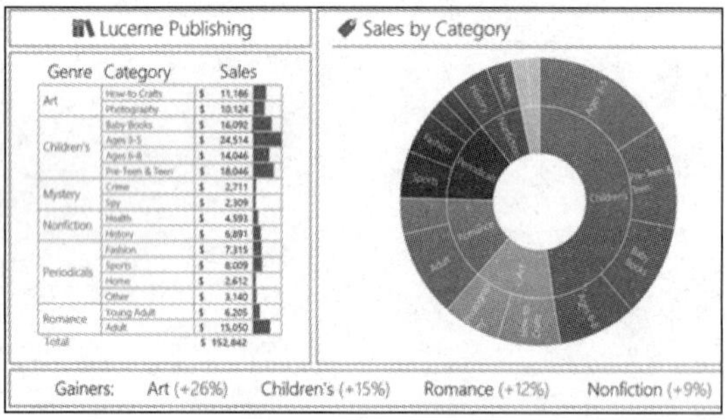

要点 2 认识 Excel 图表类型

在数据统计中，可以使用的图表类型非常多，不同类型的图表表现数据的意义和作用是不同的。例如，下图中的几种图表类型，它们展示的数据是相同的，但表达的含义可能截然不同。从最左边的图表中主要看到的是一个趋势和过程、从中间的图表中主要看到的是各数据之间的大小及趋势，而从最右边的图表中几乎看不出趋势，只能看到各组数据的占比情况。所以，在使用图表时，需要根据数据展示的目的来选用图表类型。

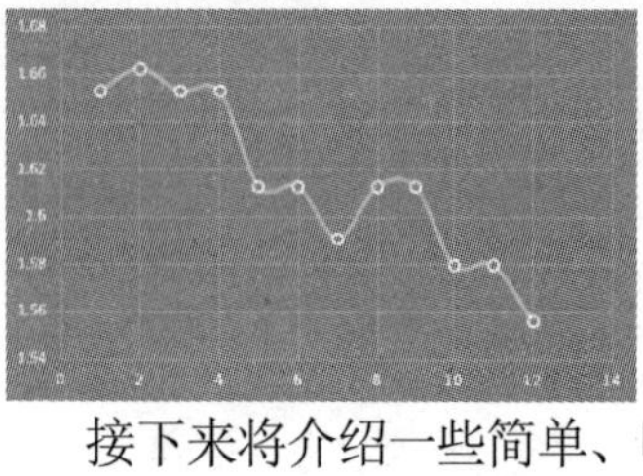

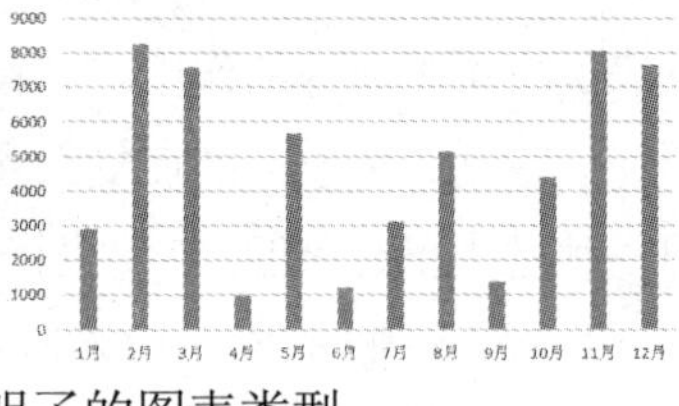

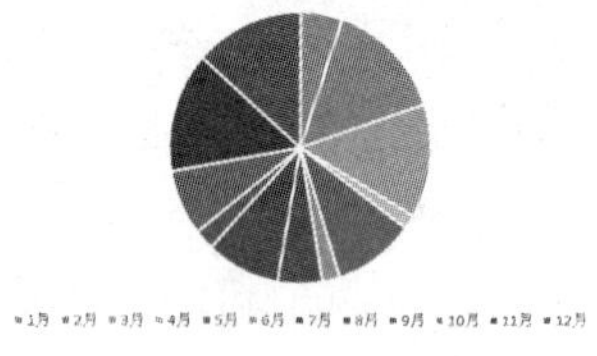

接下来将介绍一些简单、明了的图表类型。

1. 柱形图

柱形图是一种非常常用的图表类型，它主要用于表现多个类别、多种状态的数据大小，同时具备表现趋势的能力，但表现趋势并不是柱形图的重点。下面所示的两图均是柱形图。

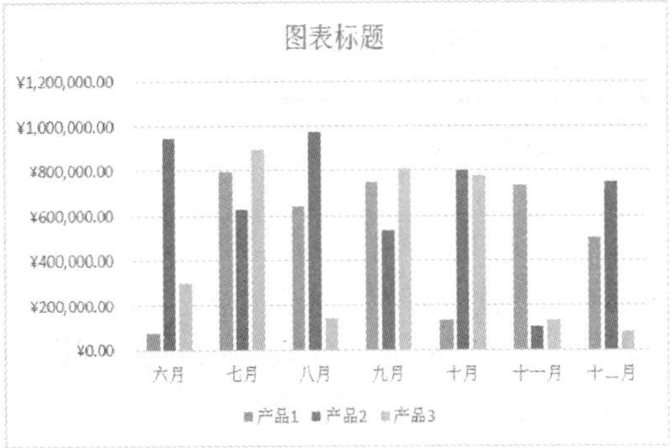

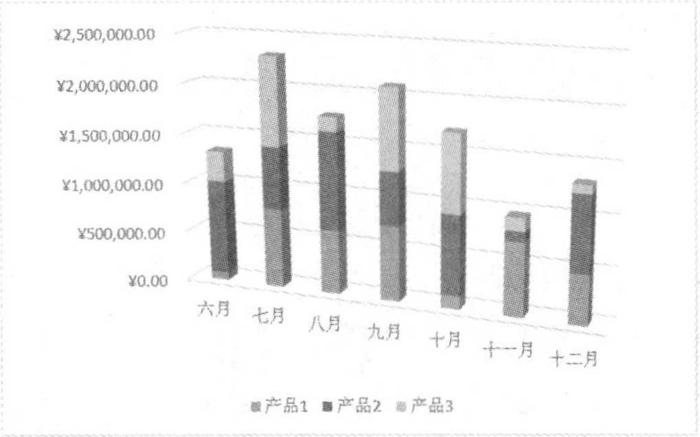

2. 折线图

折线图用于表现一组或多组数据的大小变化趋势。在折线图中数据的顺序非常重要，通常数据之间有时间变化关系才会使用折线图。下图所示就为折线图。

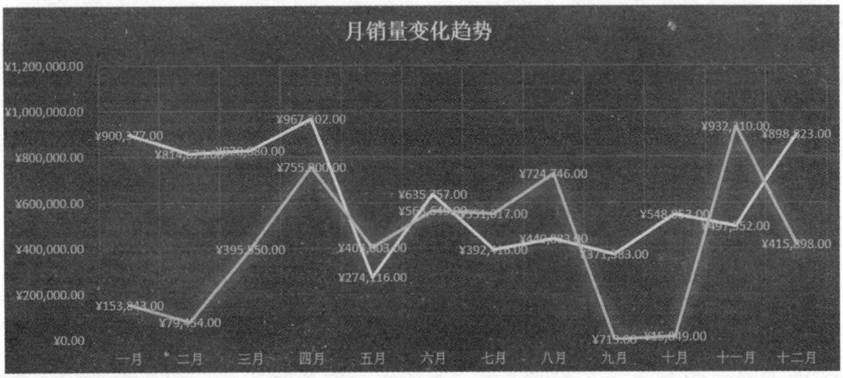

3. 饼图和圆环图

要表现多个数据在总数据中的占比情况，可以使用饼图或圆环图。在饼图和圆环图中分别使用了扇形和环形的一部分来表现一个数据在整体数据中的大小比例，不过在圆环图中可以表现多组数据的占比情况。左下图所示为饼图，右下图所示为圆环图。

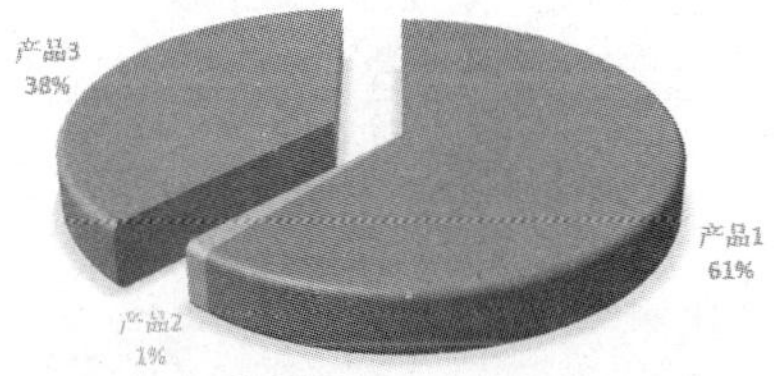

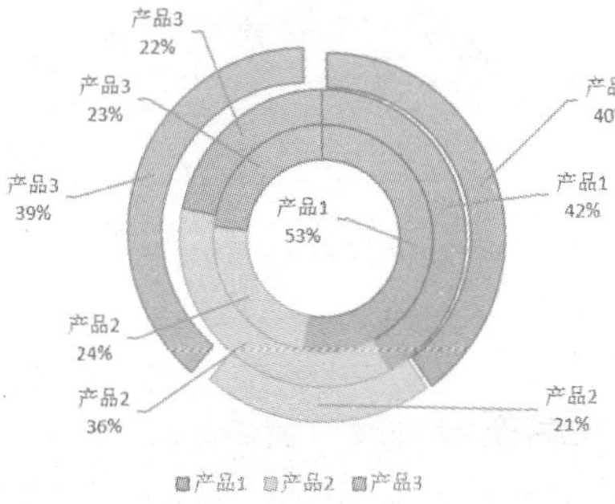

4. 条形图

条形图与柱形图具有相同的表现目的，不同的是，柱形图是在水平方向上依次展示数据，条形图是在纵向上依次展示数据，下两图所示均为条形图。

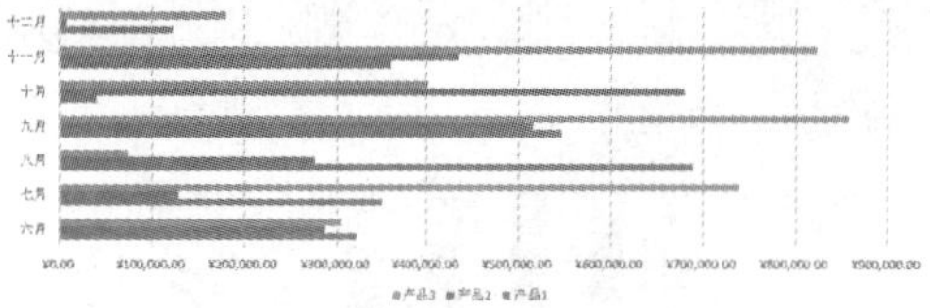

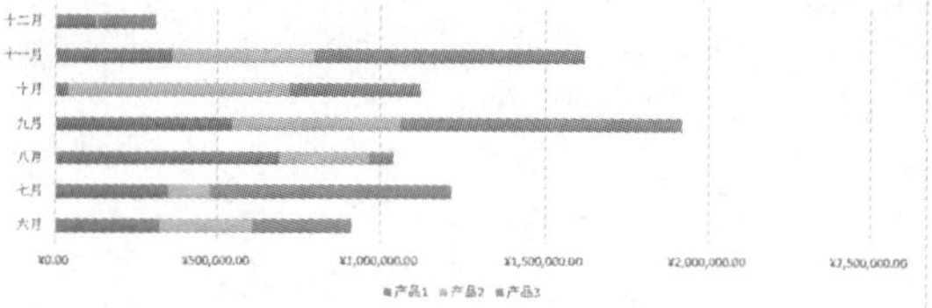

5. 面积图

面积图与折线图类似，主要用于表现数据的趋势，但不同的是，面积图通常用于强调多个数据的总值变化趋势，如下图所示。

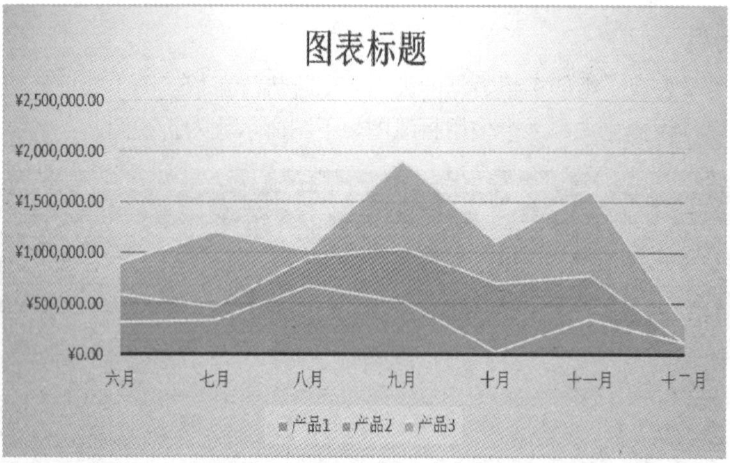

6. 散点图和气泡图

散点图用于表现成对数据之间的关系，对于每一对数字，一个数被绘制在垂直轴上，而另一个被绘制在水平轴上。气泡图与散点图很相似，不同的是在气泡图中可以通过气泡大小来表现数据大小或其他数据关系。如下图所示，左图为散点图，右图为气泡图。

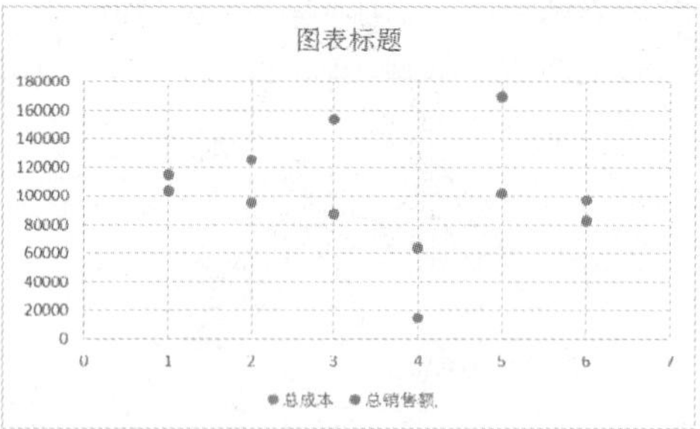

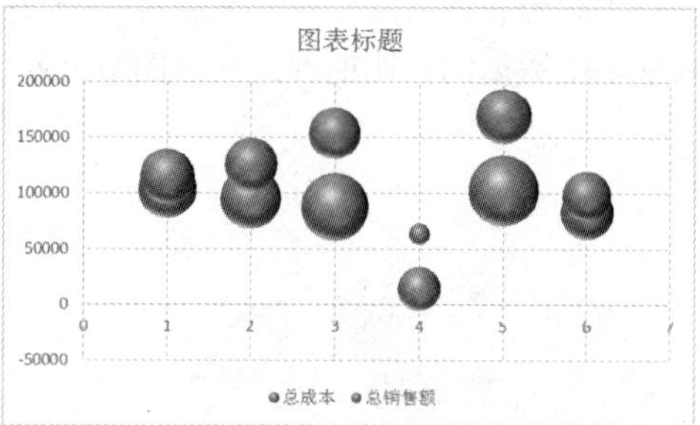

7. 组合图表

组合图表是在一个图表中应用了多个图表类型的元素来同时展示多组数据，这种图表可以更好地区别不同的数据，并强调不同数据关注的侧重点。下图所示是应用柱形图和折线图构成的组合图表。

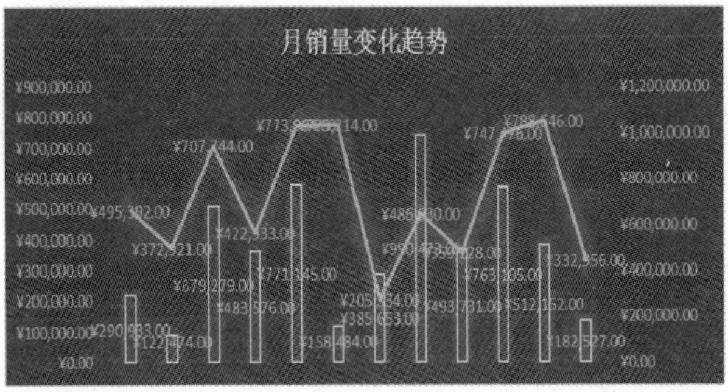

要点 3 图表的组成元素

在一个图表中，为了清晰地表现数据，仅仅只用几个形状是达不到目的的，所以通常情况下，图表中还需要一些基本的组成元素。下面以柱形图的图表为例讲解图表的组成，如下图所示。

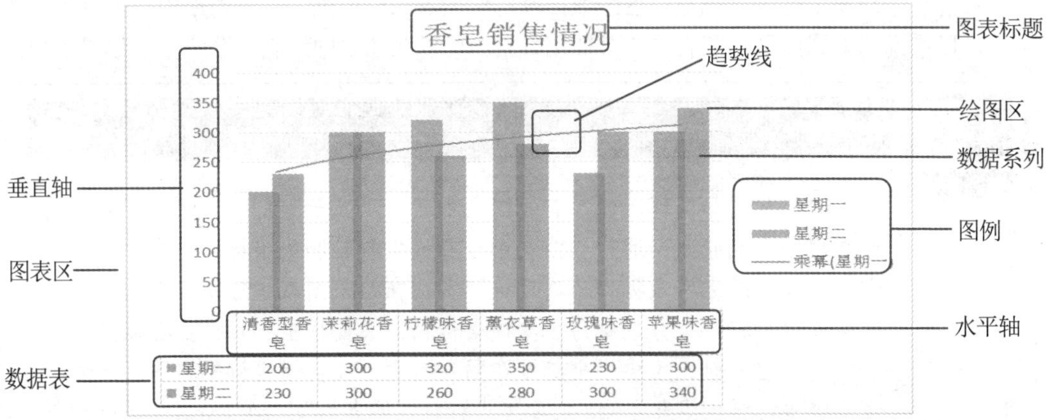

1. 图表标题

用于显示图表的名称。

2. 图表区

在 Excel 中，图表是以一个整体的形式插入表格中的，它类似于一个图片区域，这就是图表区。图表及与图表相关的元素均存在于图表区中。在 Excel 中可以为图表区设置不同的背景颜色或背景图像，下图所示是同一图表应用不同图表区背景的效果。

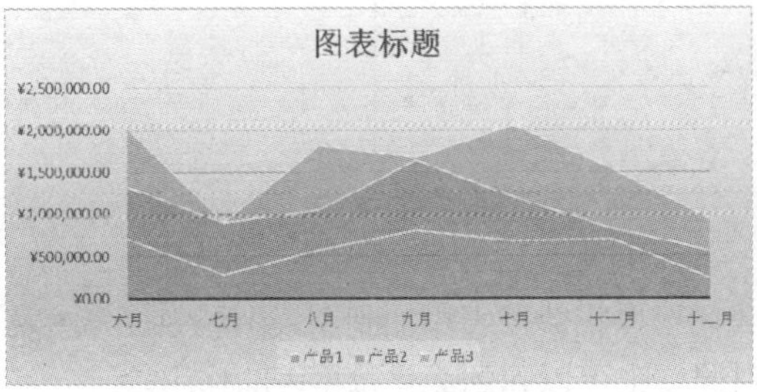

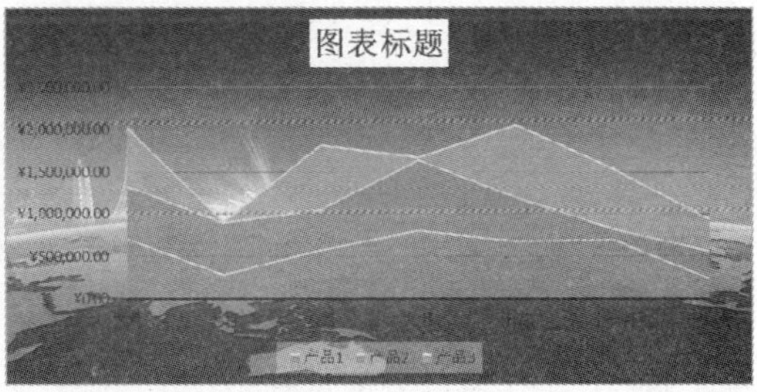

3. 绘图区

图表区中的矩形区域，用于绘制图表序列和网格线，图表中用于表示数据的图形元素也将出现在绘图区中。标签、刻度线和轴标题在绘图区外、图表区内的位置绘制。

4. 图例

图例存在于图表区域中绘图区以外的一种元素，是图表中所用图形或颜色的示例，用于说明图表中不同颜色或形态的图形表示的意义。通常，图表中的数据系列会使用图例来表示。

5. 垂直轴

用于确定图表中垂直坐标轴的最小和最大刻度值，有时也称数值轴。

6. 水平轴

主要用于显示文本标签，有时也称分类轴。

7. 数据系列

在图表中绘制的相关数据点，这些数据源自数据表的行或列。它是根据用户指定的图表类型，以系列的方式显示在图表中的可视化数据。可以在图表中绘制一个或多个数据系列。

> **知识拓展　坐标轴**
>
> 除饼状图和圆环图外，其他图表中还可以显示坐标轴，它是图表中用于表现刻度的轴线。通常在图表中会有横坐标轴和纵坐标轴，在坐标轴上需要用数值或文字数据作为刻度和标签。在组合图表中可以存在两个横坐标轴或纵坐标轴，分别称为主要横坐标轴、次要横坐标轴、主要纵坐标轴和次要纵坐标轴。主要横坐标轴在图表下方，次要横坐标轴在图表上方，主要纵坐标轴在图表左侧，次要纵坐标轴在图表右侧。在 Excel 中，我们还可以为每个坐标轴添加坐标轴标题。

8. 趋势线

趋势线与折线图类似，用于表现数据的变化趋势。不同的是，它表现一组数据整体的变化趋势，不会呈现具体每个数据的变化过程。下图所示是在图表中添加趋势线的效果。

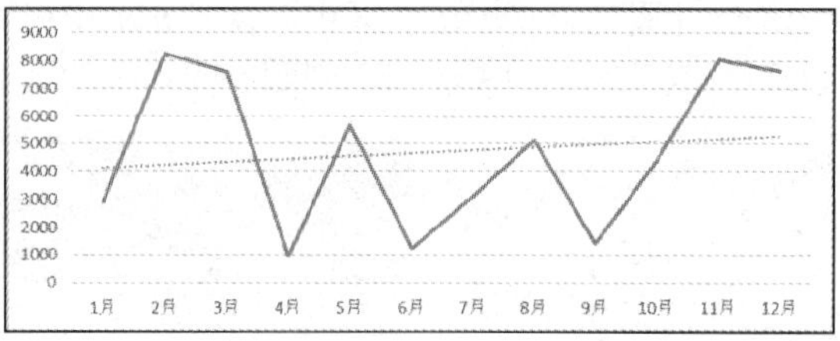

9. 数据表

数据表也就是用于创建图表的数据表格，我们可以将数据表添加到图表区域中，与图表合二为一，不仅可以方便查看图表时与源数据对照，也可以起到美化数据表的作用。

案例训练——实战应用成高手

在 Excel 中应用各种图表可以更清晰地表现数据中的重要信息，并能使数据展示更美观。下面，我们将通过图表实例，介绍常见图表的应用、创建和修饰技能。

案例 01 使用迷你图分析一周的销售情况

◇ 案例概述

迷你图是工作表单元格中的一个微型图表，可提供数据的直观表示。使用迷你图可以显示数值系列中的趋势。

左下图为创建折线图和更改图表为柱形图的迷你图效果，而右下图为使用折线图创建的单一数据迷你图。

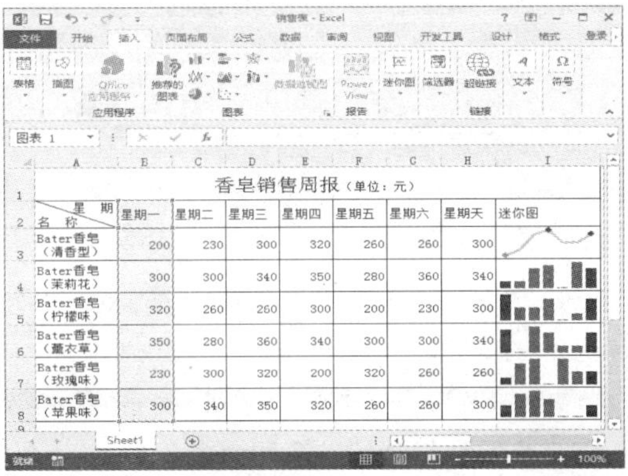

香皂销售周报（单位：元）

名称 \ 星期	星期一	星期二	星期三	星期四	星期五	星期六	星期天	迷你图
Bater香皂（清香型）	200	230	300	320	260	260	300	
Bater香皂（茉莉花）	300	300	340	350	280	360	340	
Bater香皂（柠檬味）	320	260	260	300	200	230	300	
Bater香皂（薰衣草）	350	280	360	340	300	300	340	
Bater香皂（玫瑰味）	230	300	320	200	320	260	260	
Bater香皂（苹果味）	300	340	350	320	260	260	300	

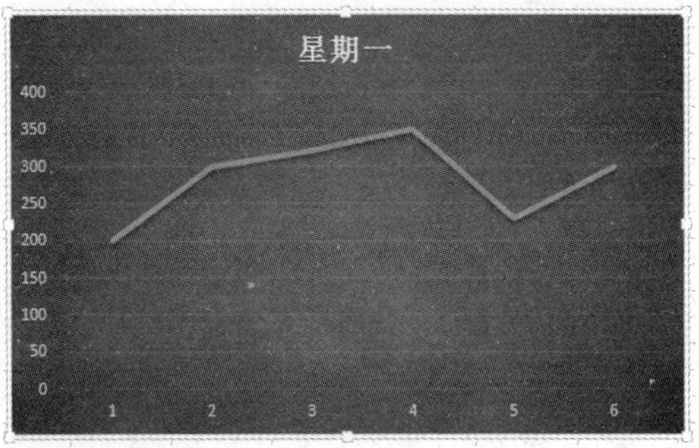

	素材文件：光盘\素材文件\第 6 章\案例 01\销售表.xlsx
	结果文件：光盘\结果文件\第 6 章\案例 01\销售表.xlsx
	教学文件：光盘\教学文件\第 6 章\案例 01.mp4

◇ 制作思路

在 Excel 中制作“销售表”的迷你图表流程与思路如下所示。

一 **制作迷你图**：根据分析数据的需要，创建折线图和柱形迷你图表，按不同的图表类型查看数据。

二 **编辑迷你图**：对于创建的迷你图表，可以使用高点、低点、负点、首点、尾点、标记数据点，根据不同的点可以设置其他颜色。

三 **插入推荐的图表类型**：在 Excel 2013 中，选中数据使用快速分析按钮，插入数据推荐的图表。

◇ 具体步骤

本例中先是创建 Bater 香皂（清香型）的折线迷你图，然后创建 Bater 香皂（茉莉花）的柱形迷你图，再填充 Bater 香皂（柠檬味）、Bater 香皂（薰衣草）、Bater 香皂（玫瑰味）、Bater 香皂（苹果味）柱形图，最后设置折线图样式，标记柱形图首尾点。

1. 插入迷你图

通过在数据旁边插入迷你图，可以为这些数据提供直观展示。迷你图通过清晰简明的图形表示方法显示相邻数据的趋势，而且迷你图只需占用少量空间。

在下表中创建折线迷你图和柱形迷你图的具体操作步骤如下。

第 1 步：执行折线图命令。

打开素材文件\第 6 章\案例 01\销售表.xlsx，❶选择存放图表位置的 I3 单元格；❷单击“插入”选项卡；❸单击“迷你图”工作组中的“折线图”按钮，如下图所示。

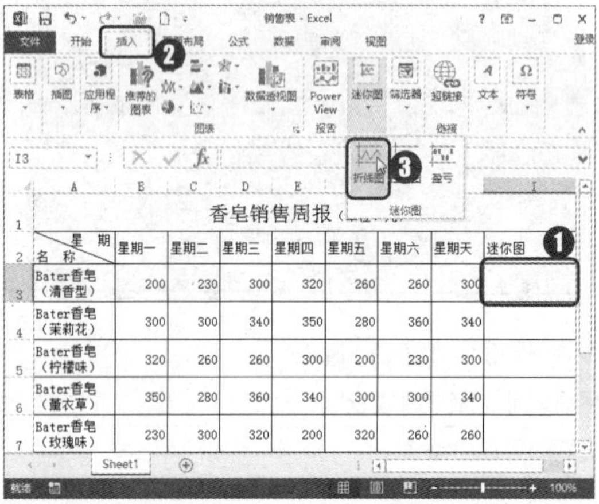

第 2 步：选择折线图的数据区域。

打开“创建迷你图”对话框，❶在“数据范围”框中选择所需数据区域；❷单击“确定”按钮，如下图所示。

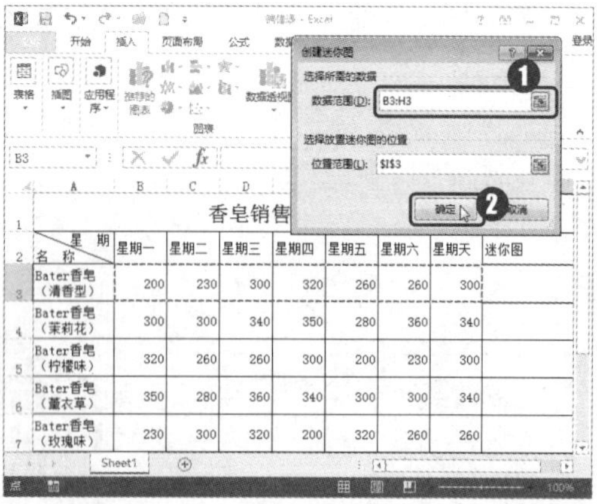

第 3 步：执行创建柱形图命令。

❶选择存放图表位置的 I4 单元格；❷单击“插入”选项卡；❸单击“迷你图”工作组中的“柱形图”按钮，如下图所示。

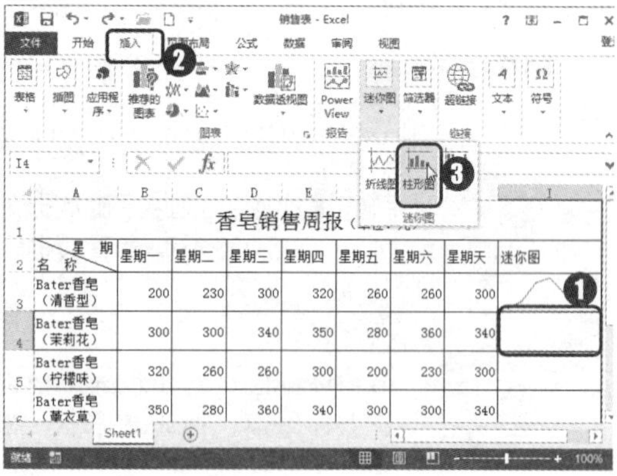

第 4 步：选择柱形图数据区域。

打开“创建迷你图”对话框，❶在“数据范围”框中选择所需数据区域；❷单击“确定”按钮，如下图所示。

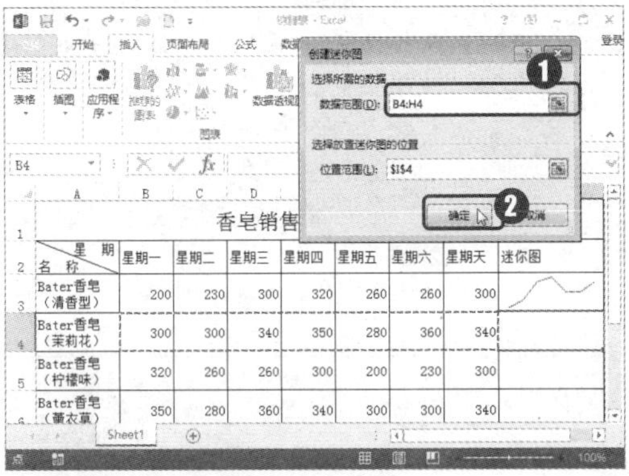

第 5 步：拖动填充迷你图表。

❶选择存放图表位置的 I4 单元格；❷按住左键不放拖动向下填充图表，如下图所示。

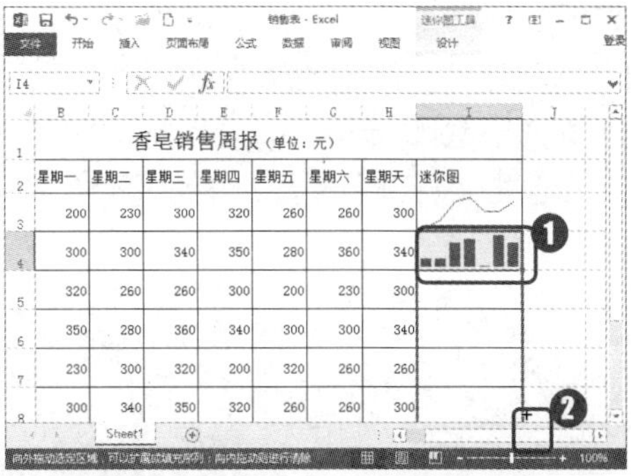

第 6 步：显示创建柱形图的效果。

经过以上操作，创建柱形迷你图并填充，效果如下图所示。

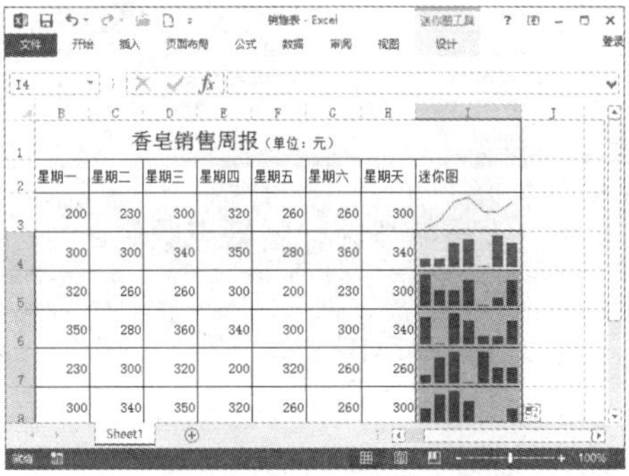

2. 编辑迷你图

在表格中创建好迷你图后，都是默认的样式，为了体现出迷你图的效果，还需要对图表进行编辑，如添加高点、低点、负点、首点、尾点、标记等，并对相关选项进行设置。除了创建默认效果的迷你图，还可以对创建的迷你图进行美化。具体操作步骤如下。

第 1 步：添加显示点的标记。

❶选中 I3 单元格；❷单击“迷你图工具-设计”选项卡；❸在“显示”工作组中单击添加需要标记的点，如下图所示。

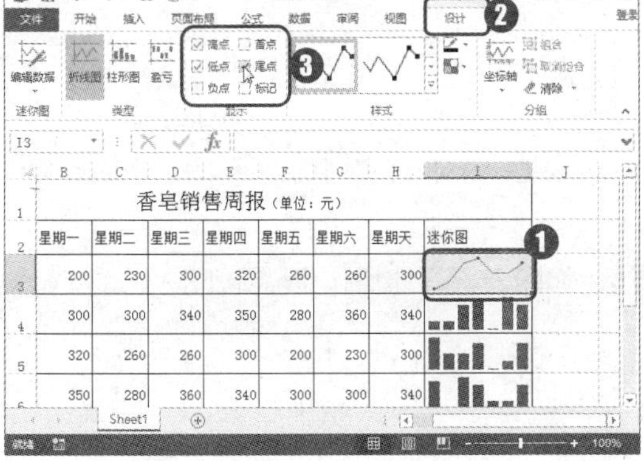

第 2 步：设置折线图的粗细。

❶选中 I3 单元格，单击“迷你图工具-设计”选项卡；❷单击“迷你图颜色”按钮；❸指向“粗细”命令；❹单击“2.25 磅”命令，如下图所示。

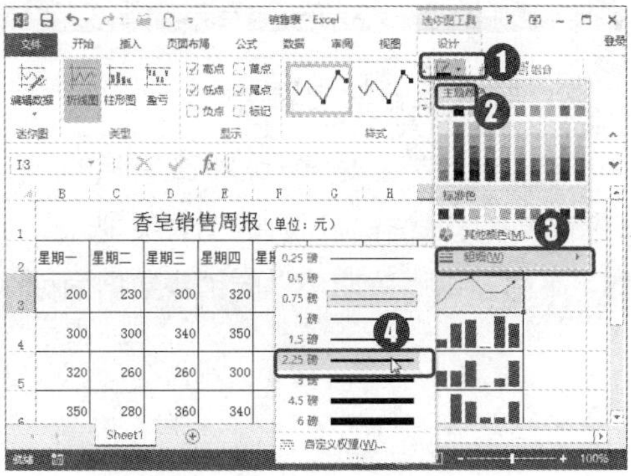

第 3 步：设置折线图的颜色。

❶选中 I3 单元格，单击“迷你图颜色”按钮；❷单击“标准色”组中的“橙色”命令，如下图所示。

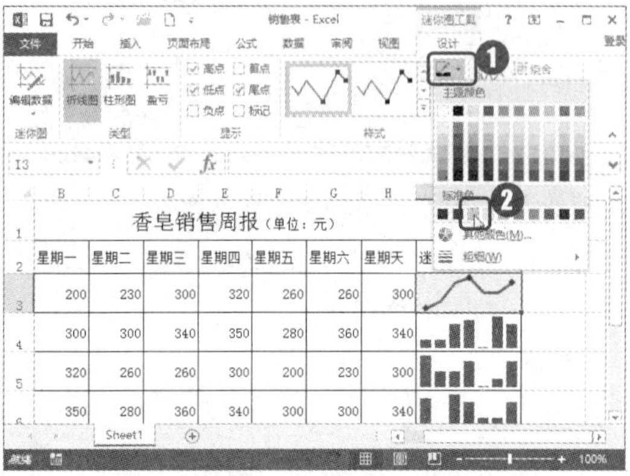

第 4 步：设置折线迷你图低点颜色。

❶选中 I3 单元格，单击“迷你图工具-设计”选项卡；❷单击“标记颜色”按钮；❸指向“低点”命令；❹单击“绿色”命令，如下图所示。

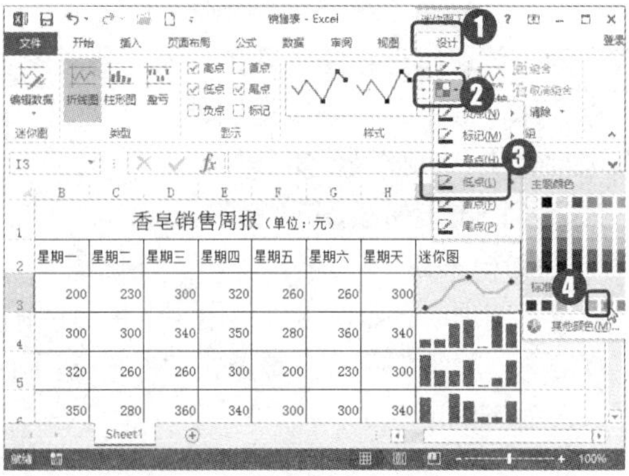

第 5 步：设置柱形图的首点和尾点。

选中 I4 单元格，在“显示”组中勾选“首点”和“尾点”复选框，如下图所示。

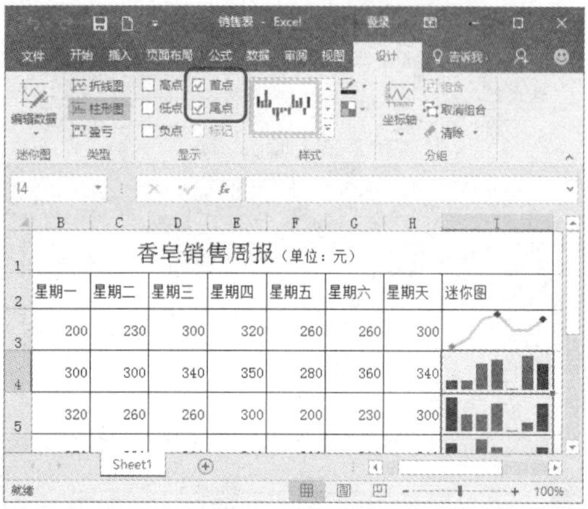

第 6 步：设置柱形图的颜色。

选中 I4:I8 单元格区域，设置首点和尾点为深红色，效果如下图所示。

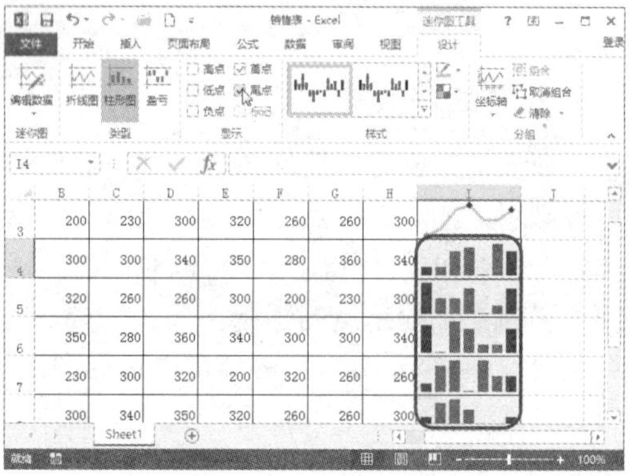

3. 插入推荐的图表类型

推荐图表类型是 Excel 2013 新增的一个功能，这是一个非常实用的功能，用户根据推荐的图表即可快速找到适合的图表类型。

下面，以“星期一”的销售数据为标准创建迷你图表，具体操作步骤如下。

第 1 步：执行折线图命令。

❶选择 B2:B8 单元格区域；❷单击“快速分析”按钮；❸单击“图表”选项卡；❹单击“折线图”按钮，如下图所示。

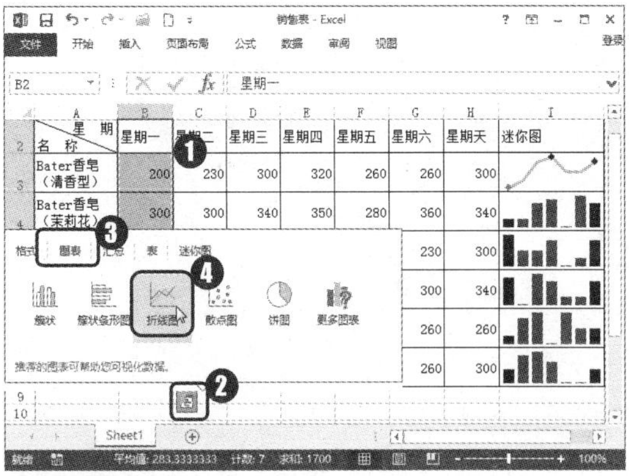

第 2 步：设置图表样式。

❶选中图表，单击“图表工具-设计”选项卡；❷单击“图表样式”组中的“样式 7”选项，如下图所示。

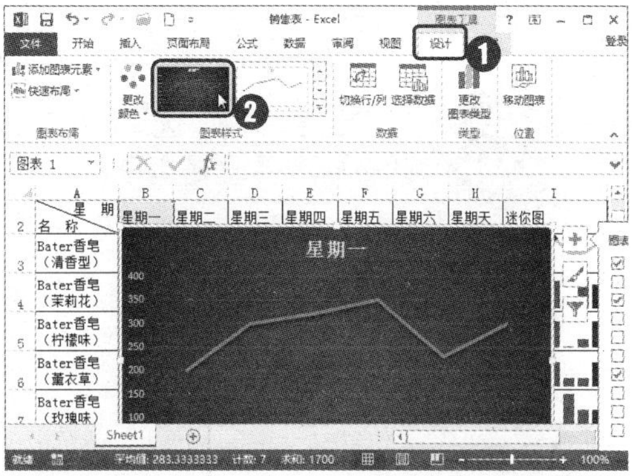

案例 02 利用柱形图分析各产品销售情况

◇ 案例概述

柱形图通常用于显示一段时间内数据的变化或说明各项数据之间的比较情况。本例将为产品销售情况中的数据创建图表，以图表方式展示表中的数据，方便用户查看不同产品销售数据的对比图示。

左下图所示为创建图表的数据源，而右下图所示则是通过创建图表的方法，创建的销售图表。

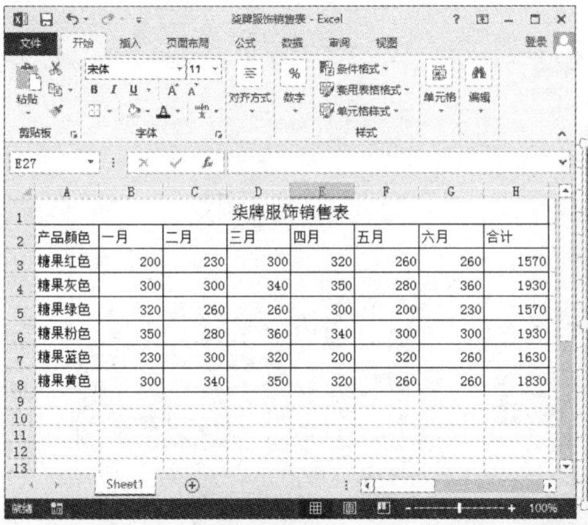

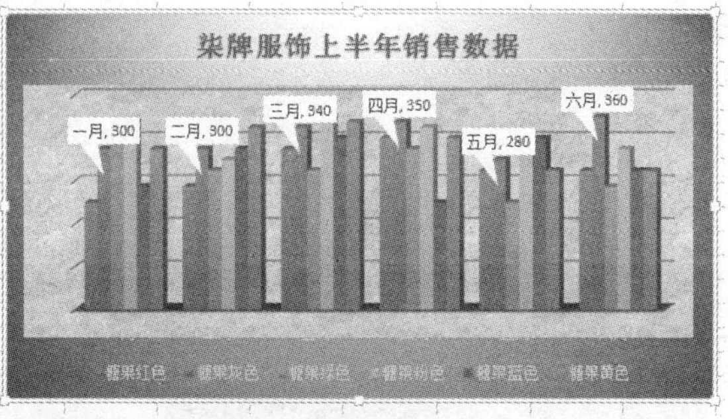

	素材文件：光盘\素材文件\第 6 章\案例 02\柒牌服饰销售表.xlsx
	结果文件：光盘\结果文件\第 6 章\案例 02\柒牌服饰销售表.xlsx
	教学文件：光盘\教学文件\第 6 章\案例 02.mp4

◇ 制作思路

在 Excel 中制作“柒牌服饰销售表”的销售图表流程与思路如下所示。

一 **创建图表**：根据上半年的销售数据创建图表，然后使用图表对数据进行分析。

二 **调整图表布局**：选择图表样式创建好图表后，可以根据需要对图表的布局进行设置。

三 **设置图表格式**：为了制作的图表外观感更强一些，可以使用样式和设置绘图区的背景。

◇ 具体步骤

使用柱形图查看销售情况，直接按数据系列的高低即可看出产品的销售状况，制作销售表，首先需要创建图表，调整图表的布局，然后设置图表格式。

1. 创建图表

要直观形象地查看与分析产品销售表中的数据情况，可以将这些数据创建为图表，本例将按产品颜色的数据创建柱形图，通过柱形图清楚地查看各产品颜色每月的销售情况，具体操作步骤如下。

第 1 步：创建三维柱形图。

打开素材文件\第 6 章\案例 02\柒牌服饰销售表.xlsx，❶选择 A2:G8 单元格区域；❷单击“插入”选项卡“柱形图”按钮；❸单击“三维簇状柱形图”选项，如下图所示。

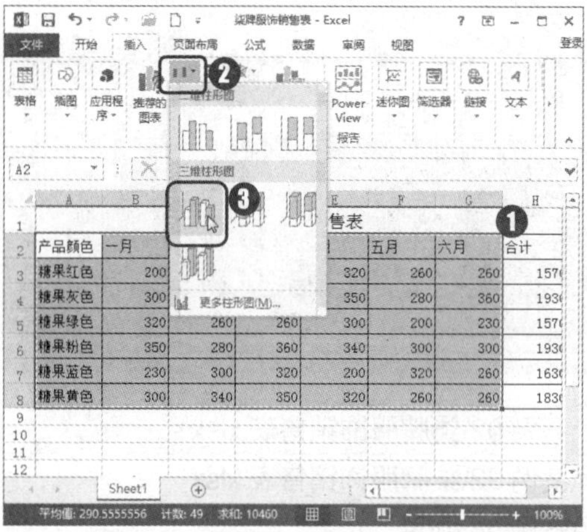

第 2 步：显示创建图表的效果。

经过以上操作，创建三维簇状柱形图，效果如下图所示。

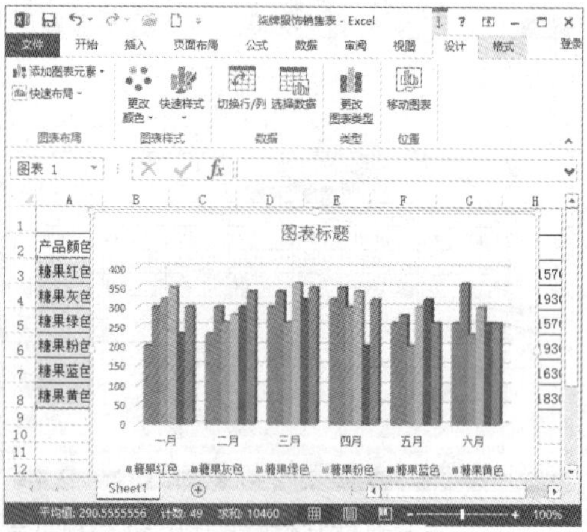

2. 调整图表布局

为使图表更加美观，使数据表现得更为清晰，可对图表添加各种修饰，本例中将介绍对销售数量的图表进行修饰。

（1）设置图表标题

通常一个图表需要有一个名称，即用一个简单的语言概括该图表需要表现的意义。在 Excel 中创建图表，默认情况下都不会包含标题，因此需要为图表添加标题。具体操作步骤如下。

第 1 步：选中图表标题文本。

在图表的标题框中选中图表标题文本字样，如下图所示。

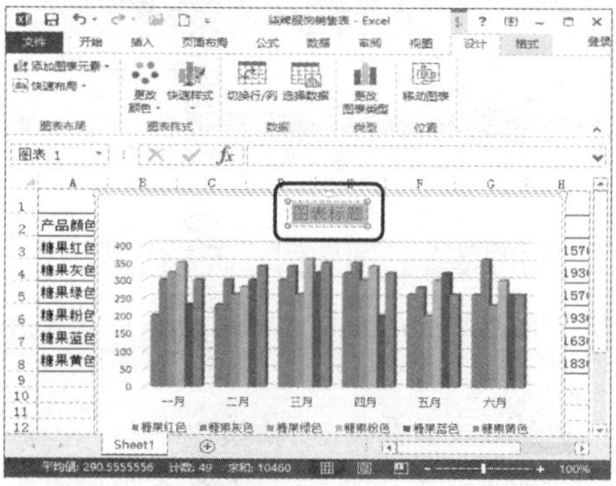

第 2 步：输入标题文本。

输入需要给出的柱形图名称，效果如下图所示。

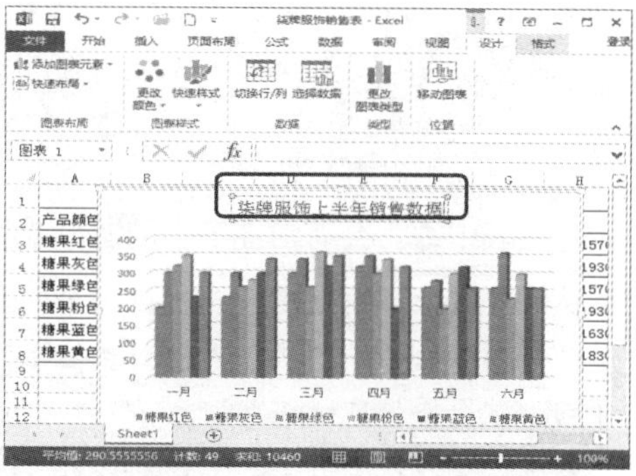

高手点拨　图表标题的注意事项

在图表的标题框中输入名称一定是与图表相关的内容，让使用者一看就清楚图表所要表达的意思。

（2）设置坐标轴标题

在许多图表中都具有坐标轴，用于体现数据的类别或具体的数值。在本例应用的图表中，横坐标表示产品不同的颜色，而纵坐标则表示产品颜色的销售数值，为使图表显示得更加清楚，可以为图表添加上坐标轴标题。具体操作步骤如下。

第 1 步：执行主要横坐标轴命令。

❶选择图表，单击“图表工具-设计”选项卡；❷单击“添加图表元素”按钮；❸指向“坐标轴”命令；❹单击“主要横坐标轴”命令，如下图所示。

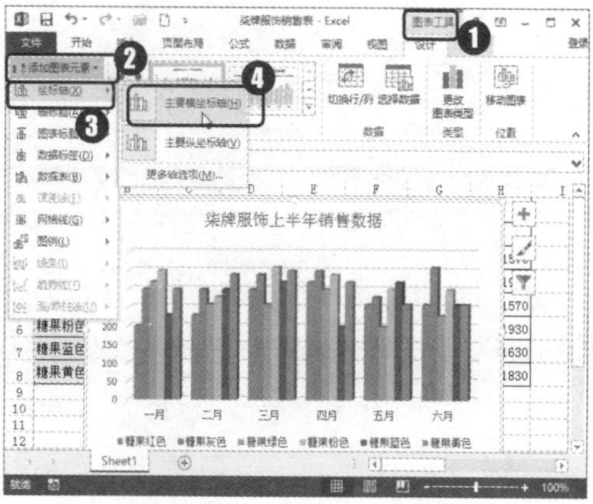

第 2 步：显示设置坐标轴的效果。

经过以上操作，设置图表主要横坐标轴效果如下图所示。

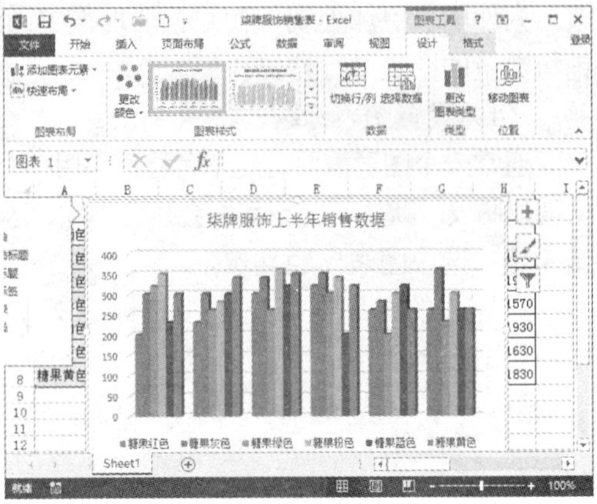

（3）更改图例位置

在图表中通常会有对图表中的图形或颜色进行说明的部分，即图例。在本例图表中，图例默认的位置在图表底部，用于标出不同的颜色所代表的型号，为使图例更显眼，整体布局更美观，将图例位置设置于右侧。具体操作步骤如下。

第 1 步：执行图例右侧命令。

❶选择图表，单击“图表工具-设计”选项卡；❷单击“添加图表元素”按钮；❸指向“图例”命令；❹单击“右侧”命令，如下图所示。

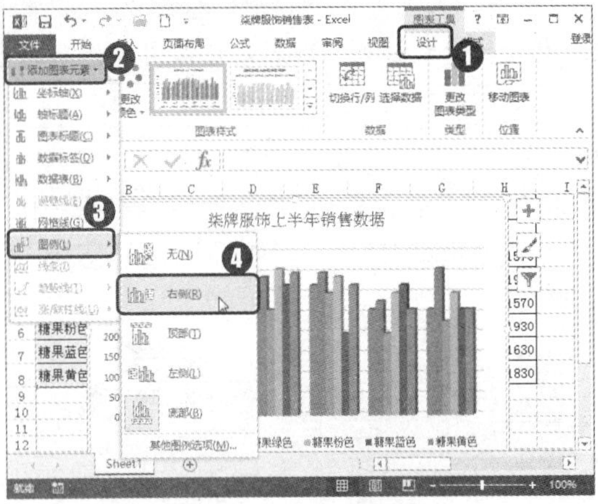

第 2 步：显示更改图例后的效果。

经过上步操作后，更改图例位置为右侧，效果如下图所示。

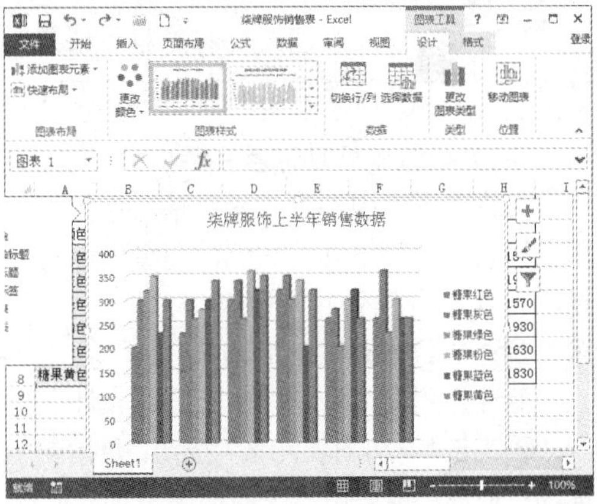

（4）显示数据标签

在图表中通常没有显示图形表示的具体数值，为了查看图表中各部分图表所表示的数据值，可以显示数据标签。具体操作步骤如下。

第 1 步：执行数据标注命令。

❶选择糖果灰色系列，单击“图表工具-设计”选项卡；❷单击“添加图表元素”按钮；❸指向“数据标签”命令；❹单击“数据标注”命令，如下图所示。

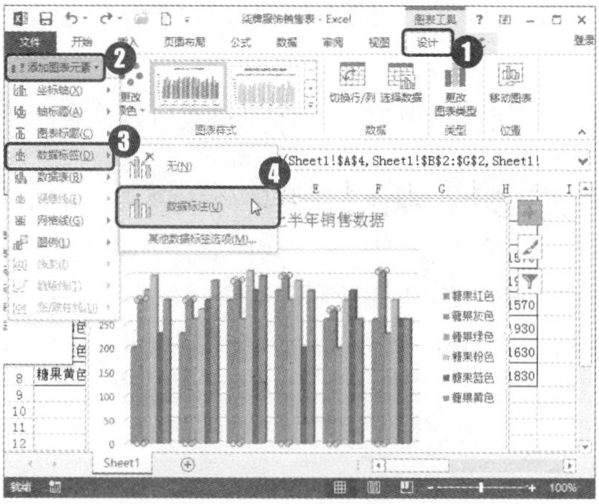

第 2 步：显示添加数据标注的效果。

经过上步操作，为糖果灰色添加数据标签，效果如下图所示。

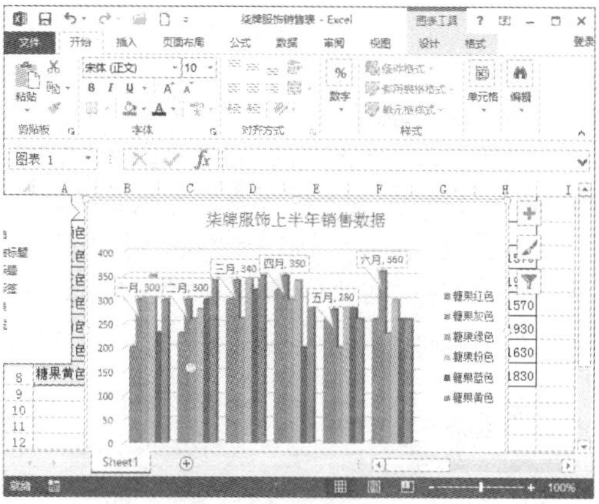

（5）设置坐标轴刻度

图表的坐标轴都会有刻度值，如本例图表中的纵坐标轴默认以数据 0、50、100、150、200、250、300、350、400 等为坐标轴刻度，其最大值为 400，为使坐标刻度数据显示得更为清晰，现将坐标轴刻度调整为每隔 80 显示一个刻度值。具体操作步骤如下。

第 1 步：执行设置坐标轴格式命令。

❶右击“坐标轴刻度”；❷单击“设置坐标轴格式”命令，如下图所示。

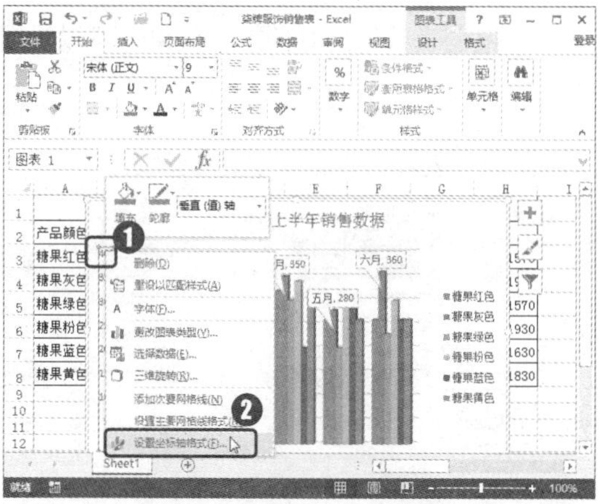

第 2 步：输入坐标轴最主要的刻度值。

❶单击“坐标轴选项”按钮；❷在“单位→主要”框中输入新的刻度值；❸单击“关闭”按钮，如下图所示。

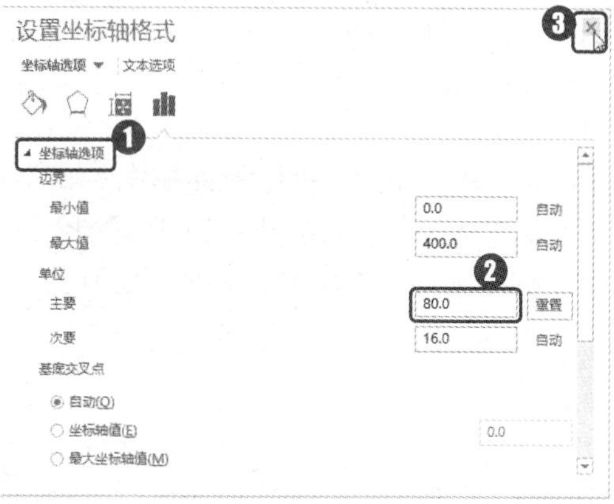

第 3 步：显示设置坐标轴刻度值的效果。

经过以上操作，设置坐标轴的主要刻度，效果如下图所示。

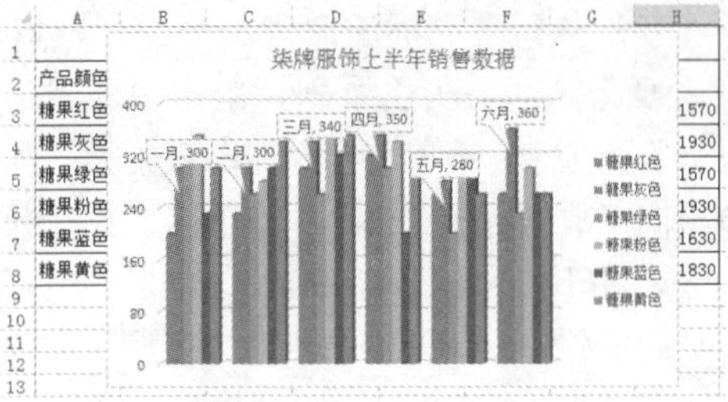

（6）添加网格线

为更清楚地显示图表中的数据值或数据分类，可以显示或隐藏主要网格线以及次要网格线。例如，添加纵网格线的具体操作步骤如下。

第 1 步：执行主轴主要垂直网格线命令。

❶单击“设计”选项卡中的“添加图表元素”按钮；❷指向“网格线”命令；❸单击“主轴主要垂直网格线”命令，如下图所示。

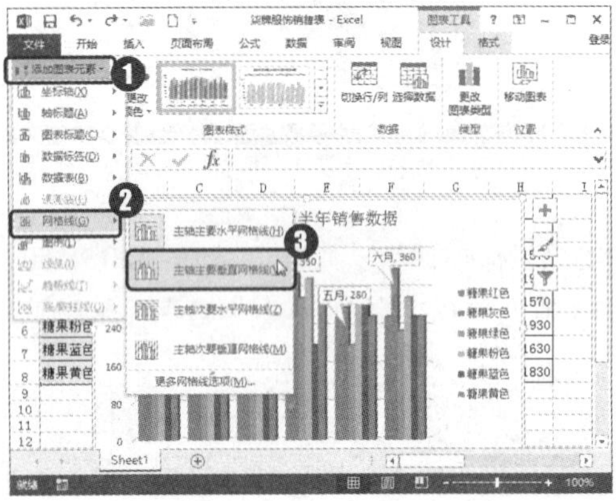

第 2 步：显示添加网格线的效果。

经过上步操作，为图表添加垂直网格线，效果如下图所示。

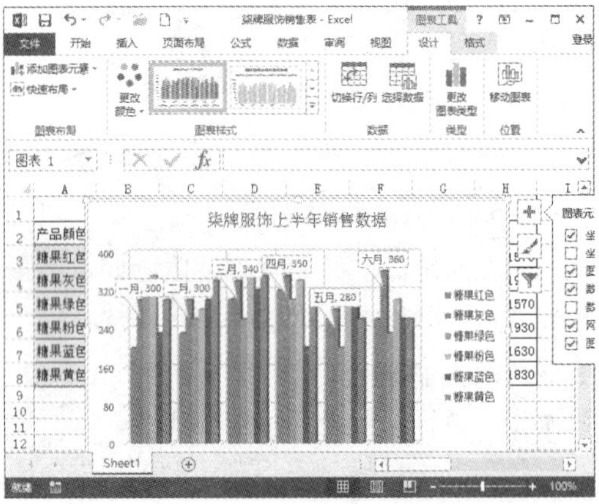

3. 设置图表格式

在 Excel 中应用图表时，为提高图表的美观度，使图表具有更好的视觉效果，可以设置图表中各元素的格式，并为图表添加各种修饰。

（1）为图表应用快速样式

要快速为图表添加修饰效果，可为图表应用内置的图表样式。具体操作步骤如下。

第 1 步：执行添加图表样式的操作。

❶选择图表，单击“图表工具-设计”选项卡；❷单击“样式 9”样式，如下图所示。

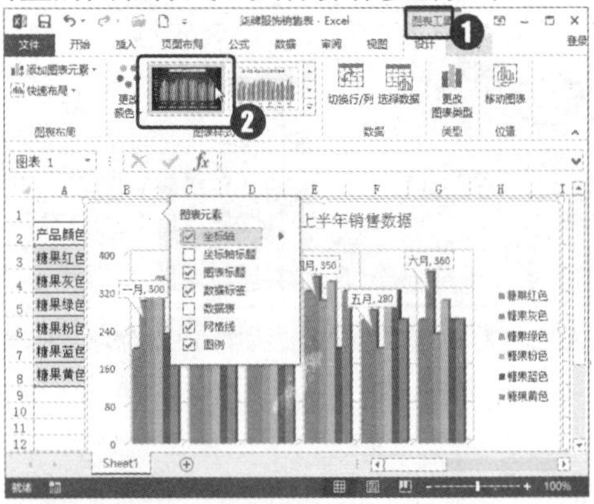

第 2 步：显示添加图表样式的效果。

经过上步操作，为图表应用内置的样式，效果如下图所示。

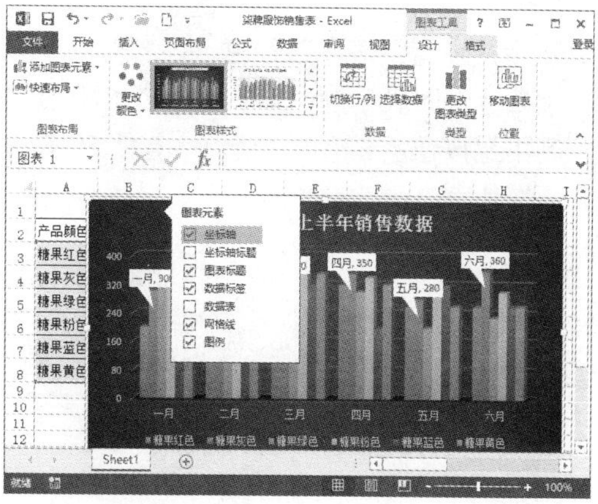

（2）设置图表区背景

图表区即工作表中放置图表的整个矩形区域，在对图表进行修饰时可以设置图表区背景颜色或背景图片。例如，为图表区设置渐变填充效果，具体操作步骤如下。

第 1 步：执行新建工作表命令。

❶选择图表，单击“图表工具-格式”选项卡；❷单击“形状样式”对话开启按钮，如下图所示。

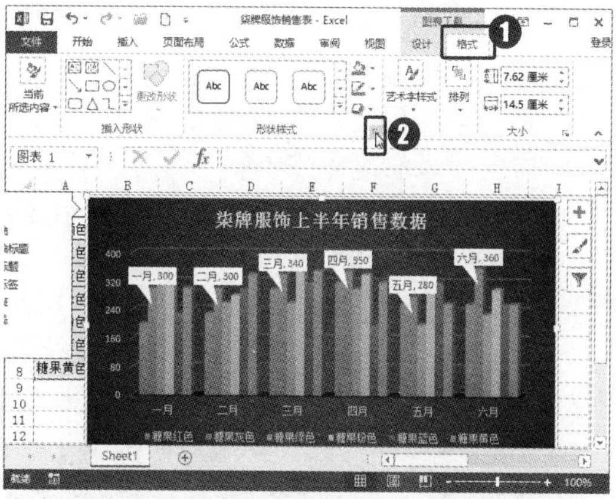

第 2 步：执行重命名命令。

❶单击“填充”组中的“渐变填充”单选按钮；❷在“预设渐变”列表框中选择预设样式；❸单击“关闭”按钮，如下图所示。

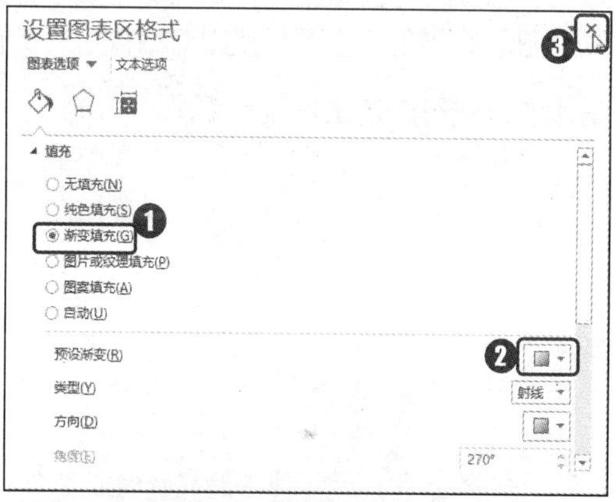

第 3 步：显示设置背景的效果。

经过以上操作，设置图表的渐变填充，效果如下图所示。

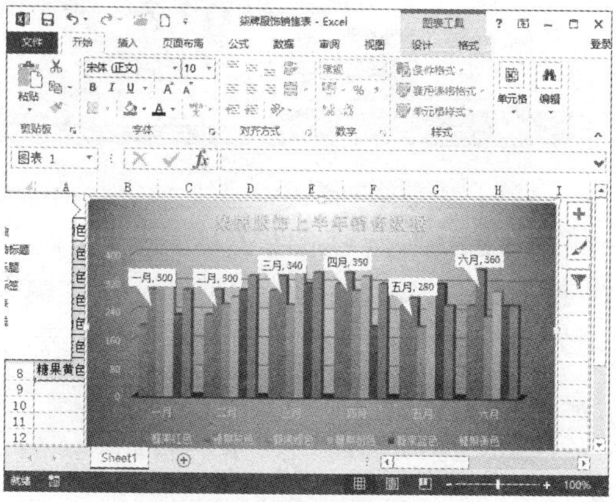

第 4 步：设置图表标题颜色。

❶选中图表标题；❷单击“字体颜色”右侧的下拉按钮；❸单击“蓝色，着色 5”命令，如下图所示。

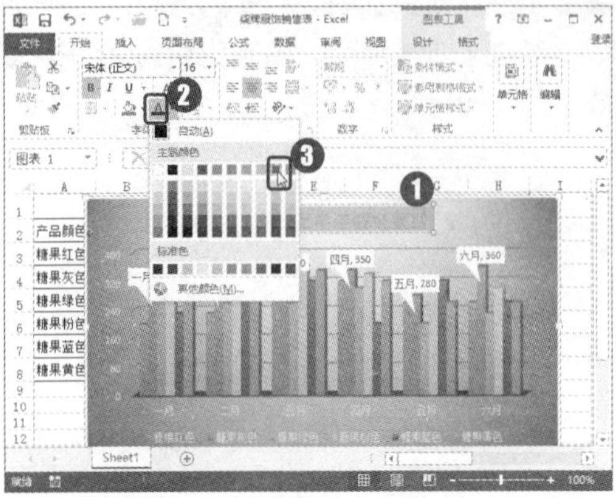

（3）设置绘图区的填充颜色

在图表区中通过横坐标轴和纵坐标轴界定的区域称为绘图区，用于显示绘制出的数据图形，它包含所有的数据系列、坐标轴及坐标轴标题、刻度值和刻度线、背景墙等元素。要设置绘图区的颜色，也可以使用对话框进行操作，具体操作步骤如下。

第 1 步：执行新建工作表命令。

❶选择绘图区，单击“图表工具-格式”选项卡；❷单击“形状填充”按钮；❸指向“纹理”命令；❹单击需要的样式，如下图所示。

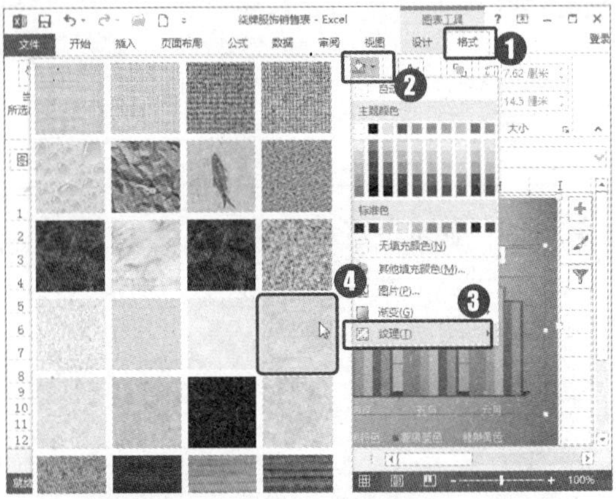

第 2 步：显示设置绘图区背景的效果。

经过上步操作，设置图表的绘图区背景，效果如下图所示。

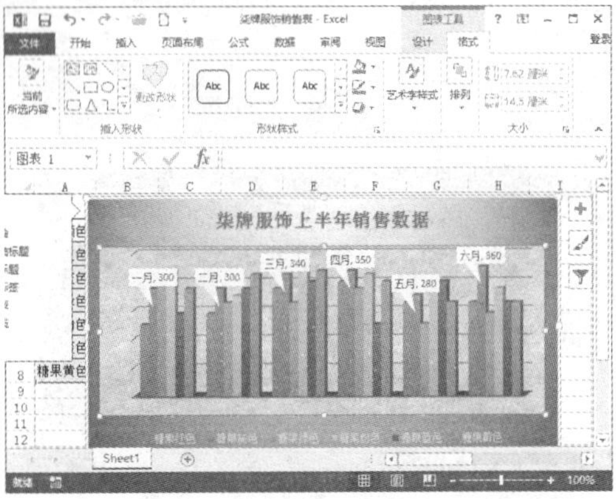

（4）更改系列颜色

在图表中每一类的数据称为一个系列，用一种颜色表示。例如，本例图表中“糖果红色”“糖果灰色”“糖果绿色”“糖果粉色”“糖果蓝色”“糖果黄色”均为不同的系列，在图表中分别用不同的颜色表示。若要自行设定某一系列使用的颜色，则可在选择该系列后设置其填充颜色。具体操作步骤如下。

第 1 步：执行数据系列的颜色命令。

❶选中糖果蓝色系列，单击“图表工具-格式”选项卡；❷单击“形状”组中的“形状填充”按钮；❸单击“绿色”样式，如下图所示。

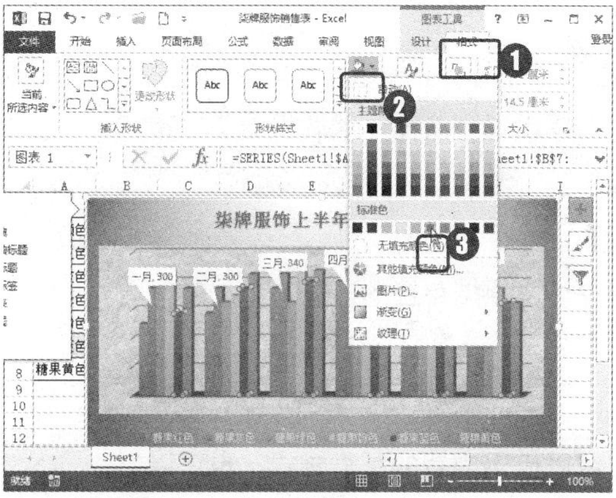

第 2 步：显示设置系列颜色的效果。

经过上步操作后，将系列糖果蓝色的颜色更改为绿色，效果如下图所示。

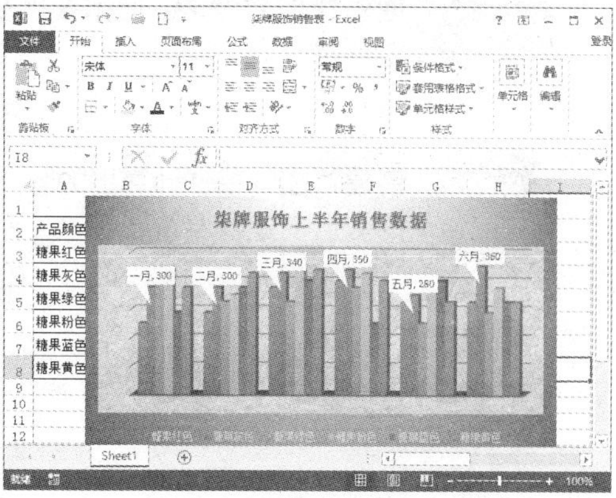

案例 03 制作饼图分析各地区的业绩

◇ 案例概述

饼图主要用于显示数据系列中各项的大小与各项总和的比例，其数据分布特点为饼图中的数据点显示为整个饼图的百分比。因此，如果用户需要查看数据占整个数据的百分比，可以使用饼图。左下图所示，为相关地区和城市的营业额，可通过创建右下图所示的图表来统计与分析数据。

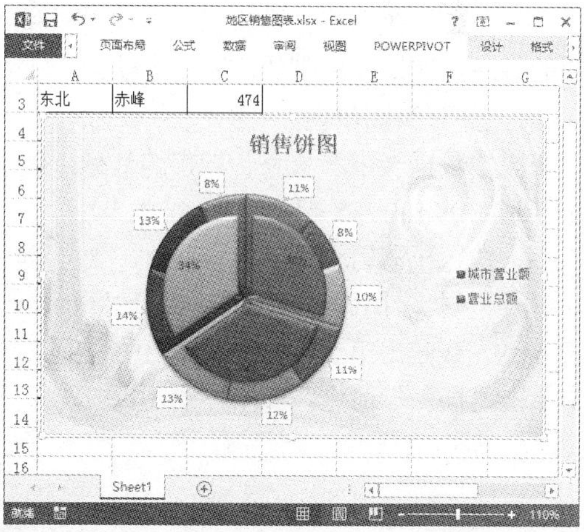

素材文件：光盘\素材文件\第 6 章\案例 03\地区销售图表.xlsx、背景图片.jpg

结果文件：光盘\结果文件\第 6 章\案例 03\地区销售图表.xlsx

教学文件：光盘\教学文件\第 6 章\案例 03.mp4

◇ **制作思路**

在 Excel 中制作“地区销售图表”的流程与思路如下所示。

一 **创建饼图数据源**：使用 SUM 函数按地区对各城市的销售数据进行求和。

二 **创建饼图**：根据计算出的数据，创建出二维饼图，然后根据各城市的数据创建双层饼图。

三 **编辑图表布局**：创建图表后，用户可以根据自己的方式对布局进行调整。

四 **美化图表**：调整好图表布局后，可以应用内置的图表样式，也可以使用颜色或图片美化图表。

◇ **具体步骤**

饼图将某个数据系列中的单独数据转为数据系列总和的百分比，然后依照百分比比例绘制在一个圆形上，数据点之间用不同的图案填充，它只能显示一组数据系列。主要用来显示单独的数据点相对于整个数据系列的关系或比例。下面主要介绍计算饼图数据源、创建饼图和编辑饼图等相关知识。

1. 创建饼图图表

在 Excel 中饼图有二维饼图、三维饼图和圆环图三种类型，下面以创建二维饼图和双层饼图的方法为例，介绍制作饼图的方法。

（1）计算饼图数据

在原始数据表中，只有各城市的数据，使用 SUM 函数计算出各地区的营业总额。具体操作步骤如下。

第 1 步：执行插入行命令。

打开素材文件\第 6 章\案例 03\地区销售图表.xlsx，❶右击第 5 行；❷在弹出的快捷菜单中单击“插入”命令，如下图所示。

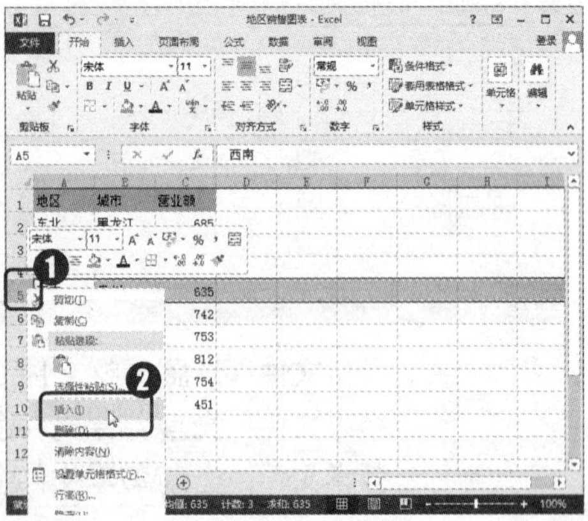

第 2 步：输入东北地区计算公式。

❶在 A5 单元格中输入“东北合计”，在 B5 单元格中输入公式“=SUM(C2:C4)”；❷单击“编辑栏”中的“✔”按钮，如下图所示。

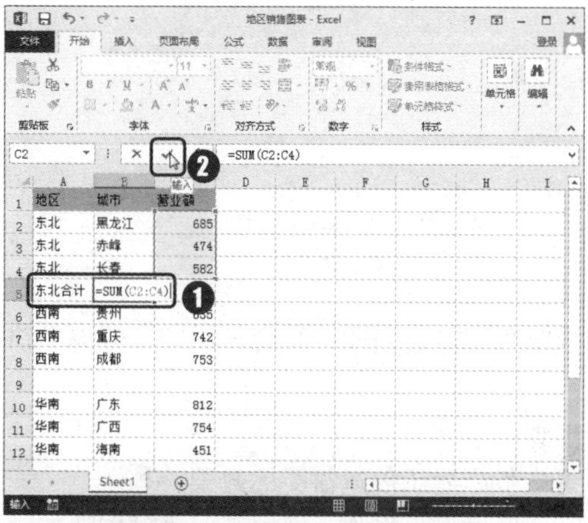

第 3 步：输入西南地区计算公式。

❶在 A9 单元格中输入“西南合计”，在 B9 单元格中输入公式“=SUM(C6:C8)”；❷单击“编辑栏”中的“✔”按钮，如下图所示。

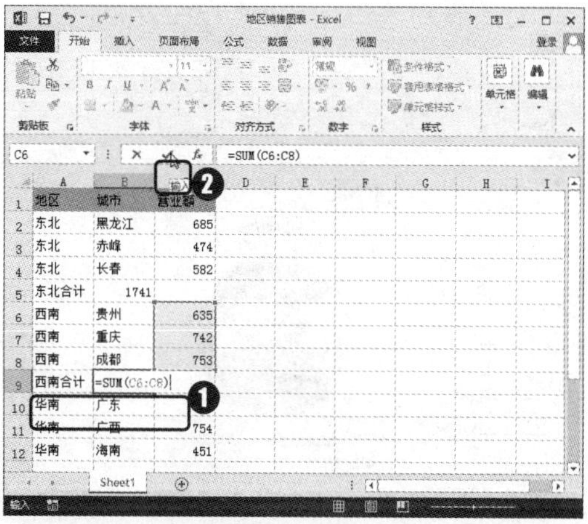

第 4 步：输入华南地区计算公式。

❶在 A13 单元格中输入“华南合计”，在 B13 单元格中输入公式“=SUM(C10:C12)”；❷单击“编辑栏”中的“✔”按钮，如下图所示。

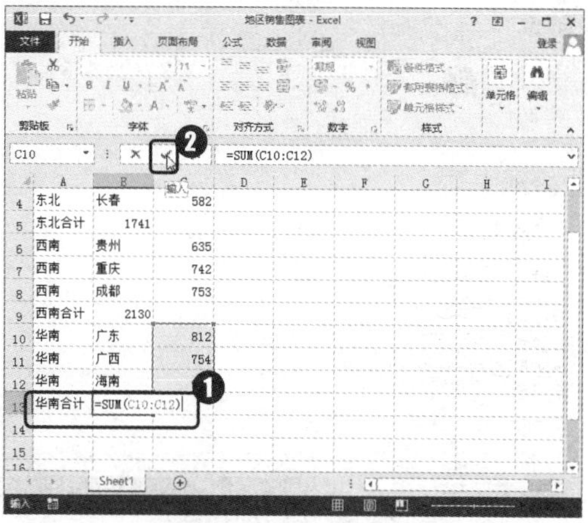

第 5 步：执行所有框线命令。

❶选择 A1:C13 单元格区域；❷单击“下框线”右侧的下拉按钮；❸单击“所有框线”命令，如下图所示。

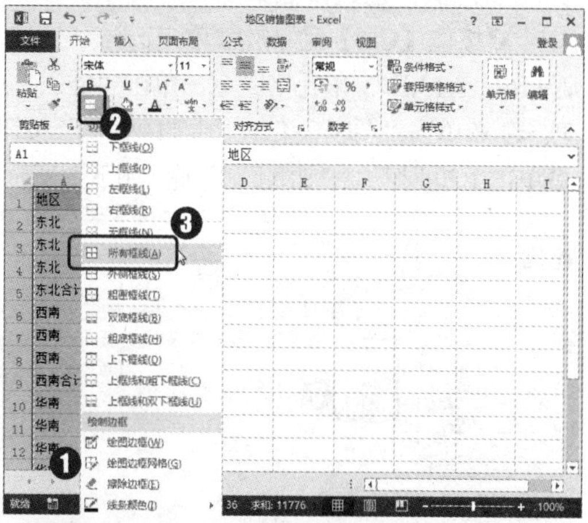

第 6 步：执行粗底框线命令。

❶选择 A5:C5 单元格区域；❷单击“下框线”右侧的下拉按钮；❸单击“粗底框线”命令，如下图所示（重复操作为 A9:C9 和 A13:C13 单元格区域添加粗底框线）。

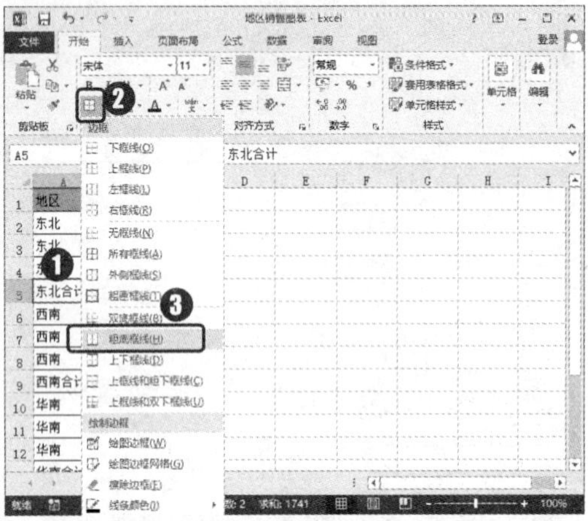

（2）选择总额数据创建饼图

在饼图中包含6种子类型。分别为饼图、三维饼图、复合饼图、复合条饼图、分离型饼图和分离型三维饼图。

根据计算出的营业总额创建饼图的具体操作步骤如下。

第1步：执行创建饼图的操作。

❶按住【Ctrl】键不放，单击选择A5:B5、A9:B9、A13:B13单元格区域，单击“插入”选项卡；❷单击“图表”工作组中的“饼图”按钮；❸单击下拉列表中“饼图”选项，如下图所示。

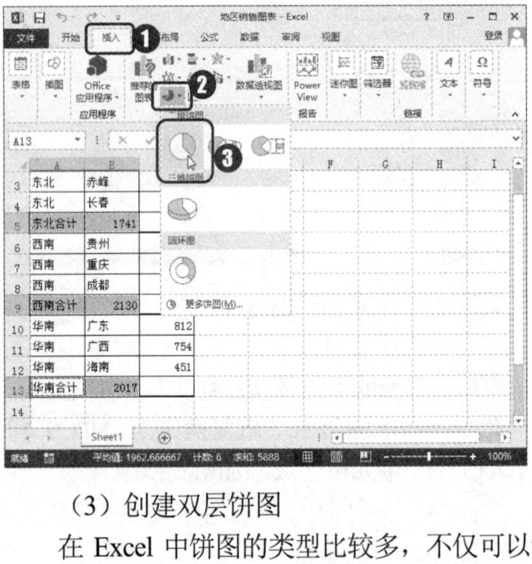

第2步：显示创建饼图的效果。

经过上步操作，根据营业总额创建的饼图，效果如下图所示。

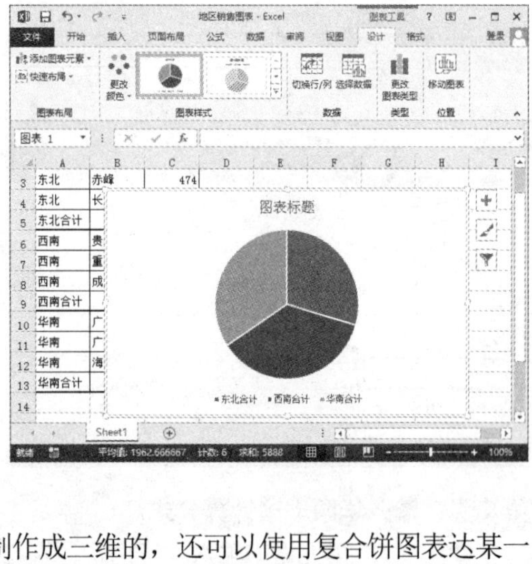

（3）创建双层饼图

在Excel中饼图的类型比较多，不仅可以制作成三维的，还可以使用复合饼图表达某一块图表下属子集的组成。如果每一块饼图都要显示其下属子集组成的话，就要绘制多层饼图。具体操作步骤如下。

第 1 步：执行选择数据的操作

❶输入图表标题并选中图表；❷单击“图表工具-设计”选项卡；❸单击“数据”工作组中的“选择数据”按钮，如下图所示。

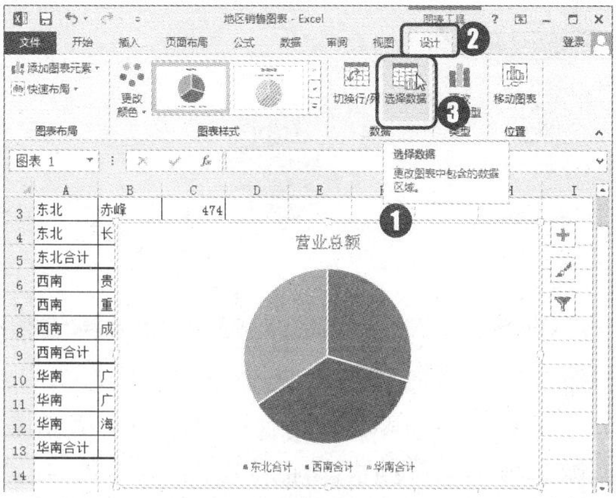

第 2 步：单击“添加”按钮

打开“选择数据源”对话框，❶修改图例项名称为“营业总额”；❷单击“添加”按钮，如下图所示。

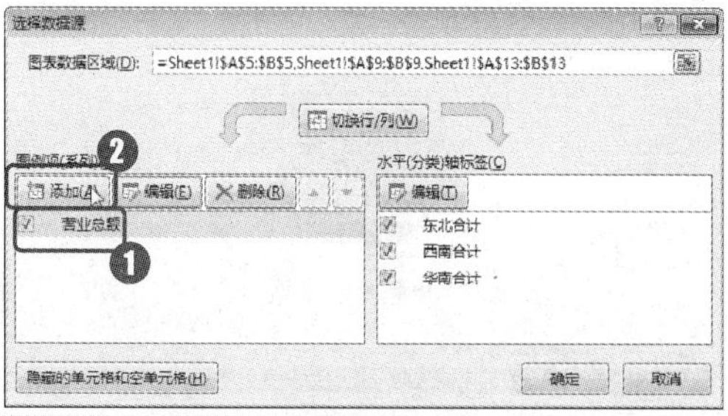

第 3 步：编辑添加数据系列。

打开“编辑数据系列”对话框，❶在“系列名称”框中输入名称；❷在“系列值”框中选择“营业额”数据区域；❸单击“确定”按钮，如下图所示。

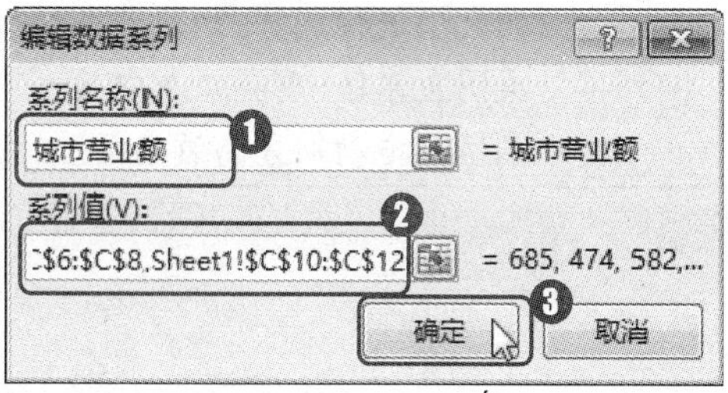

第 4 步：执行编辑城市营业额操作。

返回“选择数据源”对话框，❶选中“城市营业额”选项；❷单击“编辑”按钮，如下图所示。

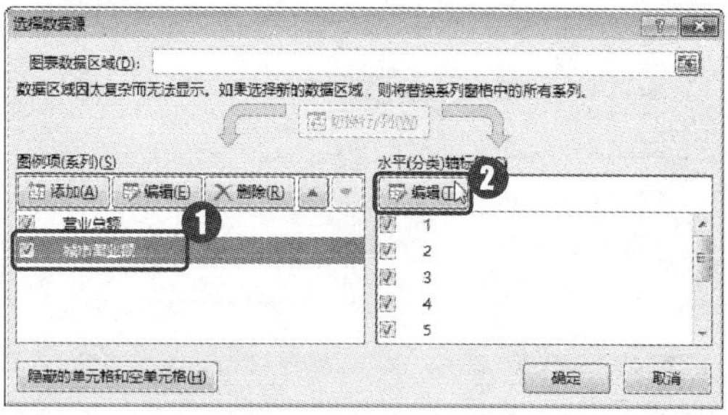

第 5 步：选择轴标签所在区域。

打开“轴标签”对话框，❶在数据表中选中城市区域；❷单击“确定”按钮，如下图所示。

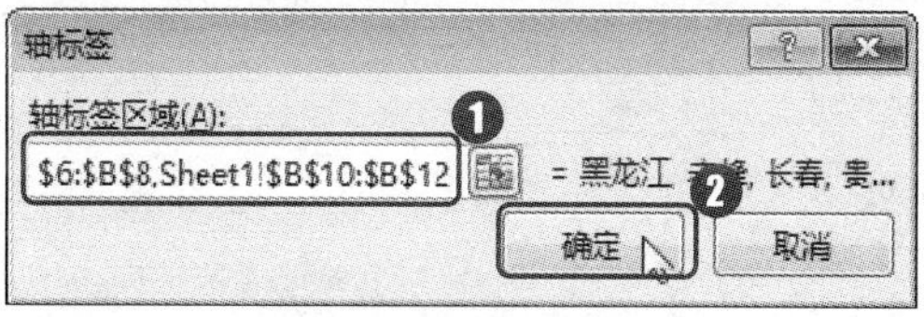

第 6 步：执行关闭对话框的操作。

返回“选择数据源”对话框，单击“确定”按钮，如下图所示。

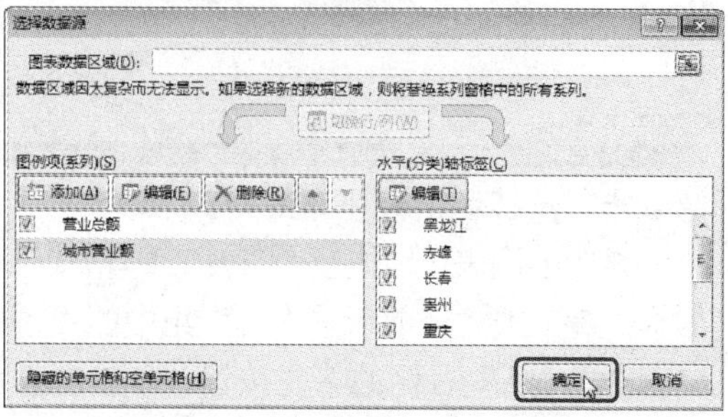

第 7 步：执行设置数据系列格式命令。

❶右击图表；❷在弹出的快捷菜单中选择“设置数据系列格式”命令，如下图所示。

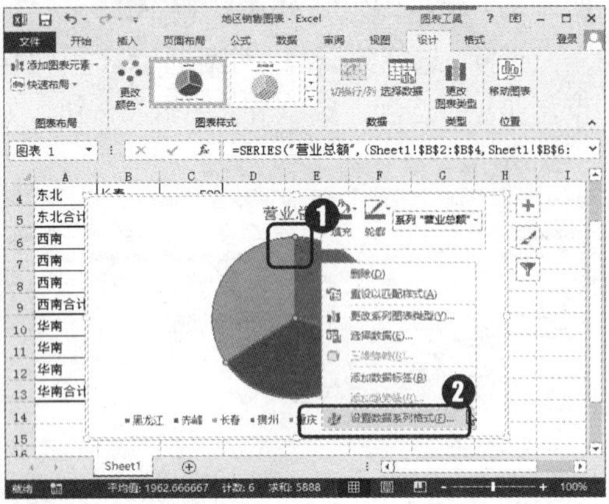

第 8 步：选择次坐标轴。

打开“设置数据系列格式”窗格，❶单击选中“次坐标轴”单选按钮；❷单击“关闭”按钮，如下图所示。

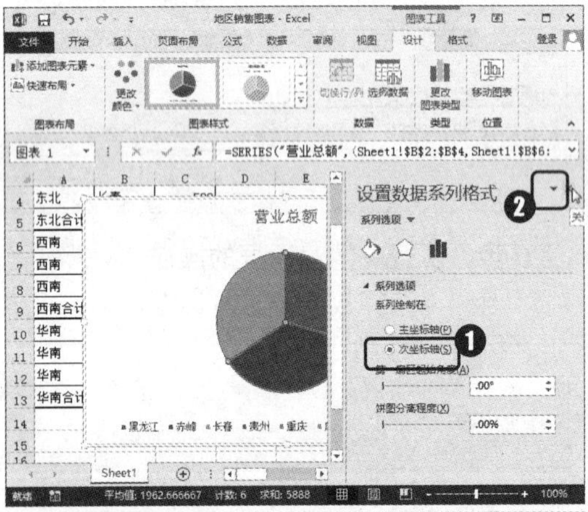

第 9 步：选择城市营业额系列。

❶选中图表，切换至“图表工具-格式”选项卡；❷单击“当前所选内容”组中的“系列‘营业总额’”右侧的下拉按钮；❸单击“系列‘城市营业额’”命令，如下图所示。

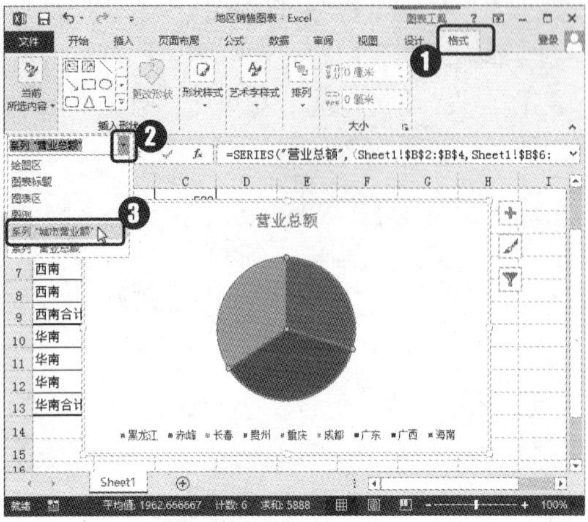

第 10 步：拖动调整图表大小。

单击选中图表，按住左键不放，拖动调整图表大小，如下图所示。

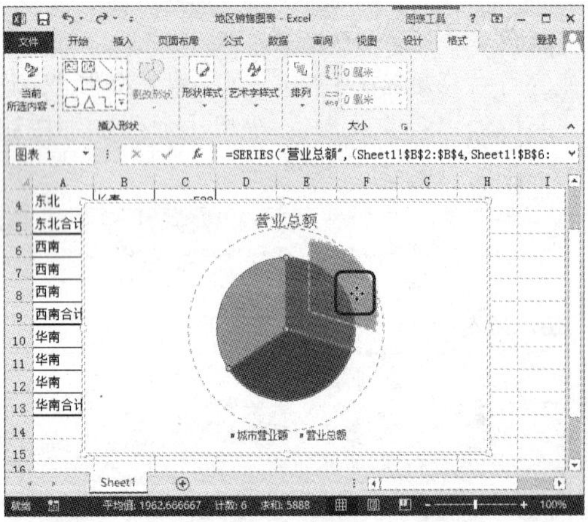

知识拓展　分离扇区

在调整饼图的图层大小时，单击选中图表即可对图表的大小进行调整。如果单击两次图表扇区，则会只选中某一扇区，拖动则分离该扇区。

第 11 步：调整饼图扇区。

选择扇区，按住左键不放，拖动调整位置，如下图所示。

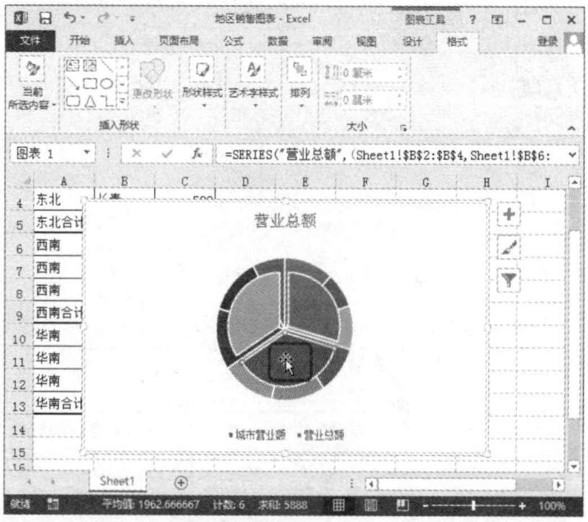

第 12 步：为营业总额层添加数据标签。

❶右击饼图内部图层区域；❷在弹出的快捷菜单中指向“添加数据标签”命令；❸单击“添加数据标签”命令，如下图所示。

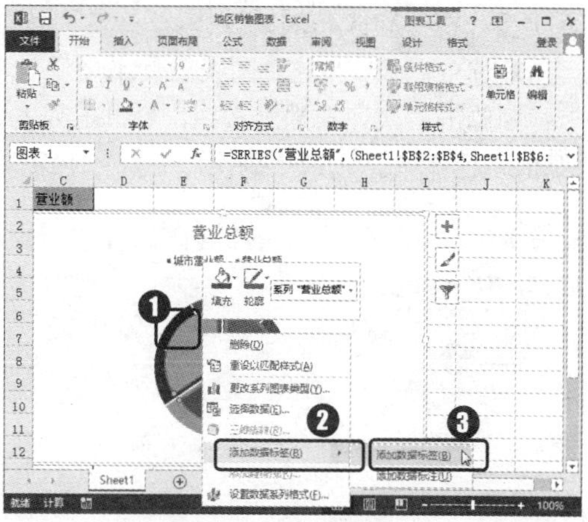

第 13 步：为城市营业额添加数据标注命令。

❶右击饼图外部图层区域；❷在弹出的快捷菜单中指向“添加数据标签”命令；❸单击“添加数据标注”命令，如下图所示。

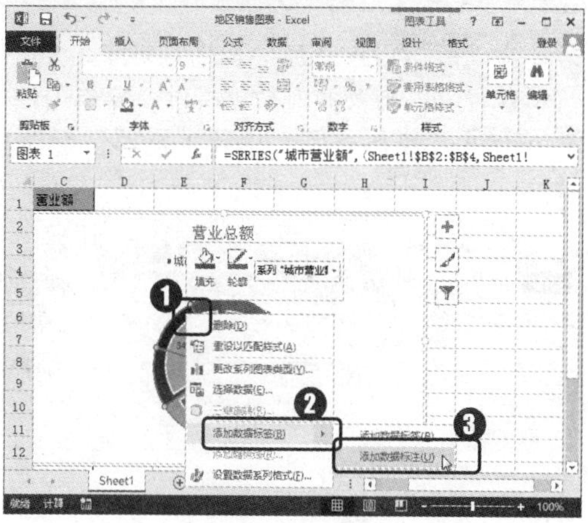

2. 编辑饼图图表

创建好饼图后，为了方便阅读或查看图表，可以对图表进行编辑。如重新设置图表布局、添加样式、修改图例、调整图例位置及美化图表等相关操作。

（1）设置饼图布局

创建默认的饼图图表，没有标题格式，如果用户需要显示图表的标题，图例在右侧显示，可以使用图表布局进行操作。具体操作步骤如下。

第 1 步：执行更改布局的操作。

❶选中图表，单击“图表工具-设计”选项卡；❷单击“快速布局”按钮；❸单击列表中“布局 2”样式，如下图所示。

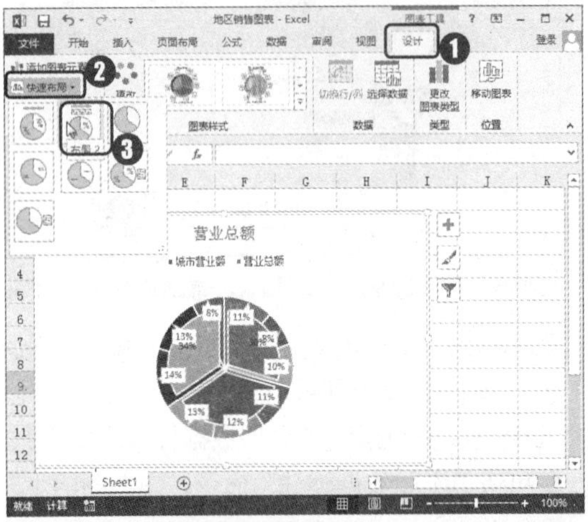

第 2 步：执行设置数据标签格式命令。

❶右击城市营业额数据标注；❷单击快捷菜单中“设置数据标签格式”命令，如下图所示。

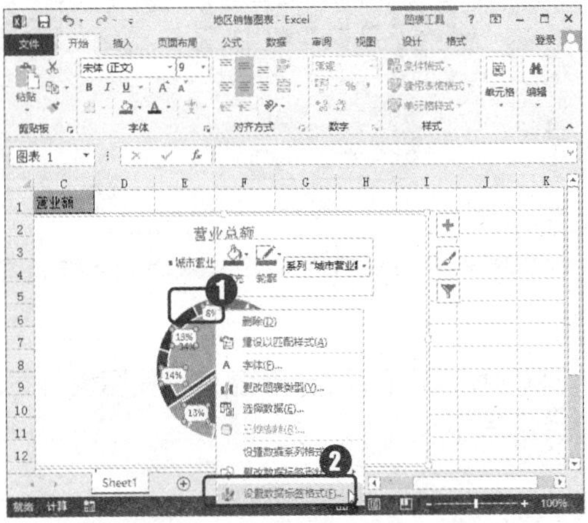

第 3 步：设置标签位置。

打开“设置数据标签格式”窗格，❶单击“数据标签外”单选按钮；❷单击“关闭”按钮，关闭窗格，如下图所示。

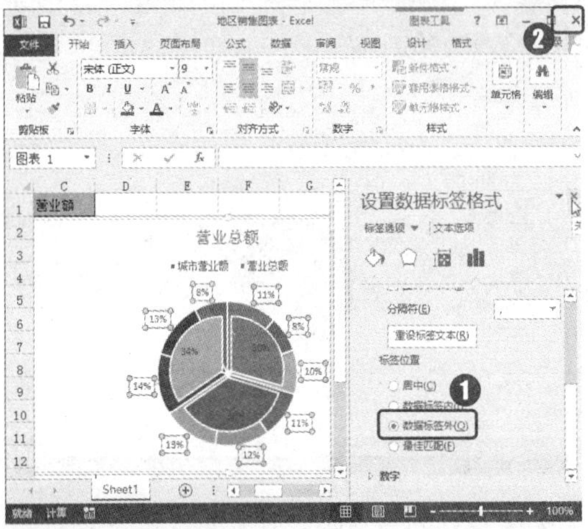

第 4 步：输入标题名称。

经过上步操作后，更改为带标题的样式，在标题框中输入名称，效果如下图所示。

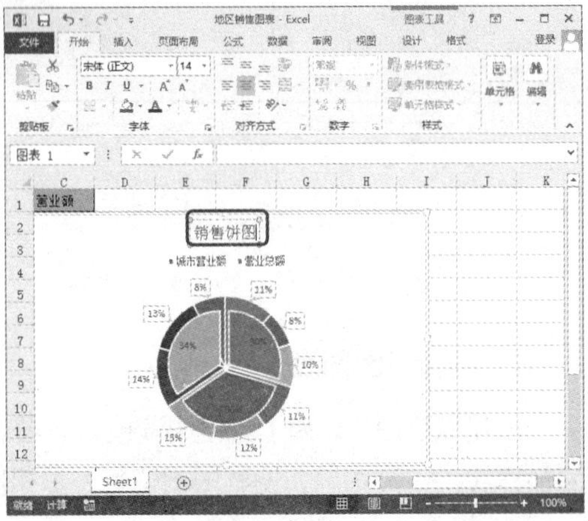

（2）添加饼图样式

为了让创建的图表立体感更强一些，可以应用内置的图表样式。例如，应用内置样式 8，具体操作步骤如下。

第 1 步：执行应用图表样式的操作。

❶选中图表，单击“图表工具-设计”选项卡；❷单击“图表样式”工作组中的“下翻按钮”；❸单击“样式 8”样式，如下图所示。

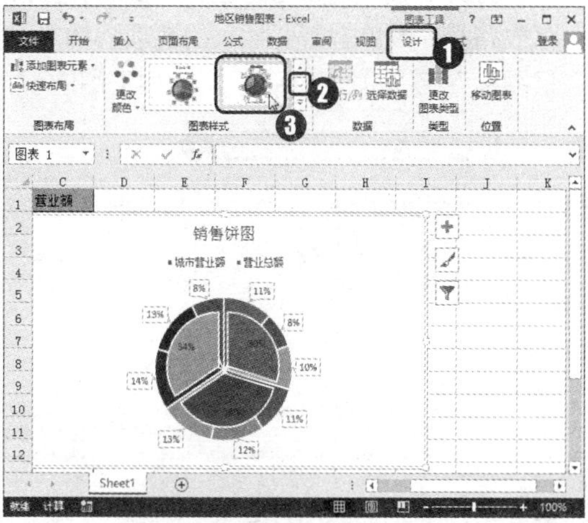

第 2 步：显示应用图表样式的效果。

经过上步操作后，应用图表样式 8，效果如下图所示。

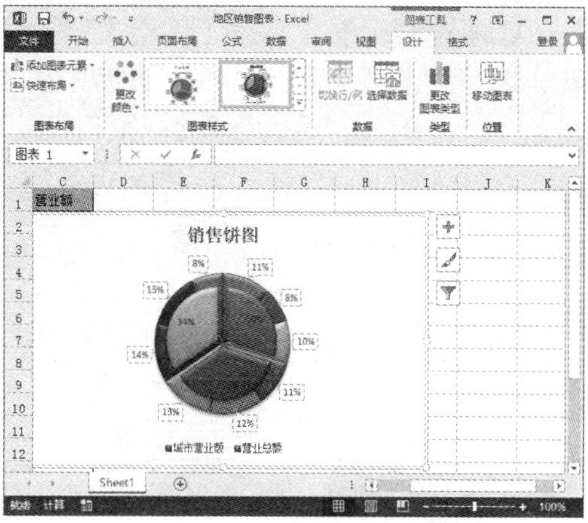

（3）调整图例位置

图例用于标记图表中的数据系列或分类指定的图案或颜色。在应用图表样式后，图例位置位于图表的底部，用户也可以根据自己的需要更改图例位置。例如，将图例位置设置为右侧显示，具体操作步骤如下。

第 1 步：执行在右侧显示图例命令。

❶选中图表，单击“图表工具-设计”选项；❷单击“添加图表元素”按钮；❸指向“图例”命令；❹单击“右侧”命令，如下图所示。

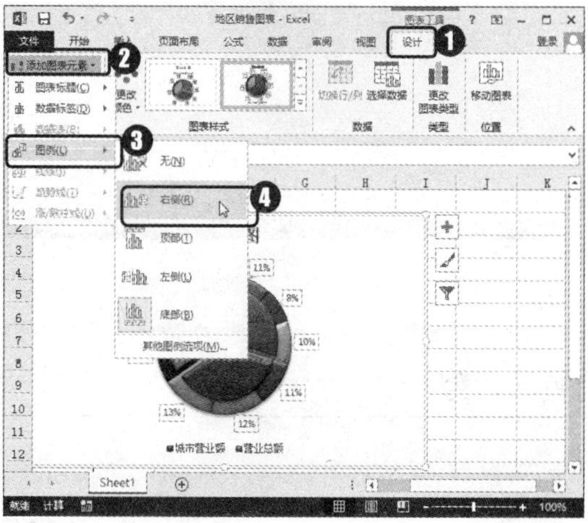

第 2 步：显示设置图例位置的效果。

经过上步操作后，图例在右侧显示，效果如下图所示。

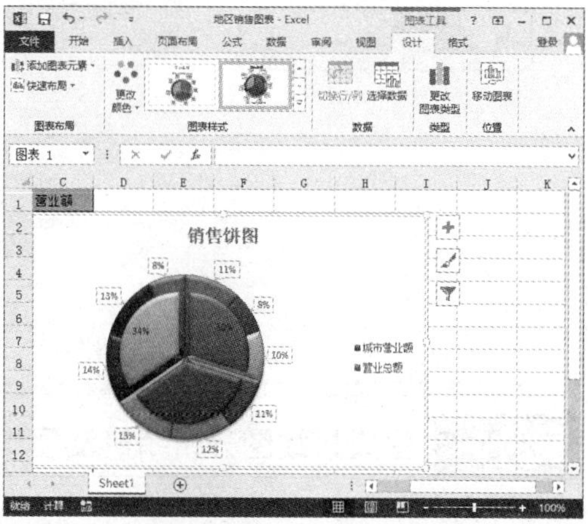

（4）为图表添加背景

创建的图表默认情况下都是白色背景，为了图表更加美观，可以添加背景图片，具体操作步骤如下。

第 1 步：执行图片命令。

❶选中图表，单击“图表工具-格式”选项卡；❷单击“形状样式”工作组中的“形状填充”按钮 形状填充▾；❸单击“图片”命令，如下图所示。

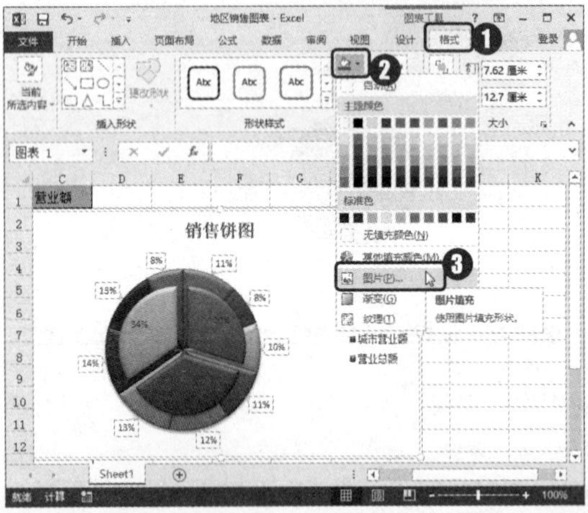

第 2 步：单击来自文件按钮。

打开“插入图片”对话框，单击“来自文件”按钮，如下图所示。

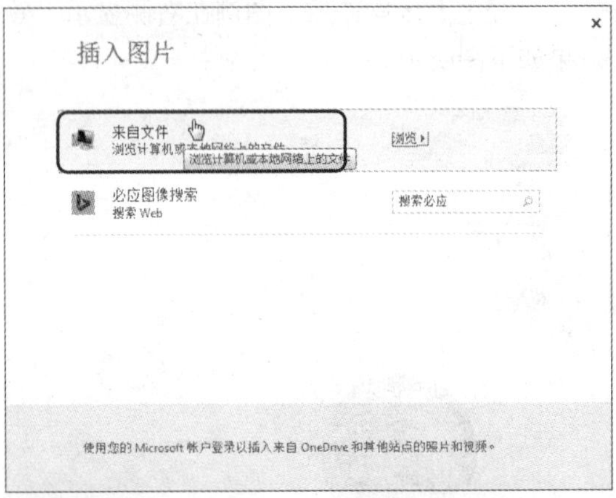

第 3 步：选择需要插入的图片。

打开“插入图片”对话框，❶选择图片存放路径；❷单击需要插入的选项，如“背景图片”；❸单击“插入”按钮，如下图所示。

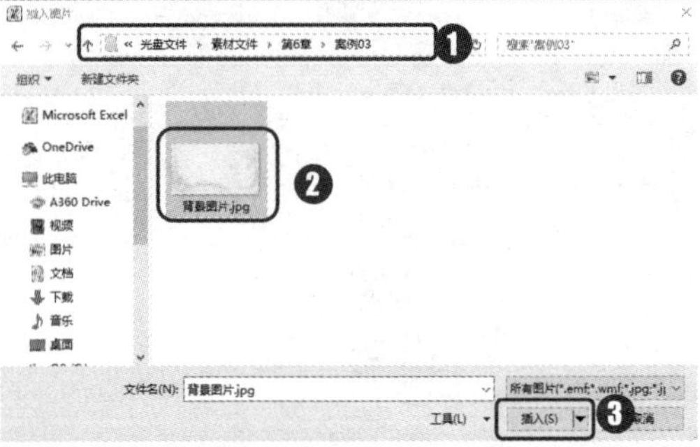

第 4 步：显示插入图片效果。

经过以上操作，为图表插入图片为背景，效果如下图所示。

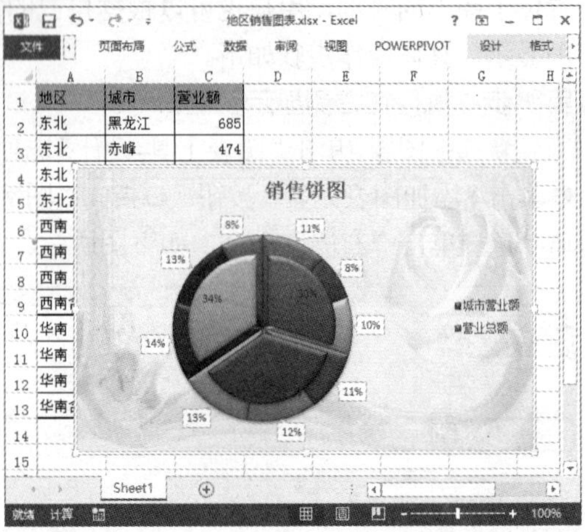

案例 04 生成折线图分析销量及预测销量的趋势

◇ 案例概述

折线图将同一数据系列的数据点在图上用直线连接起来，以等间隔显示数据的变化趋势。当数据起伏较大时，使用折线图效果较为明显。本案例以创建折线图为例，再使用修改图表类型更改部分城市的图表类型。

左下图为图表的原始数据表，右下图为创建的组合型图表，通过折线图可以查看数据的变化趋势，而柱形图部分则使用高低方式查看数据。

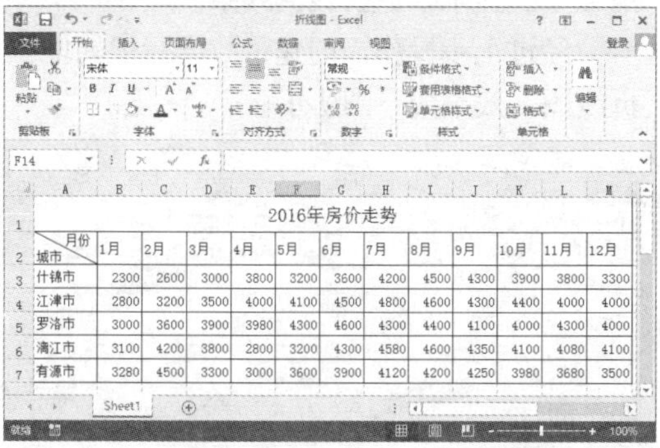

2016年房价走势

城市\月份	1月	2月	3月	4月	5月	6月	7月	8月	9月	10月	11月	12月
什锦市	2300	2600	3000	3800	3200	3600	4200	4500	4300	3900	3800	3300
江津市	2800	3200	3500	4000	4100	4500	4800	4600	4300	4400	4000	4000
罗洛市	3000	3600	3900	3980	4300	4600	4300	4400	4100	4000	4300	4000
漓江市	3100	4200	3800	2800	3200	4300	4580	4600	4350	4100	4080	4100
有源市	3280	4500	3300	3000	3600	3900	4120	4200	4250	3980	3680	3500

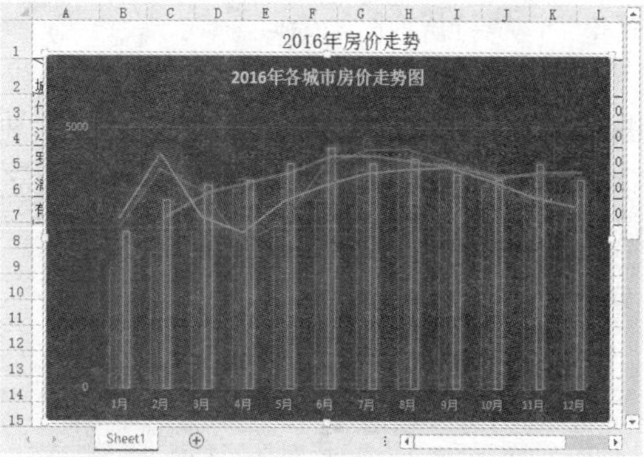

	素材文件：光盘\素材文件\第 6 章\案例 04\折线图.xlsx
	结果文件：光盘\结果文件\第 6 章\案例 04\折线图.xlsx
	教学文件：光盘\教学文件\第 6 章\案例 04.mp4

◇ 制作思路

在 Excel 中制作“折线图”组合图表的流程与思路如下所示。

一 **创建折线图表**：打开数据表，创建“什锦市”的折线图表，再通过添加数据源的方式，添加其他城市的折线图。

二 **编辑与美化图表**：创建图表后，根据图表的查看方式，可以对图表进行编辑，如网格线、折线刻度及图表样式设置以及美化图表等相关操作。

三 **为图表添加趋势线**：创建并编辑好图表后，可以为数据系列添加趋势线，从而可查看数据的动向。

◇ 具体步骤

利用折线图的优势，根据不同城市创建折线图，从而分析每个月房价的走势。本例主要介绍创建折线图表、编辑折线图的源数据、添加趋势线等相关内容。

1. 创建折线图表

折线图包含折线图、堆积折线图、百分比堆积折线图、带数据标记的折线图、带标记的堆积折线图、带数据标记的百分比堆积的折线图。下面将介绍创建折线走势图、编辑图表源数据、添加图表标题和设置标题格式等内容。

（1）创建堆积折线图表

例如，对“什锦市”一年房价数据使用“带标记的堆积折线图”进行分析，具体操作步骤如下。

第 1 步：执行折线图命令。

打开素材文件\第 6 章\案例 04\折线图.xlsx，❶选择 A2:M3 单元格区域；❷单击“图表”工作组中的“折线图”按钮；❸单击“带数据标记的堆积折线图”样式，如下图所示。

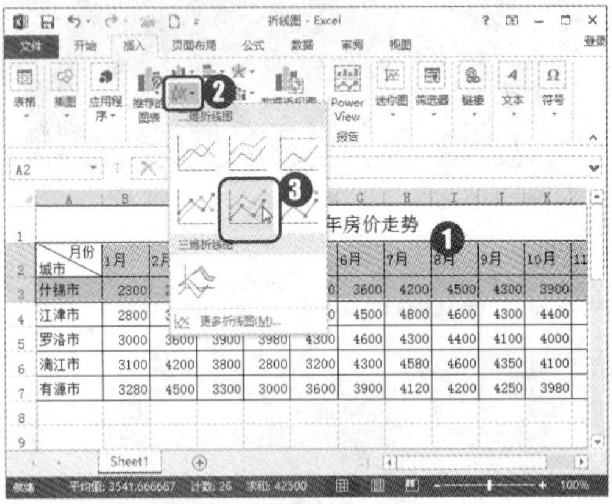

第 2 步：显示创建折线图效果。

经过上步操作，创建带数据标记的堆积折线图，效果如下图所示。

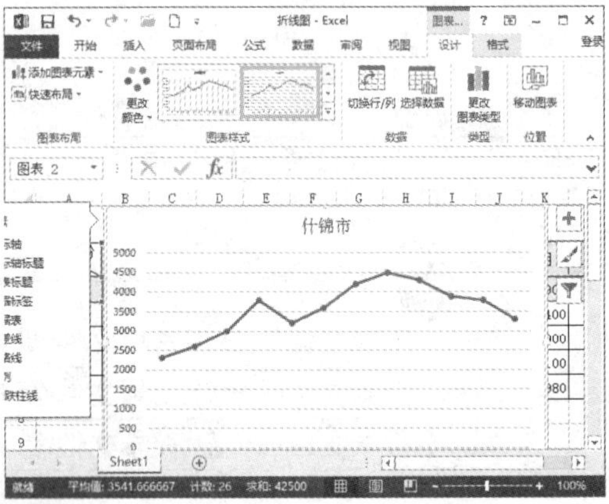

（2）编辑折线图的源数据

如果需要对数据表中所有城市房价进行创建图表，可以编辑创建好的折线图表源数据。具体操作步骤如下。

第 1 步：执行选择数据命令。

❶选中图表，单击“图表工具-设计”选项卡；❷单击“数据”工作组中的“选择数据”按钮，如下图所示。

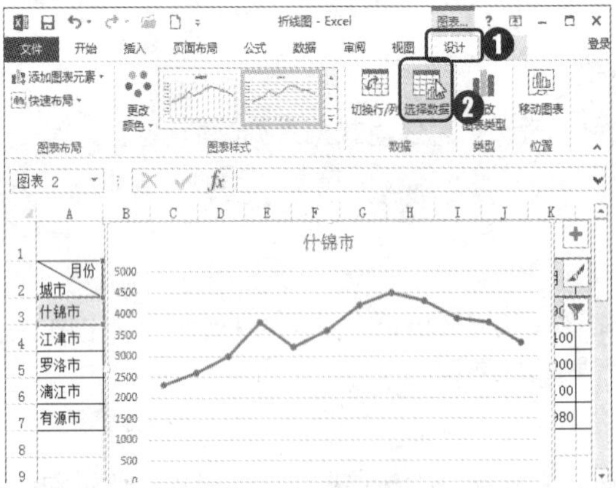

第 2 步：选择数据区域。

打开“选择数据源”对话框，❶鼠标光标定位至“图表数据区域”框，然后在数据表中按住左键不放拖动选择整个图表的数据区域；❷单击“确定”按钮，如下图所示。

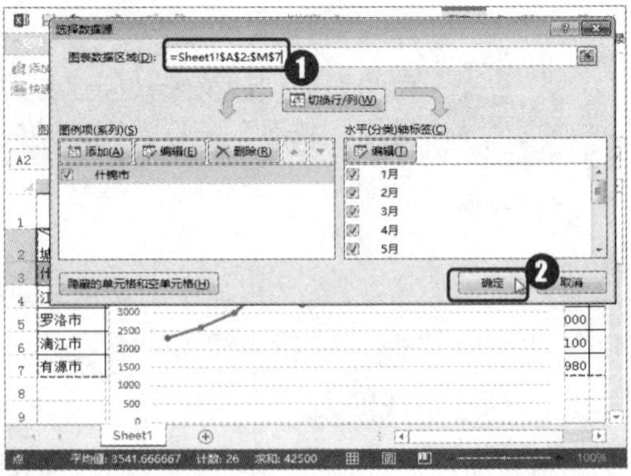

第 3 步：显示添加数据区域后的图表效果。

经过以上操作，为图表添加其他数据系列，效果如下图所示。

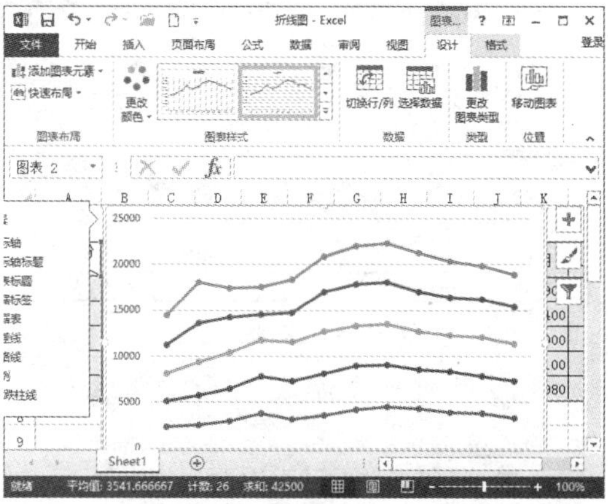

（3）添加折线图标题

将所有城市创建为折线图后，默认情况下没有图表标题，可以通过以下方法为图表添加标题。具体操作步骤如下。

第 1 步：执行添加图表标题的位置命令。

❶选中图表，单击“图表工具-设计”选项卡；❷单击“添加图表元素”按钮；❸指向“图表标题”命令；❹单击“图表上方”命令，如下图所示。

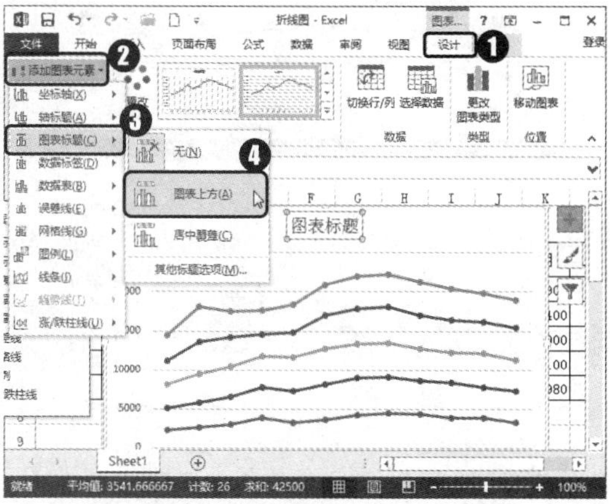

第 2 步：输入图表标题文字。

经过上步操作，在图表上方添加图表标题文本框，在文本框中输入标题文字，效果如下图所示。

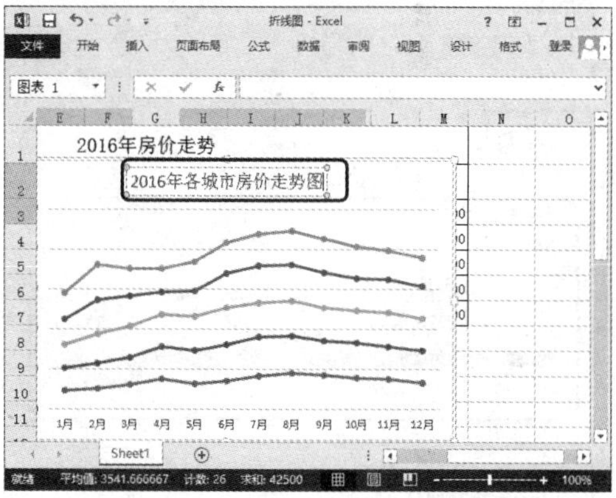

（4）设置标题格式

给图表添加标题后，为默认的效果。如果用户想设置标题文本的格式，可以在“图表工具-格式”选项卡中进行更改。具体操作步骤如下。

第 1 步：执行启动对话框的操作。

❶选中图表标题，单击“图表工具-格式”选项卡；❷单击“艺术字样式”对话框开启按钮 ，如下图所示。

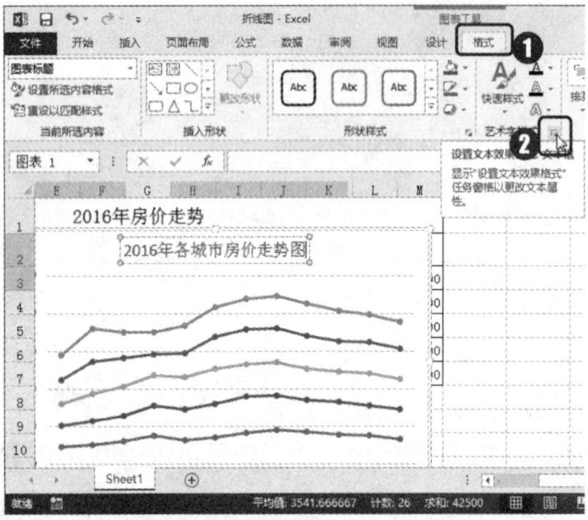

第 2 步：设置渐变颜色。

打开“设置图表标题格式”窗格，❶单击“渐变填充”单选按钮；❷选择预设渐变颜色并设置渐变的颜色，如下图所示。

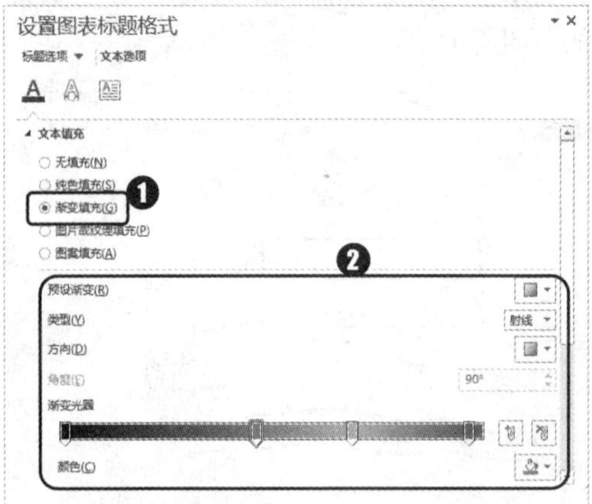

第 3 步：设置颜色透明度。

❶向下拖动滚动条，拖动调整透明度；❷单击“关闭”按钮，如下图所示。

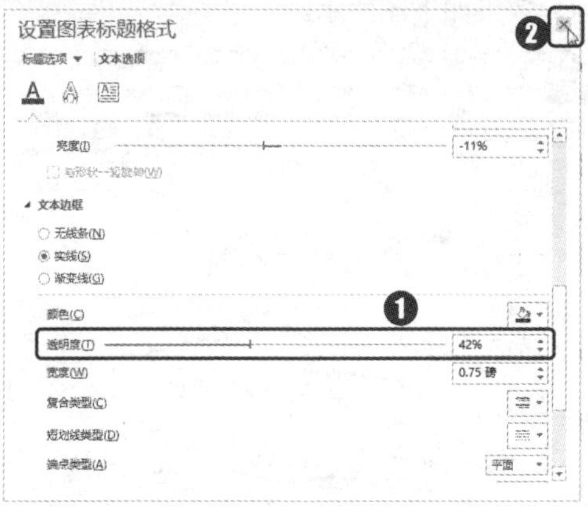

第 4 步：显示设置标题格式的效果。

经过以上操作，设置图表标题颜色，效果如下图所示。

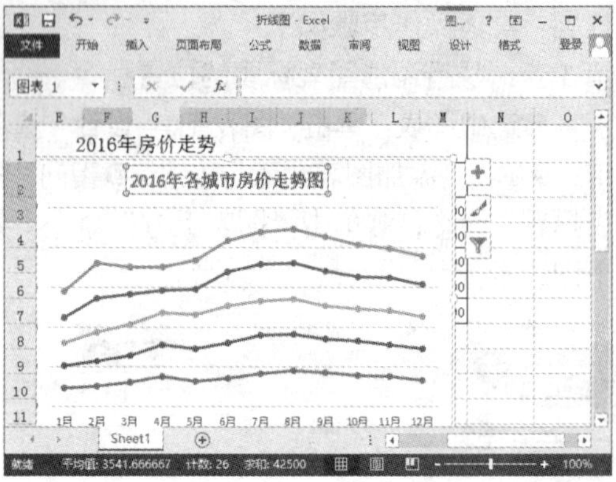

2. 编辑折线图

除了对图表的数据和标题进行编辑外，还可以对网格线、折线刻度及图表样式进行设置，下面主要介绍编辑与美化折线图表的相关知识。

（1）删除折线图的网格线

如果不想让图表绘图区域显示线条，可以将网格线删除。具体操作步骤如下。

第 1 步：执行设置网格线格式命令。

❶右击图表中的网格线；❷单击快捷菜单中的“设置网格线格式”命令，如下图所示。

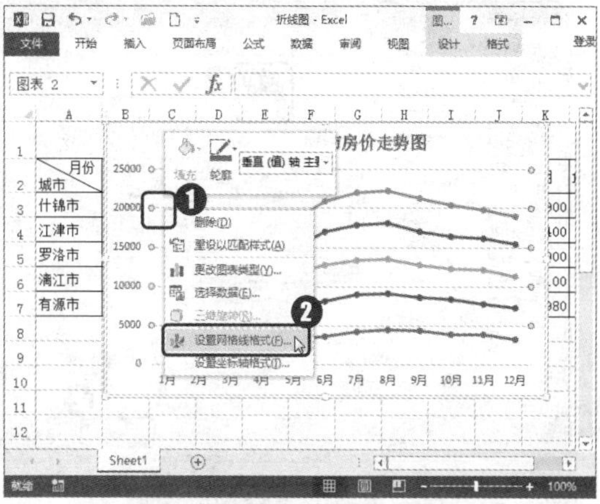

第 2 步：设置网格线为无线条。

打开“设置主要网格线格式”窗格，❶单击“无线条”单选按钮；❷单击“关闭”按钮，如下图所示。

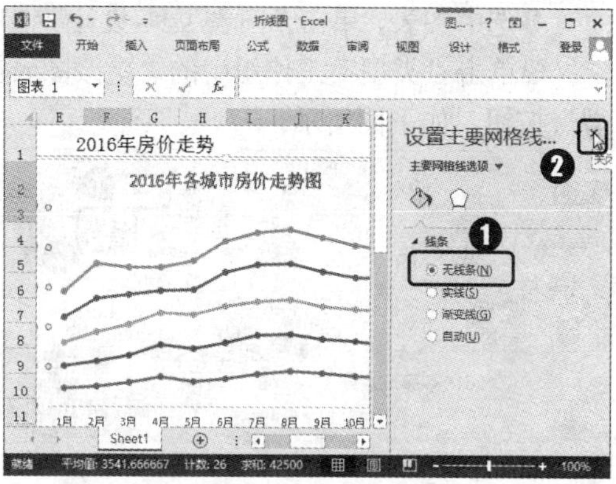

（2）调整折线图刻度

在创建图表时，默认情况下将在纵坐标轴上显示刻度线和刻度值。而刻度值是根据当前数据的大小自动创建的，用户也可以自定义大小。具体操作步骤如下。

第 1 步：执行设置坐标轴格式命令。

❶右击图表刻度；❷在弹出的快捷菜单中选择“设置坐标轴格式”命令，如下图所示。

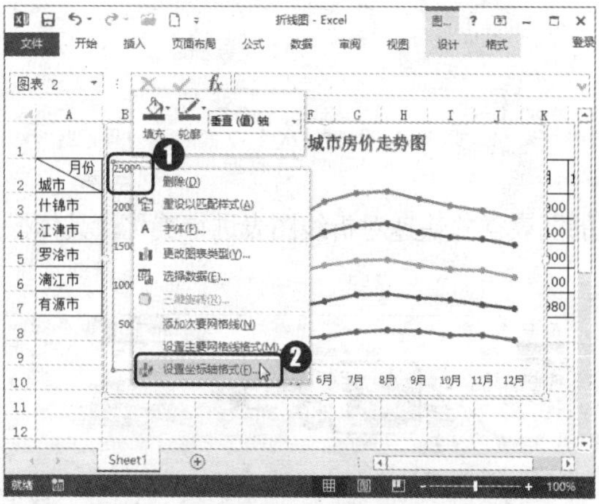

第 2 步：输入坐标轴刻度值。

打开“设置坐标轴格式”窗格，❶在“最大值”和“主要”框中输入数据；❷单击“关闭”按钮，如下图所示。

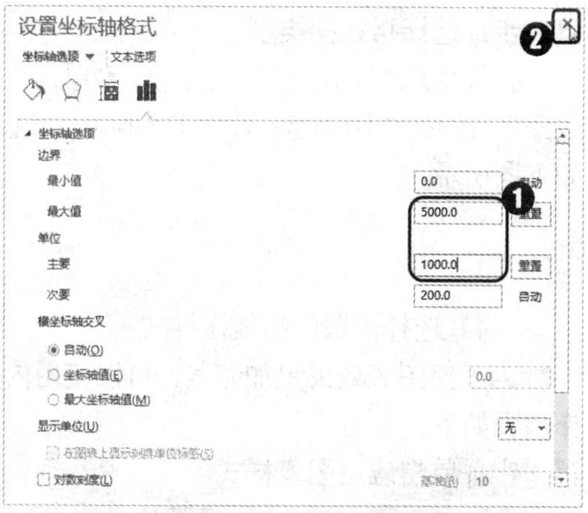

第 3 步：显示设置坐标轴刻度效果。

经过以上操作，设置图表坐标轴刻度，效果如下图所示。

（3）更改折线图类型

修改图表刻度后，当图表中只显示一个城市的样式后，可以更改图表类型，让其他城市的图表也显示出来。例如，更改为带数据标记的折线图，具体操作步骤如下。

第 1 步：执行更改图表类型命令。

❶选中图表，单击“图表工具-设计”选项卡；❷单击“类型”工作组中的“更改图表类型”按钮，如下图所示。

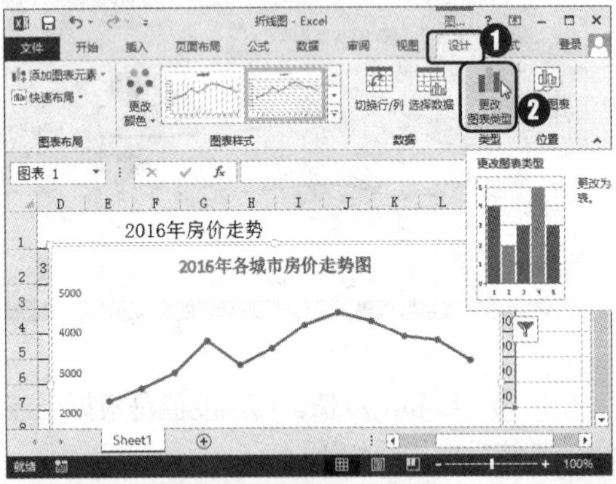

第 2 步：选择折线图类型。

打开“更改图表类型”对话框，❶单击“折线图”右侧折线图类型；❷单击“确定”按钮，如下图所示。

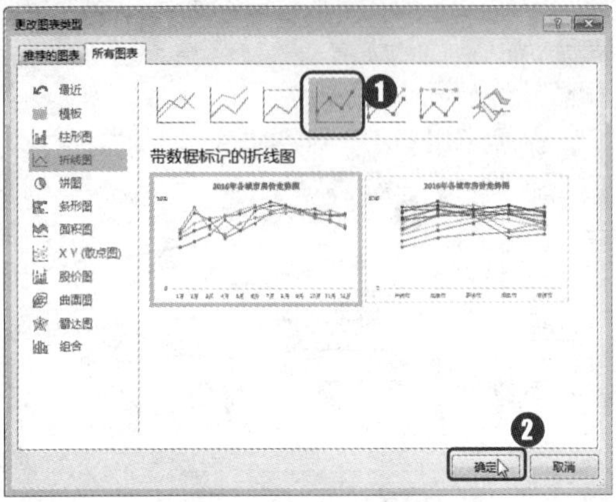

第 3 步：显示更改图表类型的效果。

经过以上操作，更改图表类型的效果如下图所示。

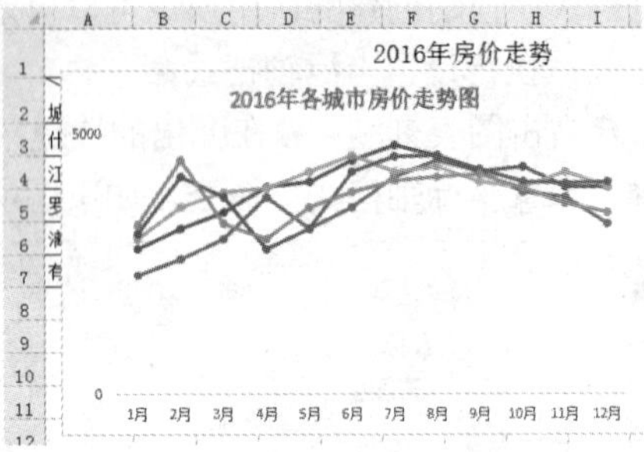

（4）选择内置的折线图样式

为了使图表效果更加完美，可以使用内置的图表样式快速对折线图表进行美化，具体操作步骤如下。

第 1 步：单击应用图表样式。

❶选中图表，单击“图表工具-设计”选项卡；❷单击“图表样式”工作组中的“下翻”按钮；❸单击需要的图表样式，如右图所示。

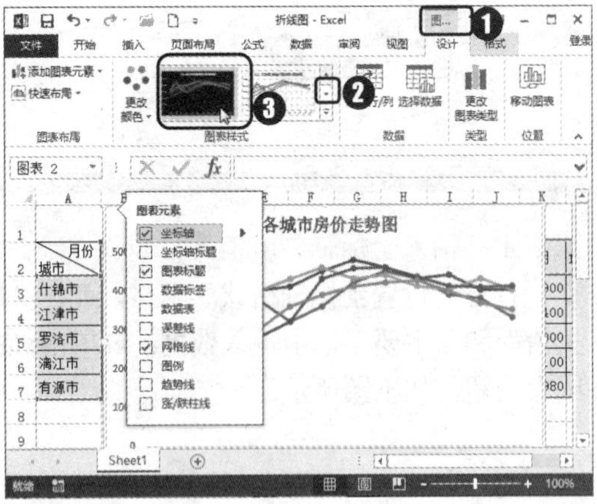

第 2 步：显示应用图表样式的效果。

经过上步操作，应用图表样式后，效果如下图所示。

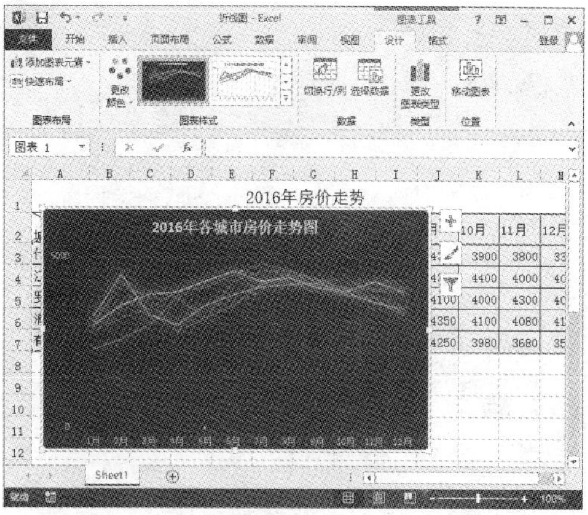

（5）将折线图线条平滑化

默认情况下创建的折线图，它的线段与线段之间的交叉处为尖角状态，为了在分析数据时估计折线的走向，使图表更加美观，可以将折线图的触点设置为平滑效果。具体操作步骤如下。

第 1 步：拖动调整图表大小。

选中图表，将鼠标指针移至图表右下角，当指针变成双向箭头时，按住左键不放，拖动调整大小，如下图所示。

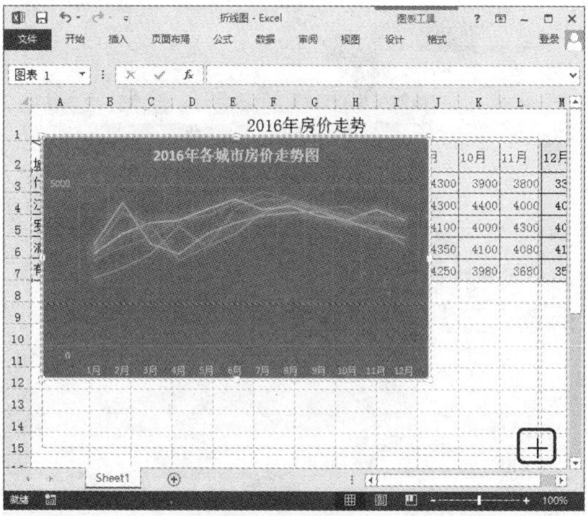

第 2 步：执行设置数据系列格式。

❶右击“有源市”线条；❷在弹出的快捷菜单中选择“设置数据系列格式”命令，如下图所示。

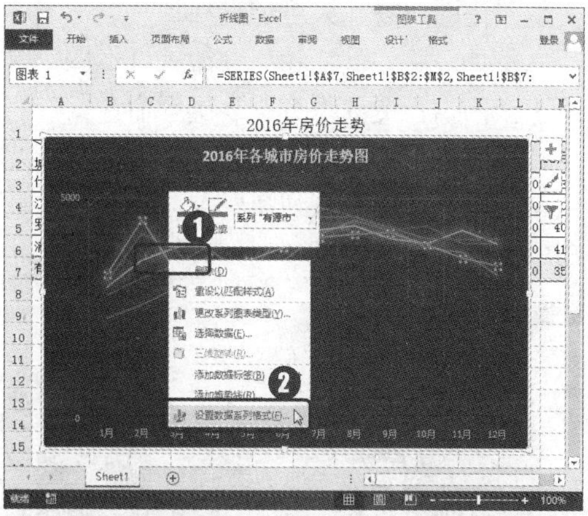

第 3 步：执行平滑线命令。

打开“设置数据系列格式”对话框，❶拖动滚动条，单击勾选“平滑线”复选框；❷单击“关闭”按钮，如下图所示。

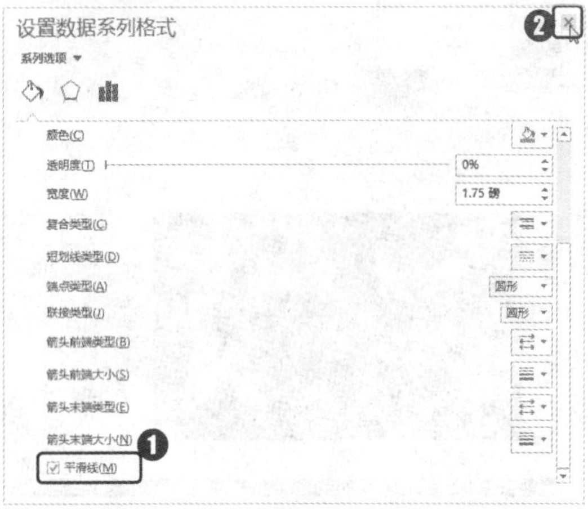

第 4 步：显示设置数据系列平滑线的效果。

经过以上操作，设置有数据系列线的折线为平滑线样式，效果如下图所示。

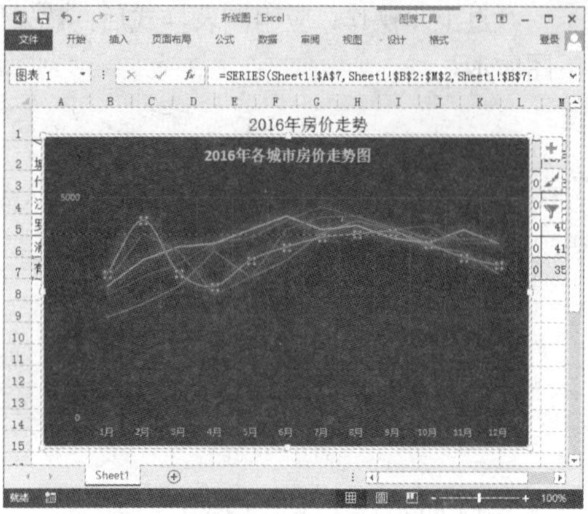

3. 为折线图添加其他图表类型

当所有的城市都以折线图创建图表时，数据趋势不明显，此时可以修改一些城市的图表类型，让图表看起来更加直观。

例如，将“漓江市”修改为柱形图，具体操作步骤如下。

第 1 步：执行更改系列图表类型命令。

❶右击“漓江市”系列；❷在弹出的快捷菜单中选择“更改系列图表类型”命令，如下图所示。

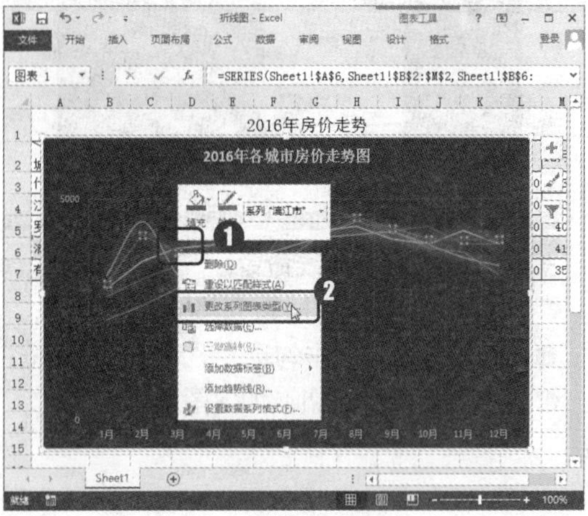

第 2 步：选择图表类型。

打开“更改图表类型”对话框，❶单击“组合”选项；❷选择图表类型；❸单击“确定”按钮，如下图所示。

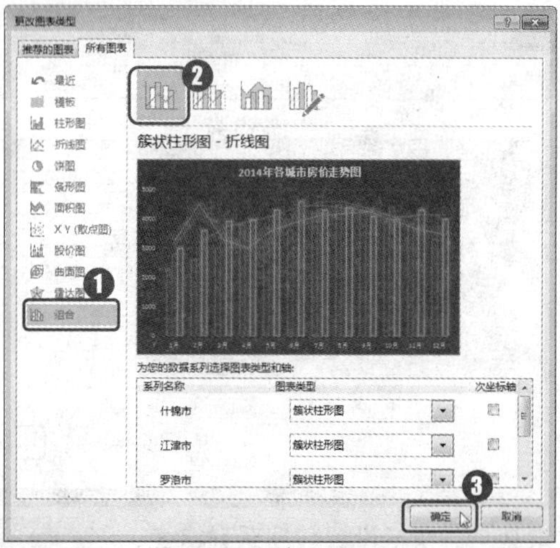

第 3 步：显示更改图表类型的效果。

经过以上操作，更改图表类型，设置为两种类型的图表，效果如下图所示。

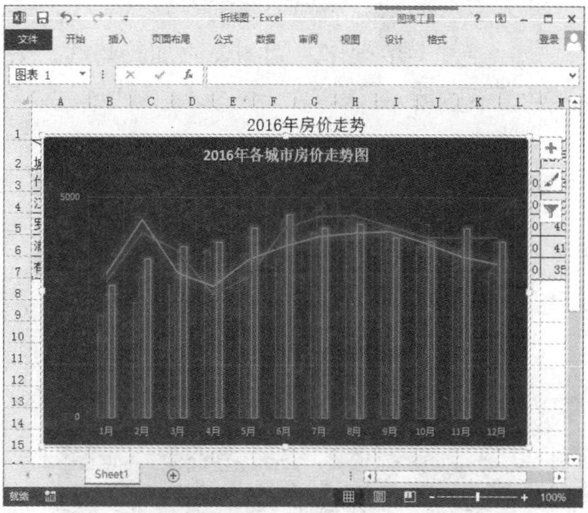

4. 添加趋势线

趋势线以图形的方式表示数据系列的趋势。趋势线用于问题预测研究，又称回归分析。趋势线的类型有线性、对数、多项式、乘幂、指数和移动平均六种，用户可以根据需要选择趋势线，从而查看数据的动向。各类趋势线的功能如下。

- 线性趋势线：适用于简单线性数据集的最佳拟合直线。如果数据点构成的图案类似于一条直线，则表明数据是线性的。
- 对数趋势线：如果数据的增加或减小速度很快，但又迅速趋近于平稳，那么对数趋势线是最佳的拟合曲线。对数趋势线可以使用正值和负值。
- 多项式趋势线：数据波动较大时适用的曲线。它可用于分析大量数据的偏差。多项式的阶数可由数据波动的次数或曲线中拐点（峰和谷）的个数确定。二阶多项式趋势线通常仅有一个峰或谷。三阶多项式趋势线通常有一个或两个峰或谷。四阶通常多达三个。
- 乘幂趋势线：一种适用于以特定速度增加的数据集的曲线。如果数据中含有零或负数值，就不能创建乘幂趋势线。
- 指数趋势线：它是适用于速度增减越来越快的数据值的一种曲线。如果数据值中含有零或负值，就不能使用指数趋势线。
- 移动平均趋势线：平滑处理了数据中的微小波动，从而更清晰地显示了图形和趋势。移动平均使用特定数目的数据点（由“周期”选项设置），取其平均值，然后将该平均值作为趋势线中的一个点。

例如，为“罗洛市”系列添加趋势线，具体操作步骤如下。

第 1 步：执行移动平均命令。

❶选中“罗洛市”系列，单击“图表工具-设计”选项卡；❷单击“添加图表元素”按钮；❸指向“趋势线”命令；❹单击“移动平均”命令，如下图所示。

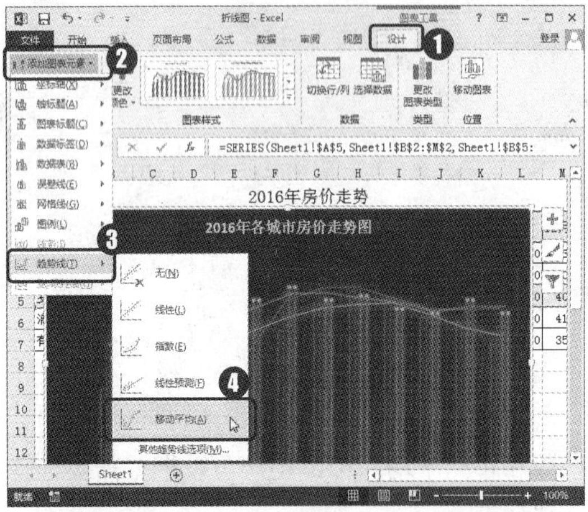

第 2 步：显示添加趋势线的效果。

经过上步操作，为图表添加趋势线，效果如下图所示。

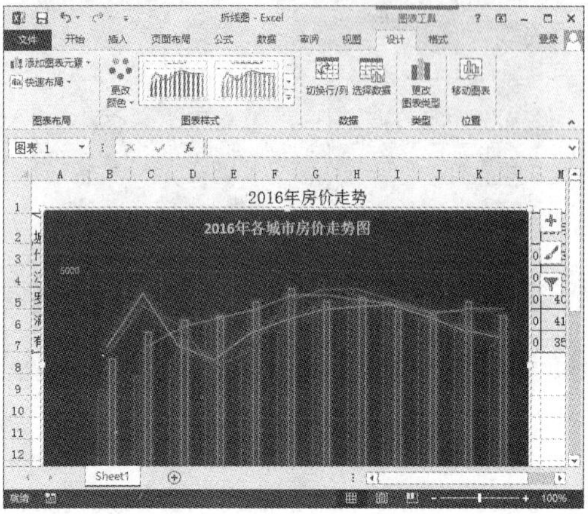

案例 05 制作销售预测动态图表

◇ 案例概述

销售预测图表，是指根据以往的数据分析或预设出一组未来值，然后使用图表的方式查看销售走势，了解整个市场对产品的需求量，以及本公司产品所占比例等。

使用图表的方式可以只看一个大概的走势，不需要知道详细的数据。使用图表的方式让使用者更加清楚地知道预测的效果。

左下图所示为数据表，并使用公式计算出图表一个年份的数据，而右下图所示则是通过计算的年份数据创建的图表，再使用控件制作动态效果。

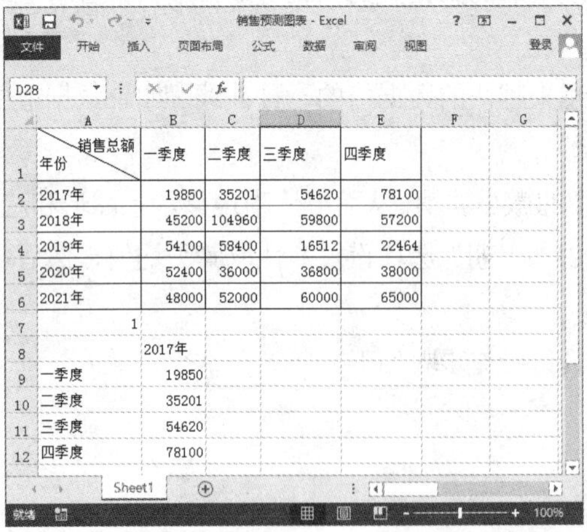

年份＼销售总额	一季度	二季度	三季度	四季度
2017年	19850	35201	54620	78100
2018年	45200	104960	59800	57200
2019年	54100	58400	16512	22464
2020年	52400	36000	36800	38000
2021年	48000	52000	60000	65000
1				
	2017年			
一季度	19850			
二季度	35201			
三季度	54620			
四季度	78100			

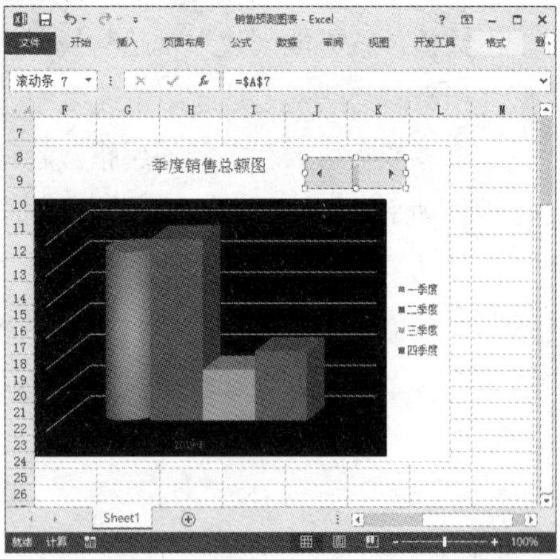

	素材文件：无
	结果文件：光盘\结果文件\第 6 章\案例 05\销售预测图表.xlsx
	教学文件：光盘\教学文件\第 6 章\案例 05.mp4

◇ 制作思路

在 Excel 中制作“销售预测图表”的流程与思路如下所示。

一 **制作数据表**：启动 Excel 2013 程序，保存至结果文件中，输入数据表的数据，然后添加边框线。

二 **创建图表源与图表**：使用公式创建图表数据源，选中创建的数据源，插入图表，添加“开发工具”选项卡，为图表添加控件。

三 **编辑图表**：创建好图表后，设置绘图区填充效果，图表系列填充效果、图表类型、添加图表标题与图例等。

◇ 具体步骤

1. 创建销售预测图表

为了让表格中的数据看起来更直观、更具说服力，可以对销售数据预测表制作一张产品动态图表。

（1）制作基本预测表

创建销售预测图表，首先要制作原始的数据表，然后根据表格中提供的数据进行创建。例如，在工作表中输入未来五年的预测数据，具体操作步骤如下。

第 1 步：输入数据并保存工作表。

在工作表中输入下图所示的数据信息，并保存为“销售预测图表”。

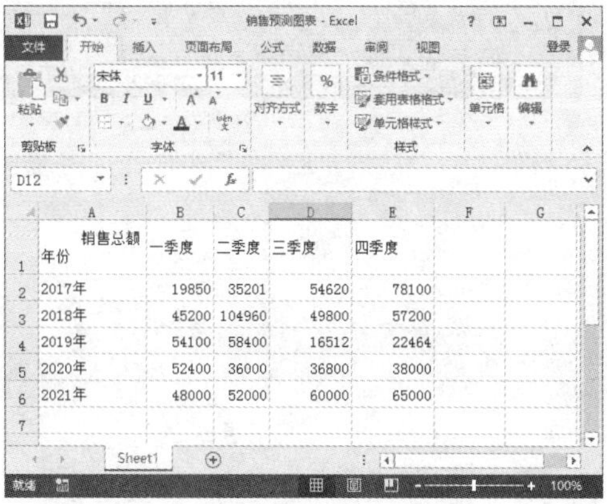

第 2 步：为表格添加边框。

❶选择 A1:E6 单元格区域；❷单击“下边框”右侧的下拉按钮；❸单击“所有框线”命令，如下图所示。

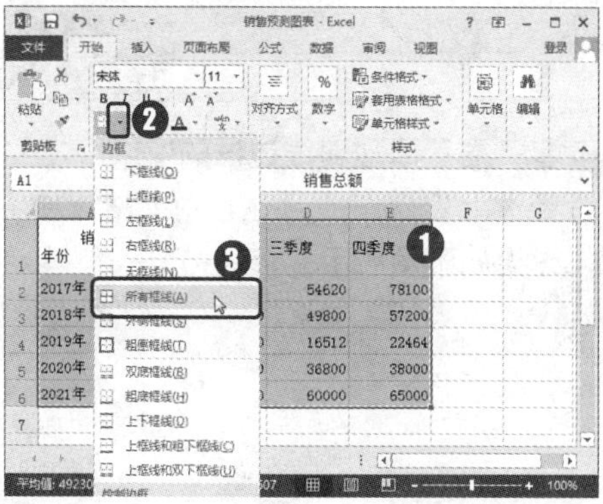

第 3 步：执行其他边框命令。

❶选择 A1 单元格；❷单击“下边框”右侧的下拉按钮 ▾；❸单击“其他边框”命令，如下图所示。

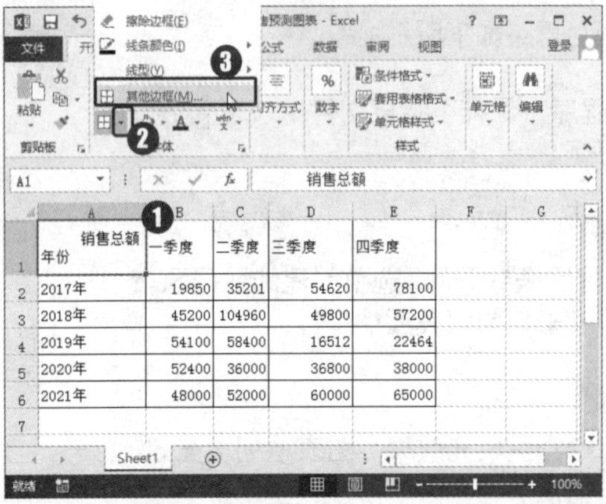

第 4 步：选择边框线。

打开“设置单元格格式”对话框，❶单击“◪”按钮；❷单击“确定”按钮，如下图所示。

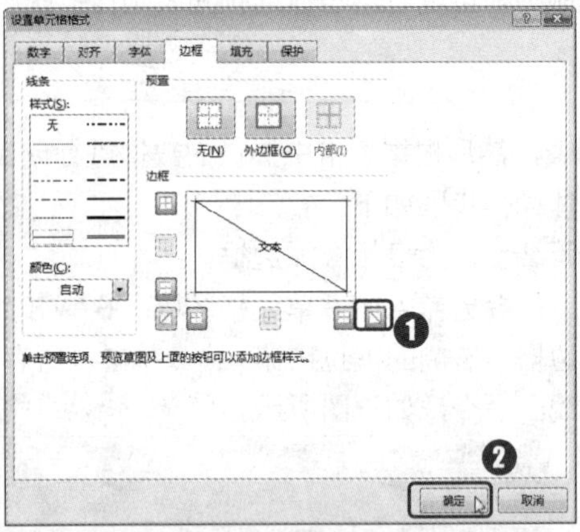

第 5 步：显示添加斜线边框的效果。

经过上步操作，为 A1 单元格添加斜线边框，效果如下图所示。

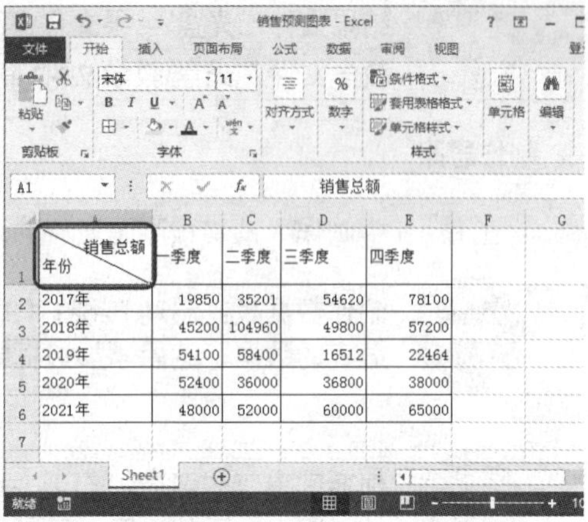

第 6 步：输入链接单元格内容。

在 A7 单元格中输入数字“1”，将此单元作为链接单元格，制作控件的图表后，拖动滚动条，数据发生改变，那么对应的年份也会发生改变，链接单元格的数据与年份对应的数据同步更新，如下图所示。

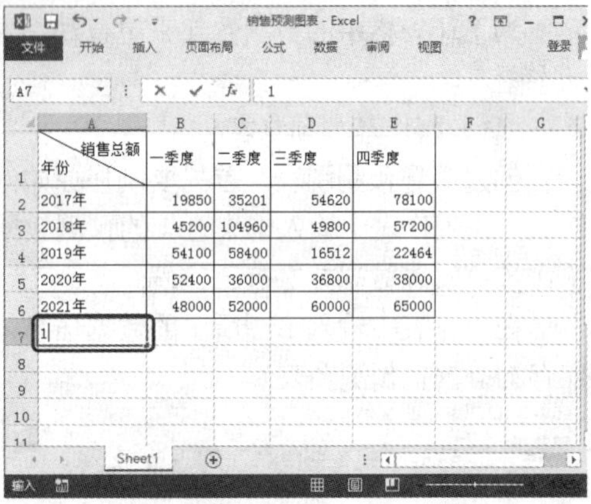

知识拓展 制作斜线表头的方法与技巧

如果需要在单元格中制作斜线表头，可以先输入行标题文本，按【Alt+Enter】组合键自动换行，再输入列标题文本，然后将光标定位至行标题前，使用空格键调整文字位置，最后使用边框线的方法添加斜线边框即可。

（2）使用 OFFSET 函数返回引用偏移量

制作动态图表，除了要输入数据信息外，还要使用函数将数据返回到指定位置，然后根据返回的数据创建图表。在本例中需要使用 OFFSET 函数。

OFFSET 函数是以指定的引用为参照系，通过给定偏移量得到新的引用。返回的引用可以为一个单元格或单元格区域，并可以指定返回的行数或列数。

语法：OFFSET(reference, rows, cols,[height],[width])

参数：reference 为必需参数。作为偏移量参照系的引用区域。reference 必须为对单元格或相连单元格区域的引用；否则，OFFSET 返回错误值“#VALUE!”。

rows 为必需参数。相对于偏移量参照系的左上角单元格，上（下）偏移的行数。

cols 为必需参数。相对于偏移量参照系的左上角单元格，左（右）偏移的列数。

height 为可选参数。高度，即所要返回的引用区域的行数。

width 为可选参数。宽度，即所要返回的引用区域的列数。

使用公式的方法，将创建图表的数据创建在 A9:B12 单元格区域，具体操作步骤如下。

第 1 步：使用公式在 A9 单元格中返回一季度名称。

❶在 A9 单元格中输入“=B1”公式；❷单击“编辑栏”中的“✓”按钮，如下图所示。

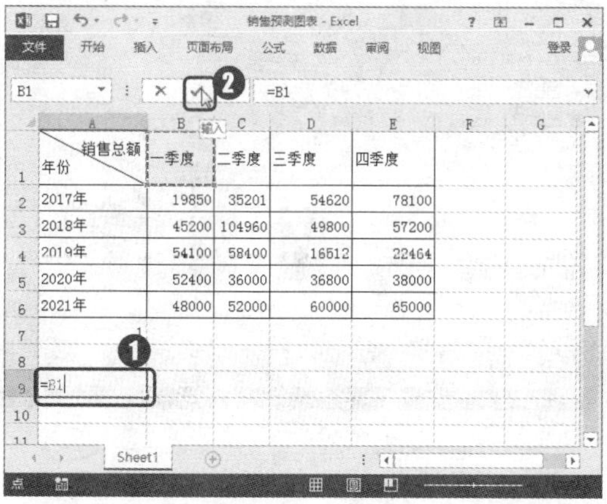

第 2 步：在 A10:A12 单元格区域中返回季度名称。

使用同样的方法分别在单元格 A10、A11、A12 中输入“=C1”“=D1”“=E1”公式，如下图所示。

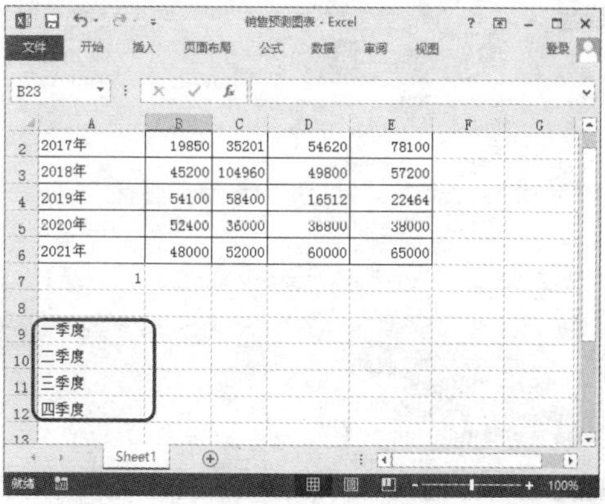

第 3 步：在 B8 中输入公式。

❶在单元格 B8 中输入“=OFFSET（A$1,$A$7,0）”公式；❷单击“编辑栏”中的“✓”按钮，使用该公式返回 A2 单元格中的内容“2017 年”，如下图所示。

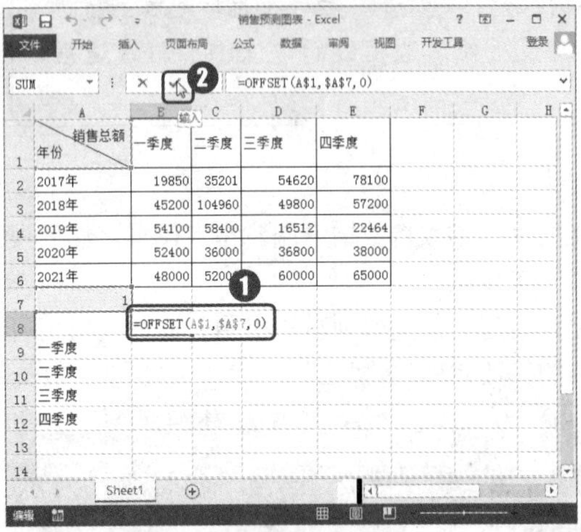

第 4 步：输入公式返回数据值。

使用同样的方法分别在单元格 B9、B10 B11、B12 中输入“=OFFSET(B$1,$A$7,0)”；“=OFFSET(C$1,$A$7,0)”；“=OFFSET(D$1,$A$7,0)”；“=OFFSET(E$1,$A$7,0)”，返回 2017 年四季度的数据如下图所示。

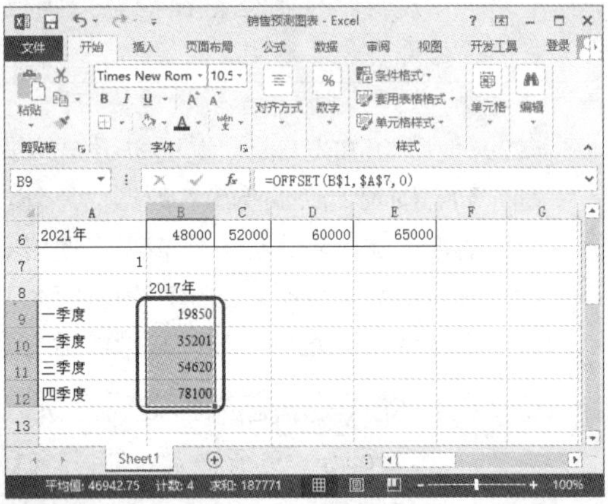

（3）制作年份动态图表

根据使用公式或函数返回的数据，创建三维柱形图。要按照年份创建出动态的图表，需要使用控件进行操作。控件放置在“开发工具”选项卡中，使用该按钮之前，首先需要在“Excel 选项”对话框“自定义功能区”右侧面板中添加“开发工具”选项卡，然后再进行操作。具体操作步骤如下。

第 1 步：执行创建图表的操作。

❶选择 A8:B12 单元格区域；❷单击“插入”选项卡；❸单击“图表”工作组中的“柱形图”按钮；❹单击下拉列表中“三维簇状柱形图”选项，如下图所示。

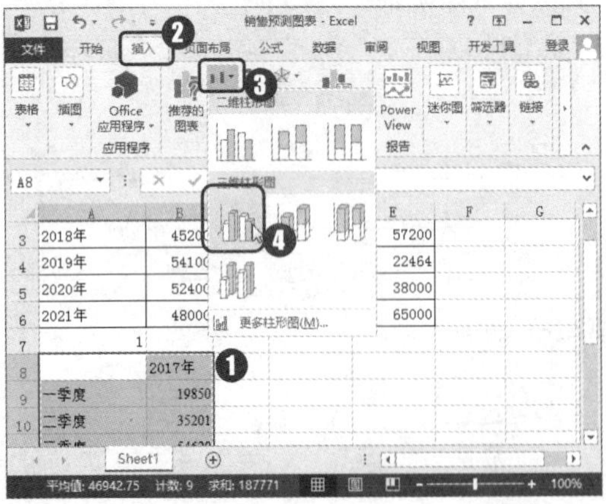

第 2 步：显示创建图表的效果。

经过上步操作，创建出“三维簇状柱形图”，效果如下图所示。

第 3 步：执行插入滚动条的操作。

❶单击“开发工具”选项卡；❷单击“控件”工作组中的“插入”按钮；❸单击下拉列表中的“滚动条”选项，如下图所示。

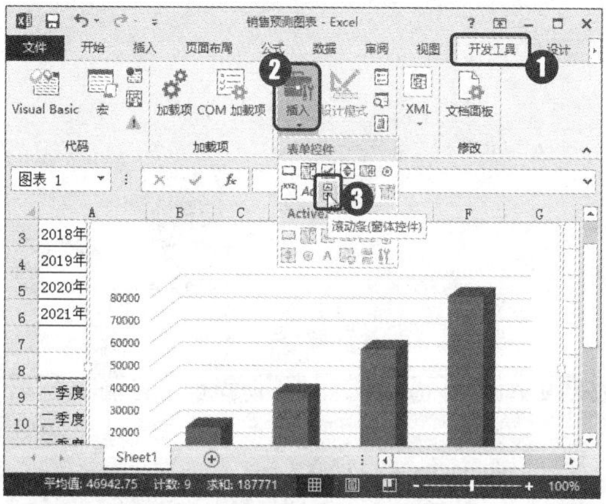

第 4 步：绘制滚动条。

执行插入滚动条命令后，按住左键不放，拖动绘制滚动条的大小，如下图所示。

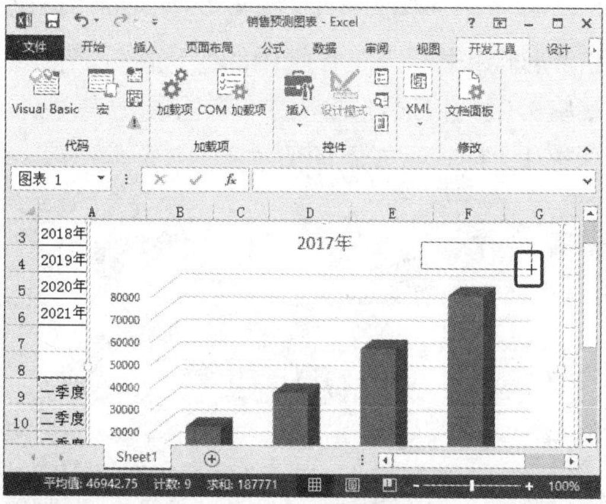

第 5 步：单击“属性”按钮。

❶选择绘制的控件；❷单击“控件”工作组中“属性”按钮 属性，如下图所示。

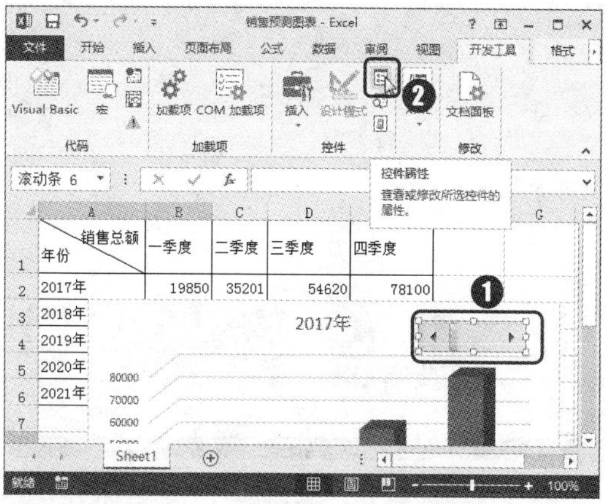

第 6 步：设置控件格式。

打开“设置控件格式”对话框，❶在“控制”选项卡“当前值”“最小值”“最大值”“步长”和“页步长”框中输入数据值；❷在“单元格链接”框中引用 A7 单元格；❸单击“确定”按钮，如下图所示。

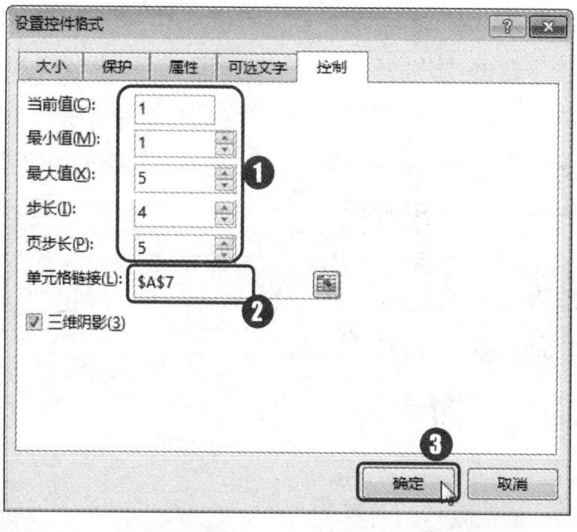

第 7 步：拖动滚动条显示相关年份的数据。

设置完控件格式后，在绘制的滚动条上拖动鼠标，即可显示相关年份的数据信息，如下图所示。

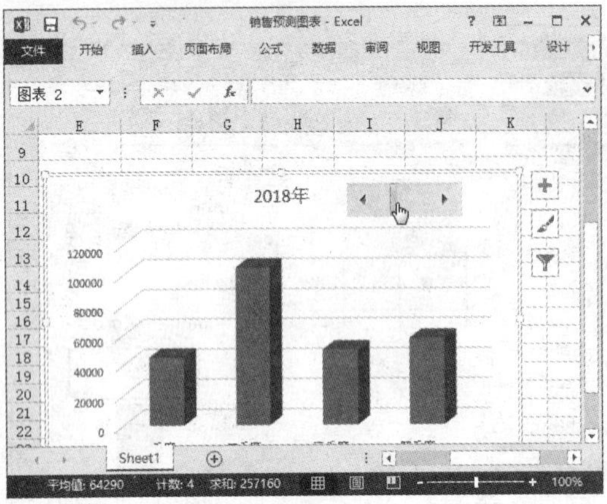

2. 编辑销售预测图表

将数据创建为图表后，为使图表更美观、数据更清晰，可以对图表进行适当的编辑和调整，或对图表的各部分设置适当的格式。

（1）填充绘图区

创建图表后，默认的绘图区都是无背景色的，为了图表效果更好，可以使用填充的方式为图表绘图区添加颜色。具体操作步骤如下。

第 1 步：选择绘图区选项。

❶选中图表，单击“图表工具-格式”选项卡；❷单击“当前所选内容”工作组中的“图表区”右侧的下拉按钮 ▾；❸单击“绘图区”命令，如下图所示。

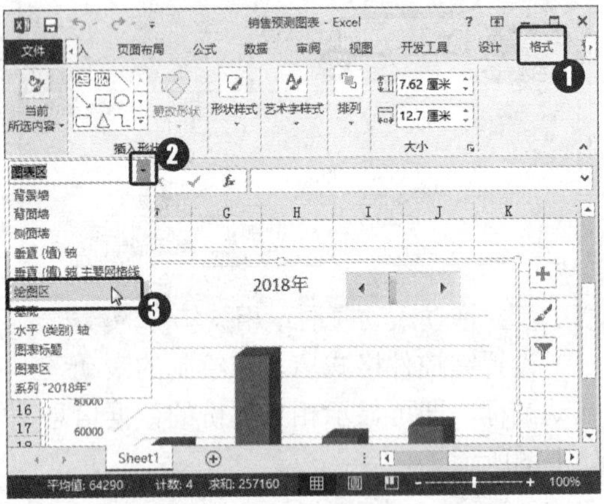

第 2 步：选择绘图区填充效果。

❶单击“图表工具-格式”选项卡；❷单击“形状和样式”工作组中的“下翻”按钮；❸单击应用快速样式中的“彩色填充-黑色，深色 1”样式，如下图所示。

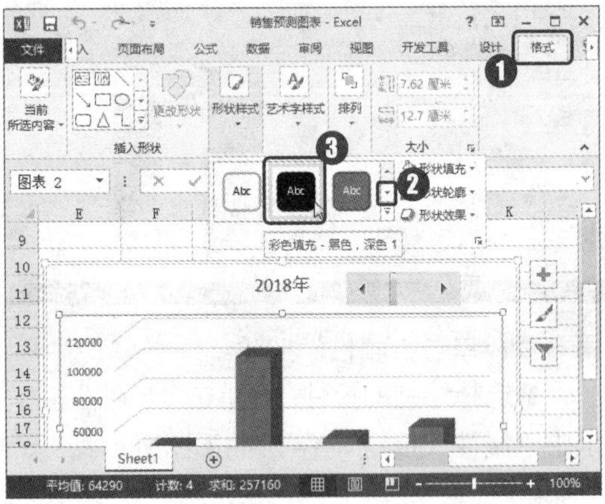

（2）设置数据系列格式

数据系列作为图表中不可缺少的元素之一，为了使整个图表效果更好，可以对它进行设置。例如，在本例中设置数据系列的形状、填充及边框，具体操作步骤如下。

第 1 步：执行“设置数据系列格式”命令。

❶右击图表中数据系列；❷在弹出的快捷菜单中选择“设置数据系列格式”命令，如下图所示。

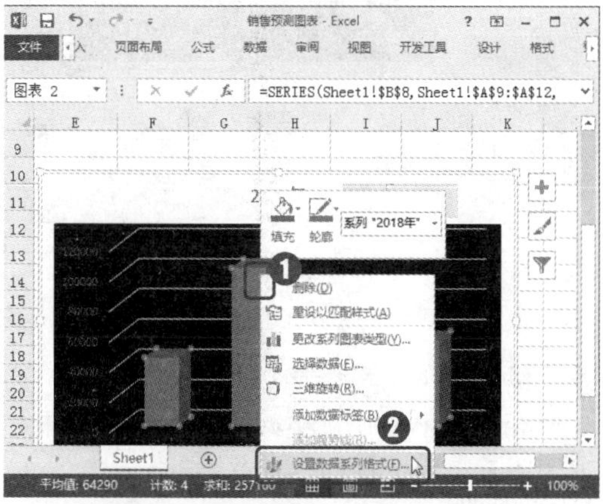

第 2 步：选择数据系列的形状。

打开“设置数据系列格式”窗格，❶单击“系列选项”按钮；❷单击选中“圆柱图”单选按钮，如下图所示。

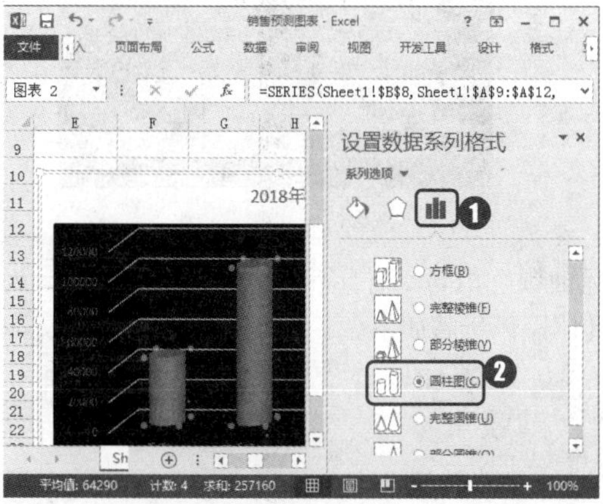

第 3 步：选择数据系列填充效果。

❶单击“填充线条”按钮；❷单击选中“渐变填充”单选按钮，选择预设的渐变效果，如下图所示。

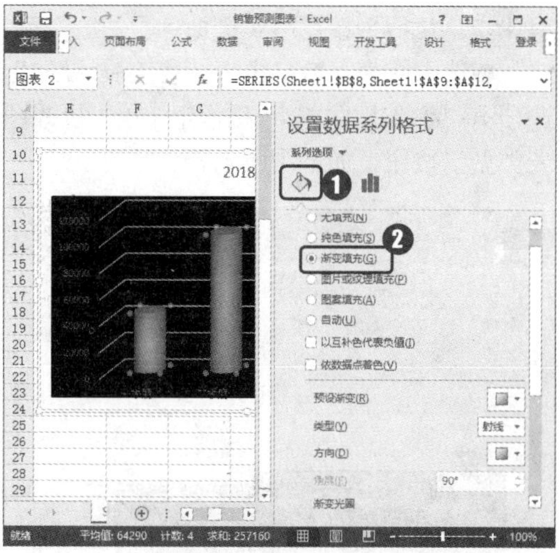

第 4 步：选择数据系列边框。

❶单击“边框”选项；❷单击选中“无线条”单选按钮；❸单击“关闭”按钮，效果如下图所示。

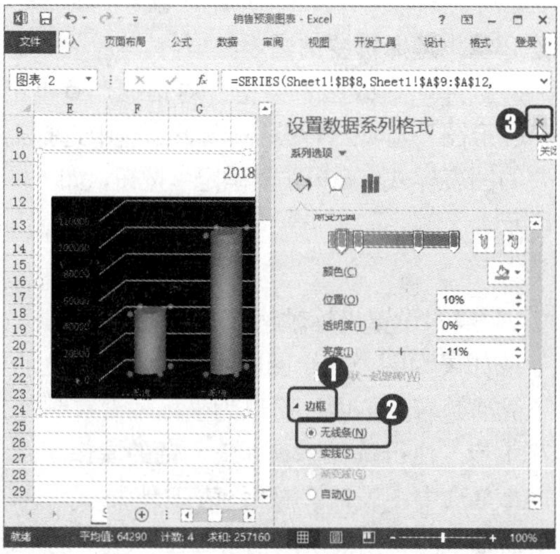

（3）更改数据系列类型

如果对选择创建的图表样式不满意，可以将设置好格式的图表进行更改类型。具体操作步骤如下。

第 1 步：执行更改图表类型命令。

❶选中图表；❷单击“图表工具-设计”选项卡；❸单击“类型”工作组中的“更改图表类型”按钮，如下图所示。

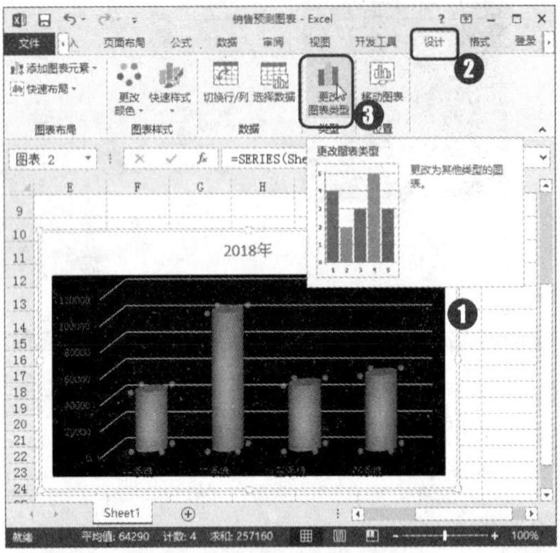

第 2 步：选择需要的图表类型。

打开“更改图表类型”对话框，❶单击“柱形图”选项；❷在右侧图表面板中选择需要的图表样式；❸单击“确定”按钮，如下图所示。

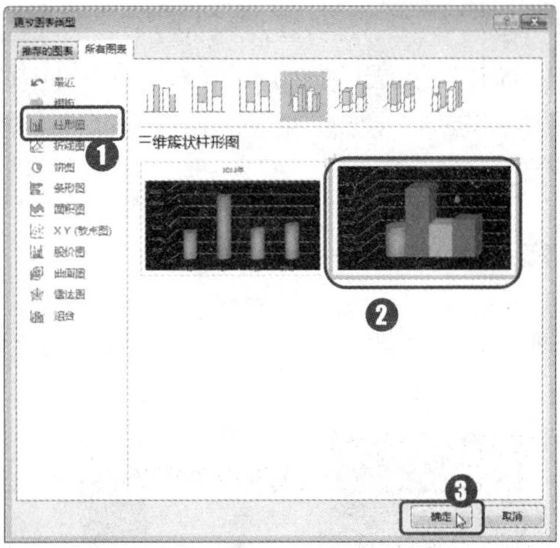

第 3 步：显示更改图表类型的效果

经过以上操作，更改图表类型，效果如下图所示。

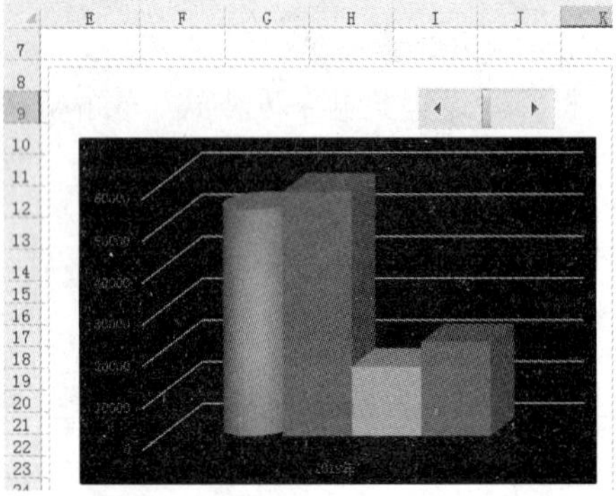

（4）设置坐标轴格式

如果为图表的绘图区添加背景与默认的坐标轴颜色相同，则看不见坐标轴上的刻度，为了能清楚看到刻度，可以为坐标轴设置颜色。具体操作步骤如下。

第 1 步：执行选择垂直（值）轴的操作。

❶选中图表，单击“图表工具-格式”选项卡；❷单击“当前所选内容”工作组中的“图表区”右侧的下拉按钮 ▾；❸单击“垂直（值）轴”命令，如下图所示。

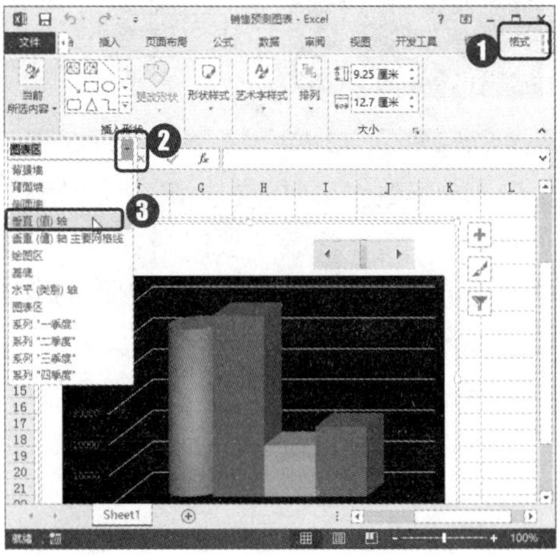

第 2 步：选择坐标轴颜色。

❶单击“开始”选项卡；❷单击“字体”工作组中的“文字颜色”右侧下拉按钮 ˇ；❸单击“橙色，着色 6，深色 25%”命令，如下图所示。

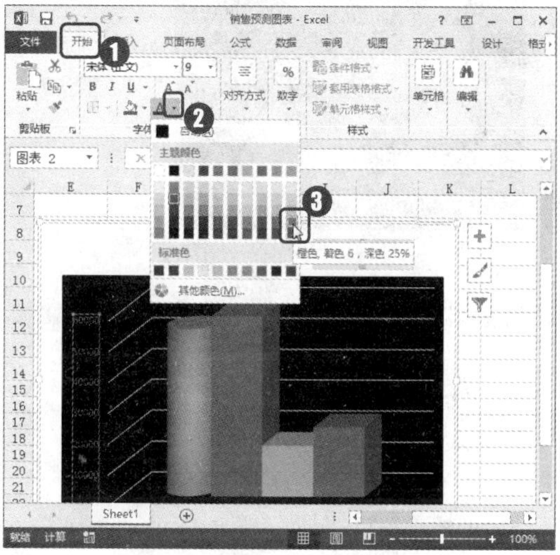

第 3 步：执行图表标题为图表上方命令。

❶选中图表，单击“图表工具-设计”选项卡；❷单击“图表布局”工作组中的“添加图表元素”按钮；❸指向“图表标题”命令；❹单击“图表上方”命令，如下图所示。

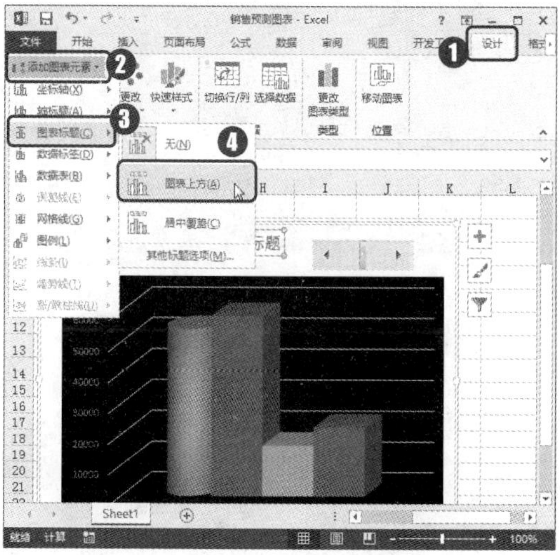

第 4 步：输入图表标题内容。

在图表上方出现标题框后，输入图表标题文本，效果如下图所示。

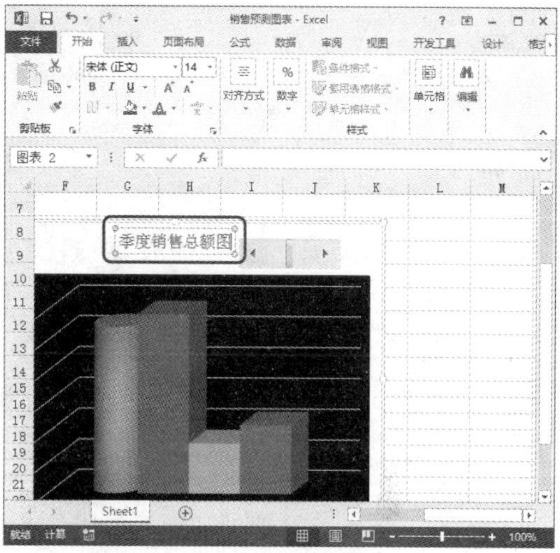

第 5 步：执行图例为右侧命令。

❶选中图表，单击“图表工具-设计”选项卡；❷单击“图表布局”工作组中的“添加图表元素”按钮；❸指向“图例”命令；❹单击“右侧”命令，如下图所示。

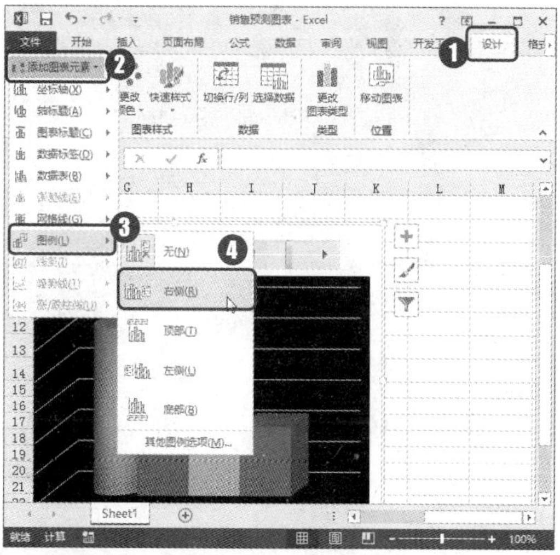

第 6 步：设置绘图区大小，显示图表效果。

选中绘图区，拖动调整大小，让图表标题和图例都显示在绘图区外，效果如右图所示。

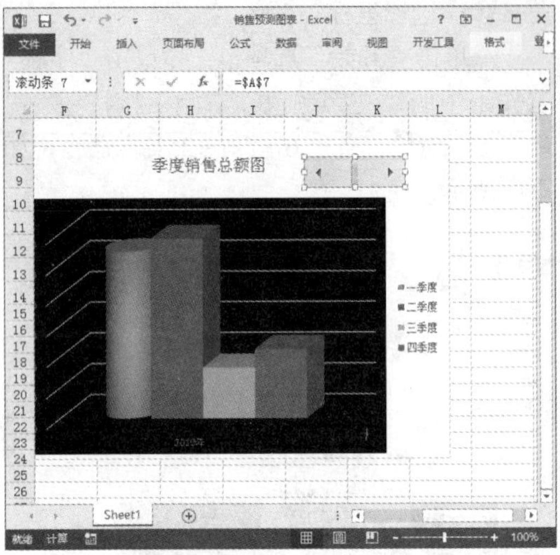

本 章 小 结

在本章中学习了制作柱形图、饼图、迷你图和折线图的相关知识，大家可以根据工作和学习的需要，选择符合条件的图表进行数据分析，这样才能起到事半功倍的效果。其他图表的创建与本章创建图表的案例类似，因此，读者可以举一反三地练习，这样才能更好地运用和使用图表。

第 7 章

动态分析数据
——数据透视表和数据透视图的应用

本章导读：

数据透视表是一种对大量数据进行快速汇总和建立交叉列表的交互式表格，它是一个产生于数据库的动态报告，可以驻留在工作表中或一个外部文件中。数据透视表可以多条件进行查看和统计数据。而数据透视图可以更直观地展示数据。本章主要介绍数据透视表和数据透视图的相关知识。

知识要点：

★ 创建数据透视表的操作
★ 为数据透视表添加字段
★ 设置数据透视表的操作
★ 如何创建与查看数据透视图
★ 切片器的应用

案例效果

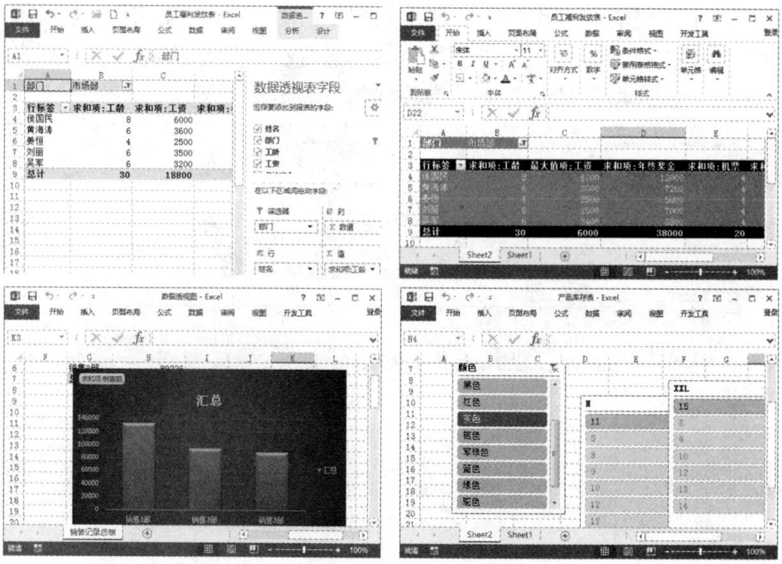

大师点拨——数据透视表和数据透视图的相关知识

在 Excel 中用户可以使用数据透视表和数据透视图两种方式对表格数据进行分析。数据透视表主要是根据添加的字段，按不同的统计方式查看数据结果。而数据透视图则是以图表的方式透视数据。

要点 1 认识数据透视表

“透视”作为一个动词，意思是旋转。如果将数据看成一个物体，那么我们则可以从不同角度对其进行查看与分析。使用数据透视表，可以帮助用户从大量看似无关的数据中寻找其背后的联系，从而将纷繁的数据转化为有价值的信息，以供研究和决策所用。

在数据透视表中我们可以多次操作，从而得到自己想要的结果。数据透视表是一种让用户可以根据不同的分类、不同的汇总方式快速查看各种形式的数据汇总报表。

如何使用这么神奇的功能对数据进行分析呢，首先要了解数据透视表的定义、组成以及创建。

1. 什么是数据透视表

数据透视表是一种交互式的表，可以进行某些计算，如求和与计数等。其所进行的计算数据跟数据透视表中的排列有关。

之所以称为数据透视表，是因为它可以动态地改变版面布置，以便按照不同的方式分析数据，也可以重新安排行号、列标和页字段。每一次改变版面布置，数据透视表都会立即按照新的版面布置重新计算数据。另外，如果原始数据发生更改，则可以更新数据透视表。

2. 数据透视表的组成

一个完整的数据透视表主要由数据库、行字段、列字段、求值项和汇总项等部分组成。而对数据透视表的透视方式进行控制，需要在“数据透视表字段列表”任务窗格中完成。如下图所示，为根据某玩具店销售数据制作的数据透视表。

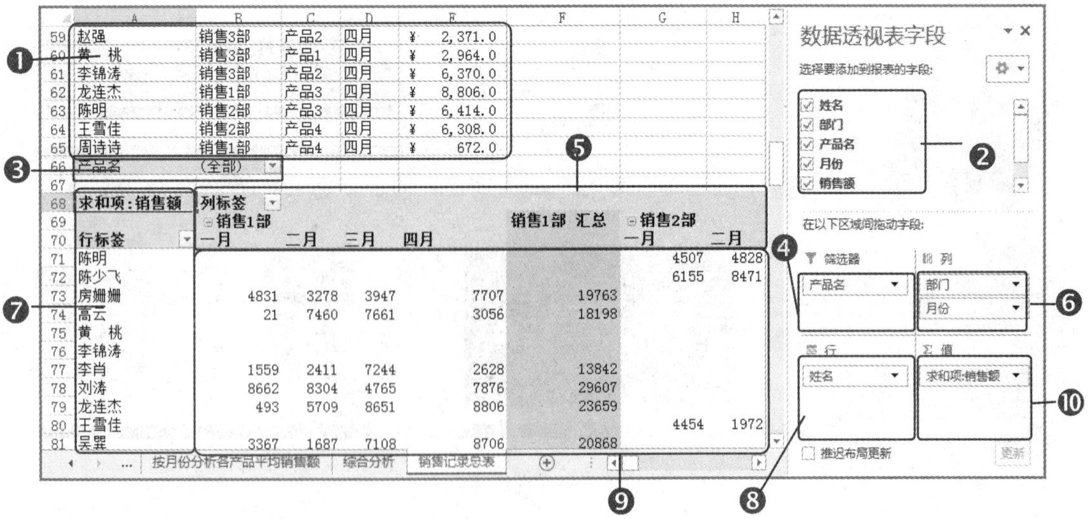

❶	数据库：也称为数据源，是从中创建数据透视表的数据清单、多维数据集
❷	“字段列表”列表框：字段列表中包含了数据透视表中所需要的数据字段（也称为列）。在该列表框中选中或取消选中字段标题对应的复选框，可以对数据透视表进行透视
❸	报表筛选字段：又称为页字段，用于筛选表格中需要保留的项，项是组成字段的成员
❹	“筛选器”列表框：移动到该列表框中的字段即为报表筛选字段，将在数据透视表的报表筛选区域显示
❺	列字段：信息的种类，等价于数据清单中的列
❻	“列”列表框：移动到该列表框中的字段即为列字段，将在数据透视表的列字段区域显示
❼	行字段：信息的种类，等价于数据清单中的行
❽	“行”列表框：移动到该列表框中的字段即为行字段，将在数据透视表的行字段区域显示
❾	值字段：根据设置的求值函数对选择的字段项进行求值。数值和文本的默认汇总函数分别是 SUM（求和）和 COUNT（计数）
❿	“值”列表框：移动到该列表框中的字段即为值字段，将在数据透视表的求值项区域显示

3. 如何创建数据透视表

在 Excel 2013 中创建数据透视表可以使用“插入”选项卡中的“创建数据透视表”和“推荐的数据透视表”两种方法进行。

- 创建数据透视表：将表格中的字段选中，先创建一个空白的数据透视表，用户根据自己的需要添加数据透视表的字段即可，如下图所示。

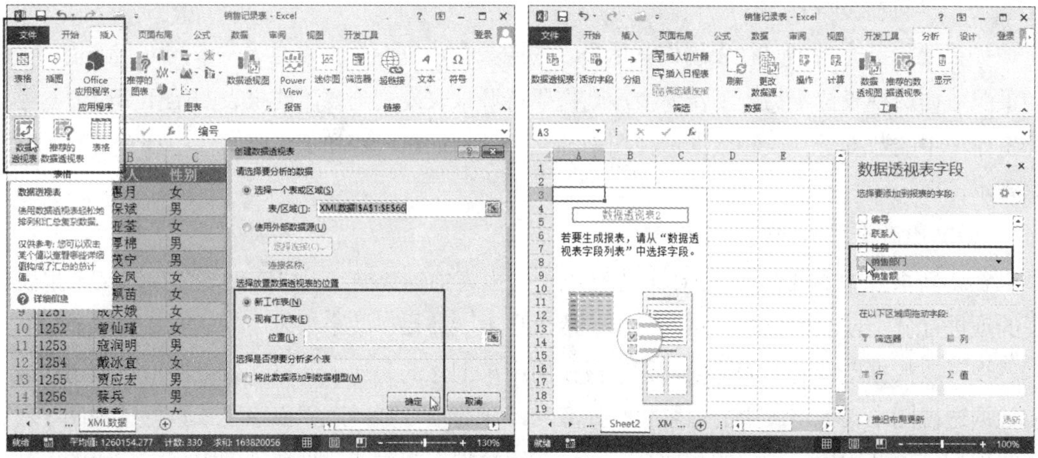

- 推荐的数据透视表：将鼠标光标定位至数据表的任一单元格，执行“推荐的数据透视表”功能后，在推荐的选项中直接选择自己需要的样式即可，如下图所示。

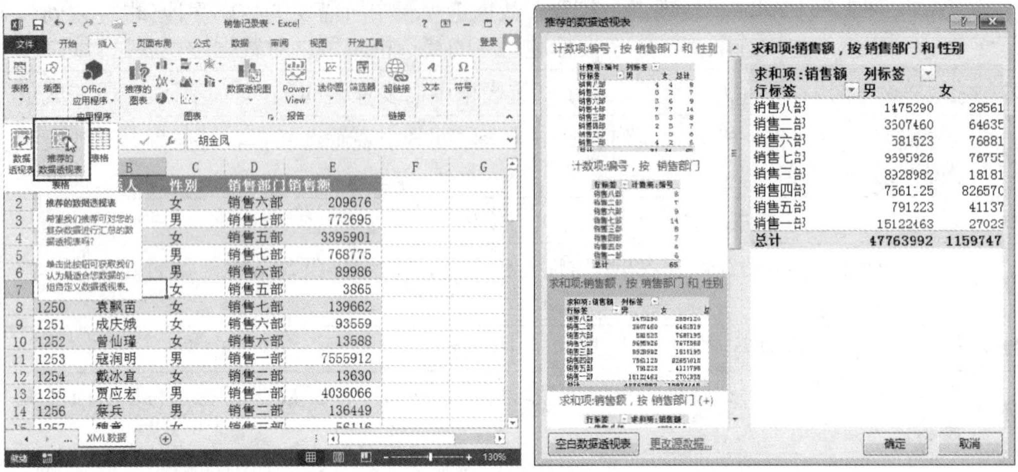

4. 数据透视表的注意事项

数据透视表虽然好用，但在使用时也需要注意一些事项，这样才能提高工作效率，达到事半功倍的效果。

（1）数据透视表缓存

每次在新建数据透视表或数据透视图时，Excel 均将报表数据的副本存储在内存中，并将其保存为工作簿文件的一部分。这样每张新的报表均需要额外的占用内存和磁盘空间。如果将现有数据透视表作为同一个工作簿中的新报表的源数据，则两张报表就可以共享同一个数据副本。因为可以重新使用存储区，所以就会缩小工作簿文件，减少内存中的数据。

（2）位置要求

如果要将某个数据透视表用作其他报表的源数据，则两个报表必须位于同一工作簿中。如果源数据透视表位于另一工作簿中，则需要将源报表复制到要新建报表的工作簿位置。不同工作簿中的数据透视表和数据透视图是独立的，它们在内存和工作簿文件中都有各自的数据副本。

（3）更改会同时影响两个报表

在刷新报表中的数据时，Excel 也会更新源报表中的数据，反之亦然。如果对某个报表中的项进行分组或取消分组，将同时影响两个报表。如果在某个报表中创建了计算字段（数据透视表或数据透视图中的字段，该字段使用用户创建的公式。计算字段可使用数据透视表或数据透视图中其他字段中的内容执行计算）或计算项（数据透视表字段或数据透视图字段中的项，该项使用用户创建的公式。计算项使用数据透视表或数据透视图中相同字段的其他项的内容进行计算），也将同时影响两个报表。

（4）数据透视图报表

数据透视图可以基于其他数据透视表的数据进行创建，但是不能直接基于数据透视图的报表创建数据透视表。不过，每当创建一个新的数据透视图报表时，Excel 都会基于相同的数据创建一个相关联的数据透视表（相关联的数据透视表是为数据透视图提供源数据的数据透视表。在新建数据透视图时，将自动创建数据透视表。如果更改其中一个报表的布局，另一个报表也随之更改）。因此，基于相关联的报表创建一个新报表。对数据透视图报表所做的更改将影响相关联的数据透视表，反之亦然。

要点 2 数据透视表能做什么

数据透视表是对数据源进行透视，并进行分类、汇总，对比较大量的数据进行筛选，可以达到快速查看源数据的不同的统计结果的目的。数据透视表综合了数据的排序、筛选、分类、汇总等常用的数据分析方法，并且可以方便地调整分类、汇总方式，以多种不同的方式灵活展示数据的特征。

1. 对数据透视表的数据进行排序

制作完数据透视表后，默认情况下会自动对字段进行求和计算，对于显示的数据，我们可以使用排序的方法按照从高到低或从低到高进行数据浏览。

左下图所示为在 B5 单元格单击鼠标右键，在弹出的快捷菜单中选择“排序”命令，在下一级列表中单击“降序”命令，右下图所示则是根据排序操作，显示出的结果。

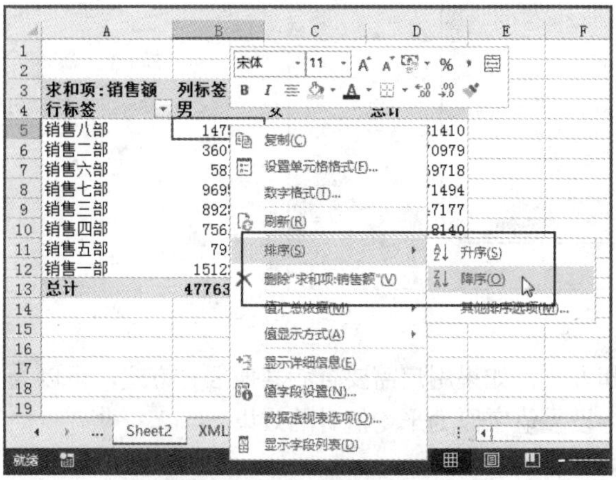

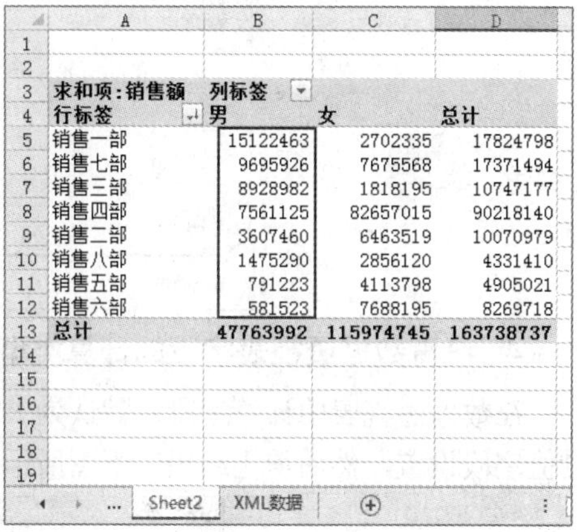

2. 对数据透视表的数据进行筛选

数据透视表的功能非常强大，统计出来的数据非常多，为了更加清楚地分析，可以对数据透视表中的行标签进行筛选。

例如，左下图所示就是对行标签进行筛选，而右下图所示则是根据筛选条件显示的结果，筛选完成后在“筛选器”按钮上显示筛选符号。

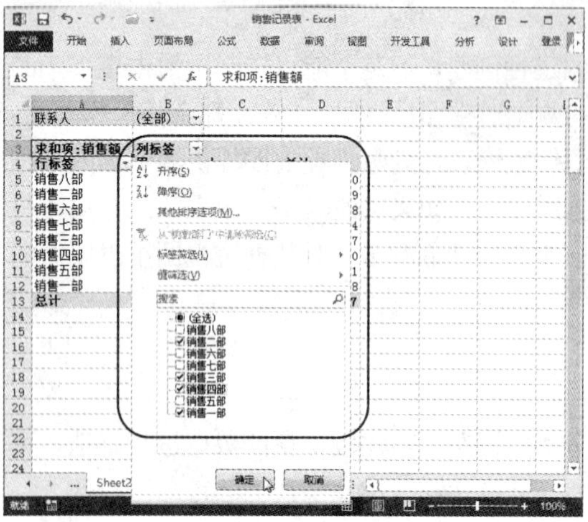

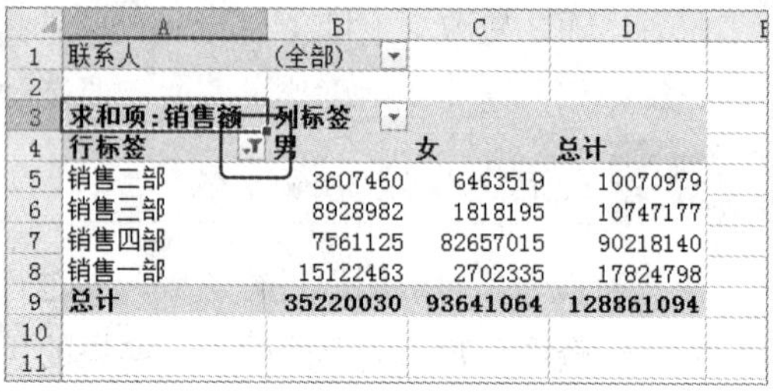

3. 添加并调整字段位置

使用公式对数据进行计算，还需要输入正确的公式，才能得出结果，使用数据透视表只需拖动几下鼠标就可以完成了。执行创建数据透视表，其创建的数据透视表都是空白的，需要添加字段才能在数据透视表中查看到相关内容。在数据透视表字段中添加字段，然后拖动字段存放的区域，即可在数据透视表中将数据计算结果显示出来，如下图所示。

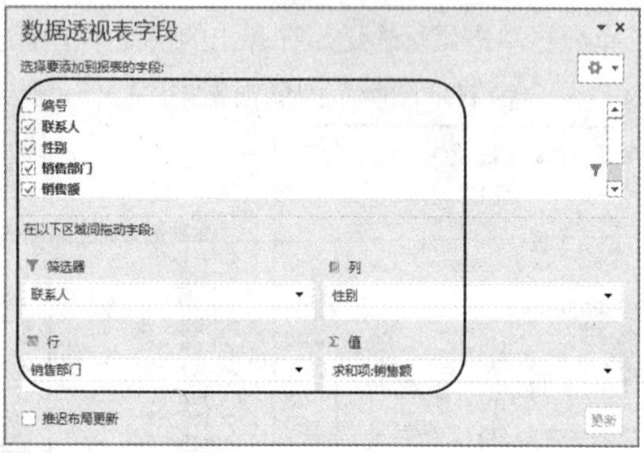

4. 设置数据透视表字段的计算类型

在数据透视表中计算字段，默认为求和方式，如果用户需要查看其他汇总方式，可以通过值字段设置，然后得出结果。下图所示为设置值字段为平均值时的效果。

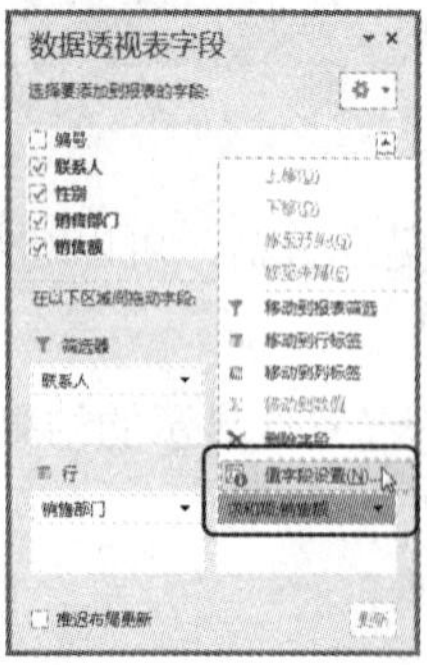

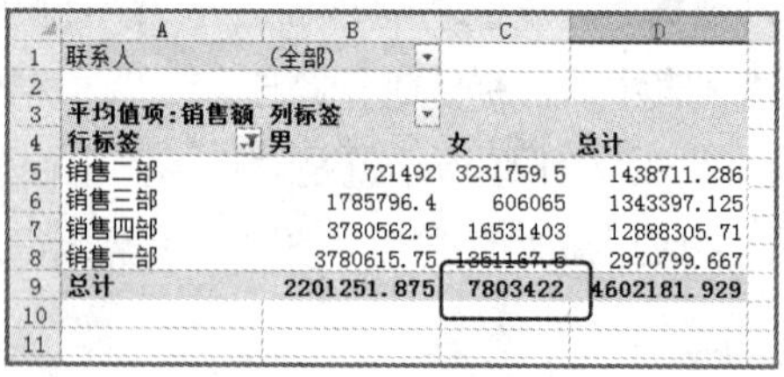

数据透视表最大的优点就是可以根据数据源的变化进行变动，而且非常快速和方便。这是函数公式计算表不能比的。左下图所示为在数据表中修改数据，而右下图所示则是使用数据透视表“刷新”功能进行数据更新。

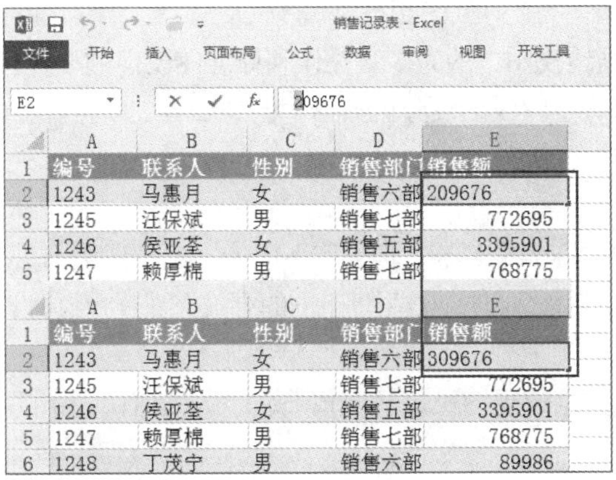

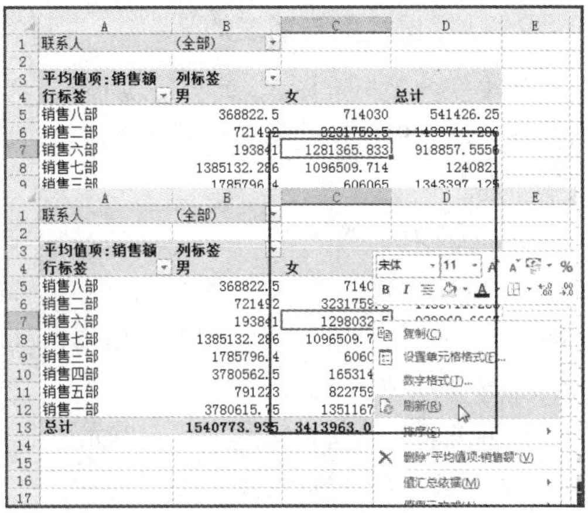

要点3 数据透视图与图表的区别

图表在第6章中已经详细讲解过了，下面主要对数据透视图的概念以及其与图表的区别进行比较。

1. 什么是数据透视图

数据透视图是另一种数据表现形式，与数据透视表不同的地方在于它可以选择适当的图形、色彩来描述数据的特征。数据透视图的建立方式有两种。

（1）使用数据源创建数据透视图

在“插入”选项卡“图表”工作组中提供了数据透视图功能，直接将鼠标指针定位至数据源中，单击“数据透视图”按钮，并选择数据源进行创建，如左下图所示。创建一个空白的数据透视图，然后在右侧单击添加字段，图表自动生成。创建数据透视图时，数据透视表也会自动生成，效果如右下图所示。

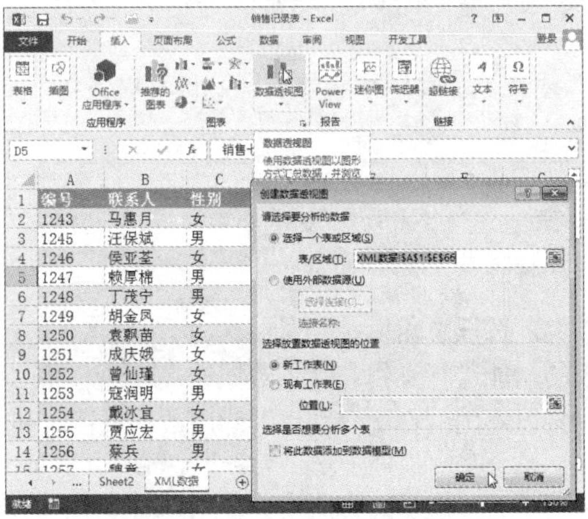

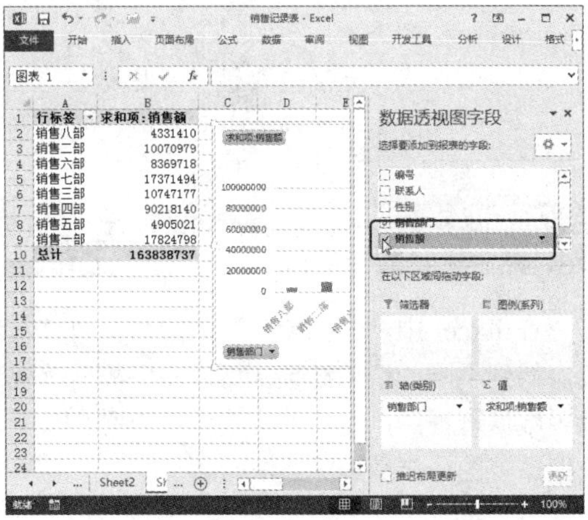

（2）根据数据透视表创建数据透视图

如果数据透视表已经将数据分析统计好了，只需要按另一种形式进行查看时，可以直接使用数据透视表的数据创建数据透视图，具体操作见本章案例02。

2. 数据透视图与图表的区别

如果您熟悉标准图表，就会发现Excel数据透视图中的大多数操作和标准图表中的一样，因此用户可以根据不同的需要，选择使用数据透视图或图表分析数据。但是二者之间也存在以下差别。

（1）交互功能

对于标准图表，您为要查看的每个数据视图创建一张图表，但它们不交互。而对于数据透视图，只要创建单张图表就可通过更改报表布局或显示的明细数据以不同的方式交互查看数据。

（2）源数据

标准图表可直接链接到工作表单元格中。数据透视图可以基于相关联的数据透视表中的几种不同数据类型进行链接。

（3）图表元素

Excel 中的数据透视图除包含与标准图表相同的元素外，还包括字段和项，可以通过添加、删除字段和项来显示数据的不同视图。标准图表中的分类、系列和数据分别对应于数据透视图中的分类字段、系列字段和值字段。数据透视图中还可包含报表筛选。而这些字段中都包含项，这些项在标准图表中显示为图例中的分类标签或系列名称。

高手点拨

数据透视图中的限制

在使用数据透视图时，也有一定的局限性，即不是所有的图表类型都可以选用，了解这些限制将有助于用户更好地使用数据透视图。

- 不能使用的某些特定图表类型：在数据透视图中不能使用散点图、股价图、气泡图。
- 在数据透视表中添加、删除计算字段或计算项后，添加的趋势线会丢失。

无法直接调整数据标签、图表标题、坐标轴标题的大小，但可以通过改变字体的大小间接地进行调整。

案例训练——实战应用成高手

在Excel中，对原始数据表的数据内容及分类，按任意角度、任意层次、不同的汇总方式，得到不同的汇总结果，可以使用数据透视表的功能进行操作。除了数据透视表外，还可以用数据透视图以图表的方式进行查看。下面，将以不同的案例分别讲解利用数据透视表和数据透视图分析数据的方法。

案例 01 制作员工福利发放表

◇ 案例概述

某公司员工福利发放表主要是根据公司的年终福利而制作的表格，在该案例中需要使用 IF 函数计算年终奖金，根据工龄时长计算出机票的张数和员工应该休息的年假天数。根据计算出的数据，使用数据透视表进行分析，根据各部门进行分门类别地计算需要的数据结果，这样即可让阅读者快速查看年终所有的支出数据汇总。

本案例主要以制作数据透视表为例，介绍其制作方法。左下图所示为原始数据表，而右下图所示则是计算出的数据，最后使用数据透视表分析数据。

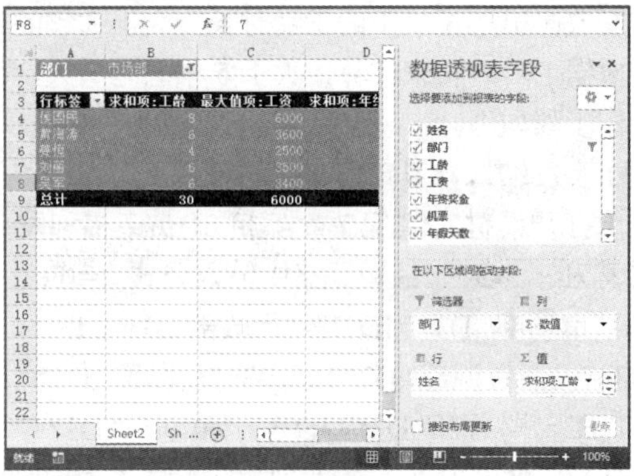

	素材文件：光盘\素材文件\第 7 章\案例 01\员工福利发放表.xlsx
	结果文件：光盘\结果文件\第 7 章\案例 01\员工福利发放表.xlsx
	教学文件：光盘\教学文件\第 7 章\案例 01.mp4

◇ 制作思路

在 Excel 中制作“员工福利发放表”的数据透视表的流程与思路如下所示。

一 **IF 函数的使用：** 使用 IF 函数根据部门和工龄计算出年终奖金、机票张数和年假天数。

二 **创建数据透视表：** 选中工作表中的数据源，创建数据透视表，然后根据需要添加相关数据透视表字段。

三 **编辑数据透视表字段：** 默认的情况下，数据透视表的字段以求和的方式显示结果，若想看其他方式的结果，可以更改计算方式。

四 **同步数据与美化透视表：** 在数据源表格中修改了原始数据，在透视表中刷新数据即可同步，为了表格更加醒目，可以美化透视表。

◇ 具体步骤

在本案例中，原始表格只是录入了最基本的信息，其他数据需要使用函数和给定的条件计算结果，然后根据表格的数据创建数据透视表。在分析数据透视表之前，首先需要添加数据透视表字段，根据自己想要的结果更改字段计算方式。如果在源数据表中发现了数据错误，及时进行修改并同步数据。最后，为了使表格更加完美，可以为数据透视表添加样式。

1. 计算员工福利放发表数据

在表格中，根据公司的规定，不同的部门，年终奖金的算法也不同。市场部、行政部、人力资源部、后勤部按“基本工资”的 2 个月发放，财务部和策划部按“基本工资”的 3 个月发放；机票按员工的工龄时长，大于 3 年的为 4 张机票，小于 3 年的为 2 张机票；年假天数根据工龄时长来计算，大于 5 年的为 7 天，大于 3 年的为 5 天，小于 3 年的为 3 天。具体操作步骤如下。

第 1 步：输入计算年终奖金的公式。

打开素材文件\第 7 章\案例 01\员工福利发放表.xlsx，❶在 E3 单元格中输入公式“=IF(B3="市场部",D3*2,IF(B3="行政部",D3*2,IF(B3="人力资源部",D3*2,IF(B3="后勤部",D3*2,IF(B3="财务部",D3*3,IF(B3="策划部",D3*3))))))”；❷单击“编辑栏”中的“✔”按钮，如下图所示。

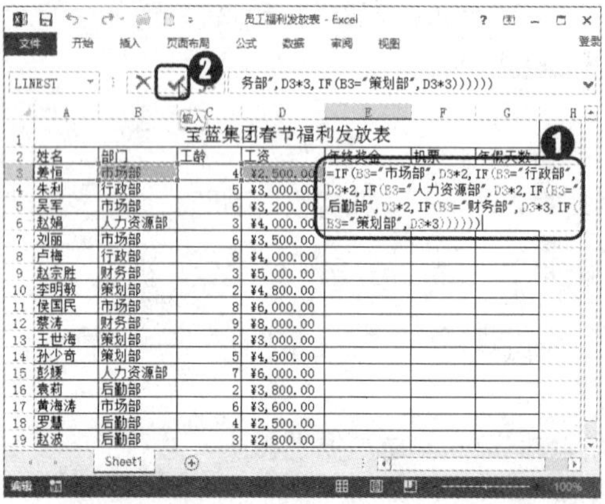

第 2 步：输入计算机票张数的公式。

❶在 F3 单元格中输入公式“=IF(C3>3,4,2)”；❷单击“编辑栏”中的“✔”按钮，如下图所示。

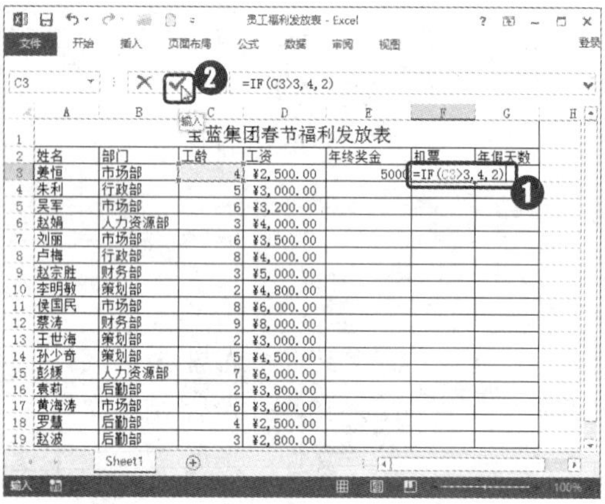

第 3 步：输入计算年假天数的公式。

❶在 G3 单元格中输入公式“=IF(C3>5,7,IF(C3>3,5,3))”；❷单击“编辑栏”中的“✔”按钮，如下图所示。

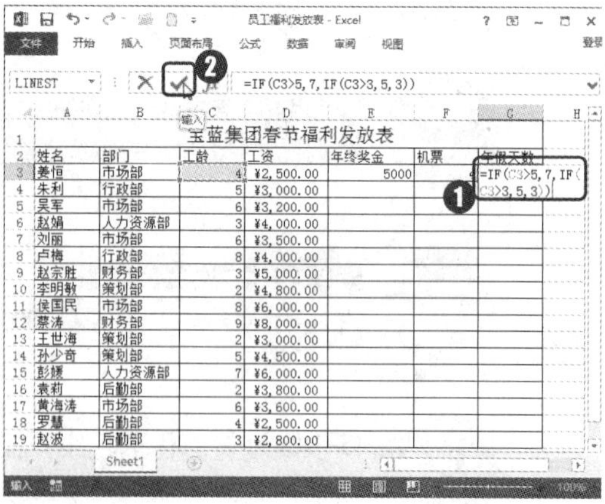

第 4 步：快速填充公式。

❶选择 E3:G3 单元格区域；❷将鼠标指针移至单元格右下角，当指针变成“+”时，按住左键不放向下拖动至 G19 单元格，如下图所示。

第 5 步：显示结果。

经过以上操作，计算出表格中所有的数据，效果如下图所示。

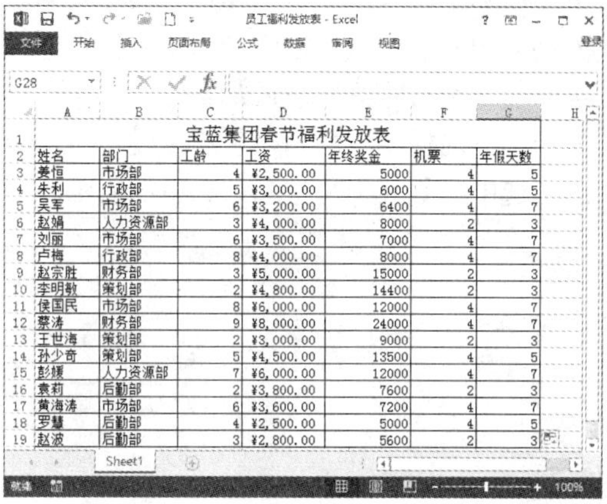

2. 创建员工福利透视表

数据透视表可以深入分析数据，并了解一些预计不到的数据问题。使用数据透视表之前，首先要创建数据透视表，再对其进行设置。要创建数据透视表，需要链接到一个数据源，并输入报表位置。具体操作步骤如下。

第 1 步：执行数据透视表命令。

❶选择 A2:G19 单元格区域；❷单击“插入”选项卡；❸单击“表格”工作组中的“数据透视表”按钮，如下图所示。

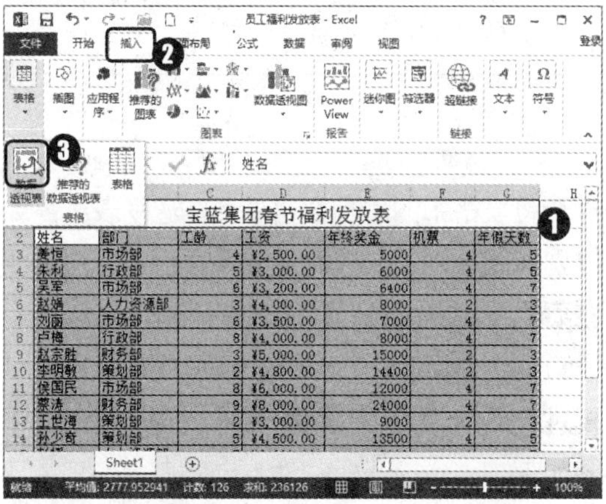

第 2 步：单击新工作表选项。

打开“创建数据透视表”对话框，❶单击选中“新工作表”单选按钮；❷单击“确定”按钮，如下图所示。

3. 为透视表添加字段

默认创建的数据透视表是空的，因此要对数据进行分析，需要在“数据透视表字段”窗格中添加字段。添加字段即将“选择要添加到报表的字段”列表框中的原数据清单中的字段添加到相应的字段区域中。具体操作步骤如下。

第 1 步：为数据透视表添加字段。

在“选择要添加到报表的字段”列表框中单击选中“姓名”复选框，如下图所示。

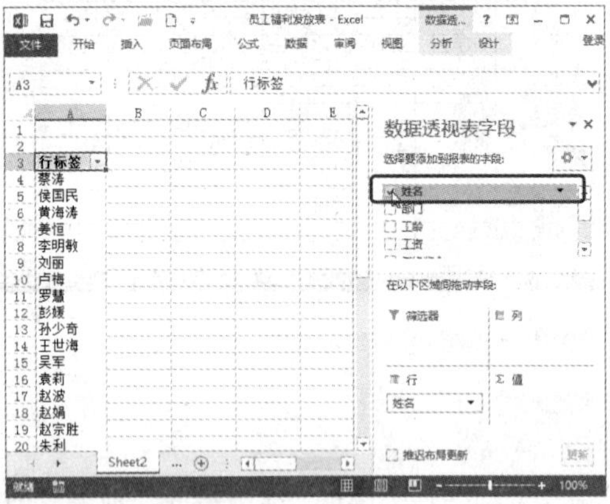

第 2 步：单击选择多个字段选项。

重复操作第 1 步，将字段列表中的所有字段添加上，效果如下图所示。

> **知识拓展　关闭与启动数据透视表字段窗格**
>
> 在创建数据透视表后，默认的都会在右侧显示数据透视表字段窗格，如果添加完数据透视表字段后，不需要显示时，则可以单击右上角的“关闭”按钮进行关闭。若是需要再次启动该窗格，则在“数据透视表-分析”选项卡中单击“显示”工作组中的“字段列表”按钮即可。

4. 分析透视表数据

在数据透视表中，添加了所有的字段，这样会将表格中的所有数据显示在透视表中，如果用户直接进行查看，还是会觉得与表格没有差别。因此，要快速看懂数据透视表，还需要对数据透视表的字段位置进行拖动，并设置单独要查看的条件。

（1）拖动调整字段

添加完字段，所有的数据都会按默认的位置进行显示，为了让数据透视表更加简洁，将“部门”字段拖至“筛选器”中，具体操作步骤如下。

在“行字段”框组中将“部门”选项，拖动至“筛选器”字段，如下图所示。

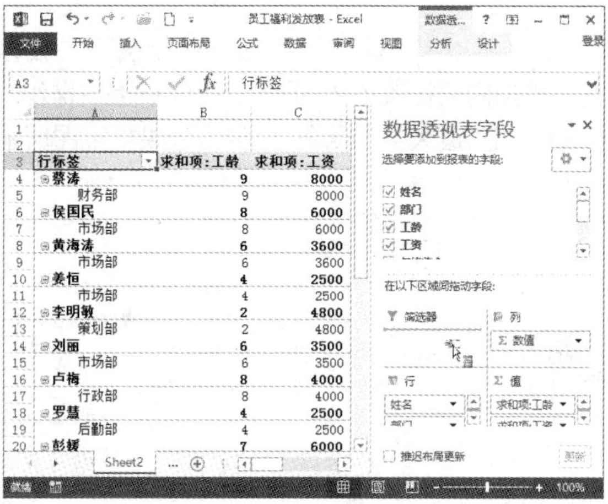

拖动调整字段，会将部门行隐藏起来，只显示姓名行。

（2）筛选数据字段

在数据透视图中，可应用各分类字段上的筛选功能设置不同的筛选条件，从而使数据透视图可以根据不同的条件显示不同的数据汇总和分析结果。

例如，需要详细查看“市场部”的奖金数据，具体操作步骤如下。

第 1 步：执行筛选部门的操作。

❶单击“全部”右侧的下拉按钮；❷单击选中“市场部”选项；❸单击“确定”按钮，如下图所示。

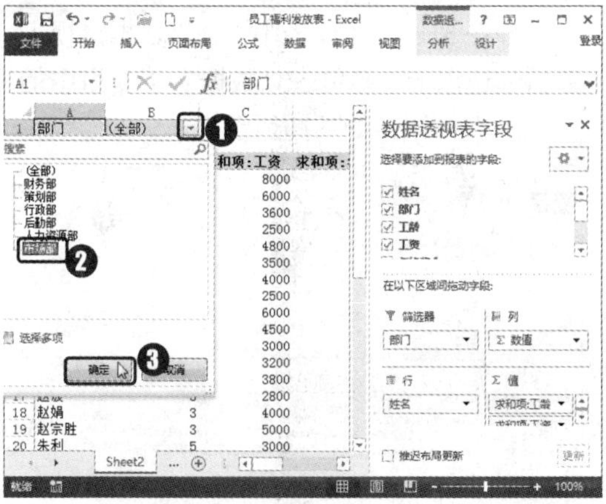

第 2 步：显示筛选结果。

经过上步操作后，在表格中显示“市场部”的所有员工数据，效果如下图所示。

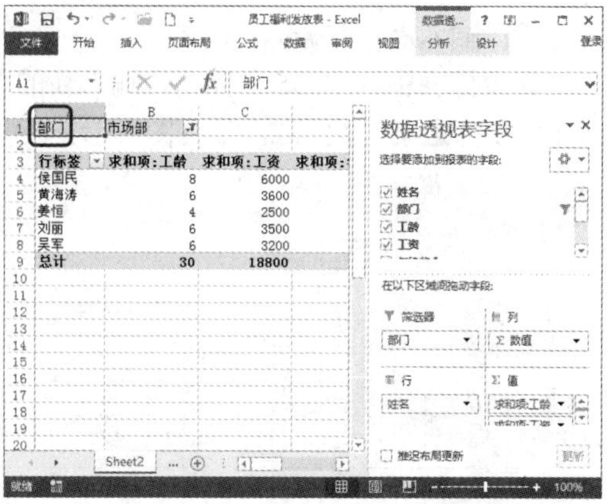

5. 更改字段计算方式

在数据透视表中，默认的汇总计算方式是求和，如果需要使用其他方式查看数据，可以对汇总方式进行更改。

例如，将“工资”的“求和”计算方式更改为“最大值”，具体操作步骤如下。

第 1 步：执行最大值命令。

❶右击 C3 单元格；❷指向快捷菜单中的“值汇总依据”命令；❸单击“最大值”命令，如下图所示。

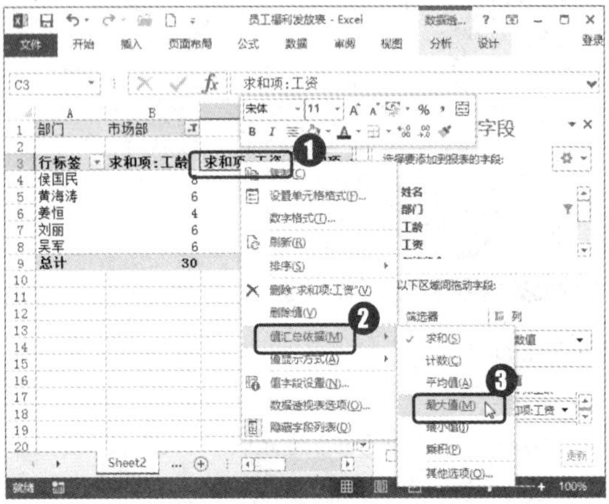

第 2 步：显示更改修改值方式的效果。

经过上步操作，显示市场部工资的最大值，效果如下图所示。

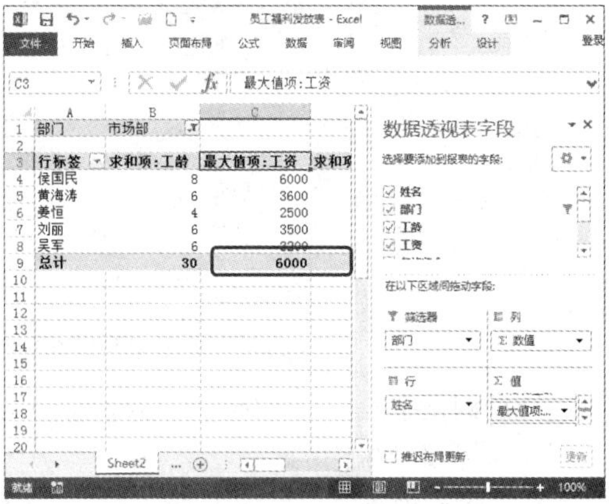

6. 刷新数据透视表数据

当用户创建了数据透视表以后，如果需要对数据透视表数据源进行修改，数据透视表也要同步更新，其方式是通过刷新功能快速操作。

例如，将“吴军”的工资从“3200”更改为“3400”，更新数据，具体操作步骤如下。

第 1 步：输入新的数据。

在数据表中选中 D5 单元格，输入新的数据 4 替换掉之前的数据 2，如下图所示。

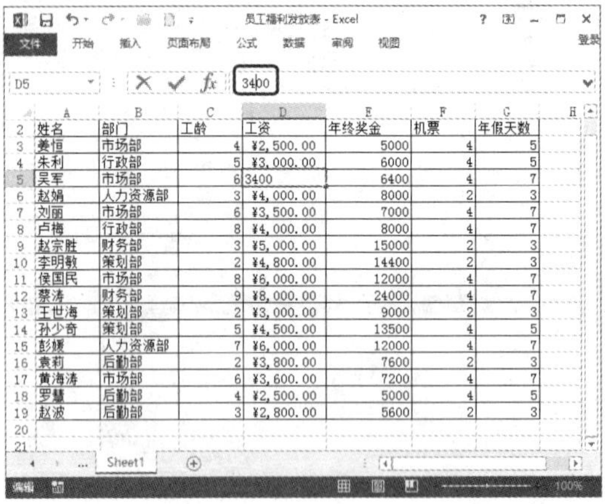

第 2 步：在 Sheet2 工作表中单击刷新按钮。

❶在 Sheet2 工作表中单击“数据透视表-分析”选项卡；❷单击“数据”工作组中的“刷新”按钮，如下图所示。

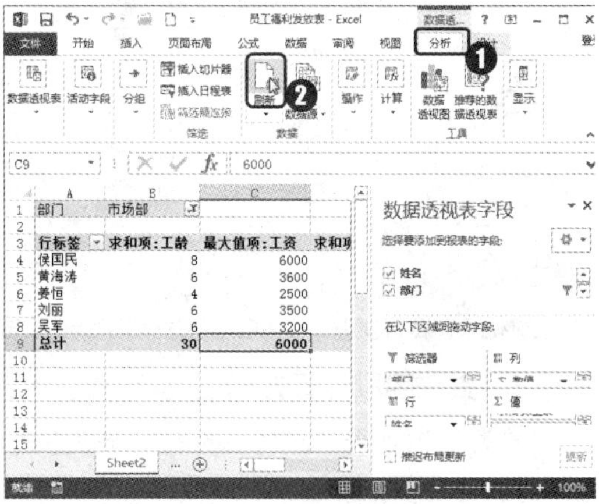

高手点拨

汇总方式为什么不一样?

在数据透视表中，如果对某一字段的汇总方式进行修改，在总计的单元格中也会发生相应的变化。而其他没有设置的单元格，则还是以最初的方式显示。

7. 美化数据透视表

设置好数据透视表选项后，用户可以使用样式库轻松更改数据透视表的样式，达到美化数据透视表的效果，也可以自定义数据透视表样式来美化数据透视表。具体操作步骤如下。

第 1 步：应用数据透视表样式。

❶选择 A1:F9 单元格区域；❷单击“数据透视表工具-设计”选项卡；❸单击“数据透视表样式”工作组中的“下翻”按钮；❹单击“数据透视表样式深色 16”，如下图所示。

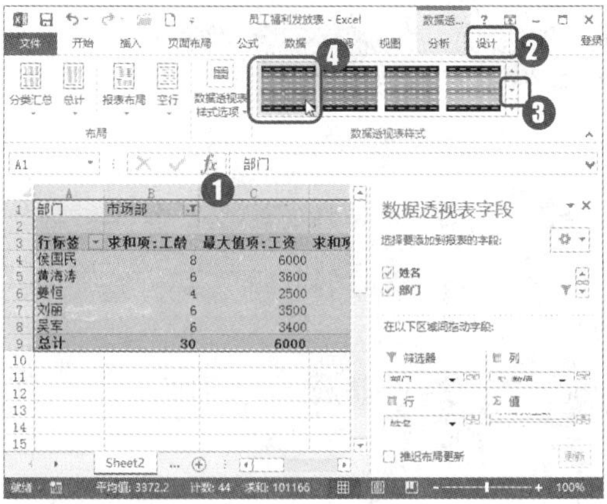

第 2 步：显示应用数据透视表样式效果。

经过上步操作，为数据透视表应用样式，效果如下图所示。

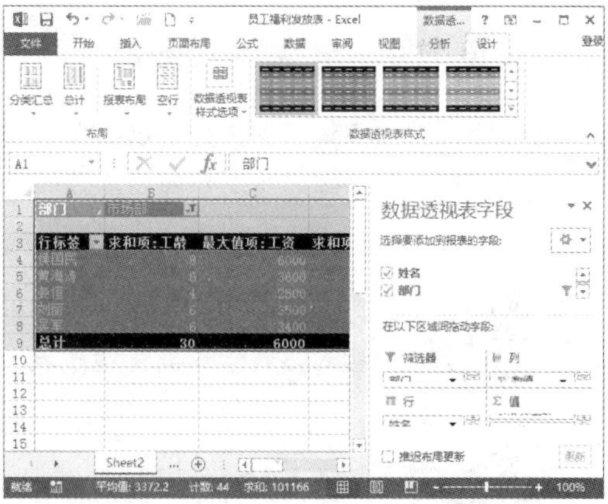

案例 02 创建部门数据透视图

◇ 案例概述

数据透视图可以根据制作的数据透视表进行创建，数据透视图与数据透视表是相关联的，两个报表中的字段相互对应，如果更改了某一个报表的某个字段位置，则另一个报表中的相应字段也会发生改变。

左下图所示为数据透视表数据，右下图所示为根据数据透视表创建的数据透视图，再对数据透视图进行筛选操作，效果如下图所示。

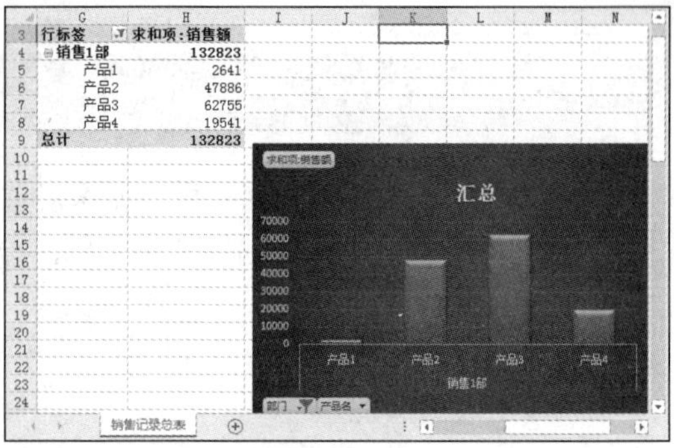

	素材文件：光盘\素材文件\第 7 章\案例 02\数据透视图.xlsx
	结果文件：光盘\结果文件\第 7 章\案例 02\数据透视图.xlsx
	教学文件：光盘\教学文件\第 7 章\案例 02.mp4

◇ 制作思路

在 Excel 中制作“数据透视图”的流程与思路如下所示。

一 **根据数据透视表的数据创建透视图**：创建的数据透视表都会对数据进行筛选，用户可以直接根据这些数据创建数据透视图。

二 **为数据透视图添加样式**：创建好数据透视图后，选中透视表，应用内置的图表样式美化透视表。

三 **筛选数据透视图**：在创建的数据透视图中，按部门筛选出要查看的数据。

◇ 具体步骤

本例将应用数据透视图对“销售记录总表”中的透视表数据进行各种分析，在本案例中主要应用到创建数据透视图、应用数据透视图样式和按部门查看数据透视图的相关内容。

1. 根据数据透视表创建数据透视图

数据透视图可以根据表格数据直接创建，也可以根据透视表筛选出的数据进行创建。本例以数据透视表的数据创建数据透视图，具体操作步骤如下。

第 1 步：执行数据透视图命令。

打开素材文件\第 7 章\案例 02\数据透视图.xlsx，❶选择 G3:H17 单元格区域；❷单击“数据透视表工具-分析”选项卡；❸单击“数据透视图”按钮，如下图所示。

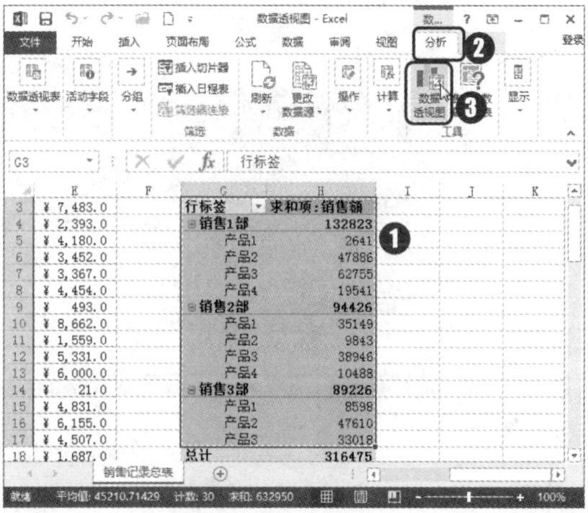

第 2 步：选择图表类型。

打开“插入图表”对话框，❶在“所有图表”工作组中单击“柱形图”选项；❷在右侧面板中选择需要的图表类型，如“簇状柱形图”；❸单击“确定”按钮，如下图所示。

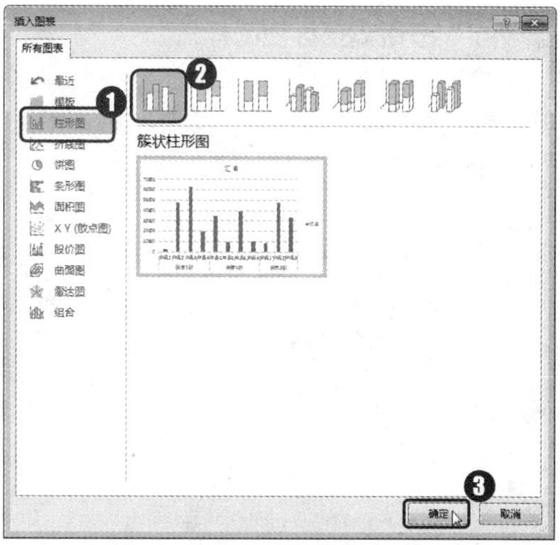

第 3 步：显示创建数据透视图效果。

经过以上操作，即可创建柱形图的数据透视图类型，效果如下图所示。

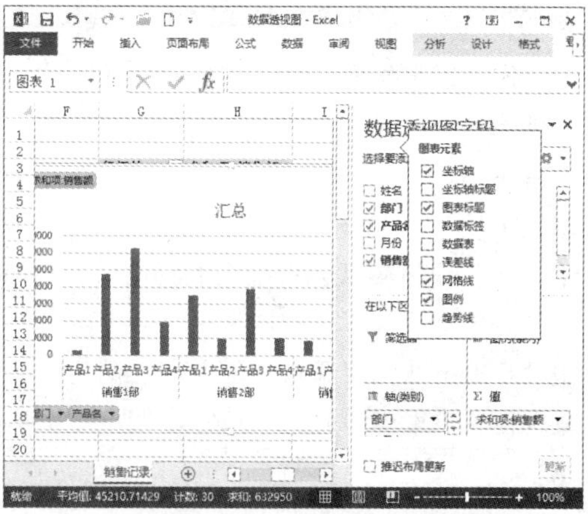

> **高手点拨**
>
> **添加数据透视图字段**
>
> 如果创建数据透视图时，选择的数据源较少，查看数据透视图其他字段时，可以在“数据透视图字段”窗格添加相关字段即可。

2. 应用数据透视图样式

创建数据透视图后，都是默认的样式。为了让创建的数据透视图视觉效果更好，可以应用内置的样式。具体操作步骤如下。

第 1 步：应用数据透视图样式。

❶选中图表，单击“数据透视图工具-设计”选项卡；❷单击“图表样式”工作组中的“下翻”按钮；❸单击“样式 9”，如下图所示。

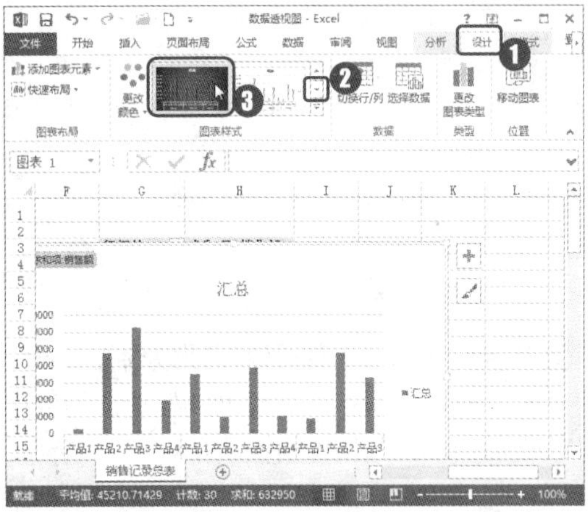

第 2 步：显示应用数据透视图样式的效果。

经过上步操作，为数据透视图应用样式 9，效果如下图所示。

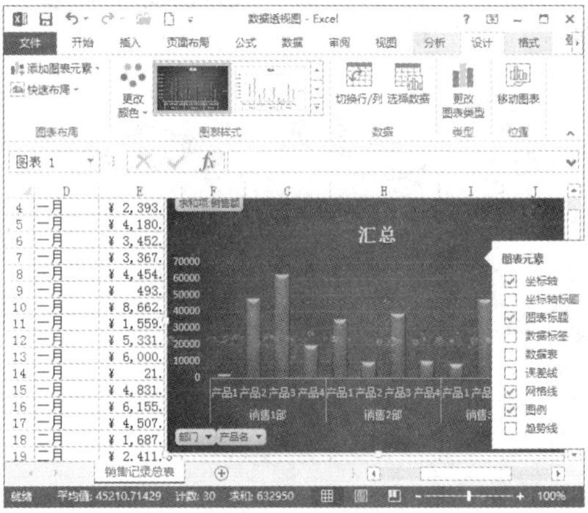

3. 按销售部门查看数据透视图

在数据透视图中，可以对图表进行筛选，显示出筛选数据的图表。例如，本例中只需要查看“销售 1 部”的数据图，将“销售 2 部”和“销售 3 部”的数据进行隐藏。具体操作步骤如下。

第 1 步：执行筛选销售部门的操作。

❶单击“数据透视图”表中的“部门”按钮；❷单击取消“销售 2 部”和“销售 3 部”复选框；❸单击“确定”按钮，如下图所示。

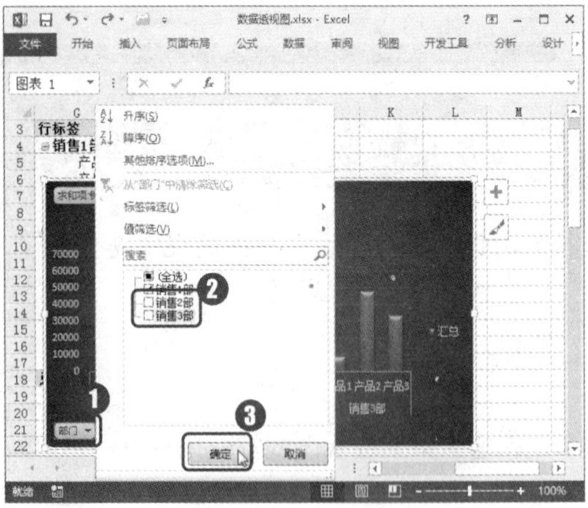

第 2 步：显示查看销售 1 部的结果。

经过上步操作后，数据透视图只显示销售 1 部的数据，效果如下图所示。

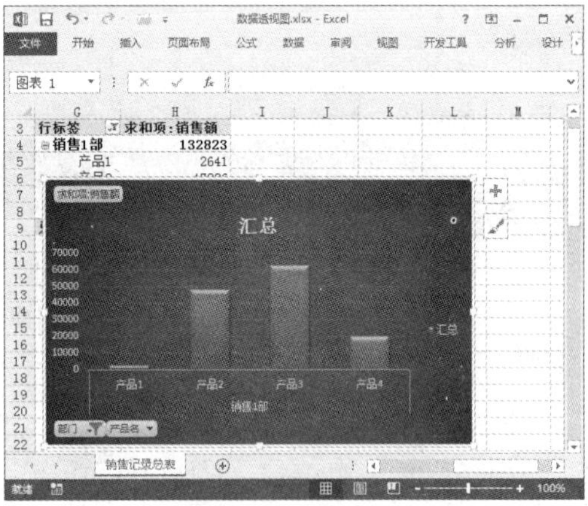

案例 03 制作应收账款账龄数据透视图

◇ 案例概述

应收账款是企业在正常的经营过程中因销售商品、产品、提供劳务等业务，应向购买单位收取的款项，包括应由购买单位或接受劳务单位负担的税金、代购买方垫付的各种运杂费等。对于未收回的应收账款，应根据账龄长短及时采取措施，组织催收，账龄长短可通过应收账列表应用公式进行分析统计。利用数据透视图和数据透视表还可以分析不同账龄的应收账款占比情况。

左下图所示为创建的数据透视图的关联数据透视表，而右下图所示则是根据数据创建的数据透视图。

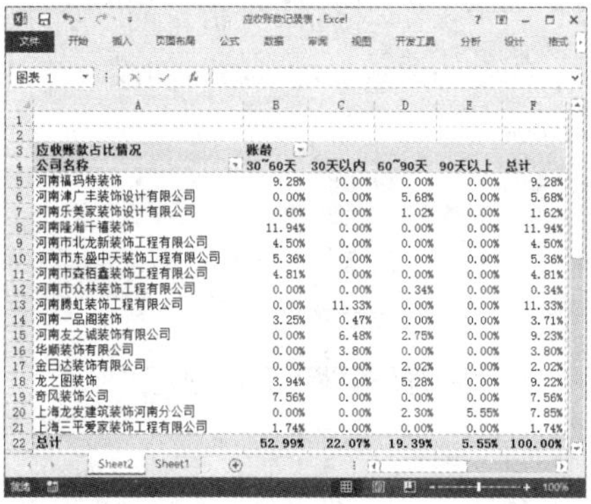

应收账款占比情况	账龄				
公司名称	30~60天	30天以内	60~90天	90天以上	总计
河南福玛特装饰	9.28%	0.00%	0.00%	0.00%	9.28%
河南津广丰装饰设计有限公司	0.00%	0.00%	5.68%	0.00%	5.68%
河南乐美家装饰设计有限公司	0.60%	0.00%	1.02%	0.00%	1.62%
河南隆瀚千禧装饰	11.94%	0.00%	0.00%	0.00%	11.94%
河南市北龙新装饰工程有限公司	4.50%	0.00%	0.00%	0.00%	4.50%
河南市东盛中天装饰工程有限公司	5.36%	0.00%	0.00%	0.00%	5.36%
河南市森栢鑫装饰工程有限公司	4.81%	0.00%	0.00%	0.00%	4.81%
河南市众林装饰工程有限公司	0.00%	0.00%	0.34%	0.00%	0.34%
河南腾虹装饰工程有限公司	0.00%	11.33%	0.00%	0.00%	11.33%
河南一品阁装饰	3.25%	0.47%	0.00%	0.00%	3.71%
河南友之诚装饰有限公司	0.00%	6.48%	2.75%	0.00%	9.23%
华顺装饰有限公司	0.00%	3.80%	0.00%	0.00%	3.80%
金日达装饰有限公司	0.00%	0.00%	2.02%	0.00%	2.02%
龙之图装饰	3.94%	0.00%	5.28%	0.00%	9.22%
奇风装饰公司	7.56%	0.00%	0.00%	0.00%	7.56%
上海龙发建筑装饰河南分公司	0.00%	0.00%	2.30%	5.55%	7.85%
上海三平爱家装饰工程有限公司	1.74%	0.00%	0.00%	0.00%	1.74%
总计	52.99%	22.07%	19.39%	5.55%	100.00%

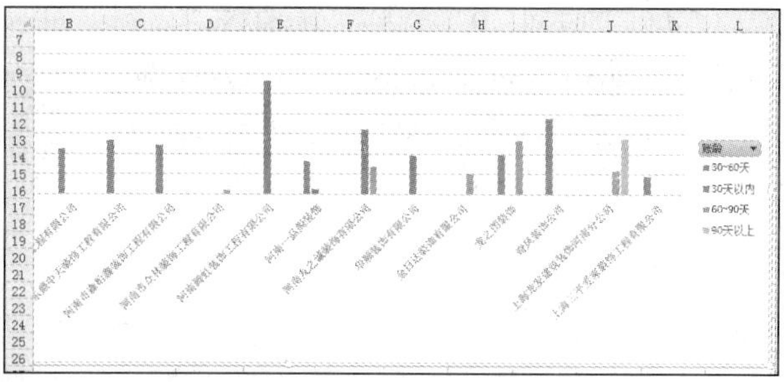

	素材文件：光盘\素材文件\第 7 章\案例 03\应收账款记录表.xlsx
	结果文件：光盘\结果文件\第 7 章\案例 03\应收账款记录表.xlsx
	教学文件：光盘\教学文件\第 7 章\案例 03.mp4

◇ 制作思路

在 Excel 中制作“应收账款记录表”的数据透视表流程与思路如下所示。

一 **分析账龄**：应用 IF 函数输入公式，快速计算出账龄。

二 **创建数据透视表和数据透视图**：利用数据透视图和数据透视表的功能创建数据透视表和数据透视图。

三 **编辑数据透视表和数据透视图**：分析统计账款，更改数据透视表值字段，设置以及分析统计账款占比。

◇ 具体步骤

在对数据表中的数据进行分析时，首先需要计算出要分析的账龄，然后创建数据透视表和数据透视图，添加字段，并设置值字段。

1. 使用函数计算账龄

在源数据表中定义了名称，因此，计算账龄时，只需要在 D4 单元格中输入公式，即可计算出所有的账龄。在计算账龄时，根据输入的“分析日期”-“到期时间”，得出的结果进行判断：当值小于“0”，返回“未到期”；当值小于“30”，返回“30 天以内”；当值小于“60”，返回“30 至 60 天”；当值小于“90”返回“60 至 90 天”；否则返回“90 天以上”。具体操作步骤如下。

第 1 步：输入账龄公式。

打开素材文件\第 7 章\案例 03\应收账款记录表.xlsx，❶在 D4 单元格中输入公式“=IF($C$2-[@到期时间]<0,"未到期",IF($C$2-[@到期时间]<30,"30 天以内",IF($C$2-[@到期时间]<60,"30~60 天",IF($C$2-[@到期时间]<90,"60~90 天","90 天以上"))))”；❷单击“编辑栏”中的“输入”按钮 ✓，如下图所示。

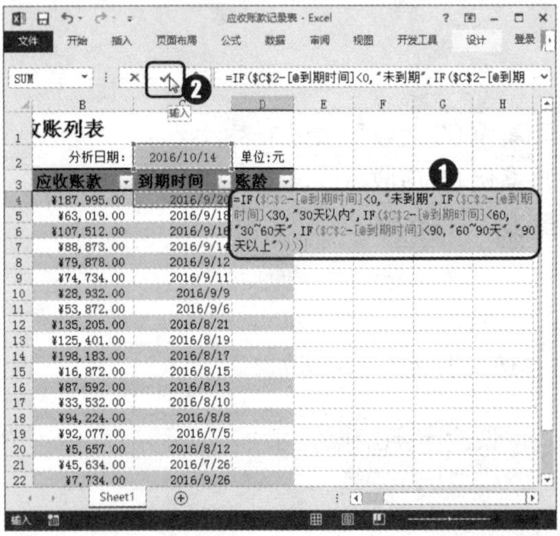

第 2 步：显示计算结果。

经过上步操作，根据“分析日期”与“到期日期”相差的天数显示账龄时间段，结果如下图所示。

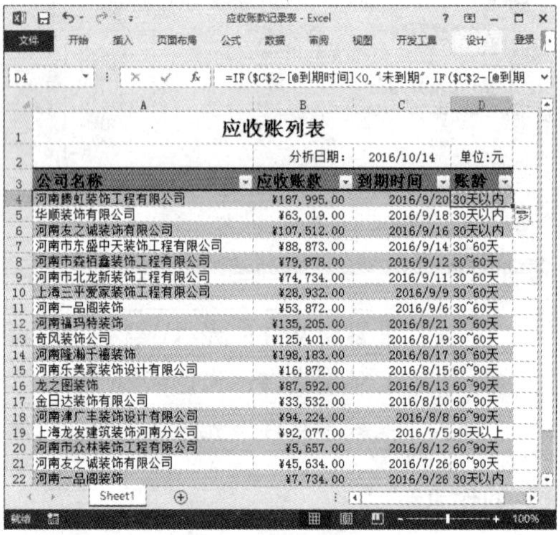

2. 同时创建数据透视表和数据透视图

在 Excel 中不仅可以单独创建数据透视表与数据透视图，还可以同时创建数据透视表和数据透视图。具体操作步骤如下。

第 1 步：执行透视图和透视表命令。

❶单击“插入”选项卡；❷单击“图表”工作组中的“数据透视图”按钮；❸单击“数据透视图和数据透视表”命令，如下图所示。

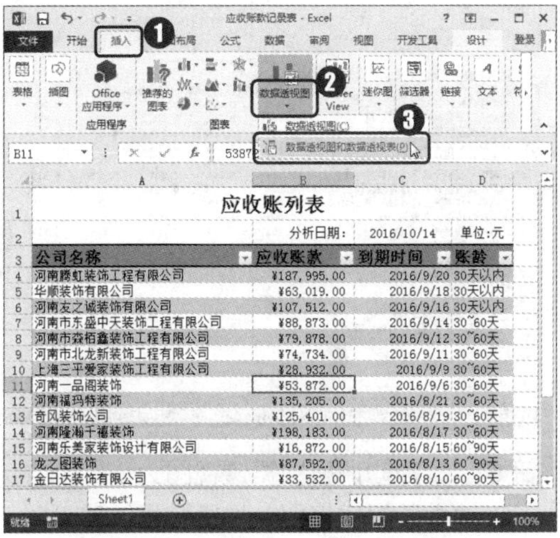

第 2 步：选择数据源。

打开“创建数据透视表”对话框，❶在“请选择要分析的数据”组中选择数据源，如直接输入定义的名称“表 1”；❷单击“确定”按钮，如下图所示。

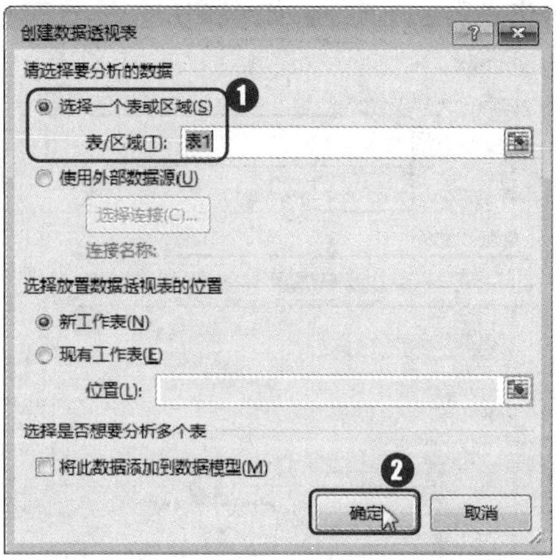

3. 创建数据透视图

默认情况下，创建的数据透视图都是空的，因此需要添加报表字段，才能对数据透视图进行分析。根据分析的方式不同，需要设置值字段的值显示方式。具体操作步骤如下。

第 1 步：添加字段并拖动字段位置。

❶在“数据透视图字段”窗格中添加字段；❷将“账龄”字段拖至“图例”区域中，如下图所示。

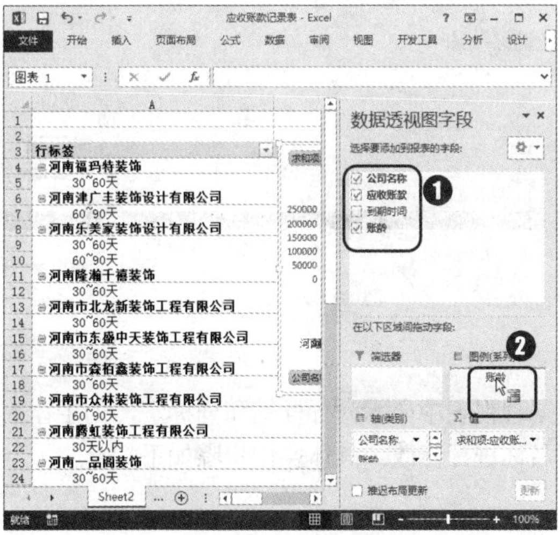

第 2 步：执行值字段设置命令。

❶单击“值”区域中的“求和项：应收账款”按钮；❷在弹出的菜单中选择“值字段设置”命令，如下图所示。

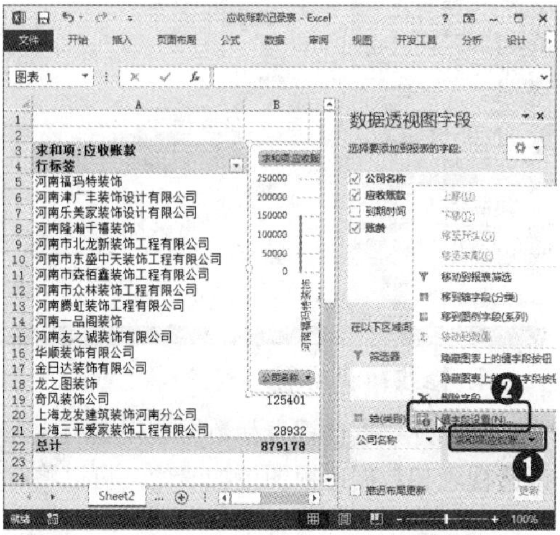

第 3 步：定义名称与设置值显示方式。

打开“值字段设置”对话框，❶设置“自定义名称”为“应收账款占比情况”；❷单击“值显示方式”选项卡；❸在“值显示方式”下拉列表框中选择“总计的百分比”选项；❹单击“确定”按钮，如下图所示。

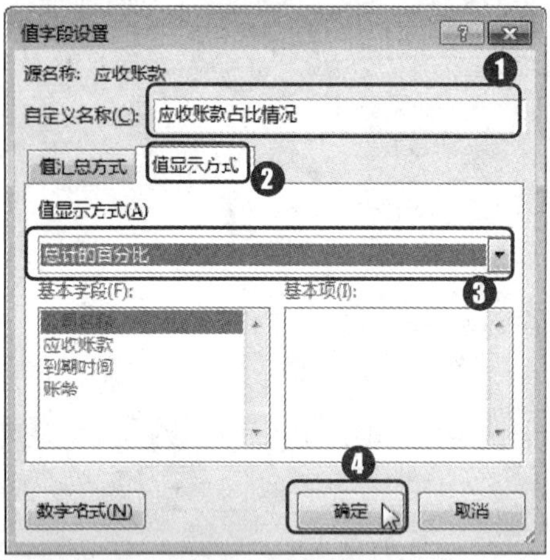

第 4 步：关闭数据透视图字段。

设置完值字段后，单击“关闭”按钮关闭“数据透视图字段”窗格，如下图所示。

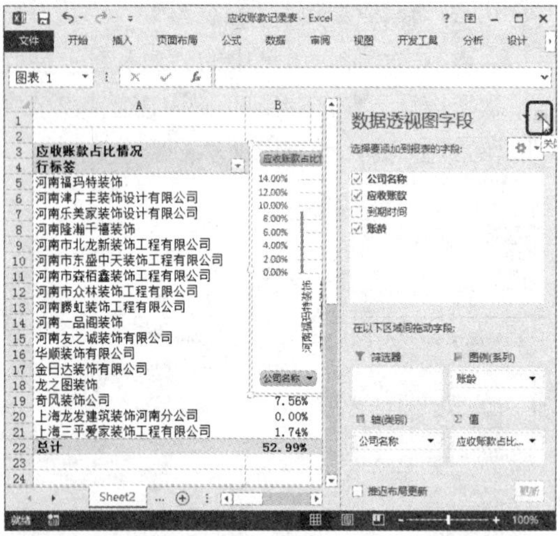

第 5 步：显示数据透视表效果。

经过以上操作，创建数据透视表的效果如下图所示。

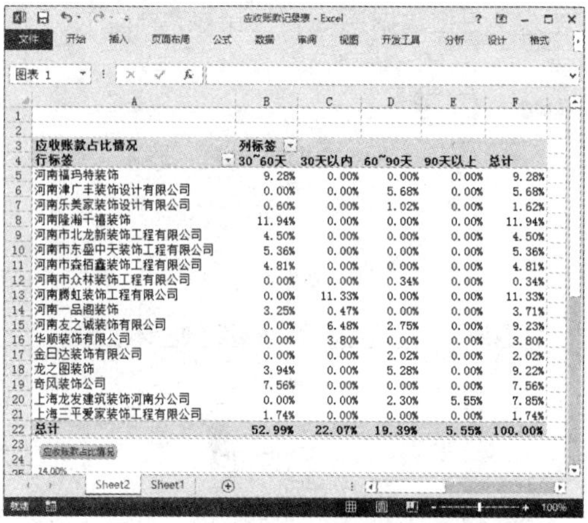

应收账款占比情况	列标签				
行标签	30~60天	30天以内	60~90天	90天以上	总计
河南福玛特装饰	9.28%	0.00%	0.00%	0.00%	9.28%
河南津广丰装饰设计有限公司	0.00%	0.00%	5.68%	0.00%	5.68%
河南乐美家装饰设计有限公司	0.60%	0.00%	1.02%	0.00%	1.62%
河南隆瀚千禧装饰	11.94%	0.00%	0.00%	0.00%	11.94%
河南市北龙新装饰工程有限公司	4.50%	0.00%	0.00%	0.00%	4.50%
河南市东盛中天装饰工程有限公司	5.36%	0.00%	0.00%	0.00%	5.36%
河南市森栢鑫装饰工程有限公司	4.81%	0.00%	0.00%	0.00%	4.81%
河南市众林装饰工程有限公司	0.00%	0.00%	0.34%	0.00%	0.34%
河南腾虹装饰工程有限公司	0.00%	11.33%	0.00%	0.00%	11.33%
河南一品阁装饰	3.25%	0.47%	0.00%	0.00%	3.71%
河南友之诚装饰有限公司	0.00%	6.48%	2.75%	0.00%	9.23%
华顺装饰有限公司	0.00%	3.80%	0.00%	0.00%	3.80%
金日达装饰有限公司	0.00%	0.00%	2.02%	0.00%	2.02%
龙之图装饰	3.94%	0.00%	5.28%	0.00%	9.22%
奇风装饰公司	7.56%	0.00%	0.00%	0.00%	7.56%
上海龙发建筑装饰河南分公司	0.00%	0.00%	2.30%	5.55%	7.85%
上海三平爱家装饰工程有限公司	1.74%	0.00%	0.00%	0.00%	1.74%
总计	52.99%	22.07%	19.39%	5.55%	100.00%

第 6 步：拖动调整数据透视图大小。

选中数据透视图，将鼠标指针移至右下角，当指针变成 ↘ 形状时，按住左键不放拖动调整大小，如下图所示。

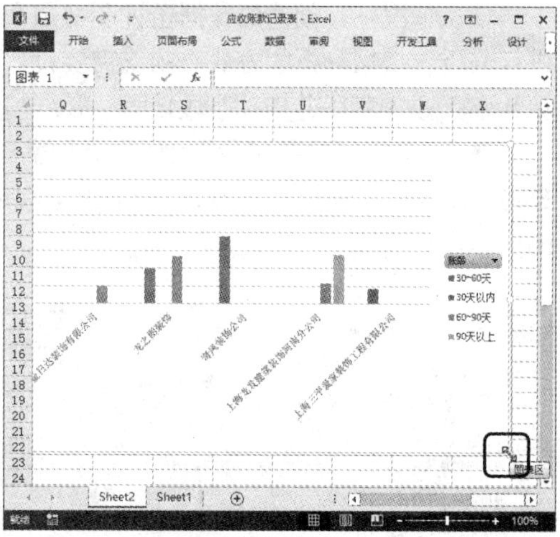

4. 修改行列标签名称

制作好数据透视表和数据透视图后，在数据透视表中显示为行标签和列标签，为了让数据透视表和数据透视图更加清楚，可以将标签名称进行修改。具体操作步骤如下。

第 1 步：选择行标签。

选中 Sheet2 工作表中的 A4 单元格，如下图所示。

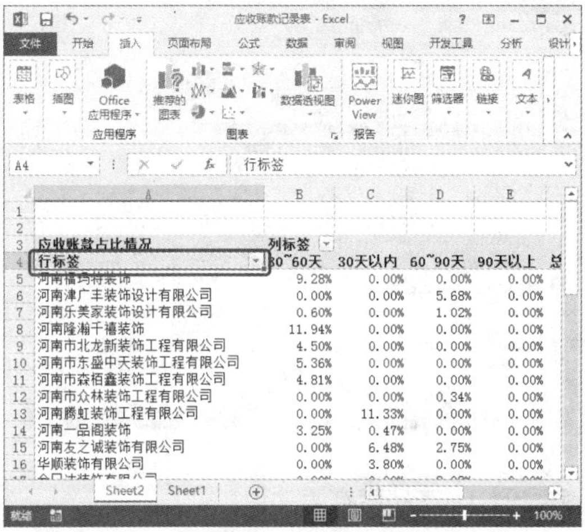

第 2 步：输入行标签名称。

输入“公司名称”为行标签名称，如下图所示。

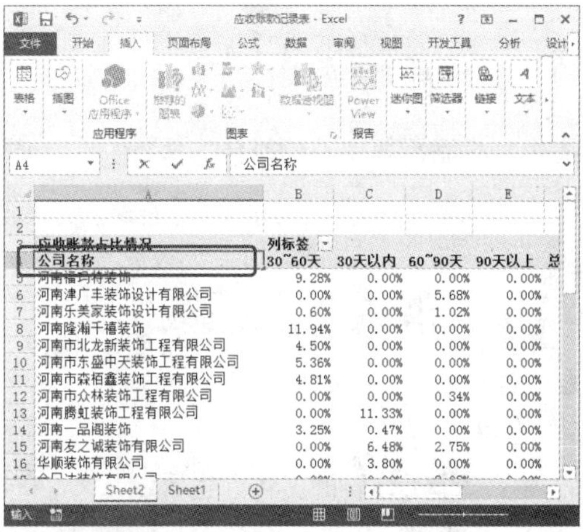

第 3 步：选择列标签。

选中 Sheet2 工作表中的 B3 单元格，如下图所示。

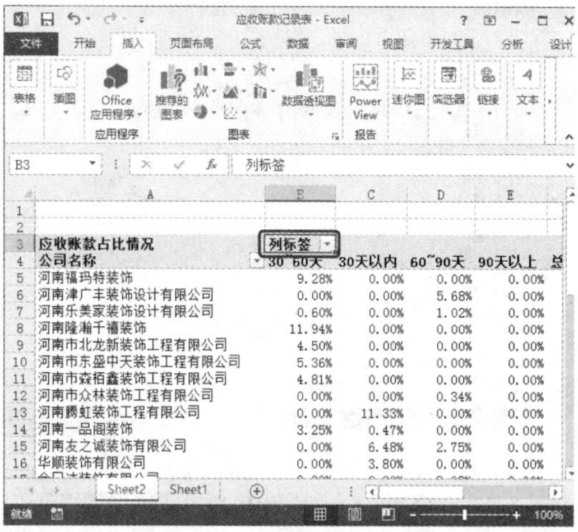

第 4 步：输入列标签名称。

输入“账龄”为列标签名称，如下图所示。

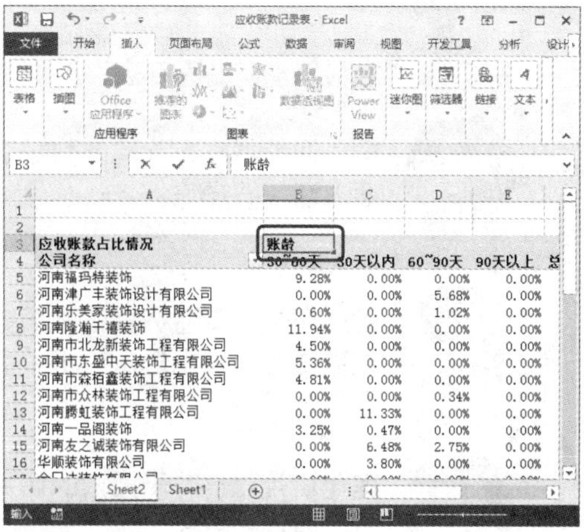

案例 04 使用切片器查看库存量

◇ 案例概述

切片器是 Excel 2010 中新增的功能，在 Excel 2013 中继续保留了该功能。它提供了一种可视性极强的筛选方法来筛选数据透视表中的数据。一旦插入切片器，用户就可以使用多个按钮对数据进行快速分段和筛选，仅显示所需数据。此外，对数据透视表应用多个筛选器之后，将不再需要打开列表查看数据所应用的筛选器，这些筛选器会显示在屏幕上的切片器中。

左下图所示为数据透视表，而右下图所示则是通过插入切片器，根据切片器进行筛选以及美化切片器等。

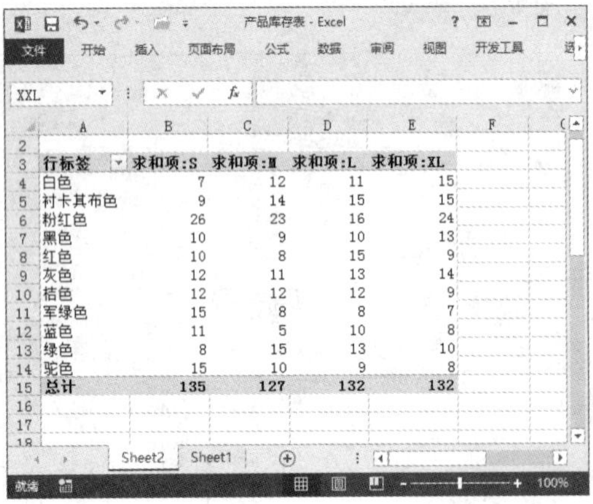

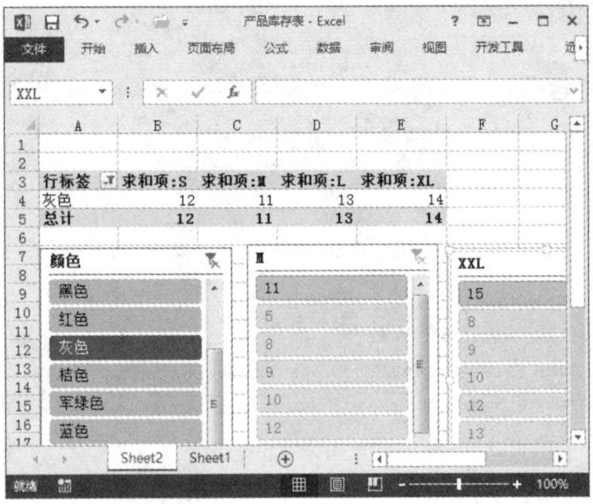

	素材文件：光盘\素材文件\第 7 章\案例 04\产品库存表.xlsx
	结果文件：光盘\结果文件\第 7 章\案例 04\产品库存表.xlsx
	教学文件：光盘\教学文件\第 7 章\案例 04.mp4

◇ **制作思路**

在 Excel 中制作“产品库存表”的切片器的流程与思路如下所示。

一 **插入切片器**：在创建的数据透视表中，根据需要查看的颜色，执行插入切片器操作。

二 **使用切片器查看数据透视表数据**：创建好切片器后，单击颜色即可在数据透视表中显示出相关数据。

三 **美化切片器**：对于插入的切片器，为了整个工作表的美化，也可以应用内置的样式。

◇ **具体步骤**

Excel 中的数据除了使用数据透视表进行分析外，还可以使用切片器做进一步的分析操作。本例先通过数据创建数据透视表，根据透视表的内容再插入切片器，然后通过切片器筛选需要查看的内容，最后为了切片器更加美观，可以对切片器进行美化操作。

1. 在透视表中插入切片器

在 Excel 中使用切片器，都是在创建有数据透视表的基础之上。因此，要使用切片器查看数据，首先需要创建数据透视表。具体操作步骤如下。

第 1 步：单击数据透视表按钮。

打开素材文件\第 7 章\案例 04\产品库存表.xlsx，❶选择 A2:H14 单元格区域；❷单击右下角的“快速分析”按钮；❸单击“表”选项；❹单击“数据透视表”按钮，如下图所示。

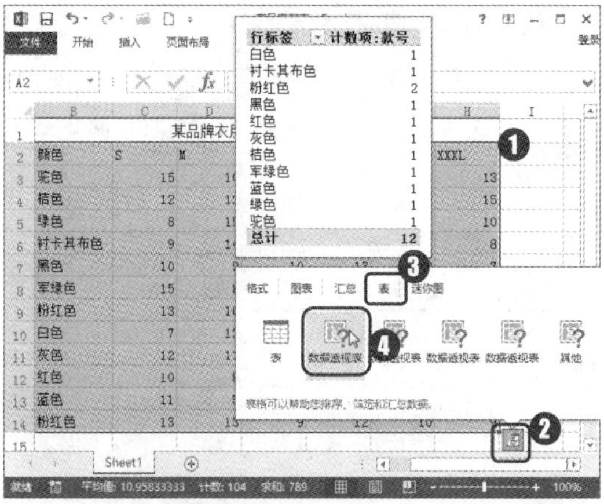

第 2 步：为数据透视表添加字段。

默认情况下，在新的工作表中建立数据透视表，然后在“数据透视表字段”窗格中单击添加需要的字段，如下图所示。

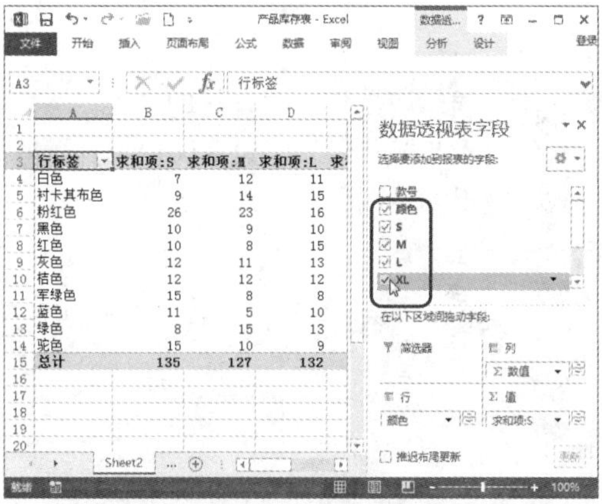

第 3 步：执行插入切片器命令。

❶单击“数据透视表工具-分析”选项卡；❷单击“筛选”工作组中的“插入切片器”按钮，如下图所示。

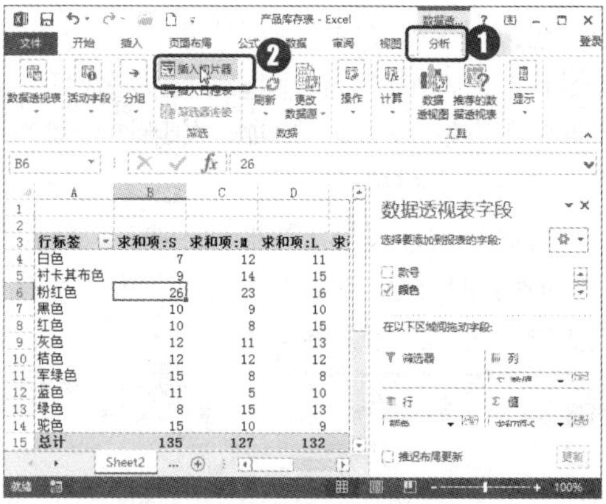

第 4 步：选择要插入的切片器选项。

打开插入切片器对话框，❶单击勾选需要插入的切片器复选框；❷单击“确定”按钮，如下图所示。

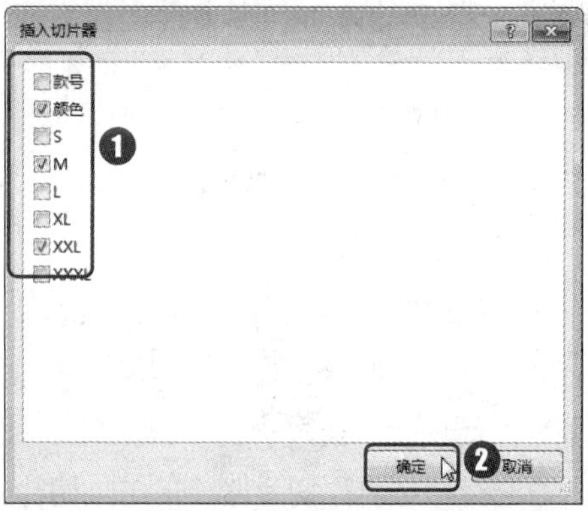

第 5 步：显示插入切片器的效果。

经过以上操作，在数据透视表中插入切片器效果如下图所示。

2. 使用切片器查看库存量

在数据透视表中插入切片器后，用户在相关的切片上单击即可浏览数据，如果插入的切片器有多个，则可以使用拖动的方法让切片器移动位置，但移动位置发生改变后，它们的叠放秩序不会发生改动。例如，使用切片器查看灰色的数据，具体操作步骤如下。

第 1 步：单击灰色选项。

将鼠标指针移至切片器标题中，按住左键不放拖动调整位置，单击“颜色”切片器中的“灰色”选项，如下图所示。

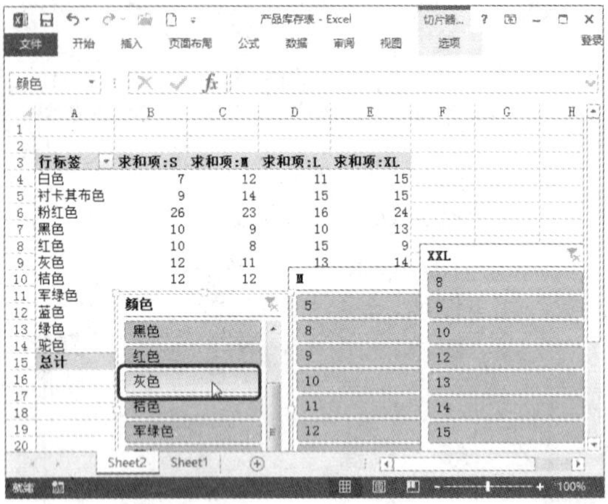

第 2 步：显示灰色的相关信息。

经过上步操作后，显示灰色的相关数据信息，效果如下图所示。

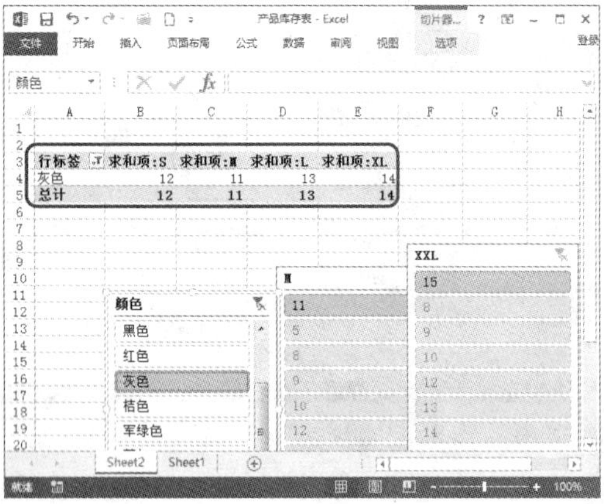

3. 美化切片器

在 Excel 2013 中也为切片器提供了预设的切片器样式，使用切片器样式可以快速更改切片器的外观，从而使切片器外观更突出、更美观。

第 1 步：应用切片器样式。

❶选择“颜色”切片器，单击“切片器工具-选项”选项卡；❷单击“切片器样式”工作组中的“下翻”按钮；❸单击需要的样式，如下图所示。

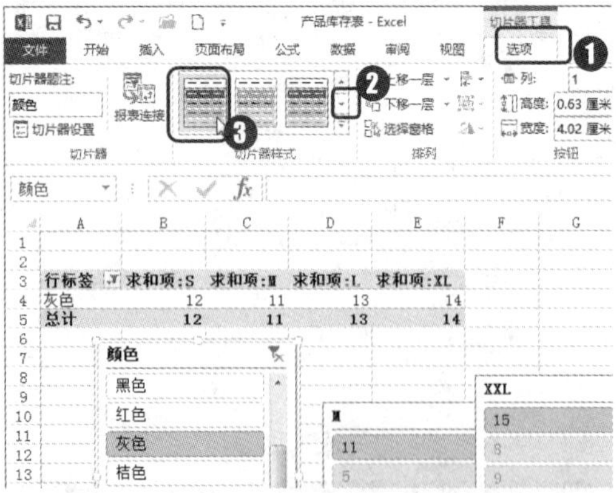

第 2 步：显示应用切片器样式的效果。

经过上步操作，显示设置颜色切片器的样式，效果如下图所示。

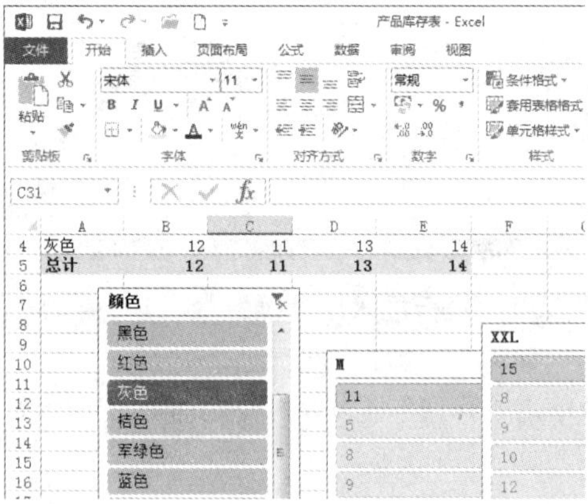

本 章 小 结

通过本章对数据透视表和数据透视图的学习，可以快速对数据进行分析。使用数据透视表的功能，可以清晰地知道最终要实现的效果并找出分析数据的角度，再结合数据透视图表的应用，就能对同一组数据进行各种交互显示，从而发现不同的规律。

第8章

统计与分析数据
——排序、筛选与分类汇总

本章导读:

Excel 2013 除了拥有强大的计算功能外，还能够对表格中的数据进行管理与统计，例如，筛选满足条件的数据、对数据进行分类和汇总等。本章主要向用户介绍利用 Excel 对数据进行统计与分析管理等相关知识。

知识要点:

★ 掌握快速排序的操作

★ 掌握多个条件排序的操作

★ 掌握快速筛选数据的方法

★ 掌握根据条件筛选数据的方法

★ 掌握创建分类汇总的相关知识

案例效果

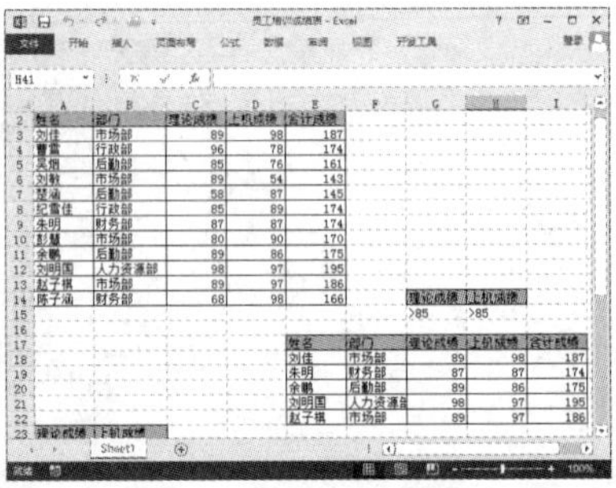

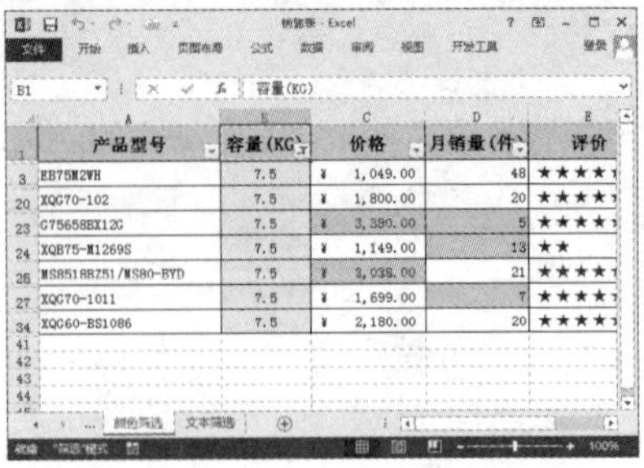

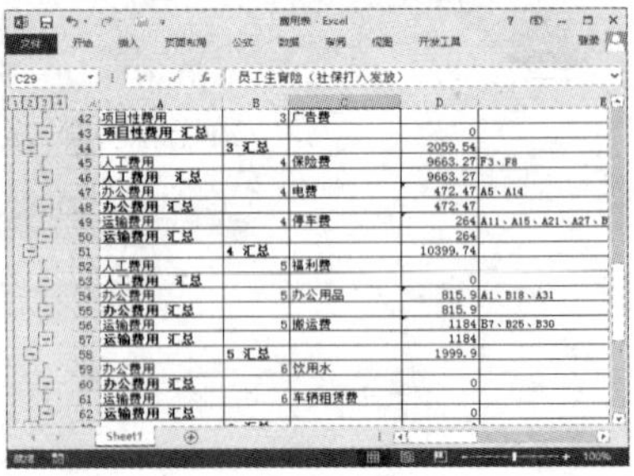

大师点拨——数据分析与处理的知识要点

Excel 的另一强大功能是数据管理与分析，使用该功能能让用户有序地管理好各种数据信息，包括对表格中的数据进行排序、筛选符合条件的数据、分类汇总数据等。对表格数据进行管理后，可以轻松地在数据表格中提炼出需要的数据项，方便表格数据的查阅。

要点 1 数据管理、分析的作用与方法

在激烈的市场竞争环境下，随着企业发展规模的不断壮大，要想取得辉煌的业绩和高速的发展，这取决于领导层的决策。然而，在这竞争与机遇并存的数字信息化时代下，传统意义上的管理分析和决策手段发生了微妙的变化，已经不能再靠旧的思维模式去做决策。所以新的决策手段油然而生，这就是当下人们常说的"用数据说话"。

很多企业在经营的各个环节都会产生大量的数据，而对这些数据深层挖掘所产生的数据分析报告，及如何做好数据分析工作，对企业的运营及策略调整起着至关重要的作用。

在 Excel 中，我们可以通过统计与分析的方法对数据进行操作。

1. 合理安排数据顺序

在表格中，我们常常需要展示大量的数据和信息，在这些信息中一定会按一定的顺序从上至下地存放，并且，每一列的数据也会存在先后顺序。按照人们习惯的阅读方式，查看表格数据时通常都是按从左至右、从上到下的顺序来查阅内容。例如，在"销售表"中查看"合计数量"大小时，可以按销量来排列数据，如下图所示。

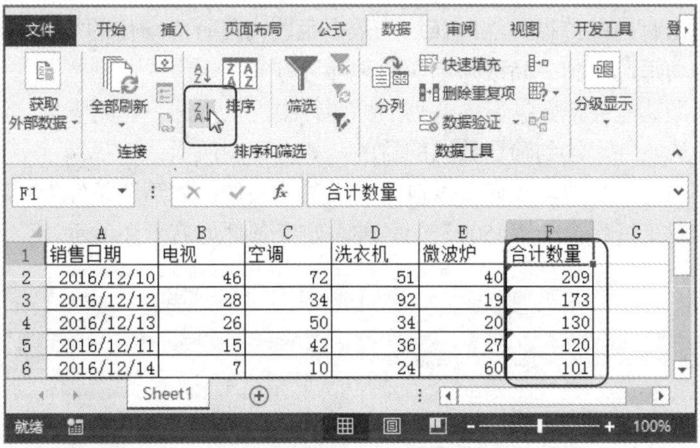

2. 加入数据汇总信息

在我们查看数据时，很多时候关注的不是数据本身的信息，而可能是数据的一些结果，也就是数据的汇总信息。所以，我们在处理数据时，应尽量考虑不同工作岗位的人员关心什么数据，以尽可能多地列举出一些大家所关心的汇总数据，这样的数据才是大家真正需要的。

3. 提供适当的数据查阅交互功能

无论是自己还是别人在查阅和分析数据时，可能都需要从原始数据中查找一些明细数据，为了方便查找数据，除了从数据的排列顺序上下功夫外，我们还可以在 Excel 表格中添加一些快捷查询的功能，如应用自动筛选、分级显示等，甚至可以利用公式和函数来提供一些数据查询的功能。

要点 2 Excel 数据分析典型功能应用

数据分析实质上就是从现有的数据中找出重要数据、关键数据、推算未知数据、辅助进行决策等。Excel 提供了许多功能以方便我们分析数据，具体功能如下。

1. 数据排序

在日常办公中，使用 Excel 处理数据的时候，经常要对数据进行排序操作。最常用、最快捷的方法就是使用工具栏的排序按钮，直接在“数据”选项卡的“排序和筛选”工作组使用排序按钮，如下图所示。

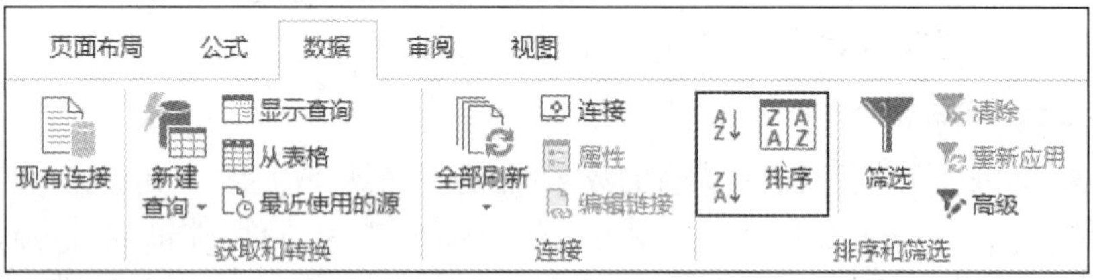

2. 数据筛选

在大量数据中，有时候只有一部分数据可以供我们分析和参考，此时，我们可以利用数据筛选功能筛选出有用的数据，然后在这些数据范围内进行进一步的统计和分析。Excel 为我们提供了“自动筛选”和“高级筛选”两种筛选方式。

“自动筛选”功能会在数据表中各列的标题行中提供筛选下拉列表框，我们可以从下拉列表框中选择筛选条件，达到筛选数据的目的，如左下图所示。

利用“高级筛选”功能，我们可以自行定义筛选条件，如筛选条件为同时满足“性别”为“男”和“实发工资”大于“4500”的条件，定义条件如右下图所示。

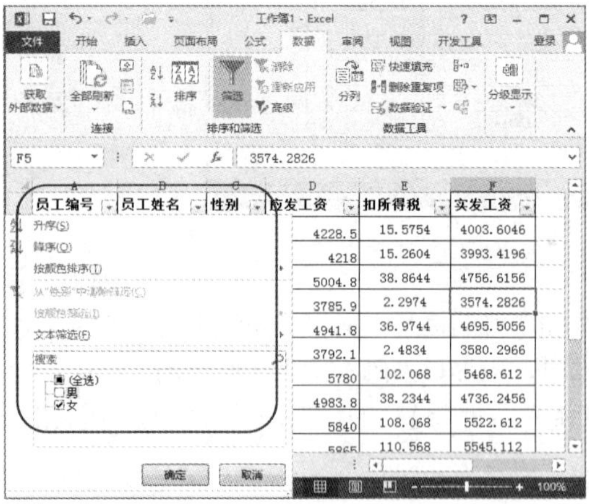

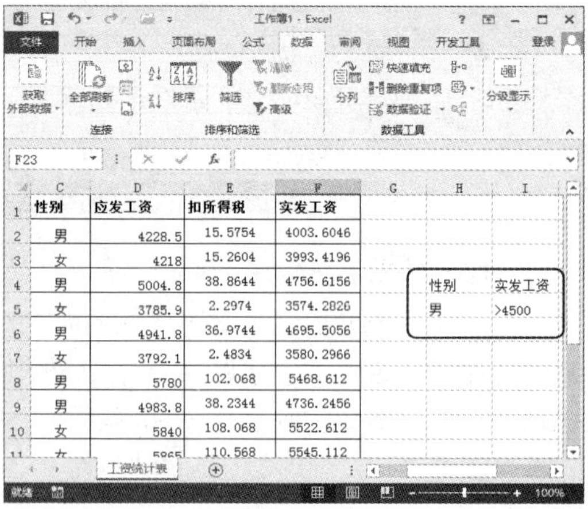

3. 排序与分类汇总

排序并非只能针对数值进行，无论什么类型的数据都可以应用排序功能。利用排序功能除了可以让数字按一定顺序进行排列外，还可以进行分类，因为排序后，序列中相同的数据自然会相依排列，例如，“分类字段”为“性别”，所以，在分类汇总操作之前需要先对“性别”列进行排序，如左下图所示。

分类汇总则是在分类的基础上进行的汇总操作，例如，我们已经利用排序功能将“性别”字段中相同数据集中在一起了，然后利用“分类汇总”命令按照“性别”字段进行分类，并汇总平均“应发工资”和“实发工资”项，最后按照分类字段得出结果，如右下图所示。

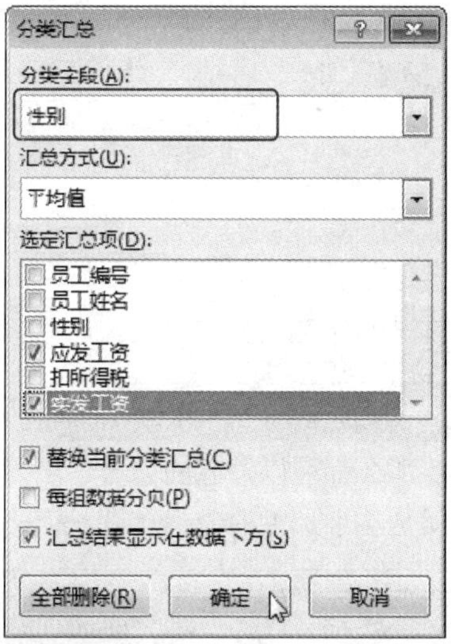

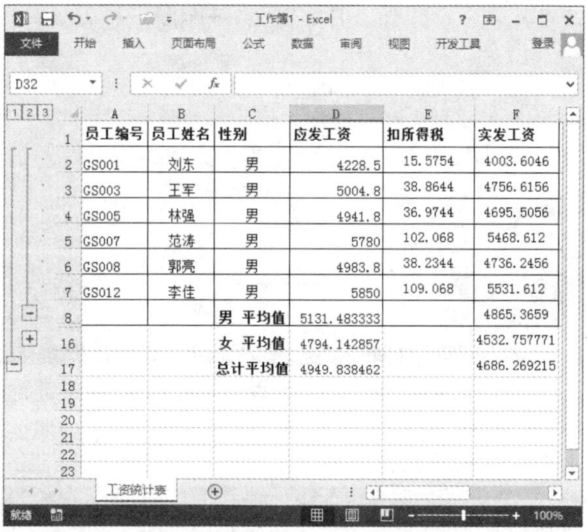

要点 3 排序、筛选和分类汇总的规则

在 Excel 中，无论是对表格中的数据进行排序、筛选还是分类汇总，它们都有一些相应的规则，在实际操作之前，首先来了解使用规则以及一些注意事项。

1. 排序的规则

数据的排序是根据数据表格中的相关字段名，将数据表格中的记录按升序或降序的方式进行排序。在对表格中的内容进行排序之前，首先需要了解排序，主要从以下几个方面进行。

（1）了解排序的规则

Excel 的排序分升序和降序两种类型，对于字母，升序是从 A 到 Z 排列；对于数字，升序是按数值从小到大排列。排序规则如下图所示。

符号	排序规则（升序）
数字	数字从最小的负数到最大的正数进行排序
字母	按字母先后顺序排序（在按字母先后顺序对文本项进行排序时，Excel 从左到右一个字符接一个字符地进行排序）

续表

文本以及包含数字的文本	0123456789（空格）！"#$%&()*,./:;?@[\]^_`{|}~+<=>ABCDEFG HIJKLMNOPQRSTUVWXYZ
逻辑值	在逻辑中，FALSE 排在 TRUE 之前
错误值	所有错误值的优先级相同
空格	空格始终排在最后

（2）不同信息排序的结果

排序分为升序和降序，但是按照表格的内容不同，排序的效果也有所不同，左下图所示是以"姓名"字段为"升序"，右下图所示是以"合计数量"的数值大小进行排序。

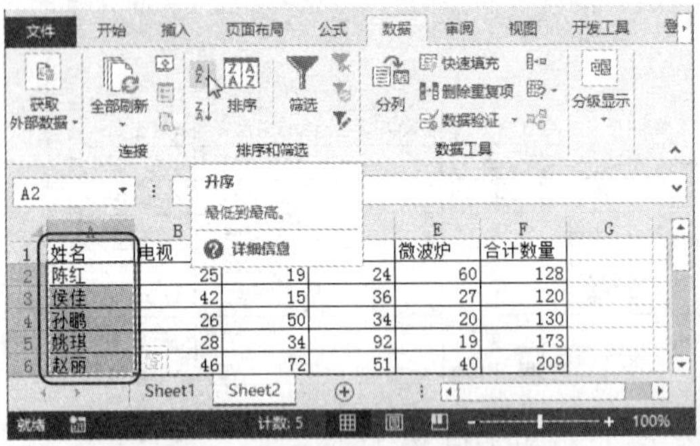

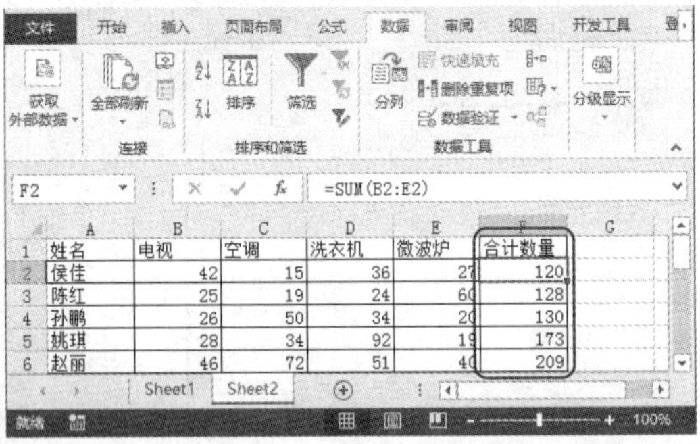

从上图即可看出，如果是以姓名字段按升序进行排序，那么都是以姓名的第一个字符的拼音为标准开始排序；如果是对数据进行排序，那么升序就是从小到大的一个排列。

高手点拨

名称以笔画进行排序

一般情况下，使用名称进行排序，都是以名称的拼音字母顺序进行排序，如果不想以这种方式查看排序，那么还可以选用名称的笔画方式进行排序。其方法是：选中名称列，单击"数据"选项卡"排序和筛选"工作组中"排序"按钮，打开"排序"对话框，单击"选项"按钮，打开"排序选项"对话框，在"方法"组中选择"笔画排序"单选按钮，然后设置排序条件，即可实现以名称的笔画为标准进行排序了。

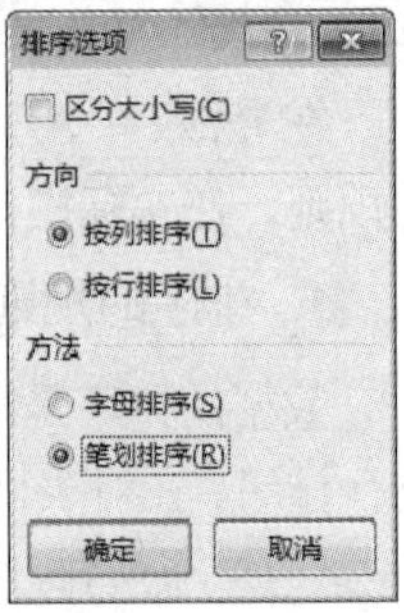

（3）选择排序的方向

了解排序规则后，在实际排序操作过程中也要知道排序的方向，是对行排序还是对列排序，根据用户的目的不同，排序选择也有所不同。通常情况下，对列的排序是比较常用的，在这也介绍一下如何按行进行排序，左下图所示为原始表格，然后根据单元格的填充颜色，设置排序条件，最终效果如右下图所示。

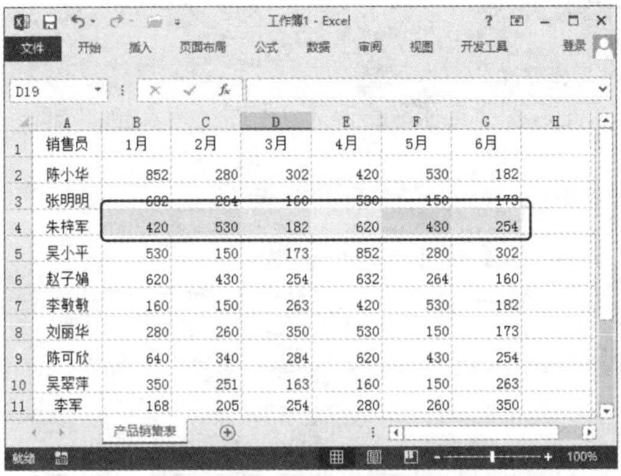

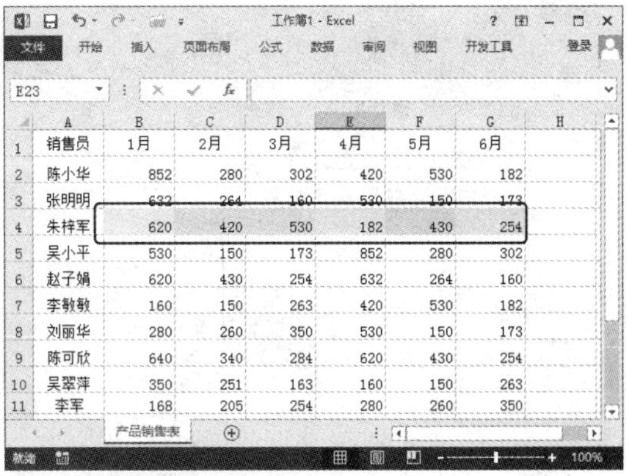

（4）自定义排序

对于表格的排序，如果需要按照特殊要求进行，直接使用排序可能会没有效果，那么这时就需要自定义一个序列，然后使用排序的方法以序列为标准进行排序。一般情况下，用户都是对常用的内容进行定义序列，在排序过程中，如果不是 Excel 内置的排序方法，那么也可以自定义排序的序列，然后在排序时按照自定义的序列显示效果。

自定义排序的具体操作见本章案例 02。

2. 筛选方法与注意事项

在 Excel 中，数据的分析是非常重要的，在众多的数据中，快速找出自己需要的数据，看似简单的问题，却在操作中出现了各种各样的情况。如我的筛选怎么没有结果？筛选出的值不是我需要的？如何将筛选结果放置在新的位置？如何筛选出非重复值？等等。下面，我们就来一一分析这些问题。在解决这些问题之前，首先来学习如何对表格中的内容进行筛选。

（1）认识数据筛选的方式

在 Excel 中筛选的方式主要分为自动筛选和高级筛选两类。但是在自动筛选中，我们可以以单元格的颜色、文本或数据进行筛选，筛选的条件可以自定义。高级筛选主要是在表格中将条件定义下来，然后根据条件在源数据表中进行筛选。

- 按颜色进行筛选

在 Excel 中除了使用设置数据大小进行筛选外，还可以使用数据表格的颜色进行筛选。如果想要在众多的数据中筛选出需要的颜色，就可以直接使用自动筛选的方法进行筛选。

在左下图所示的数据表中，使用筛选的方法选择需要的颜色，筛选出符合条件的记录，如右下图所示。

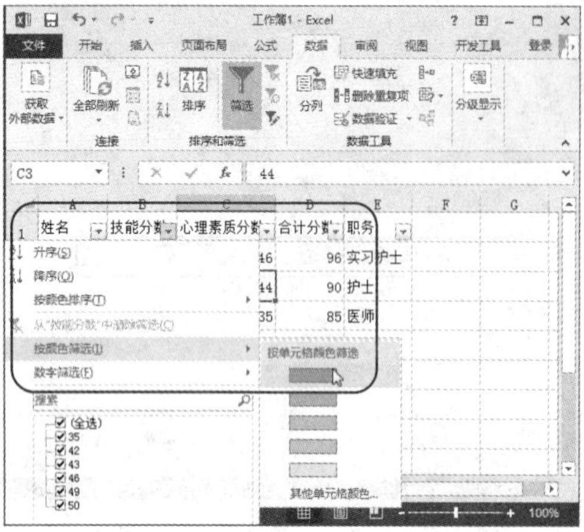

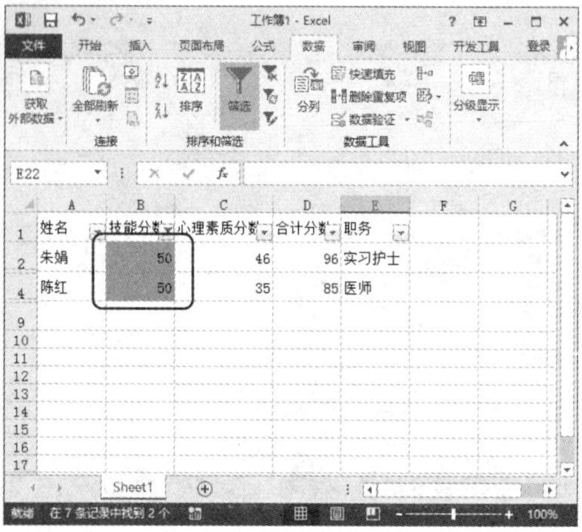

● 使用数字条件进行筛选

使用数据条件筛选数据是Excel中应用最多的筛选方式之一，一般情况下，我们都会根据假定的一个条件对源数据进行筛选，如果表格数据中有满足条件的数据，那么即可在当前的表格中显示筛选结果，不符合的数据将自动隐藏。

● 使用文本条件进行筛选

使用文本进行筛选主要应用于对数据以外的内容进行筛选，如筛选出指定的人员记录。使用文本进行筛选的时候需要注意，如果要将表格中有一个字符是相同的所有记录筛选出来，此时，可以使用字符代替。

例如，在左下图的“自定义自动筛选方式”对话框中输入筛选条件，当表格中有记录符合筛选条件时，结果将显示出来，效果如右下图所示。

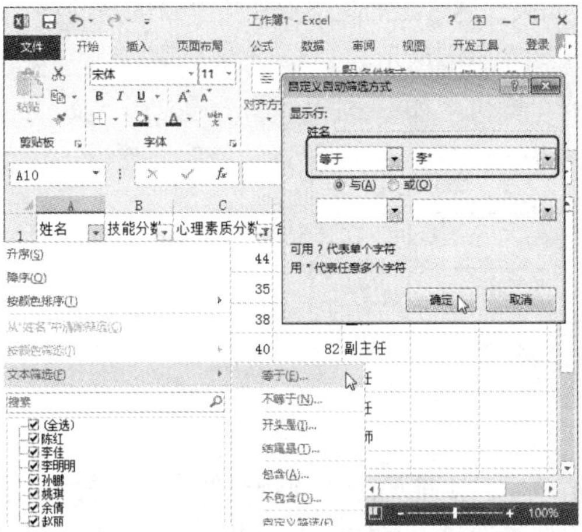

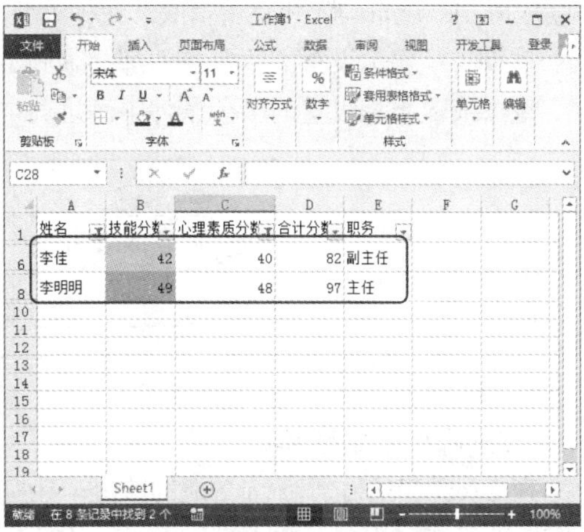

知识拓展 如何使用字符筛选

使用文本进行筛选时，如果不太清楚文本的内容，可以使用“？”或“*”号进行代替。“？”代表一个字符；“*”号代表多个字符。

● 使用搜索框进行筛选

Excel 中提供的搜索框，可以筛选数字，也可以筛选文本内容，用户直接在搜索框中输入即可。下图所示为输入数据和文本搜索内容，在输入时，会显示出相应的选项，在搜索框中不能设置大于或小于等条件。

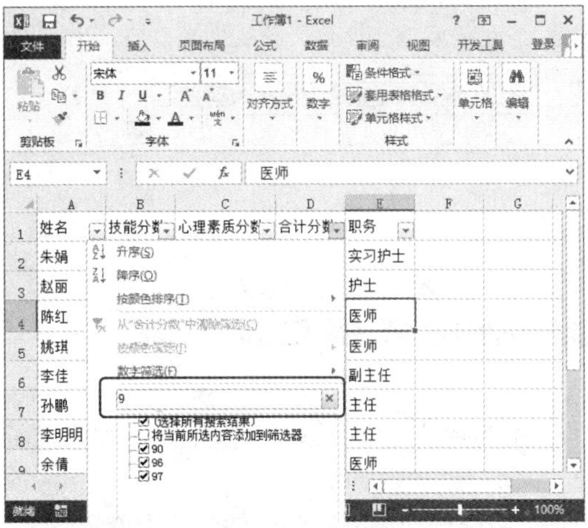

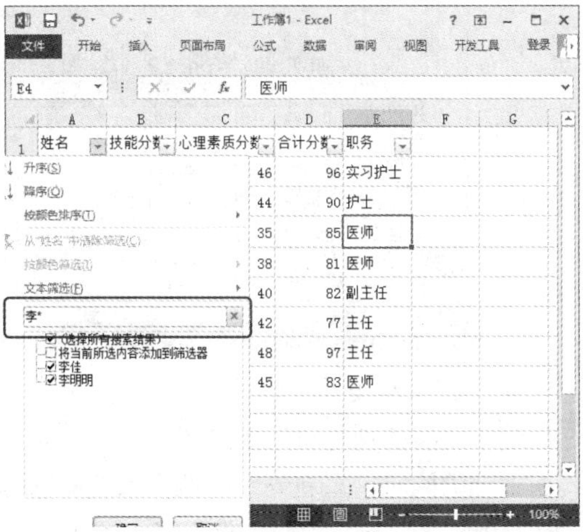

● 高级筛选的方法

除了上述的自动筛选外，还有就是使用高级筛选的方法，一次设置两个以上的条件，快速在源数据表中筛选出结果。在操作筛选之前，首先需要了解筛选的条件如何设置，在输入条件中会应用到“逻辑与”和“逻辑或”两种类型。高级筛选方法的具体操作见本章的案例 03。

逻辑与：表示设置的两个条件都必须满足，如左下图所示。

逻辑或：表示设置的多个条件中满足其中一个即可，如右下图所示。

逻辑与	
条件1	条件2
>=数值	>=数值

逻辑或	
条件1	条件2
	>=数值
>=数值	

（2）筛选的注意事项

在 Excel 2013 中，筛选功能的改进，让空值或空行不能筛选的问题已经得到了解决，但在实际的工作应用中，由于操作不当，还是会出现筛选错误，如筛选结果只显示标题行或者筛选后没有原始表格数据了，等等。

- 筛选结果没有值

如下图所示，执行高级筛选后，只显示了标题行，而没有将结果显示出来，这是什么原因呢？在 Excel 中不管用哪个版本进行筛选，设置的条件都没有合并的单元格，因此，出现上图的原因是，选择列表区域时，不能选择第一行合并的单元格区域。

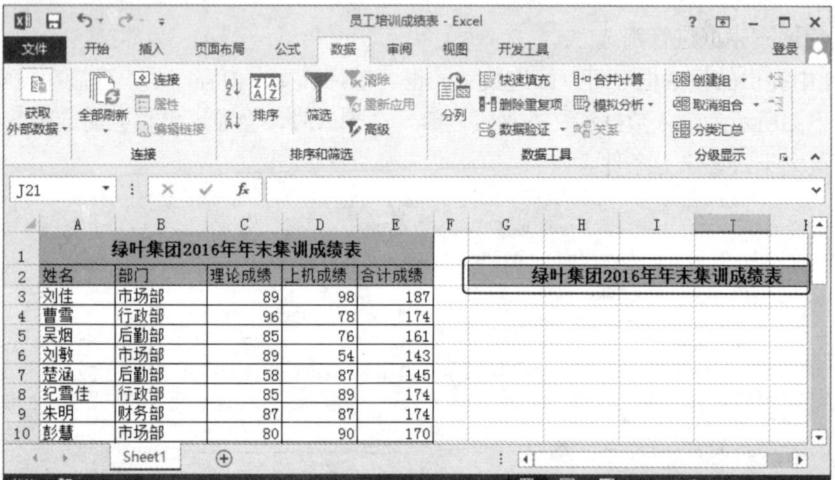

- 筛选结果存放位置

使用高级筛选与自动筛选不一样的就是，为了不影响结果值与原表重叠起来，因此就需要在筛选的同时，重新确定筛选结果的存放位置。

打开“高级筛选”对话框，如下图所示。单击“将筛选结果复制到其他位置”单选按钮，在“复制到”框中选择筛选结果要存放的单元格即可。数据太多时，不清楚结果有多少条记录，因此，在选择单元格时，只需要单击一个单元格地址即可，如果筛选有多条记录，会直接从选择的单元格开始向右和向下进行存放。

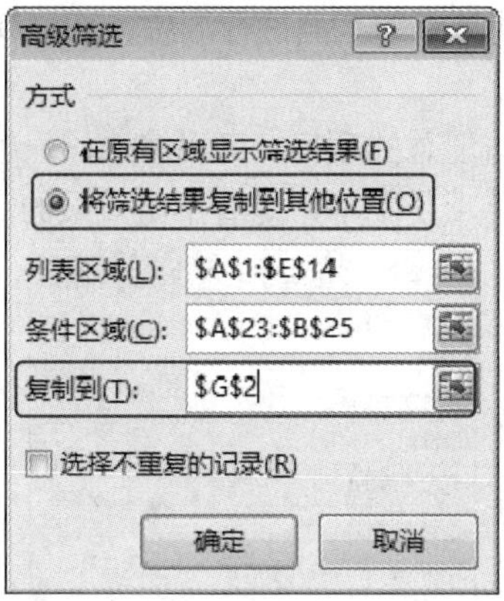

- 筛选出非重复值

在日常工作过程中，经常会在工作表中查找重复的数据并手动删除，数据量大时，查找重复的数据并删除并不是一件容易的事情，不但要花费大量的时间，而且会有疏漏，为了提高工作效率，可以使用 Excel 的筛选功能快速进行操作。

打开“高级筛选”对话框，如下图所示。单击“将筛选结果复制到其他位置”单选按钮，选择“列表区域”和“复制到”的单元格地址；然后勾选“选择不重复的记录”复选框，单击“确定”按钮，即可快速筛选出非重复值。

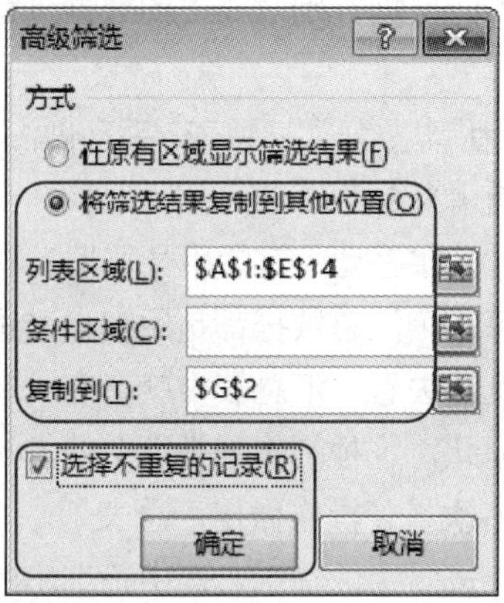

3. 分类汇总数据的那些门道

当表格中的记录越来越多，且出现相同类别的记录时，使用分类汇总功能可以将性质相同的数据集合到一起，分门别类后再进行汇总运算。这样就能更直观地显示出表格中的数据信息，方便用户查看。

在使用分类汇总时，表格区域中需要有分类字段和汇总字段。分类汇总分为“分类字段”“汇总方式”和“选定汇总项”几个组，这几个组中的选项应该如何选择呢？首先我们先来了解这些选项的功能及作用。

- 分类字段：是指对数据类型进行区分的列单元格，该列单元格中的数据包含多个值，且数据中具有重复值，如性别、学历、职位等。

- 汇总方式：是指对不同类别的数据进行汇总计算的列，汇总方式可以为计算、求和、求平均等。
- 选定汇总项：指要参与汇总的项目，可以多选，一般选择有数据的项而不是全部选项进行汇总，如果汇总项是文本，是看不出效果的。

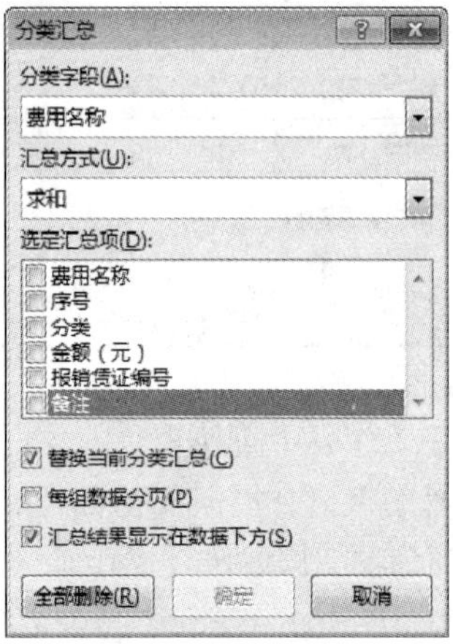

分类汇总，从字面上的意思进行理解，就是分门类别地进行汇总。首先在汇总之前，需要对类别进行分类排序，然后才能根据类别对相关的数据进行汇总。

（1）走出分类汇总误区

初学 Excel 的部分用户习惯手动做分类汇总表，手动做汇总表的情况主要分为以下两类。

- 只有分类汇总表，没有源数据表

此类汇总表的制作工艺 100%靠手动，有的用计算器，有的直接在汇总表里计算，还有的在纸上打草稿。总而言之，每一个汇总数据都是用键盘敲进去的。只有分类汇总表，没有源数据表，过一段时间后，再返回去看，汇总表中就会有一些数据看不懂，或者不清楚数据公式为何这样计算了，等等。因此，这种制作分类汇总的方法是不推荐使用的。

- 有源数据表，并经过多次重复操作做出汇总表

此类汇总表的制作步骤为：按照字段筛选，选中筛选出的数据；目视状态栏的汇总数；切换到汇总表；在相应单元格填写汇总数；多次重复以上所有操作。其间，还会发生一些小插曲，例如，选择数据时有遗漏，填写时忘记了汇总数，切换时无法准确定位汇总表。长此以往，在一次又一次与表格的激烈“战斗”中，我们会心力交瘁，败下阵来。

（2）如何选择分类字段

在 Excel 表格中，要操作分类汇总，首先要有分类的字段。如销售表按照不同省份、统计表中所属部门等，在表中的分类字段，要有相同的类别，然后根据排序的功能，才能将第一步做好。如果我们不对分类的字段进行排序，直接进行分类汇总，那么最终的结果就是对每条记录进行一次汇总，这样的结果是毫无意义的。

左下图所示是按照分类字段汇总的效果，一目了然，而右下图所示的则没什么意义。

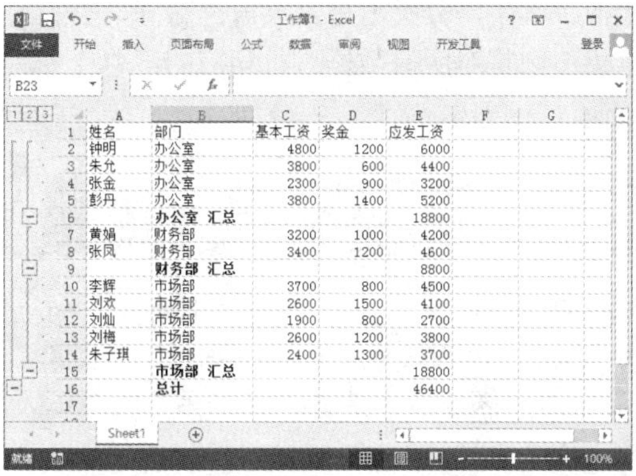

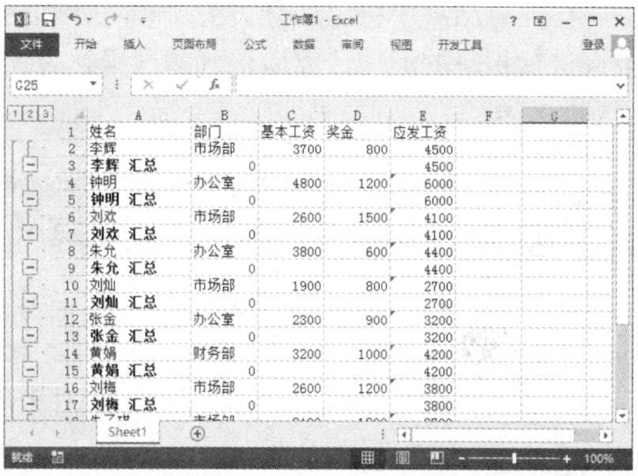

高手点拨 分类汇总的几个层次

- 初级分类汇总：指制作好的分类汇总表是一维的，即仅对一个字段进行汇总，如上图中以“部门”对“应发工资”进行汇总。
- 中级分类汇总：指制作好的分类汇总表是二维一级的，即对两个字段进行汇总。这也是最常见的分类汇总表。此类汇总表既有标题行，也有标题列，在横纵坐标的交集处显示汇总数据，如求每个月每个员工的应发工资总金额，月份为标题列，员工姓名为标题行，在交叉单元格处得到某员工某月的“应发工资”总金额。
- 高级分类汇总：指制作好的分类汇总表是二维多级汇总表，即对两个字段以上进行汇总。

（3）汇总项该如何选择

在分类汇总中，汇总项是可以选择多项的，但在实际工作中，我们也只会选择需要查看的数据进行汇总。因此，在选择汇总项时，不要把数据表中所有的数据项都进行汇总，选择主要的、有意义的进行汇总即可。

例如，要在工资表中统计出不同部门的工资总和，则将部门数据所在的列单元格作为分类字段，将工资作为汇总项，汇总方式则采用求和的方式。

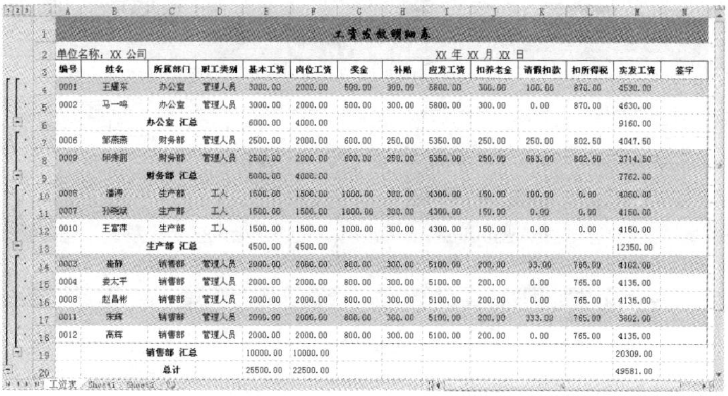

在汇总结果中将出现分类汇总和总计的结果值。其中，分类汇总结果值是对同一类别的数据进行相应的汇总计算后得到的结果；总计结果值则是对所有数据进行相应的汇总计算后得到的结果。

高手点拨

分类汇总表中左边顶上的 1、2、3 各代表什么含义

使用分类汇总命令后，数据区域将应用分级显示，如左上角显示的 1 2 3，不同的数字分别代表不同的级别。单击任意一级按钮将对汇总数据进行分级显示，如果单击 1 就只显示第一级汇总，单击 2 就显示前两级汇总，以此类推。

案例训练——实战应用成高手

在办公应用中，数据分析起着非常重要的作用，分析范围的全面性以及数据的准确性可以让我们得到更有用、更有意义的信息，从而做出更合理、更准确的决策。下面我们通过一些实例来为大家讲解 Excel 中数据分析的应用。

案例 01 分析销售报表

◇ 案例概述

在日常办公中，为了快速对表格的数据按顺序进行查看，可以使用排序的功能。本案例主要介绍对数据按从低到高排序、设置多个排序条件以及按单元格的颜色进行排序等知识。

左下图所示是打开素材文件提供的原数据表格，右下图所示是按照单元格的颜色进行排序的效果。

2016年家电销售表

城市	店铺编码	季度	电视	空调	洗衣机	微波炉	合计销售量
成都	H001	二季度	3500	4300	2400	2900	13100
上海	H002	四季度	2900	4000	2600	5000	14500
北京	H003	一季度	5000	4200	4300	4000	17500
天津	H004	二季度	4600	4500	2200	4200	15500
大连	H005	三季度	3400	3100	6400	2600	15500
深圳	H006	四季度	2900	4000	2600	5000	14500
河北	H007	一季度	5000	4200	4300	4000	17500

2016年家电销售表

城市	店铺编码	季度	电视	空调	洗衣机	微波炉	合计销售量
北京	H003	一季度	5000	4200	4300	4000	17500
河北	H007	一季度	5000	4200	4300	4000	17500
天津	H004	二季度	4600	4500	2200	4200	15500
大连	H005	三季度	3400	3100	6400	2600	15500
上海	H002	四季度	2900	4000	2600	5000	14500
深圳	H006	四季度	2900	4000	2600	5000	14500
成都	H001	二季度	3500	4300	2400	2900	13100

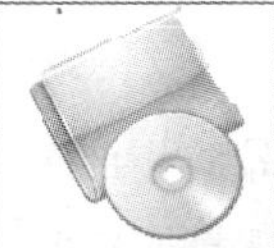

素材文件：光盘\素材文件\第 8 章\案例 01\家电销售表.xlsx
结果文件：光盘\结果文件\第 8 章\案例 01\家电销售表.xlsx
教学文件：光盘\教学文件\第 8 章\案例 01.mp4

◇ 制作思路

在 Excel 中制作“家电销售表”的流程与思路如下所示。

一　**简单排序**：在制作的销售表中，如果只是对某列的数据进行简单排序，直接将鼠标光标定位在某列的任一单元格进行操作。

二　**使用多个条件排序**：为了区分相同数据该如何排序时，就会应用到多个条件，但排序会根据设置的关键字的顺序为标准进行排序。

三　**按单元格颜色排序**：在单元格中设置底纹颜色，则可以根据颜色进行排序。

◇ 具体步骤

本案例主要使用单条件、多条件对表格数据进行排序，当一组单元格区域有标记的颜色，还可以使用颜色来排序。

1. 对销售量进行排序

在 Excel 数据表格中，使用排序功能可以使表格中的各条数据依照某列中数据的大小重新调整位置，例如，在家电销售表中对合计销售量的多少，从小到大对数据进行排序。具体操作方法如下。

第 1 步：执行升序命令。

打开素材文件\第 8 章\案例 01\家电销售表.xlsx，❶选择 H3 单元格；❷单击“数据”选项卡；❸单击“排序和筛选”工作组中“升序”按钮，如下图所示。

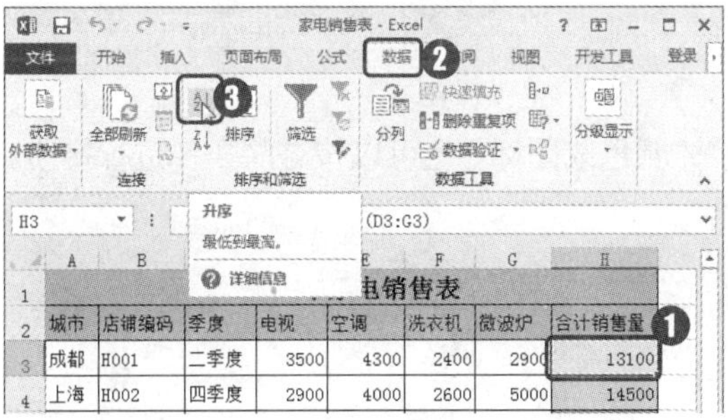

第 2 步：显示排序效果。

经过上步操作，对合计销售量以升序排序，效果如下图所示。

2. 使用多个条件对销售报表进行排序

当数据表中有相同数值时，用户可以根据需要使用多个条件进行排序。在 Excel 中多个条件就是多个关键字。例如，在“家电销售表”中设置主要关键字为“合计销售量”，次要关键字分别设置为“季度”和“电视”。

第 1 步：执行排序命令。

❶选择 A2:H9 单元格区域；❷单击“数据”选项卡；❸单击“排序和筛选”工作组中“排序”按钮，如下图所示。

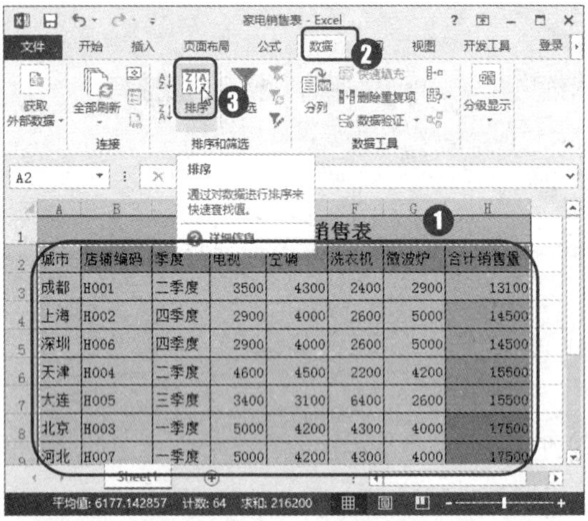

第 2 步：单击添加条件按钮。

打开“排序”对话框，❶将主要关键字的“次序”设置为“降序”；❷单击“添加条件”按钮，如下图所示。

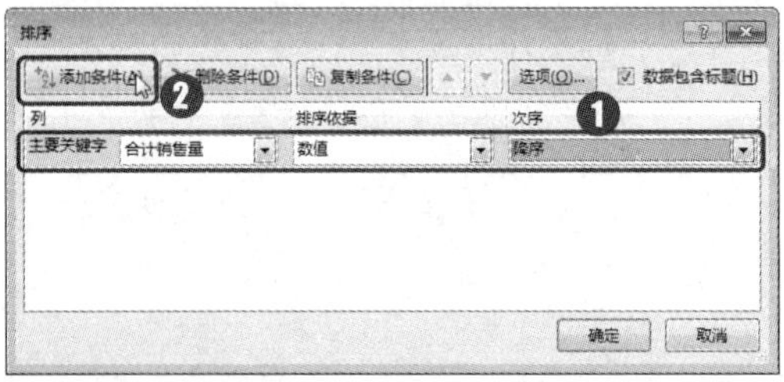

第 3 步：设置次要关键字。

❶设置次要关键字；❷单击“确定”按钮，如下图所示。

第 4 步：显示按条件排序的效果。

经过以上操作，使用多个条件对数据进行排序，效果如下图所示。

3. 按单元格颜色进行排序

在 Excel 中，如果为单元格填充了底纹、字体颜色或图标，也可以按这些条件进行排序。下面以单元格颜色进行排序，具体操作步骤如下。

第 1 步：执行排序命令。

❶选择 H2:H9 单元格区域；❷单击“排序和筛选”工作组中“排序”按钮，如下图所示。

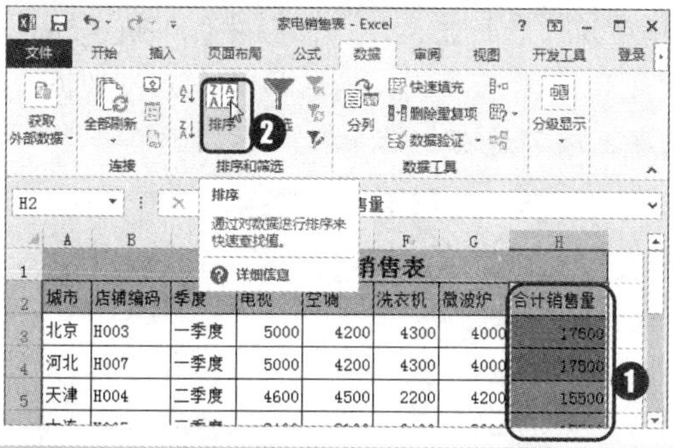

第 2 步：单击排序按钮。

打开“排序提醒”对话框，❶单击“以当前选定区域排序”单选按钮；❷单击“排序”按钮，如下图所示。

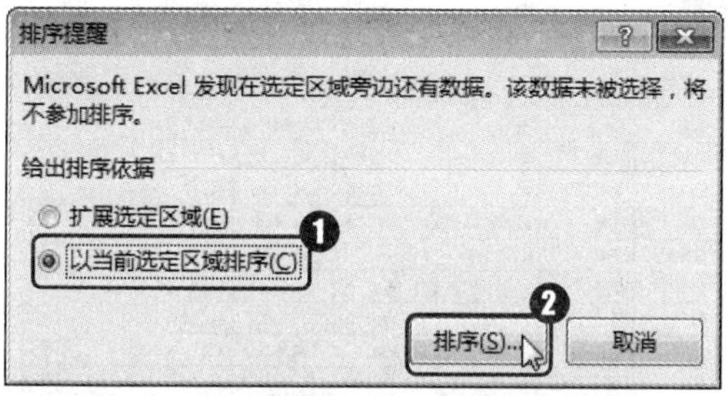

第 3 步：执行单元格颜色命令。

打开“排序”对话框，❶在“排序依据”中单击下拉按钮；❷单击“单元格颜色”选项，如下图所示。

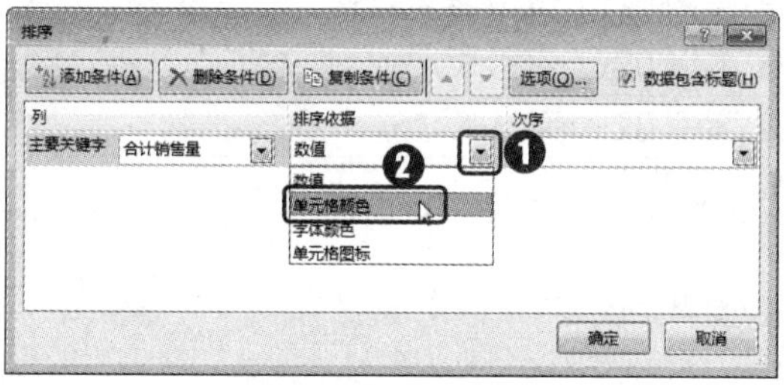

第 4 步：选择次序颜色。

❶在“次序”中单击下拉按钮；❷选择需要的颜色选项；❸单击“确定”按钮，如下图所示。

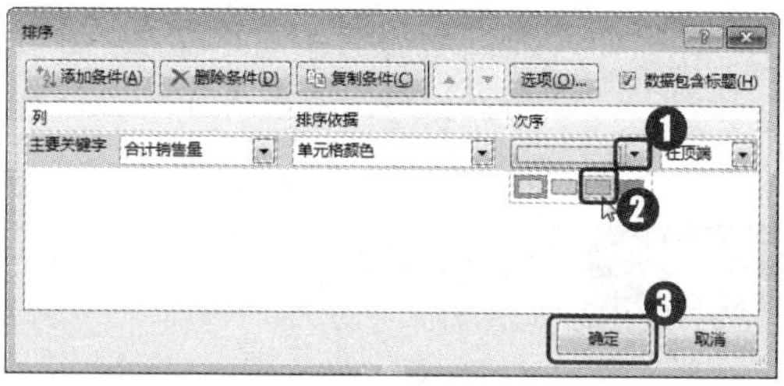

第 5 步：单击确定按钮。

设置完排序选项后，单击“确定”按钮，如下图所示。

第 6 步：显示按单元格颜色排序的效果。

经过以上操作，按颜色对单元格进行排序，效果如下图所示。

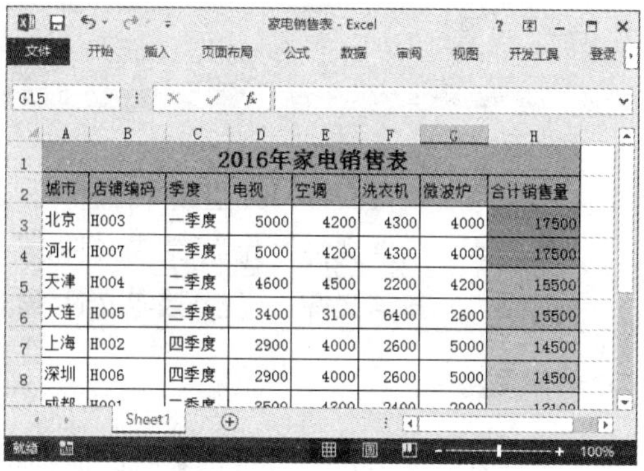

知识拓展　将多次操作后的记录单顺序还原到初始顺序

在 Excel 中，为了让经过反复排序操作后折记录单中的顺序能够快速还原到初始顺序，可以在排序操作之前，先增加一列，输入编号，无论数据怎么排序，最后直接对编号重新排序，即可返回初始状态。

案例 02　分析工资报表

◇ 案例概述

一般情况下，对工资报表都是以“实发工资”按金额的大小进行排序。若是想以员工的“职位”进行排序，则可以自定义一个序列，然后再进行排序。本案例以“职位”进行排序，效果如下图所示。

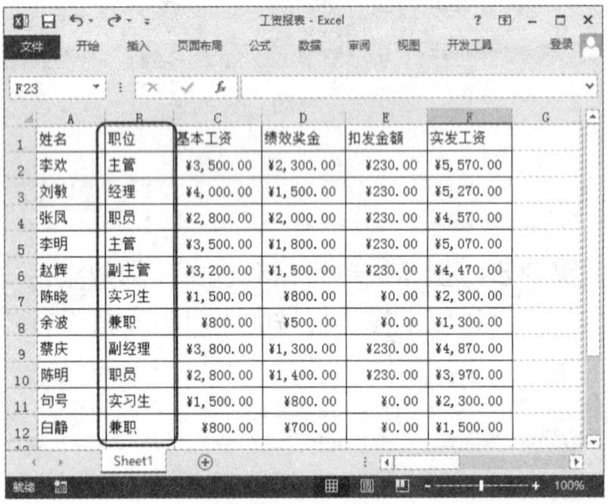

姓名	职位	基本工资	绩效奖金	扣发金额	实发工资
李欢	主管	¥3,500.00	¥2,300.00	¥230.00	¥5,570.00
刘敏	经理	¥4,000.00	¥1,500.00	¥230.00	¥5,270.00
张凤	职员	¥2,800.00	¥2,000.00	¥230.00	¥4,570.00
李明	主管	¥3,500.00	¥1,800.00	¥230.00	¥5,070.00
赵辉	副主管	¥3,200.00	¥1,500.00	¥230.00	¥4,470.00
陈晓	实习生	¥1,500.00	¥800.00	¥0.00	¥2,300.00
余波	兼职	¥800.00	¥500.00	¥0.00	¥1,300.00
蔡庆	副经理	¥3,800.00	¥1,300.00	¥230.00	¥4,870.00
陈明	职员	¥2,800.00	¥1,400.00	¥230.00	¥3,970.00
句号	实习生	¥1,500.00	¥800.00	¥0.00	¥2,300.00
白静	兼职	¥800.00	¥700.00	¥0.00	¥1,500.00

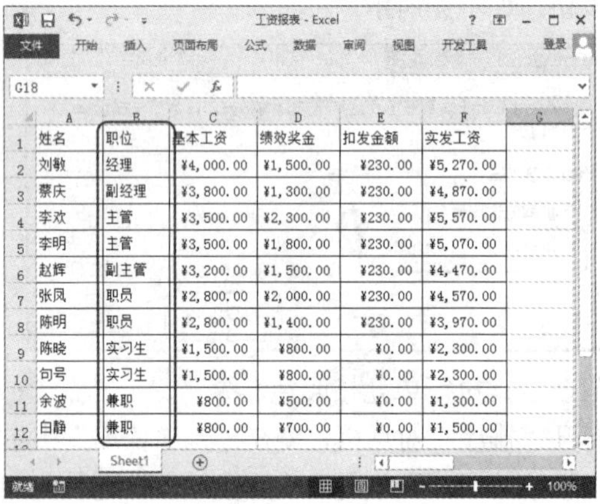

姓名	职位	基本工资	绩效奖金	扣发金额	实发工资
刘敏	经理	¥4,000.00	¥1,500.00	¥230.00	¥5,270.00
蔡庆	副经理	¥3,800.00	¥1,300.00	¥230.00	¥4,870.00
李欢	主管	¥3,500.00	¥2,300.00	¥230.00	¥5,570.00
李明	主管	¥3,500.00	¥1,800.00	¥230.00	¥5,070.00
赵辉	副主管	¥3,200.00	¥1,500.00	¥230.00	¥4,470.00
张凤	职员	¥2,800.00	¥2,000.00	¥230.00	¥4,570.00
陈明	职员	¥2,800.00	¥1,400.00	¥230.00	¥3,970.00
陈晓	实习生	¥1,500.00	¥800.00	¥0.00	¥2,300.00
句号	实习生	¥1,500.00	¥800.00	¥0.00	¥2,300.00
余波	兼职	¥800.00	¥500.00	¥0.00	¥1,300.00
白静	兼职	¥800.00	¥700.00	¥0.00	¥1,500.00

素材文件：光盘\素材文件\第 8 章\案例 02\工资报表.xlsx
结果文件：光盘\结果文件\第 8 章\案例 02\工资报表.xlsx
教学文件：光盘\教学文件\第 8 章\案例 02.mp4

◇ 制作思路

在 Excel 中分析“工资报表”的流程与思路如下所示。

一　**自定义排序序列**：利用 Excel 自定义序列，添加工资报表中职位的序列。

二　**执行排序操作**：选中数据源，执行排序命令，设置排序条件为自定义，选择自定义的序列。

◇ 具体步骤

在制作本案例时，先自定义序列，然后执行排序。

1. 自定义排序序列

序列不仅在输入数据时会应用到自定义序列，在排序操作中也可以应用自定义序列，用户可以根据需要将公司的职位自定义一个序列。具体操作步骤如下。

第 1 步：单击文件菜单。

打开素材文件\第 8 章\案例 02\工资报表.xlsx，单击“文件”菜单，如下图所示。

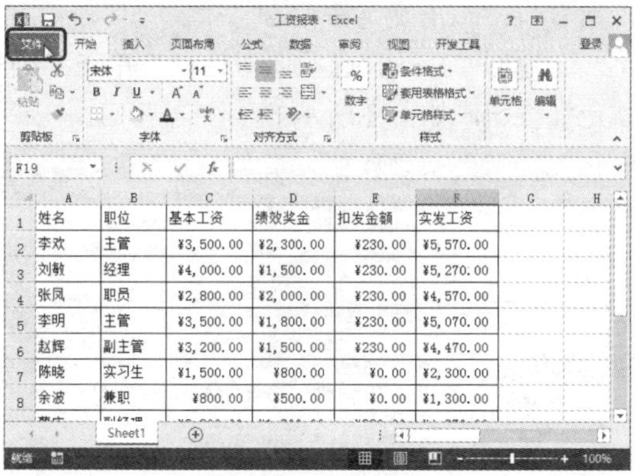

第 2 步：单击选项命令。

在文件列表中单击“选项”命令，如下图所示。

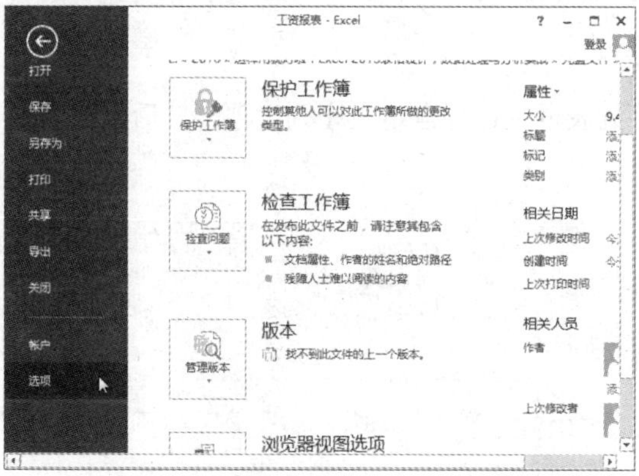

第 3 步：单击编辑自定义列表按钮。

打开“Excel 选项”对话框，❶单击“高级”选项；❷在右侧单击“编辑自定义列表”按钮，如下图所示。

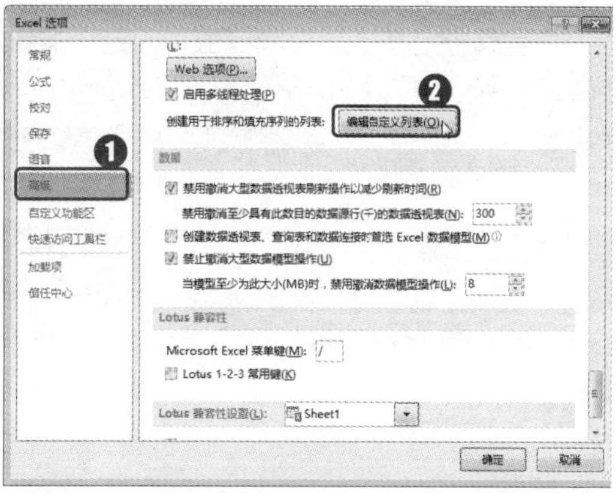

第 4 步：输入自定义序列。

打开“自定义序列”对话框，❶在“输入序列”框中输入自定义的序列顺序；❷单击“添加”按钮，如下图所示。

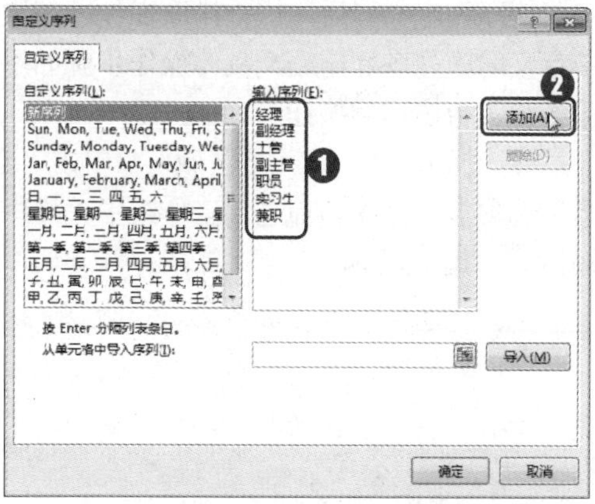

高手点拨

自定义序列的用途

在“自定义序列”对话框中如果将常用的内容自定义为序列后，不仅可以在输入数据表时能快速输入序列内容，还可以在排序时按照自定义的序列进行排序。

如果不手动删除自定义的序列，在关闭 Excel 程序后，还是存在的，下次直接输入序列的任一内容，都可以拖动以填充序列的其他值。

第 5 步：单击确定按钮。

完成自定义序列后，单击“确定”按钮，如下图所示。

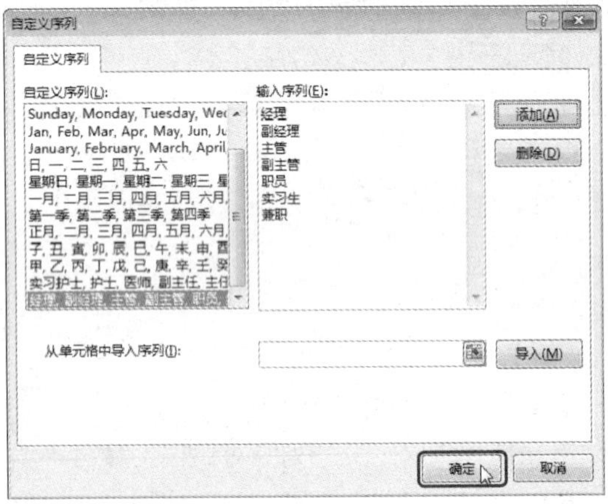

第 6 步：单击确定按钮。

返回“Excel 选项”对话框，单击“确定”按钮，如下图所示。

2. 使用序列排序

将序列定义好后，执行排序操作，在次序列表框中选择自定义序列选项，然后根据序列中定义的序列进行排序。具体操作步骤如下。

第 1 步：单击排序按钮。

❶选择 A1:F12 单元格区域；❷单击“数据”选项卡“排序和筛选”工作组中“排序”按钮，如右图所示。

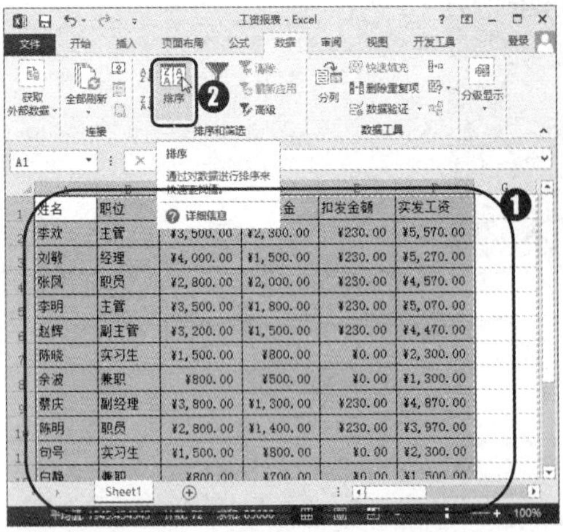

第 2 步：选择自定义序列命令。

❶选择“主要关键字”为“职位”选项；❷单击“升序”右侧的下拉按钮；❸单击下拉列表中“自定义序列”选项，如下图所示。

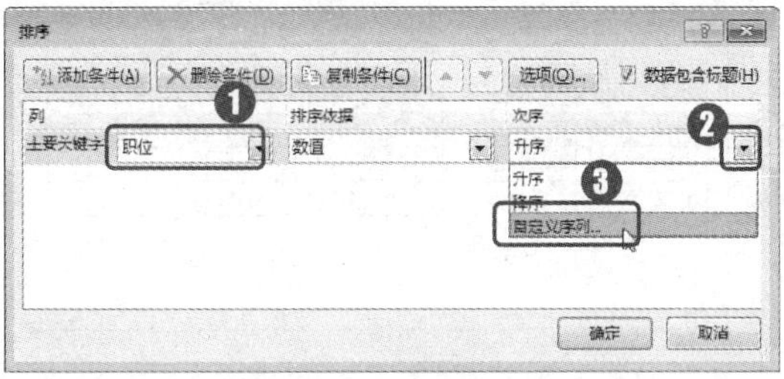

第 3 步：选择自定义的序列。

打开“自定义序列”对话框，❶在“自定义序列”框中选择自定义的序列；❷单击“确定”按钮，如下图所示。

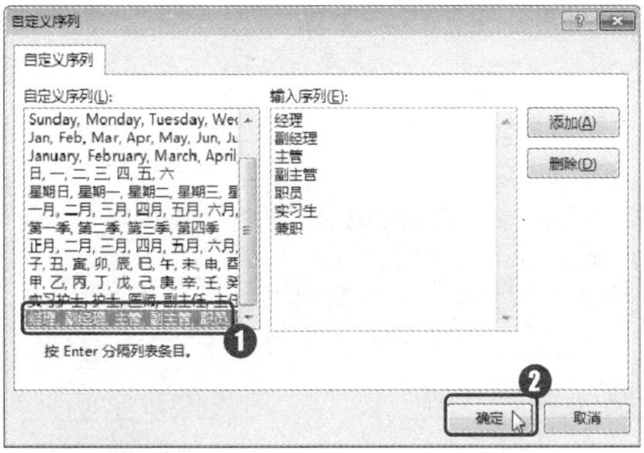

第 4 步：单击确定按钮。

返回到“排序”对话框，单击“确定”按钮，完成排序操作，如下图所示。

第 5 步：显示排序效果。

经过以上操作，使用自定义序列的方法，对数据表中的职位进行排序，最终效果如下图所示。

	A	B	C	D	E	F
1	姓名	职位	基本工资	绩效奖金	扣发金额	实发工资
2	刘敏	经理	¥4,000.00	¥1,500.00	¥230.00	¥5,270.00
3	蔡庆	副经理	¥3,800.00	¥1,300.00	¥230.00	¥4,870.00
4	李欢	主管	¥3,500.00	¥2,300.00	¥230.00	¥5,570.00
5	李明	主管	¥3,500.00	¥1,800.00	¥230.00	¥5,070.00
6	赵辉	副主管	¥3,200.00	¥1,500.00	¥230.00	¥4,470.00
7	张凤	职员	¥2,800.00	¥2,000.00	¥230.00	¥4,570.00
8	陈明	职员	¥2,800.00	¥1,400.00	¥230.00	¥3,970.00
9	陈晓	实习生	¥1,500.00	¥800.00	¥0.00	¥2,300.00
10	句号	实习生	¥1,500.00	¥800.00	¥0.00	¥2,300.00
11	余波	兼职	¥800.00	¥500.00	¥0.00	¥1,300.00
12	白静	兼职	¥800.00	¥700.00	¥0.00	¥1,500.00

案例 03 分析员工培训成绩表

◇ 案例概述

为了集团的持续经营，公司会定期让员工参加学习。为了奖励认真学习的员工，我们可以使用筛选功能从给出的条件中筛选出符合要求的员工。本案例主要把同时满足给定的两个条件，或者满足其中一个条件的员工筛选出来，效果如下图所示。

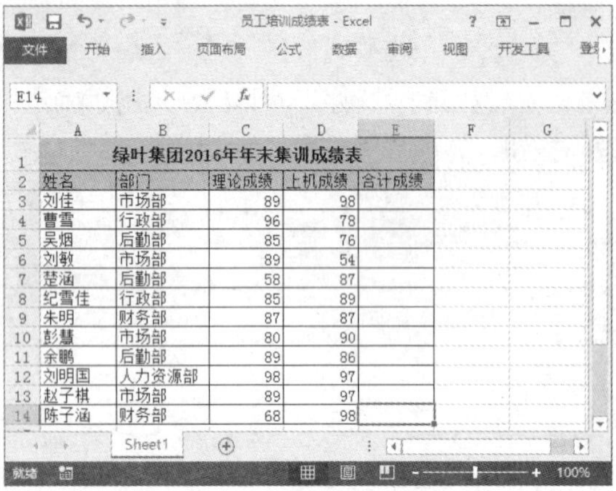

绿叶集团2016年年末集训成绩表				
姓名	部门	理论成绩	上机成绩	合计成绩
刘佳	市场部	89	98	
曹雪	行政部	96	78	
吴烟	后勤部	85	76	
刘敏	市场部	89	54	
楚涵	后勤部	58	87	
纪雪佳	行政部	85	89	
朱明	财务部	87	87	
彭慧	市场部	80	90	
余鹏	后勤部	89	86	
刘明国	人力资源部	98	97	
赵子棋	市场部	89	97	
陈子涵	财务部	68	98	

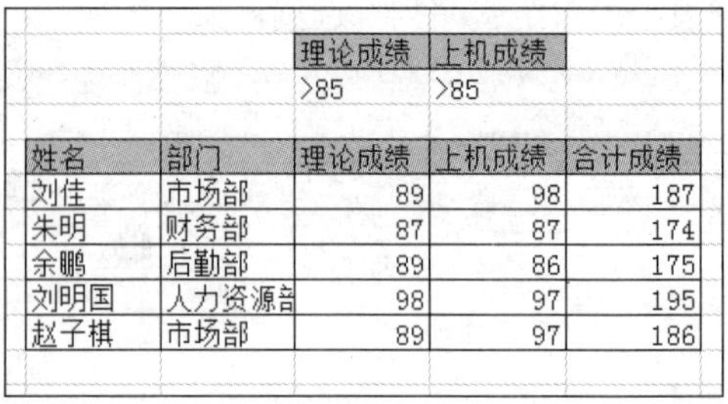

		理论成绩	上机成绩	
		>85	>85	
姓名	部门	理论成绩	上机成绩	合计成绩
刘佳	市场部	89	98	187
朱明	财务部	87	87	174
余鹏	后勤部	89	86	175
刘明国	人力资源部	98	97	195
赵子棋	市场部	89	97	186

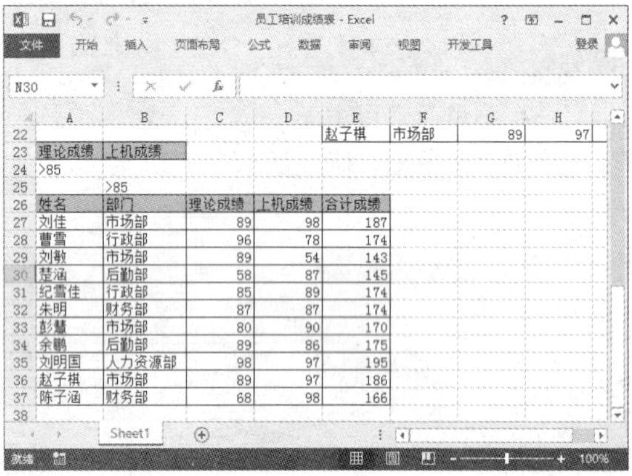

理论成绩	上机成绩			
>85				
	>85			
姓名	部门	理论成绩	上机成绩	合计成绩
刘佳	市场部	89	98	187
曹雪	行政部	96	78	174
刘敏	市场部	89	54	143
楚涵	后勤部	58	87	145
纪雪佳	行政部	85	89	174
朱明	财务部	87	87	174
彭慧	市场部	80	90	170
余鹏	后勤部	89	86	175
刘明国	人力资源部	98	97	195
赵子棋	市场部	89	97	186
陈子涵	财务部	68	98	166

	素材文件：光盘\素材文件\第 8 章\案例 03\员工培训成绩表.xlsx
	结果文件：光盘\结果文件\第 8 章\案例 03\员工培训成绩表.xlsx
	教学文件：光盘\教学文件\第 8 章\案例 03.mp4

◇ 制作思路

在 Excel 中制作“员工培训成绩表”的流程与思路如下所示。

一 **计算合计值并执行筛选命令**：利用自动求和功能计算出合计成绩，然后对合计成绩进行筛选。

二 **设定条件选项**：在 G14 和 H15 单元格中输入同时要满足的两个条件，执行筛选操作。

三 **设置逻辑或条件**：在筛选中，如果只要满足其中一个条件就可以，此时就需要设置逻辑或的条件，然后再执行筛选命令。

◇ 具体步骤

在制作本案例时，首行使用自动筛选，筛选出符合条件的数据，然后再给出条件，让筛选的结果值有更多的变化。

1. 根据总成绩筛选出符合条件的员工

本案例介绍使用筛选功能快速筛选出给定条件的数据，例如，筛选出合计成绩大于 160 的数据，其具体操作方法如下。

第 1 步：执行自动求和命令。

❶选择 C3:E14 单元格区域；❷单击“公式”选项卡；❸单击“函数库”工作组中“自动求和”按钮，如下图所示。

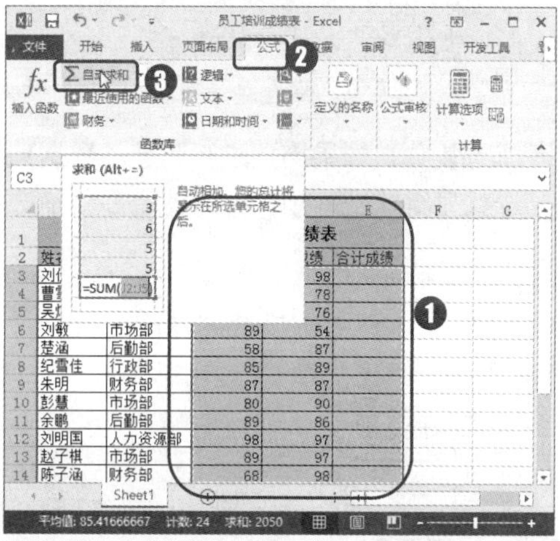

第 2 步：执行筛选命令。

❶选择 A2:E2 单元格区域；❷单击“数据”选项卡；❸单击“排序和筛选”工作组中“筛选”按钮，如下图所示。

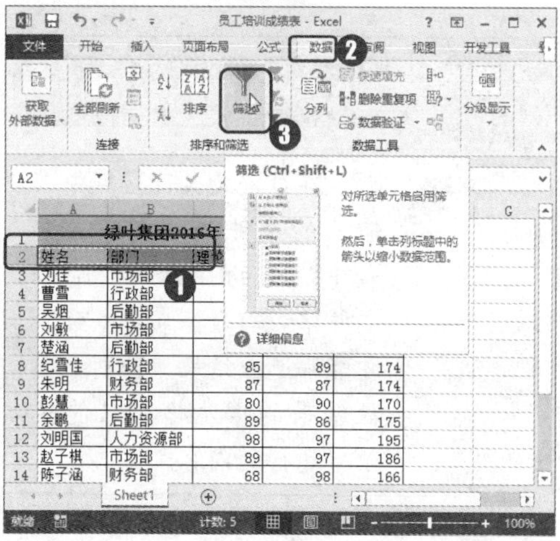

第 3 步：显示执行筛选的效果。

经过以上操作，为 A2:E2 单元格区域添加筛选器，如下图所示。

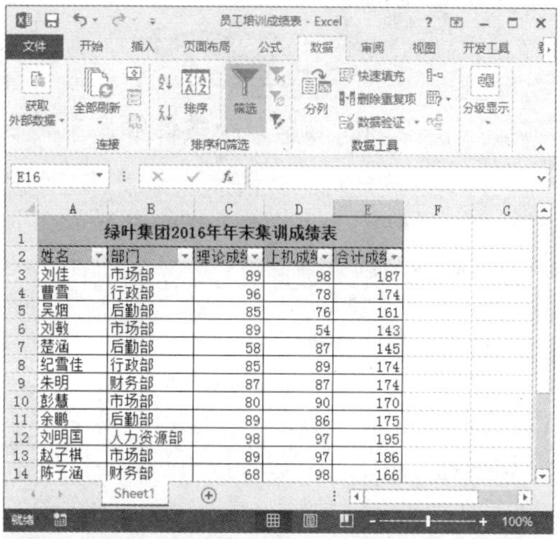

第 4 步：执行大于命令。

❶单击“合计成绩”筛选按钮；❷将鼠标指针指向“数字筛选”命令；❸单击“大于”选项，如下图所示。

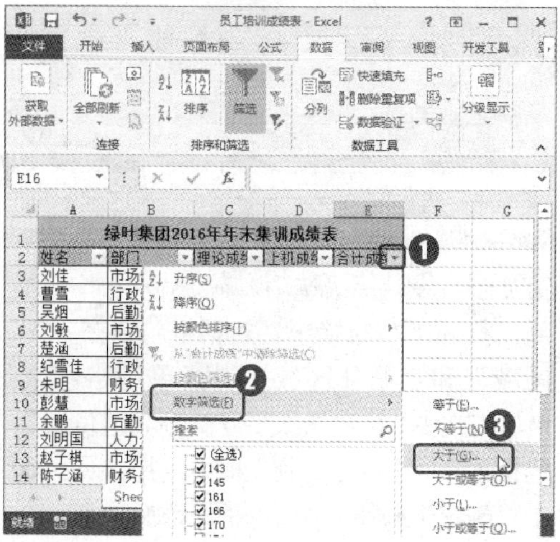

第 5 步：输入筛选条件。

❶在“大于”文本框中输入“160”；❷单击“确定”按钮，如下图所示。

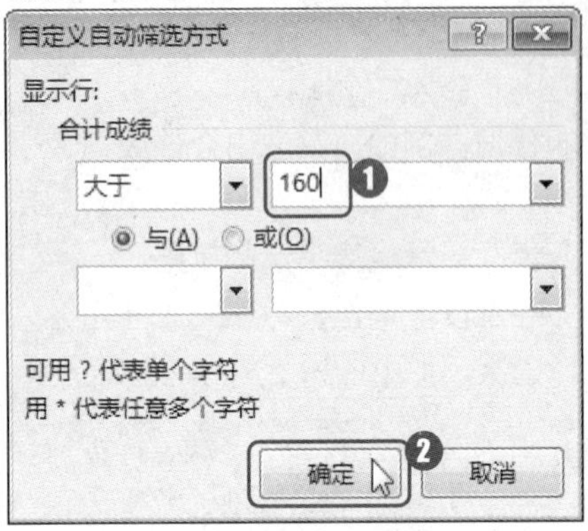

第 6 步：显示筛选效果

经过以上操作，对合计成绩进行筛选，效果如下图所示。

2. 选择同时满足多个条件的员工

自动筛选能够高效快速地完成对工作表的简单筛选操作。如果需要进行筛选的数据列表中的字段比较多，筛选条件比较复杂，使用自动筛选就显得非常麻烦，此时使用高级筛选就可以非常简单地对数据进行筛选。具体操作步骤如下。

第 1 步：执行高级命令。

❶在 G14:H15 单元格区域中输入筛选条件，将鼠标光标定位在任一单元格；❷单击“排序和筛选”组中“高级”按钮，如下图所示。

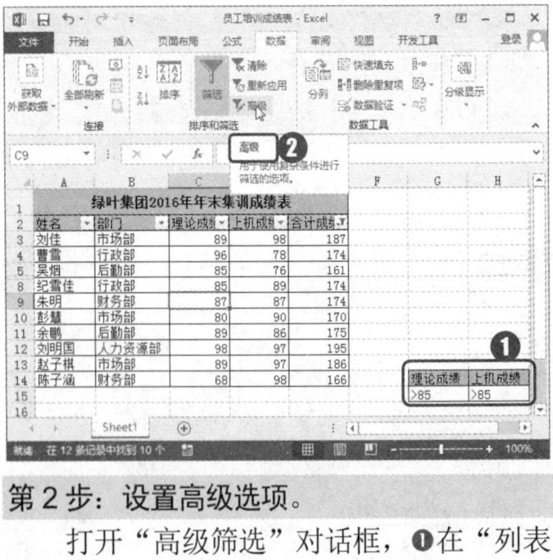

第 2 步：设置高级选项。

打开“高级筛选”对话框，❶在“列表区域”和“条件区域”选择单元格区域；❷单击选中“将筛选结果复制到其他位置”单选按钮；❸在“复制到”框中选择位置；❹单击“确定”按钮，如下图所示。

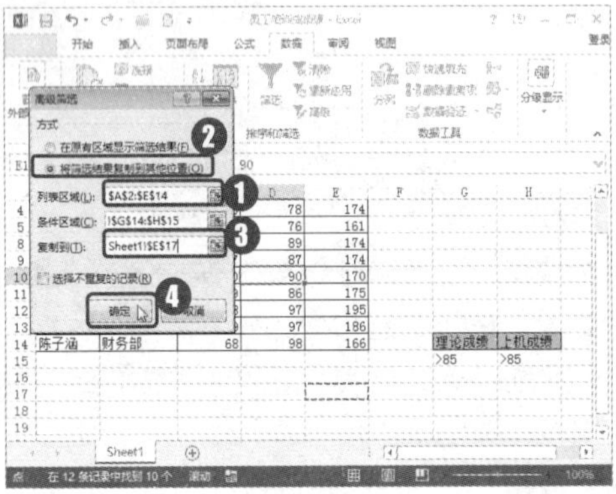

高手点拨

定义筛选条件的注意事项

在自定义条件区域中，输入的条件必须要有数据表中满足的且输入的条件文件格式与数据表中一致，才能筛选出结果，否则在存放结果的单元格中只能显示标题行的内容。

第 3 步：显示筛选效果。

经过以上操作，在条件下方显示筛选出符合条件的记录，如右图所示。

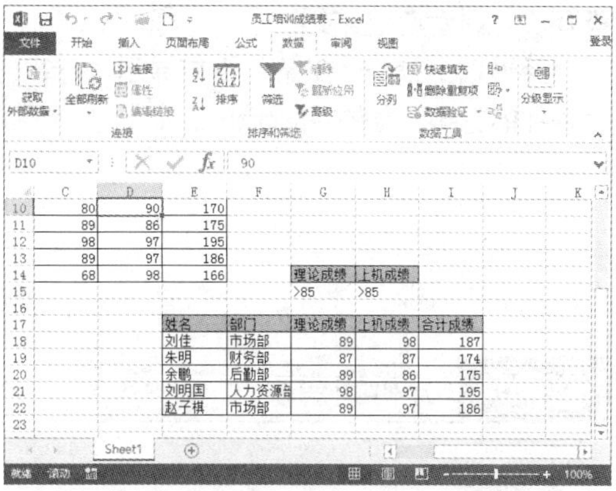

高手点拨　定义筛选条件的注意事项

在自定义条件时，如果要筛选出多个条件都有相同的字符，可以在字符前或字符后使用*号，然后再筛选就能将包含有该字符的所有记录筛选出来。

3. 选择满足多个条件中的任一条件

在制作的员工培训成绩表中，如果给定的条件太高，大部分员工都不能达标时，可以将筛选条件再降低一点。例如，给定多个条件，只要满足其中一个条件即可。具体操作步骤如下。

第 1 步：执行高级命令。

❶在 A23:B25 单元格区域中输入筛选条件，将鼠标光标定位在任一单元格；❷单击“排序和筛选”组中“高级”按钮，如下图所示。

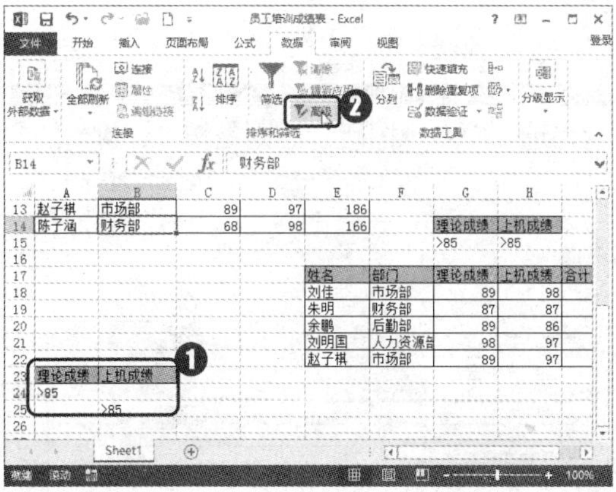

第 2 步：设置高级选项。

打开“高级筛选”对话框，❶在“列表区域”和“条件区域”选择单元格区域；❷单击选中“将筛选结果复制到其他位置”单选按钮；❸在“复制到”框中选择位置；❹单击“确定”按钮，如下图所示。

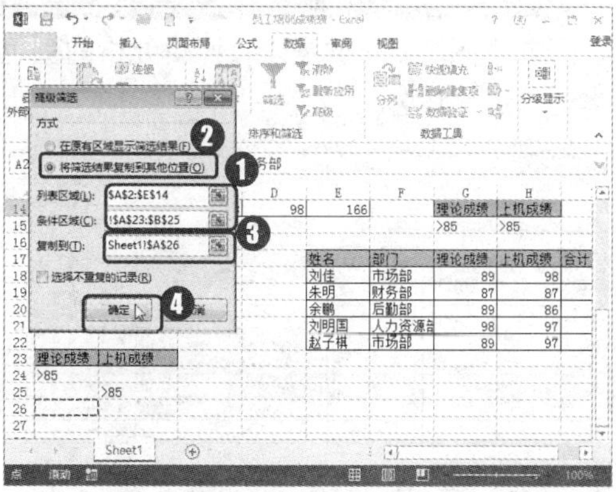

第 3 步：显示筛选结果。

经过以上操作，在条件下方显示筛选出符合条件的记录，如右图所示。

	A	B	C	D	E
26	姓名	部门	理论成绩	上机成绩	合计成绩
27	刘佳	市场部	89	98	187
28	曹雪	行政部	96	78	174
29	刘敏	市场部	89	54	143
30	楚涵	后勤部	58	87	145
31	纪雪佳	行政部	85	89	174
32	朱明	财务部	87	87	174
33	彭慧	市场部	80	90	170
34	余鹏	后勤部	89	86	175
35	刘明国	人力资源部	98	97	195
36	赵子棋	市场部	89	97	186
37	陈子涵	财务部	68	98	166

案例 04 分析销售表

◇ 案例概述

在日常办公中，数据项不一定多，但数据记录却很多，对于这种类型的数据表格，直接使用自动筛选的功能就可以完成分析表格的操作。

左下图所示是筛选的原数据表，而右下图所示的则是按“价格”值的大小进行筛选的结果。

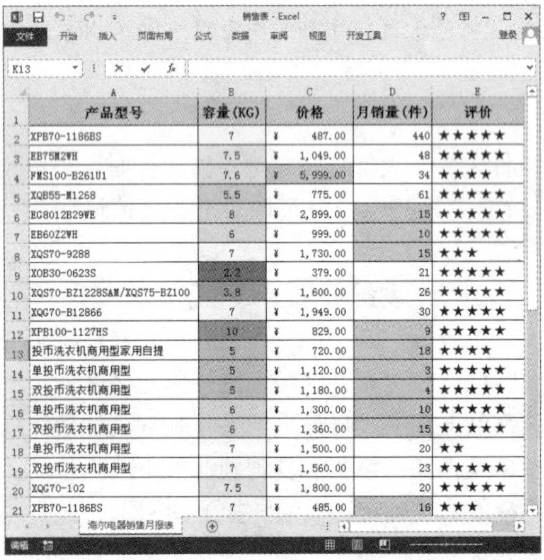

	产品型号	容量(KG)	价格	月销量(件)	评价
2	XPB70-1186BS	7	¥ 487.00	440	★★★★★
3	EB75M2WH	7.5	¥ 1,049.00	48	★★★★★
4	FMS100-B261U1	7.6	¥ 5,999.00	34	★★★★
5	XQB55-M1268	5.5	¥ 775.00	61	★★★★★
6	EG8012B29WE	8	¥ 2,899.00	15	★★★★★
7	EB60Z2WH	6	¥ 999.00	10	★★★★★
8	XQS70-9288	7	¥ 1,730.00	15	★★★
9	XOB30-0623S	2.2	¥ 379.00	21	★★★★★
10	XQS70-BZ1228SAM/XQS75-BZ100	3.8	¥ 1,600.00	26	★★★★★
11	XQG70-B12866	7	¥ 1,949.00	30	★★★★★
12	XPB100-1127HS	10	¥ 829.00	9	★★★★★
13	投币洗衣机商用型家用自提	5	¥ 720.00	18	★★★★
14	单投币洗衣机商用型	5	¥ 1,120.00	3	★★★★★
15	双投币洗衣机商用型	5	¥ 1,180.00	4	★★★★★
16	单投币洗衣机商用型	6	¥ 1,300.00	10	★★★★★
17	双投币洗衣机商用型	6	¥ 1,360.00	15	★★★★★
18	单投币洗衣机商用型	7	¥ 1,500.00	20	★★
19	双投币洗衣机商用型	7	¥ 1,560.00	23	★★★★★
20	XQG70-102	7.5	¥ 1,800.00	20	★★★★★
21	XPB70-1186BS	7	¥ 485.00	16	★★★

	容量(KG)	价格	月销量(件)	评价
4	7.6	¥ 5,999.00	34	★★★★
25	7.5	¥ 3,038.00	21	★★★★★
35	7	¥ 5,699.00	45	★★★★★

左下图所示是数据表按照单元格的颜色进行筛选，而右下图所示的则是按“评价”的文本选项进行筛选。

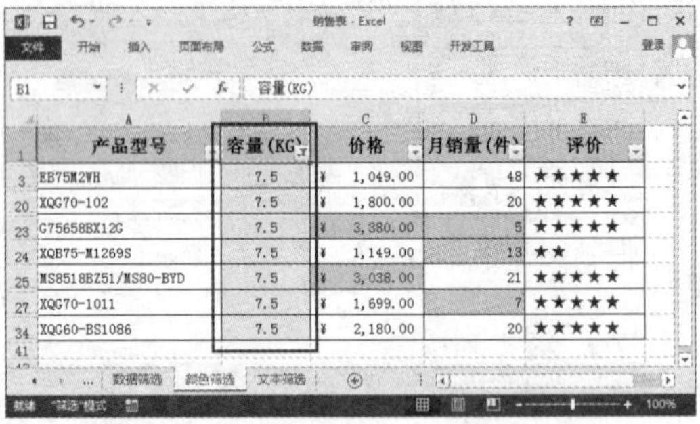

	产品型号	容量(KG)	价格	月销量(件)	评价
3	EB75M2WH	7.5	¥ 1,049.00	48	★★★★★
20	XQG70-102	7.5	¥ 1,800.00	20	★★★★★
23	G75658BX12G	7.5	¥ 3,380.00	5	★★★★★
24	XQB75-M1269S	7.5	¥ 1,149.00	13	★★
25	MS8518BZ51/MS80-BYD	7.5	¥ 3,038.00	21	★★★★★
27	XQG70-1011	7.5	¥ 1,699.00	7	★★★★★
34	XQG60-BS1086	7.5	¥ 2,180.00	20	★★★★★

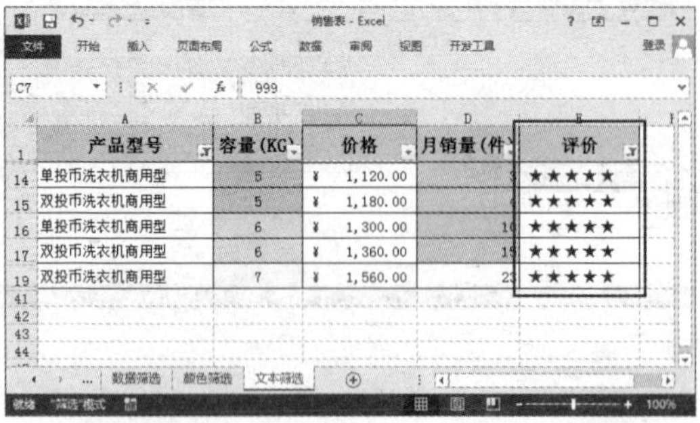

	产品型号	容量(KG)	价格	月销量(件)	评价
14	单投币洗衣机商用型	5	¥ 1,120.00	[illegible]	★★★★★
15	双投币洗衣机商用型	5	¥ 1,180.00	[illegible]	★★★★★
16	单投币洗衣机商用型	6	¥ 1,300.00	[illegible]	★★★★★
17	双投币洗衣机商用型	6	¥ 1,360.00	15	★★★★★
19	双投币洗衣机商用型	7	¥ 1,560.00	[illegible]	★★★★★

素材文件：光盘\素材文件\第 8 章\案例 04\销售表.xlsx
结果文件：光盘\结果文件\第 8 章\案例 04\销售表.xlsx
教学文件：光盘\教学文件\第 8 章\案例 04.mp4

◇ **制作思路**

在 Excel 中制作“销售表”的流程与思路如下所示。

一 **数字筛选**：用户根据自己的需要对销售价格和销售数量进行筛选，根据筛选的结果即可了解产品是否畅销。

二 **按颜色进行筛选**：在数据表中，使用自定义筛选，根据颜色筛选得出需要的记录。

三 **使用文本筛选记录**：在表格中除了数据和颜色筛选外，还可以利用文本的方式筛选记录。

◇ **具体步骤**

在本案例中，根据表格的数据不同，使用自动筛选分析时，可以按照不同的列选项对数字、颜色或者文本方式进行筛选操作。

1. 数据筛选

数据筛选是 Excel 表格中应用最多的，本案例以筛选价格和月销售量为例，介绍在自动筛选中如何设置筛选条件。具体操作步骤如下。

第 1 步：执行筛选命令。

打开素材文件\第 8 章\案例 04\销售表.xlsx，复制三张工作表，分别重命名为“数据筛选”“颜色筛选”和“文本筛选”，❶选择 A1:E1 单元格区域；❷单击“数据”选项卡“排序和筛选”工作组中“筛选”按钮，如右图所示。

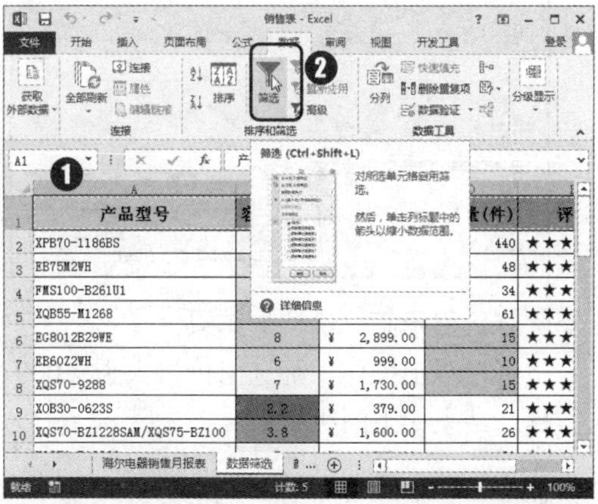

第 2 步：选择大于命令。

❶单击“价格”右侧筛选器；❷指向下拉列表中“数字筛选”命令；❸单击下一列表中“大于”命令，如下图所示。

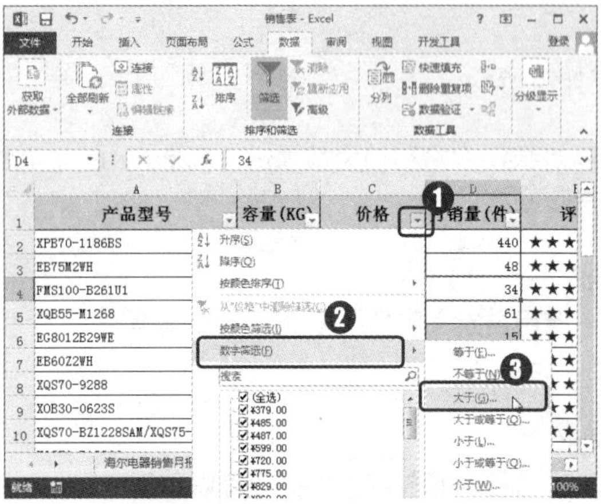

第 3 步：设置大于条件值。

打开“自定义自动筛选方式”对话框，❶在“价格”组的“大于”框中输入数据；❷单击“确定”按钮，如下图所示。

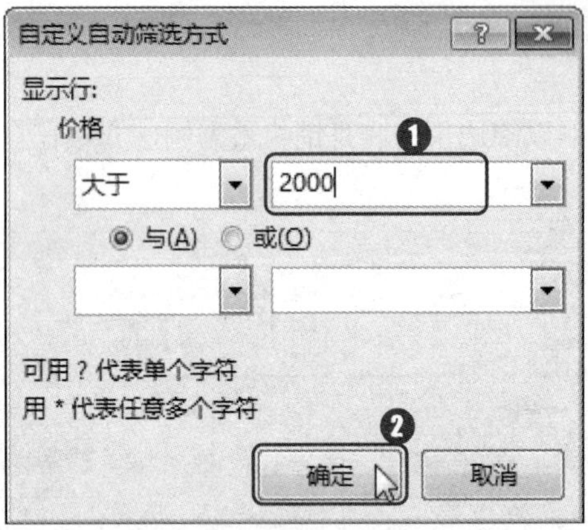

第 4 步：显示筛选价格的结果。

经过以上操作，筛选出价格大于 2 000 的数据，结果如下图所示。

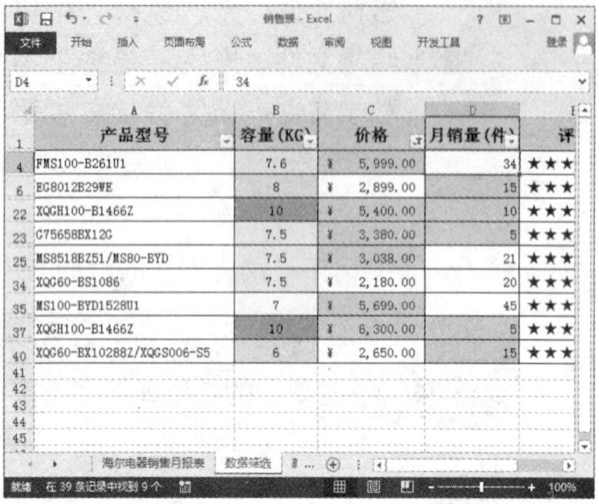

第 5 步：执行大于命令。

❶单击“月销量（件）”右侧的筛选器按钮；❷指向下拉列表中“数字筛选”命令；❸单击子列表中的“大于”命令，如下图所示。

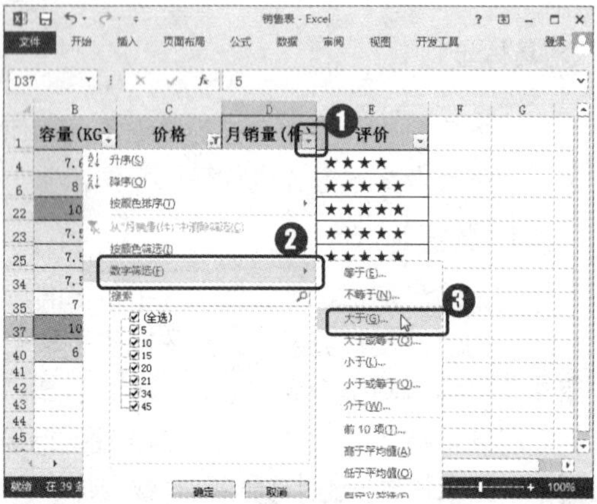

第 6 步：设置月销量大于值。

打开“自定义自动筛选方式”对话框，❶在“月销量（件）”组的“大于”框中输入数据；❷单击“确定”按钮，如下图所示。

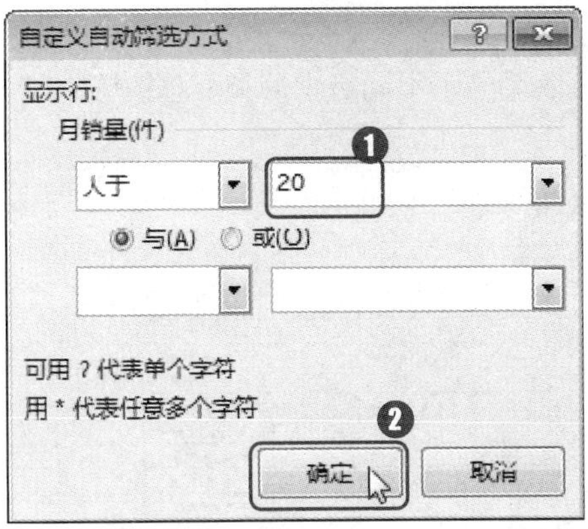

第 7 步：显示筛选月销量结果。

经过以上操作，筛选出月销量（件）大于 20 的数据，结果如下图所示。

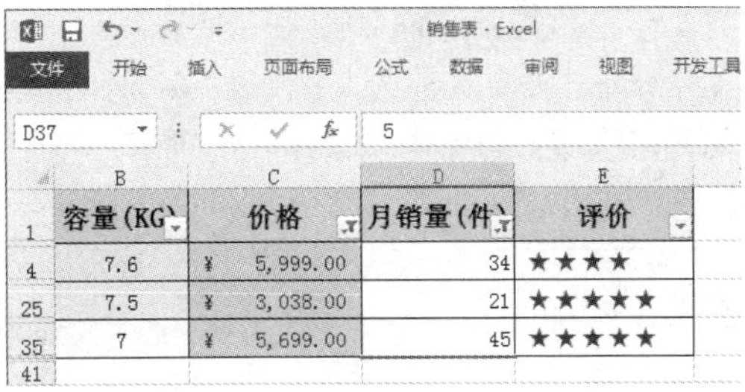

2. 颜色筛选

在 Excel 中，如果要以颜色进行筛选，每次筛选都只能筛选出单一的一个颜色，不能同时将多个颜色筛选出来，因此，我们要以颜色进行筛选时，按需求选择颜色即可，具体操作方法如下。

第 1 步：执行筛选命令。

❶单击“颜色筛选”工作表；❷选择 A1:E1 单元格区域；❸单击“数据”选项卡“排序和筛选”工作组中“筛选”按钮，如下图所示。

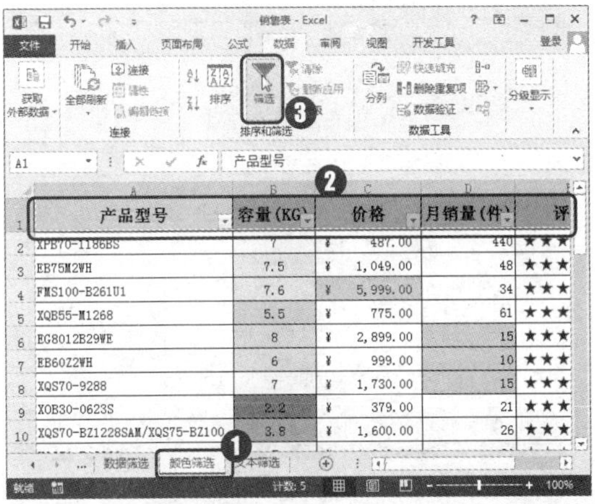

第 2 步：选择筛选颜色。

❶单击“容量（KG）”右侧筛选器；❷指向下拉列表中的“按颜色筛选”命令；❸在列表选择需要筛选的颜色，如下图所示。

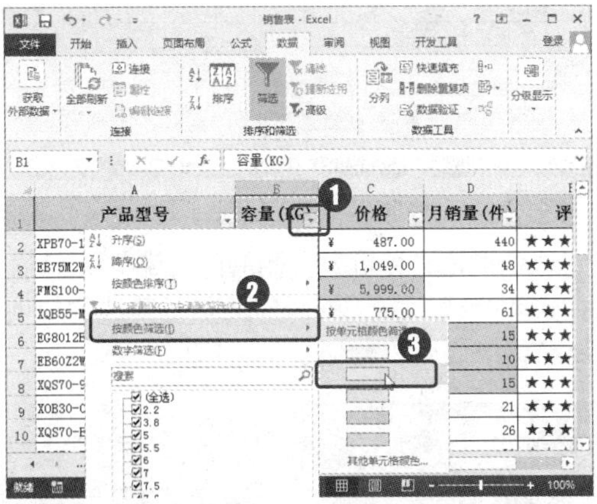

第 3 步：显示按颜色筛选的结果。

经过以上操作，按颜色对数据表进行筛选，结果如下图所示。

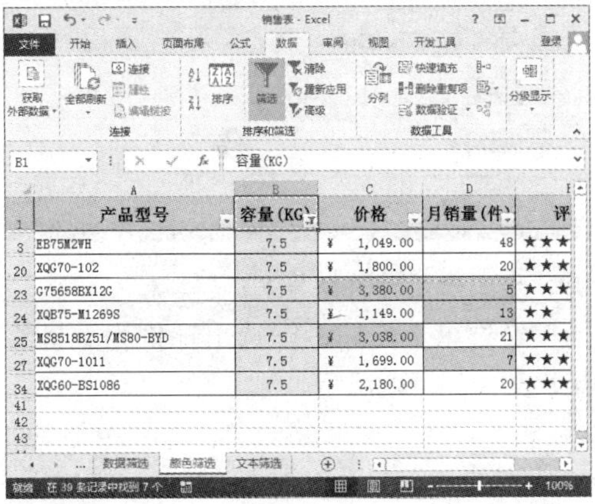

3. 文本筛选

在对数据进行分类汇总后，在工作表的左侧有 3 个显示不同级别分类汇总按钮，单击它们可显示或隐藏分类汇总和总计的汇总。

第 1 步：执行筛选命令。

❶单击“文本筛选”工作表；❷选择 A1:E1 单元格区域；❸单击“数据”选项卡“排序和筛选”工作组的“筛选”按钮，如下图所示。

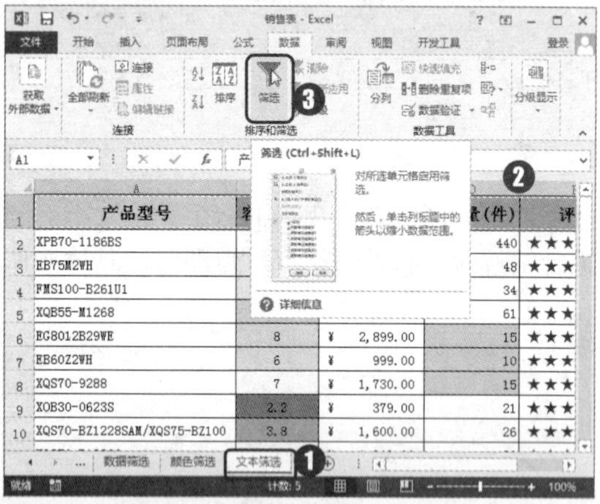

第 2 步：选择筛选选项。

❶单击“评价”右侧的筛选器▼；❷取消勾选“全选”复选框，勾选需要筛选的选项；❸单击“确定”按钮，如下图所示。

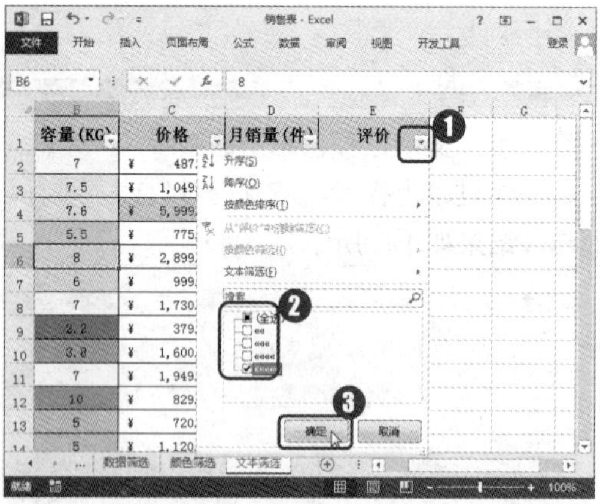

第 3 步：显示筛选结果。

经过以上操作，筛选出评价为五星的记录，结果如下图所示。

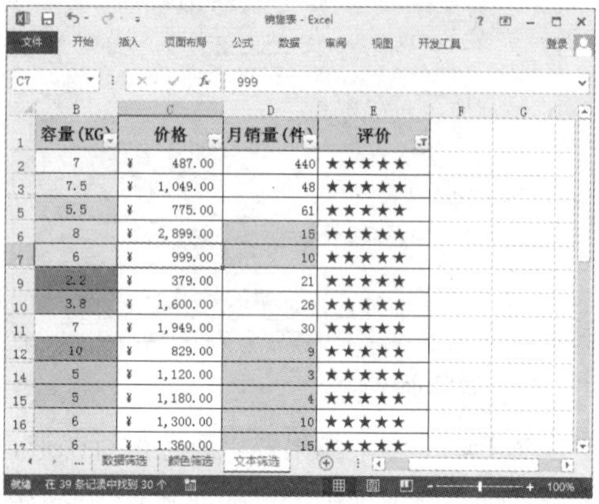

第 4 步：输入筛选条件。

❶单击“产品型号”右侧的筛选器▼；❷在“搜索框”中输入搜索的文本内容，如“*商用型”；❸单击“确定”按钮，如下图所示。

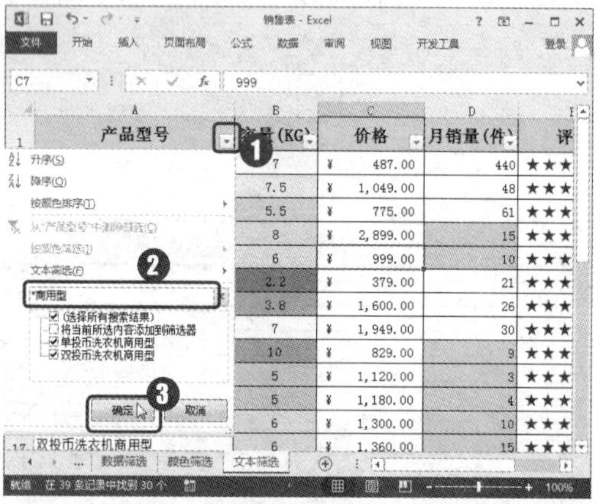

第 5 步：显示筛选结果。

经过以上操作，筛选出产品型号为“*商用型”的记录，结果如下图所示。

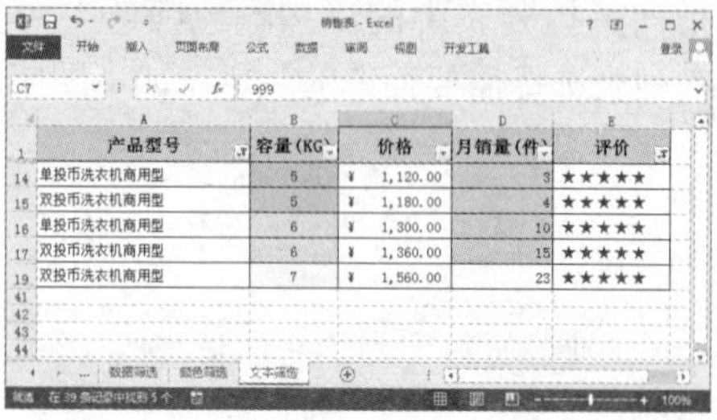

高手点拨

使用符号搜索文本的注意事项

在 Excel 中，可以使用符号代替内容进行搜索文本，但是输入*后，直接输入字段的最后几个字符即可，或者是先输入搜索字符，再加*号，按照模糊的方法筛选多个结果。如果输入*后，输入字符中间的字符，会显示出“无匹配，不能进行筛选”的提示。

案例 05 统计办公费用表

◇ 案例概述

在日常办公应用中，常常需要对大量的数据按不同的类别进行汇总计算。例如，在对办公费用进行分析时，需要对不同类型的金额进行汇总，或对不同费用类别的金额进行汇总。

左下图所示是打开的原始数据表，而右下图所示则是经过“分类汇总”的操作，显示出需要汇总的数据项。

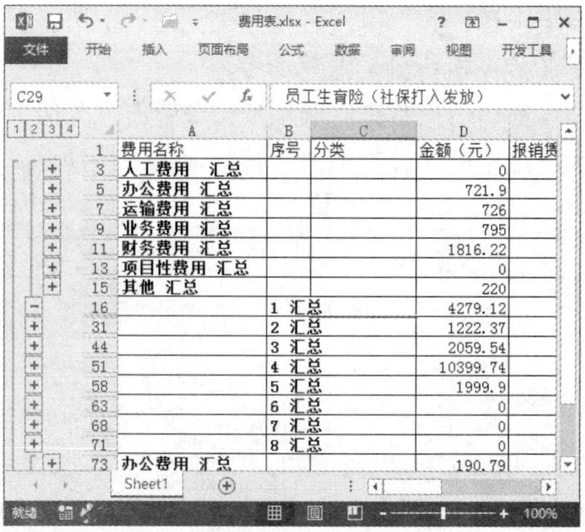

素材文件：光盘\素材文件\第 8 章\案例 05\费用表.xlsx	
结果文件：光盘\结果文件\第 8 章\案例 05\费用表.xlsx	
教学文件：光盘\教学文件\第 8 章\案例 05.mp4	

◇ 制作思路

在 Excel 中制作“费用表”的流程与思路如下所示。

一　**创建分类汇总**：分类汇总是另一种分析数据的方式，对数据汇总之前首先要对汇总项进行排序，若录入数据比较有序，即可直接操作。

二　**显示与隐藏分类汇总明细**：创建好分类汇总后，单击各级别编号，可查看与隐藏相关的汇总信息。

三　**嵌套分类汇总**：如果想要使用分类汇总对费用表进行更详细的汇总，可以使用嵌套汇总。

◇ 具体步骤

在本案例中，会使用创建分类汇总、查看与隐藏分类汇总的信息以及创建嵌套分类汇总等相关知识。

1. 创建分类汇总

对数据进行分类汇总之前，必须先对数据进行排序，其作用是将具有相同关键字的记录表集中在一起，以便进行分类汇总。另外，数据区域的第一行里必须有数据的标题行。

第 1 步：执行分类汇总命令。

❶单击“数据”选项卡；❷单击“分级显示”组中的“分类汇总”按钮，如下图所示。

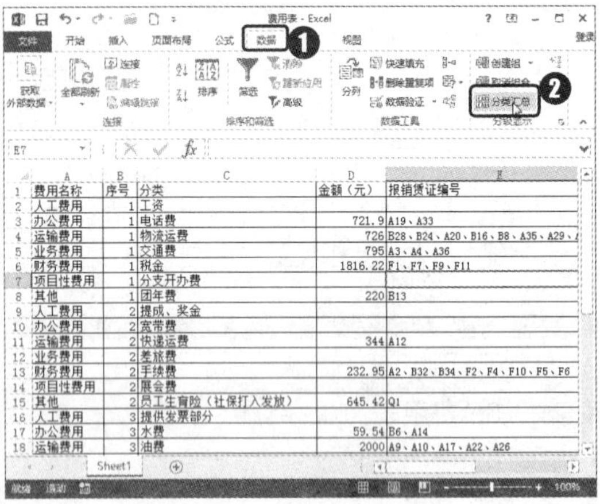

第 2 步：设置分类汇总选项。

打开“分类汇总”对话框，❶在“分类字段”下拉列表框中选择“序号”选项；❷在“汇总方式”下拉列表中选择“求和”选项；❸在“选定汇总项”列表中单击选中“金额”复选框；❹单击“确定”按钮，如下图所示。

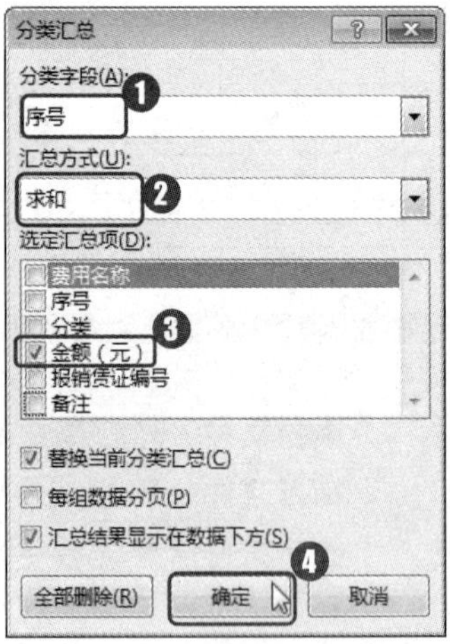

2. 显示与隐藏分类汇总明细

在对数据进行分类汇总后，在工作表的左侧有3个显示不同级别分类汇总按钮，单击汇总按钮可显示或隐藏分类汇总和总计的汇总。

第1步：单击“1”按钮。

在分类汇总表中，单击左上角“1”按钮，如下图所示。

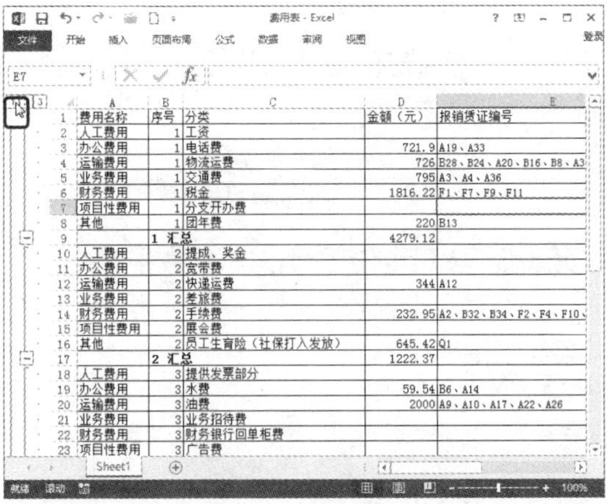

第2步：显示1级汇总效果。

经过上步操作后，显示1级汇总效果如下图所示。

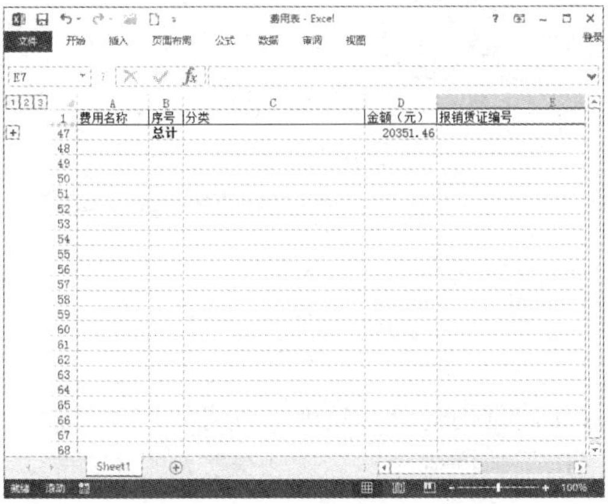

第3步：单击“2”按钮。

单击左上角“2”按钮，显示2级汇总效果如下图所示。

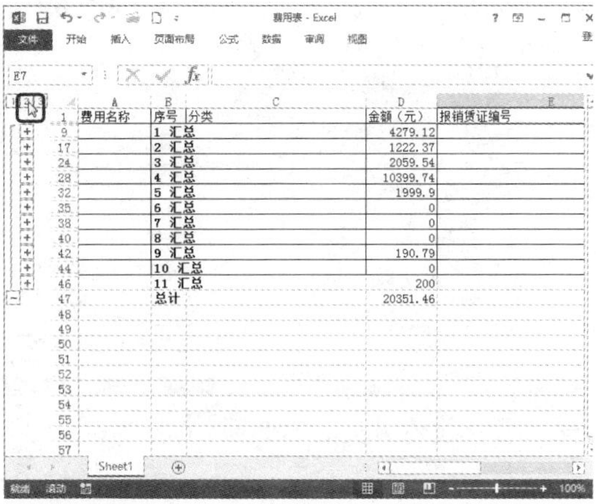

第4步：单击“3”按钮。

单击左上角“3”按钮，显示3级汇总效果如下图所示。

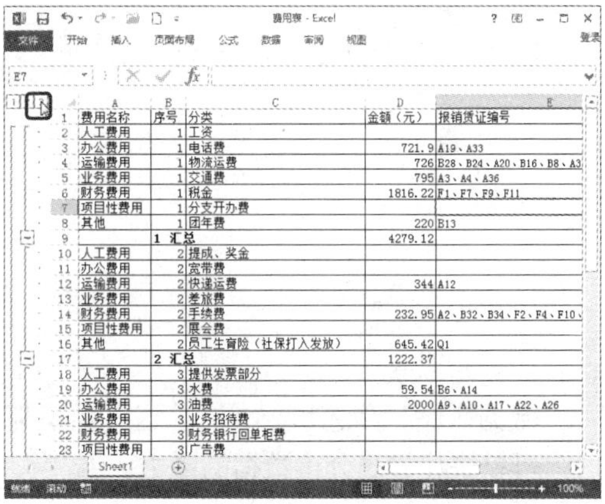

3. 对数据进行嵌套分类汇总

对表格进行嵌套分类汇总，就是在分类汇总的基础上再分类汇总。如在对汽车分类的基础上再对季度进行分类汇总。具体操作步骤如下。

第 1 步：执行分类汇总命令。

❶选择要创建嵌套分类汇总的区域；❷单击“数据”选项卡；❸单击“分级显示”工作组中的“分类汇总”按钮，如下图所示。

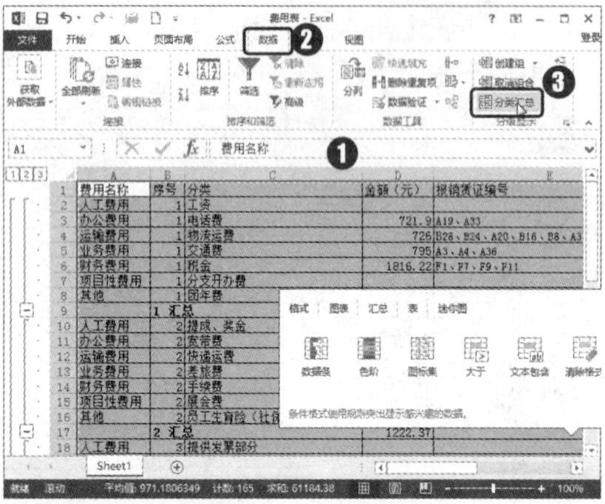

第 2 步：设置分类汇总选项。

打开“分类汇总”对话框，❶选择分类字段为“费用名称”；❷单击取消选中“替换当前分类汇总”复选框；❸单击“确定”按钮，如下图所示。

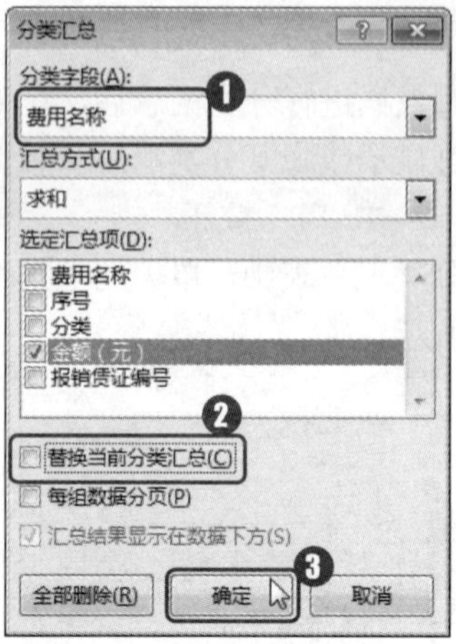

第 3 步：显示创建分类汇总的效果。

经过以上操作，创建嵌套分类汇总，效果如下图所示。

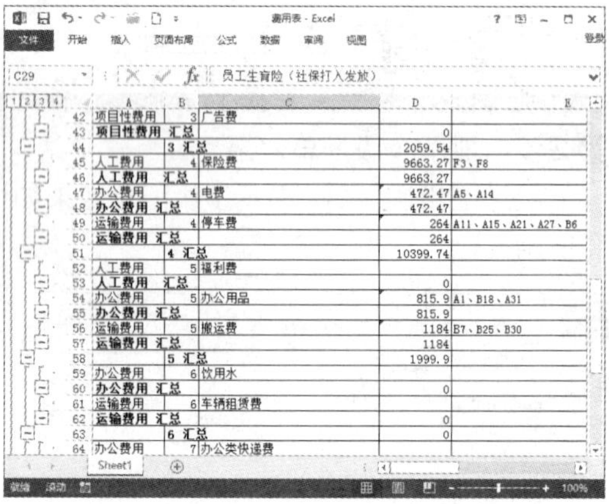

本 章 小 结

数据排序、筛选和分类汇总这些知识都是 Excel 最常用的分析功能，读者通过本章的学习，可以快速提高分析数据的能力。希望读者灵活运用数据排序、筛选和分类汇总的功能，从而提高数据分析的工作效率。

第9章

深入分析数据
——数据的预算与决算

本章导读：

Excel不仅可以对数据进行计算、管理与统计分析，还可以利用单变量求解、模拟运算、方案求解及规划求解等功能对假定的数据进行预算与决算。本章主要介绍Excel数据的预算与决算相关知识的应用。

知识要点：

★ 掌握单变量求解的方法

★ 掌握模拟运算的使用方法

★ 掌握方案求解的使用方法

★ 了解安装规划求解的方法

★ 掌握规划求解的使用方法

案例效果

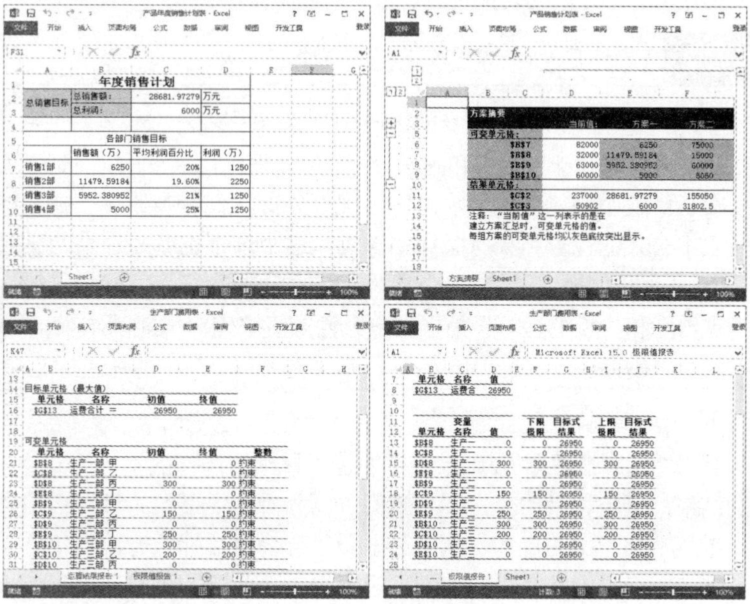

大师点拨——数据预决算相关知识

在 Excel 中，当遇到不确定数据项时，可以模拟数据的各种变化情况，分析和查看该数据变化之后所导致的结果变化；还可以对表格中某些数据进行假设，给出多个条件或可能性，以模拟应用不同的假设条件进行数据计算，以便让数据结果达到自己预期的效果。

要点 1 数据预决算的重要性

Excel 作为办公数据处理软件，不仅可以对已经产生的数据进行处理，还可以对未知的、假设性的数据进行预算操作。“凡事预则立，不预则废”高度概括了预算的重要性。预算的意义，是为了比对真实发生的经营状况是否在原来设定的可控制范围之内。

- 如果超标，是否是由非正常经营的原因引起的。比如有部门薪水超标，是加班生产造成，还是由于 HR 部门在招聘人员时工资开设过高造成该部门薪资超标。又如，为了完成公司招聘人员的任务，是否全年度网站招聘和现场招聘费用都超标了。
- 如果没有超标，费用在预算内，还要看工作情况完成是否良好。如果良好，说明不但预算做到了位，更说明 HR 部门当年度工作开展良好，效率也高。
- 如果费用预算很高，实际花费连预算的 2/3 都不到，同样要看工作完成质量是否达标，如果达标了，说明原本的预算根本就不准。如果是因为采用了更好的方式、方法，使 HR 部门当年节约了开支，这部分节约下来的费用，就是 HR 部门共同努力的结果。

预算控制与考核，可以协助并优化企业的生产、经营。要让数据按条件达到最优值，就需要使用 Excel 提供的功能进行计算。

要点 2 认识 Excel 数据预决算的功能

预算，是由单位根据本身的手段和技术水平确定的方案，是考核经济效益的重要依据。其作用主要是加强计划管理和限额管理。达到强化基础工作、控制投入、增强经济效益的目的。

在工作表中输入公式后，可进行假设分析，查看当改变公式中的某些值时，这些更改对工作表中公式的计算结果有怎样的影响。这个过程也就是在对数据进行模拟分析。

Excel 为我们提供了“方案管理器”“单变量求解”和“模拟运算”三种模拟分析功能。“方案管理器”和“模拟运算”是根据各组输入值来确定可能的结果。“单变量求解”与“方案管理器”和“模拟运算”的工作方式不同，它能获取结果并确定生成该结果的可能的输入值。

1. 方案管理器

利用“方案管理器”，可以模拟为达到目标而选择的不同方式，分析每个变量改变之后产生的结果，这被称为一个方案。我们可以分析使用不同方案时表格数据的变化，对比多个方案，考察不同方案的优劣，从中选出最适合公司目标的方案。

创建方案是方案分析的关键，应根据实际问题的需要和可行性来创建一组方案。例如，为达到公司的预算目标，可以通过增加广告促销，可以提高价格增收，可以降低包装费、材料费等多种途径创建方案。

2. 单变量求解

“单变量求解”功能简单来说就是用公式反向运算，让公式引用的某个单元格的值自动变化以满足公式的结果。

3. 模拟运算

模拟运算表是一个单元格区域，用于显示计算公式中一个或两个变量的变化对公式计算结果的影响。模拟运算表提供了一种快捷手段，它可以通过一步操作，计算多个结果；同时，它还是一种有效的方法，可以查看和比较由工作表中不同变化所引起的各种结果。

“模拟运算”功能通常用于分析一些连续的数据变化后对公式造成的影响。由于只关注一个或两个变量，而且能将所有不同的计算结果以列表方式同时显示出来，因而便于查看、比较和分析。根据公式中的参数的个数，模拟运算又分为单变量模拟运算和双变量模拟运算。

- 单变量模拟运算表的输入值被排列在一列（列方向）或一行（行方向）中。单变量模拟运算表中使用的公式必须仅引用一个输入单元格。
- 双变量模拟运算表使用含有两个输入值列表的公式。该公式必须引用两个不同的输入单元格。

高手点拨

模拟运算表与方案管理器的选择

“模拟运算表”主要用来考察一个或两个决策变量的变动对于分析结果的影响，但对于一些更复杂的问题，常常需要考察更多的因素，此时就应改用“方案管理器”功能。尽管“模拟运算表”只能使用一个或两个变量（一个用于行输入单元格，另一个用于列输入单元格），但“模拟运算表”可以包括任意数量的不同变量值。一个方案可拥有最多32个不同的值，可以创建任意数量的方案。

案例训练——实战应用成高手

通过前面知识要点的学习，主要是让用户认识到数据预算的相关技能与应用经验。下面，针对日常办公中的相关应用，列举几个典型的表格案例，讲解在Excel中进行数据预算和模拟分析的思路、方法及具体操作步骤。

案例01 制作产品年度销售计划表

◇ 案例概述

在年初或年末时，企业常常会提出新一年的各种计划和目标。例如，产品的销售计划，该计划通常会依据上一年的销售情况，对新一年的销售额提出要求。对这些数据进行规划时一定要实事求是，提出切实可行的目标任务，这就需要进行数据的合理预算。

左下图所示的是根据需要制作的数据基础表，而右下图所示的则是输入数据，再使用公式计算出结果，最后使用模拟运算的功能计算出所有结果值。

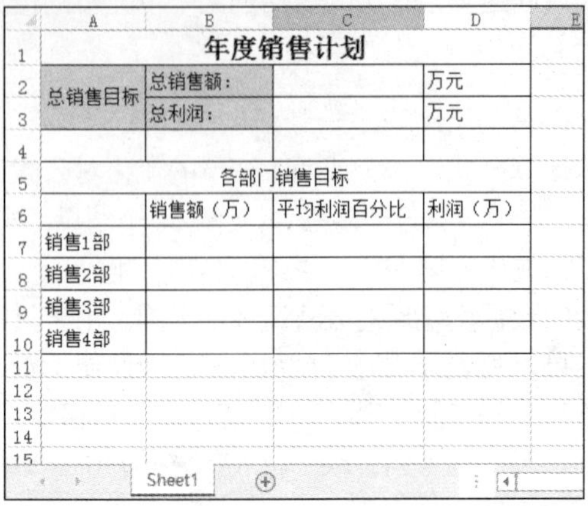

	A	B	C	D
1	年度销售计划			
2	总销售目标	总销售额：		万元
3		总利润：		万元
4				
5	各部门销售目标			
6		销售额（万）	平均利润百分比	利润（万）
7	销售1部			
8	销售2部			
9	销售3部			
10	销售4部			

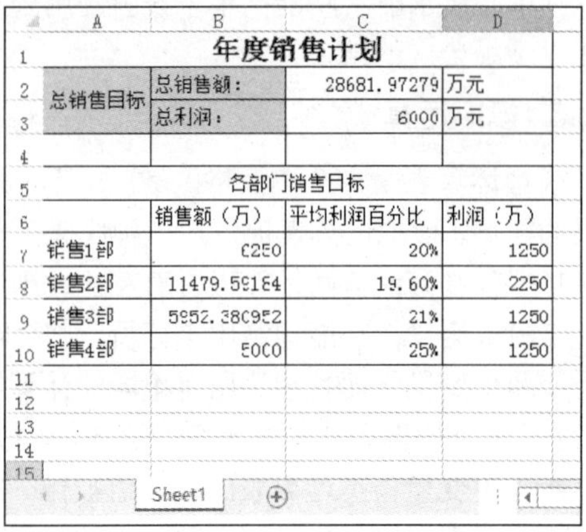

	A	B	C	D
1	年度销售计划			
2	总销售目标	总销售额：	28681.97279	万元
3		总利润：	6000	万元
4				
5	各部门销售目标			
6		销售额（万）	平均利润百分比	利润（万）
7	销售1部	6250	20%	1250
8	销售2部	11479.59184	19.60%	2250
9	销售3部	5952.380952	21%	1250
10	销售4部	5000	25%	1250

素材文件：无
结果文件：光盘\结果文件\第 9 章\案例 01\产品年度销售计划表.xlsx
教学文件：光盘\教学文件\第 9 章\案例 01.mp4

◇ 制作思路

在 Excel 中制作“产品年度销售计划表”的流程与思路如下所示。

一 **输入基本表格**：启动 Excel 表格，输入产品年度销售计划表的基本表格并设置表格格式。

二 **输入计算公式**：使用 SUM 函数和自定义公式计算出总销售额、总利润和利润值。

三 **假定销售计划**：在销售表中，假定一组销售额和平均利润百分比的数据值。

四 **单变量求解的应用**：应用单变量求解的功能，计算出以利润给出的结果值，解答出销售额的数据值。

◇ 具体步骤

本例中为体现本年度中各部门预计的销售额、平均利润百分比以及利润值，先制作出相应的表格结构，再使用公式计算出相关数据，利用“单变量求解”计算出销售额，最后利用模拟运算计算出多个变量的结果值。

1. 制作年度销售计划表

制作年度销售计划表时，首先需要制作出基本的表格，然后使用 SUM 函数和自定义公式分别计算出相关数据值。

（1）制作年度销售计划表结构

本例中为体现本年度中各部门预计的销售额、平均利润百分比以及利润值，先制作出相应的表格结构。具体操作步骤如下。

第 1 步：输入工作表内容。

新建 Excel 文件，❶将 Sheet1 工作表保存为"产品年度销售计划表"；❷在 A1:D10 单元格区域输入表格内容，如下图所示。

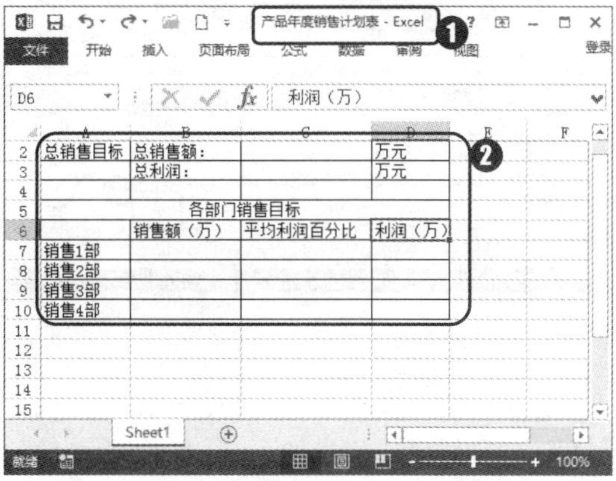

第 2 步：为表格添加修饰。

在"开始"选项卡字体组中对表格进行修饰，为 A2:B3 单元格区域添加底纹，效果如下图所示。

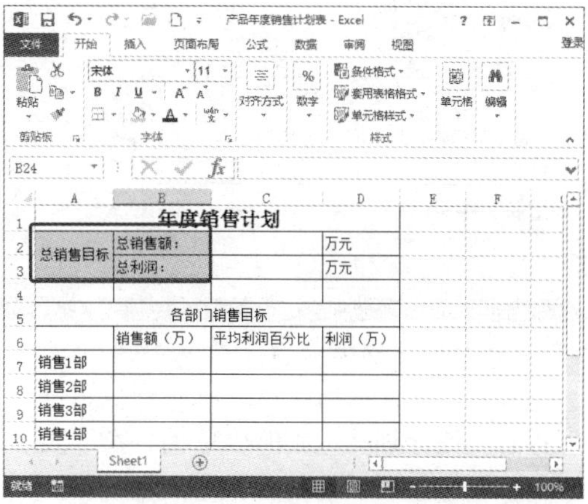

（2）添加公式统计年度销售额及利润

为制订各部门的销售计划，需要在表格中添加用于计算年度总销售额和总利润的公式，具体操作步骤如下。

第 1 步：输入总销售额的公式。

❶在 C2 单元格中输入公式"=SUM(B7:B10)"；❷单击"编辑栏"中的"✔"按钮，如下图所示。

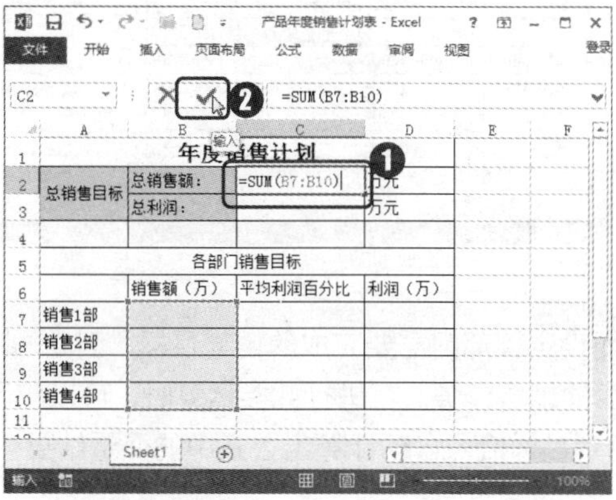

第 2 步：输入总利润的公式。

❶在 C3 单元格中输入公式"=SUM(D7:D10)"；❷单击"编辑栏"中的"✔"按钮，如下图所示。

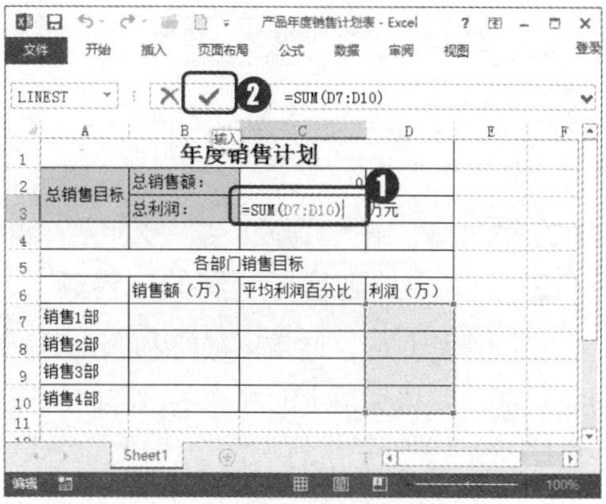

（3）添加公式统计各部门销售利润

各部门的“销售利润”应根据各部门的“销售额”与“平均利润百分比”计算得出，故应为“利润”列中的单元格添加计算公式。具体操作步骤如下。

第 1 步：输入计算利润的公式。

❶在 D7 单元格中输入公式计算“=B7*C7”；❷单击“编辑栏”中的“✔”按钮，如下图所示。

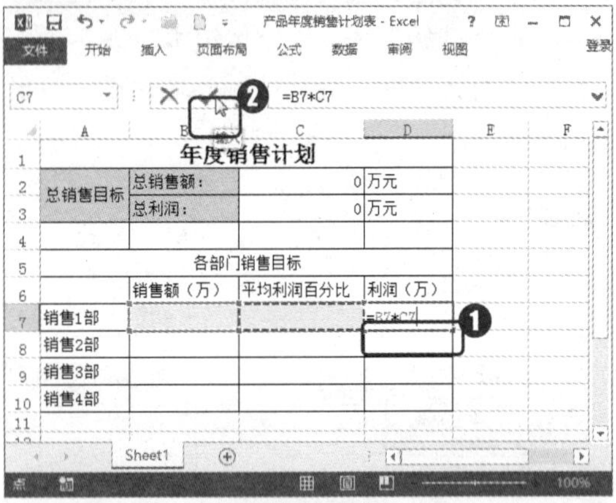

第 2 步：拖动填充计算公式。

❶选中 D7 单元格；❷按住左键不放向下拖动填充公式，如下图所示。

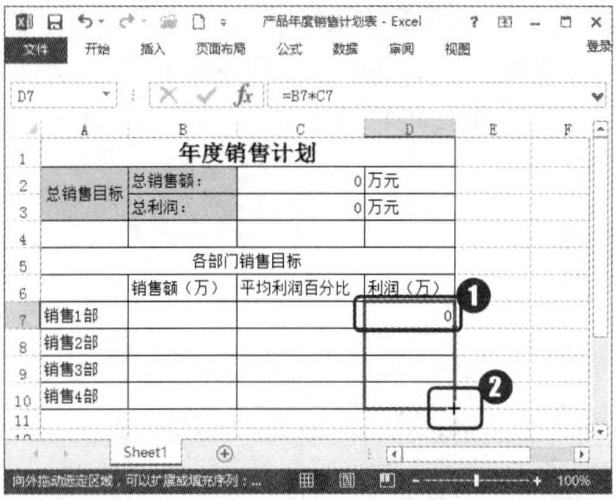

（4）初步设定销售计划

公式添加完成后，可在表格中设置部门的“目标销售额”及“平均利润百分比”，从而可查看到该计划能达到的“总销售额”及“总利润”。具体操作步骤如下。

第 1 步：输入各销售部的销售额数据。

在 B7:B10 单元格区域中输入各部门的销售额数据，如下图所示。

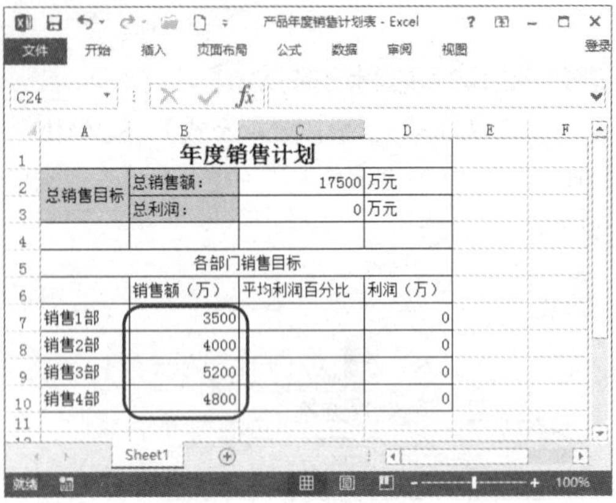

第 2 步：输入平均利润百分比数值。

在 C7:C10 单元格区域中输入各部门的平均利润百分比数值，如下图所示。

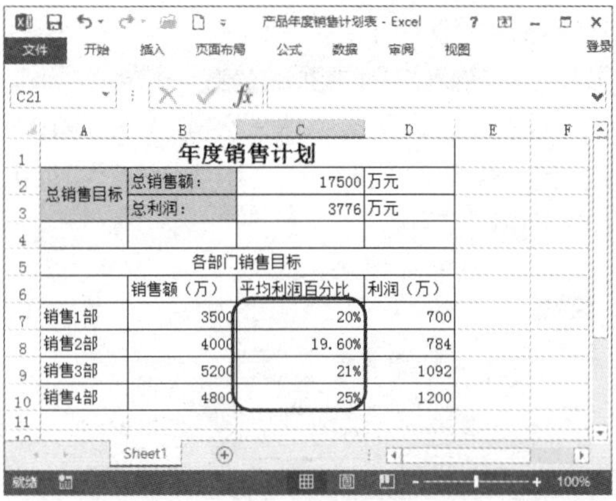

2. 计算要达到目标利润的销售额

在制作计划时，通常以最终利润为目标，从而设定该部门需要完成的销售目标，例如，针对某一部门要达到指定的利润，该部门应完成多少的销售任务。在进行此类运算时，可以应用 Excel 中的“单变量求解”命令，以使公式结果达到目标值，自动计算出公式中的变量结果。

（1）计算各部门要达到目标利润的销售额

假设要使年总利润达到 5 000 万元，即各部门平均利润应达到 1 250 万元，为使各部门能达到 1 250 万元的利润，则需要计算出各部门需要达到的销售额。具体操作步骤如下。

第 1 步：执行“单变量求解”命令。

❶选择 D7 单元格；❷单击“数据”选项卡“数据工具”工作组中的“模拟分析”按钮；❸单击下拉列表中的“单变量求解”命令，如下图所示。

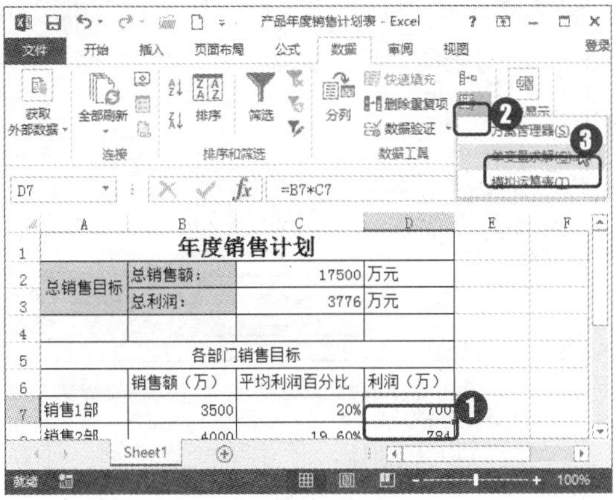

第 2 步：设置单变量求解参数。

打开“单变量求解”对话框，❶在“目标值”框中输入目标数值“1250”；❷在“可变单元格”框中输入引用单元格；❸单击“确定”按钮，结果如下图所示。

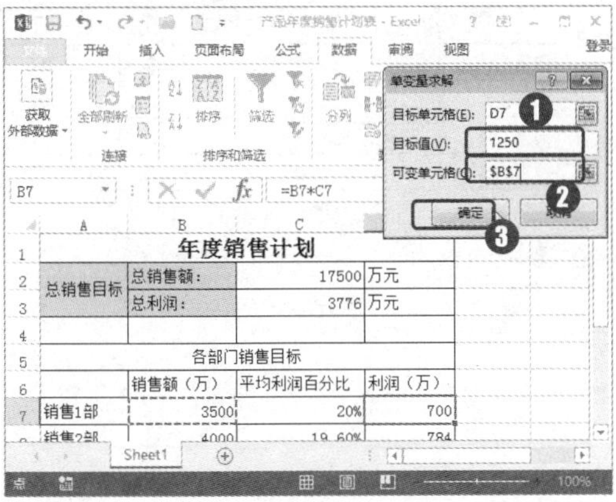

第 3 步：查看求值结果。

打开“单变量求解状态”对话框，单击“确定”按钮，关闭对话框，如下图所示。

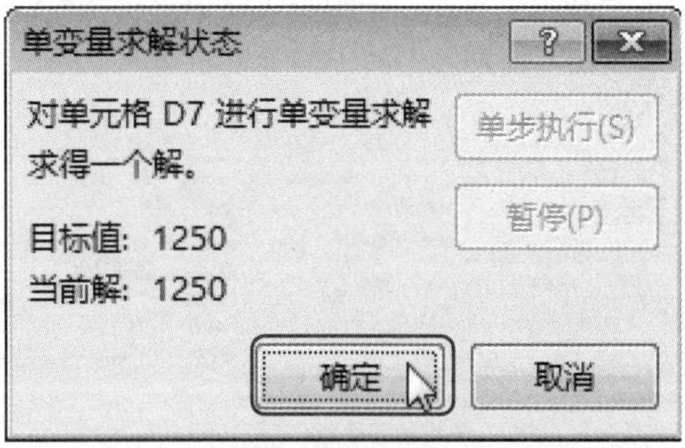

第 4 步：计算各部门要达到的目标销售额。

用相同的方法计算出各部门要达到的目标销售额，结果如下图所示。

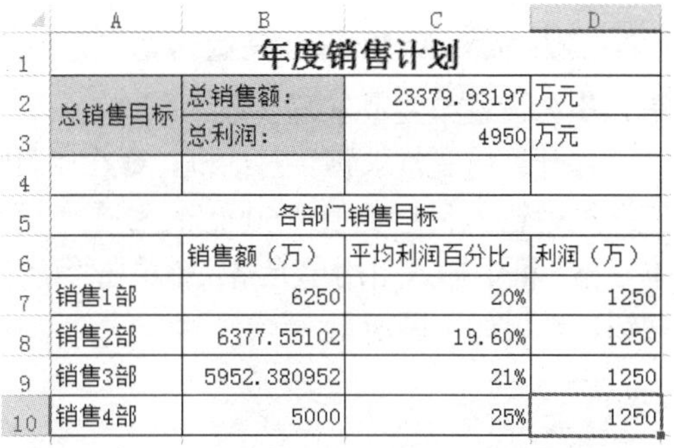

	A	B	C	D
1	年度销售计划			
2	总销售目标	总销售额：	23379.93197	万元
3		总利润：	4950	万元
4				
5	各部门销售目标			
6		销售额（万）	平均利润百分比	利润（万）
7	销售1部	6250	20%	1250
8	销售2部	6377.55102	19.60%	1250
9	销售3部	5952.380952	21%	1250
10	销售4部	5000	25%	1250

单变量求解要点

在“单变量求解”过程中，如果选中的单元格不是目标单元格，在打开“单变量求解”对话框后，重新选择或输入目标单元格即可。目标单元格是指存放结果值的单元格。

（2）以总利润为目标制订一个部门的销售计划

假设为了使总利润可以达到 6 000 万元，现需要在当前各部门销售任务的基础上调整销售 2 部的销售目标，此时应以“总利润”为目标，计算“销售 2 部”的“销售额”。具体操作步骤如下。

第 1 步：执行“单变量求解”命令。

❶选择 C3 单元格；❷单击“数据”选项卡“数据工具”工作组中“模拟分析”按钮；❸单击下拉列表中的“单变量求解”命令，如下图所示。

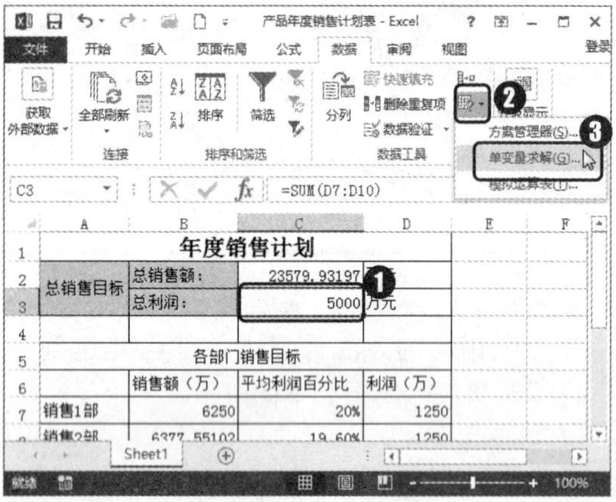

第 2 步：设置单变量求解参数。

打开“单变量求解”对话框，❶在“目标值”框中输入目标数值“6000”；❷在“可变单元格”框中输入引用单元格；❸单击“确定”按钮，结果如下图所示。

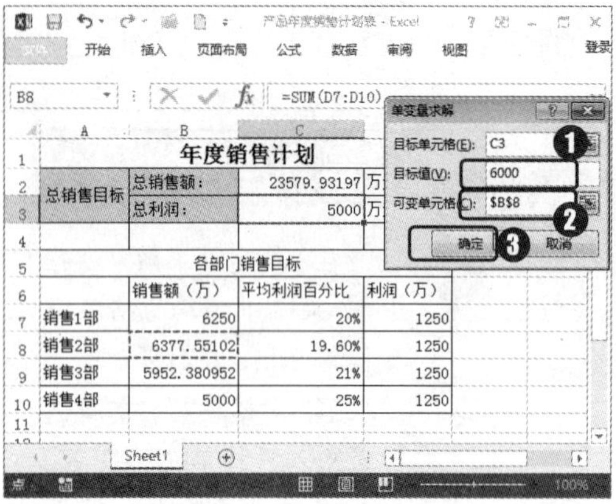

第 3 步：单击确定按钮。

打开“单变量求解状态”对话框，单击“确定”按钮，如下图所示。

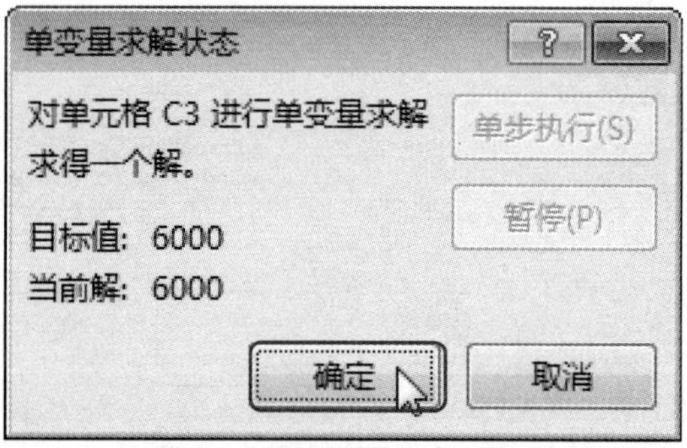

第 4 步：显示计算结果。

经过以上操作，使用单变量求解，计算出“销售 2 部”的销售额，效果如下图所示。

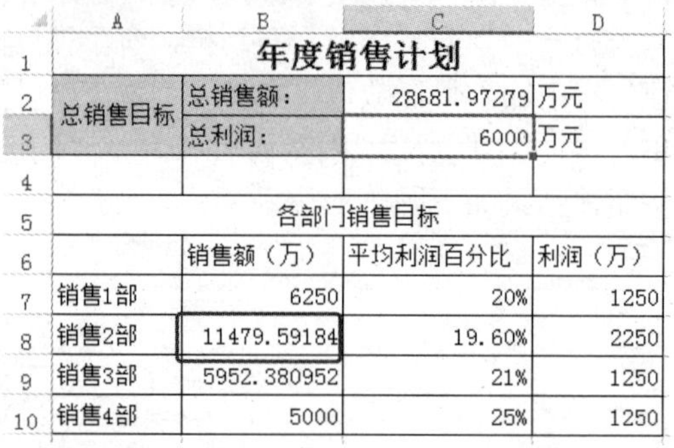

	A	B	C	D
1	年度销售计划			
2	总销售目标	总销售额：	28681.97279	万元
3		总利润：	6000	万元
4				
5	各部门销售目标			
6		销售额（万）	平均利润百分比	利润（万）
7	销售1部	6250	20%	1250
8	销售2部	11479.59184	19.60%	2250
9	销售3部	5952.380952	21%	1250
10	销售4部	5000	25%	1250

案例 02 使用方案求解查看方案

◇ 案例概述

在各部门确定的销售目标不同的情况下，为了查看总销售额、总利润及各部门利润的变化情况，可为各部门要达到的不同销售额制订不同的方案。

左下图所示的是原始数据表，而右下图所示的则是根据方案求解的方法制作出的方案求解效果。

年度销售计划			
总销售目标	总销售额：	237000	万元
	总利润：	50902	万元
各部门销售目标			
	销售额（万）	平均利润百分比	利润（万）
销售1部	82000	20%	16400
销售2部	32000	19.60%	6272
销售3部	63000	21%	13230
销售4部	60000	25%	15000

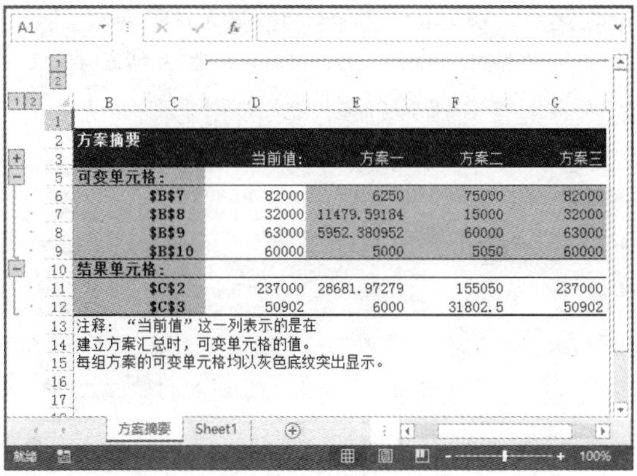

方案摘要	当前值:	方案一	方案二	方案三
可变单元格:				
$B$7	82000	6250	75000	82000
$B$8	32000	11479.59184	15000	32000
$B$9	63000	5952.380952	60000	63000
$B$10	60000	5000	5050	60000
结果单元格:				
$C$2	237000	28681.97279	155050	237000
$C$3	50902	6000	31802.5	50902

注释：“当前值”这一列表示的是在
建立方案汇总时，可变单元格的值。
每组方案的可变单元格均以灰色底纹突出显示。

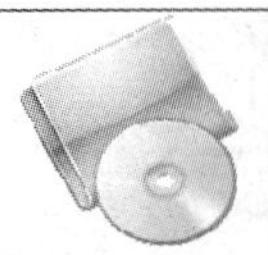

素材文件：光盘\素材文件\第 9 章\案例 02\产品销售计划表.xlsx
结果文件：光盘\结果文件\第 9 章\案例 02\产品销售计划表.xlsx
教学文件：光盘\教学文件\第 9 章\案例 02.mp4

◇ 制作思路

在 Excel 中制作“产品销售计划表”的方案流程与思路如下所示。

一 **添加方案**：在表格中输入计算公式后，使用方案求解将另外假定的方案数据添加进去。

二 **查看方案结果**：在方案管理器中添加了方案后，在没有生成摘要时，可以先通过显示的方式，查看方案结果。

三 **生成方案**：在方案管理器添加方案后，不能直接将几组方案显示出来，如果要对方案进行比较，则要生成方案摘要。

◇ 具体步骤

要使用方案求解查看几组方案的结果，需要先在方案管理器中添加方案，使用显示的方式查看求解的结果，没有问题时，再选择结果单元格，然后生成方案摘要。

1. 添加方案

在进行数据分析管理时，可以使用“方案管理器”在数据表某些单元格中保留多个不同的取值，以便于保存、查看和分析单元格不同取值时，数据表中的数据变化情况。

第 1 步：执行方案管理器命令。

打开素材文件\第 9 章\案例 02\产品销售计划表.xlsx，❶单击“数据”选项卡“数据工具”组中的“模拟分析”按钮；❷单击下拉列表中的“方案管理器”命令，如下图所示。

第 2 步：单击添加按钮。

打开“方案管理器”对话框，单击“添加”按钮，如下图所示。

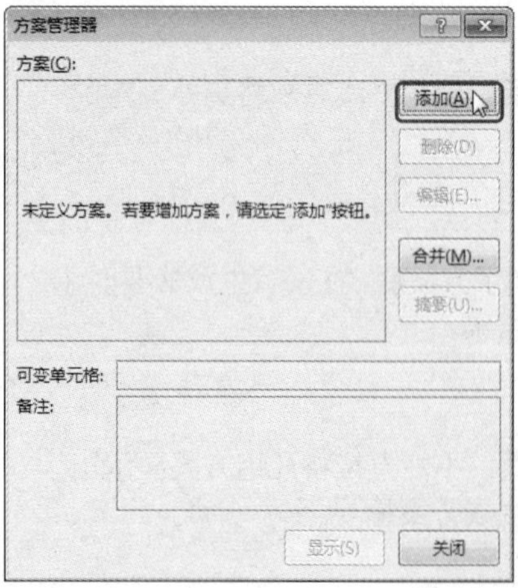

第 3 步：输入方案名和选择可变单元格。

❶在“方案名”框中输入名称；❷在“可变单元格”框中选择需要发生变量的单元格；❸单击“确定”按钮，如下图所示。

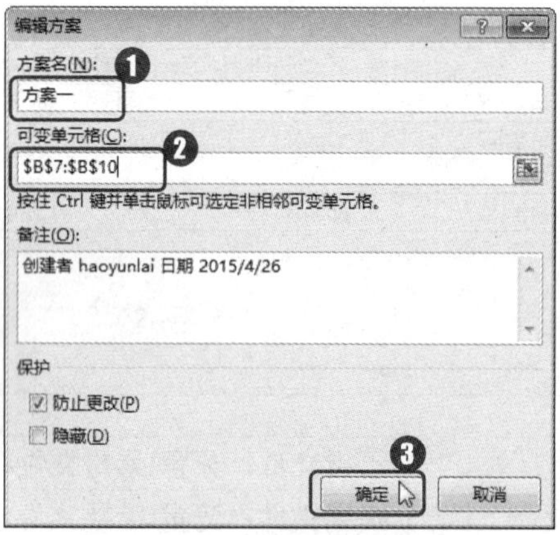

第 4 步：单击“添加”按钮。

打开“方案变量值”对话框，第一个方案保留原表中的数据，单击“添加”按钮，如下图所示。

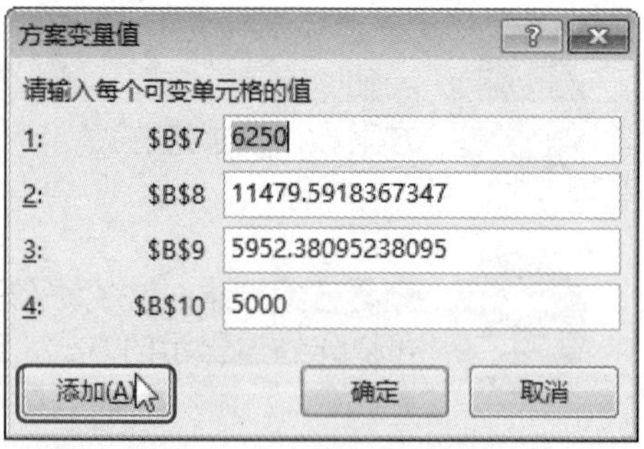

第 5 步：输入方案名和选择可变单元格。

❶在“方案名”框中输入名称；❷单击“确定”按钮，如下图所示。

第 6 步：输入方案二的变量值。

打开“方案变量值”对话框，❶在“请输入每个可变单元格的值”框中输入变量数据；❷单击“添加”按钮，如下图所示。

第 7 步：输入方案名和选择可变单元格。

❶在“方案名”框中输入名称；❷单击“确定”按钮，如下图所示。

第 8 步：单击“确定”按钮。

打开“方案变量值”对话框，❶在“请输入每个可变单元格的值”框中输入变量数据；❷单击“确定”按钮，如下图所示。

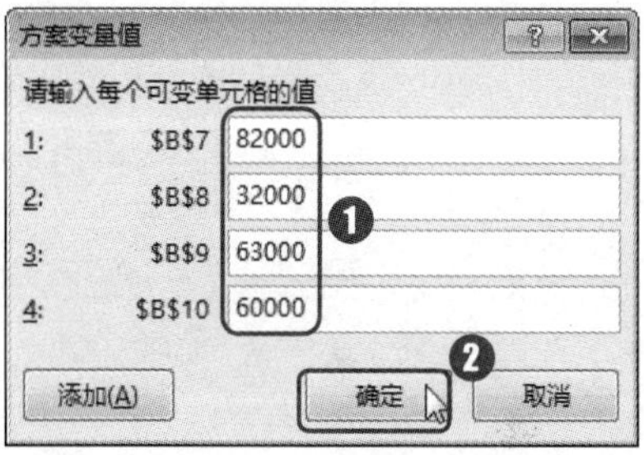

2. 查看方案结果

添加好方案后，要查看方案中设置的可变单元格的值发生变化后表格中数据的变化，可以单击“方案管理器”对话框中的“显示”按钮，即可在表格中看到应用所选方案的结果。例如，查看“方案二”和“方案三”的销售结果，具体操作步骤如下。

第 1 步：执行显示方案二。

❶在“方案”列表框中选择“方案二”；❷单击“显示”按钮，如右图所示。

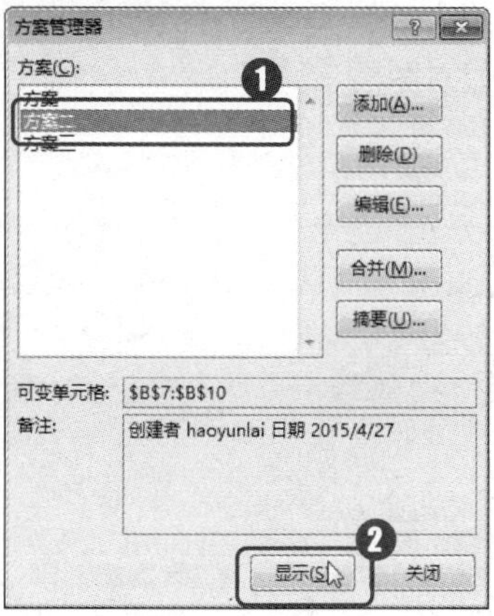

第 2 步：在工作表中显示方案二的结果。

执行显示方案二的命令后，在工作表中将显示方案二的数据，效果如下图所示。

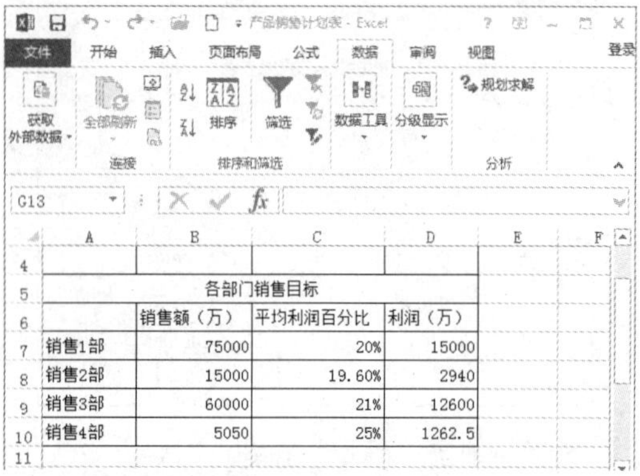

第 3 步：执行显示方案三。

❶在“方案”列表框中选择“方案三”；❷单击“显示”按钮，如下图所示。

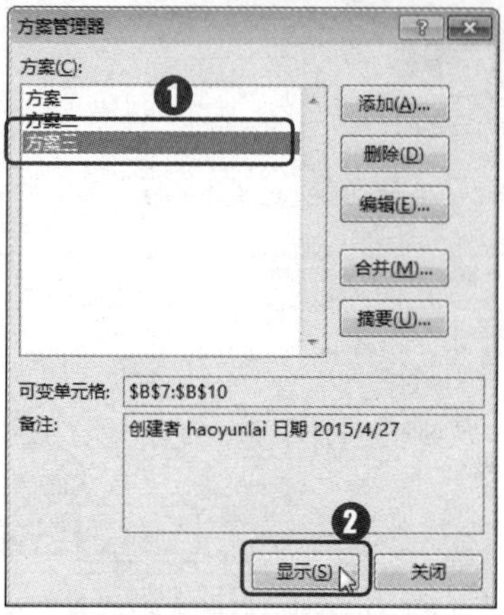

第 4 步：在工作表中显示方案三的结果

执行显示方案三的命令后，在工作表中将显示方案三的数据，效果如下图所示。

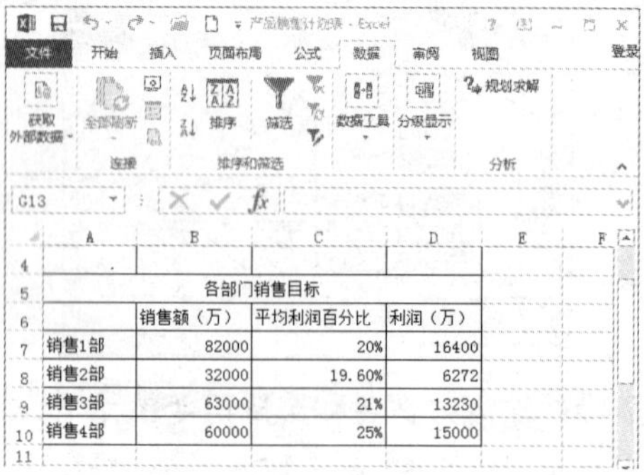

3. 生成方案摘要

表格中应用了多个不同的方案后，若要对比不同的方案得到的结果，可以应用方案摘要，对比销售计划表中应用不同的方案所得到的不同的总销售额和总利润值。具体操作步骤如下。

第 1 步：执行摘要命令。

在“方案管理器”对话框中单击“摘要”按钮，如右图所示。

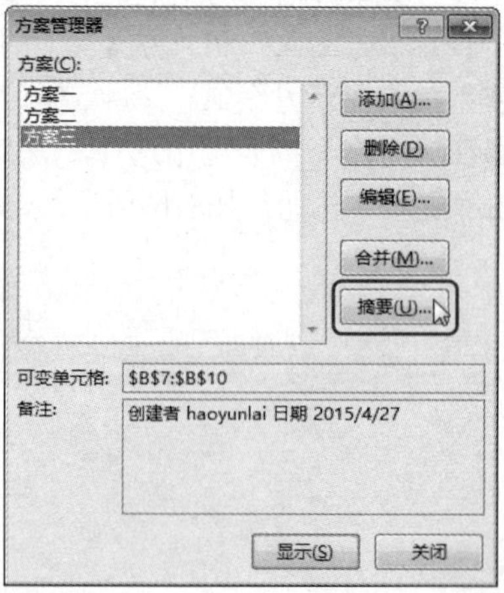

第 2 步：选择结果单元格。

打开“方案摘要”对话框，❶单击选中“方案摘要”单选按钮；❷在“结果单元格”框中选择“C2:C3”单元格区域；❸单击“确定”按钮，如下图所示。

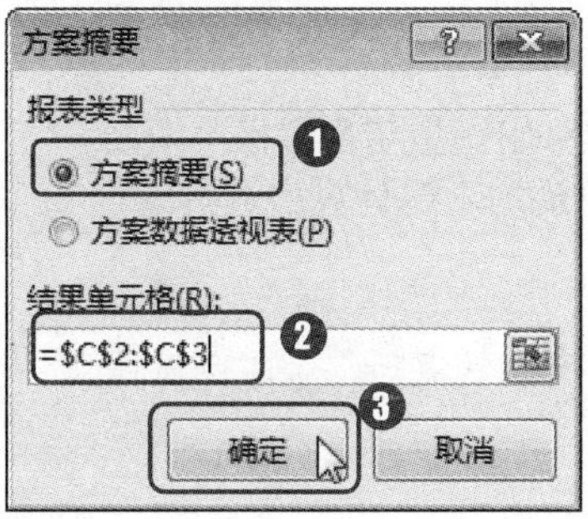

第 3 步：显示方案摘要效果。

经过以上操作，生成方案摘要，效果如下图所示。

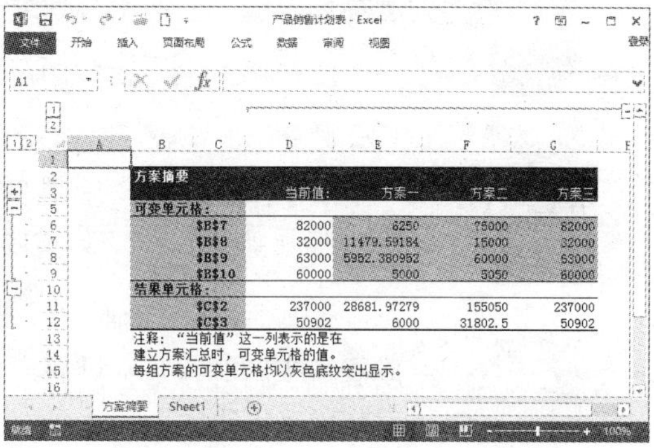

案例 03 使用规划求解计算出最大值

◇ 案例概述

在 Excel 中，使用“规划求解”工具，可以根据约束条件计算工作表目标单元格中公式的最大值或最小值。在本案例中，以运输问题为例，由于存在多个销售地和多个供应地，在遵循一定约束条件的情况下，计算出运输费用的最大值。

左下图所示是使用函数输入计算公式，然后根据“规划求解”设置约束条件，得出结果值，而右下图所示则是约束条件在计算中的运算过程。

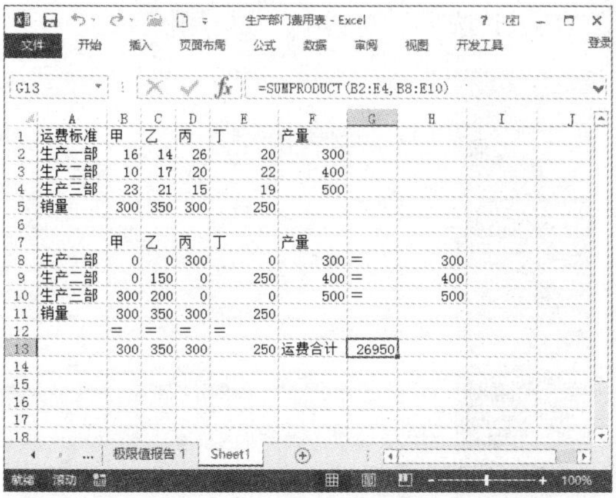

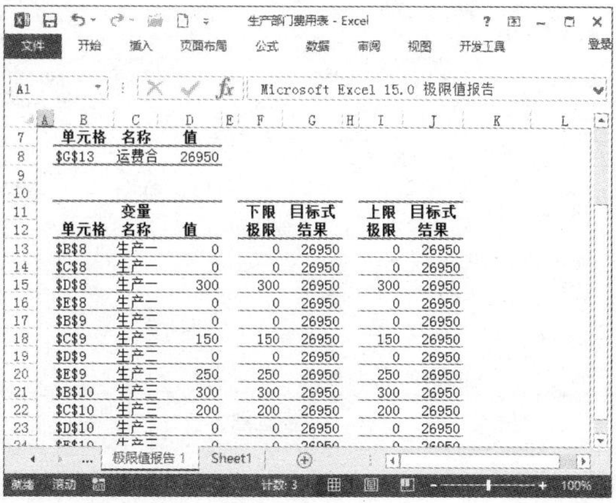

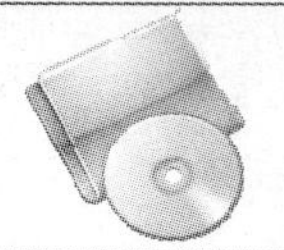

素材文件：无	
结果文件：光盘\结果文件\第 9 章\案例 03\生产部门费用表.xlsx	
教学文件：光盘\教学文件\第 9 章\案例 03.mp4	

◇ 制作思路

在 Excel 中使用“规划求解”计算“生产部门费用表”中运费的最大值的流程与思路如下所示。

一 **安装规划求解**：在使用规划求解计算数据之前，首先需要安装规划求解，然后在表格中输入数据信息。

二 **输入规划求解的条件**：使用 SUM 函数计算出销量与产量值，使用 SUMPRODUCT 函数计算运费合计，最后用规划求解计算出运费。

三 **生成规划求解的报告**：计算出运费的最大值数据后，生成运算结果报告和极限值报告。

◇ 具体步骤

本例通过规划求解计算出运费的最大值，在计算之前，需要通过 Excel 选项对话框，安装规划求解，然后在工作表中输入数据，使用函数计算出相关数值，最后利用规划求解计算出最大值，并生成规划求解报告。

1. 安装规划求解

启动 Excel 程序，默认情况下是没有规划求解功能的，需要在 Excel 选项中加载才能使用，加载规划求解的。具体操作步骤如下。

第 1 步：单击文件菜单。

启动 Excel 程序，单击“文件”菜单，如下图所示。

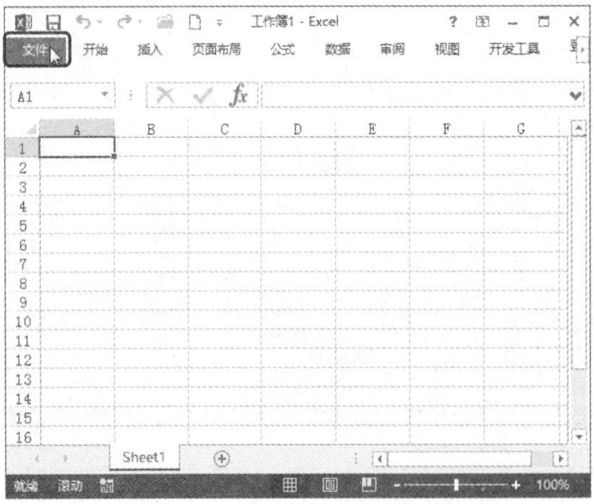

第 2 步：执行选项命令。

单击文件列表中的“选项”命令，打开“Excel 选项”对话框，如下图所示。

第 3 步：执行转到命令。

打开“Excel 选项”对话框，❶单击“加载项”选项；❷在右侧“管理”中单击“转到”按钮，如下图所示。

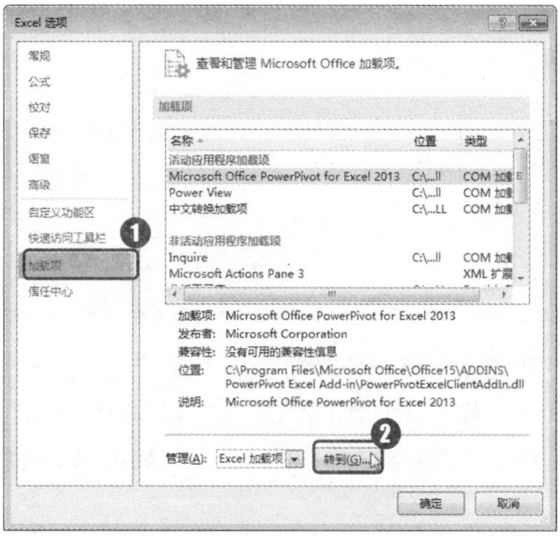

第 4 步：执行添加规划求解加载项的操作。

打开“加载宏”对话框，❶单击勾选“规划求解加载项”复选框；❷单击“确定”按钮，如下图所示。

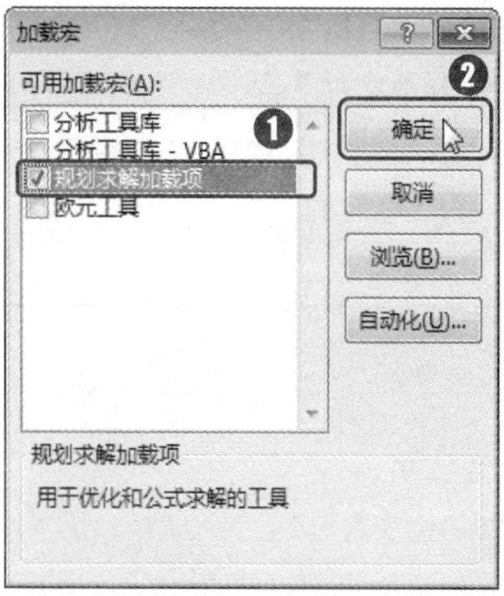

第 5 步：显示添加规划求解的效果。

经过以上操作，在数据选项卡中显示出添加的规划求解功能，效果如下图所示。

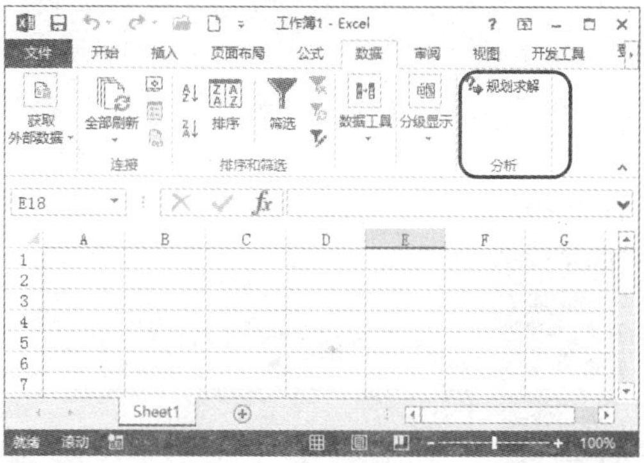

2. 给定规划求解条件

在本案例中使用规划求解计算费用标准，会应用到 SUM 和 SUMPRODUCT 两个函数，SUM 函数的语法在第 5 章中已讲过，此处就不再重复了。

使用 SUMPRODUCT 函数在给定的几组数组中，将数组间对应的元素相乘，并返回乘积之和。

> 语法：SUMPRODUCT(array1,[array2],[array3],...)
>
> 参数：array1 为必需的参数。其相应元素是需要进行相乘并求和的第 1 个数组参数。
>
> array2,array3,...为可选参数。2 到 255 个数组参数，其相应元素需要进行相乘并求和。

例如，使用规划求解计算费用标准，具体操作步骤如下。

第 1 步：输入表格数据。

❶在 A1:H13 单元格区域中输入表格内容；❷单击“文件”菜单，如下图所示。

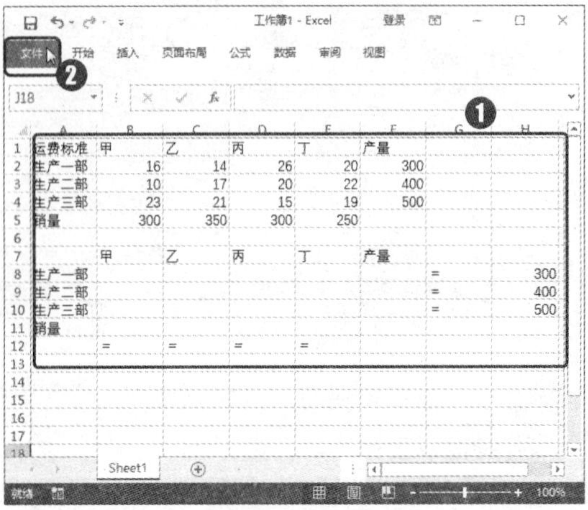

第 2 步：执行另存为命令。

❶单击“另存为”选项；❷单击“计算机”选项；❸单击“浏览”按钮，如下图所示。

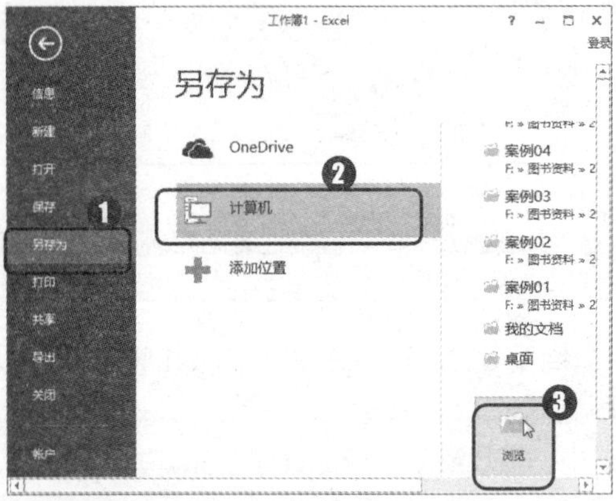

第 3 步：执行保存文件的操作。

打开“另存为”对话框，❶选择文件存放路径；❷在“文件名”框中输入名称；❸单击“保存”按钮，如下图所示。

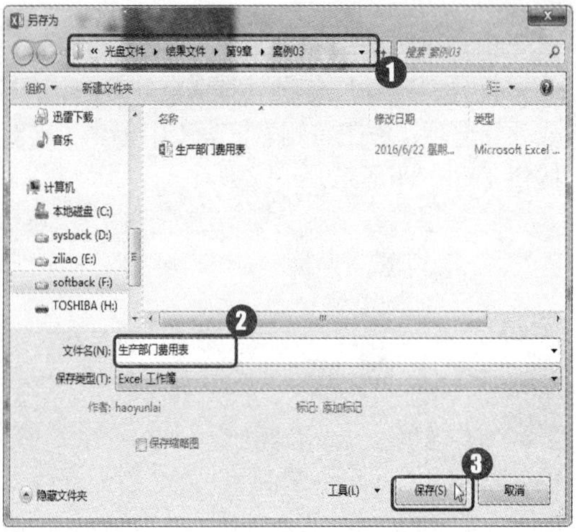

第 4 步：填充计算销量的公式。

❶在 B11 单元格中输入“=SUM(B8:B10)”；❷单击“编辑栏”中的“✔”按钮，如下图所示。

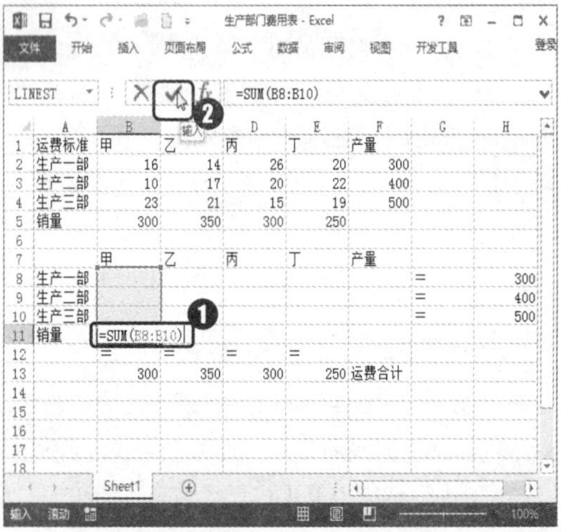

第 5 步：填充计算公式。

❶选择 B11 单元格；❷按住左键不放向右填充至 E11 单元格，如下图所示。

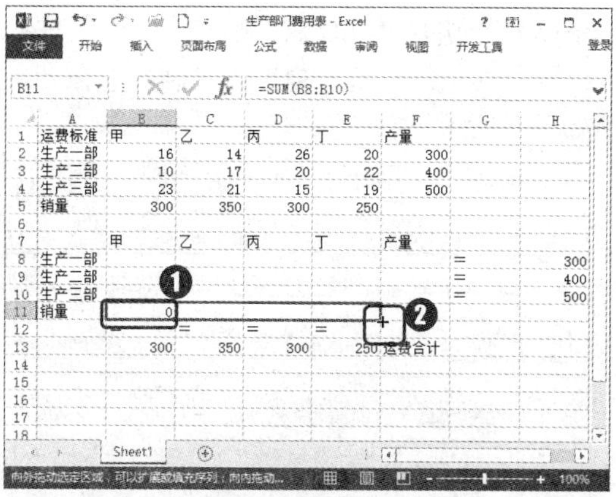

第 6 步：输入计算产量的公式。

❶在 F8 单元格中输入公式“=SUM(B8:E8)”；❷单击“编辑栏”中的“✔”按钮，如下图所示。

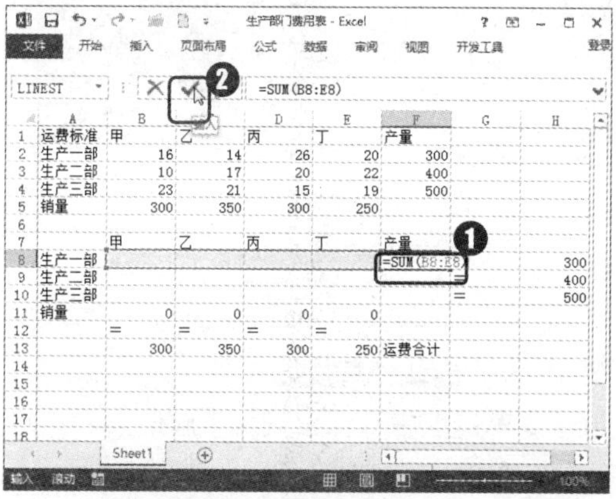

第 7 步：填充计算公式。

❶选择 F8 单元格；❷按住左键不放向下填充至 F10 单元格，如下图所示。

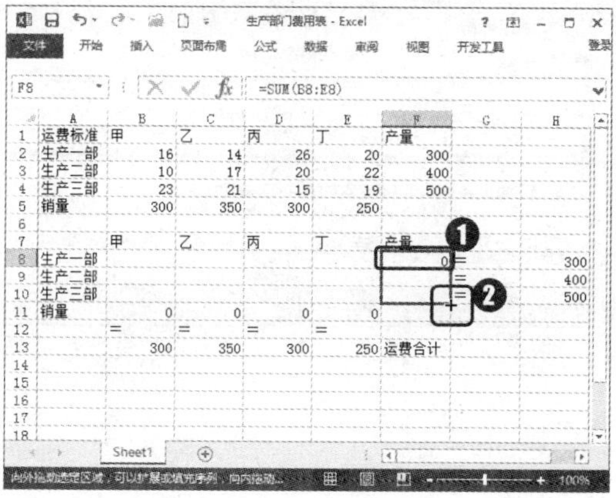

第 8 步：输入计算运费合计的公式。

❶在 G13 单元格中输入公式“=SUMPRODUCT(B2:E4,B8:E10)”；❷单击“编辑栏”中的“✔”按钮，如下图所示。

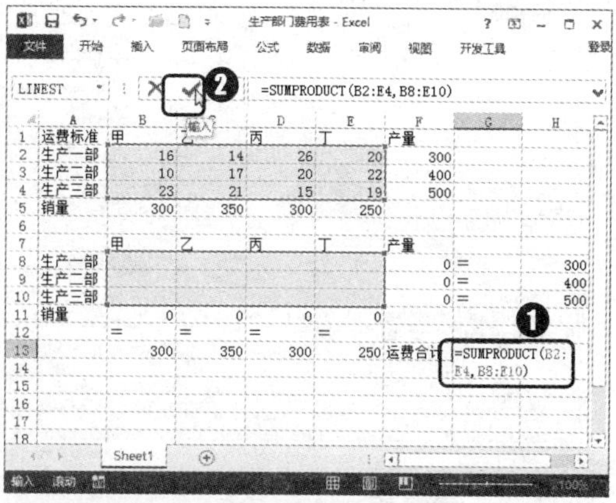

第 9 步：执行规划求解的命令。

❶选中 G13 单元格；❷单击“分析”工作组中的“规划求解”按钮，如下图所示。

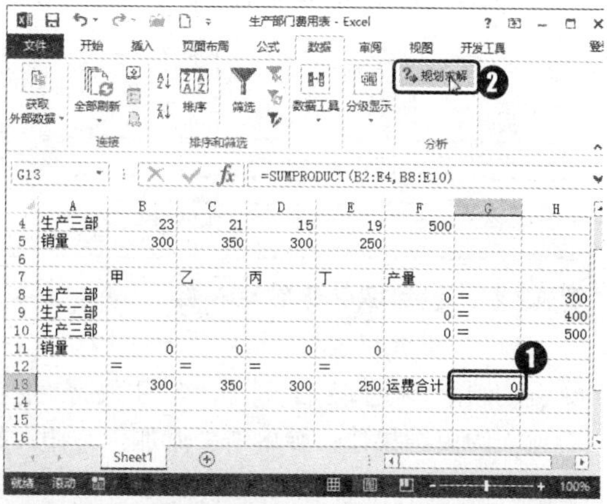

第 10 步：单击添加按钮。

打开“规划求解参数”对话框，单击“添加”按钮，如下图所示。

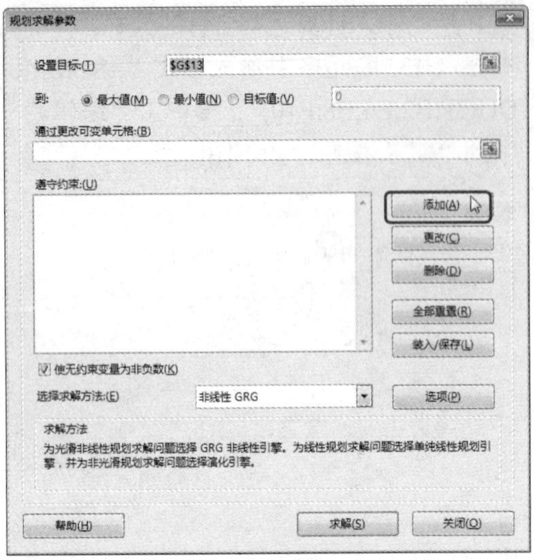

第 11 步：设置第 1 个约束条件。

打开“添加约束”对话框，❶在“单元格引用”框中选择引用单元格；❷在引用单元格右侧选择约束条件；❸输入约束结果值；❹单击“添加”按钮，如下图所示。

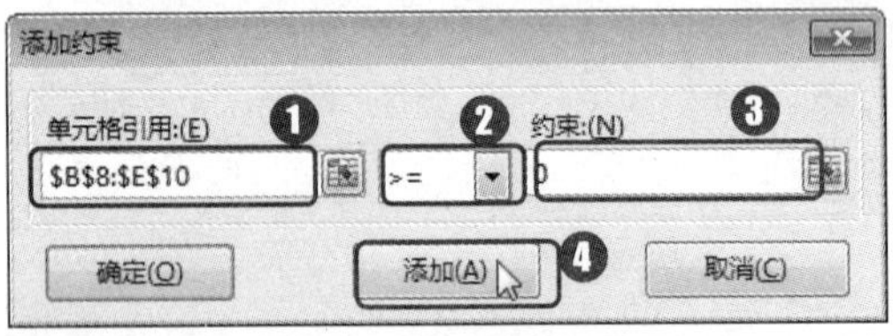

第 12 步：设置第 2 个约束条件。

❶在“单元格引用”框中选择引用单元格；❷在引用单元格右侧选择约束条件；❸输入约束结果值；❹单击“添加”按钮，如下图所示。

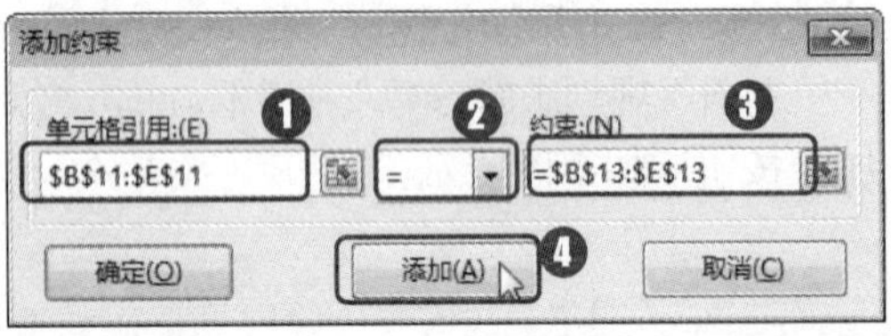

第 13 步：设置第 3 个约束条件。

❶在“单元格引用”框中选择引用单元格；❷在引用单元格右侧选择约束条件；❸输入约束结果值；❹单击“确定”按钮，如下图所示。

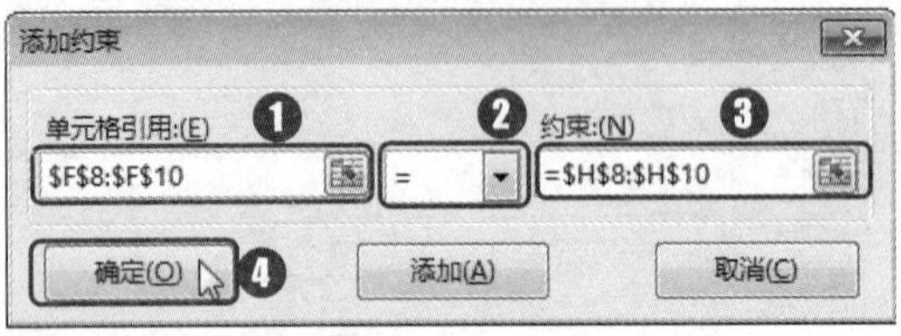

第 14 步：填充计算公式。

返回“规划求解参数”对话框，单击“求解”按钮，如下图所示。

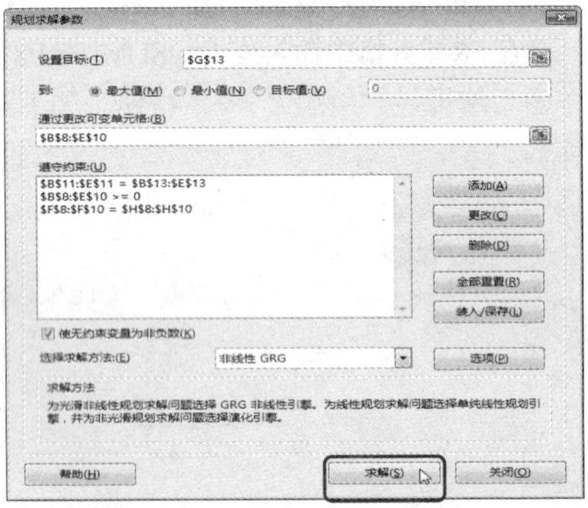

第 15 步：确认计算规划求解。

❶单击选中“保留规划求解的解”单选按钮；❷单击“确定”按钮，如下图所示。

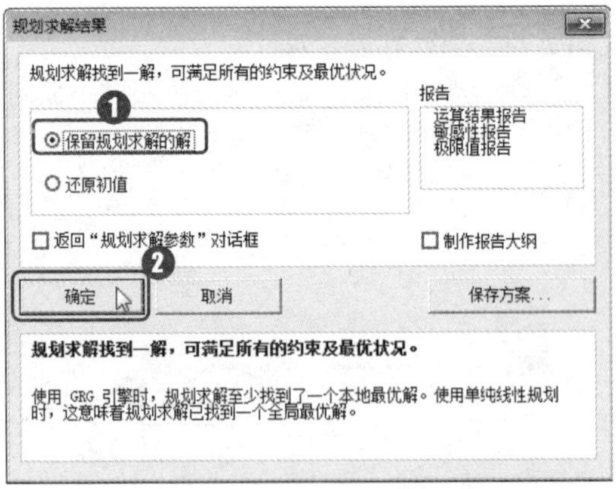

第 16 步：显示计算结果。

确认计算规划求解后，在 Excel 中显示出相关数据，效果如右图所示。

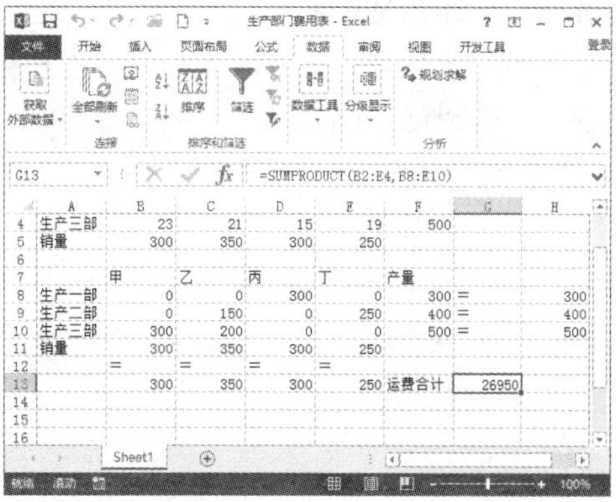

3. 生成规划求解报告

求解出规划求解的结果后，如果用户要查看规划求解的报告，可以在规划求解结果对话框中选择报告类型。报告类型分为运算结果报告、敏感性报告和极限值报告 3 种。

例如在本案例中生成运算结果报告和极限值报告，具体操作步骤如下。

第 1 步：执行规划求解命令

在“生产部门费用表”中单击“分析”工作组中的“规划求解”按钮，如下图所示。

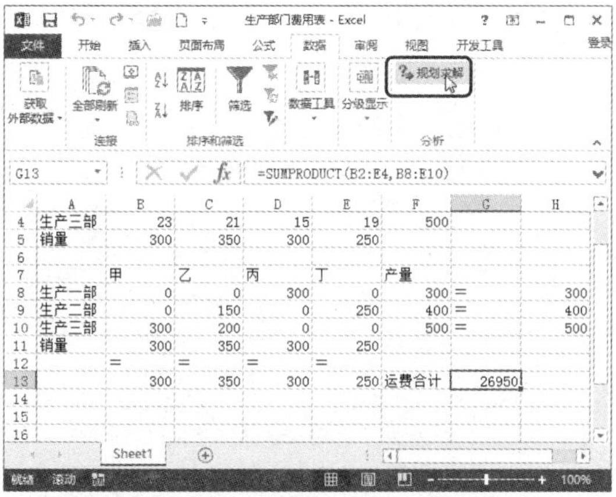

第 2 步：单击求解按钮

打开“规划求解参数”对话框，单击“求解”按钮，如下图所示。

第 3 步：选择要生成报告的选项。

打开“规划求解结果”对话框，❶单击“运算结果报告”和“极限值报告”；❷单击“确定”按钮，如下图所示。

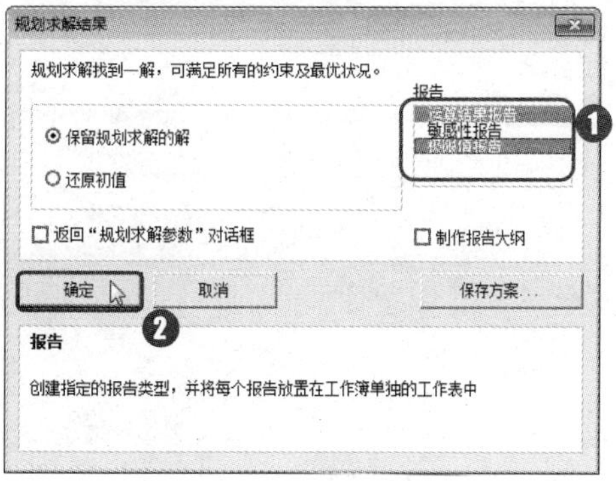

第 4 步：显示生成的报告。

经过以上操作，生成运算结果报告和极限值报告，效果如右图所示。

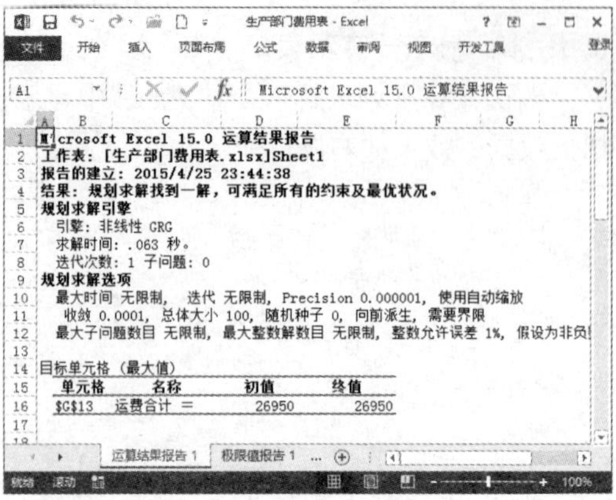

本 章 小 结

对数据进行模拟分析与预算属于数据的高级分析与应用，也是数据分析的一种常见模式。本章学习的一个重点是 Excel 中单变量求解功能和方案管理器的使用，另一个重点则是模拟运算表的使用。只要能掌握单变量和双变量的数据分析，基本上就能对常用的预算进行模拟分析了。

第 10 章

共享数据源
——Excel 的协同办公应用

本章导读：

Microsoft Office 包含了 Excel、Word 和 PowerPoint 等多个程序，为了完成某项工作，用户常常需要同时使用多个程序完成一份资料，因此在它们之间进行快速准确的数据共享显得尤为重要。本章主要讲解如何共享数据、各程序进行协同处理数据等相关操作技能。

知识要点：

★ 导入 Excel 数据

★ 导入与分析 Access 数据

★ 分析导入数据

★ 插入与编辑 Excel 文件

★ 通过对象插入图表

案例效果

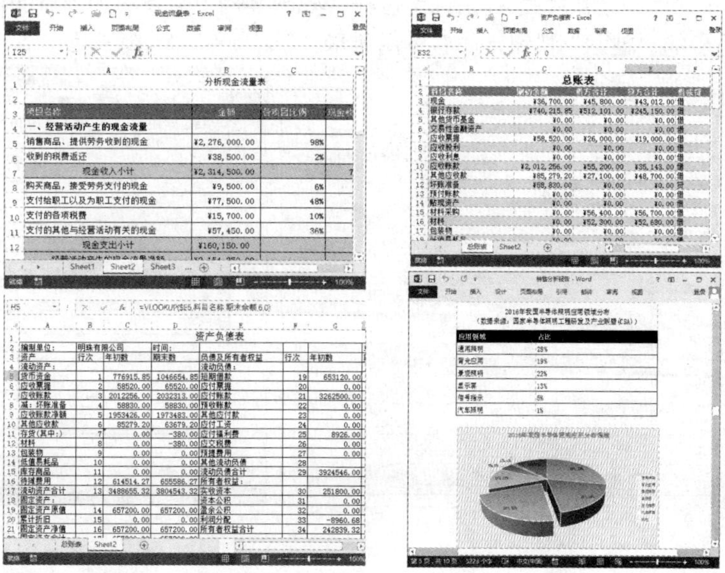

大师点拨——软件协作知识要点

日常办公中，利用 Office 的多个软件协同办公也是提高工作效率的方法之一，下面将介绍软件之间协作的知识要点。

要点 1 Excel 在 Office 组件中的协同办公应用

在 Office 组件中，各软件都有自己功能较强的一面，如 Excel，其侧重点是数据处理，而 Word 则是对日常的办公文档进行编辑，PPT 主要用于制作产品展示、会议演示等。因此，要快速地制作好一份完美的文件，就需要使用多个程序进行协同办公。下面，根据常用的 Office 组件，介绍协同办公的操作。

1. Word 与 Excel 协同办公

在日常工作中，通常会使用 Word 整理文档，对于 Word 而言，其主要功能是对文字、对象等进行排版操作，虽然它也提供了表格功能，但并不专业，如果需要对数据进行计算则不是很方便、快速。此时，可以利用 Excel 软件与之进行协同办公。在 Word 与 Excel 程序之间进行协同办公，主要使用复制、粘贴命令或者通过插入对象的方式进行。

（1）复制、粘贴对象

在 Office 组件中，无论使用哪一个软件，复制和粘贴的功能都是比较常用的，在 Word 与 Excel 软件之间进行协同办公时，使用这项功能也是不错的选择。

例如，我们在 Excel 中制作出“奖项设置”数据表，然后需要将这张表格的数据信息放置在 Word 的“奖项设置”文字下方，使用复制和粘贴功能，具体方法如下。

选中 Excel 的数据区域，单击“开始”选项卡“剪贴板”工作组中的“复制”按钮，如左下图所示，然后将鼠标指针定位在 Word 文档中需要添加表格的位置，单击“剪贴板”工作组中的“粘贴”按钮，如右下图所示。

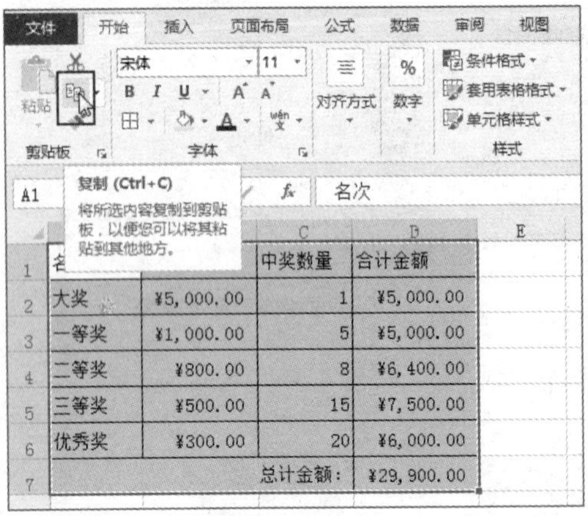

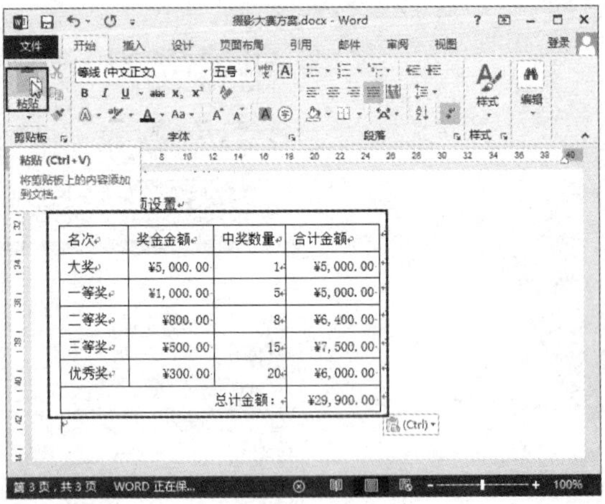

知识拓展 粘贴为图片格式

为了防止制作的表格数据被修改，在 Excel 中将数据复制后，将鼠标指针定位至 Word 文档时，可以单击“剪贴板”工作组中的“粘贴”按钮 粘贴 的下拉按钮，在下拉列表中选择“图片”选项。

（2）通过“对象”插入表格

通过上述方法将表格复制到 Word 文档，可以直接查看数据，如果要修改数据，让公式的数据自动发生变化则不行。因此，要通过在 Word 中插入 Excel 表格，并且能够编辑表格内容，可以通过插入“对象”的方法实现。

● 使用插入 Excel 工作表的方法创建数据表

Word 软件能通过插入对象的方法，插入 Excel 表格，进入 Excel 的界面，输入并计算数据后，将鼠标指针移至 Word 任一位置单击即可确认。

单击“插入”选项卡“文本”工作组中的“对象”按钮，如左下图所示，弹出“对象”对话框，❶单击“新建”选项卡“对象类型”列表框中的“Microsoft Excel 97-2003 Worksheet”选项，❷单击“确定”按钮，如右下图所示。

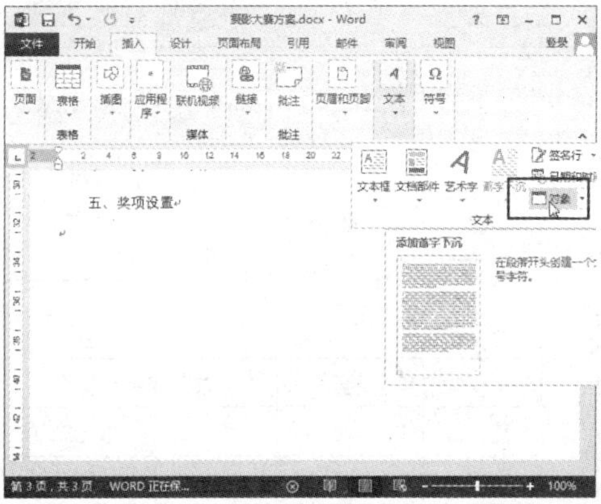

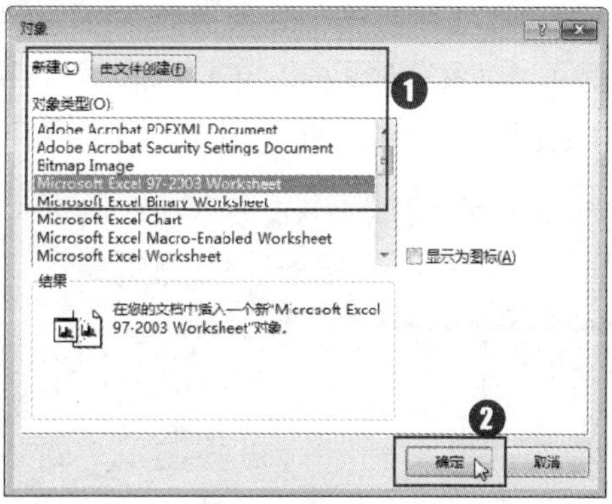

进入 Excel 界面，在表格中输入数据，然后使用“公式”选项卡对数据进行求和操作，如左下图所示，表格编辑完后，在 Word 文件的任一位置单击鼠标确认，如右下图所示。

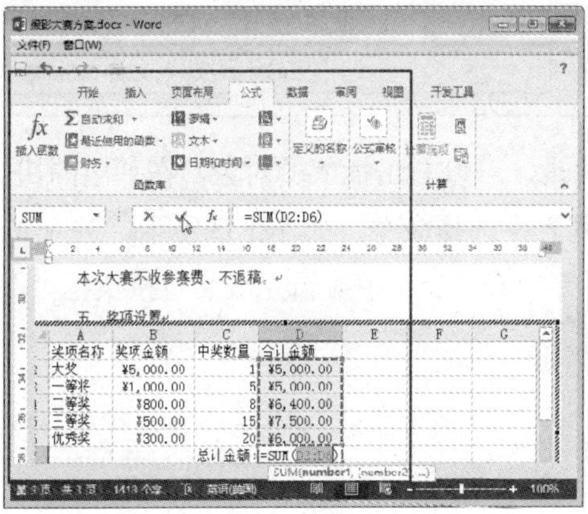

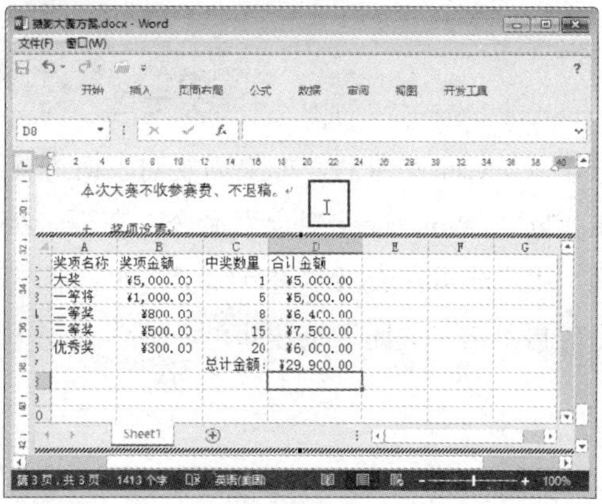

● 插入文件

如果已经有制作好的表格数据，也可以通过插入对象的方法，将表格插入 Word 文档，具体方法如下。

打开“对象”对话框，单击“由文件创建”选项卡，单击“浏览”按钮，如左下图所示，打开“浏览”对话框，❶选择插入对象文件，如“奖项设置”工作簿，❷单击“插入”按钮，如右下图所示。

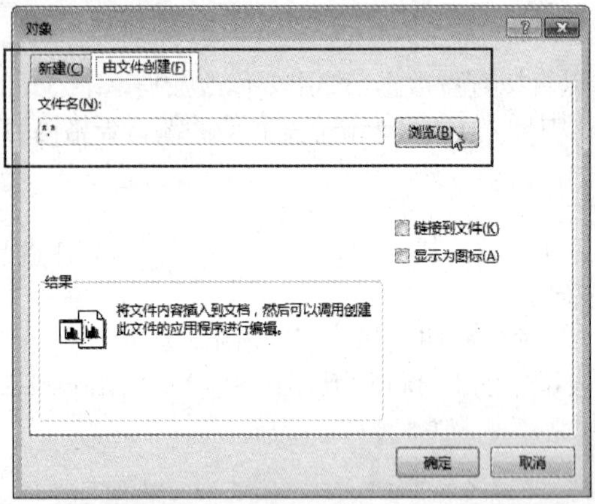

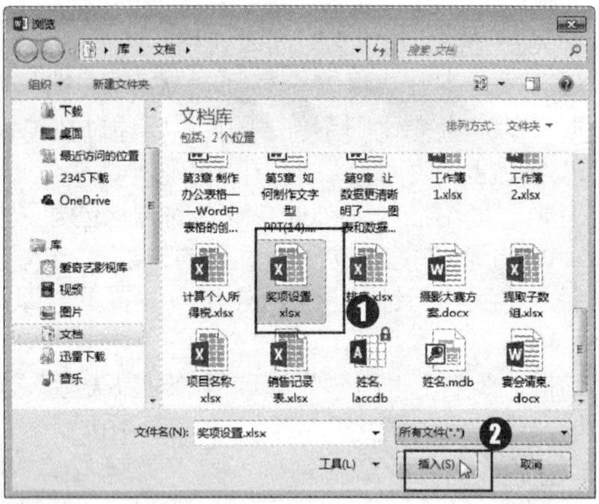

返回“对象”对话框，单击“确定”按钮，如左下图所示，将 Excel 文件以对象的方式插入 Word 文档，如右下图所示。

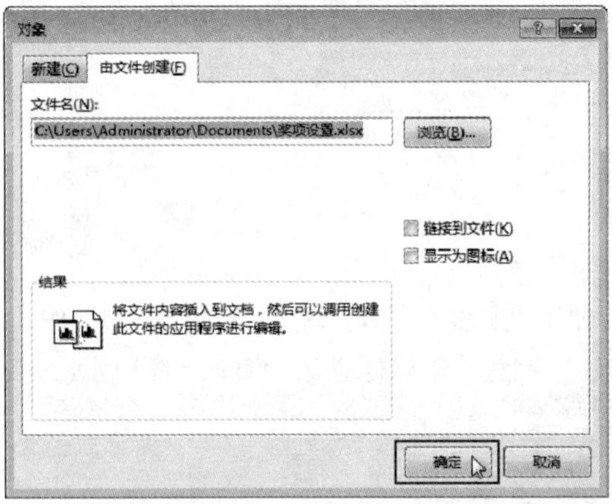

五、奖项设置

名次	奖金金额	中奖数量	合计金额
大奖	¥5,000.00	1	¥5,000.00
一等奖	¥1,000.00	5	¥5,000.00
二等奖	¥800.00	8	¥6,400.00
三等奖	¥500.00	15	¥7,500.00
优秀奖	¥300.00	20	¥6,000.00
		总计金额：	¥29,900.00

插入 Excel 对象后，如果需要对表格进行编辑，可以右击插入的对象，在弹出的快捷菜单中指向“‘Worksheet’对象”命令，在下一级列表中选择命令，如左下图所示，进入 Excel 界面，用户即可在表格中进行编辑，如右下图所示。在 Excel 中编辑完成后直接执行“保存”命令，再单击“关闭”按钮即可。

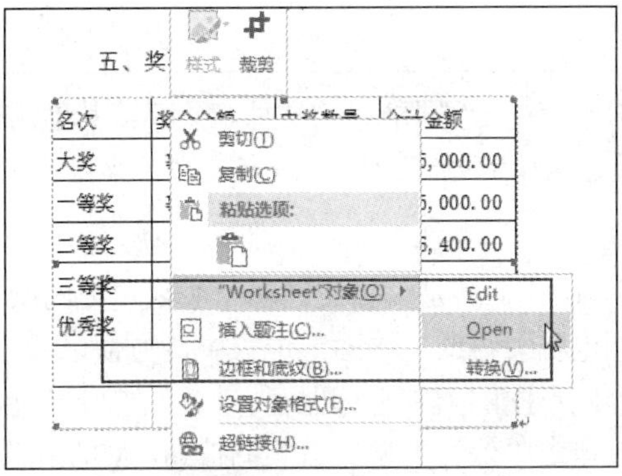

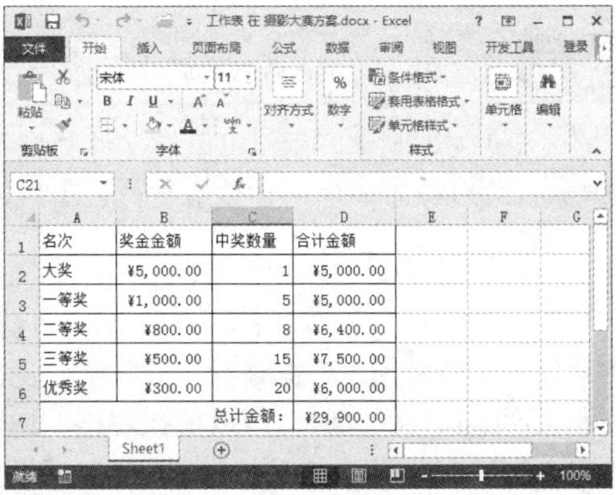

2. Excel 与 PowerPoint 协同办公

一份精彩的 PPT 文件不仅有文字，为了增加说服力，还需要一些数据作为说服客户的依据，为了更加直观地展示数据，还可以将图表放置在 PowerPoint 软件中。

使用复制的方法，将 Excel 中的表格数据以及图表，以图片格式放在 PowerPoint 中，效果如下图所示。

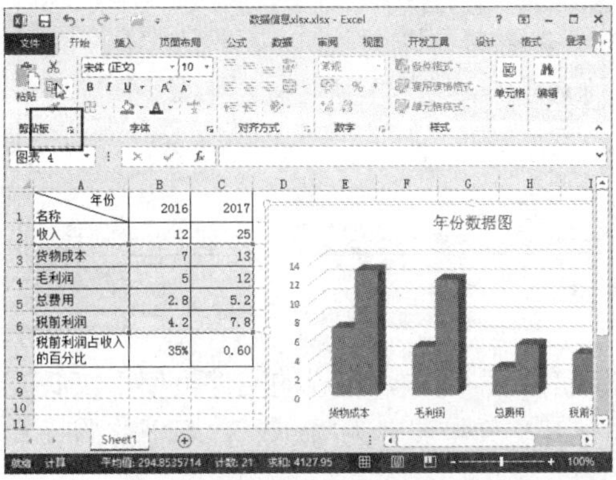

3. Excel 导入外部数据协同办公

Excel 连接外部数据的主要好处是可以在 Excel 中定期分析此数据，而不用重复复制数据，复制操作不仅耗时而且容易出错。连接到外部数据之后，还可以自动刷新（或更新）来自原始数据源的 Excel 工作簿，而不论该数据源是否用新信息进行了更新。

在 Excel 中除了上述方法共享数据外，还可以通过 Excel 提供的“导入外部数据”的方法将数据导入 Excel 表格，在导入过程中可以选择导入数据项，如 Access 数据、文本数据、网页数据等，这些都可以在“数据”选项卡的“获取外部数据”工作组中进行操作。获取外部数据的按钮如下图所示。具体获取数据的方法，见本章的案例 01 和案例 02。

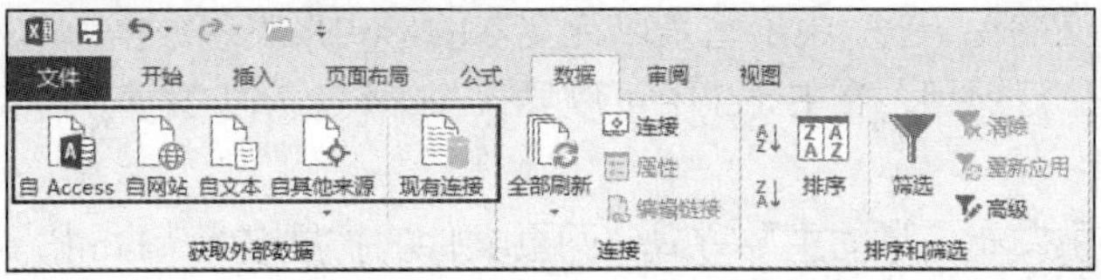

要点 2 Excel 文件格式的转换与输出

将 Excel 文件制作好后，可以按文件类型不同，生成不同格式的文件，共享给其他用户。要将 Excel 文件以不同的格式生成文件，可以通过保存的方式或导出的方式进行操作。

1. 保存转换格式

制作好 Excel 文件后，需要将文件保存下来。保存文档是编辑文档中一个很重要的操作，因为新建的文档必须执行保存操作后才能存储到电脑硬盘或云端固定位置中，方便以后进行阅读和再次编辑。保存时，可以根据表格的内容以不同的类型进行保存。执行“文件”列表中“另存为”命令后，打开“另存为”对话框，单击“保存类型”右侧的按钮，如左下图所示，弹出“保存类型”列表，用户可以根据自己的需求进行选择，如右下图所示。

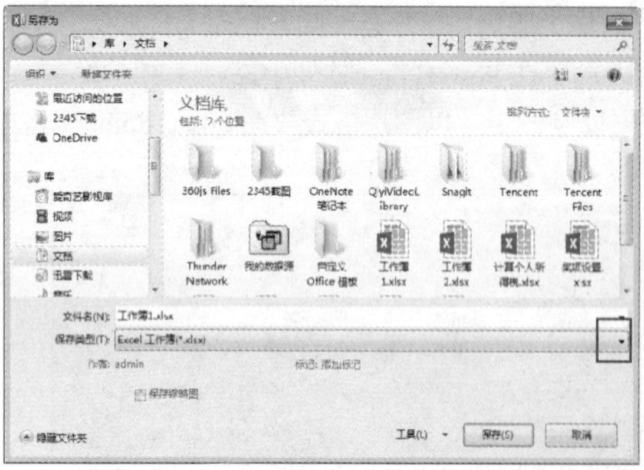

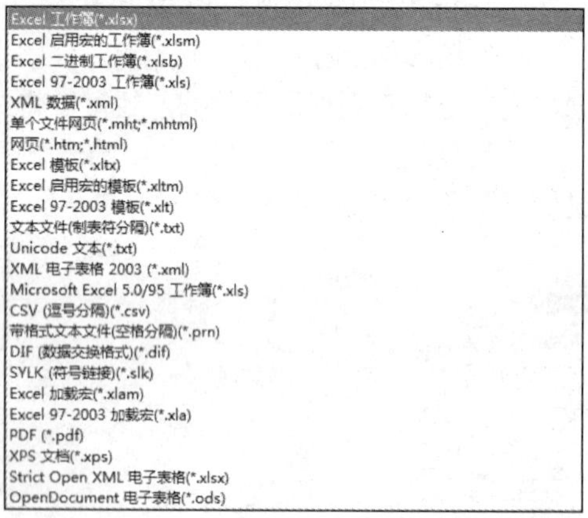

下面将介绍 Excel 中常用的保存类型。

（1）Excel 97- 2003 工作簿

在“保存类型”列表框中选择“Excel 97-2003 工作簿”选项，生成的文件可使用较低版本的 Excel 进行浏览。Excel 版本从 2007 版本之后，其文件扩展名为“xlsx”，而之前的版本采用的文件扩展名为“xls”。

（2）Excel 启用宏的工作簿

在 Excel 中使用“宏”或“代码”对表格进行编辑，需要选择“Excel 启用宏的工作簿”选项，才能让这些功能生效。

（3）PDF 文件

文件扩展名为“PDF”，这是一种跨平台的电子文档格式，它可以在各种系统（包括智能手机）中阅读。在 Excel 2013 软件中可将文件保存为 PDF 文件，还可以打开甚至编辑 PDF 文件。

（4）XML 数据

它是一种可扩展标记语言，可以用来标记数据、定义数据类型，是一种允许用户对自己的标记语言进行定义的源语言。由于它是以纯文本的形式来表现数据，并具有很强的扩展性，所以在网络中得到广泛运用，在 Excel 中可以导入与编辑 XML 数据。

（5）网页文件

网页是在网络中发布信息的主要方式，网页文件的扩展名为“html”或“htm”，Word 和

Excel 都可以用于制作简单的网页文件。

（6）CSV 文件

CSV 格式的文件是一种纯文本的数据文件，文件中以逗号分隔不同的数据。部分应用软件或设备生成的数据可以导出为 CSV 格式的文件，我们也可将这类文件导入 Excel 中进行进一步的处理和分析。

2. 导出为 PDF 文件

除了将 Excel 文件保存为其他类型的文件外，还可以使用导出的方法将 Excel 文件导出为 PDF 文件。具体操作步骤如下。

❶在“文件”列表中单击“导出”命令，❷单击“创建 PDF/XPS 文档”选项，❸最后单击“创建 PDF/XPS”按钮，如左下图所示，打开“发布为 PDF 或 XPS”对话框，选择导出位置，单击“发布”按钮，如右下图所示。

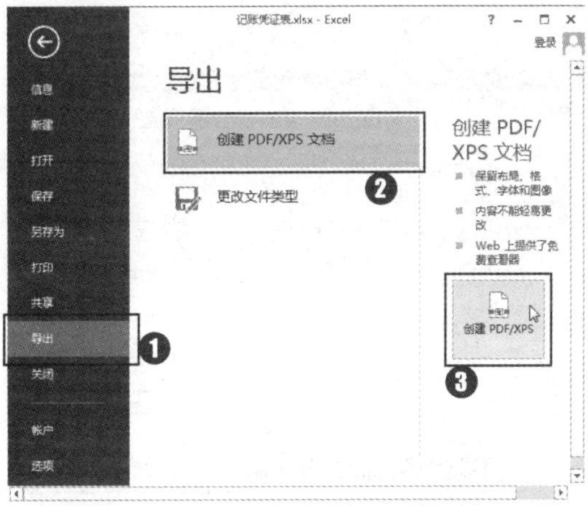

等待系统自动完成导出操作，导出文件成功后，会自动以 PDF 格式打开，效果如下图所示。

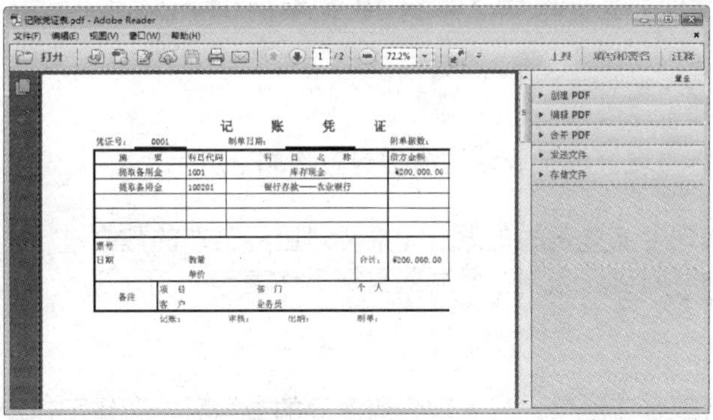

案例训练——实战应用成高手

下面我们通过列举几个实例，来学习 Excel 数据共享与协同办公的相关功能应用。

案例 01 制作现金流量表

◇ 案例概述

“现金流量表”是反映企业现金变动情况的报表，用于反映企业在一定时期内经营活动、投资活动以及筹资活动产生的现金收入、现金支出以及现金流量净额。在企业经营的过程中，需要处处与现金打交道，这就需要企业经营者必须及时地掌握企业在各项活动中所产生的现金注入与流出情况。

左下图所示为使用数据导入的功能将 Excel 中已有的数据导入表格，右下图所示则是根据导入的数据进行计算的结果。

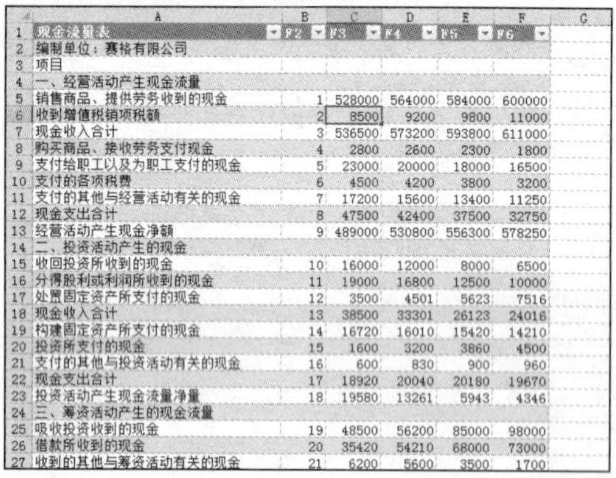

	A	B	C	D	E	F
1	现金流量表	F2	F3	F4	F5	F6
2	编制单位：赛格有限公司					
3	项目					
4	一、经营活动产生现金流量					
5	销售商品、提供劳务收到的现金	1	528000	564000	584000	600000
6	收到增值税销项税额	2	8500	9200	9800	11000
7	现金收入合计	3	536500	573200	593800	611000
8	购买商品、接收劳务支付现金	4	2800	2600	2300	1800
9	支付给职工以及为职工支付的现金	5	23000	20000	18000	16500
10	支付的各项税费	6	4500	4200	3800	3200
11	支付的其他与经营活动有关的现金	7	17200	15600	13400	11250
12	现金支出合计	8	47500	42400	37500	32750
13	经营活动产生现金净额	9	489000	530800	556300	578250
14	二、投资活动产生的现金					
15	收回投资所收到的现金	10	16000	12000	8000	6500
16	分得股利或利润所收到的现金	11	19000	16800	12500	10000
17	处置固定资产所支付的现金	12	3500	4501	5623	7516
18	现金收入合计	13	38500	33301	26123	24016
19	构建固定资产所支付的现金	14	16720	16010	15420	14210
20	投资所支付的现金	15	1600	3200	3860	4500
21	支付的其他与投资活动有关的现金	16	600	830	900	960
22	现金支出合计	17	18920	20040	20180	19670
23	投资活动产生现金流量净量	18	19580	13261	5943	4346
24	三、筹资活动产生的现金流量					
25	吸收投资收到的现金	19	48500	56200	85000	98000
26	借款所收到的现金	20	35420	54210	68000	73000
27	收到的其他与筹资活动有关的现金	21	6200	5600	3500	1700

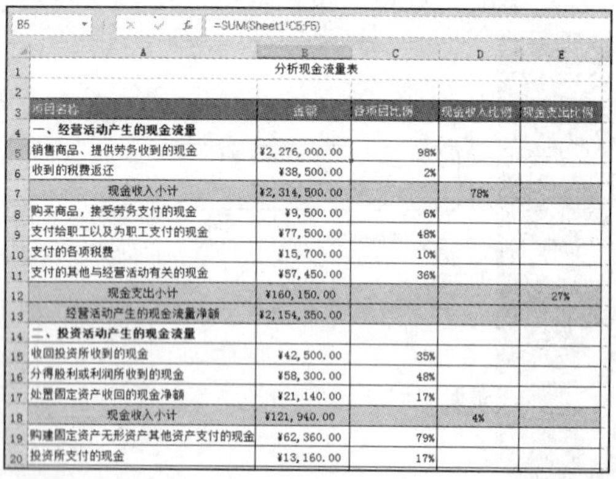

B5 =SUM(Sheet1!C5:F5)

	A	B	C	D	E
1	分析现金流量表				
2					
3	项目名称	金额	各项目比例	现金收入比例	现金支出比例
4	一、经营活动产生的现金流量				
5	销售商品、提供劳务收到的现金	¥2, 276, 000. 00	98%		
6	收到的税费返还	¥38, 500. 00	2%		
7	现金收入小计	¥2, 314, 500. 00		78%	
8	购买商品，接受劳务支付的现金	¥9, 500. 00	6%		
9	支付给职工以及为职工支付的现金	¥77, 500. 00	48%		
10	支付的各项税费	¥15, 700. 00	10%		
11	支付的其他与经营活动有关的现金	¥57, 450. 00	36%		
12	现金支出小计	¥160, 150. 00			27%
13	经营活动产生的现金流量净额	¥2, 154, 350. 00			
14	二、投资活动产生的现金流量				
15	收回投资所收到的现金	¥42, 500. 00	35%		
16	分得股利或利润所收到的现金	¥58, 300. 00	48%		
17	处置固定资产收回的现金净额	¥21, 140. 00	17%		
18	现金收入小计	¥121, 940. 00		4%	
19	购建固定资产无形资产其他资产支付的现金	¥62, 360. 00	79%		
20	投资所支付的现金	¥13, 160. 00	17%		

素材文件：光盘\素材文件\第 10 章\案例 01\现金流量表.xlsx

结果文件：光盘\结果文件\第 10 章\案例 01\现金流量表.xlsx

教学文件：光盘\教学文件\第 10 章\案例 01.mp4

◇ 制作思路

在 Excel 中制作“现金流量表”的流程与思路如下所示。

一 **导入现金流量表的数据**：如果要对已经存在的数据进行分析，为了节约时间可以先将数据导入目标工作表。

二 **分析现金流量表**：导入现金流量表的数据后，新建工作表，对现金流量表的数据进行分析操作。

三 **使用图表查看数据**：分析完现金流量表数据后，使用图表的方式拖动滚动条查看相关数据。

◇ 具体步骤

根据导入的现金流量表数据，在 Sheet2 工作表中建立分析现金流量表项目，然后使用公式计算各项目数据。

1. 导入现金流量表的数据

导入其他 Excel 工作簿中的数据时，一次只能选择一张工作表的内容，不能同时导入多张表格内容。

（1）导入外部数据

对于已有的数据，可以将其导入新的工作表，然后对数据进行分析，从而提高工作效率，例如，将素材文件夹中的现金流量表数据导入 Sheet1 工作表。具体操作步骤如下。

第 1 步：执行现有连接命令。

启动 Excel 程序并保存，❶单击“数据”选项卡；❷单击“获取外部数据”工作组中的“现有连接”按钮，如下图所示。

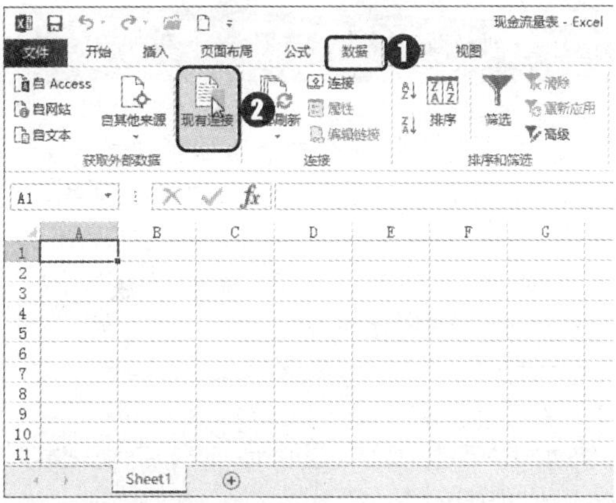

第 2 步：单击浏览更多按钮。

打开“现有连接”对话框，单击“浏览更多”按钮，如下图所示。

第 3 步：选择要导入的工作簿。

❶选择存放文件的路径；❷单击“现金流量表”选项；❸单击“打开”按钮，如下图所示。

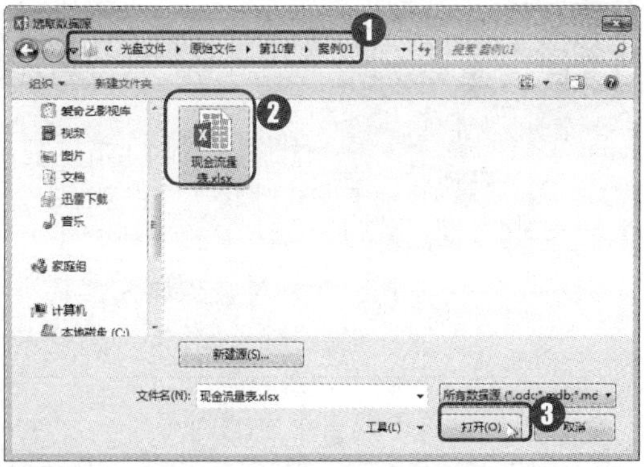

第 4 步：选择要导入的工作表。

❶在“选择表格”对话框中单击“现金流量表”选项；❷单击“确定”按钮，如下图所示。

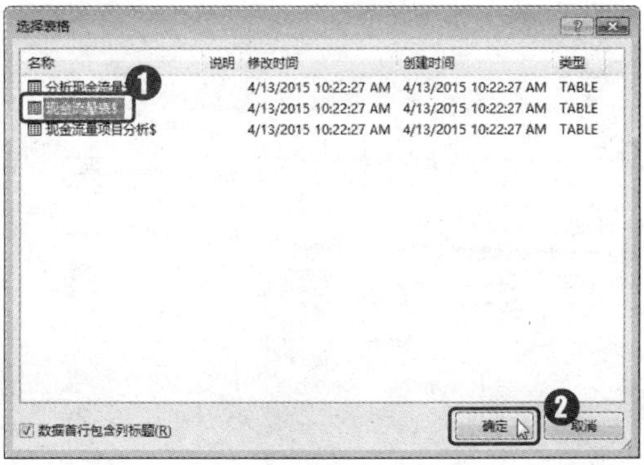

第 5 步：选择存放导入数据的单元格地址。

弹出“导入数据”对话框，❶在“现有工作表”框中选择 A1 单元格；❷单击“确定”按钮，执行导入数据，如下图所示。

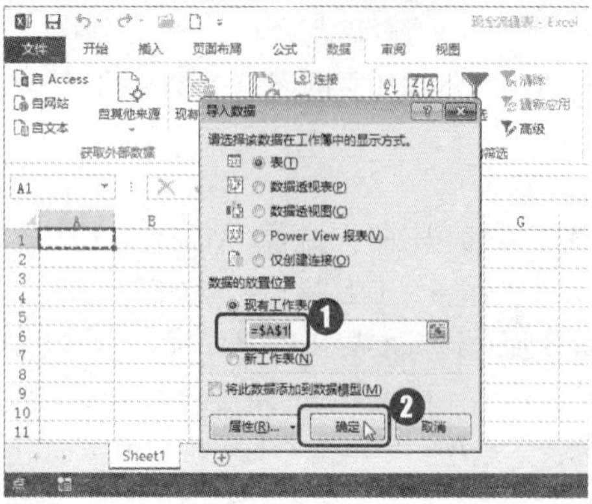

第 6 步：显示导入现金流量表的数据。

经过以上操作，将现金流量表工作簿中的现金流量表数据导入 Sheet1 工作表，如下图所示。

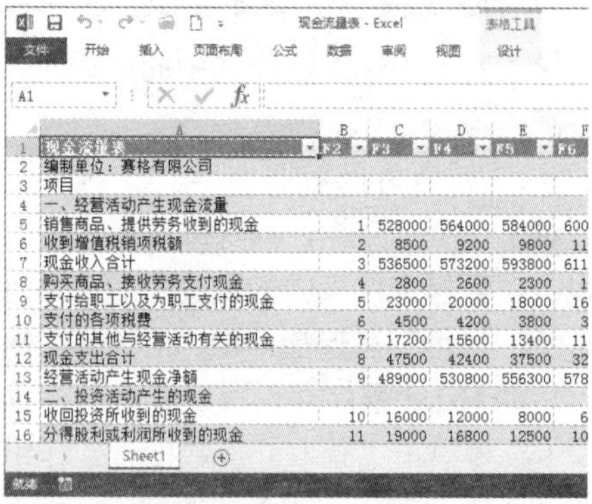

知识拓展　现有工作表与新工作表的区别

导入外部数据时，有“现有工作表”和“新工作表”两个选项可供选择。启动 Excel 时默认有一张工作表，如果需要在已有内容的工作表中导入具体的数据，可以选择“现有工作表”选项，只需指定导入数据的起始位置的单元格，即可将数据导入工作表中。而选择“新工作表”选项，则会将数据导入一张新建的工作表，启动的默认工作表仍显示在工作簿中。

（2）设置可编辑报表的用户

如果希望工作表中某些格式或者内容是不能变动的，而数据是变动的，为了不影响其他区域，可以为工作表设置可编辑的编辑区域。具体操作步骤如下。

第 1 步：执行设置单元格格式命令。

❶选择 B5:F34 单元格区域，并单击右键；❷在弹出的快捷菜单中选择“设置单元格格式”命令，如下图所示。

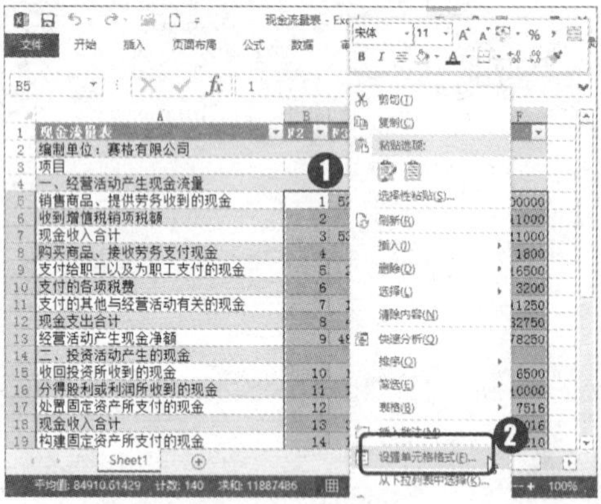

第 2 步：取消锁定单元格。

打开“设置单元格格式”对话框，❶单击“保护”选项卡；❷取消选中“锁定”复选框；❸单击“确定”按钮，如下图所示。

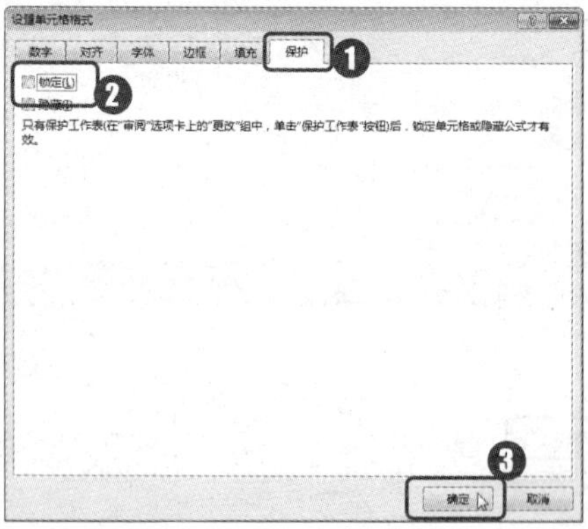

知识拓展 使用快捷键启动设置单元格格式对话框

如果要对单元格的格式进行设置，可以先选中单元格区域，然后按【Ctrl+1】组合键进行启动。

第 3 步：执行允许用户编辑区域命令。

❶选择 B5:F34 单元格区域；❷单击“审阅”选项卡；❸单击“更改”工作组中的“允许用户编辑区域”按钮，如下图所示。

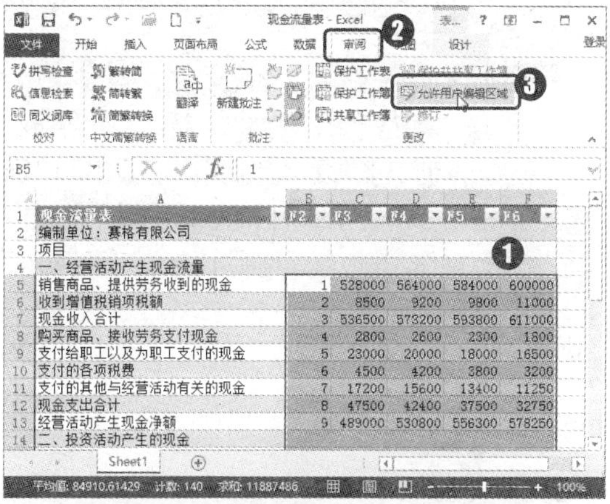

第 4 步：单击新建按钮。

打开“允许用户编辑区域”对话框，单击“新建”按钮，如下图所示。

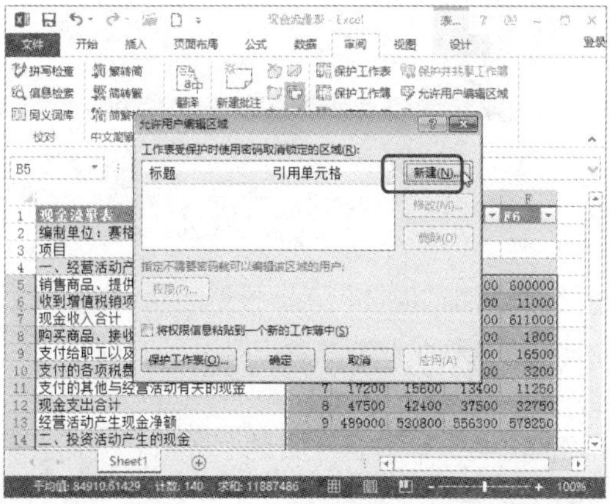

第 5 步：执行现有连接命令。

打开“新区域”对话框，❶在“标题”文本框中输入名称；❷在“引用单元格”框中确认要编辑的区域；❸在“区域密码”框中输入“000”密码；❹单击“确定”按钮，如下图所示。

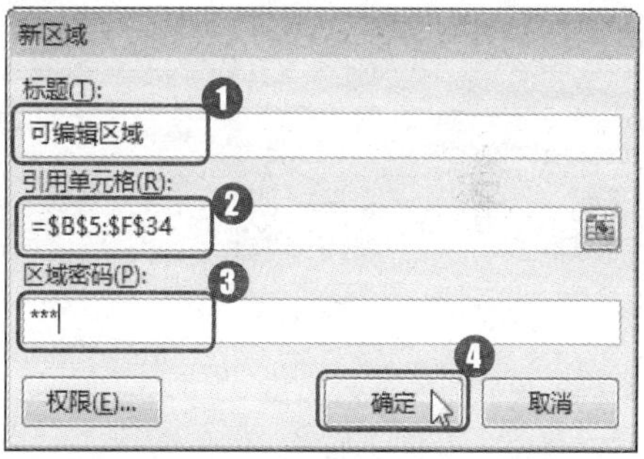

第 6 步：单击浏览更多按钮。

打开“确认密码”对话框，❶在“重新输入密码”文本框中重新输入一次密码；❷单击“确定”按钮，如下图所示。

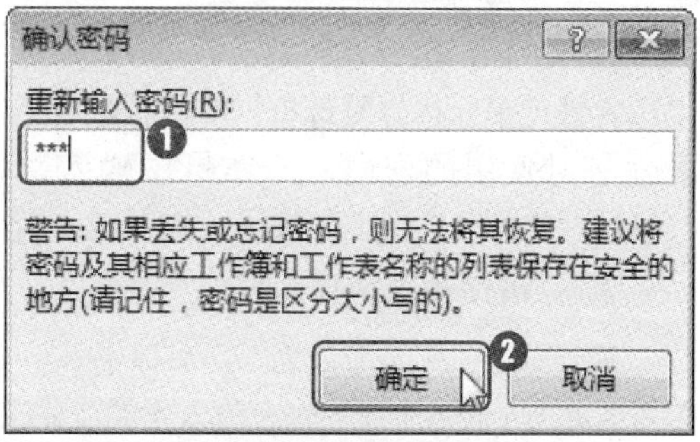

第 7 步：单击应用按钮。

返回“允许用户编辑区域”对话框，单击“应用”按钮，如下图所示。

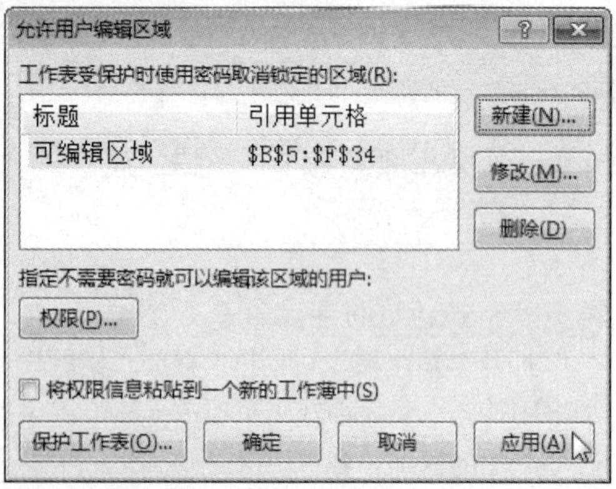

第 8 步：单击保护工作表按钮。

设置完可编辑区域后，单击“保护工作表”按钮，如下图所示。

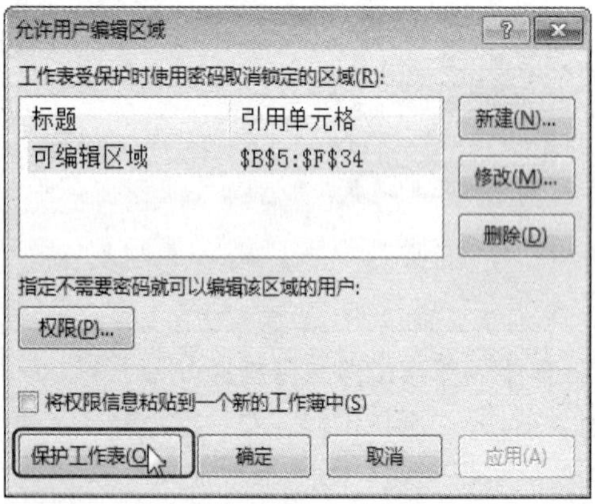

第 9 步：设置保护密码。

打开“保护工作表”对话框，❶取消选中“选定锁定单元格”复选框；❷在“取消工作表保护时使用的密码”文本框中输入密码“111”；❸单击“确定”按钮，如下图所示。

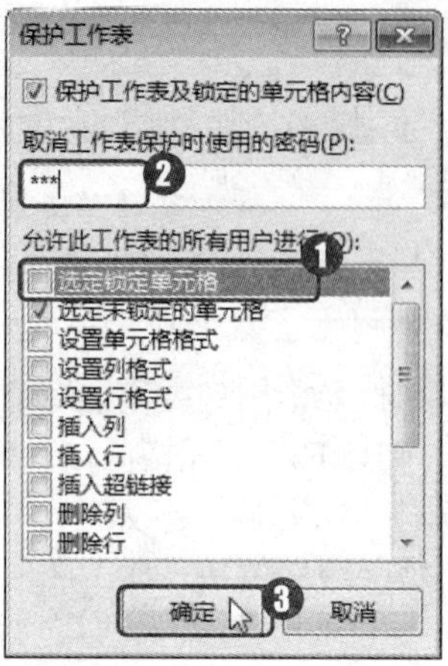

第 10 步：确认密码。

打开“确认密码”对话框，❶在“重新输入密码”文本框中重新输入一次密码；❷单击“确定”按钮，完成设置后，只能在可编辑的单元格区域进行操作，其他单元格则不能，如下图所示。

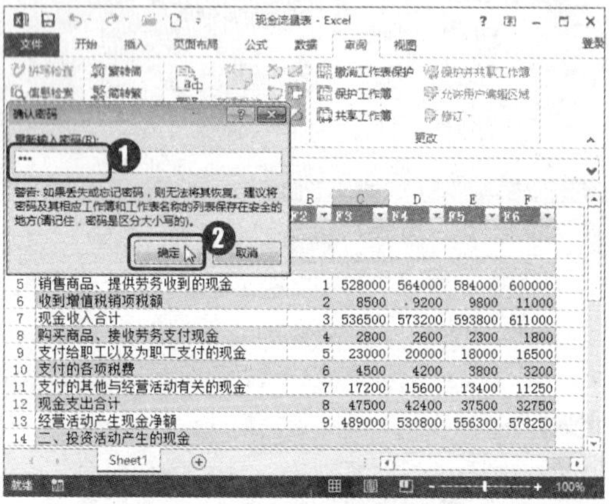

2. 分析现金流量表

通过分析“现金流量表”，可以进一步明确企业经营活动现金收入、投资活动现金收入、筹资活动现金收入占所有现金收入中的百分比，并且能够反映企业的现金主要用在了哪些方面。

（1）制作分析现金流量表

导入数据后，根据现金流量表的数据，使用 SUM 函数计算各项目的金额值。并对各数据区域设置数字格式，具体操作步骤如下。

第 1 步：执行新建工作表命令。

在 Sheet1 工作表的右侧单击“新工作表”按钮，如下图所示。

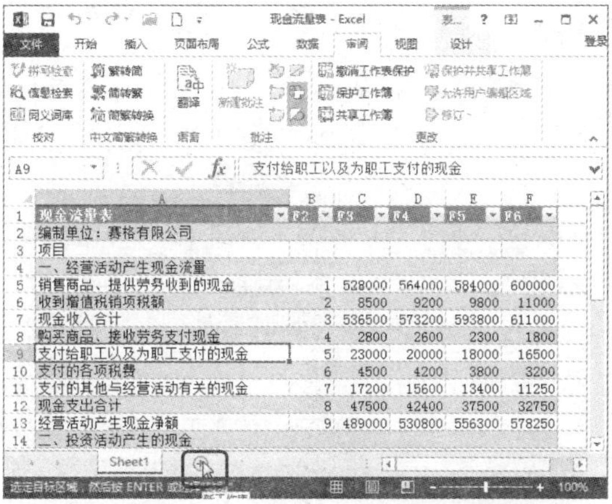

第 2 步：输入分析现金流量表信息。

在 Sheet2 工作表中输入如下图所示项目名称，并设置表格边框线和填充不同项目单元格的底纹。

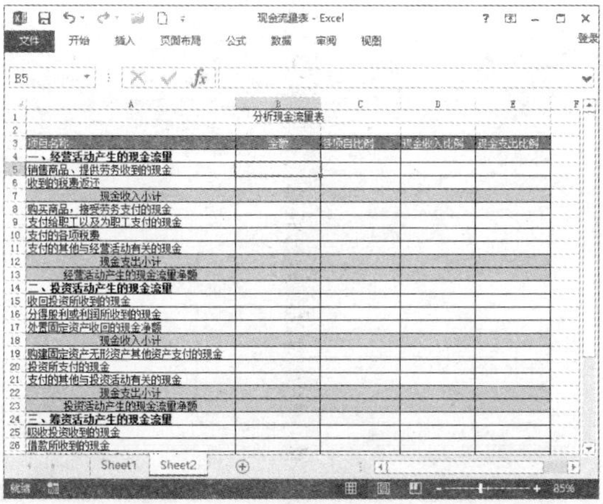

第 3 步：使用公式计算数据。

❶在 B5 单元格输入公式“=SUM(Sheet1!C5:F5)”；❷单击“编辑栏”中的“ ✔ ”按钮，如下图所示。

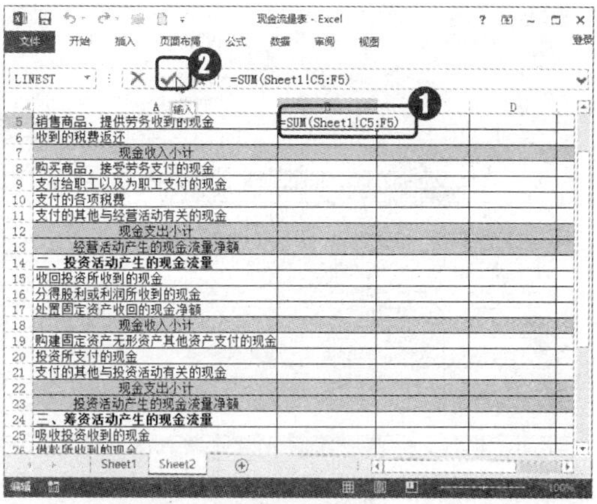

第 4 步：设置单元格数字格式。

❶选择 B5:B35 单元格区域；❷单击“数字”工作组中的“数字格式”右侧下拉按钮；❸单击下拉列表中的“货币”选项，如下图所示。

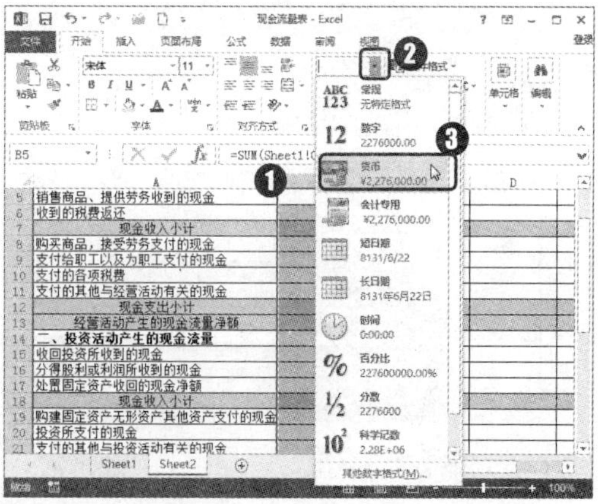

第 5 步：设置百分比格式。

❶选择 C5:E35 单元格区域；❷单击“数字”工作组中的“百分比样式”按钮 %，如下图所示。

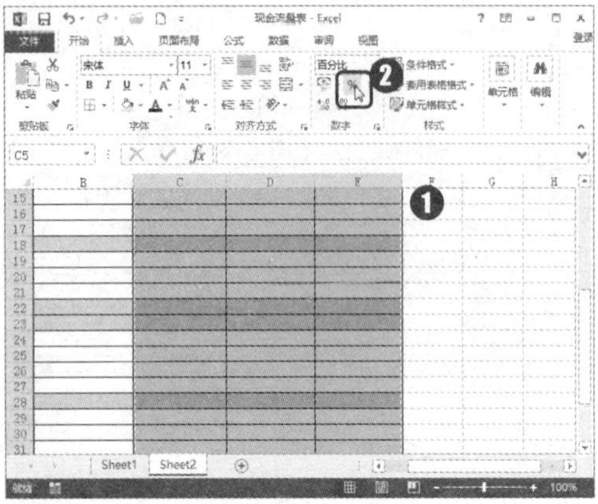

第 6 步：执行“行高”命令。

❶选择 1 至 35 行，并单击鼠标右键；❷在弹出的快捷菜单中选择“行高”命令，如下图所示。

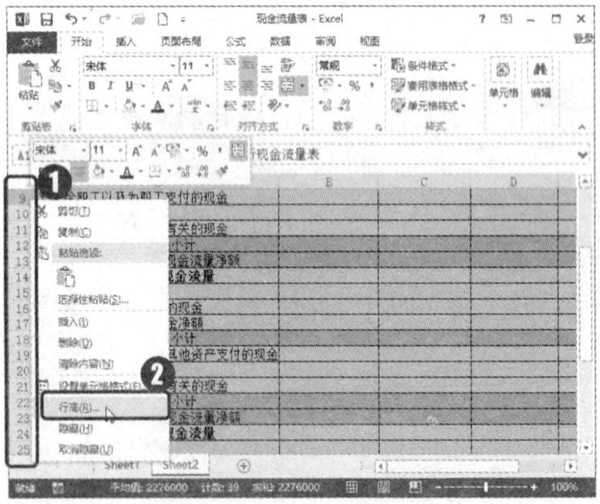

第 7 步：输入行高值。

打开“行高”对话框，❶在“行高”框中输入行高值；❷单击“确定”按钮，如下图所示。

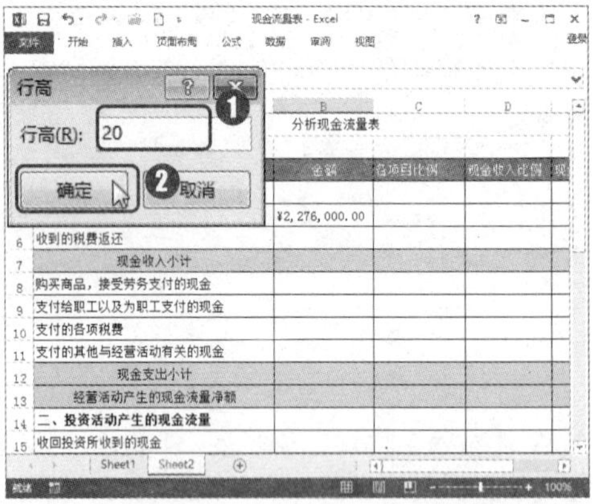

第 8 步：复制公式。

❶选中 B5 单元格；❷单击“剪贴板”工作组中的“复制”按钮，如下图所示。

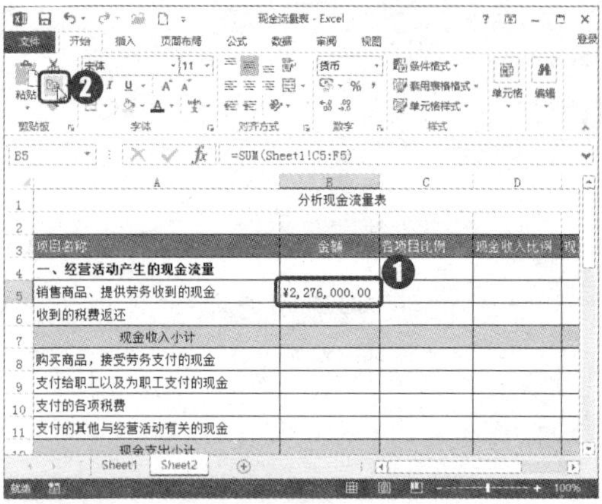

第 9 步：在选定区域粘贴公式选项。

❶选择“B6:B13”“B15:B23”和“B25:B34”单元格区域；❷单击“剪贴板”工作组中的“粘贴”按钮；❸在弹出的下拉列表中选择“公式”选项，如下图所示。

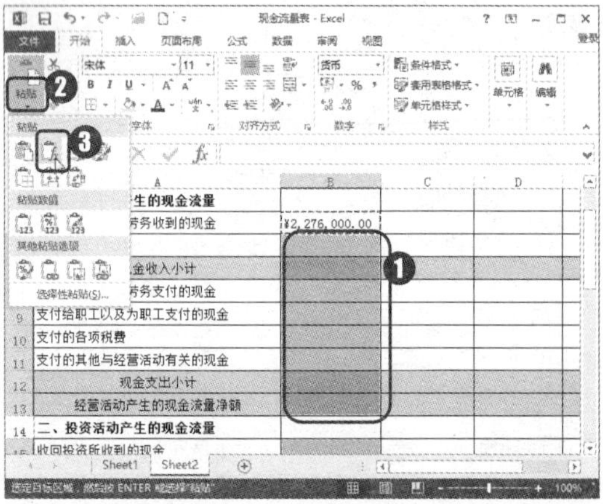

第 10 步：显示复制公式的效果。

经过上步操作，复制公式效果如下图所示。

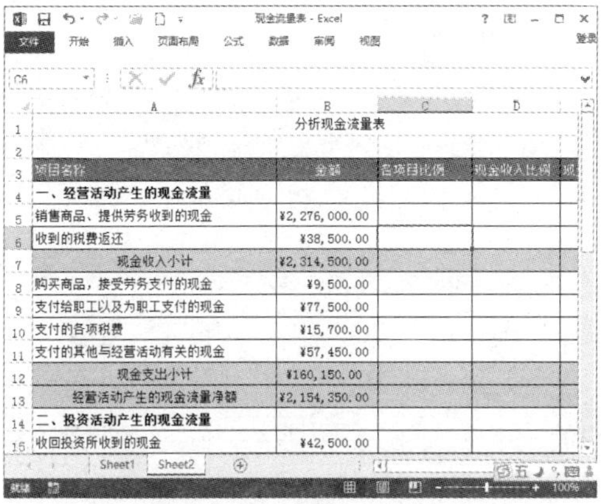

（2）计算现金流量表数据

根据求出的金额值，计算各项目比例，并使用拖动填充的方法对计算公式进行填充，具体操作步骤如下。

第 1 步：输入计算公式。

❶在 C5 单元格中输入公式“=B5/$B$7”；❷单击“编辑栏”中的“✔”按钮，如下图所示。

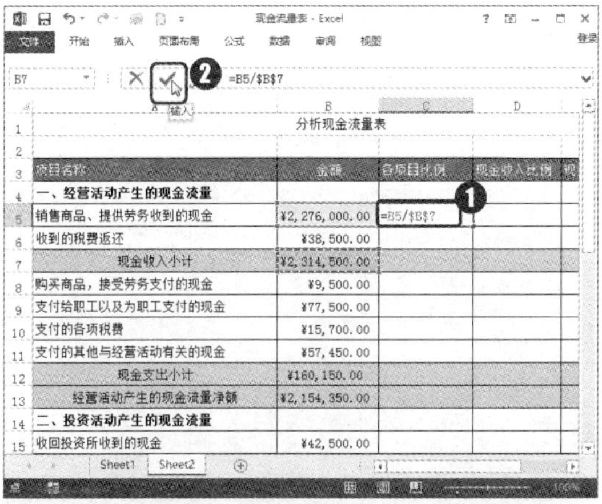

第 2 步：拖动填充公式。

❶选择 C5 单元格；❷按住鼠标左键不放拖动填充计算公式，如下图所示。

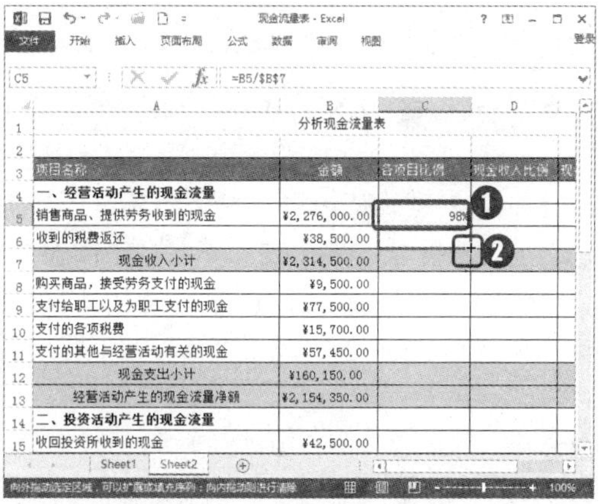

第 3 步：输入计算公式。

❶在 C8 单元格中输入公式“=B8/$B$12”；❷单击“编辑栏”中的“✔”按钮，如下图所示。

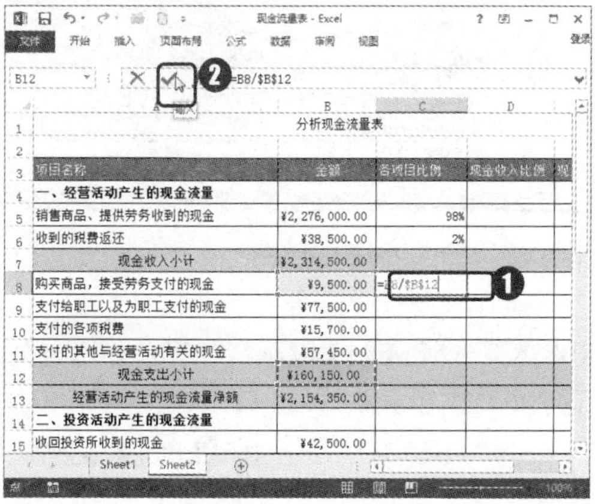

第 4 步：拖动填充公式。

❶选择 C8 单元格；❷按住左键不放拖动填充计算公式，如下图所示。·

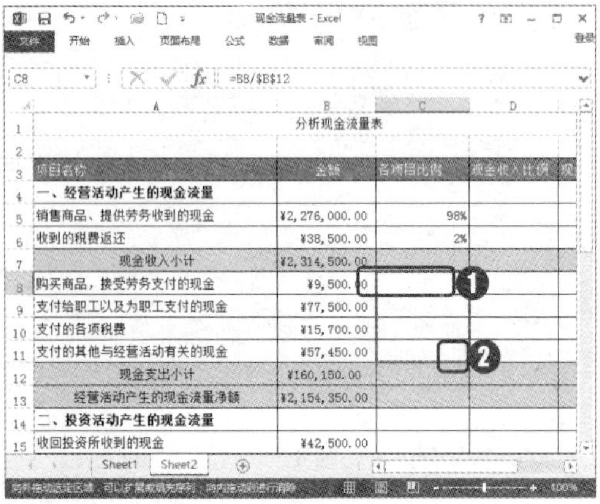

第 5 步：输入并填充公式。

❶在C15单元格中输入公式"=B15/$B$18"，按【Enter】键确认计算，并填充公式至 C16:C17 单元格区域；❷在 C19 单元格中输入公式"=B19/$B$22"，按【Enter】键确认计算，并填充公式至C20:C21单元格区域，如下图所示。

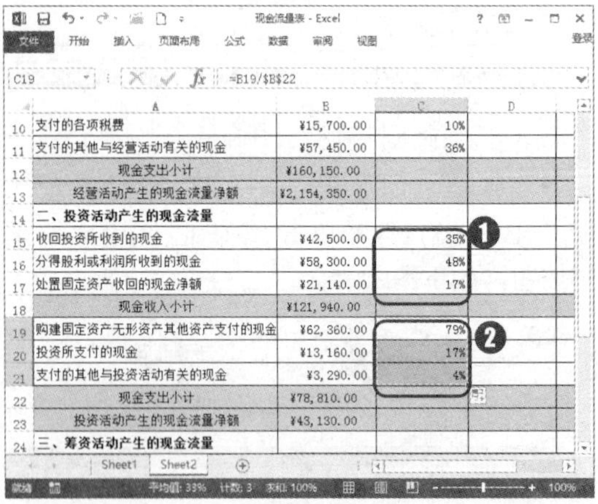

第 6 步：输入并填充公式。

❶在 C25 单元格中输入公式"=B25/$B$28"，按【Enter】键确认计算，并填充公式至 C26:C27 单元格区域；❷在 C29 单元格中输入公式"=B29/$B$32"，按【Enter】键确认计算，并填充公式至 C30:C31 单元格区域，如下图所示。

第 7 步：计算 D7 单元格的现金收入比例。

❶在 D7 单元格中输入公式"=B7/SUM(B7,B18,B28)"；❷单击"编辑栏"中的"✔"按钮，如下图所示。

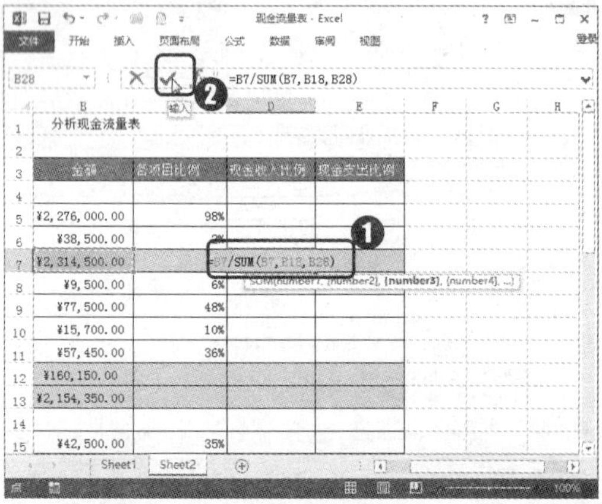

第 8 步：计算 D18 单元格的现金收入比例。

❶选择 D18 单元格，在编辑栏中输入公式"=B18/SUM(B7,B18,B28)"；❷单击"编辑栏"中的"✔"按钮，如下图所示。

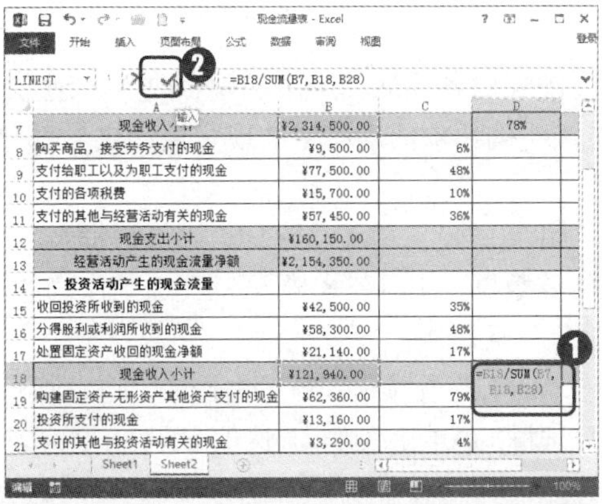

第 9 步：计算 D28 单元格的现金收入比例。

❶选择 D28 单元格，在编辑栏中输入公式“=B28/SUM(B7,B18,B28)”；❷单击“编辑栏”中的“✔”按钮，如下图所示。

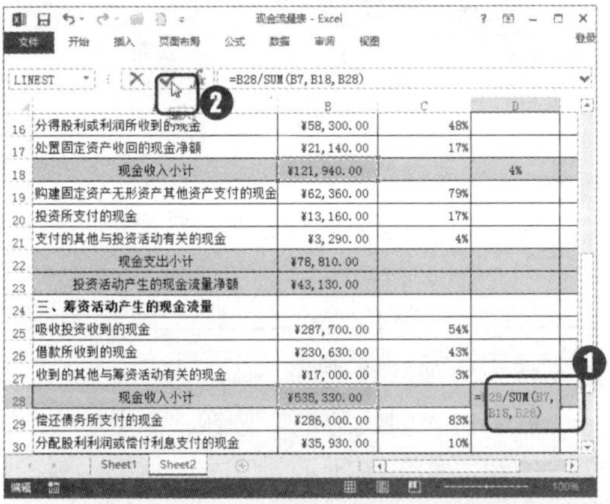

第 10 步：计算 E12 单元格的现金支出比例。

❶选择 E12 单元格，在编辑栏中输入公式“=B12/SUM(B12,B22,B32)”；❷单击“编辑栏”中的“✔”按钮，如下图所示。

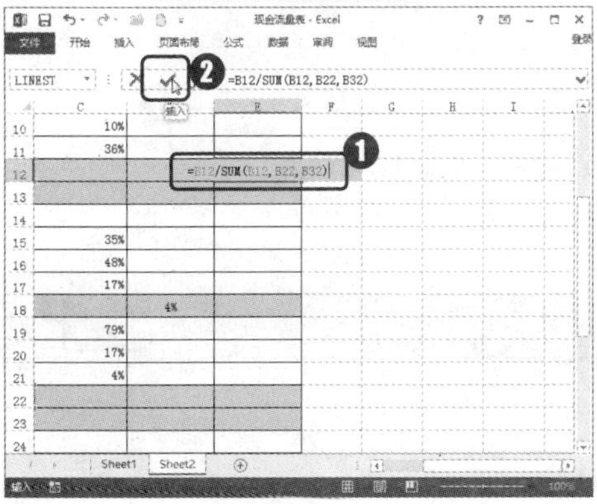

第 11 步：计算 E22 单元格的现金支出比例。

❶选择 E22 单元格，在编辑栏中输入公式“=B22/SUM(B12,B22,B32)”；❷单击“编辑栏”中的“✔”按钮，如下图所示。

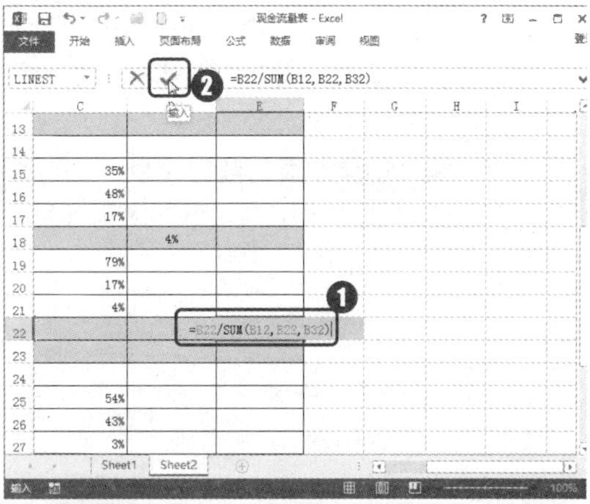

第 12 步：计算 E32 单元格的现金支出比例。

❶选择 E32 单元格，在编辑栏中输入公式“=B32/SUM(B12,B22,B32)”；❷单击“编辑栏”中的“✔”按钮，如下图所示。

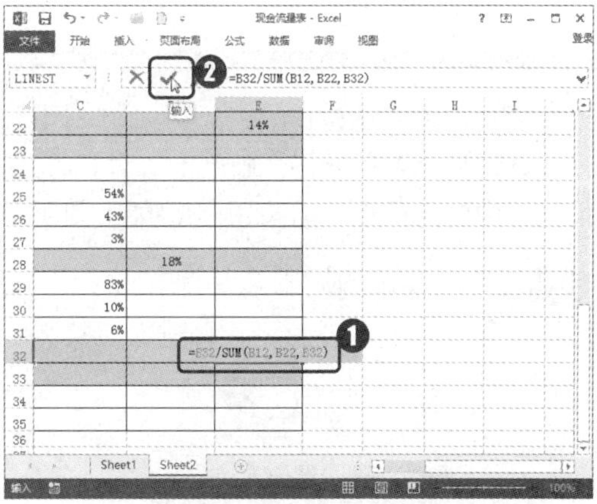

3. 使用图表查看数据

分析完现金流量项目的比例之后，接下来使用图表对各项活动产生的现金收入、现金支出以及现金流量净额等进行分析，以使财务人员更加明确哪项活动产生的现金流为主导部分。

（1）输入图表数据

在 Sheet3 工作表中输入创建图表的数据项目，并完成设置单元格字体、添加边框及合并标题行等相关操作，然后根据 Sheet2 工作表中的计算数据，使用公式导入 Sheet3 工作表的单元格。具体操作步骤如下。

第 1 步：输入创建图表的数据项目。

在 Sheet3 工作表中输入下图所示项目，并设置文本格式及边框。

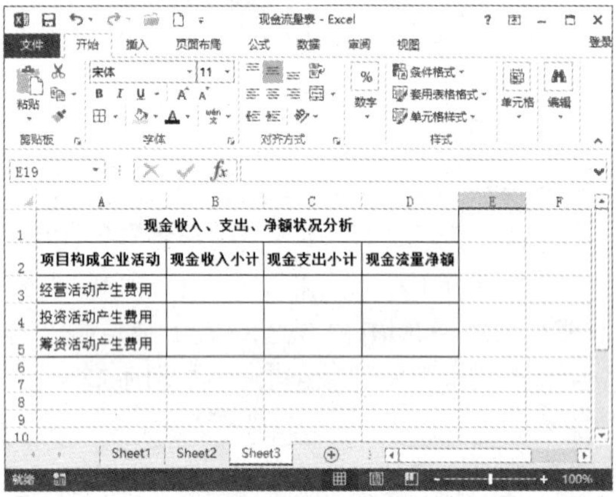

第 2 步：启动对话框。

❶选择 A2 单元格；❷单击“对齐方式”工作组中的对话框开启按钮，如下图所示。

第 3 步：设置自动换行。

打开“设置单元格格式”对话框，❶单击“对齐”选项卡；❷单击选中“自动换行”复选框；❸单击“边框”选项卡，如下图所示。

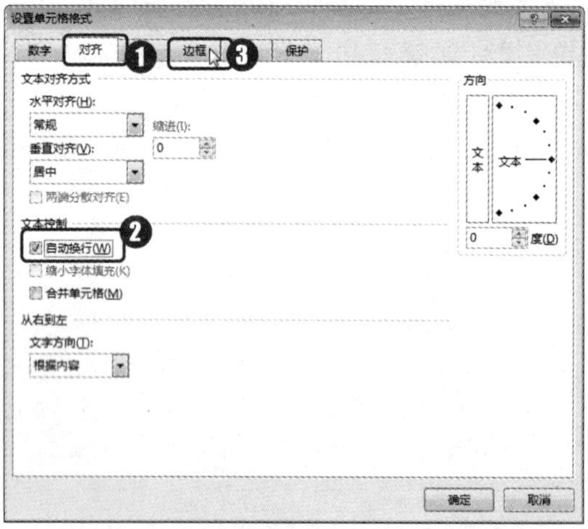

第 4 步：添加斜线边框。

❶单击“斜线边框”按钮；❷单击“确定”按钮，如下图所示。

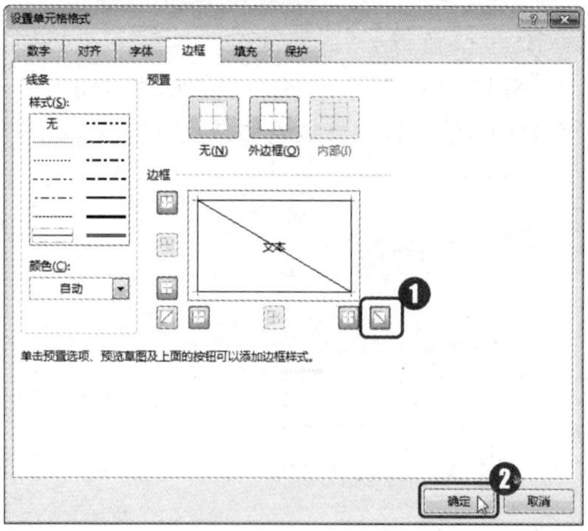

第 5 步：使用空格调整对齐。

选中 A2 单元格，将鼠标指针定位至编辑栏中，使用空格调整对齐方式，如下图所示。

第 6 步：拖动调整行高。

将鼠标指针定位至 2 行的行线上，当指针变成双向箭头时，拖动调行高，如下图所示。

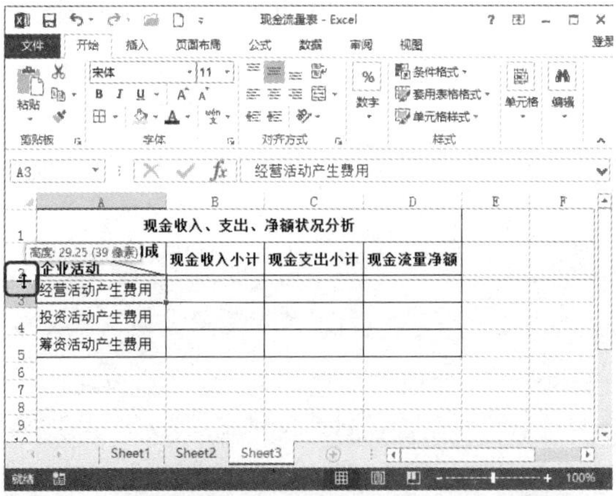

第 7 步：在 B3 单元格中输入公式。

❶在 Sheet3 工作表中选择 B3 单元格，在编辑栏中输入公式“=Sheet2!B7”；❷单击“编辑栏”中的“✔”按钮，如下图所示。

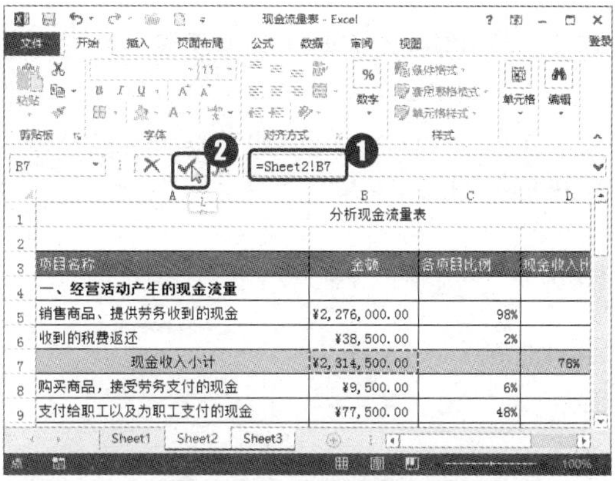

第 8 步：在 B4 单元格中输入公式。

❶在 B4 单元格中输入公式“=Sheet2!B18”；❷单击“编辑栏”中的“✔”按钮，如下图所示。

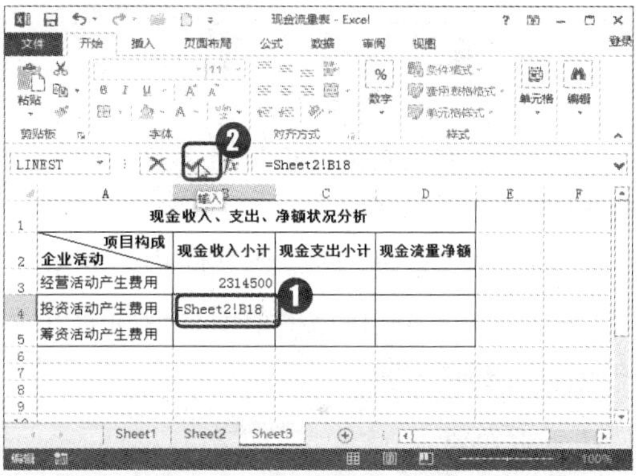

第 9 步：在 B5 单元格中输入公式。

❶在 B5 单元格中输入公式“=Sheet2!B28”；❷单击“编辑栏”中的“✔”按钮，如下图所示。

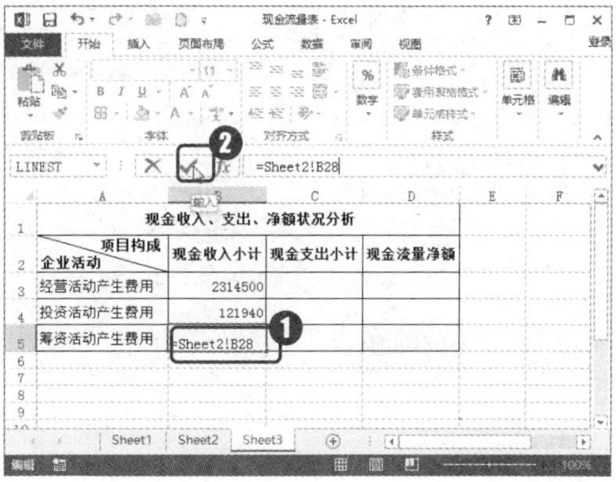

第 10 步：在 C3、C4、C5 单元格中输入公式。

在 C3、C4、C5 单元格中分别输入公式“=Sheet2!B12”“=Sheet2!B22”“=Sheet2!B32”，结果如下图所示。

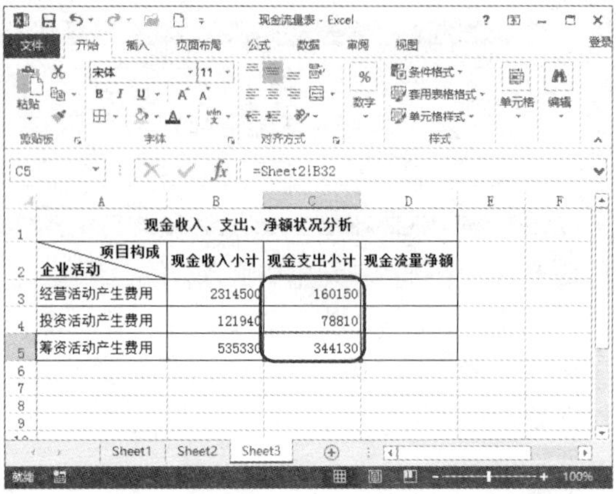

第 11 步：在 D3、D4、D5 单元格中输入公式。

在 D3、D4、D5 单元格分别输入公式“=Sheet2!B13”“=Sheet2!B23”“=Sheet2!B33”，结果如下图所示。

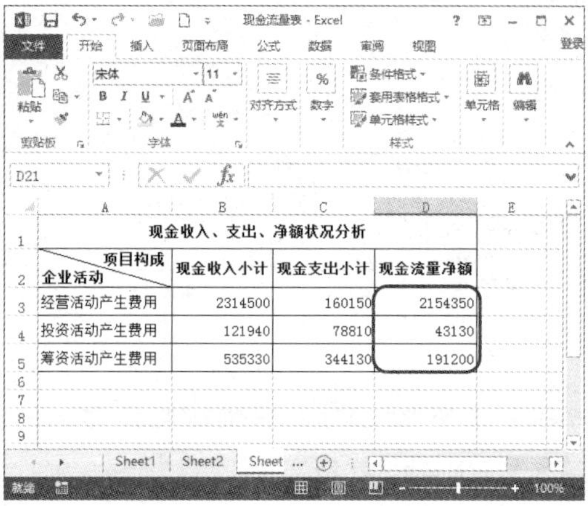

（2）创建数据图表

将数据输入表格后，根据现金收入、现金支出和现金流量净额的数据按照企业活动产生的费用创建图表。

创建图表数据源时，需要应用 OFFSET 函数，该函数表示返回对单元格或单元格区域中指定行数和列数的区域的引用。返回的引用可以是单个单元格或单元格区域，也可以指定要返回的行数和列数。

语法：OFFSET（reference,rows,cols,[height],[windth]）

参数：reference 为必需的参数，要以其为偏移量的底数的引用。引用必须是对单元格或相信的单元格区域的引用；否则 OFFSET 返回错误值“#VALUE!”。

rows 为必需的参数，需要左上角单元格为引用下方或向下行数。使用 5 作为 rows 参数，可指定引用中的左上角单元格为引用下方的 5 行。rows 可为正数（这意味着在起始引用的下方）或负数（这意味着在起始引用的上方）。

cols 为必需的参数，需要结果的左上角单元格引用的从左到右的列数。使用 5 作为 cols 参数，可指定引用中的左上角单元格为引用右方的 5 列。cols 可为正数（这意味着在起始引用的右侧）或负数（这意味着在起始引用的左侧）。

height 为可选的参数，需要返回引用的行高。height 必须为正数。

windth 为可选的参数，需要返回引用的列宽。width 必须为正数。

在“现金流量表”中制作图表的数据源的具体操作步骤如下。

第 1 步：输入创建图表的数据项目。

在 A6 单元格中输入数字 1，依次在 A8、A9、A10 单元格中输入公式“＝B2”“＝C2”“＝D2”，按【Enter】键确认，结果如下图所示。

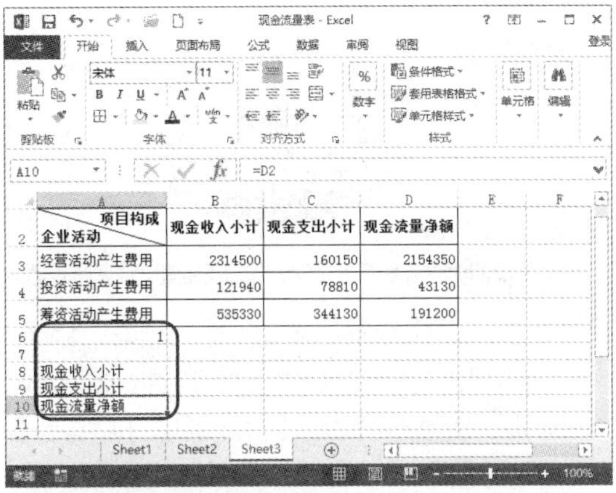

第 2 步：计算 B7 单元格企业活动的名称。

❶在 B7 单元格中输入公式“=OFFSET(A$2,$A$6,0)”；❷单击“编辑栏”中的“✔”按钮，如下图所示。

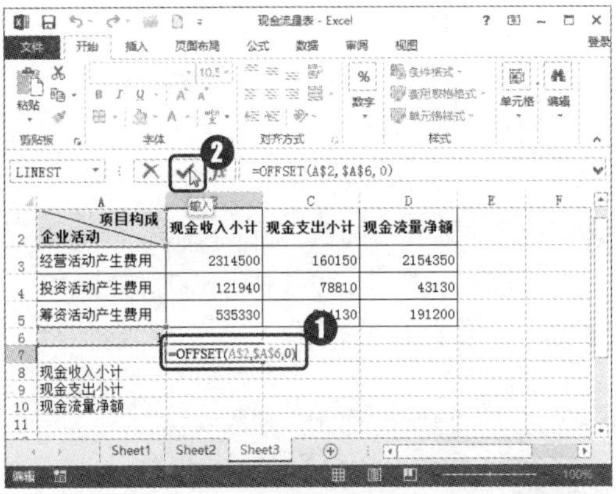

第 3 步：输入返回现金收入小计数据公式。

❶在 B8 单元格中输入公式“=OFFSET(B$2,$A$6,0)”；❷单击“编辑栏”中的“✔”按钮，如下图所示。

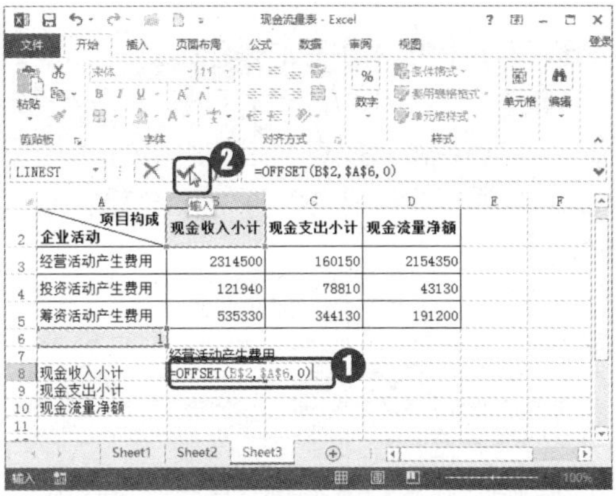

第 4 步：输入返回现金支出小计数据公式。

❶在 B9 单元格中输入公式“=OFFSET(C$2,$A$6,0)”；❷单击“编辑栏”中的“✔”按钮，如下图所示。

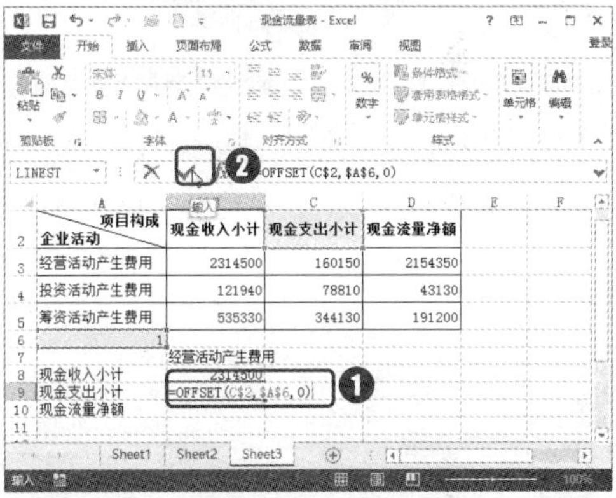

第 5 步：输入返回现金流量净额数据公式。

❶在 B10 单元格中输入公式“=OFFSET(D$2,$A$6,0)”；❷单击“编辑栏”中的“✔”按钮，如下图所示。

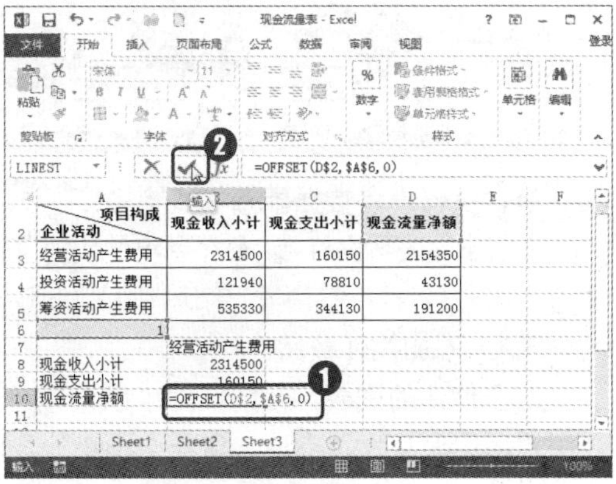

第 6 步：执行插入饼图的操作。

❶选择 A7:B10 单元格区域，单击“插入”选项卡；❷单击“图表”工作组中的“饼图”按钮；❸单击下拉列表中的“三维饼图”选项，如下图所示。

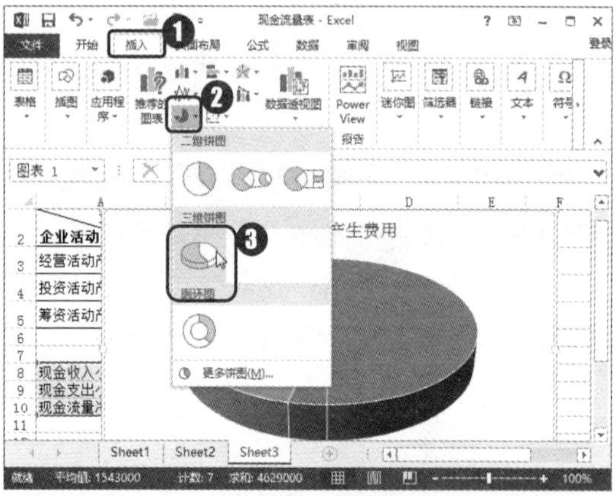

第 7 步：执行添加数据标签命令。

❶右击创建的饼图；❷在弹出的快捷菜单中指向“添加数据标签”命令；❸单击“添加数据标签”命令，如下图所示。

第 8 步：执行设置数据标签格式命令。

❶右击图表数据标签；❷在弹出的快捷菜单中选择“设置数据标签格式”命令，如下图所示。

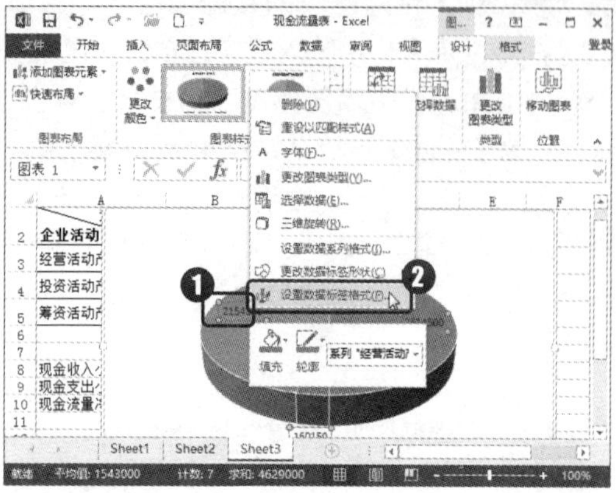

第 9 步：选择标签选项。

在打开的“设置数据标签格式”中，❶取消选中“值”复选框，单击选中“百分比”和“显示引导线”复选框；❷单击“关闭”按钮，如下图所示。

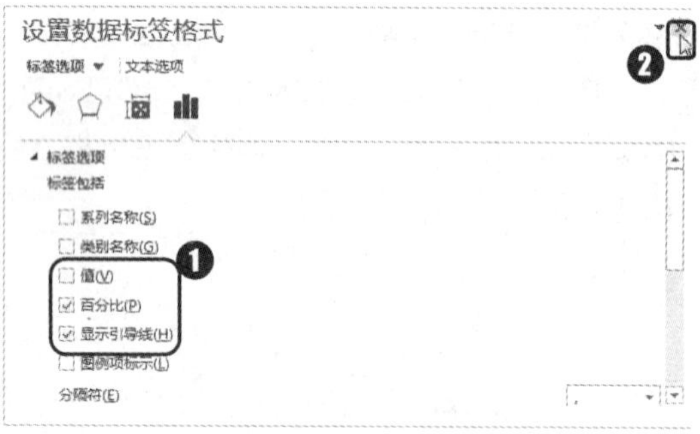

第 10 步：显示添加百分比的效果。

经过以上操作，为饼图添加百分比和引导线，效果如下图所示。

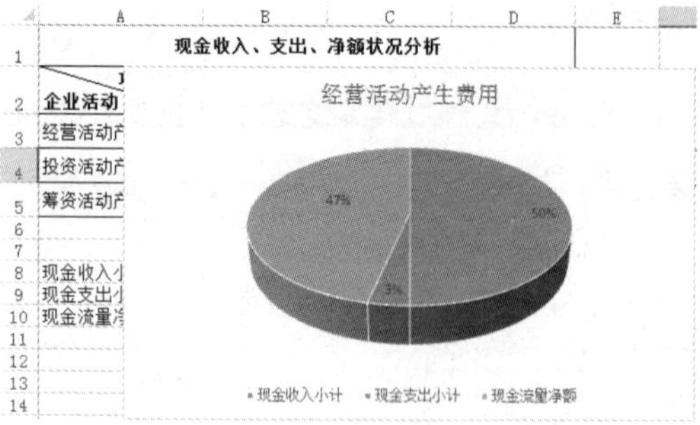

（3）添加控件按钮

对于创建的图表，使用控件可以查看经营活动产生费用、投资活动产生费用、筹资活动产生费用的现金收入小计、现金支出小计及现金流量净额。具体操作步骤如下。

第 1 步：执行选项命令。

在“文件”列表中单击“选项”命令，如下图所示。

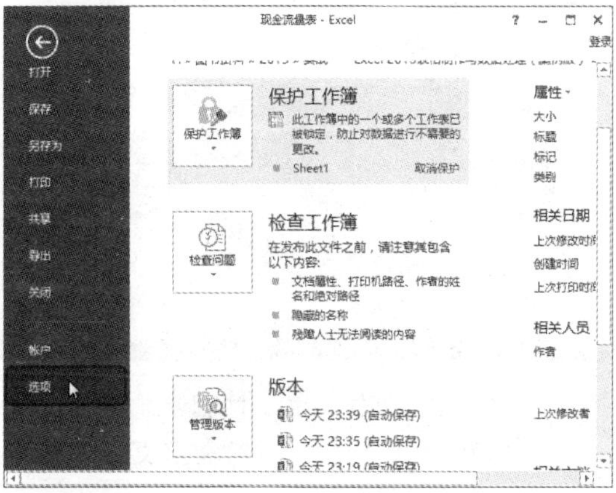

第 2 步：执行添加开发工具操作。

打开“Excel 选项”对话框，❶单击“自定义功能区”选项；❷单击勾选“开发工具”复选框；❸单击“确定”按钮，如下图所示。

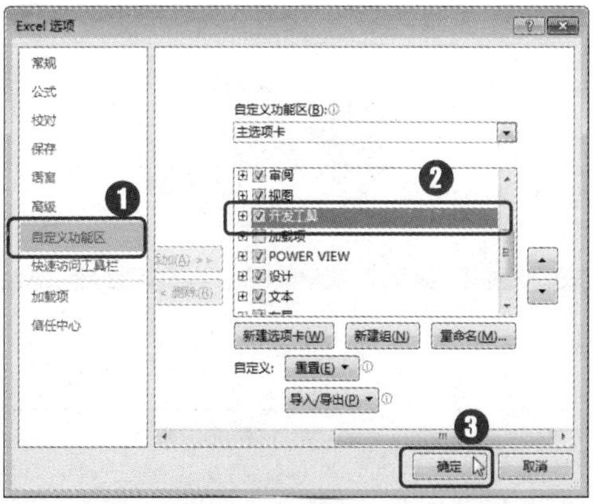

第 3 步：插入组合框控件。

❶单击“开发工具”选项卡；❷单击“控件”工作组中的“插入”按钮；❸单击下拉列表中的“组合框”选项，如下图所示。

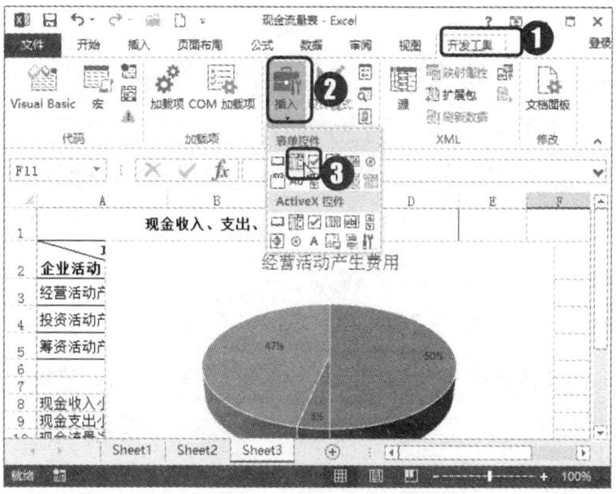

第 4 步：绘制插入控件。

按住左键不放拖动绘制组合框的大小，如下图所示。

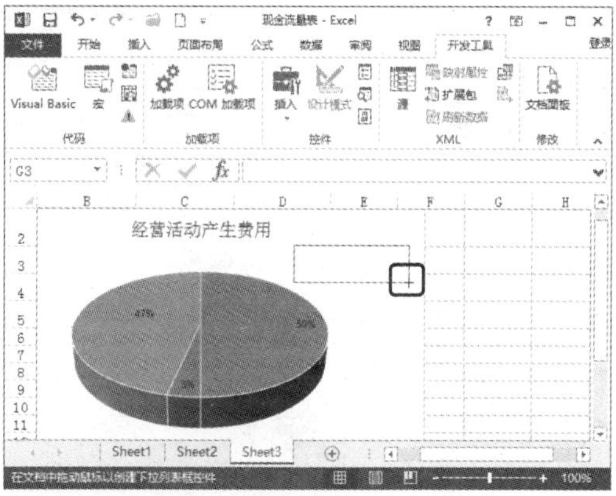

第 5 步：执行控件属性命令。

❶选中绘制的组合框控件；❷单击“控件”工作组中的“属性”按钮，如下图所示。

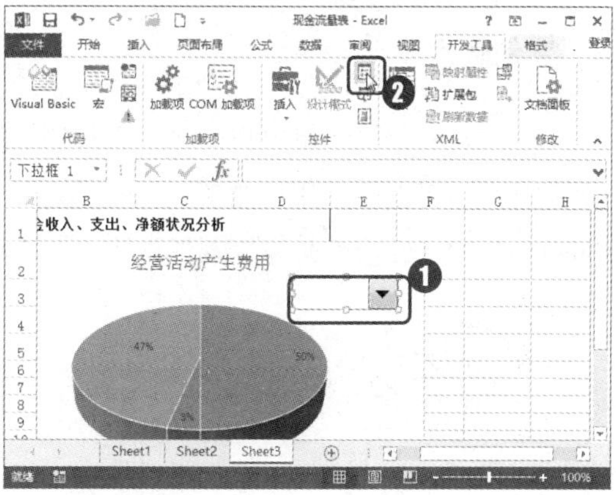

第 6 步：设置对象属性选项。

打开“设置对象格式”对话框，❶在“数据源区域”框中选择“A8:A10”单元格区域；❷在“单元格链接”框选中 A6 单元格；❸在“下拉显示项数”文本框中输入“3”；❹单击“确定”按钮，如下图所示。

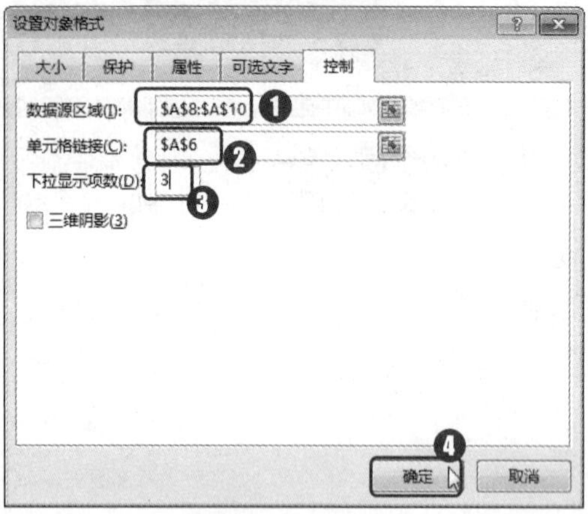

第 7 步：选择现金支出小计选项。

经过以上操作后，图表中将不显示图表数据扇区，❶单击组合框控件；❷单击“现金支出小计”选项，如下图所示。

第 8 步：显示现金支出小计图表。

经过上步操作后，查看现金支出小计图表，效果如下图所示。

案例 02 导入并分析资产负债表

◇ 案例概述

在 Excel 中除了可以将 Excel 原有的数据进行导入操作外，还可以将其他软件的数据导入表格，如将 Office 组件中的 Access 数据导入 Excel。在 Excel 中导入外部数据，由于导入的内容不同，操作的具体步骤也有所不同，用户在操作时根据操作提示即可将需要的外部数据导入。

左下图为导入 Access 的原始数据，而右下图为使用 Excel 分析导入数据的操作。

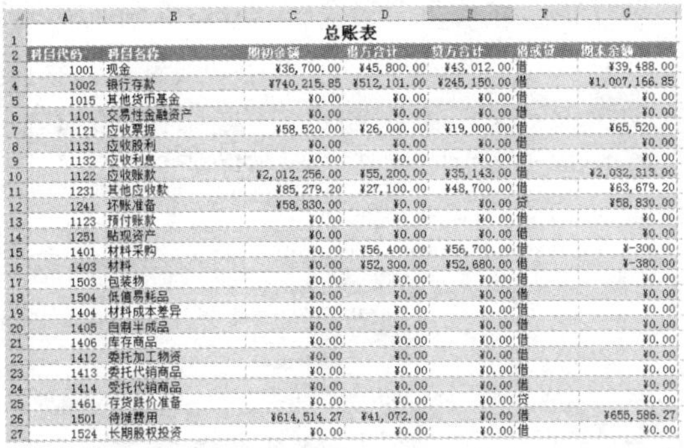

总账表						
科目代码	科目名称	期初余额	借方合计	贷方合计	借或贷	期末余额
1001	现金	¥36,700.00	¥45,800.00	¥43,012.00	借	¥39,488.00
1002	银行存款	¥740,215.85	¥512,101.00	¥245,150.00	借	¥1,007,166.85
1015	其他货币基金	¥0.00	¥0.00	¥0.00	借	¥0.00
1101	交易性金融资产	¥0.00	¥0.00	¥0.00	借	¥0.00
1121	应收票据	¥58,520.00	¥26,000.00	¥19,000.00	借	¥65,520.00
1131	应收股利	¥0.00	¥0.00	¥0.00	借	¥0.00
1132	应收利息	¥0.00	¥0.00	¥0.00	借	¥0.00
1122	应收账款	¥2,012,256.00	¥55,200.00	¥35,143.00	借	¥2,032,313.00
1231	其他应收款	¥85,279.20	¥27,100.00	¥48,700.00	借	¥63,679.20
1241	坏账准备	¥58,830.00	¥0.00	¥0.00	贷	¥58,830.00
1123	预付账款	¥0.00	¥0.00	¥0.00	借	¥0.00
1251	贴现资产	¥0.00	¥0.00	¥0.00	借	¥0.00
1401	材料采购	¥0.00	¥56,400.00	¥56,700.00	借	¥-300.00
1403	材料	¥0.00	¥52,300.00	¥52,680.00	借	¥-380.00
1503	包装物	¥0.00	¥0.00	¥0.00	借	¥0.00
1504	低值易耗品	¥0.00	¥0.00	¥0.00	借	¥0.00
1404	材料成本差异	¥0.00	¥0.00	¥0.00	借	¥0.00
1405	自制半成品	¥0.00	¥0.00	¥0.00	借	¥0.00
1406	库存商品	¥0.00	¥0.00	¥0.00	借	¥0.00
1412	委托加工物资	¥0.00	¥0.00	¥0.00	借	¥0.00
1413	委托代销商品	¥0.00	¥0.00	¥0.00	借	¥0.00
1414	受托代销商品	¥0.00	¥0.00	¥0.00	借	¥0.00
1461	存货跌价准备	¥0.00	¥0.00	¥0.00	贷	¥0.00
1501	待摊费用	¥614,514.27	¥41,072.00	¥0.00	借	¥655,586.27
1524	长期股权投资	¥0.00	¥0.00	¥0.00	借	¥0.00

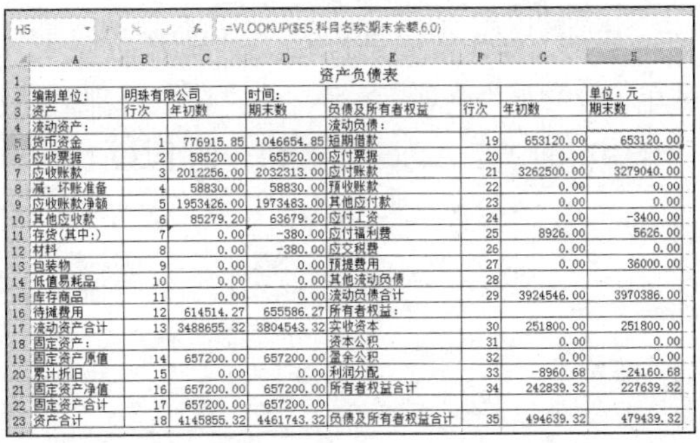

资产负债表							
编制单位:	明珠有限公司		时间:				单位：元
资产	行次	年初数	期末数	负债及所有者权益	行次	年初数	期末数
流动资产：				流动负债：			
货币资金	1	776915.85	1046654.85	短期借款	19	653120.00	653120.00
应收票据	2	58520.00	65520.00	应付票据	20	0.00	0.00
应收账款	3	2012256.00	2032313.00	应付账款	21	3262500.00	3279040.00
减：坏账准备	4	58830.00	58830.00	预收账款	22	0.00	0.00
应收账款净额	5	1953426.00	1973483.00	其他应付款	23	0.00	0.00
其他应收款	6	85279.20	63679.20	应付工资	24	0.00	-3400.00
存货(其中:)	7	0.00	-380.00	应付福利费	25	8926.00	5626.00
材料	8	0.00	-380.00	应交税费	26	0.00	0.00
包装物	9	0.00	0.00	预提费用	27	0.00	36000.00
低值易耗品	10	0.00	0.00	其他流动负债	28		
库存商品	11	0.00	0.00	流动负债合计	29	3924546.00	3970386.00
待摊费用	12	614514.27	655586.27	所有者权益：			
流动资产合计	13	3488655.32	3804543.32	实收资本	30	251800.00	251800.00
固定资产：				资本公积	31	0.00	0.00
固定资产原值	14	657200.00	657200.00	盈余公积	32	0.00	0.00
累计折旧	15	0.00	0.00	利润分配	33	-8960.68	-24160.68
固定资产净值	16	657200.00	657200.00	所有者权益合计	34	242839.32	227639.32
固定资产合计	17	657200.00	657200.00				
资产合计	18	4145855.32	4461743.32	负债及所有者权益合计	35	494639.32	479439.32

素材文件：	光盘\素材文件\第 10 章\案例 02\总账表.accdb
结果文件：	光盘\结果文件\第 10 章\案例 02\资产负债表.xlsx
教学文件：	光盘\教学文件\第 10 章\案例 02.mp4

◇ 制作思路

在 Excel 中导入并分析“资产负债表”的流程与思路如下所示。

一 **导入 Access 数据**：通过获取外部数据的方法，将 Access 数据导入 Excel 中。

二 **定义名称和制作资产负债表**：为了能快速从总账表中查找出资产负债表各项目的数据，需要将单元格定义为指定的名称。

三 **使用公式计算资产负债表数据**：使用 SUMIF 函数、VLOOKUP 函数、SUM 函数以及自定义公式的方法计算出资产负债表的数据。

◇ 具体步骤

制作资产负债表需要根据总账表的数据进行操作，下面介绍如何将 Access 数据导入 Excel，然后在总账表中定义名称、在负债表中输入框架名称、添加边框线、使用自定义公式以及自动填充等功能制作资产负债表。

1. 导入 Access 数据源

Access 数据是指利用 Microsoft Office Access 程序创建的数据库。Access 程序是一种更专业、功能更强大的数据处理软件，它能快速地处理一系列数据，主要用于大型数据的存放或查询等。具体操作步骤如下。

第 1 步：执行导入 Access 数据的操作。

启动 Excel 程序并保存为“资产负债表”，❶单击“数据”选项卡；❷单击“获取外部数据”工作组中的“自 Access”按钮，如下图所示。

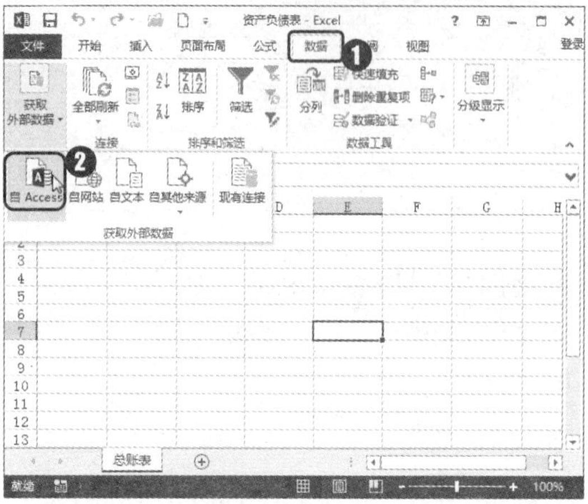

第 2 步：选择要导入的 Access 文件。

打开“选取数据源”对话框，❶单击选择文件存放的路径；❷单击选中“总账表”文件；❸单击“打开”按钮，如下图所示。

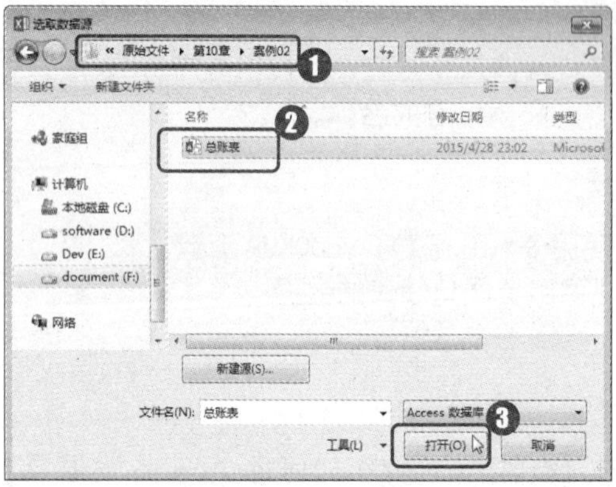

第 3 步：选择要导入的 Access 文件。

打开“导入数据”对话框，❶在“现有工作表”文本框中输入“=总账表!$A$2”；❷单击“确定”按钮，如下图所示。

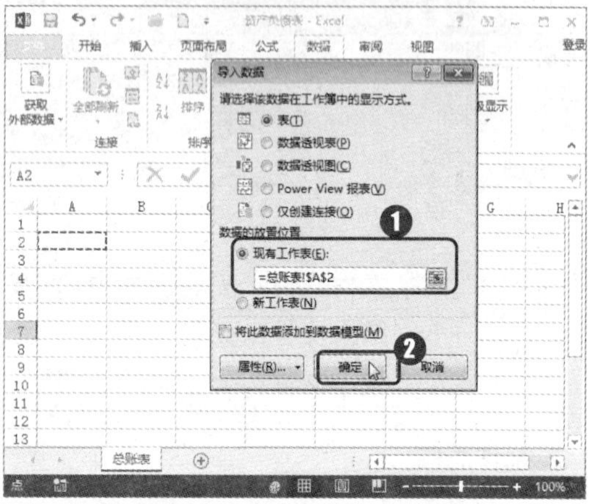

第 4 步：显示导入 Access 数据效果。

经过以上操作，即可将 Access 文件中的总账表数据导入 Excel 表格，效果如下图所示。

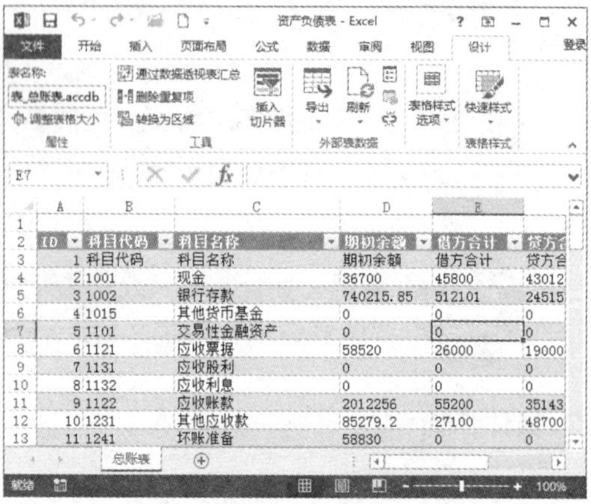

2. 分析资产负债表

在分析资产负债表之前，首先需要对导入的总账表数据进行编辑和处理，然后再建立资产负债表，使用函数计算出相关数据。

（1）编制导入数据表

将 Access 数据导入 Excel 中，需要重新设置字体格式、删除行列、转换区域和设置数据类型等相关内容。具体操作步骤如下。

第 1 步：执行删除命令。

❶右击 A 列；❷在弹出的快捷菜单中选择“删除”命令，如下图所示。

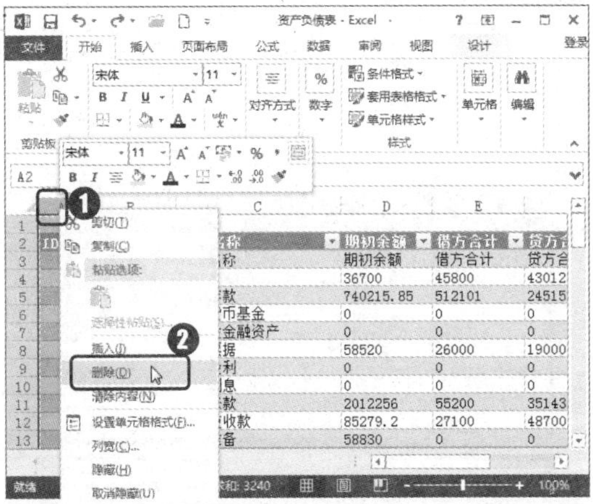

第 2 步：执行合并后居中命令。

❶选择 A1:G1 单元格区域；❷单击“合并后居中”按钮，如下图所示。

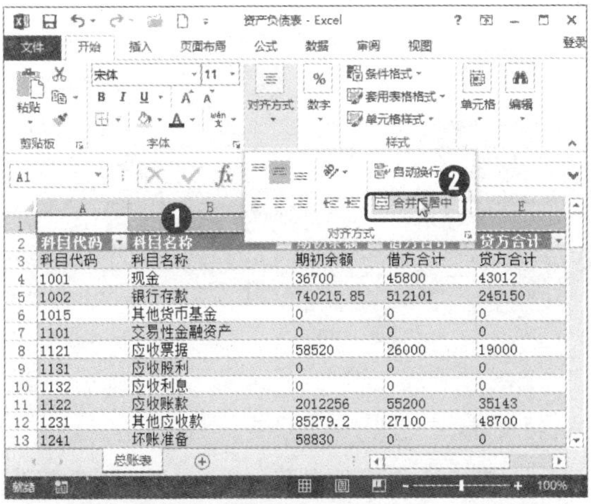

第 3 步：设置标题字体格式。

❶选中 A1 单元格；❷在“字体”工作组中设置标题文字的字体格式，如下图所示。

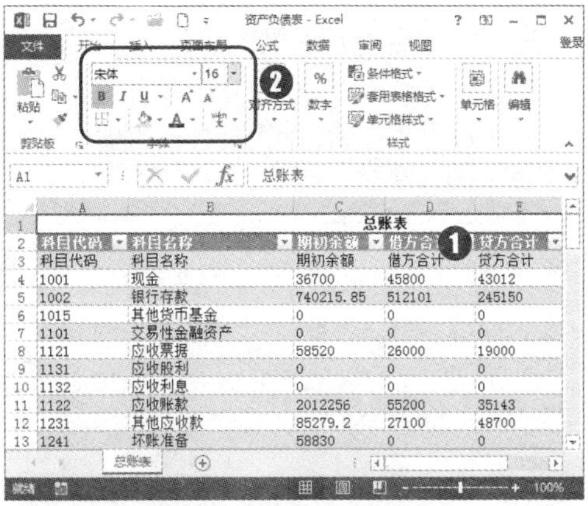

第 4 步：执行转换为区域命令。

❶选择 B2:G2 单元格区域；❷单击“设计”选项卡；❸单击“工具”工作组中的“转换为区域”按钮，如下图所示。

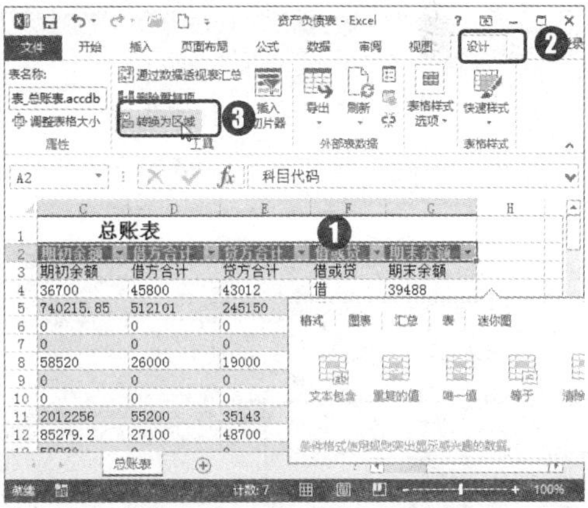

第 5 步：确认转换操作。

打开“Microsoft Excel”提示框，单击“确定”按钮，如下图所示。

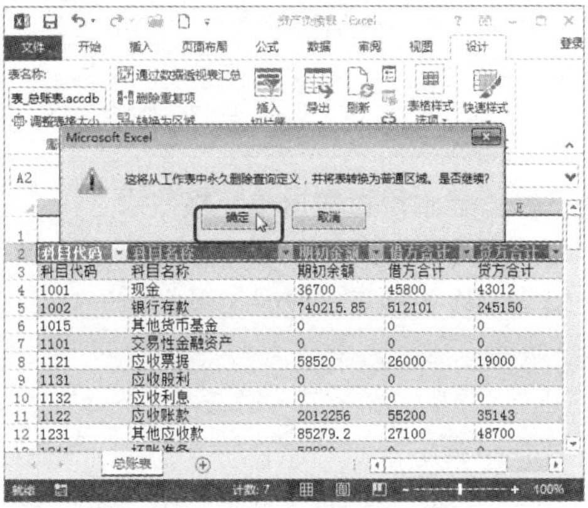

第 6 步：执行启动对话框的操作。

❶选择 C4:E82、G4:G82 单元格区域；❷单击“数字”工作组中的对话框开启按钮 ，如下图所示。

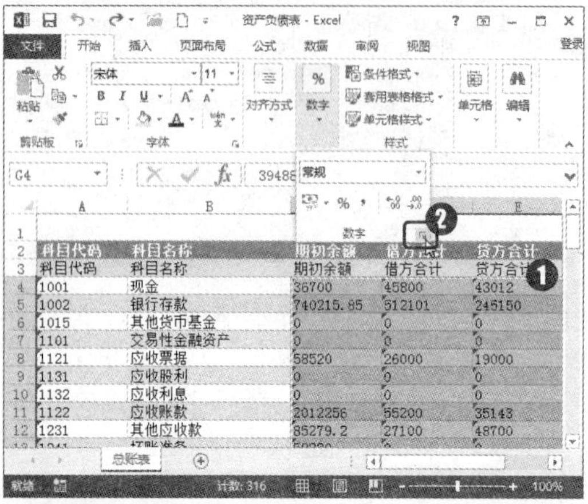

第 7 步：选择货币样式。

❶单击“分类”列表框中“货币”选项；❷设置货币小数位数和样式；❸单击“确定”按钮，如下图所示。

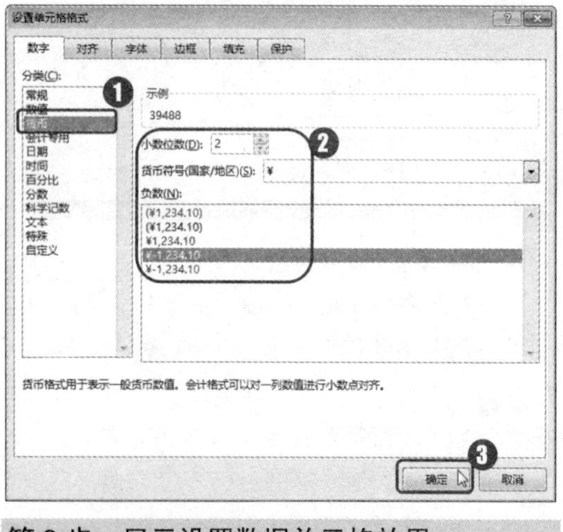

第 8 步：显示设置数据单元格效果。

设置完单元格区域的数据类型后，还是会以文本格式显示，此时可以在单元格中双击让单元格处于编辑状态，重新编辑一次即可将数据类型更改过来，效果如下图所示。

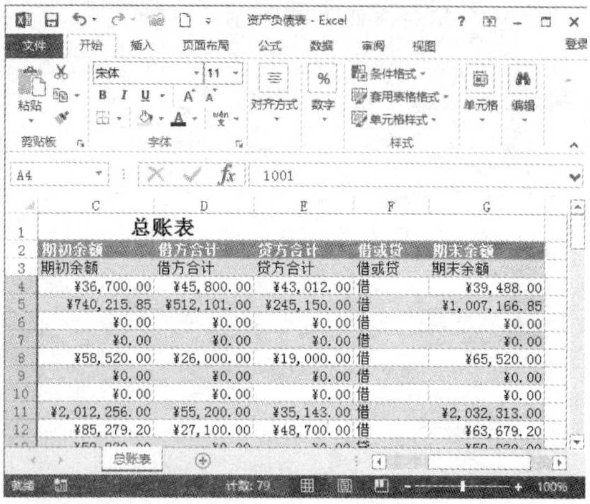

第 9 步：选择数字选项。

❶选择 A4:A82 单元格区域；❷单击“数字”工作组中的“常规”右侧的下拉按钮；❸单击“数字”选项，如下图所示。

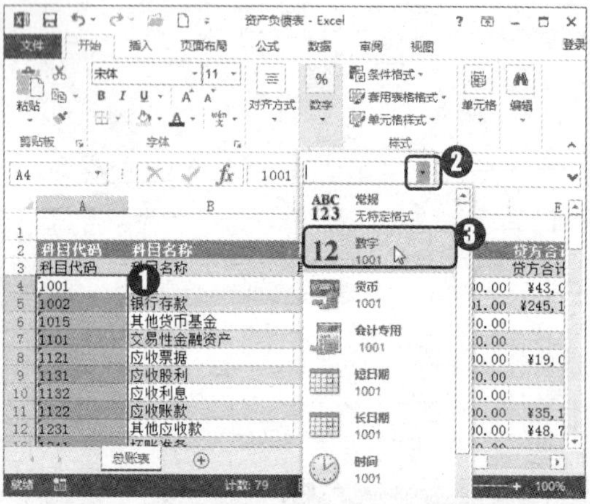

第 10 步：执行减少小数位数的操作。

❶双击编辑 A4:A82 单元格区域；❷单击“数字”工作组中的“减少小数位数”按钮 ，如下图所示。

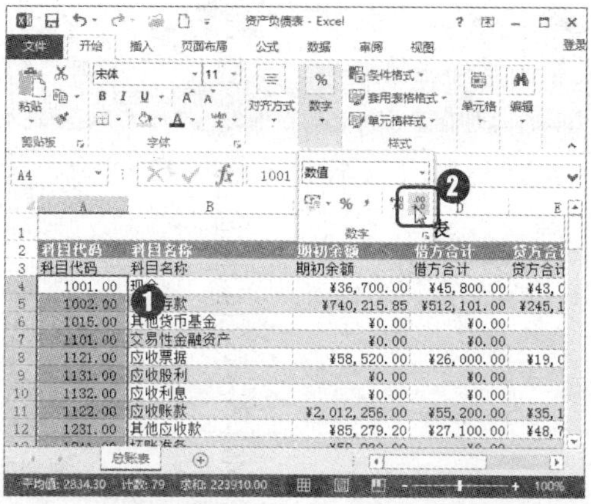

第 11 步：执行删除命令。

❶选中第 3 行，在行标上单击鼠标右键；❷在弹出的快捷菜单中选择“删除”命令，如下图所示。

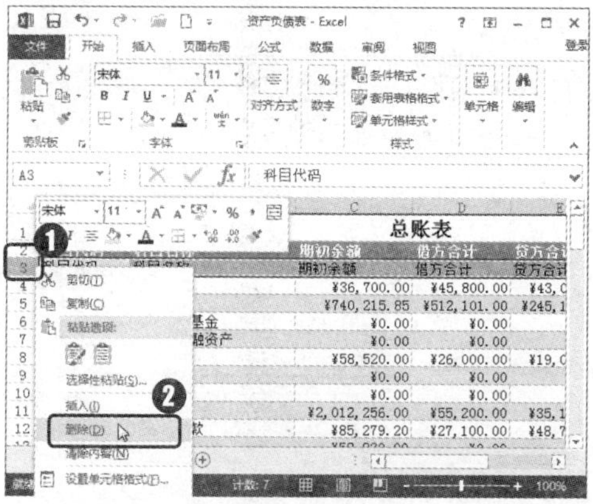

第 12 步：显示编辑表格的效果。

经过以上操作，编辑导入的数据表格效果如下图所示。

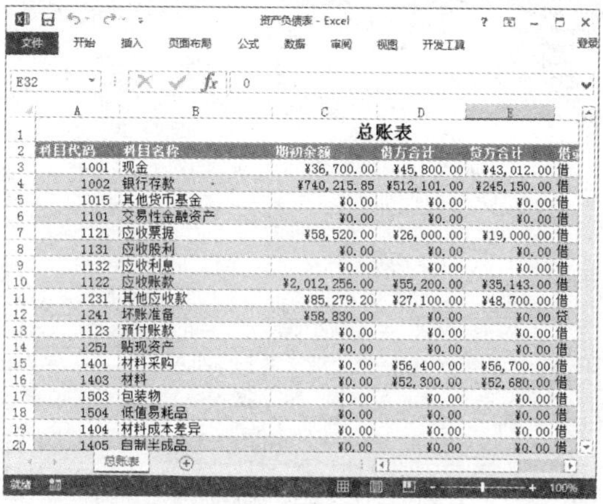

（2）定义总账表的名称

为了避免在引用总账表中的数据区域时出错，可以先将要计算的区域进行定义名称。下面，介绍定义单元格的名称，具体操作步骤如下。

第 1 步：执行名称管理器命令。

❶单击“公式”选项卡；❷单击“定义的名称”工作组中的“名称管理器”按钮，如右图所示。

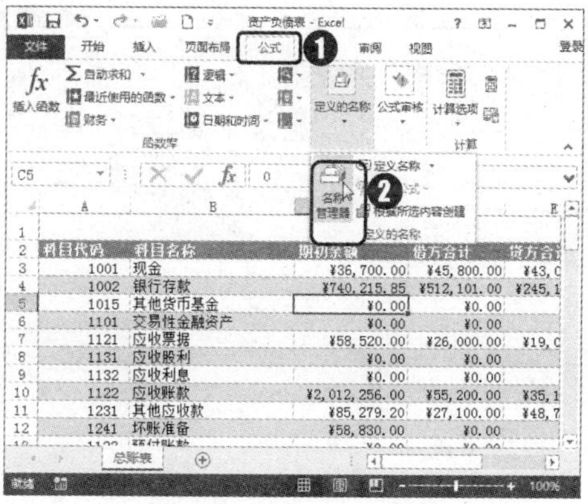

第 2 步：单击新建按钮。

打开“名称管理器”对话框，单击“新建”按钮，如下图所示。

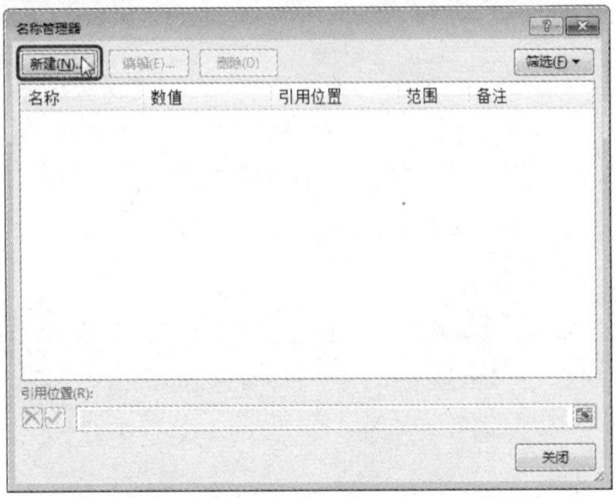

第 3 步：设置第 1 个定义的名称。

打开“新建名称”对话框，❶在“名称”框中输入定义区域的名称；❷在“引用位置”框中选择表格区域；❸单击“确定”按钮，如下图所示。

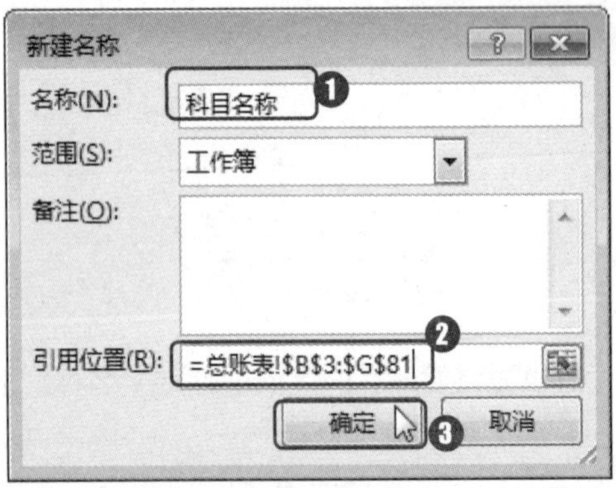

第 4 步：单击新建按钮。

返回“名称管理器”对话框，单击“新建”按钮，如下图所示。

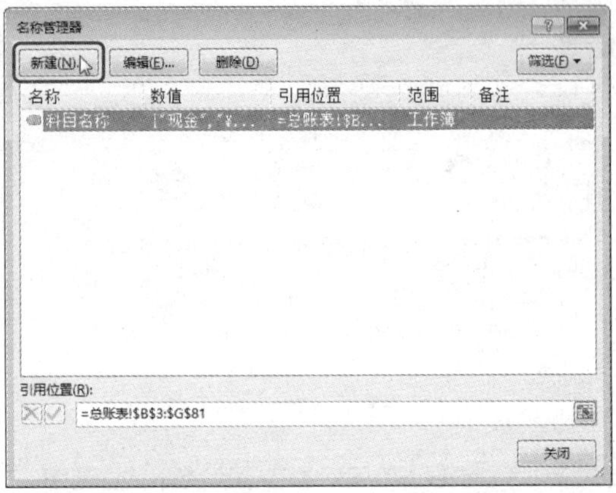

第 5 步：设置第 2 个定义的名称。

打开“新建名称”对话框，❶在“名称”框中输入定义区域的名称；❷在“引用位置”框中选择表格区域；❸单击“确定”按钮，如下图所示。

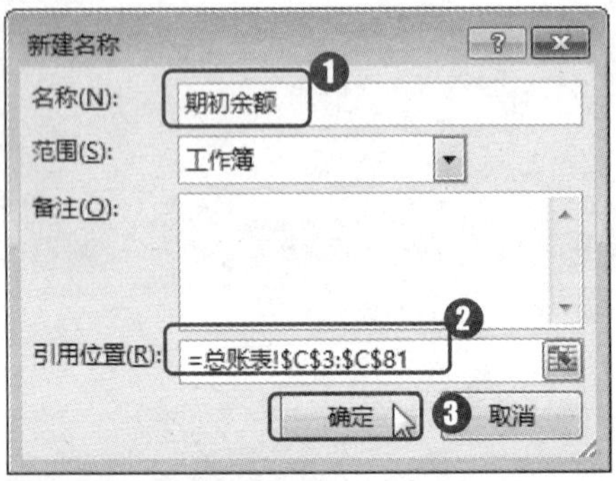

第 6 步：单击新建按钮。

返回“名称管理器”对话框，单击“新建”按钮，如下图所示。

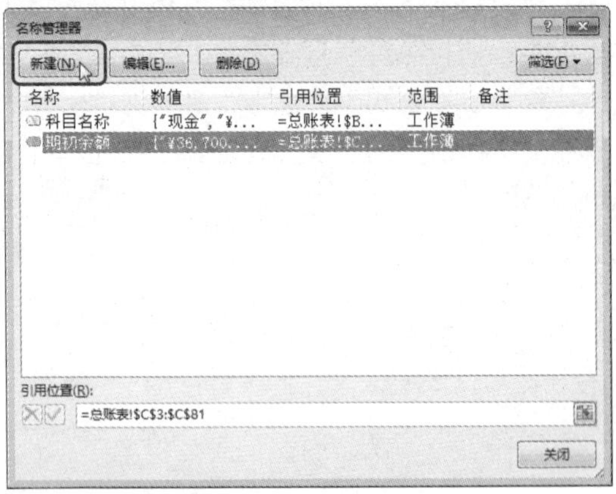

第 7 步：设置第 3 个定义的名称。

打开“新建名称”对话框，❶在“名称”框中输入名称；❷在“引用位置”框中选择表格区域；❸单击“确定”按钮，如下图所示。

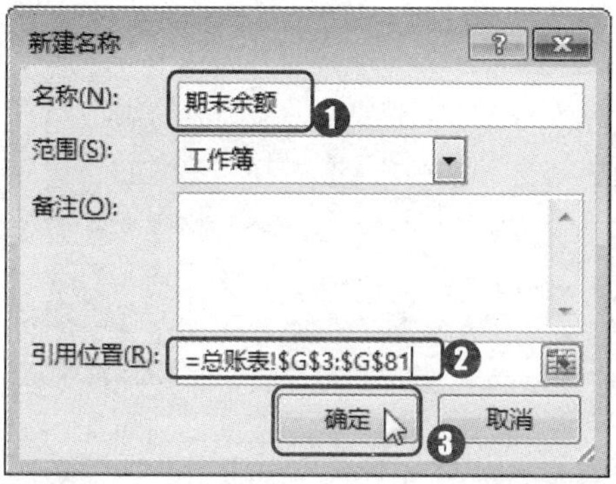

第 8 步：关闭对话框。

返回“名称管理器”对话框，单击“关闭”按钮，如下图所示。

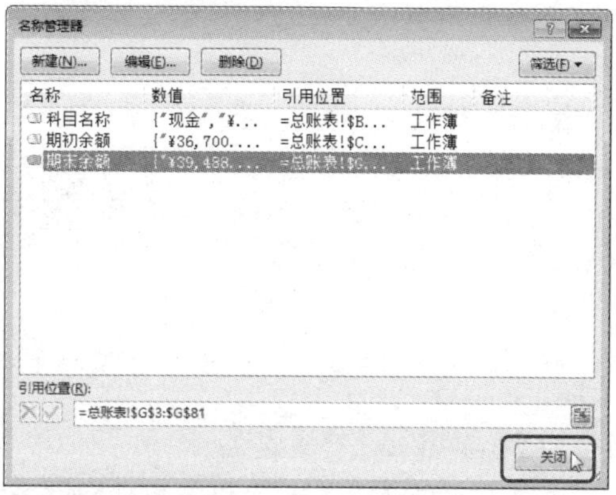

知识拓展

如果定义的单元格区域或名称出错了，可以直接选中定义的名称选项，单击编辑按钮，重新选择定义的即可。

（3）制作资产负债表

资产负债表是根据总账表的数据进行计算的，在计算之前，首先需要将资产负债表的各项名称罗列出来。下面，介绍如何制作资产负债表的框架，具体操作步骤如下。

第 1 步：执行新建工作表的操作。

定义完总账表的名称后，单击“总账表”工作表右侧的“新工作表”按钮⊕，如下图所示。

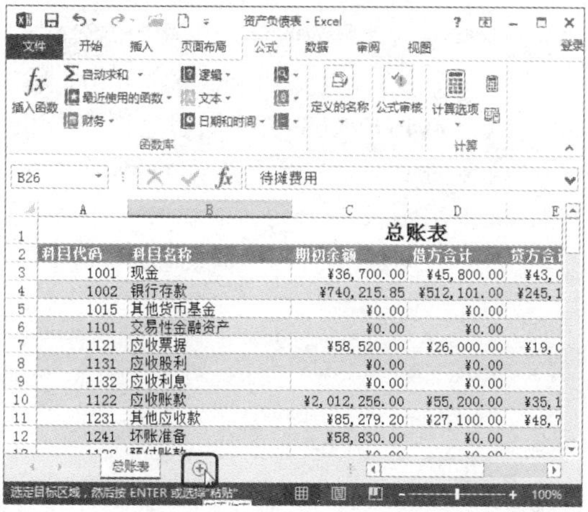

第 2 步：输入资产负债表的信息。

在“Sheet2”工作表中录入下图所示的资产负债表内容。

第 3 步：执行所有框线命令。

❶选择 A1:H23 单元格区域；❷单击“下框线”右侧下拉按钮；❸单击“所有框线”命令，如右图所示。

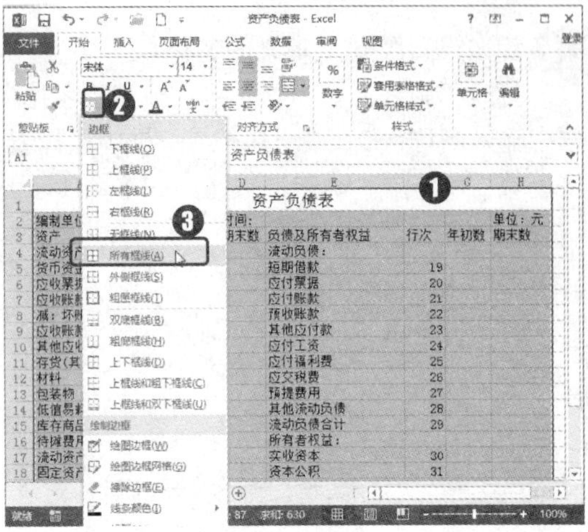

（4）编辑资产负债表

“资产负债表”的基本框架设计完成，接下来对输入“资产负债表”中的相关类别数据进行计算，具体操作步骤如下。

第 1 步：输入计算货币资金年初数的公式。

❶选中存放计算结果的 C5 单元格，输入公式“=SUMIF (总账表!$A$3:$A$81,"<1100",期初余额)”；❷单击“编辑栏”中的“✔”按钮，如下图所示。

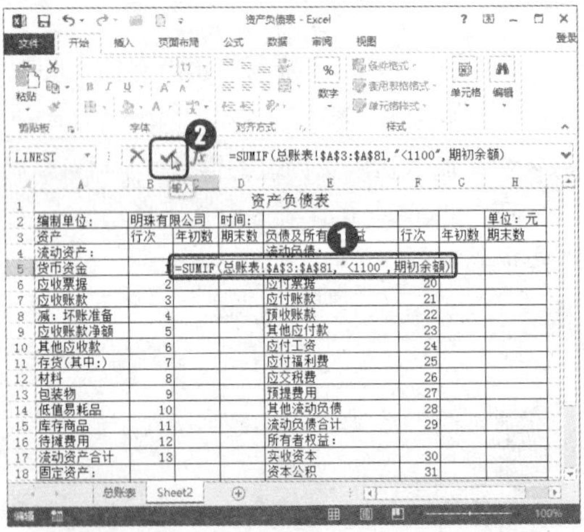

第 2 步：输入计算货币资金期末数的公式。

❶选中存放计算结果的 D5 单元格输入公式“=SUMIF (总账表!$A$3:$A$81,"<1100",期末余额)”；❷单击“编辑栏”中的“✔”按钮，如下图所示。

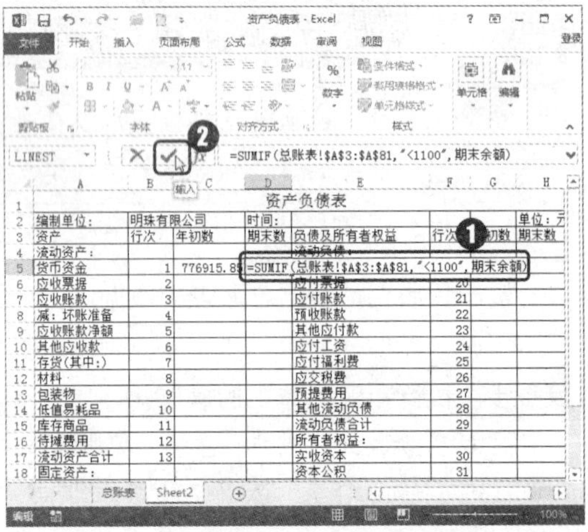

第 3 步：输入计算应收票据年初数的公式。

❶选中存放计算结果的 C6 单元格，输入公式“=VLOOKUP($A6,科目名称:期初余额,2,0)”；❷单击“编辑栏”中的“✔”按钮，如下图所示。

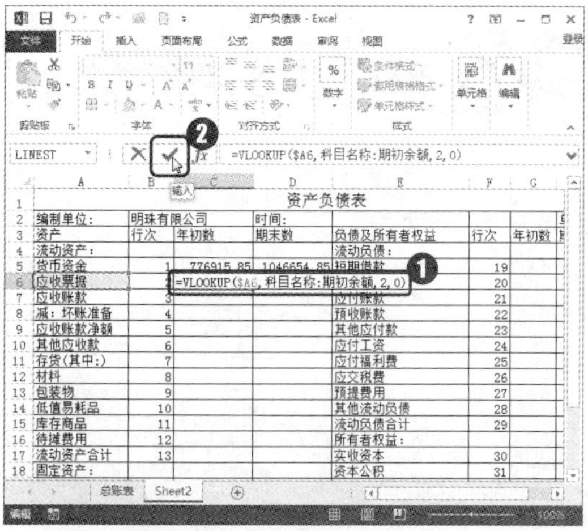

第 4 步：输入计算应收票据期末数的公式。

❶选中存放计算结果的 D6 单元格，输入公式“=VLOOKUP($A6,科目名称:期末余额,6,0)”；❷单击“编辑栏”中的“✔”按钮，如下图所示。

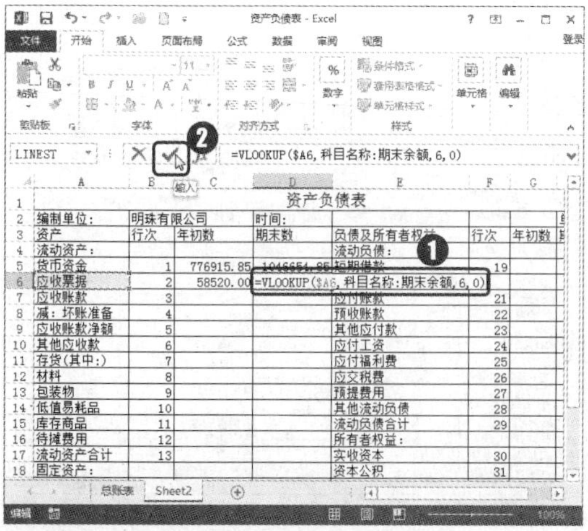

第 5 步：拖动填充计算公式。

❶选择 C6 和 D6 单元格；❷按住左键不放向下拖动填充公式，如下图所示。

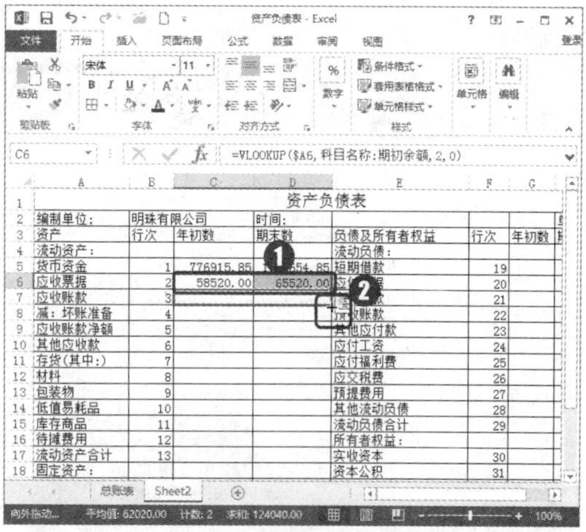

第 6 步：输入“减：坏账准备”年初数的公式。

❶选中存放计算结果的 C8 单元格，输入公式“=SUMIF(总账表!$A$3:$A$81,"=1241",期初余额)”；❷单击“编辑栏”中的“✔”按钮，如下图所示。

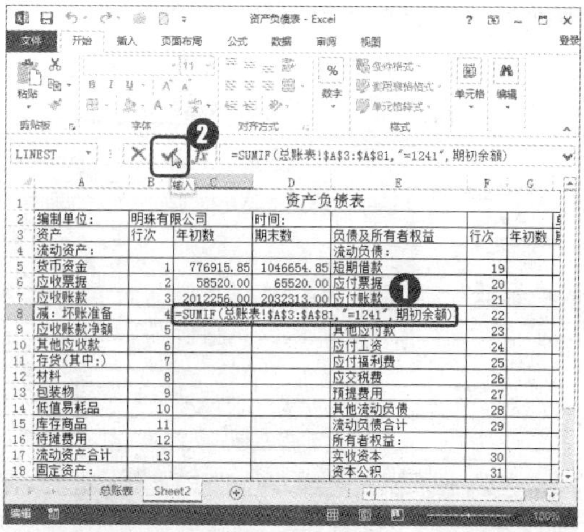

第 7 步：输入计算折旧公式

❶选中存放计算结果的 D8 单元格，输入公式“=SUMIF(总账表!$A$3:$A$81,"=1241",期末余额)”；❷单击“编辑栏”中的“✔”按钮，如下图所示。

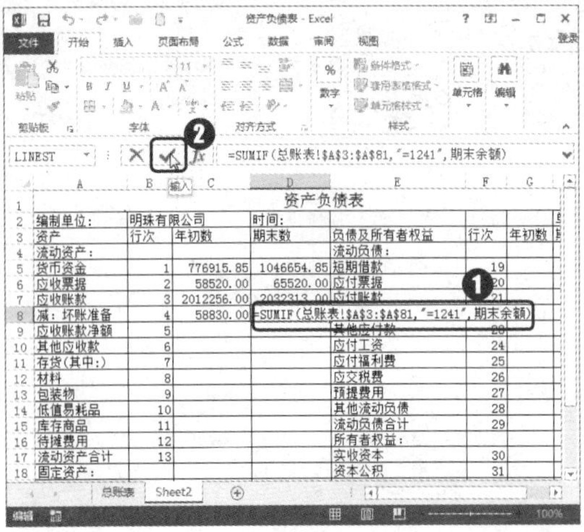

第 8 步：输入应收账款净额公式。

❶在 C9 单元格中输入公式“=C7-C8”；❷单击“编辑栏”中的“✔”按钮，如下图所示。

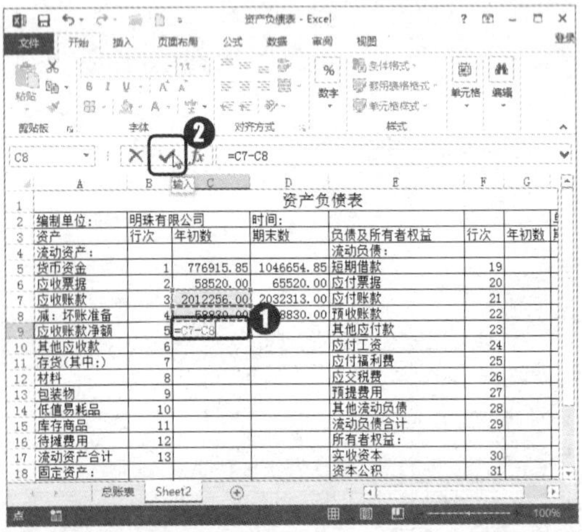

第 9 步：填充计算公式。

❶选择 C9 单元格；❷按住左键不放向右拖动填充公式，如下图所示。

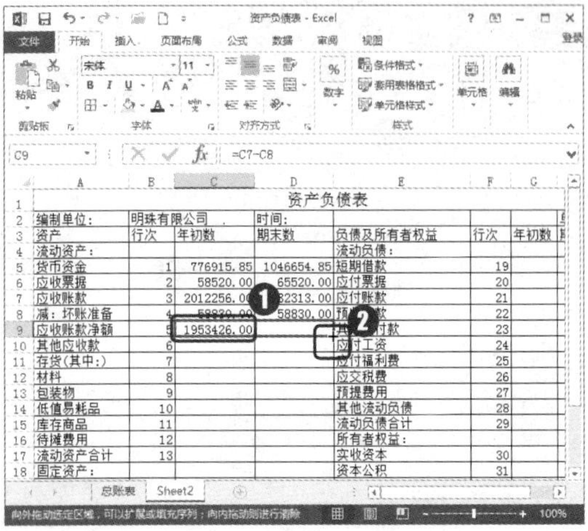

第 10 步：输入其他应收款的公式。

在 C10 单元格中输入公式“=VLOOKUP ($A10,科目名称:期初余额,2,0)；在 D10 单元格中输入公式“=V LOOKUP ($A10,科目名称:期末余额,6,0),按【Enter】键查找出数据，如下图所示。

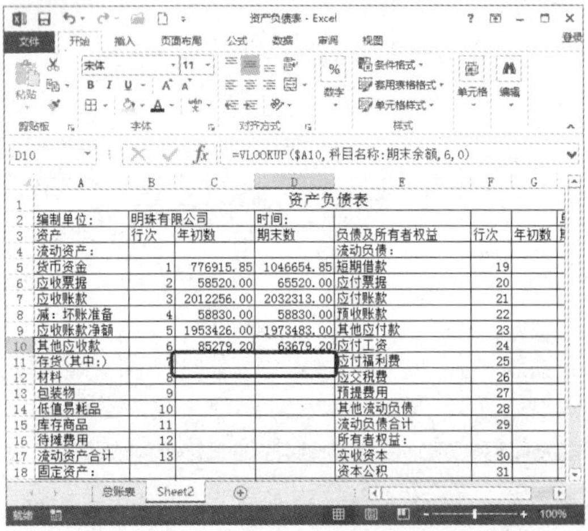

第 11 步：输入计算材料年初数的公式。

❶在存放计算结果的 C12 单元格中输入公式“=VLOOKUP($A12,科目名称:期初余额,2,0)”；❷单击“编辑栏”中的“✔”按钮，如下图所示。

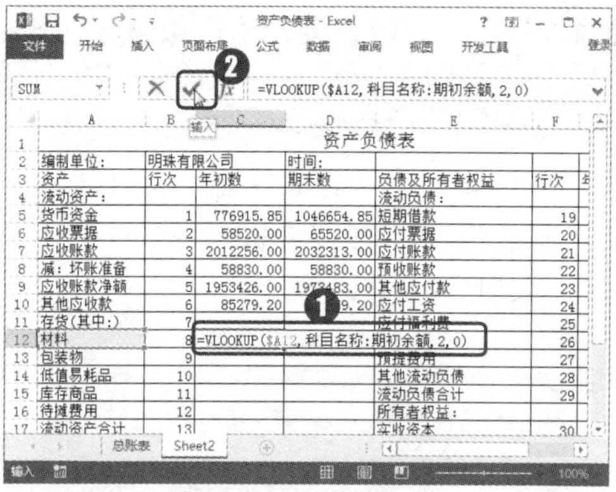

第 12 步：输入材料期末数的公式。

❶在存放计算结果的 D12 单元格中输入公式“=VLOOKUP($A12,科目名称:期末余额,6,0)”；❷单击“编辑栏”中的“✔”按钮，如下图所示。

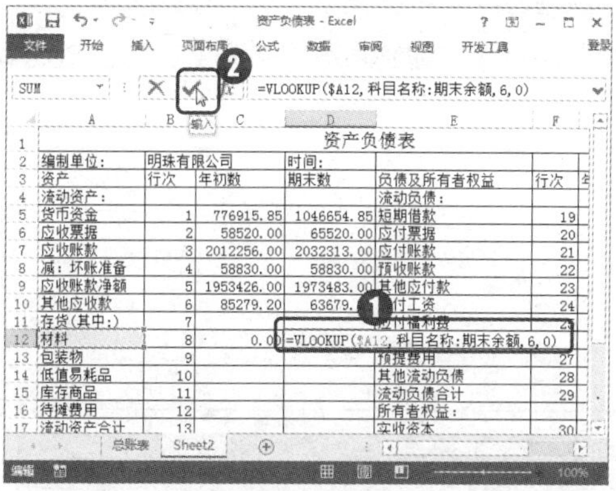

第 13 步：拖动填充计算公式。

❶选择 C12 和 D12 单元格；❷按住左键不放向下拖动填充公式，如下图所示。

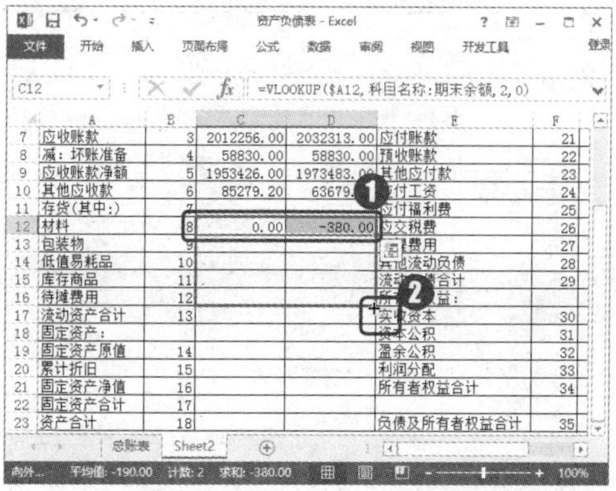

第 14 步：输入计算存货的公式。

❶在存放计算结果的 C11 单元格中输入公式“=SUM(C12:C15)”；❷单击“编辑栏”中的“✔”按钮，如下图所示。

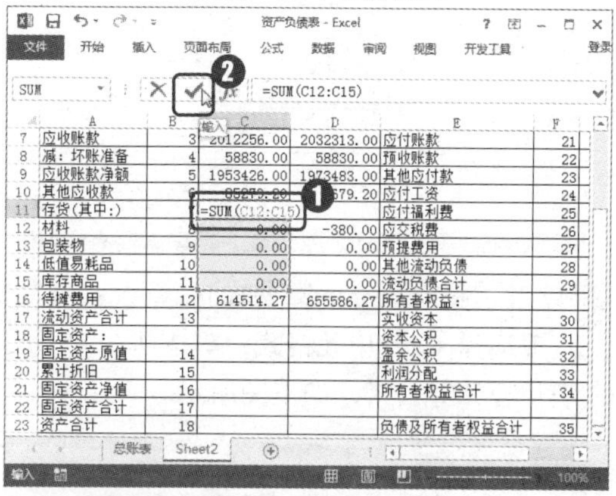

第 15 步：拖动填充计算公式。

❶选择 C11 单元格；❷按住左键不放向右拖动填充公式，如右图所示。

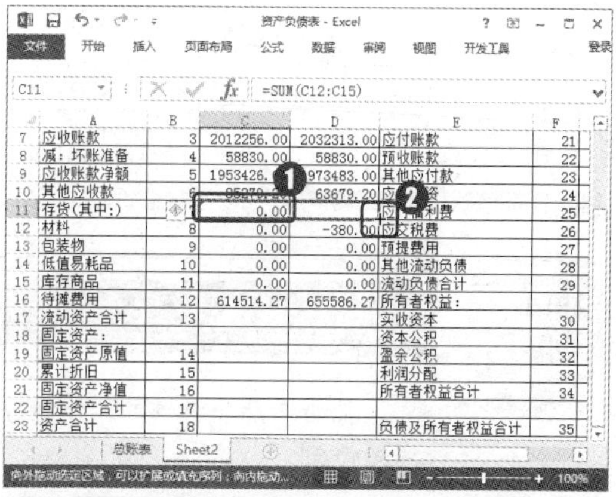

第 16 步：输入计算流动资产合计的公式。

❶在存放计算结果的 C17 单元格中输入公式“=C5+C6+C9+C10+C11+C16”；❷单击“编辑栏”中的“✔”按钮，如下图所示。

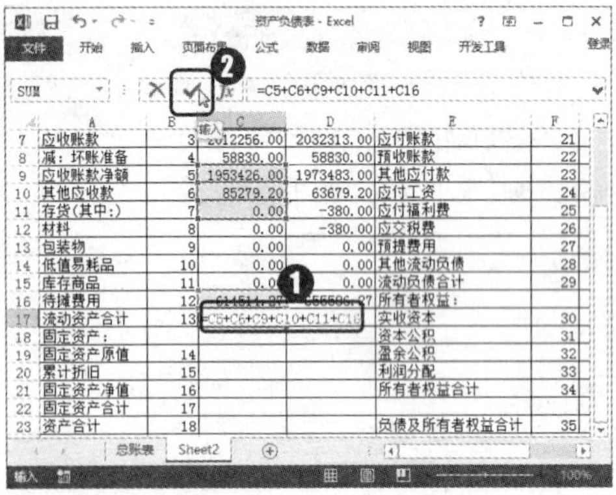

第 17 步：拖动填充计算公式。

❶选择 C17 单元格式；❷按住左键不放向右填充计算公式，如下图所示。

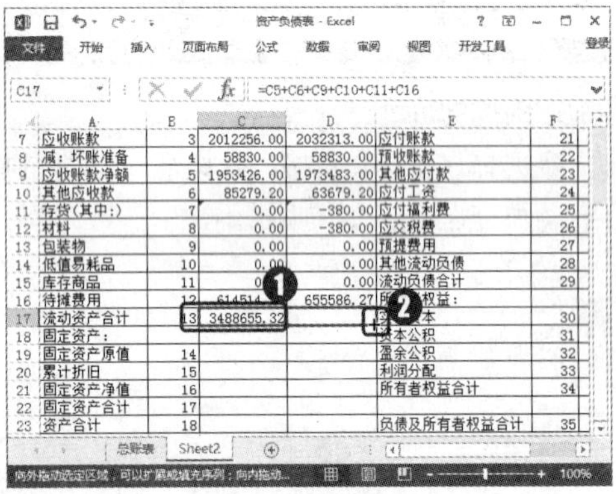

第 18 步：输入计算固定资产原值年初数的公式。

❶选中存放计算结果的 C19 单元格，输入公式“=SUMIF(总账表!$A$3:$A$81,"1601",期初余额)”；❷单击“编辑栏”中的“✔”按钮，如下图所示。

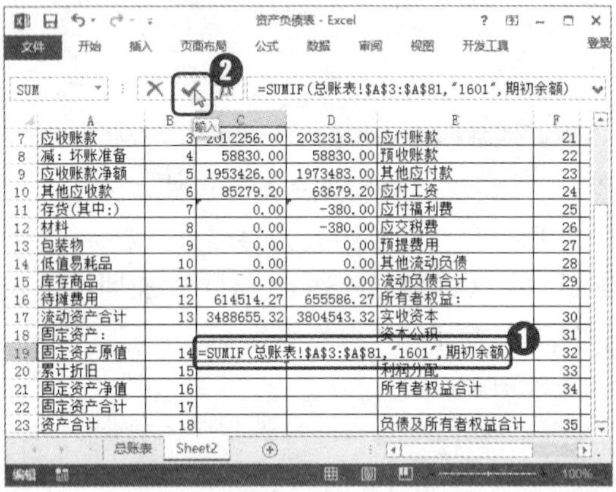

知识拓展

流动资产合计公式

流动资产合计=货币资金+应收票据+应收账款净额+其他应收款+存货+待摊费用。

第 19 步：输入计算固定资产原值期末数的公式。

❶选中存放计算结果的 D19 单元格，输入公式“=SUMIF(总账表!$A$3:$A$81,"1601",期末余额)”；❷单击“编辑栏”中的“✔”按钮，如右图所示。

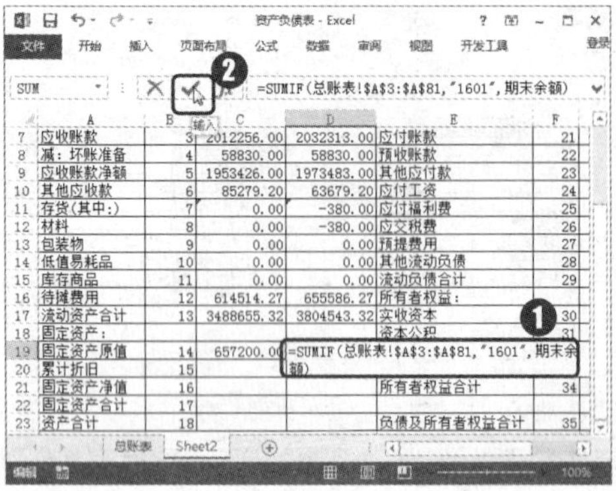

第 20 步：输入计算累计折旧年初数的公式。

❶选中存放计算结果的 C20 单元格，输入公式“=VLOOKUP($A20,科目名称:期初余额,2,0)”；❷单击“编辑栏”中的“✔”按钮，如下图所示。

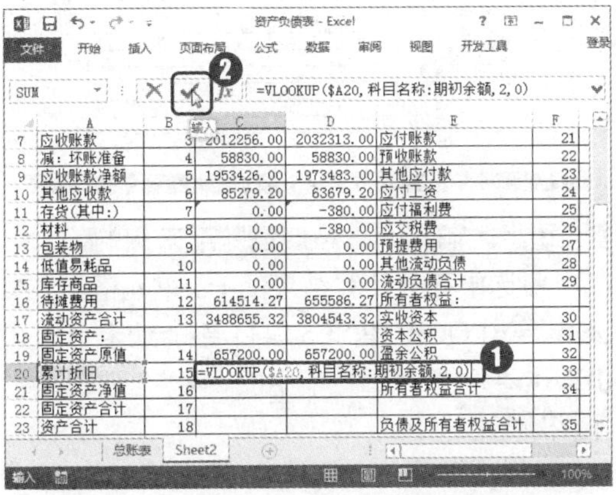

第 21 步：输入计算累计折旧期末数的公式。

❶选中存放计算结果的 D20 单元格，输入公式“=VLOOKUP($A20,科目名称:期末余额,6,0)”；❷单击“编辑栏”中的“✔”按钮，如下图所示。

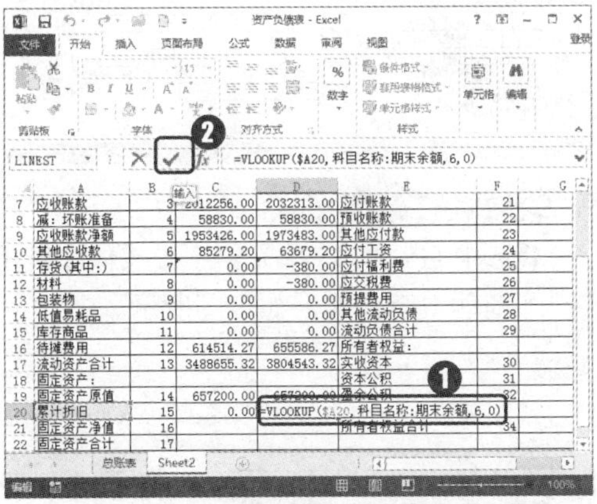

第 22 步：输入计算固定资产净值的公式。

❶在 C21 单元格输入公式“=C19-C20”；❷单击“编辑栏”中的“✔”按钮，如下图所示。

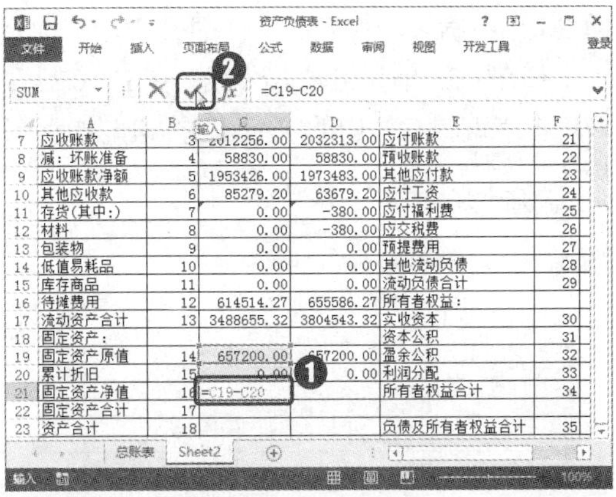

第 23 步：填充计算公式。

❶选中存放计算结果的 C21 单元格；❷按住左键不放向右拖动填充公式，如下图所示。

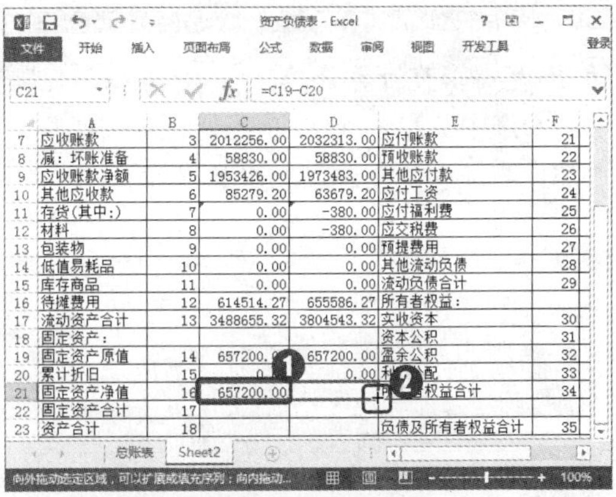

第 24 步：输入计算固定资产合计的公式。

❶在 C22 单元格输入公式“=C21”；❷单击“编辑栏”中的“✔”按钮，如下图所示。

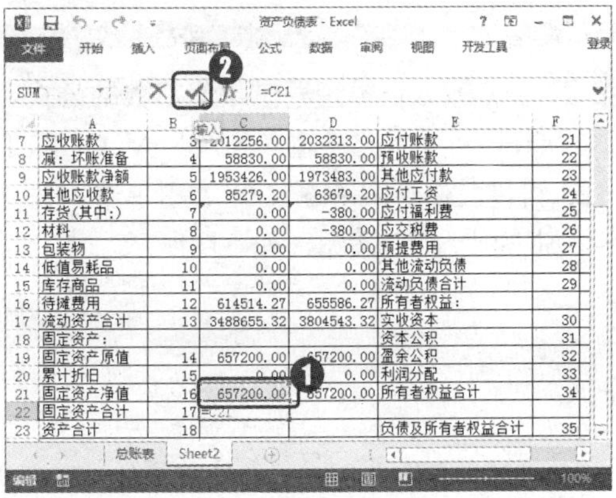

第 25 步：输入计算资产合计的公式。

❶在 C23 单元格输入公式“=C17+C22”；❷单击“编辑栏”中的“✔”按钮，如下图所示。

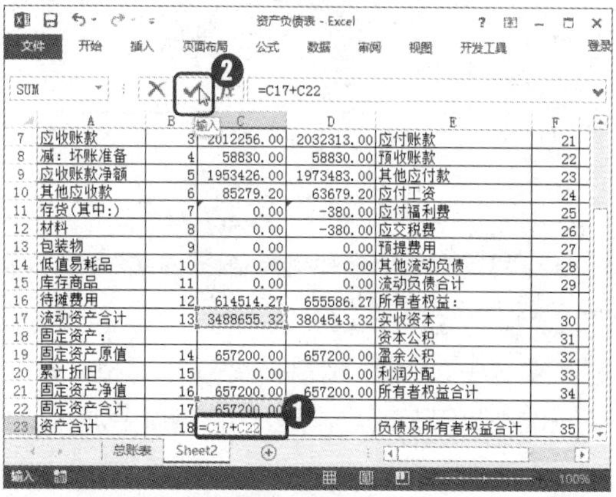

第 26 步：填充计算公式。

❶选中 C22 和 C23 单元格；❷按住左键不放向右拖动填充公式，如下图所示。

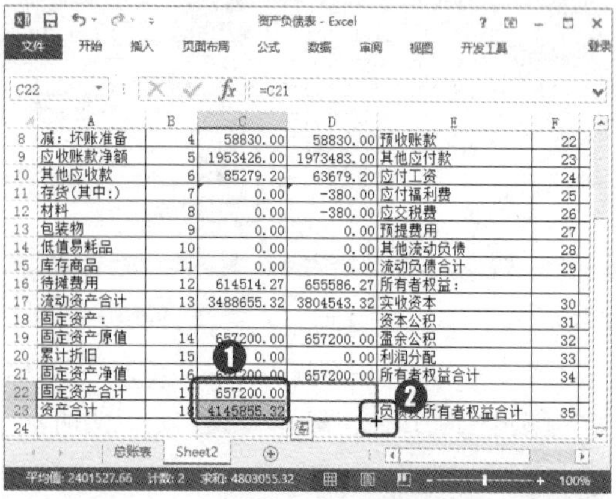

第 27 步：输入计算短期借款年初数的公式。

❶在 G5 单元格中输入公式“=VLOOKUP($E5,科目名称:期初余额,2,0)”；❷单击“编辑栏”中的“✔”按钮，如下图所示。

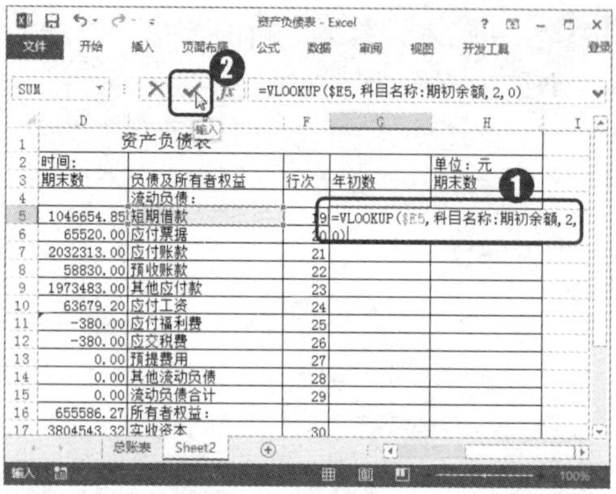

第 28 步：输入计算短期借款期末数的公式。

❶选中存放计算结果的 H5 单元格，输入公式“=VLOOKUP($E5,科目名称:期末余额,6,0)”；❷单击“编辑栏”中的“✔”按钮，如下图所示。

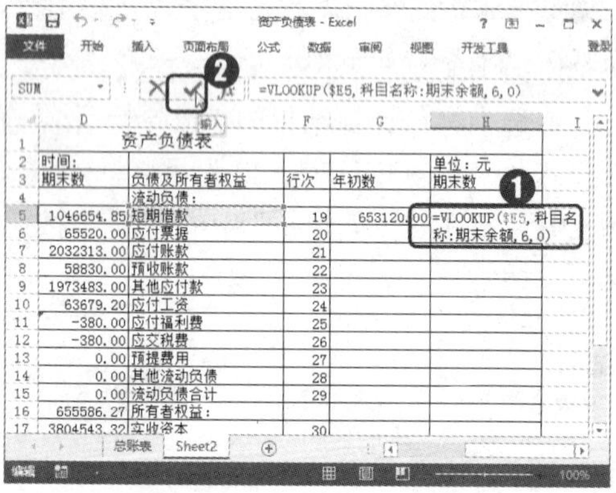

第 29 步：填充计算公式。

❶选中 G5 和 H5 单元格；❷按住左键不放向下拖动填充公式，如下图所示。

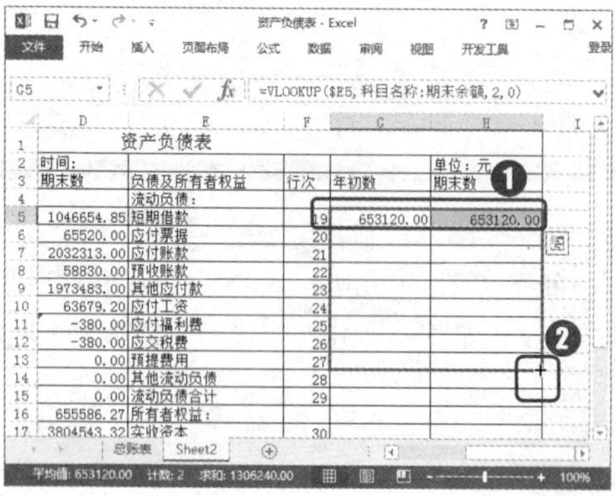

第 30 步：输入计算流动负债合计公式。

❶选中存放计算结果的 G15 单元格，输入公式“=SUM(G5:G14)”；❷单击“编辑栏”中的“✔”按钮，如下图所示。

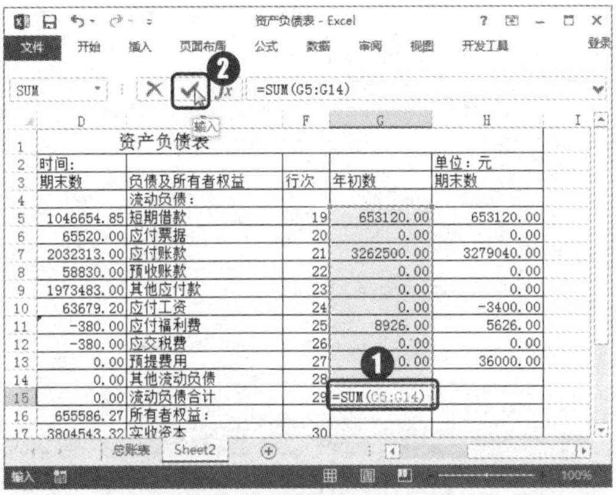

第 31 步：填充计算公式。

❶选中存放计算结果的 G15 单元格；❷按住左键不放向右拖动填充公式，如下图所示。

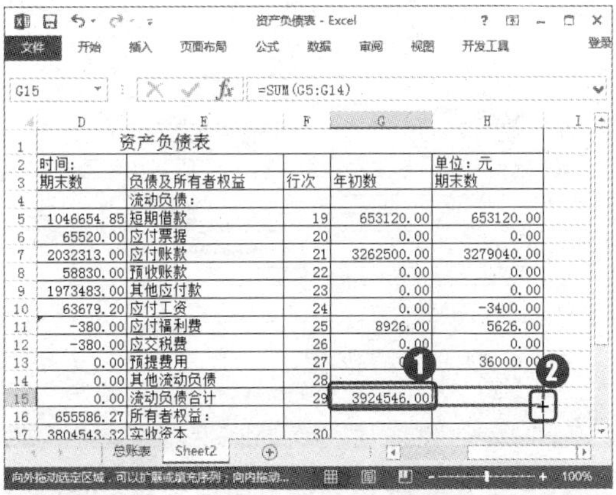

第 32 步：输入计算实收资本年初数的公式。

❶选中存放计算结果的 G17 单元格，输入公式“=SUMIF(总账表!$A$3:$A$81,"4001",期初余额)”；❷单击“编辑栏”中的“✔”按钮，如下图所示。

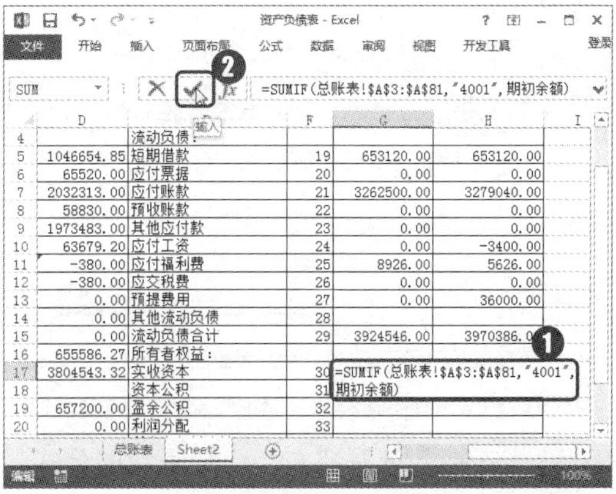

第 33 步：输入计算实收资本期末数的公式。

❶选中存放计算结果的 H17 单元格，输入公式“=SUMIF(总账表!$A$3:$A$81,"4001",期末余额)”；❷单击“编辑栏”中的“✔”按钮，如下图所示。

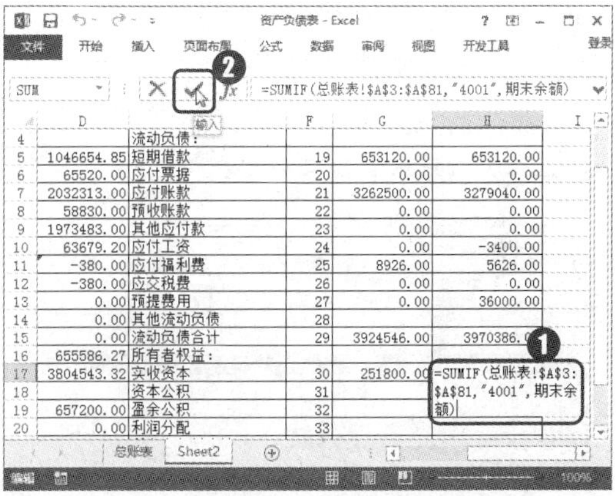

第 34 步：输入计算资本公积年初数的公式。

❶选中存放计算结果的 G18 单元格，输入公式“=VLOOKUP($E18,科目名称:期初余额,2,0)”；❷单击“编辑栏”中的“✔”按钮，如下图所示。

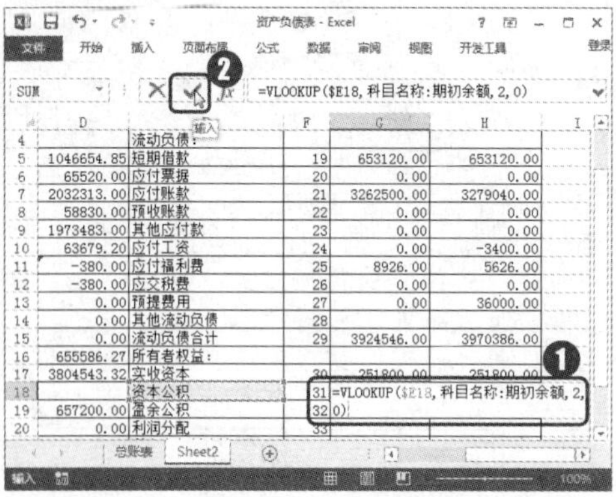

第 35 步：输入计算资本公积期末数的公式。

❶选中存放计算结果的 H18 单元格，输入公式“=VLOOKUP($E18,科目名称:期末余额,6,0)”；❷单击“编辑栏”中的“✔”按钮，如下图所示。

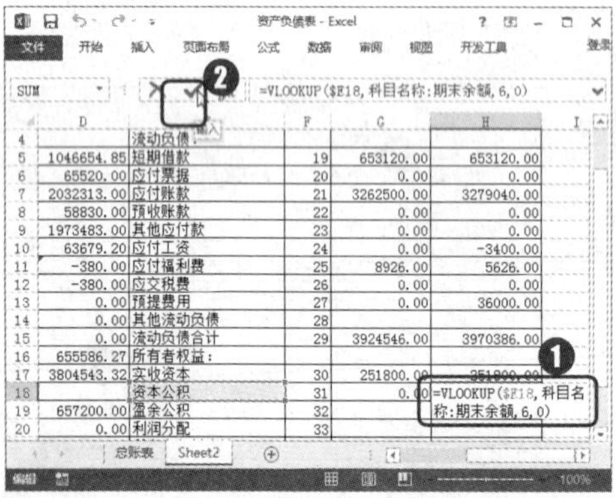

第 36 步：填充计算公式。

❶选择 G18 和 H18 单元格；❷按住左键不放向下拖动填充公式，如下图所示。

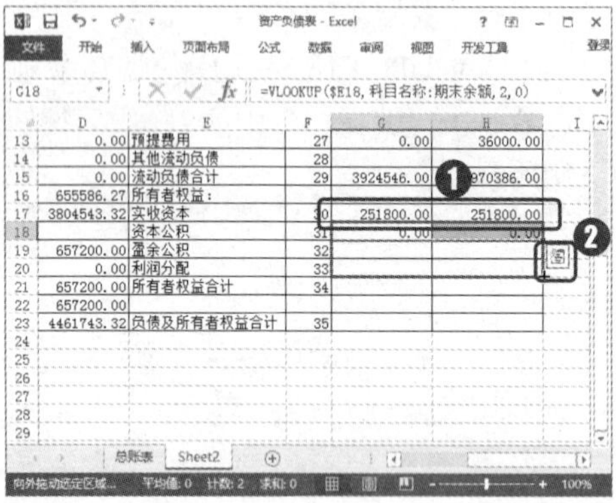

第 37 步：输入计算所有者权益合计公式。

❶在存放计算结果的 G21 单元格中输入公式“=SUM(G17:G20)”；❷单击“编辑栏”中的“✔”按钮，如下图所示。

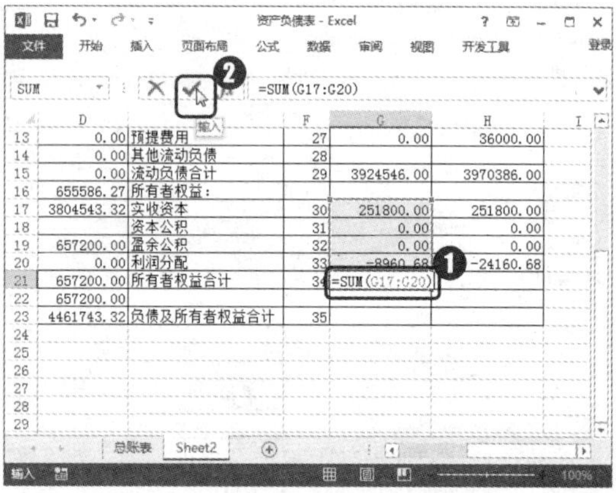

第 38 步：填充计算公式。

❶选中存放计算结果的 G21 单元格；❷按住左键不放向右拖动填充公式，如下图所示。

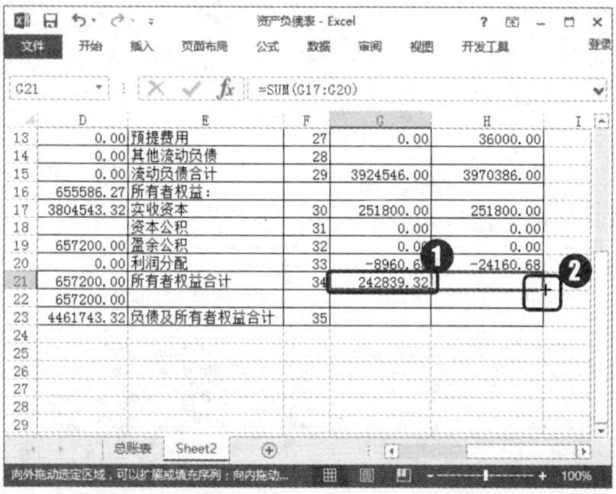

第 39 步：输入计算负债及所有者权益合计公式。

❶在存放计算结果的 G23 单元格输入公式“=G17+G21”；❷单击“编辑栏”中的“✔”按钮，如下图所示。

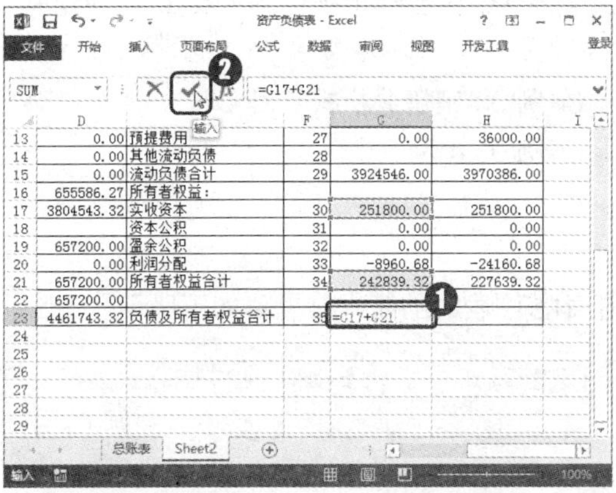

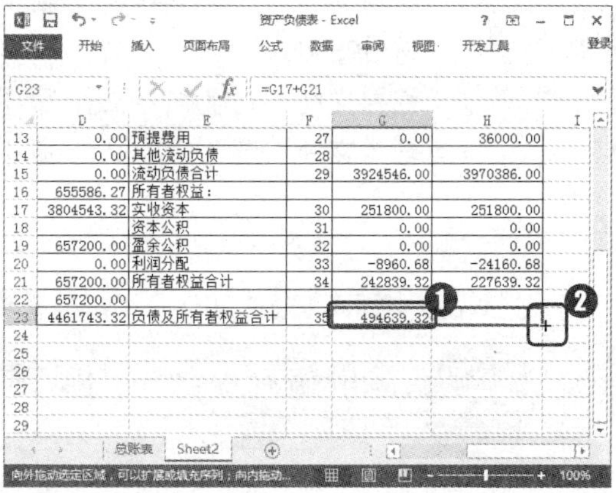

第 40 步：填充计算公式。

❶选中存放计算结果的 G23 单元格；❷按住左键不放向右拖动填充公式，如下图所示。

案例 03　在制作的报告中嵌入数据及图表

◇ 案例概述

Word 和 Excel 是最常用的办公软件，前者是作为排版编辑的软件，后者是用于表格处理和分析的软件，在某些情况下，我们可能需要同时运用这两个软件。例如，本例的报告文档中，就需要嵌入 Excel 的数据到 Word 文档中，并且利用这些数据来制作图表。

本案例主要是以对象的方式，将表格插入 Word 软件中，然后通过编辑对象，创建图表，效果如下图所示。

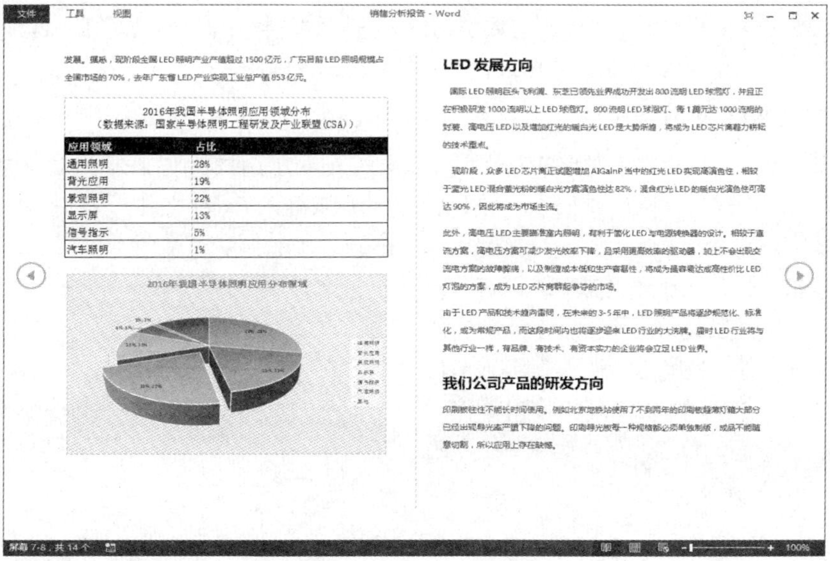

	素材文件：光盘\素材文件\第 10 章\案例 03\销售分析报告.docx、照明应用领域分布.xlsx
	结果文件：光盘\结果文件\第 10 章\案例 03\销售分析报告.docx
	教学文件：光盘\教学文件\第 10 章\案例 03.mp4

◇ **制作思路**

在 Word 中插入 Excel 文件，“插入与编辑表格/图表”的流程与思路如下所示。

一 **使用对象插入 Excel**：通过插入对象的方式可以将 Excel 文件插入 Word 文档中。

二 **编辑 Excel 表格**：对于插入的 Excel 文件，可以使用编辑的方式对表格的内容进行编辑。

三 **创建图表**：利用插入的表格数据，选中数据单元格区域，插入饼形图表。

四 **编辑图表**：插入图表后，图表都是默认的图表样式，为了让图表更加符合图表要表达的内容，需要对图表进行编辑，如设置图表样式、添加图表元素等。

◇ **具体步骤**

在 Word 文件中要对插入 Excel 的数据与图表进行编辑操作，必须先将 Excel 的原始表格插入文档中，然后使用编辑命令对 Excel 的表格进行编辑操作。

1. 插入 Excel 文件

在 Word 2013 中使用插入对象的方式，可以插入不同的文件类型。在插入对象时，可以使用图表和图片的形式进行插入。下面，介绍以图片的形式插入 Excel 文件，具体操作步骤如下。

第 1 步：执行对象命令。

打开素材文件\第 10 章\案例 03\销售分析报告.docx，❶将鼠标光标定位至需要插入 Excel 文件的位置；❷单击“插入”选项卡；❸单击“文本”工作组中的“对象”按钮 对象，如右图所示。

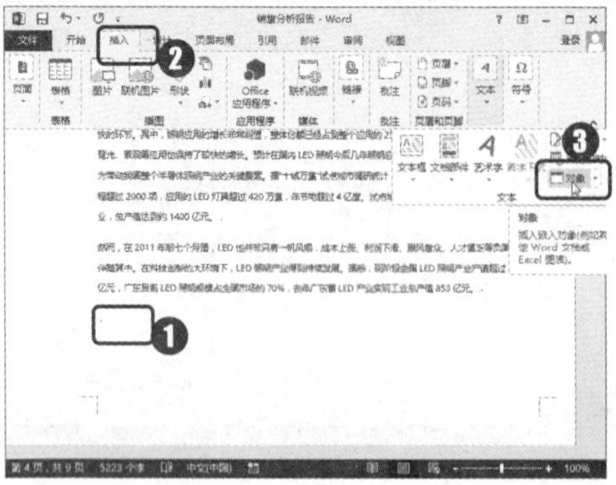

第 2 步：单击浏览按钮。

打开“对象”对话框，❶单击“由文件创建”选项卡；❷单击“浏览”按钮，如下图所示。

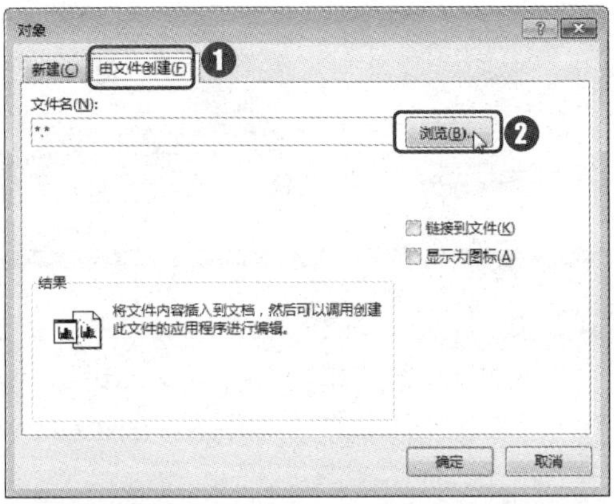

第 3 步：选择要插入的 Excel 文件。

打开“浏览”对话框，❶单击选择文件存放路径；❷单击“照明应用领域分布”文件；❸单击“插入”按钮，如下图所示。

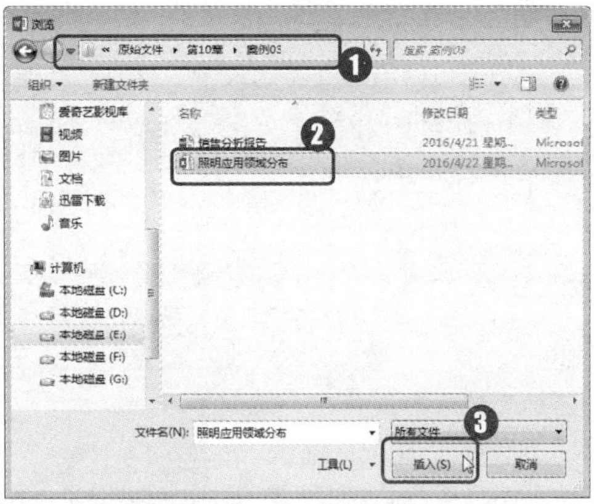

第 4 步：确认插入 Excel 文件。

返回“对象”对话框，单击“确定”按钮，如下图所示。

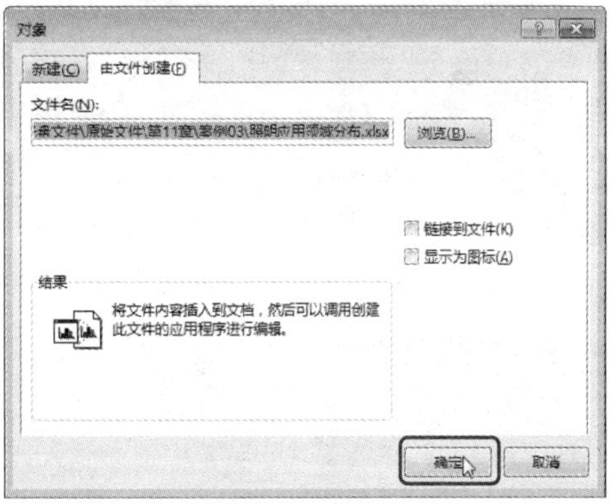

2. 编辑 Excel 文件

使用 Office 组件时，只要打开其中一个软件便可操作其他的办公软件，制作文档时也可以直接插入已经做好的表格，在插入的图片上直接双击便可进入 Excel 编辑状态。具体操作步骤如下。

第 1 步：执行标题合并的操作。

❶双击插入的 Excel 对象，选中 A1:B1 单元格区域；❷单击“对齐方式”工作组中的“合并后居中”按钮⊟，如右图所示。

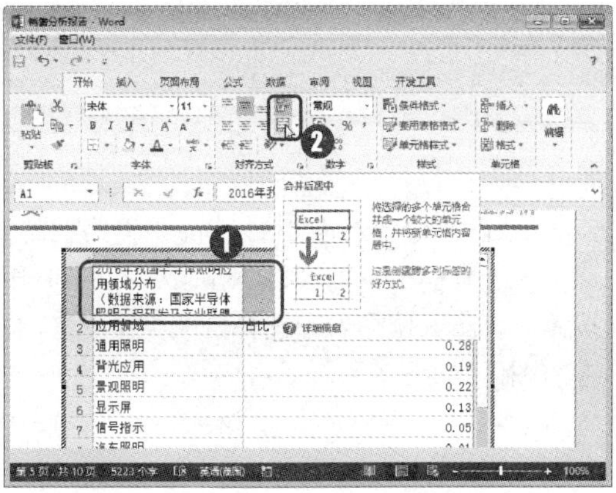

第 2 步：为表格添加样式。

❶选中 A2:B9 单元格区域；❷单击“样式”工作组中的“套用表格格式”按钮；❸在下拉列表中选择需要的样式，如“表样式浅色 8”，如下图所示。

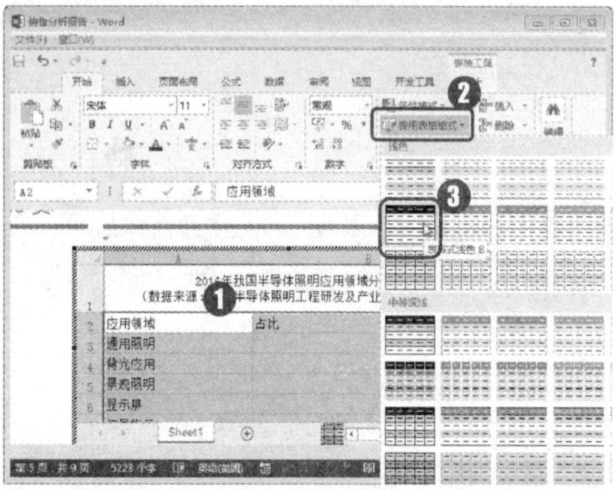

第 3 步：添加百分比与设置对齐方式。

❶选中 B3:B9 单元格区域；❷单击“数字”工作组中的“百分比”按钮 % ；❸单击“对齐方式”工作组中的“左对齐”按钮 ≡ ，如下图所示。

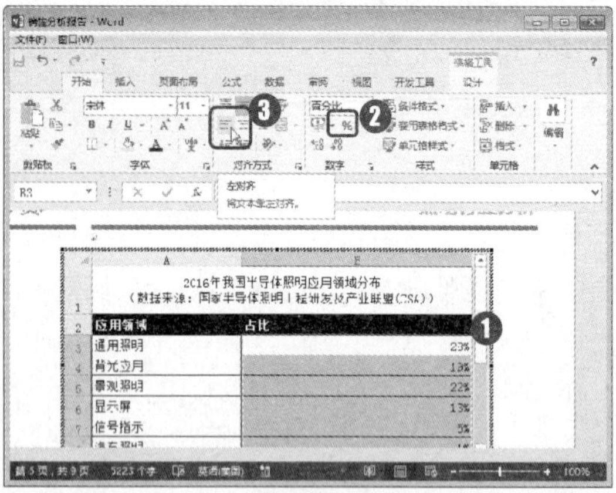

第 4 步：执行插入图表的操作。

❶选中 A3:B9 单元格区域；❷单击“插入”选项卡；❸单击“图表”工作组中的“饼图”按钮；❹在下拉列表中选择饼图类型，如“三维饼图”，如下图所示。

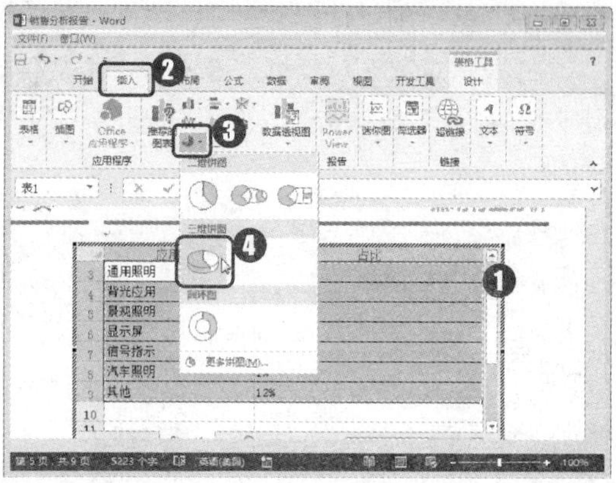

第 5 步：执行移动图表命令。

❶选择图表，单击“图表工具-设计”选项卡；❷单击“位置”工作组中的“移动图表”按钮，如下图所示。

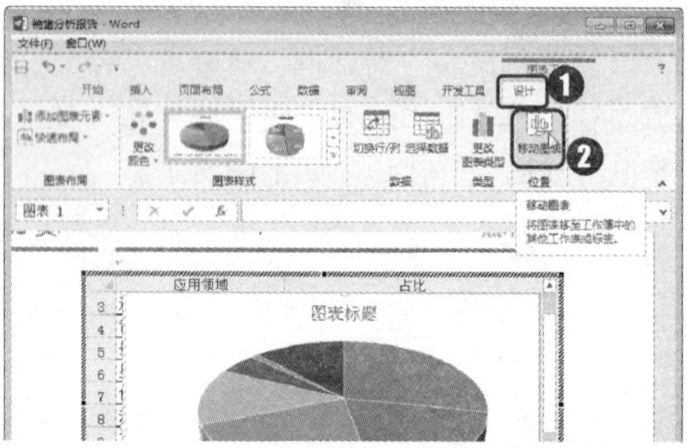

第 6 步：选择图表存放位置。

打开“移动图表”对话框，❶单击选中“新工作表”单选按钮；❷单击“确定”按钮，如下图所示。

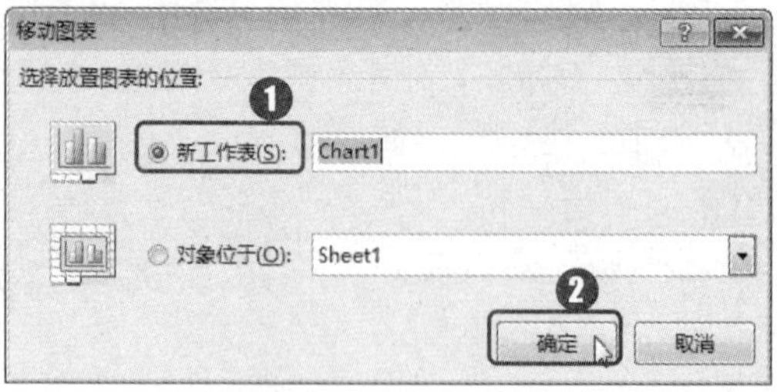

第 7 步：设置图表样式。

❶选中图表，单击“图表工具-设计”选项卡；❷单击“图表样式”工作组中的“下翻”按钮；❸选择需要的图表样式，如“样式 6”，如下图所示。

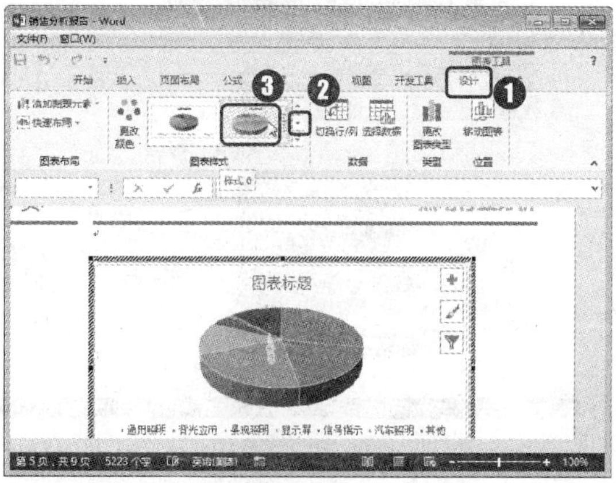

第 8 步：执行其他数据标签选项命令。

❶选中图表，单击“图表布局”工作组中的“添加图表元素”按钮；❷指向“数据标签”命令；❸单击下一级列表中的“其他数据标签选项”命令，如下图所示。

第 9 步：勾选百分比选项。

打开“设置数据标签格式”对话框，❶单击勾选“百分比”复选框；❷单击“确定”按钮，如下图所示。

第 10 步：拖动调整图表。

为图表添加百分比显示后，需要让百分比最大限度地分离图表，可以单击两次图表，然后选中图表的一部分，拖动进行分离，如下图所示。

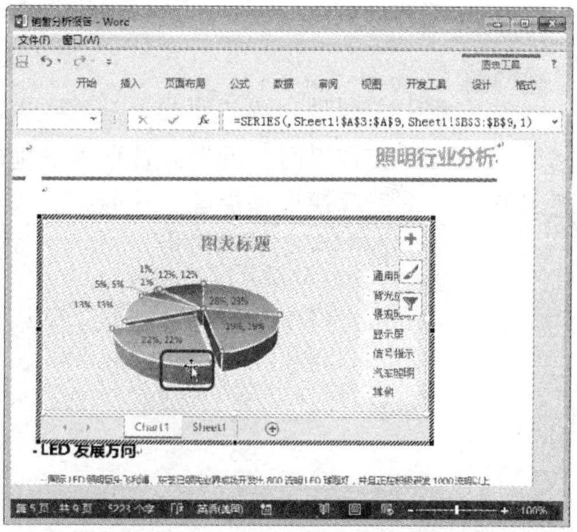

第 11 步：显示编辑图表的效果。

经过以上操作，插入 Excel 对象，并编辑图表样式，效果如下图所示。

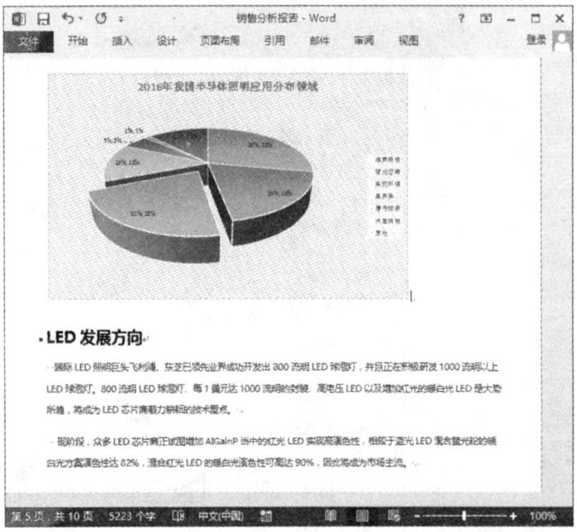

第 12 步：复制插入的 Excel 对象。

在编辑插入的 Excel 对象时，默认的是，操作完退出编辑状态时显示的内容，如果需要让表格和图表都显示出来，那么需要复制一个插入的 Excel 文件，使第一个内容在表格显示时退出，效果如下图所示。

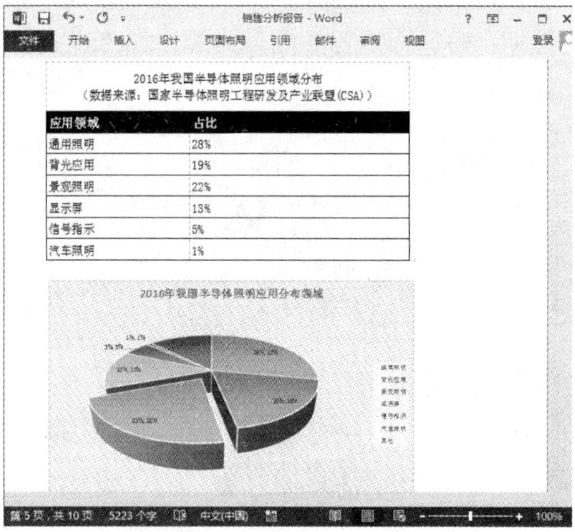

本章小结

在本章中主要是介绍如何导入外部数据，无论是 Excel 自身的文件，还是 Access 文件或者是将 Excel 文件以对象的形式，插入其他软件中。相信读者朋友在快速掌握这些软件的共性操作后，都能够快速地提高工作效率。

第 11 章

Excel 高级功能应用——宏与 VBA 的交互应用

本章导读：

本章主要介绍制作好表格后，利用宏与 VBA 的方式执行或管理工作表。例如，如何制作档案管理系统、工资管理系统和财务登录系统，工资管理系统主要应用如何制作工资表，并使用函数查找数据，最后通过函数嵌套实现制作工资条；而登录财务系统主要是利用 VBA 的功能对工作表进行保护，必须是有具体权限的用户才能查看工作表。

知识要点：

- ★ 命令按钮的使用
- ★ 如何在 Visual Basic 中输入代码
- ★ 在 Visual Basic 窗口创建窗体
- ★ 查找与求和函数的使用
- ★ 制作登录窗口
- ★ 宏的使用

案例效果

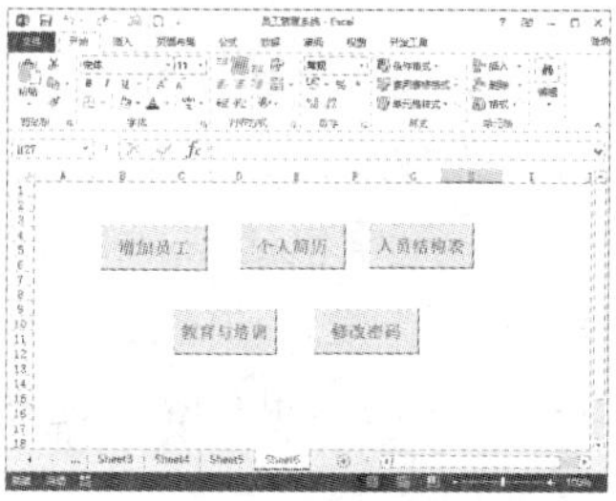

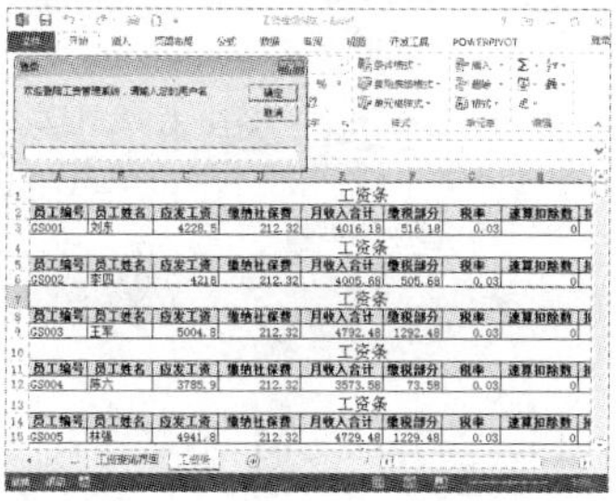

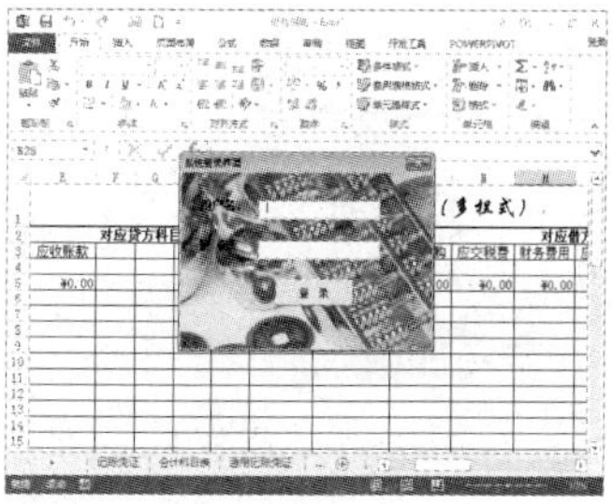

大师点拨——宏与 VBA 的知识要点

除了使用 Excel 提供的常用工具选项卡外，还可以将开发工具选项卡添加至 Excel 中，使用该选项卡，可以利用宏与 VBA 的功能，让表格更加有意义和专业化。

要点 1 开发工具有什么用？

开发工具对于 Excel 来说，主要是用于更深层次的使用，Office 2013 中有着大量的指令及其他加载项功能，都藏在了开发工具中，还有我们最常用的宏功能也在其中。因此，要制作出更加专业的表格，需要先了解开发工具的选项卡及其功能。下面，以开发工具选项卡的几个工作组的功能进行介绍。

1. 代码

要自动执行重复性任务，可以在 Excel 中录制宏，这样只需单击即可再次执行任务。也可以使用 Microsoft Visual Basic for Applications (VBA) 中的 Visual Basic 编辑器来编写自己的宏编程代码，或复制一个宏的全部或部分内容以创建新宏。在创建宏之后，可以将宏指定给电子表格上的某个对象（如工具栏按钮、图形或控件），以便您可以通过单击该对象来运行宏。如果不再需要使用宏，可以将其删除。

2. 加载项

有些加载项（如规划求解和分析工具库）内置在 Excel 中，而其他一些加载项则在 Office.com 的下载中心提供，因此必须首先下载和安装这些加载项。最后，还有一些加载项是由第三方（例如，组织中的程序员或软件解决方案提供商）创建的。这些加载项可能是 COM 加载项、Visual Basic for Applications (VBA)加载项和 DLL 加载项，这些加载项也必须安装后才能使用。

大多数加载项可以被分为三种不同类型。

- Excel 加载项

这些加载项通常包括 Excel 加载项(.xlam)、Excel 97-2003 加载项(.xla)或 DLL 加载项(.xll) 文件，也可以是自动化加载项。有些 Excel 加载项（如规划求解和分析工具库）可能在安装 Excel 或 Microsoft Office 之后即可使用。通常情况下，只需要激活这些加载项即可使用它们。

- 可下载的加载项

其他 Excel 加载项可从 Office.com 的下载中心进行下载和安装。例如，为 Office 2007 下载 Microsoft SQL Server 2008 Data Mining 加载项。这些加载项将帮助用户在 Excel 2007 中充分利用 SQL Server 2008 预测分析。

- 自定义加载项

开发商和解决方案提供商通常会设计自定义的 COM 加载项、自动化加载项、VBA 加载项和 XLL 加载项。这些加载项必须安装才能使用。

3. 控件

使用表单以及向其中添加的许多控件和对象，可以使工作表中的数据输入更简单并提升工作表的外观。使用少量或者无须使用 Microsoft Visual Basic for Applications (VBA) 代码即可实现这一点。

● 什么是表单？

工作表表单中含有控件。例如，列表框、选项按钮和命令按钮都是常用控件。通过运行 Visual Basic for Applications (VBA)代码，这些控件还可以运行指定宏和响应事件，如鼠标点击。

● Excel 表单的类型

在 Excel 中创建多种类型的表单，如数据表单、含有表单和 ActiveX 控件的工作表以及 VBA 用户表单。 可以单独使用每种类型的表单，也可以通过不同方式将它们结合在一起来创建适合您的解决方案。

● 表单控件

表单控件是与早期版本的 Excel（从 Excel 5.0 版开始）兼容的原始控件。表单控件还适于在 XLM 宏工作表中使用。在不使用 VBA 代码的情况下轻松引用单元格数据并与其进行交互，或者想在图表工作表中添加控件，则可使用表单控件。表 11-1 所示为表单控件的概述。

表 11-1　　　　表单控件概述

按钮	名称	示　例	说　明
Aa	标签	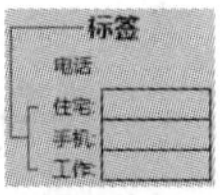	用于标识单元格或文本框的用途，或显示说明性文本（如标题、题注、图片），或简要说明
	分组框	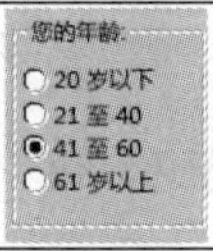	用于将相关控件划分到具有可选标签的矩形中的一个可视单元中。通常情况下，选项按钮、复选框或紧密相关的内容会划分到一组
	按钮		用于运行在用户单击它时执行相应操作的宏。 按钮还称为下压按钮
	复选框		用于启用或禁用指示一个相反且明确的选项的值。 您可以选中工作表或分组框中的多个复选框。 复选框可以是以下三种状态之一：选中（启用）、清除（禁用）或混合（即同时具有启用状态和禁用状态，如多项选择）
	选项按钮	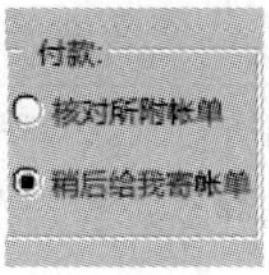	用于从一组有限的互斥选项中选择一个选项；选项按钮通常包含在分组框或结构中。选项按钮可以是以下三种状态之一：选中（启用）、清除（禁用）或混合（即同时具有启用状态和禁用状态，如多项选择）。选项按钮还称为单选按钮

按钮	名称	示例	说明
	列表框	选择口味： 巧克力 草莓 香草 山核桃 花生酱、奶油… 奶油软糖 树莓 薄荷	用于显示用户可从中进行选择的、含有一个或多个文本项的列表。主要有以下三种类型的列表框。 ● 单选列表框只启用一个选项。在这种情况下，列表框与一组选项按钮类似，不过，列表框可以更少的空间显示大量项目 ● 多选列表框启用一个选项或多个相邻的选项 ● 扩展选择列表框启用一个选项、多个相邻的选项和多个非相邻的选项
	组合框	选择口味： 山核桃 巧克力 草莓 香草 山核桃 花生酱、奶 奶油软糖 树莓 薄荷	结合文本框使用列表框可以创建下拉列表框。组合框比列表框更加紧凑，但需要用户单击向下箭头才能显示项目列表。使用组合框，用户可以输入条目，也可以从列表中只选择一个项目。该控件显示文本框中的当前值（无论值是如何输入的）
	滚动条	利率:8.90% 滚动可调整利率	单击滚动箭头或拖动滚动框可以滚动浏览一系列值。另外，通过单击滚动框与任一滚动箭头之间的区域，可在每页值之间进行移动（预设的间隔）。通常情况下，用户还可以在关联单元格或文本框中直接输入文本值
	数值调节钮	年龄: 8	用于增大或减小值，例如某个数字增量、时间或日期。若要增大值，请单击向上箭头；若要减小值，请单击向下箭头。通常情况下，用户还可以在关联单元格或文本框中直接输入文本值

● ActiveX 控件

ActiveX 控件可用于工作表表单（使用或不使用 VBA 代码）和 VBA 用户表单。通常，如果相对于表单控件所提供的灵活性，设计需要更大的灵活性，则使用 ActiveX 控件。ActiveX 控件具有大量可用于自定义其外观、行为、字体及其他特性的属性。表 11-2 所示为 ActiveX 控件的概述。

表 11-2 ActiveX 控件概述

按钮	名称	示例	说明
☑	复选框	告知您 ☑ 欧洲 ☐ 远东 ☐ 南美洲 ☑ 北美洲 ☐ 非洲 ☑ 俄罗斯	用于启用或禁用指示一个相反且明确的选项的值。可以一次选中工作表或分组框中的多个复选框。复选框可以是以下三种状态之一：选中（启用）、清除（禁用）或混合（即同时具有启用状态和禁用状态，如多项选择）
abl	文本框	文本框 电话 住宅: 手机: 工作:	在矩形框中查看、输入或编辑绑定到某一单元格的文本或数据。文本框还可以是显示只读信息的静态文本字段

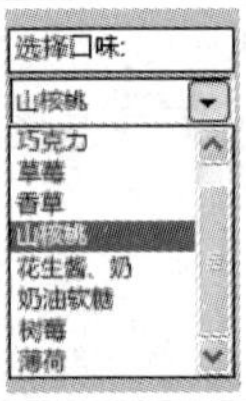

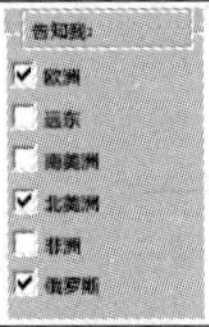

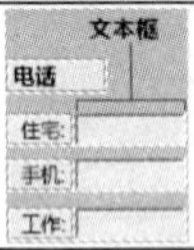

续表

按钮	名称	示例	说明
	命令按钮		用于运行在用户单击它时执行相应操作的宏。命令按钮还称为下压按钮
	选项按钮		用于从一组有限的互斥选项（通常包含在分组框或结构中）中选择一个选项。选项按钮可以是以下三种状态之一：选中（启用）、清除（禁用）或混合（即同时具有启用状态和禁用状态，如多项选择）。选项按钮还称为单选按钮
	列表框	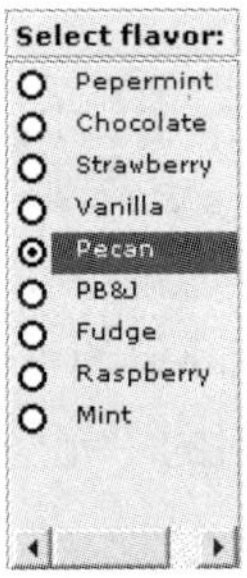	用于显示用户可从中进行选择的、含有一个或多个文本项的列表。使用列表框可显示大量在编号或内容上有所不同的选项。有以下三种类型的列表框。 ● 单选列表框只启用一个选项。在这种情况下，列表框与一组选项按钮类似，不过，列表框可以更有效地处理大量项目 ● 多选列表框启用一个选项或多个相邻的选项 ● 扩展选择列表框启用一个选项、多个相邻的选项和多个非相邻的选项
	组合框	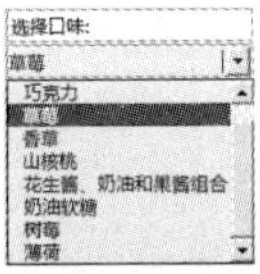	结合文本框使用列表框可以创建下拉列表框。 组合框比列表框更加紧凑，但需要用户单击向下箭头才能显示项目列表。使用组合框，用户可以输入条目，也可以从列表中只选择一个项目。该控件显示文本框中的当前值（无论值是如何输入的）
	切换按钮	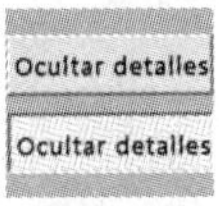	用于指示一种状态（如是/否）或一种模式（如打开/关闭）。 单击该按钮时会在启用和禁用状态之间交替
	数值调节钮		用于增大或减小值，例如某个数字增量、时间或日期。若要增大值，单击向上箭头；若要减小值，单击向下箭头。通常情况下，用户还可以在关联单元格或文本框中输入文本值
	滚动条		单击滚动箭头或拖动滚动框可以滚动浏览一系列值。 另外，通过单击滚动框与任一滚动箭头之间的区域，可在每页值之间进行移动（预设的间隔）。 通常情况下，用户还可以在关联单元格或文本框中直接输入文本值
A	标签	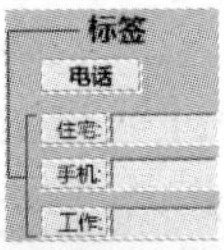	用于标识单元格或文本框的用途，显示说明性文本（如标题、题注、图片）或提供简要说明
	图像		嵌入图片，如位图、JPEG 或 GIF

续表

按钮	名称	示例	说明
	其他控件		用于显示计算机中所提供的、可添加到自定义表单中的其他 ActiveX 控件（如 Calendar Control 12.0 和 Windows Media Player）的列表。还可以在此对话框注册自定义控件

4. XML

XML 是一项用于管理和共享人读文本文件中的结构化数据的技术。XML 遵循业界标准原则，并且可由各种数据库和应用程序进行处理。通过使用 XML，应用程序设计人员可以创建他们自己的自定义标记、数据结构和架构。简言之，XML 使在数据库、应用程序和组织之间定义、传输、验证和解释数据变得格外轻松。

在 Excel 中使用 XML 时不同的文件和操作是如何协同工作的。实质上，该过程有五个阶段。

（1）向工作簿中添加 XML 架构文件(.xsd)。

（2）将 XML 架构元素映射到个别单元格或 XML 表。

（3）导入 XML 数据文件 (.xml) 并将 XML 元素绑定到映射的单元格。

（4）在保留 XML 结构和定义的同时输入数据、移动映射的单元格并利用 Excel 功能。

（5）将经过修改的数据从映射的单元格导出到 XML 数据文件。

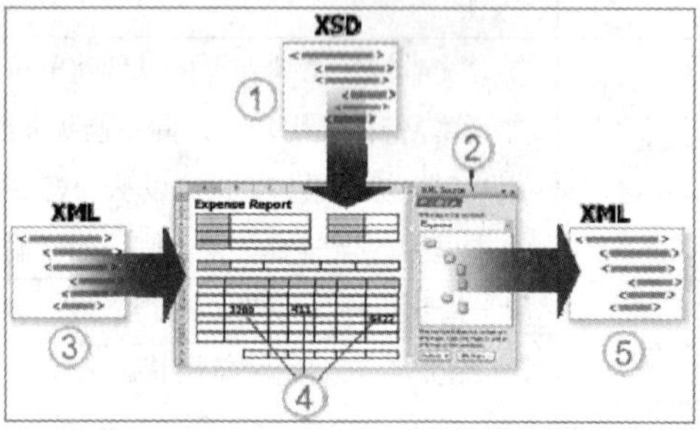

5 .修改

在修改工作组中，文档面板的主要功能是自定义文档信息面板模板。用户可以指定自定义模板（URL、UNC 或 URN）。

要点 2 什么是宏？

Excel 里的宏是什么？有什么意义？其实，我们在做报表的时候，总是会不停地重复几个相同的操作。有没有办法一下子就操作好？当然有，宏就是这样的功能。怎样使用宏呢？具体使用宏的方法见案例 01。

Excel 的强大优势还在于它提供的宏语言 Visual Basic for Application(VBA)。Visual Basic 是 Windows 环境下开发应用软件的一种通用程序设计语言，功能强大，简便易用。VBA 是它的一个子集，可以广泛地应用于 Microsoft 公司开发的各种软件中，例如 Word、Excel、Access 等。

“宏”是一个难以理解的概念，但对于一个具体的“宏”而言，却是容易理解的，如果说将选中的文字变为“黑体”、字号为“三号”就可以看作一个“宏”的话，那么“宏”就不难理解了，其实 Excel 中的许多操作都可以是一个“宏”。

“记录宏”其实就是将工作的一系列操作结果录制下来，并命名存储（相当于 VB 中一个子程序）。在 Excel 中，“记录宏”仅记录操作结果，而不记录操作过程。例如，改变文字字体时，需要打开“字体”栏中的下拉列表，再选择一种字体，这时文字即变为所选择的字体，这是一个过程，结果是将所选择的文字改变为所选择的字体。而“记录宏”则只记录“将所选择的文字改变为所选择的字体”这一结果。

要点 3 什么是 VBA？

Visual Basic for Applications(VBA)是 Visual Basic 的一种宏语言，是微软开发出来在其桌面应用程序中执行通用的自动化(OLE)任务的编程语言。主要用来扩展 Windows 的应用程式功能，特别是 Microsoft Office 软件。

由于微软 Office 软件的普及，人们常见的办公软件 Office 软件中的 Word、Excel、Access、Powerpoint 都可以利用 VBA 使这些软件的应用效率更高，例如，通过一段 VBA 代码，可以实现画面的切换；可以实现复杂逻辑的统计（例如，从多个表中自动生成按合同号来跟踪生产量、入库量、销售量、库存量的统计清单）等。

在 Excel 中要执行一个很复杂的操作过程，使用 VBA 可能也就几句语言就完事了。因此，在学会使用 Excel 的基本操作后，也可以适当地学习 VBA。

掌握了 VBA，可以发挥以下作用。

① 规范用户的操作，控制用户的操作行为。

② 操作界面人性化，方便用户操作。

③ 多个步骤的手动操作通过执行 VBA 代码可以迅速地实现。

④ 实现一些无法实现的功能。

在学习 VBA 操作 Excel 之前，首先了解 VBA 的界面。

1. 如何打开 VBA 窗口

在 Excel 2013 中，先在“Excel 选项”对话框中添加“开发工具”选项卡，然后在“代码”工作组中单击“Visual Basic”按钮，如下图所示。

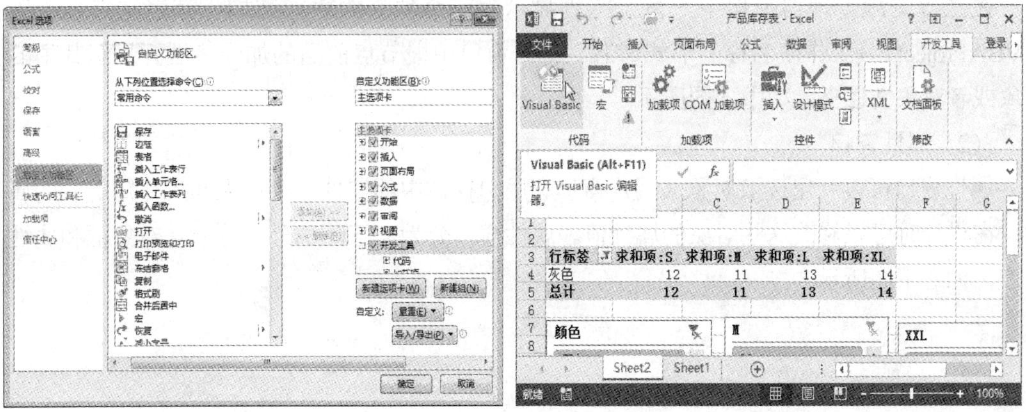

2. VBA 窗口组成

在 VBA 界面中，除了有和一般 Windows 应用程序类似的菜单和工具栏外，在其工作区中可以显示多个不同的功能窗口。为了方便 VBA 代码编辑与调试，建议在 VBA 窗口中显示必要的频繁使用的功能窗口，这些功能窗口包括工程资源管理器、属性窗口、代码窗口、立即窗口和本地窗口，如下图所示。

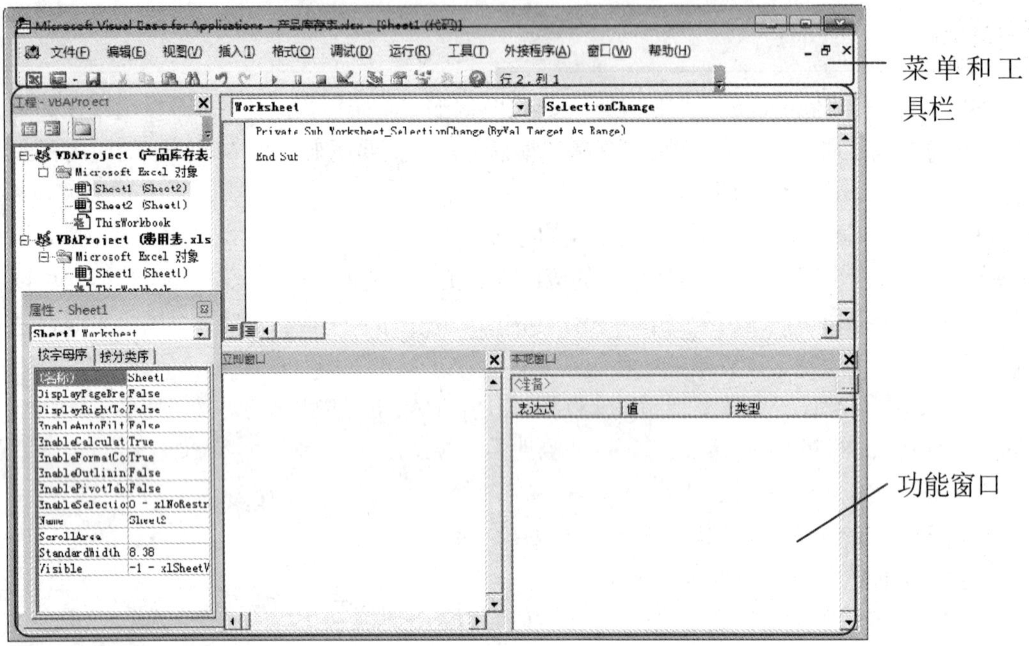

（1）工程资源管理器

工程资源管理器窗口以树形结构显示当前 Excel 应用程序中的所有工程（工程是指 Excel 工作簿中模块的集合），即 Excel 中所有已经打开的工作簿（包含隐藏工作簿和加载宏），如左下图所示。不难看出，当前 Excel 中打开的两个工作簿分别为产品库存表和费用表。

在工程资源管理器窗口中，每个工程显示为一个独立的树形结构，其根结点一般以“VBAProject”+工作簿名称的形式命名。单击窗口中根节点前面的加号将展开显示其中的对象或者对象文件夹，如中下图所示。

（2）属性窗口

属性窗口可以列出选取对象（用户窗体、用户窗体中的控件、工作表和工作簿等）的属性，在设计时可以修改这些对象的属性值。属性窗口分为上下两部分，分别是对象框和属性列表，如右下图所示。

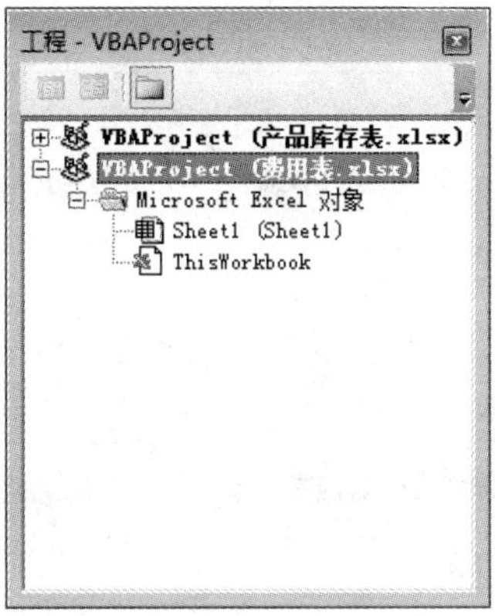

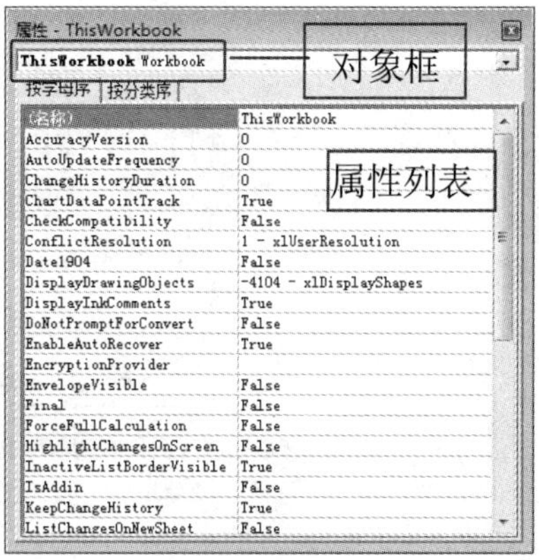

在 VBA 中如果同时选取了多个对象，对象框将显示为空白，属性列表仅会列出这些对象所共有的属性。如果此时在属性列表中更改某个属性的值，那么被选中的多个对象的相应属性将同时被修改。

（3）代码窗口

代码窗口用来输入、显示以及编辑 VBA 代码。打开对象的代码窗口，可以查看其中的模块或者代码，并且可以在不同模块之间进行复制和粘贴。代码窗口分为上下两部分：上部为对象框和过程/事件框，下部为代码编辑区域，如左下图所示。

代码窗口支持文本手动功能，即可以将当前选中的部分代码拖动到窗口中的不同位置或者其他代码窗口、立即窗口或者监视窗口中，其效果与剪切/粘贴完全相同。

（4）立即窗口

在立即窗口中可以输入或粘贴一行代码，然后按【Enter】键来执行该代码，如右下图所示。除了在立即窗口中直接输入代码外，也可以在 VBA 代码中使用 Debug.Print 将指定内容输出到立即窗口中。

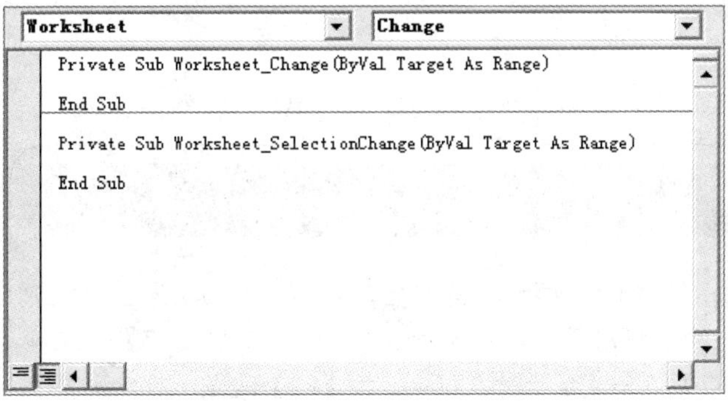

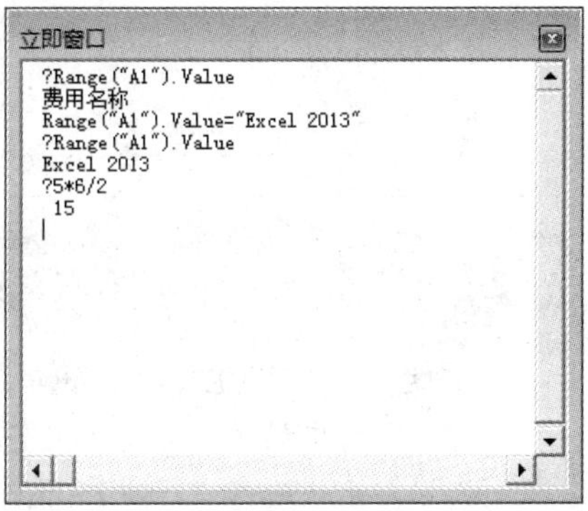

（5）本地窗口

本地窗口可自动显示出当前过程中的所有变量声明类型及变量值。如果本地窗口在 VBA 中是可见的，则每当代码执行方式切换到中断模式或是操纵堆栈中的变量时，本地窗口就会自动地更新显示，如下图所示。

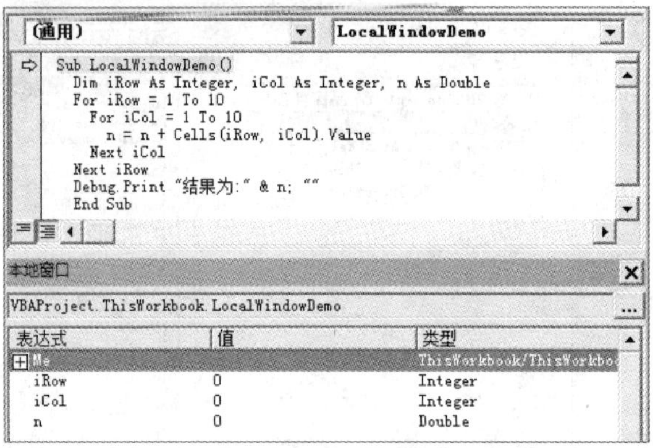

3. 显示功能窗口

单击 VBA【视图】菜单，如下图所示的菜单项，用户可以根据需要和使用习惯选择在 VBA 工作区中显示的功能窗口。

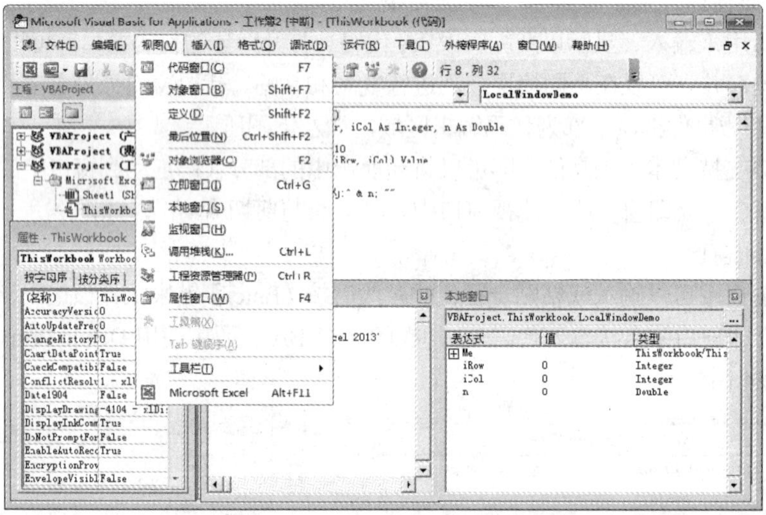

高手点拨

VBA 功能窗口快捷键

受 VBA 功能窗口显示区域面积所限，实际可能需要频繁地切换设置功能窗口的显示与隐藏状态。除了使用菜单来完成显示外，还可以按【F7】键显示代码窗口、按【Shift+F7】组合键显示对象窗口、按【F2】键显示对象浏览器、按【Ctrl+G】组合键显示立即窗口、按【Ctrl+L】组合键显示调用堆栈、按【Ctrl+R】组合键显示工程资源管理器、按【F4】键显示属性窗口。

要点 4 成为 Excel 高手的捷径

学习 Excel 有捷径吗？答案是有的。

这里所说的捷径是指将积极的心态、正确的方法和持之以恒的努力相结合，并且注意挖掘学习资源，那么就能在学习过程中尽量不走弯路，从而用较短的时间去获得较大的进步。

下面，从心态和方法两个方面来详细讨论如何成为一位 Excel 高手！

1. 积极的心态

能够愿意通过读书来学习 Excel 的人，至少在目前阶段拥有学习的意愿，这一点是值得肯定的。但也有一部分用户，水平很低，但从来不会主动去进一步了解和学习 Excel 的使用方法，更不要说自己去找些书来读了。面对这一群体，心态就比较消极了。

人们常说，兴趣是最好的老师，压力是前进的动力。要想获得一个积极的心态，最好能对学习对象保持浓厚的兴趣，如果暂时实在提不起兴趣，那么请重视来自工作或生活中的压力，把它们转化为学习的动力。

下面罗列了一些 Excel 的优点，希望对提高学习积极性有所帮助。

- 常用软件

Excel 是日常工作中用途最广泛的办公软件之一，也是 Microsoft Windows 平台下最成功的应用软件之一。在很多公司，Excel 已经成为一种生产工具，在各个部门的核心工作中发挥着重要的作用。

- 电子表格领域

Excel 软件唯一的竞争对手就是自己，基于这样的绝对优势地位，Excel 已经成为事实上的行业标准。

- 良好的兼容性

Excel 一向具有良好的向下兼容特性，特别是自进入 2013 版本的成熟期以来，每一次升级都能带来新的功能，但却几乎可以不费力地掌握这些新功能并同时沿用原有的功能。

- 行业定律

在软件行业曾有这样一个“二八定律”，即 80%的人只会使用一个软件 20%的功能。在 Excel 中比例远不止于此，它最多只有 5%的功能被人们所用。另外 95%的功能主要是由于不知道它们、知道还有别的功能却不知道怎么去用和工作时用不上这三种情况而不使用。

2. 正确的学习方法

学习任何知识都是讲究方法的，学习 Excel 也不例外。正确的学习方法能使人不断进步，而且是以最快的速度进步。错误的方法则会使人止步不前，甚至失去学习的兴趣。没有人天生就是 Excel 的专家。

下面，总结了一些典型的学习方法：

- 循序渐进

把 Excel 用户大致分为新手、初级用户、中级用户、高级用户和专家五个层次，不同的层次，对 Excel 的要求也有所不同，因此用户只需要通过学习达到某个目标即可。

- 善用资源，学以致用

对于使用 Excel 的大部分人来说，主要是为了解决自己工作中的问题和提升工作效率。由此，我们就可以带着问题去学习，这样不但进步快，而且容易产生更多的学习兴趣。

- 多阅读多实践

除了带着问题学习外，还可以通过多阅读 Excel 技巧或案例方面的文章与书籍拓宽视野，并从中学到许多对自己有帮助的知识。

- 一定要精通 VBA 才是高手吗？

这其实是一个很深的误解，VBA 是微软公司为了加强 Office 软件的二次开发能力而附加于其中的编辑语言。VBA 是依托 Excel 或其他 Office 组件而存在的，对于 Excel 用户来讲，能够利用 Excel 内置功能完成的任务，尽量使用功能选项即可。

案例训练——实战应用成高手

了解了开发工具的功能后，下面使用实例的方式对普通表格使用命令按钮进行操作，让工作表使用起来更加方便。

案例 01 制作档案管理系统

◇ 案例概述

档案管理系统是根据多张工作表的内容，使用开发工具提供的命令功能链接到相应的各表中，为了页面更加整洁，可以将制作好的工作表隐藏起来，只保留命令页面。用户需要执行命令时，单击相应的按钮即可进入到工作表，然后进行编辑或更改内容即可。

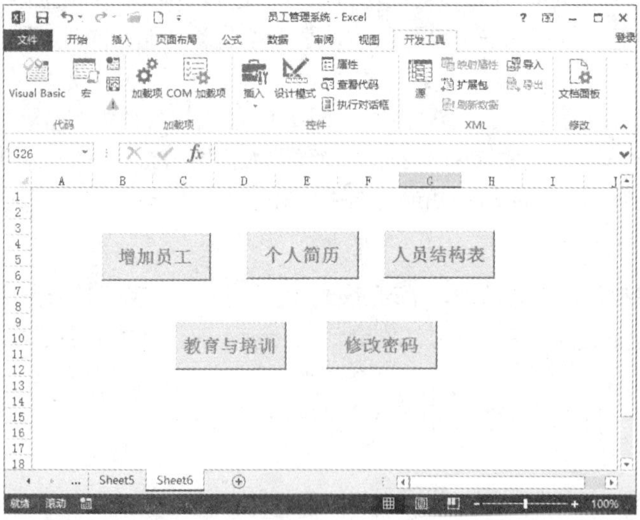

	素材文件：光盘\素材文件\第 11 章\案例 01\员工管理系统.xlsx
	结果文件：光盘\结果文件\第 11 章\案例 01\员工管理系统.xlsm
	教学文件：光盘\教学文件\第 11 章\案例 01.mp4

◇ 制作思路

在 Excel 中制作“档案管理系统”的流程与思路如下所示。

一 **将素材文件保存为宏文件**：将本案例的素材文件打开后，使用另存为的功能将文件保存为带宏的文件。

二 **插入命令按钮**：为了简化工作表，可以在工作簿中的某一张工作表中添加命令按钮。

三 **输入代码**：在工作表中插入命令按钮后，在需要进行 Visual Basic 的窗口中输入代码。

四 **制作登录窗口**：设置完代码后，在代码窗口插入窗体，并输入代码，完成制作后，重启 Excel 输入用户名和密码即可进入 Excel 页面。

◇ 具体步骤

制作本案例时，需要先将素材文件另存为结果文件，然后新建工作表，隐藏工作表的网格线，再使用开发工具选项卡插入命令按钮，然后输入各命令按钮的代码，最后在代码窗口中新建进入 Excel 的窗体，通过重新启动 Excel 宏文件，输入用户名和密码进入界面。

1. 将 Excel 文件另存为宏的文件

素材文件是以 Excel 2013 默认的类型进行保存的，但本案例最后会添加代码，这样就必须保存为启用宏的保存类型，否则就不能打开制作的工作簿。保存为启用宏的工作簿，具体操作步骤如下。

第 1 步：执行保存命令。

打开素材“员工管理系统”工作簿，单击“保存”按钮，如右图所示。

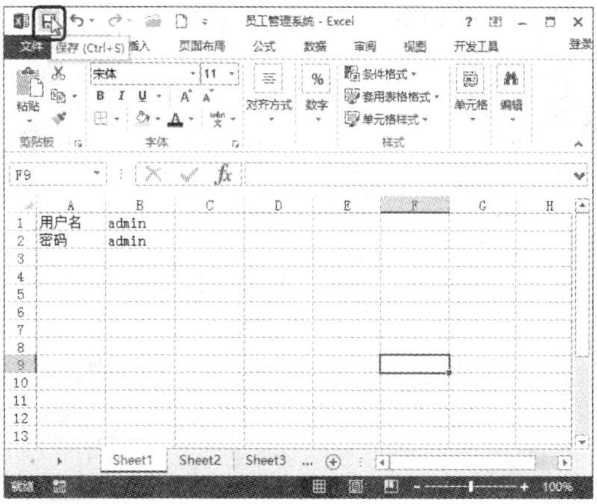

第 2 步：执行另存为操作。

❶单击“另存为”命令；❷单击“计算机”选项；❸单击“浏览”按钮，如下图所示。

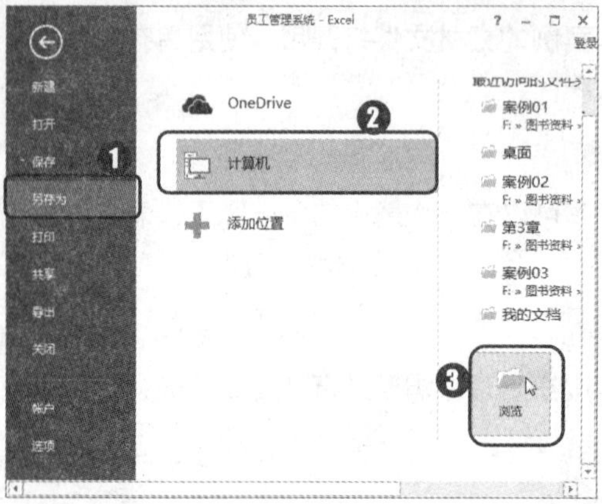

第 3 步：设置保存选项。

打开“另存为”对话框，❶选择保存路径；❷在“保存类型”列表框中选择“Excel 启用宏的工作簿”选项；❸单击“保存”按钮，如下图所示。

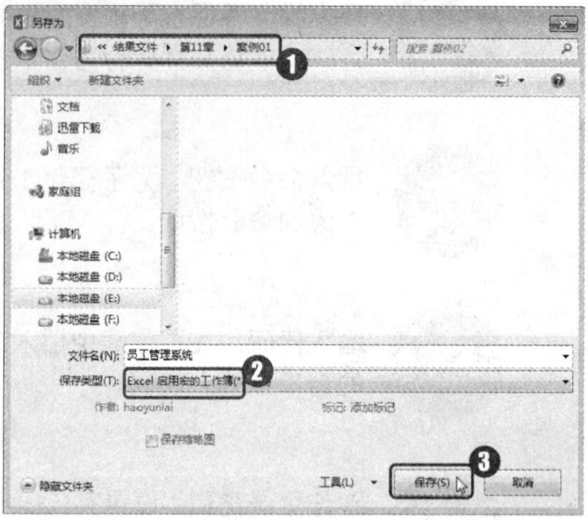

2. 建立档案管理系统界面

为了制作一个页面更加专业的按钮页面，需要将 Excel 的网格线进行隐藏，然后在开发工具中使用命令按钮，绘制出需要的按钮，并输入相关代码，最后在 VBA 窗口中制作窗体，并输入相关代码，保存工作簿后，重启 Excel 工作簿即可进入文件中。

（1）隐藏工作表的网格线

默认情况下，Excel 都有灰色的边框线，也称为网格线，但是这个网格线在打印时不重新设置是不会被打印出来的。为了制作一个命令按钮页面不显示网格线，可以将其隐藏。具体操作步骤如下。

第 1 步：执行新建工作表命令。

单击“新建工作表”按钮⊕，新建一张 Sheet6 工作表，如下图所示。

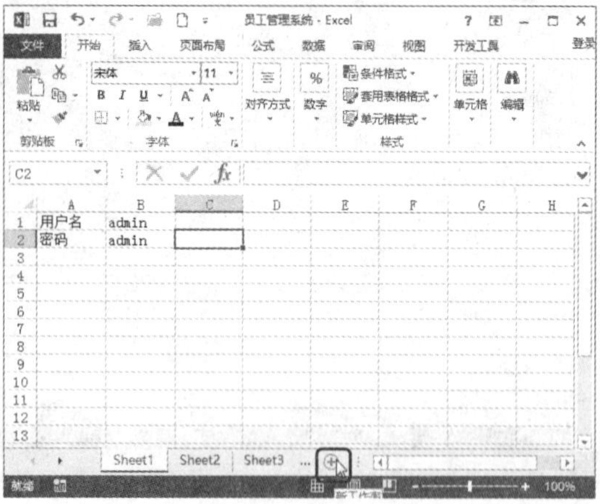

第 2 步：选择参与计算的区域并确认。

单击“文件”菜单，进入文件列表，如下图所示。

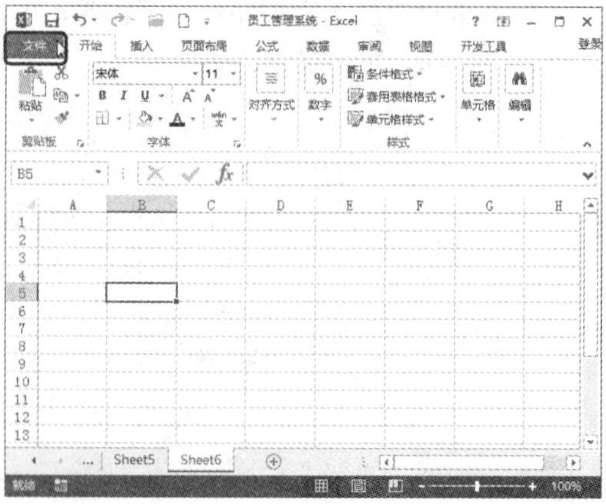

第 3 步：单击选项命令。

在“文件”列表中单击“选项”命令，如下图所示。

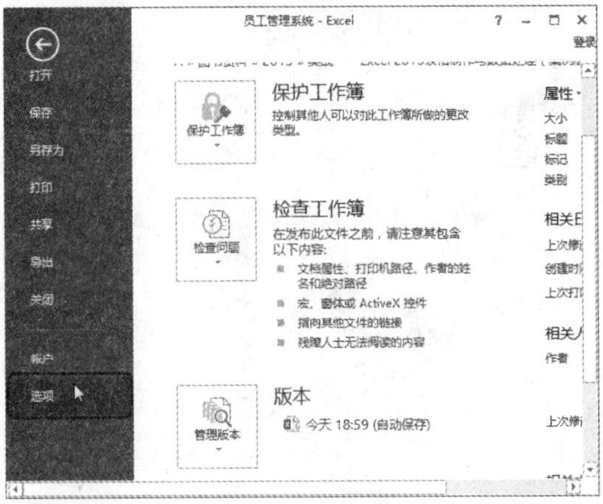

第 4 步：取消显示网格线。

打开“Excel 选项”对话框，❶单击“高级”选项；❷单击取消勾选“显示网格线”复选框；❸单击“确定”按钮，如下图所示。

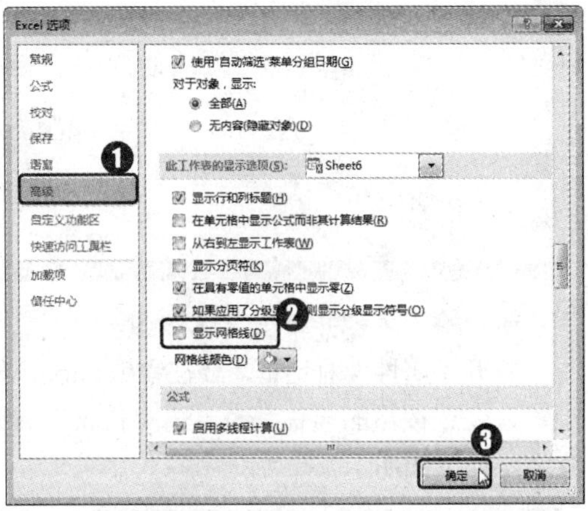

（2）制作档案管理系统

要实现通过命令按钮，进入相关的工作表，则需要先在工作表中插入命令。具体操作步骤如下。

第 1 步：执行插入命令按钮。

❶单击“开发工具”选项卡；❷单击“控件”工作组中“插入”按钮；❸单击“ActiveX 控件”组中的“命令按钮”选项，如下图所示。

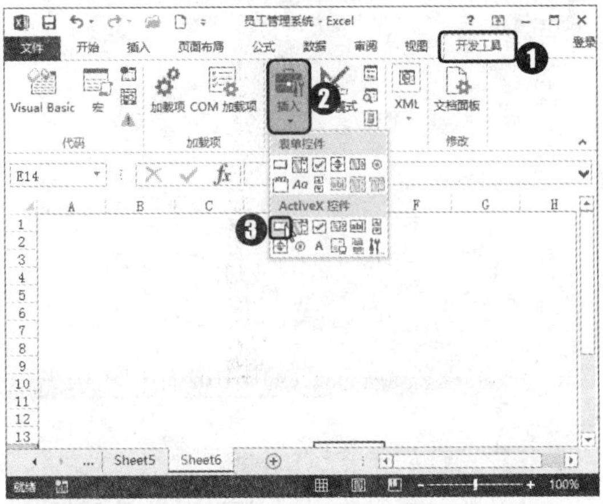

第 2 步：绘制命令按钮。

按住左键不放拖动绘制命令按钮的大小，如下图所示。

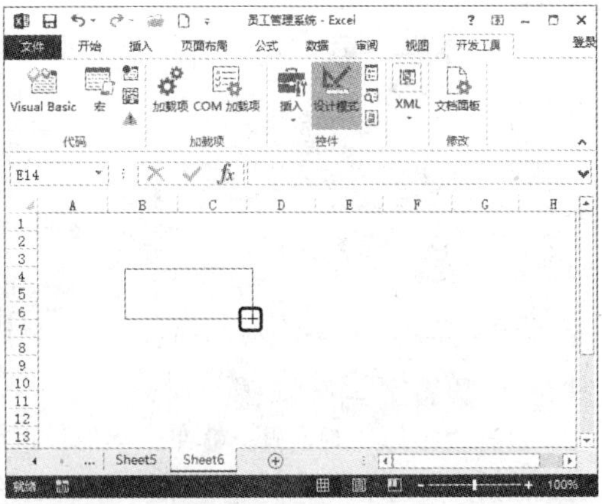

第 3 步：单击属性按钮。

绘制完命令按钮后，单击“控件”工作组中的“属性”按钮，如下图所示。

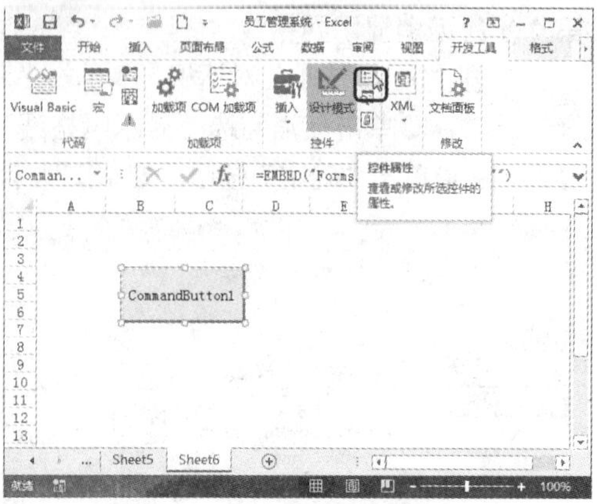

第 4 步：输入名称并单击字体按钮。

打开“属性”对话框，❶在“Caption”框中输入命令按钮的名称；❷单击“Font”右侧按钮，如下图所示。

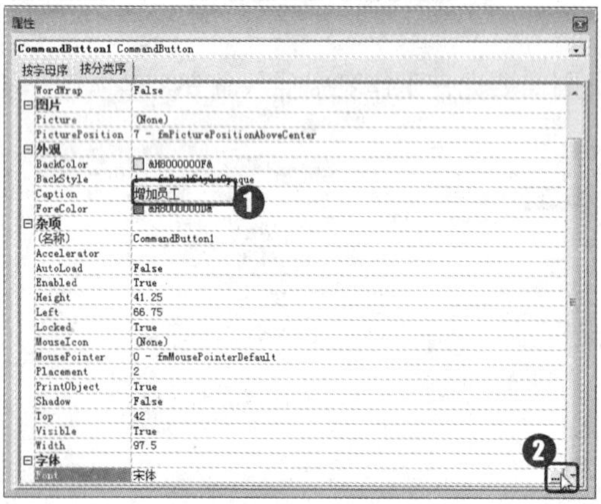

第 5 步：设置字体格式。

打开“字体”对话框，❶在“字形”框中单击“粗体”选项，在“大小”框中单击“16”选项；❷单击“确定”按钮，如下图所示。

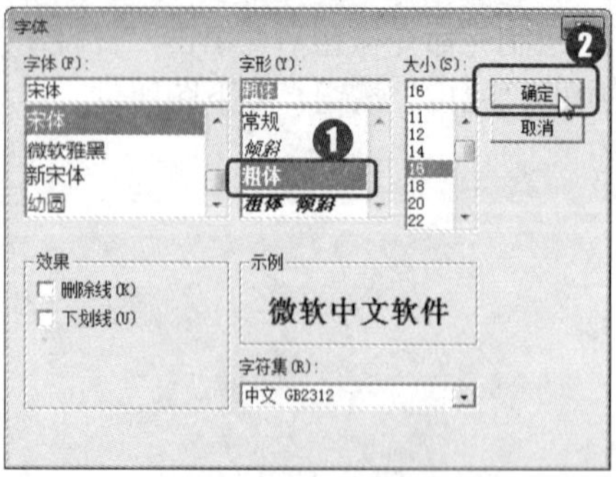

第 6 步：执行复制命令。

❶选择“增加员工”命令按钮；❷单击“开始”选项卡“剪贴板”工作组中的“复制”按钮，如下图所示。

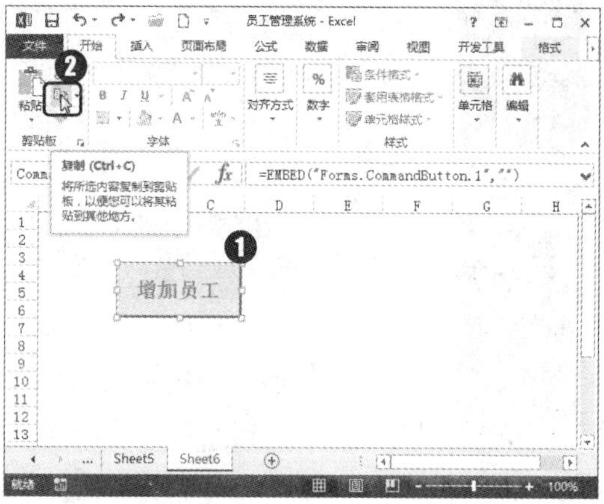

第 7 步：执行粘贴命令。

将鼠标定位在工作表中任一单元格，单击“剪贴板”工作组中的“粘贴”按钮，连续粘贴 4 次，如下图所示。

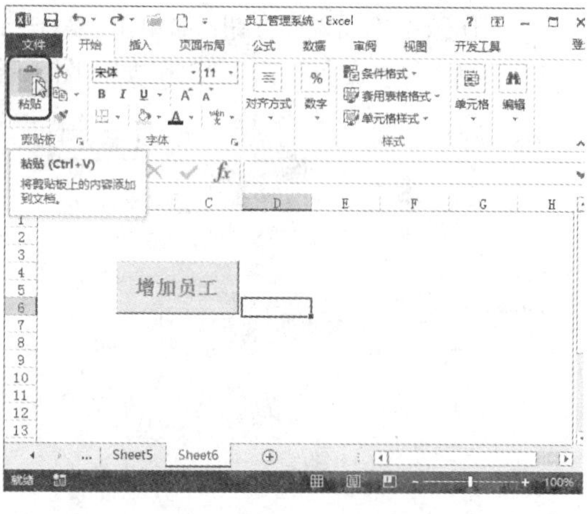

第 8 步：移动命令按钮。

粘贴完命令按钮后，选中命令按钮，按住左键不放拖动移动位置，如下图所示。

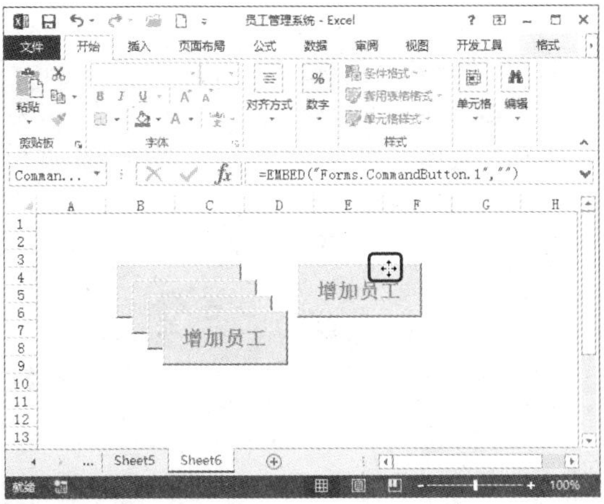

第 9 步：执行属性命令。

❶选择第 2 个命令按钮；❷单击“开发工具”选项卡“控件”工作组中的“属性”按钮，如下图所示。

如果不好选择命令按钮，可以先单击“控件”工作组中“设计模式”按钮，再进行选择命令按钮。

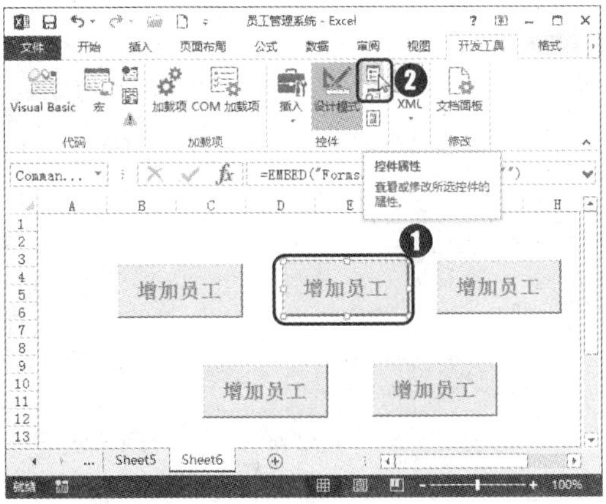

第 10 步：输入命令按钮名称。

打开“属性”对话框，❶在“Caption”框中输入命令按钮的名称；❷单击“关闭”按钮，如下图所示。

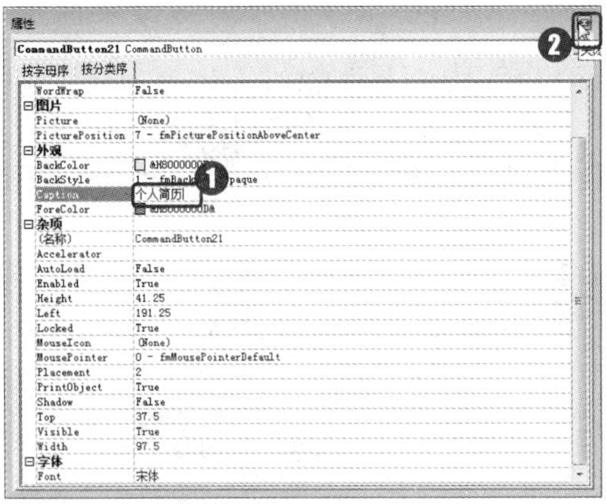

第 11 步：执行属性命令。

❶选择第 3 个命令按钮；❷单击“开发工具”选项卡“控件”工作组中的“属性”按钮，如下图所示。

第 12 步：输入命令按钮 3 的名称。

打开“属性”对话框，❶在“Caption”框中输入命令按钮的名称；❷单击“关闭”按钮，如下图所示。

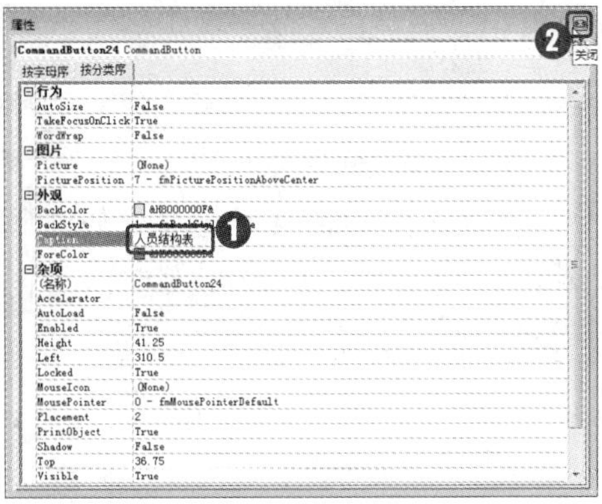

第 13 步：执行属性命令。

❶选择第 4 个命令按钮；❷单击“开发工具”选项卡“控件”工作组中的“属性”按钮，如下图所示。

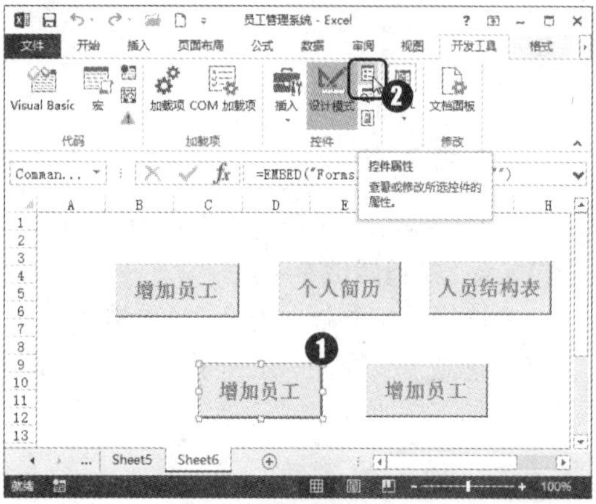

第 14 步：输入命令按钮 4 的名称。

打开“属性”对话框，❶在“Caption”框中输入命令按钮的名称；❷单击“关闭”按钮，如下图所示。

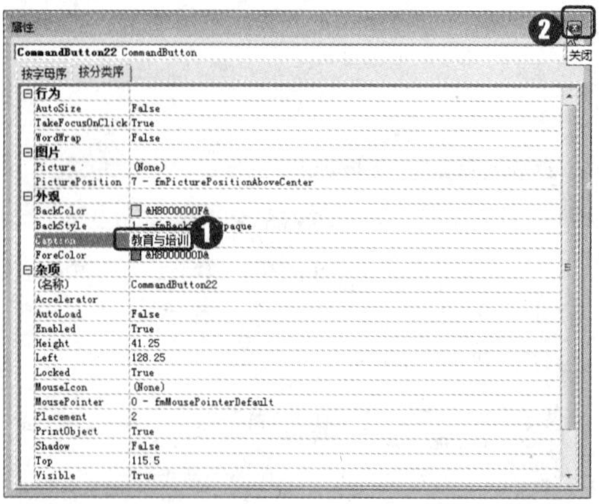

第 15 步：执行属性命令。

❶选择第 5 个命令按钮；❷单击“开发工具”选项卡“控件”工作组中的“属性”按钮，如下图所示。

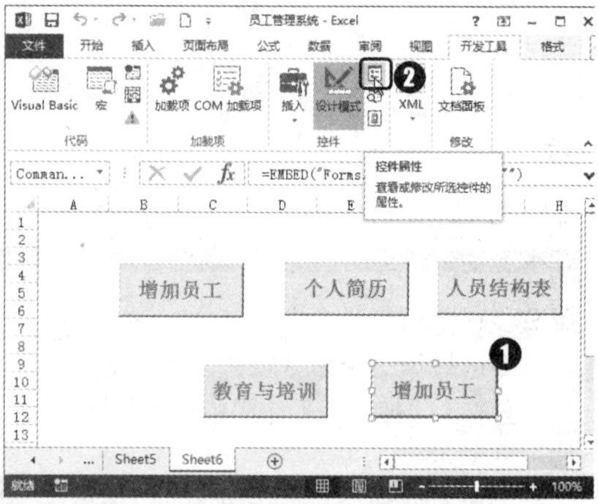

第 16 步：输入命令按钮 5 的名称。

打开“属性”对话框，❶在“Caption”框中输入命令按钮的名称；❷单击“关闭”按钮，如下图所示。

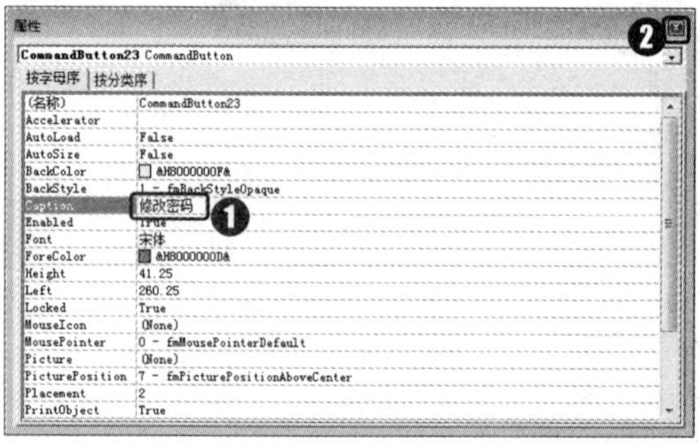

（3）制作返回主菜单按钮

单击命令按钮即可进入至链接的页面，当浏览完表格内容时，还需要返回至主页面，才能浏览其他工作表，因此，需要制作一个返回主页面的按钮。具体操作步骤如下。

第 1 步：执行插入命令按钮。

❶单击“Sheet1”工作表；❷单击“控件”工作组中的“插入”按钮；❸单击“ActiveX 控件”组中的“命令按钮”选项，如下图所示。

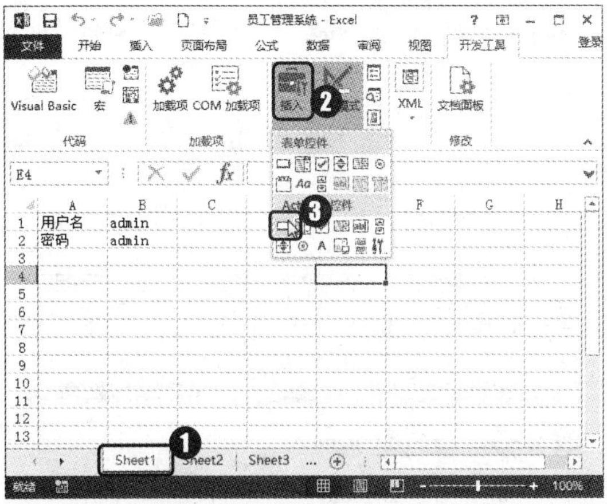

第 2 步：绘制命令按钮。

按住左键不放，拖动绘制命令按钮的大小，如下图所示。

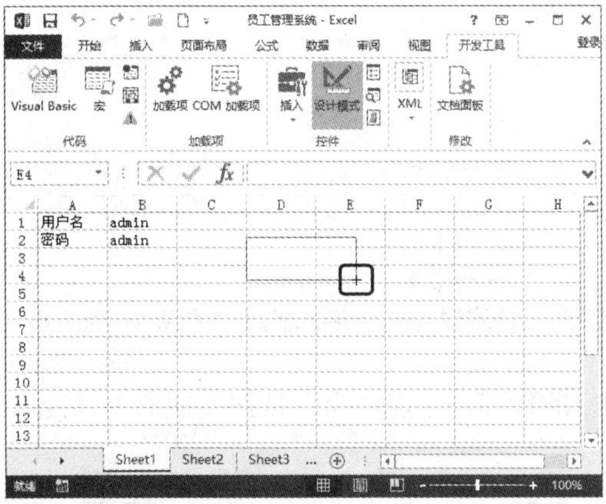

第 3 步：执行属性命令。

选中绘制的按钮，单击“控件”工作组中的“属性”按钮，如下图所示。

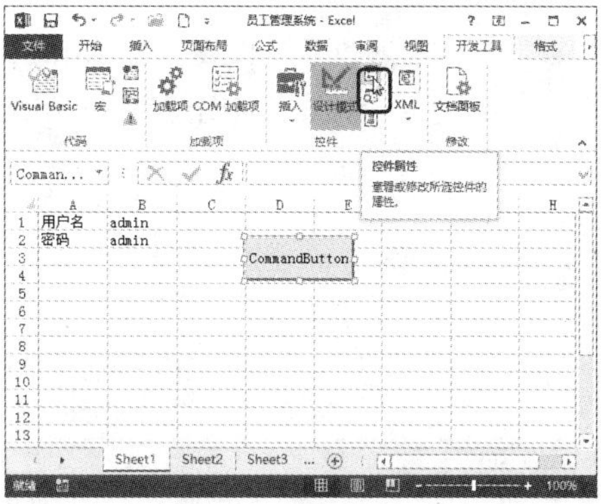

第 4 步：输入命令按钮的名称。

打开“属性”对话框，❶在“Caption”框中输入命令按钮的名称；❷单击“关闭”按钮，如下图所示。

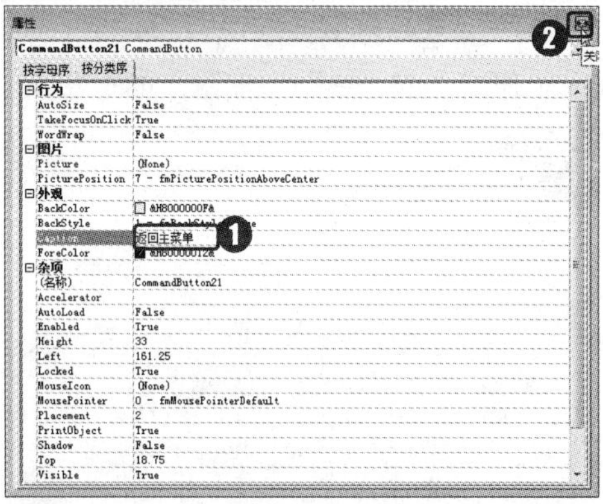

第 5 步：执行复制命令。

❶选择“返回主菜单”命令按钮；❷单击“开始”选项卡“剪贴板”工作组中的“复制”按钮，如下图所示。

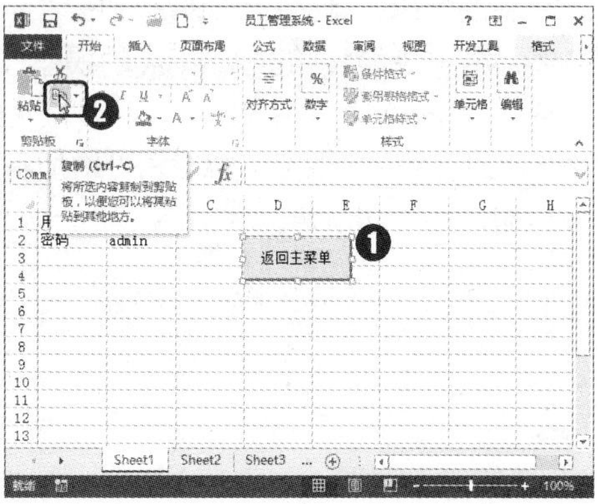

第 6 步：执行粘贴命令。

❶单击“Sheet2”工作表；❷单击“剪贴板”工作组中的“粘贴”按钮，如下图所示。

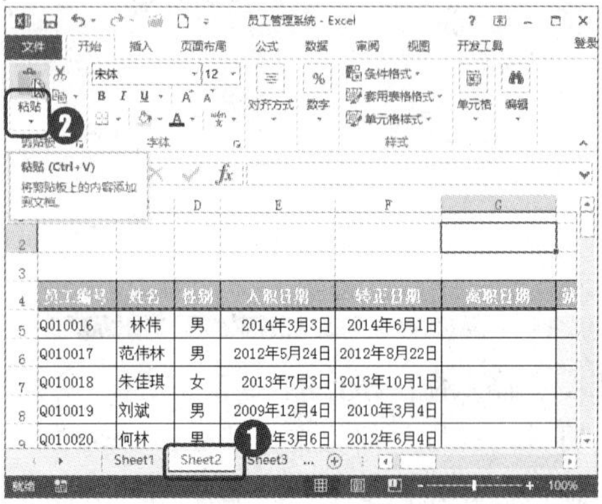

第 7 步：执行粘贴命令。

❶单击“Sheet3”工作表；❷单击“剪贴板”工作组中的“粘贴”按钮，如下图所示。

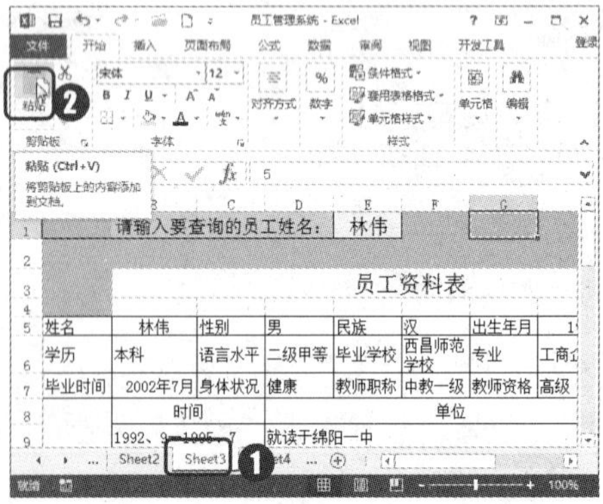

第 8 步：执行粘贴命令。

❶单击“Sheet4”工作表；❷单击“剪贴板”工作组中的“粘贴”按钮，如下图所示。

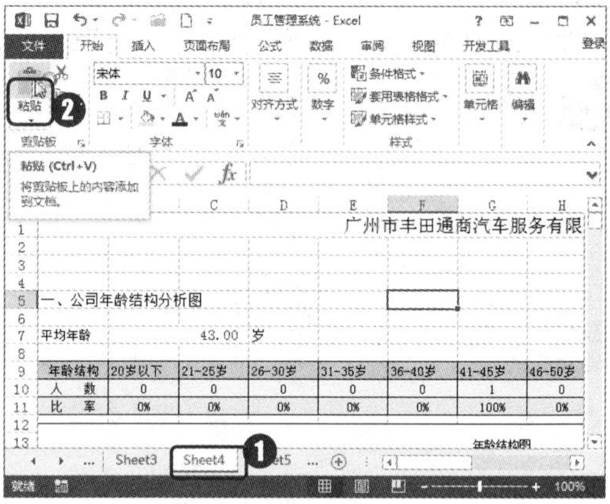

第 9 步：执行粘贴命令。

❶单击“Sheet5”工作表；❷单击“剪贴板”工作组中的“粘贴”按钮，如下图所示。

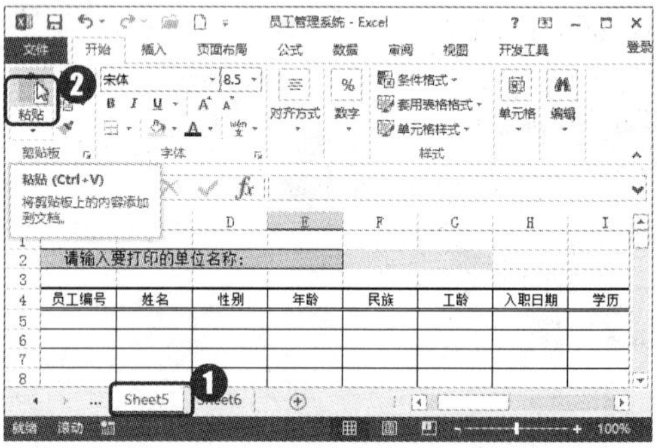

（4）输入命令代码

在工作表中制作完命令按钮后，需要输入对应的代码，才能让命令按钮实现命令功能，输入相关的代码，具体操作步骤如下。

第 1 步：双击命令按钮进入 VBA 的操作。

❶在“Sheet6”工作表单击“控件”工作组中的“设计模式”按钮；❷双击“增加员工”命令按钮，如右图所示。

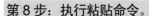

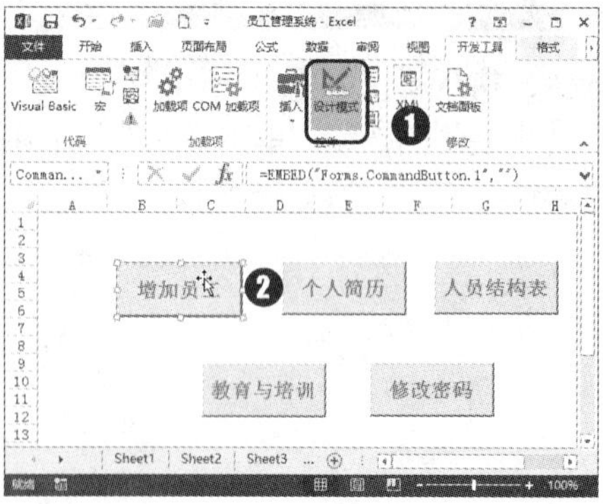

第 2 步：输入代码。

进入 VBA 的输入界面，在界面中输入下图所示的代码。其他命令按钮的方法重复步骤 1 和步骤 2 即可。

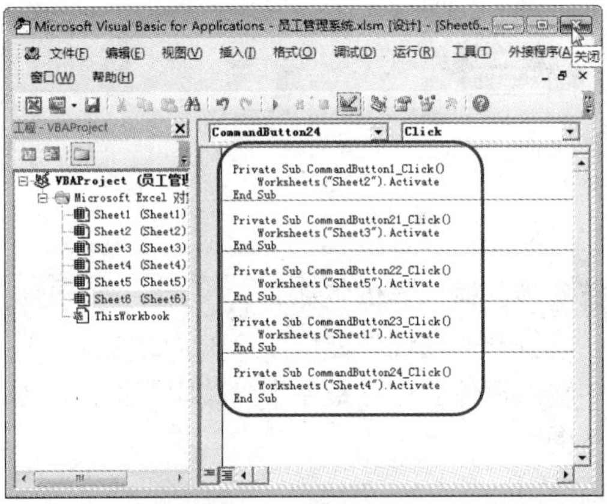

第 3 步：双击返回主菜单按钮。

❶在“Sheet1”工作表单击“控件”工作组中的“设计模式”按钮；❷双击“返回主菜单”命令按钮，如下图所示。

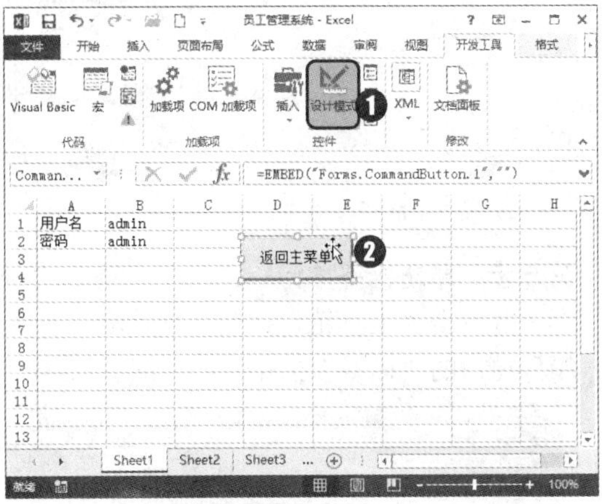

第 4 步：输入返回主菜单的代码。

输入下图所示的代码，并保存。

```
Private Sub CommandButton21_Click()
    MsgBox "您修改后的用户名是 [" + Sheet1.Cells(1, 2) + "],密码是 [" + Sheet1.Cells(2, 2) + "], 请牢记!", vbInformation, "系统提示"
    ThisWorkbook.Save
    Worksheets("Sheet6").Activate
End Sub
```

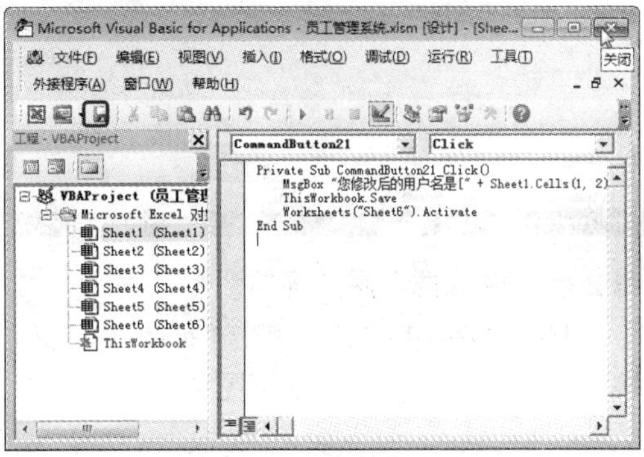

（5）制作窗体

启动 Excel 文件时，如果需要指定的用户才能打开该文档，那么可以利用窗体制作一个登录界面。在输入代码之前，首先需要在 VBA 的窗口中创建窗体，具体操作步骤如下。

第 1 步：执行进行 VBA 窗口的操作。

❶单击“开发工具”选项卡；❷单击“代码”工作组中的“Visual Basic”按钮，如下图所示。

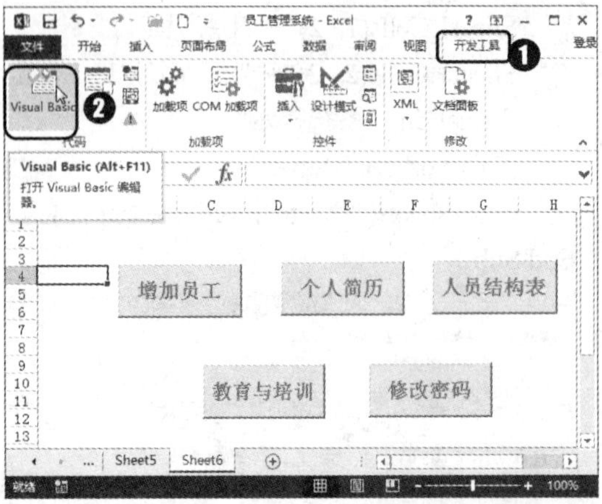

第 2 步：执行插入用户窗体命令。

打开 VBA 的窗口，单击“插入用户窗体”按钮，新建一个窗体，如下图所示。

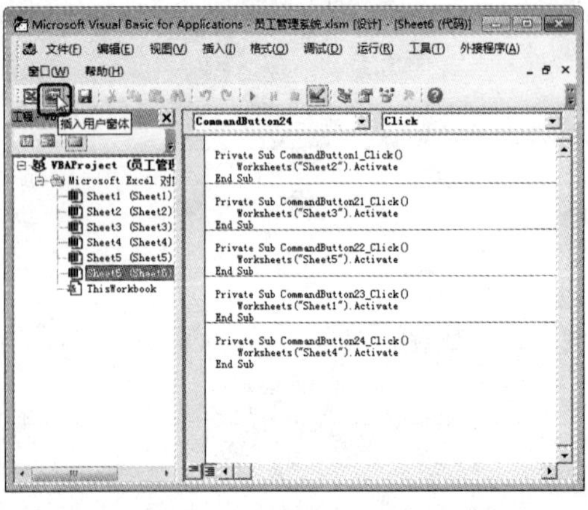

第 3 步：执行属性命令。

❶单击“UserForml”；❷单击“属性窗口”按钮，如下图所示。

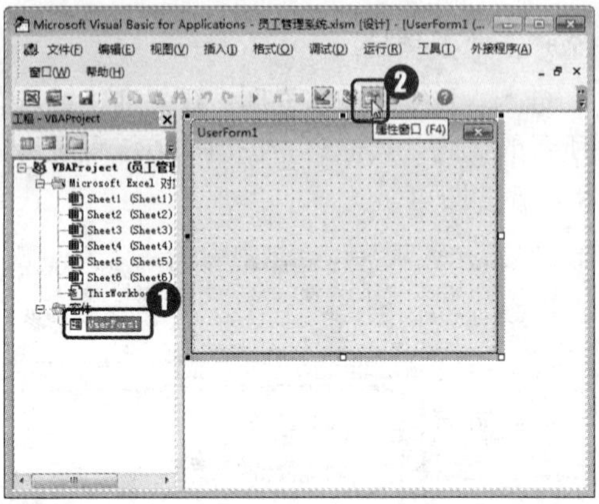

第 4 步：输入窗体名称。

打开“属性”窗口，❶在“Caption”框中输入窗体名称；❷单击“关闭”按钮，如下图所示。

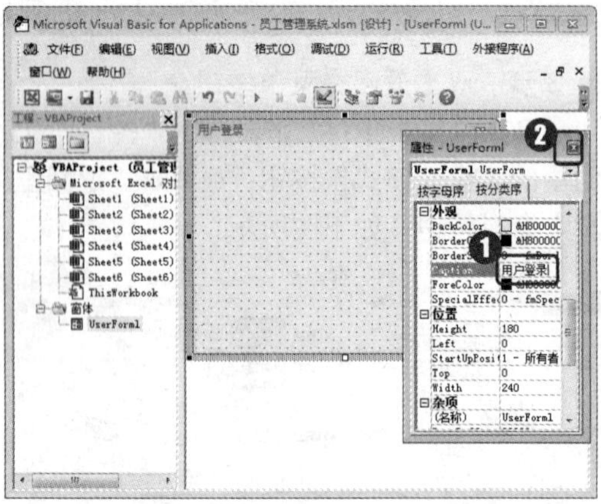

第 5 步：单击标签按钮。

❶单击“工具箱”按钮；❷单击“工具箱”窗口的“标签”按钮，如下图所示。

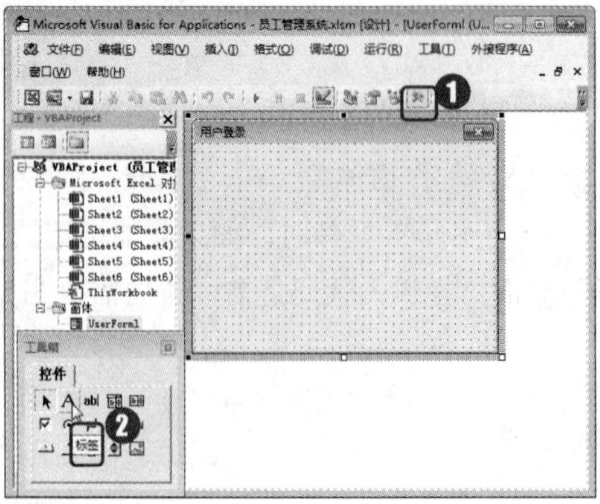

第 6 步：绘制标签大小。

执行命令后，按住左键不放拖动绘制标签大小，如右图所示。

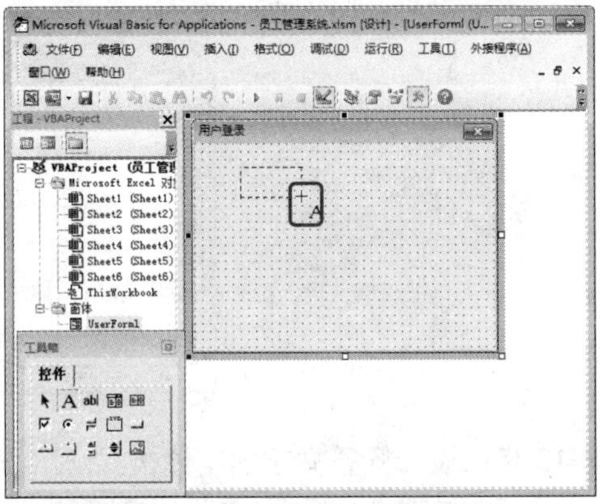

高手点拨

标签与文本框的区别

在窗体中，标签主要用于文本框前面的说明，例如，上图中需要制作的用户名标签，而文本框主要是用于后面填写文本的框，比如输入用户名。

第 7 步：执行文本框命令。

单击“工具箱”窗口“文本框”按钮，如下图所示。

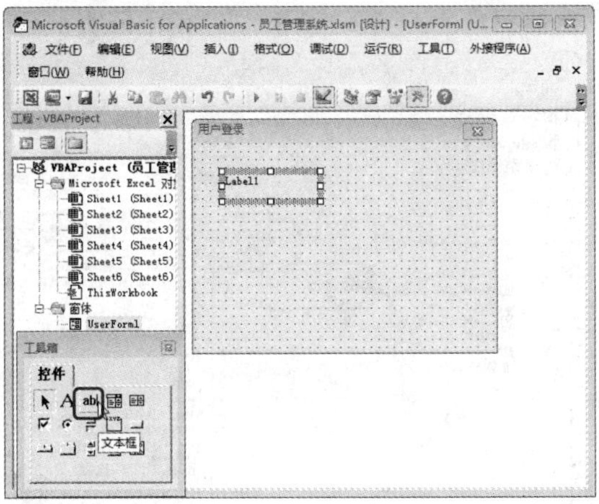

第 8 步：绘制文本框大小。

执行命令后，按住左键不放拖动绘制文本框大小，如下图所示。

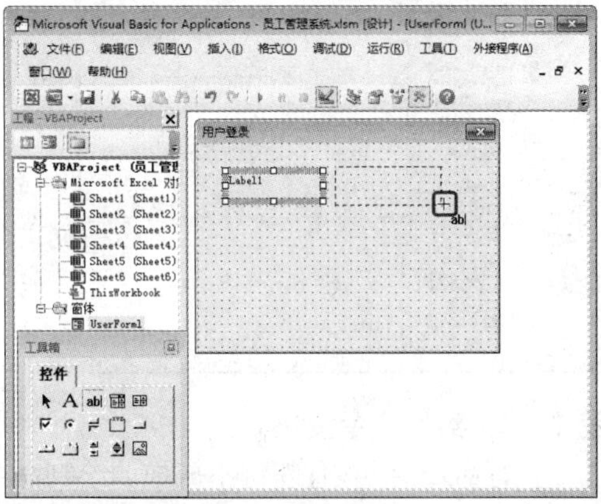

第 9 步：复制标签与文本框。

❶选择绘制的标签和文本框；❷按住【Ctrl】键不放拖动复制，如下图所示。

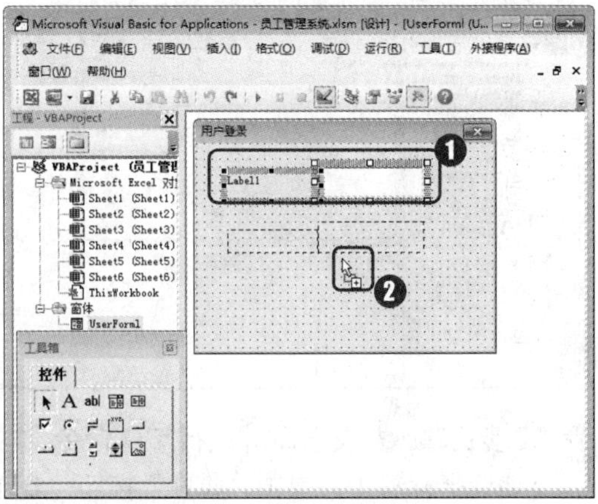

第 10 步：执行“命令按钮”命令。

修改标签为 Label2，单击“工具箱”窗口中的“命令按钮”选项，如下图所示。

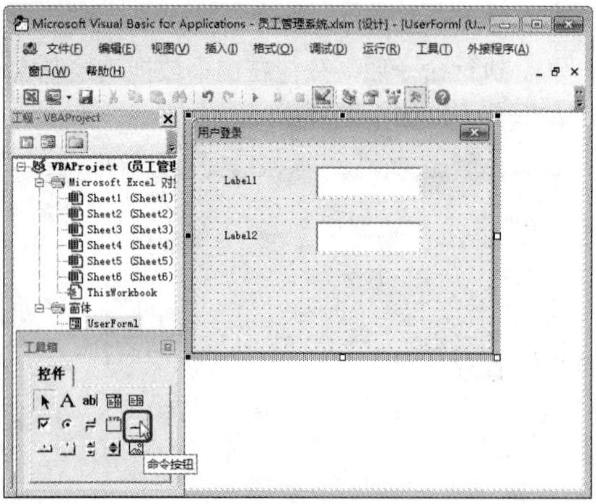

第 11 步：绘制命令按钮。

执行命令后，按住左键不放拖动绘制命令按钮，如下图所示。

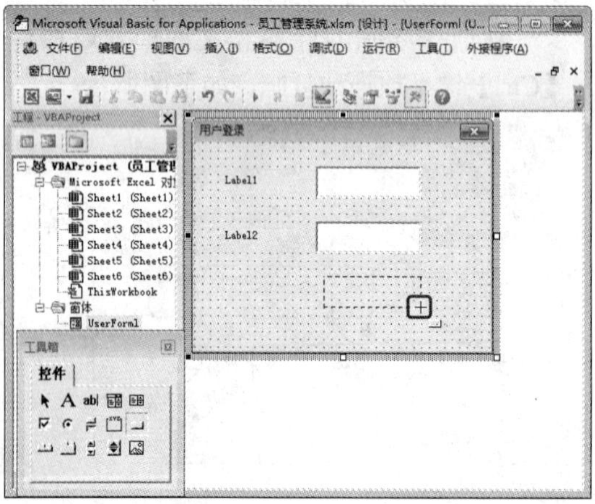

第 12 步：输入标签名称并执行字体命令。

❶选择标签 1 并单击“属性”按钮；❷在“Caption”框中输入名称；❸单击“字体”按钮，如下图所示。

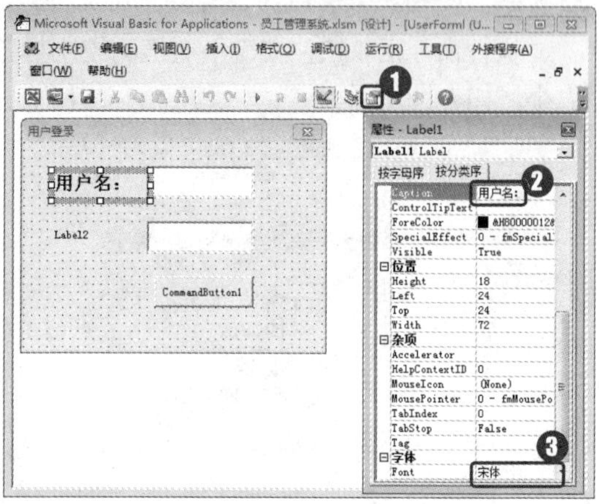

第 13 步：设置标签文字的字体格式。

打开“字体”对话框，❶设置字形和大小；❷单击“确定”按钮，如下图所示。

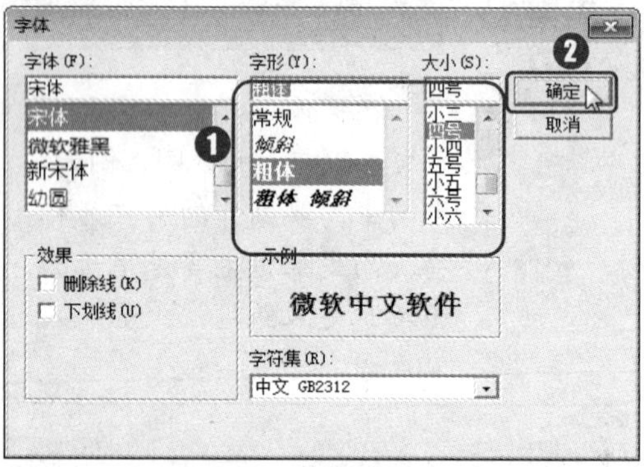

第 14 步：设置标签 2 的名称。

❶单击标签 2；❷在“Caption”框中输入名称；❸单击“字体”按钮，如下图所示。

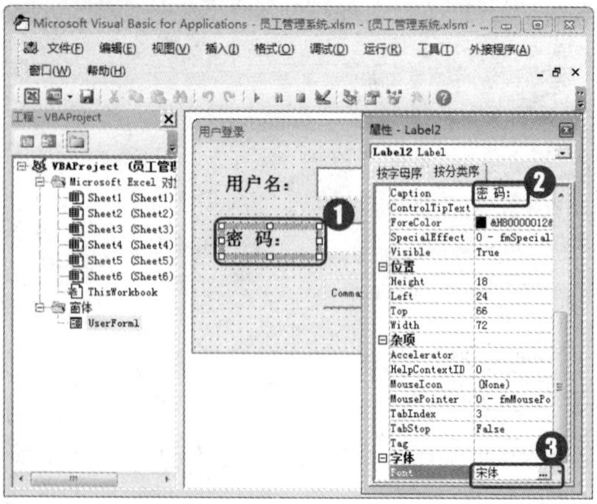

第 15 步：设置标签文字的字体格式。

打开“字体”对话框，❶设置字形和大小；❷单击“确定”按钮，如下图所示。

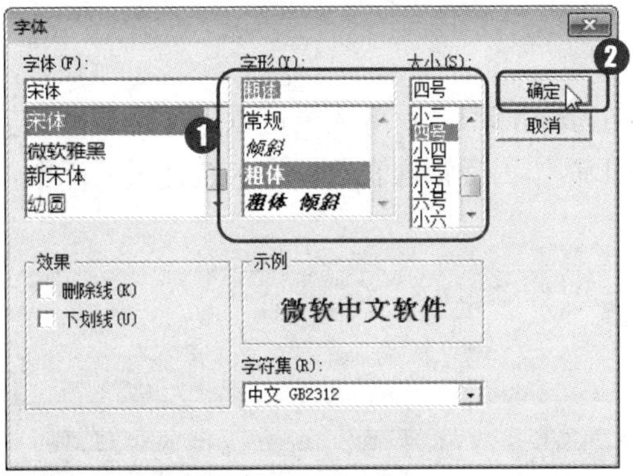

第 16 步：设置命令按钮的名称。

❶单击命令按钮；❷在“Caption”框中输入名称，如下图所示。

第 17 步：设置文本框。

❶在文本框 1 中输入用户名，再单击文本框 2；❷在“属性”窗口“PasswordChar”框输入*号，如下图所示。

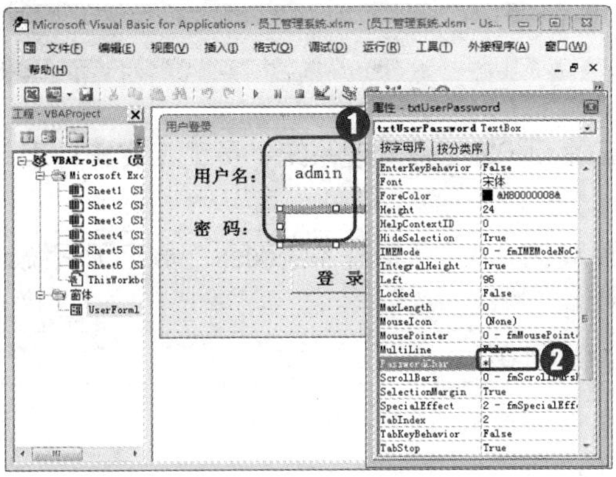

第 18 步：双击登录按钮。

修改完标签、文本框和命令按钮的属性后，双击“登录”按钮，如下图所示。

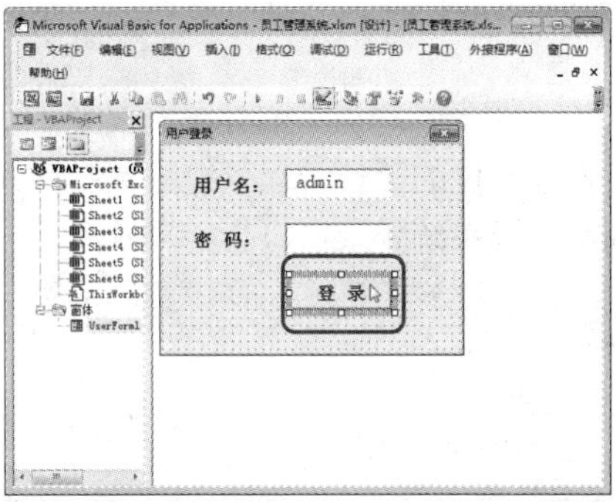

第 19 步：输入执行登录和退出的代码。

进入代码界面，输入下图所示的代码，单击命令按钮，才能执行命令。

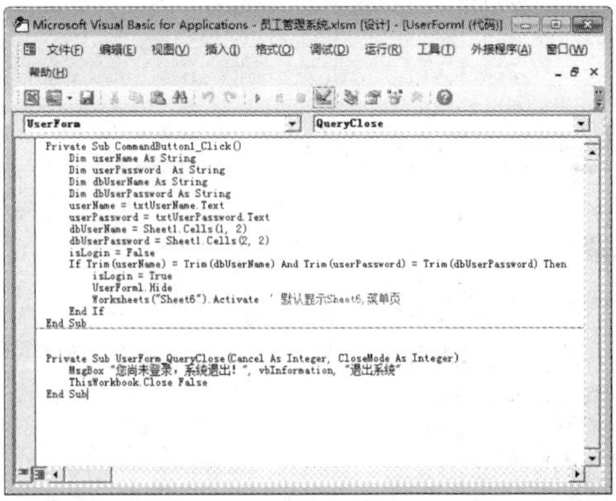

第 20 步：输入屏蔽工作表的代码。

❶单击 ThisWorkbook 选项；❷在右侧输入屏蔽工作表的代码，如下图所示。

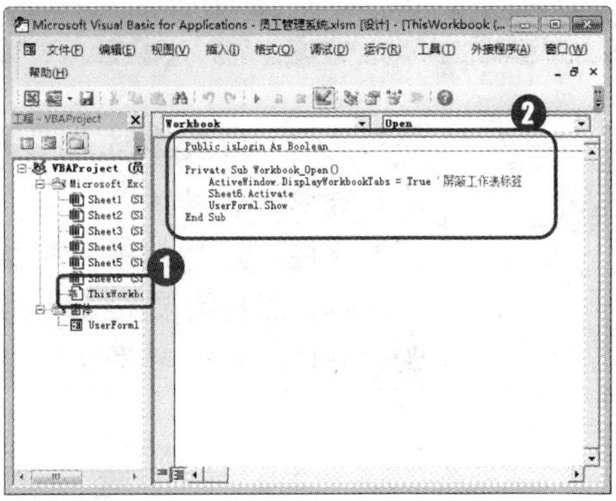

案例 02 制作工资管理系统

◇ 案例概述

为了便于管理员工的补贴、奖金、个税以及工资等情况，财务人员可以根据企业需要创建适合本单位的工资管理系统。本案例使用 Excel 制作工资管理表单、月末统计员工工资，并制作工资系统登录窗口。

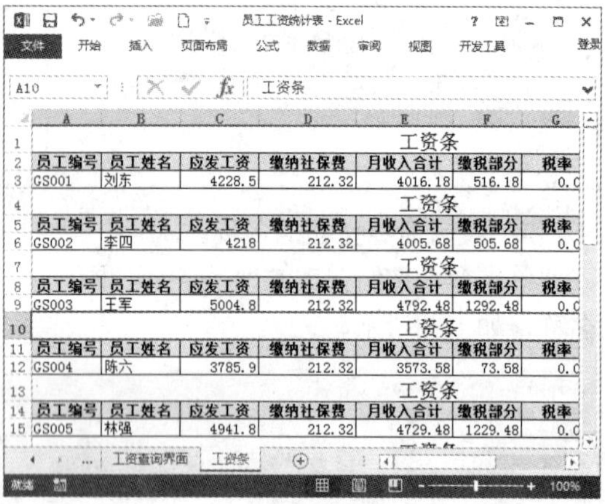

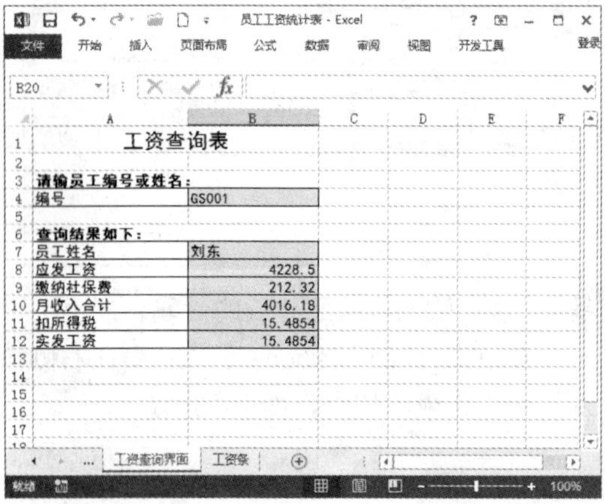

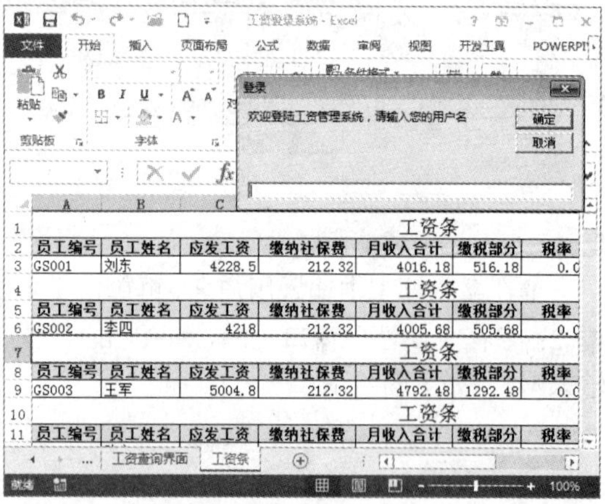

	素材文件：光盘\素材文件\第 11 章\案例 02\工资管理系统、员工工资统计表、工资登录系统.xlsx
	结果文件：光盘\结果文件\第 11 章\案例 02\工资管理系统.xlsx、员工工资统计表.xlsx、工资登录系统.xlsm
	教学文件：光盘\教学文件\第 11 章\案例 02.mp4

◇ 制作思路

在 Excel 中标记“工资管理系统”的流程与思路如下所示。

一 **制作工资管理表单**：根据提供的表格要求，制作出相应的工资管理表单。

二 **统计员工工资**：使用自定义公式和函数的方法计算出月末员工工资。

三 **制作工资系统登陆窗口**：使用 Visual Basic 制作出工资系统登录窗口。

◇ 具体步骤

在制作本案例时，首先罗列出表格的要求，然后打开素材文件，使用自定义公式或函数计算出工资、奖金等。另外，使用函数计算出工资条，最后通过 VBA 的方式添加登 vi 工资系统的操作。

1. 制作工资管理表单

员工工资管理不仅是一个单位管理薪资的重要手段，也是财务人员的一项重要的工作内容，同时也是保障企业运转的基础。为此需要制作相关的工资管理表单，规范企业的管理。接下来，本节将在 Excel 2013 中制作常用的工资管理表单，如基本工资表、奖金表、补贴表、和社保缴纳一栏表等。

（1）制作基本工资表

基本工资是根据劳动合同约定或国家及企业规章制度规定的工资标准计算的工资。也称标准工资。在一般情况下，基本工资是职工劳动报酬的主要部分。基本工资表主要包括员工编号、员工姓名、所在部门、基本工资。

例如，假设某企业员工的基本工资按照部门进行分类，不同的部门的基本工资是不同的，如表 11-3 所示。

表 11-3　　不同部门员工的基本工资

所在部门	基本工资（元）
办公室	3 500
销售部	4 200
车间部	5 000
后勤部	3 100

根据上表数据，在 Excel 中制作基本工资表，具体的操作步骤如下。

第 1 步：打开素材文件。

打开本实例的素材文件“工资管理系统”，基本工资表的基本格式，如下图所示。

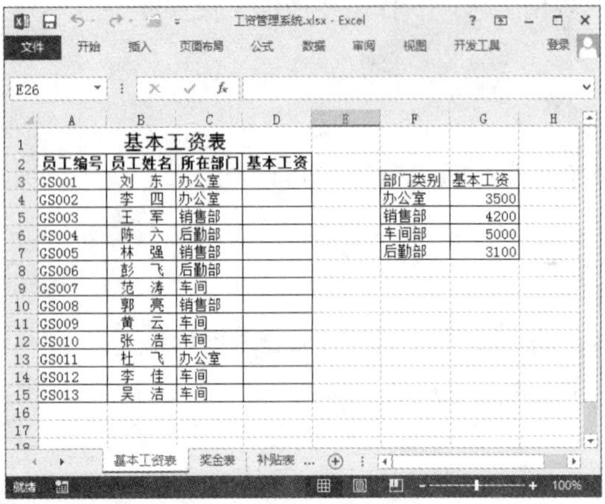

第 2 步：输入计算基本工资的公式。

❶在 D3 单元格输入公式“=IF(C3="办公室",3500,IF(C3="销售部",4200,IF(C3 = "车间",5000,3100)))”；❷单击“编辑栏”中的“✔”按钮，如下图所示。

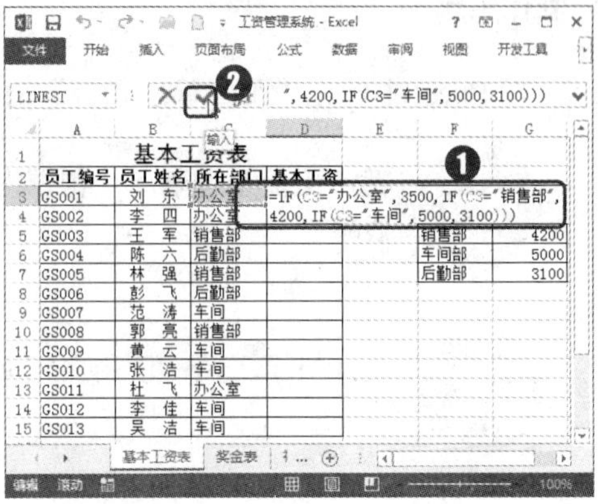

第 3 步：填充基本工资计算公式。

❶选择 D3 单元格；❷按住左键不放向下拖动填充公式，如下图所示。

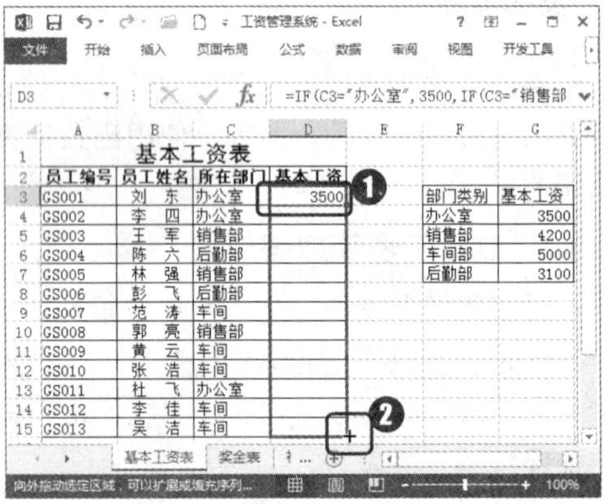

（2）制作奖金表

奖金作为一种工资形式，其作用是对与生产或工作直接相关的超额劳动给予报酬。奖金是对劳动者在创造超过正常劳动定额以外的社会所需要的劳动成果时，所给予的物质补偿。

例如，假设某企业员工的奖金按照公式“奖金=基本工资×业绩考核得分”进行计算，其中，业绩考核得分在 0.06 到 0.1 之间，各员工考核得分如下表所示。

员工姓名	业绩考核得分	员工姓名	业绩考核得分
刘东	0.091	郭亮	0.089
李四	0.088	黄云	0.086
王军	0.094	张浩	0.091
陈六	0.089	杜飞	0.078
林强	0.079	李佳	0.088
彭飞	0.091	吴洁	0.093
范涛	0.074		

在 Excel 中制作奖金表，具体的操作步骤如下。

第 1 步：单击奖金表。

切换到工作表“奖金表”，奖金表的基本格式，如下图所示。

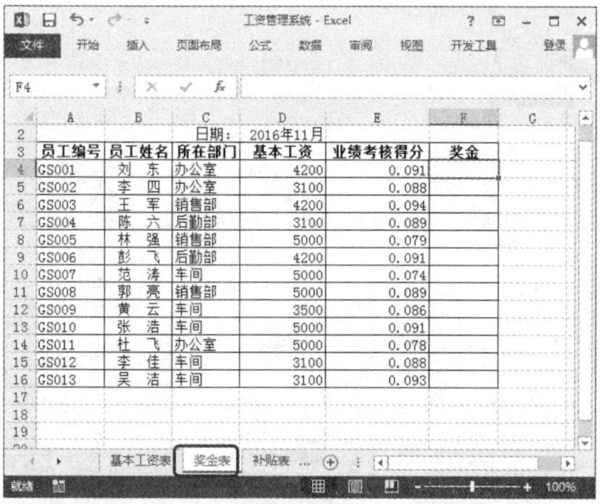

第 2 步：输入奖金计算公式。

❶在 F3 单元格输入公式“=D4*E4”；❷单击“编辑栏”中的“✔”按钮，如下图所示。

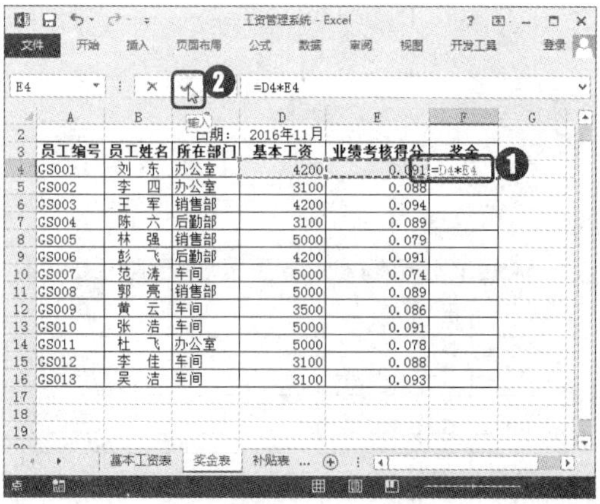

第 3 步：填充计算公式。

❶选择 F4 单元格；❷按住左键不放向下拖动填充公式，如下图所示。

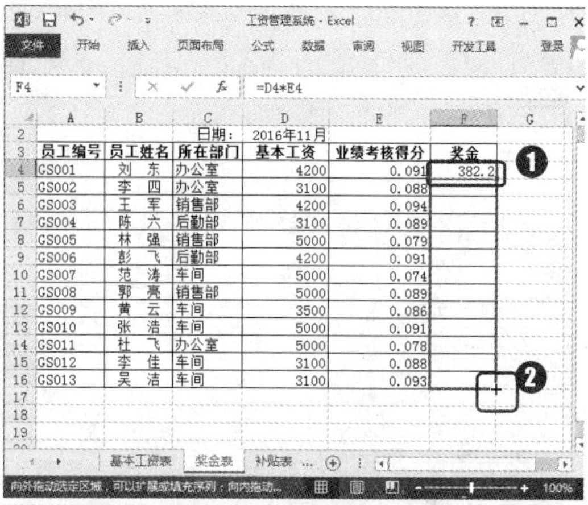

第 4 步：显示填充公式的效果。

经过以上操作，计算并填充奖金金额，效果如下图所示。

（3）制作补贴表

补贴，是指补偿职工在特殊条件下的劳动消耗及生活费额外支出的工资补充形式。常见的包括高温津贴、住房补贴、伙食补贴、交通补贴、生活费补贴等。

例如，假设某企业现行的员工每月补贴项目及金额如下表所示。

补贴项目	金额（元/人）
住房补贴	200
伙食补贴	150
交通补贴	60

在Excel中制作补贴表，具体的操作步骤如下。

第1步：单击补贴表。

切换到工作表“补贴表”，补贴表的基本格式，如下图所示。

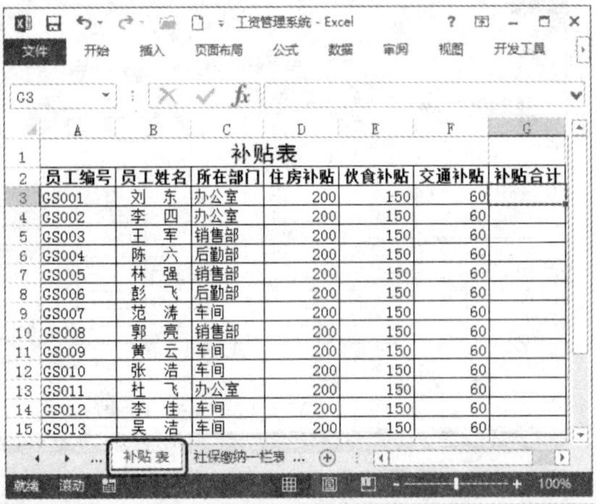

第2步：输入计算补贴合计的公式。

❶在G3单元格输入公式“=SUM (D3:F3)；❷单击“编辑栏”中的“✔”按钮，如下图所示。

第3步：填充计算公式。

❶选中存放计算结果的G3单元格；❷按住左键不放向下拖动填充公式，如下图所示。

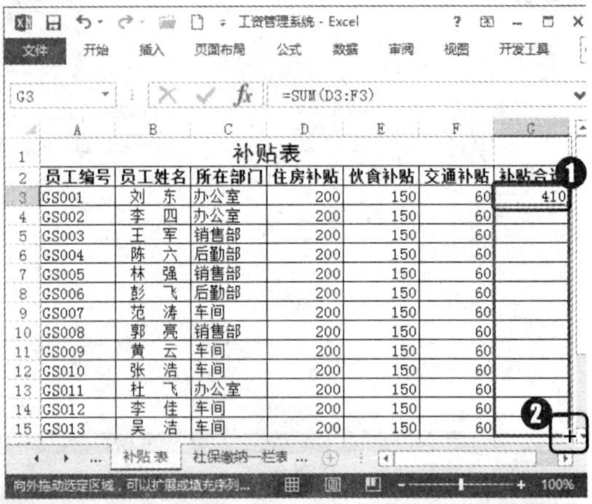

第4步：显示填充结果。

经过以上操作，计算并填充补贴合计数据，效果如下图所示。

（4）制作社保缴纳一栏表

社会保险费是指由用人单位及其职工和以个人身份参加社会保险并缴纳的社会保险费，包括基本养老保险费、基本医疗保险费、工伤保险费、失业保险费和生育保险费。《社会保险费申报缴纳管理规定（草案）》规定，国家要求征收的社保险种由养老、医疗和失业三项扩大为全部五项，新增工伤险和生育险。

例如，假设某企业按照当地社保部门规定为员工缴纳三险，其中单位和个人缴纳比例及金额如下表所示。

险种	最低基数（元）	单位比例（%）	单位缴费（元）	个人比例（%）	个人缴费(元)
养老保险	1 869	20	373.80	8	149.52
医疗保险	2 803	10	280.30	2	56.06
失业保险	1 869	1	18.69	0.20	3.74

根据当地社保部门规定，按照缴存比例，计算出社保的合计值，具体操作步骤如下。

第 1 步：打开素材文件。

切换到工作表“社保缴纳一栏表”，社保缴纳一栏表的基本格式，如下图所示。

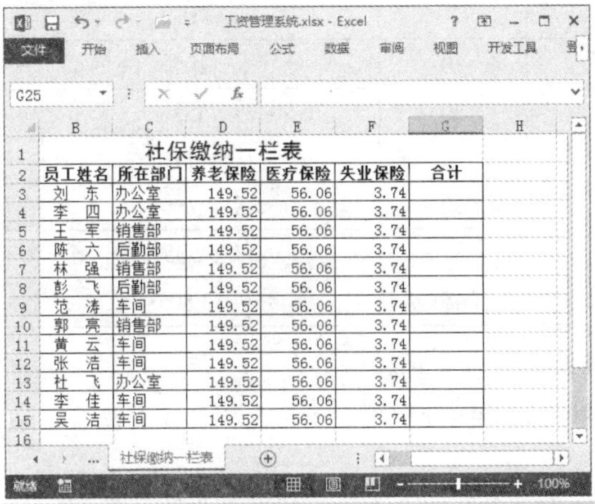

第 2 步：输入计算合计公式。

❶在 G3 单元格输入公式“=SUM(D3:F3)”；❷单击“编辑栏”中的“输入”按钮✔，如下图所示。

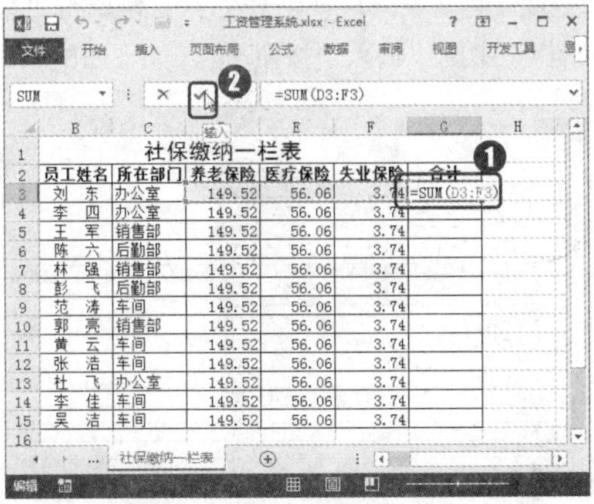

第 3 步：填充计算公式。

❶选择 G3 单元格；❷按住左键不放向下拖动填充公式，如下图所示。

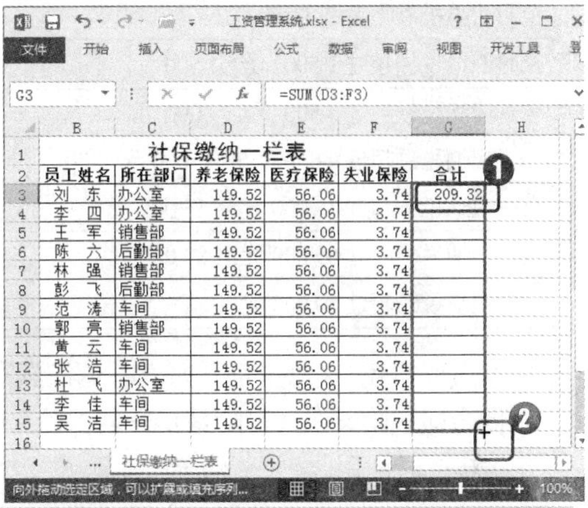

第 4 步：显示填充结果。

经过以上操作，计算并填充合计数据，如下图所示。

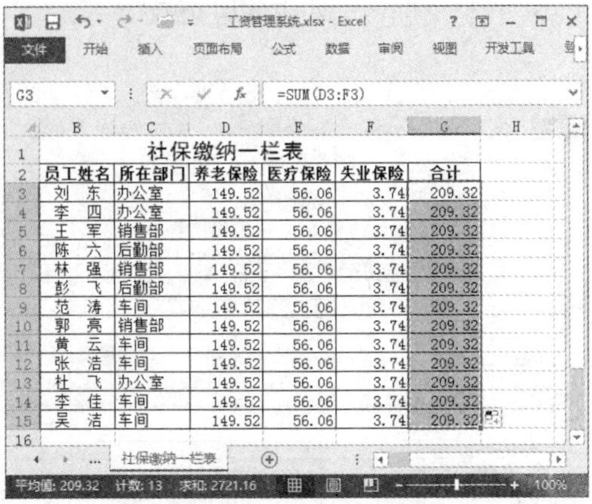

2. 月末员工工资统计

工资管理表单制作完成以后，每月月末，会计人员都要根据工资管理表单统计工资数据。

接下来，在 Excel 中制作员工工资统计表，使用 IF 函数计算工资数据及个人所得税，然后使用 VLOOKUP 函数制作员工工资数据查询系统，最后介绍工资条的制作和打印。

（1）制作员工工资统计表

员工工资统计表是对制作工资管理表单的加工和整理。在计算员工工资数据时，不可避免地会遇到个人所得税的计算。接下来介绍个人所得税的相关知识。

个人所得税是国家税务机关对个人所得计征的一种税。自 2011 年 9 月 1 日起，个税起征点调整为 3 500 元，实行调整后的 7 级超额累进税率。

全月应纳税所得额	税率(%)	速算扣除数(元)
全月应纳税额不超过 1 500 元	3	0
全月应纳税额超过 1 500 元至 4 500 元	10	105
全月应纳税额超过 4 500 元至 9 000 元	20	555
全月应纳税额超过 9 000 元至 35 000 元	25	1 005
全月应纳税额超过 35 000 元至 55 000 元	30	2 755
全月应纳税额超过 55 000 元至 80 000 元	35	5 505
全月应纳税额超过 80 000 元	45	13 505

个人所得税=（总工资－四金－免征额）×税率－速算扣除数

四金即三险一金，三险是指养老保险、失业保险和医疗保险。一金是指住房公积金，通常购房按揭时所用。

接下来根据上表，在 Excel 中制作基本工资表，并计算个人所得税及其他工资数据，具体的操作步骤如下。

第 1 步：打开素材文件。

打开本实例的素材文件“员工工资统计表”，其基本框架，如下图所示。

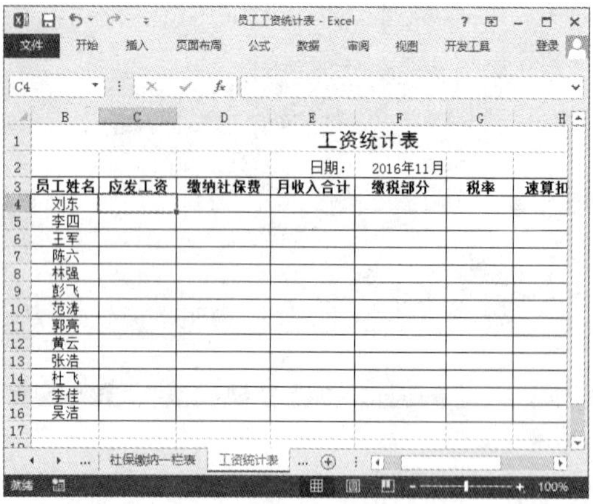

第 2 步：输入计算应用发工资的公式。

❶在 C4 单元格输入公式“=基本工资表!D3+奖金表!F4+补贴表!G3”；❷单击“编辑栏”中的“输入”按钮 ✔，如下图所示。

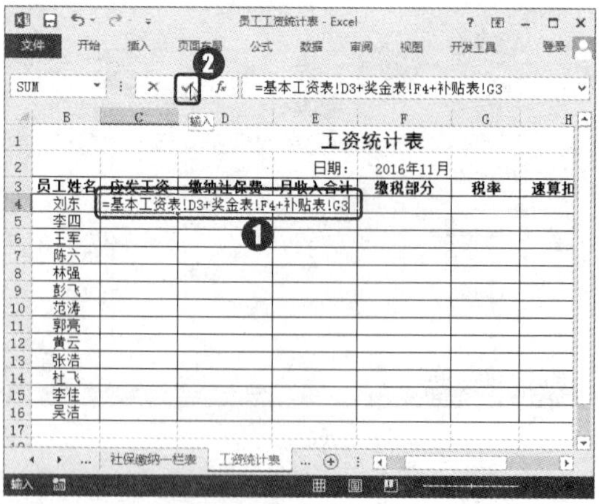

第 3 步：输入计算缴纳社保费的公式。

❶在 D4 单元格输入公式“=社保缴纳一栏表！G3”；❷单击“编辑栏”中的“✔”按钮，如下图所示。

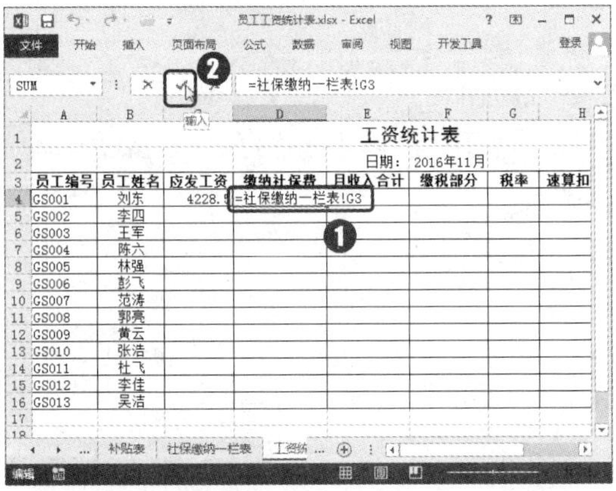

第 4 步：输入计算月收入合计公式。

❶在 E4 单元格输入公式“=C4－D4”；❷单击“编辑栏”中的“✔”按钮，如下图所示。

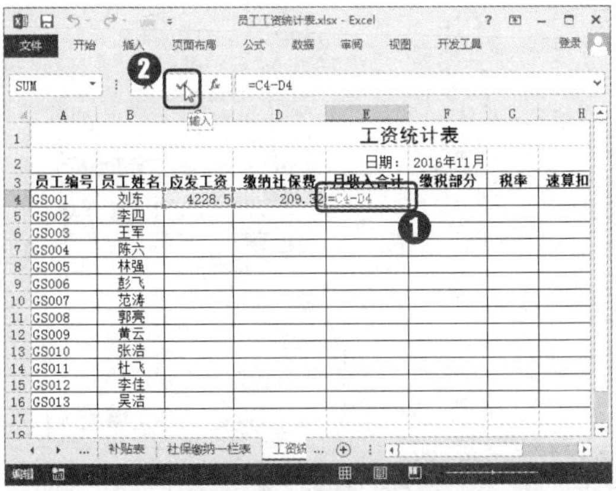

第 5 步：输入计算缴税部分的公式。

❶在 F4 单元格输入公式“=IF(E4<=3500,0,E4－3500)”；❷单击“编辑栏”中的“✔”按钮，如下图所示。

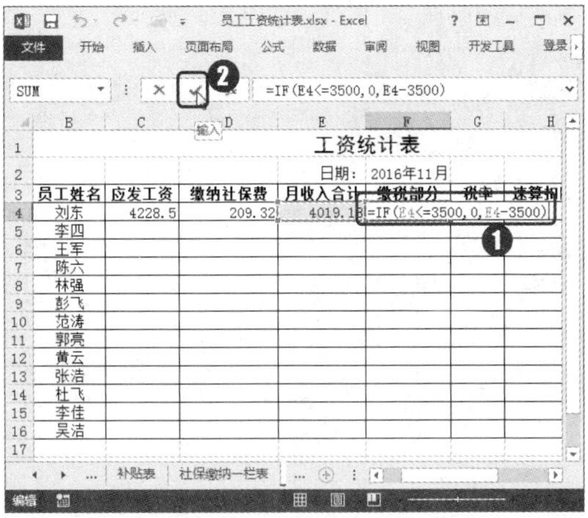

第 6 步：输入计算税率的公式。

❶在 G4 单元格输入公式“=IF(F4>80000,0.45,IF(F4>55000,0.35,IF(F4>35000,0.3,IF(F4>9000,0.25,IF(F4>4500,0.2,IF(F4>1500,0.1,IF(F4>0,0.03,0)))))))”；❷单击“编辑栏”中的“✔”按钮，如下图所示。

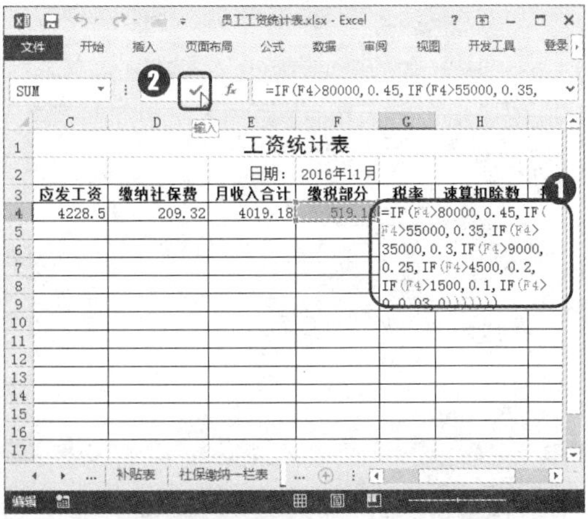

第 7 步：输入计算速算扣除数的公式。

❶在 H4 单元格输入公式“=IF(F4>80000,13505,IF(F4>55000,5505,IF(F4>35000,2755,IF(F4>9000,1005,IF(F4>4500,555,IF(F4>1500,105,0))))))”；❷单击“编辑栏”中的“✔”按钮，如下图所示。

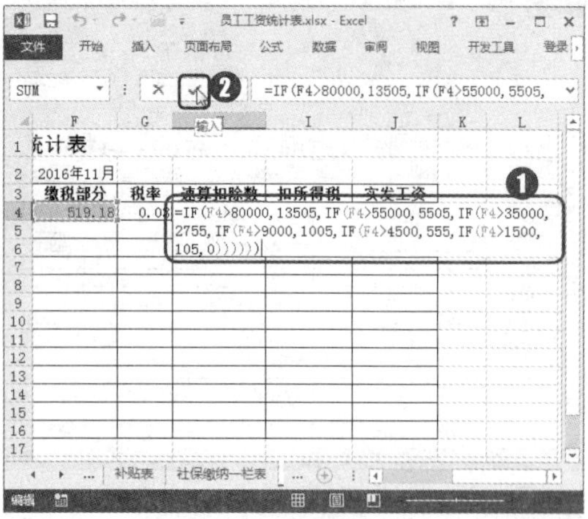

第 8 步：输入计算扣所得税的公式。

❶在 I4 单元格输入公式“=(F4*G4－H4)”；❷单击“编辑栏”中的“✔”按钮，如下图所示。

第 9 步：输入计算实发工资的公式。

❶在 J4 单元格输入公式“=(E4－I4)”；❷单击“编辑栏”中的“✔”按钮，如下图所示。

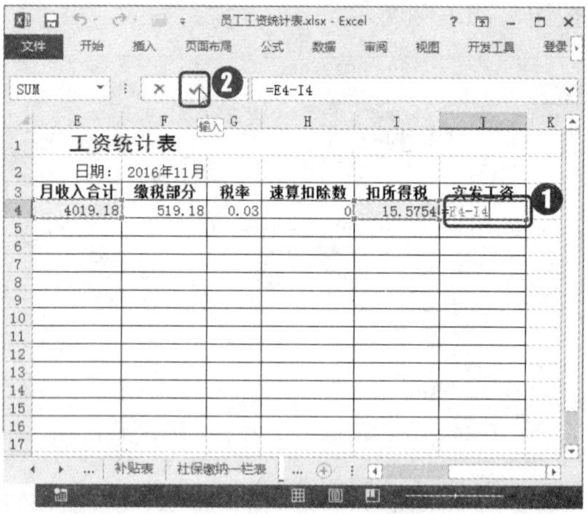

第 10 步：填充计算公式。

❶选择 C4:J4 单元格区域；❷按住左键不放拖动填充公式，如下图所示。

（2）查询员工工资数据

员工工资统计表制作完成后，可以使用 VLOOKUP 函数制作员工工资查询系统。会计人员将“员工工资统计表”设置保护后，普通员工可以登录到工资查询界面，凭借员工编号查询当月工资信息。

接下来制作员工工资查询系统，具体操作步骤如下。

第 1 步：进入工资查询界面工作表。

切换至“工资查询界面”工作表，如下图所示。

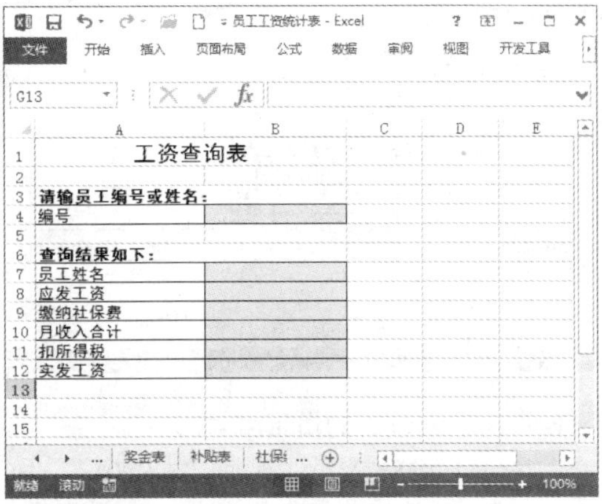

第 2 步：输入查找员工姓名的公式。

❶在 B7 单元格输入计算公式“=VLOOKUP($B$4,工资统计表!$A$4:$J$16,2,0)”；❷单击“编辑栏”中的“✔”按钮，如下图所示。

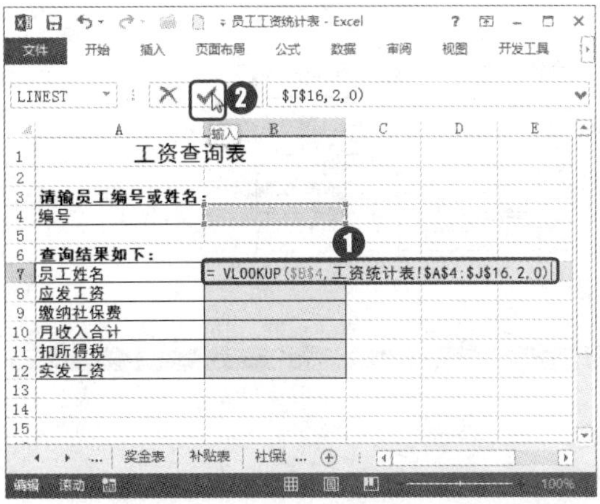

第 3 步：输入查找应发工资的公式。

❶在 B8 单元格输入公式“=VLOOKUP($B$4,工资统计表!$A$4:$J$16,3,0)”；❷单击“编辑栏”中的的“✔”按钮，如下图所示。

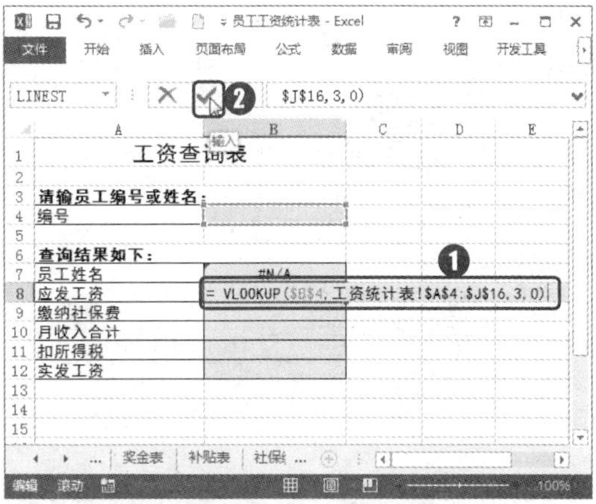

第 4 步：输入查找缴纳社保费的公式。

❶在 B9 单元格输入公式“=VLOOKUP($B$4,工资统计表!$A$4:$J$16,4,0)”；❷单击“编辑栏”中的“✔”按钮，如下图所示。

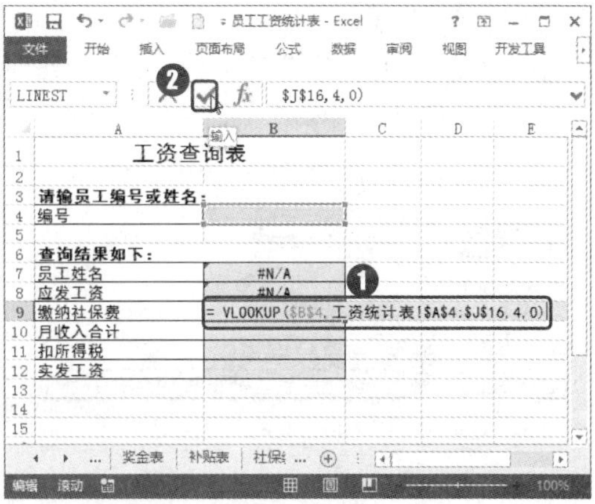

第 5 步：输入查找月收入合计的公式。

❶在 B10 单元格输入公式“=VLOOKUP($B$4,工资统计表!$A$4:$J$16,5,0)”；❷单击“编辑栏”中的“✔”按钮，如下图所示。

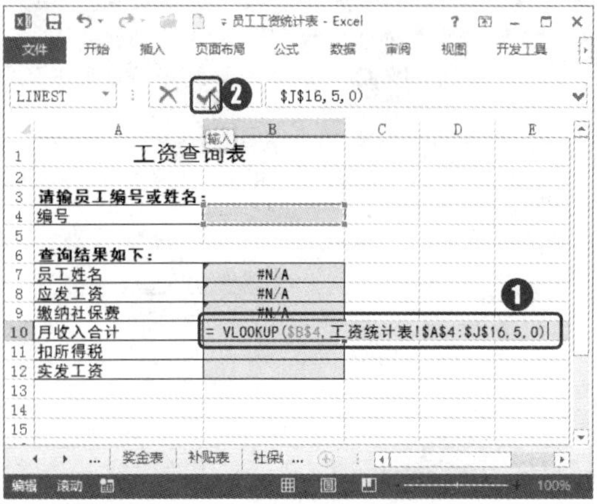

第 6 步：输入查找扣所得税的公式。

❶在 B11 单元格输入公式“=VLOOKUP($B$4,工资统计表!$A$4:$J$16,9,0)”；❷单击“编辑栏”中的“✔”按钮，如下图所示。

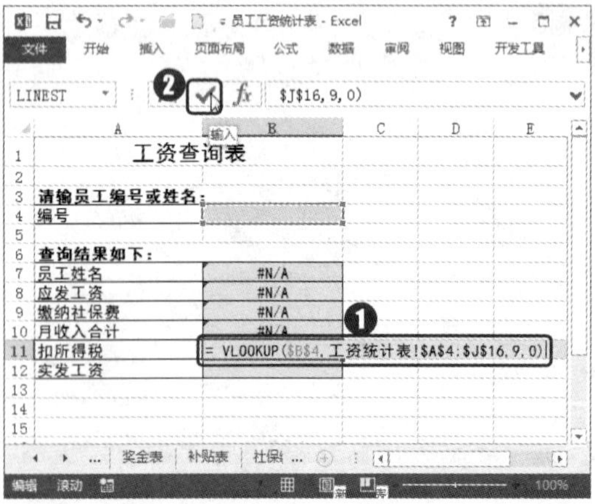

第 7 步：输入查找实发工资的公式。

❶在 B12 单元格输入公式“=VLOOKUP($B$4,工资统计表!$A$4:$J$16,10,0)”；❷单击“编辑栏”中的“✔”按钮，如下图所示。

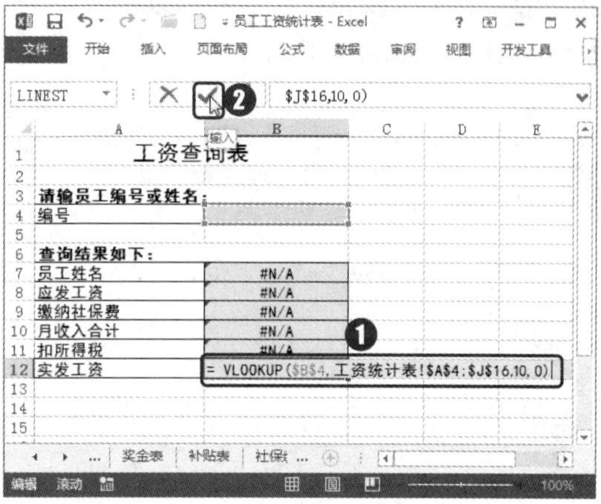

第 8 步：输入查询的员工编号。

在 B4 中输入员工编号“GS001”，按【Enter】键，即可查询出编号“GS001”员工的工资信息，如下图所示。

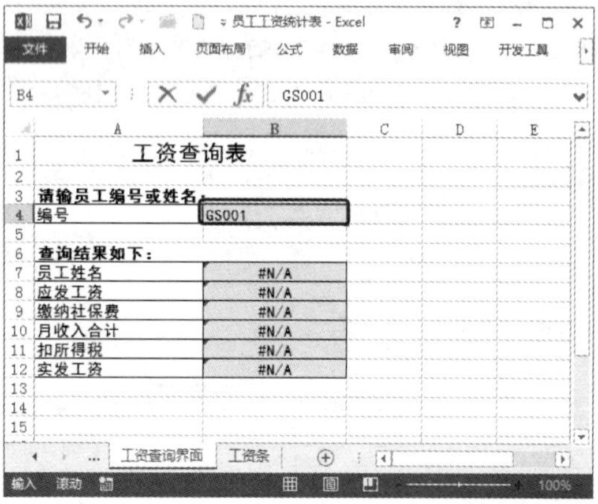

（3）制作工资条

员工工资统计表制作完成后，可以使用 VLOOKUP 函数查找与引用工资数据，然后手动填充制作工资条。

制作工资条的具体操作步骤如下。

第 1 步：进入工资条页面。

切换到工作表“工资条”，工资条的基本框架如下图所示。

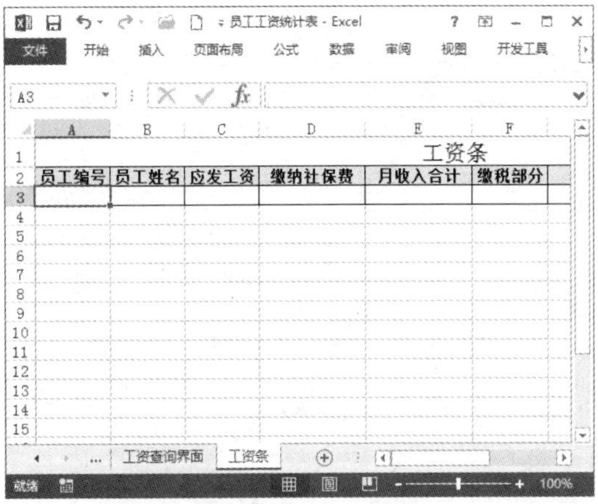

第 2 步：输入员工编号。

在 A3 单元格中输入员工编号“GS001”，按【Enter】键确认输入，如下图所示。

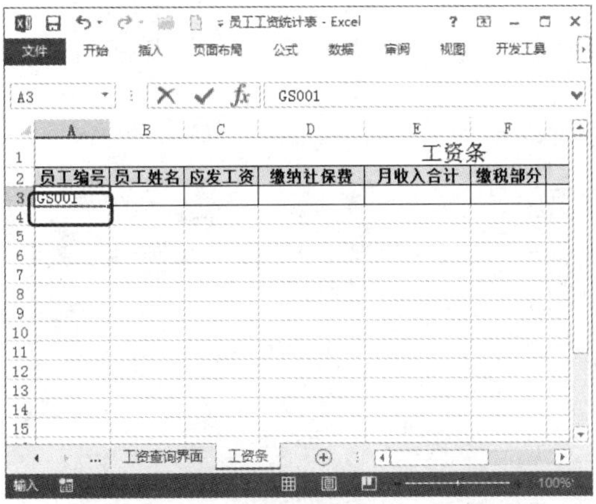

第 3 步：输入查找员工姓名的公式。

❶在 B3 单元格输入公式“= VLOOKUP (A3,工资统计表!$A$4:$J$16,2,0)”；❷单击“编辑栏”中的“✔”按钮，如下图所示。

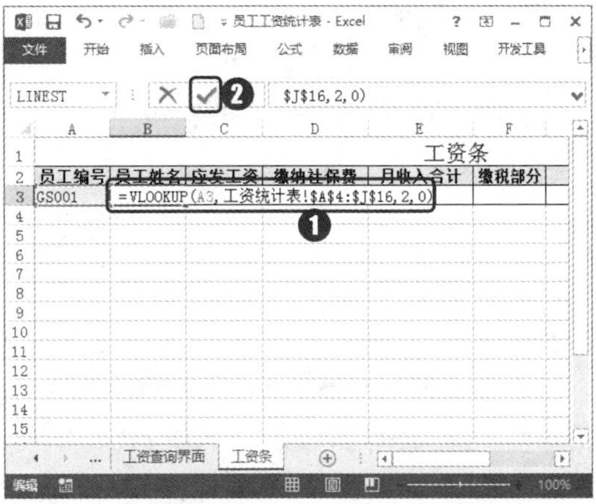

第 4 步：输入查找应发工资的公式。

❶在 C3 单元格输入公式“= VLOOKUP (A3,工资统计表!$A$4:$J$16,3,0)”；❷单击“编辑栏”中的“✔”按钮，如下图所示。

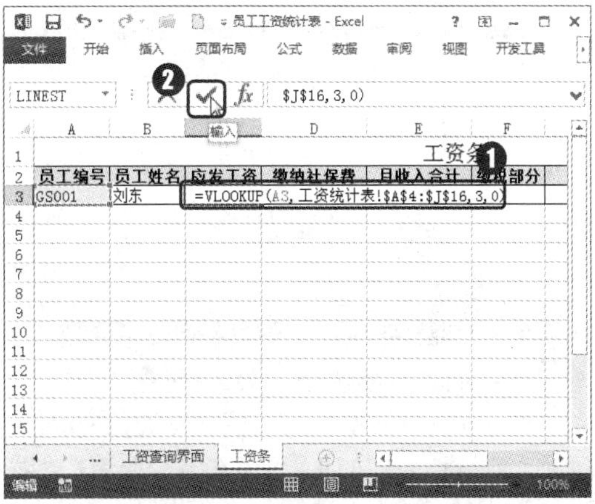

第 5 步：输入查找缴纳社保费的公式。

❶在 D3 单元格输入公式“= VLOOKUP (A3,工资统计表!$A$4:$J$16,4,0)”；❷单击“编辑栏”中的“✔”按钮，如下图所示。

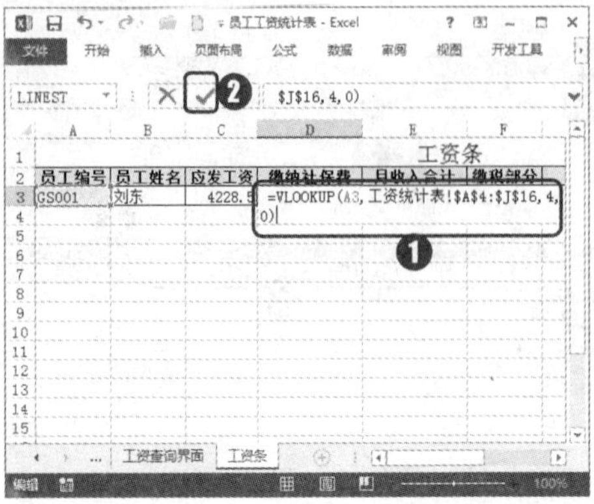

第 6 步：输入查找月收入合计的公式。

❶在 E3 单元格输入公式“= VLOOKUP(A3,工资统计表!$A$4:$J$16,5,0)”；❷单击“编辑栏”中的“✔”按钮，如下图所示。

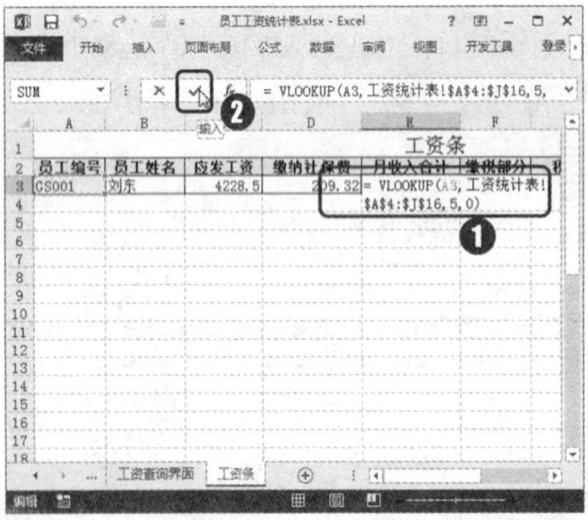

第 7 步：输入查找缴税部分的公式。

❶在 F3 单元格输入公式“= VLOOKUP(A3,工资统计表!$A$4:$J$16,6,0)”；❷单击“编辑栏”中的“✔”按钮，如下图所示。

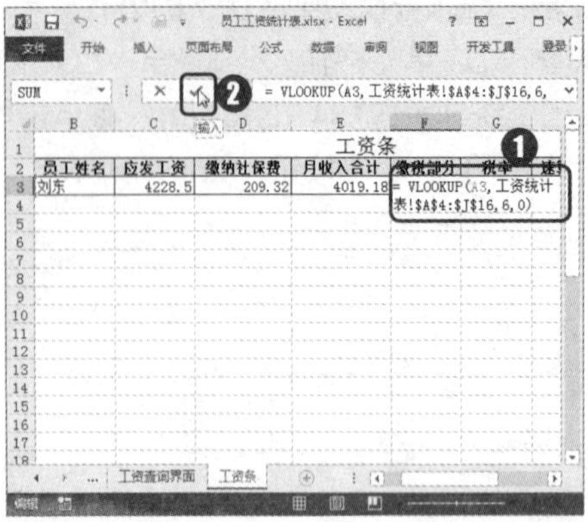

第 8 步：输入查找税率的公式。

❶在 G3 单元格输入公式“= VLOOKUP(A3,工资统计表!$A$4:$J$16,7,0)”；❷单击“编辑栏”中的“✔”按钮，如下图所示。

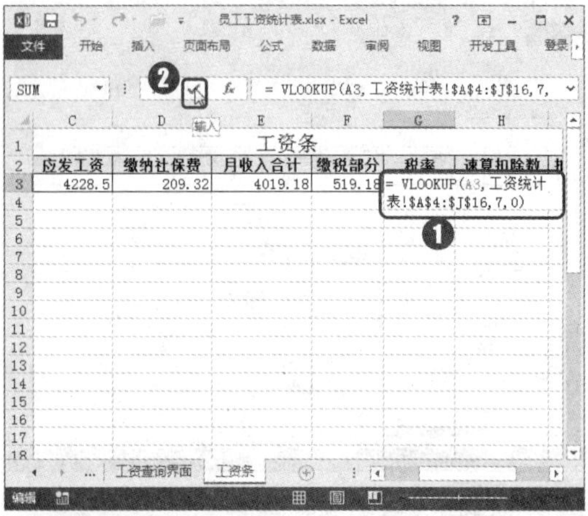

第 9 步：输入查找速算扣除数的公式。

❶在 H3 单元格输入公式“= VLOOKUP(A3,工资统计表!$A$4:$J$16,8,0)”；❷单击“编辑栏”中的“✔”按钮，如下图所示。

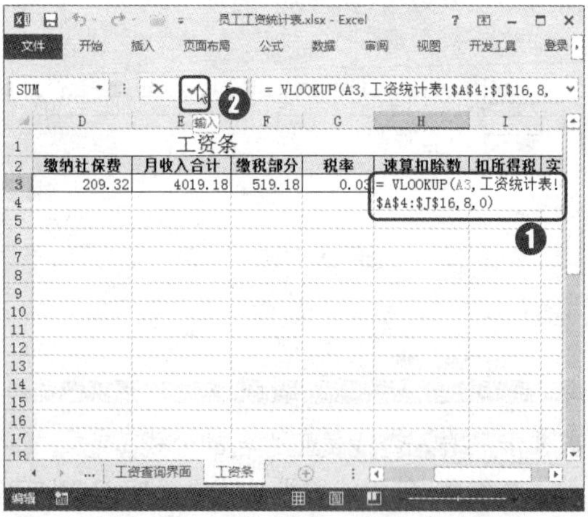

第 10 步：输入查找扣所得税的公式。

❶在 I3 单元格输入公式“= VLOOKUP(A3,工资统计表!$A$4:$J$16,9,0)”；❷单击“编辑栏”中的“✔”按钮，如下图所示。

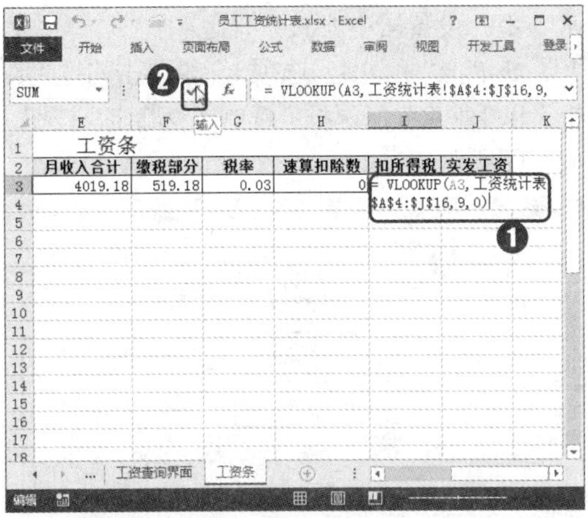

第 11 步：输入查找实发工资的公式。

❶选中单元格 J3，输入如下公式“ = VLOOKUP(A3,工资统计表!$A$4:$J$16,10, 0)”；❷单击“编辑栏”中的“ ✔ ”按钮，如下图所示。

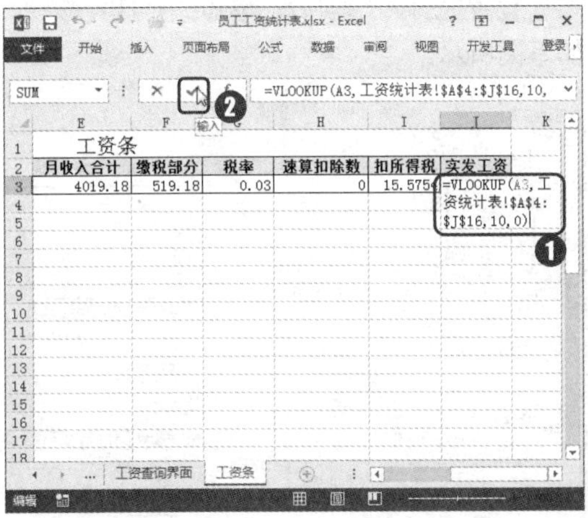

第 12 步：拖动填充工资条。

选中 A1:J3 单元格区域，将鼠标指针定位在该单元格区域的右下角，此时鼠标指针变成十字形状+，按住左键拖动，如下图所示。

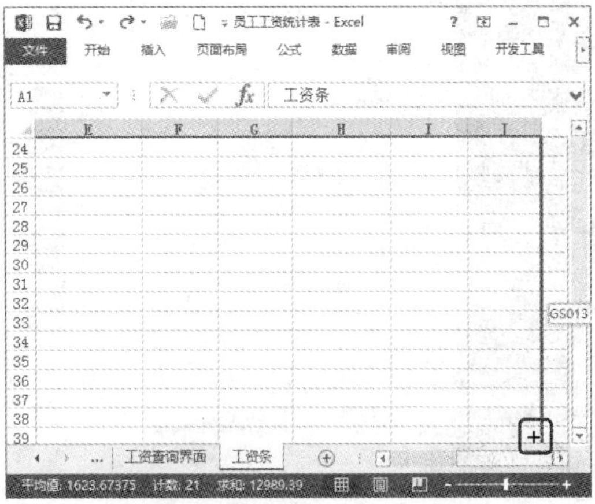

第 13 步：显示填充效果。

经过以上操作，制作工资条的效果如下图所示。

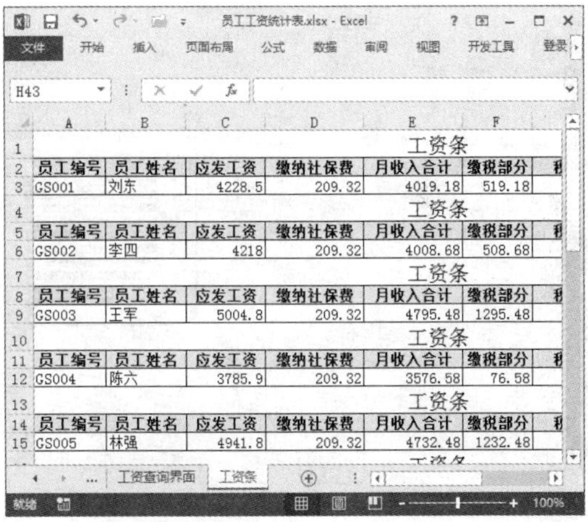

（4）打印工资条

工资条制作完成以后，即可以进行打印设置、预览打印文件、适当调整页边距，完成后打印即可。

第 1 步：选择纸张方向。

❶单击“文件”列表中“打印”命令；❷单击“设置”组“纵向”右侧的下拉按钮；❸单击“横向”命令，如下图所示。

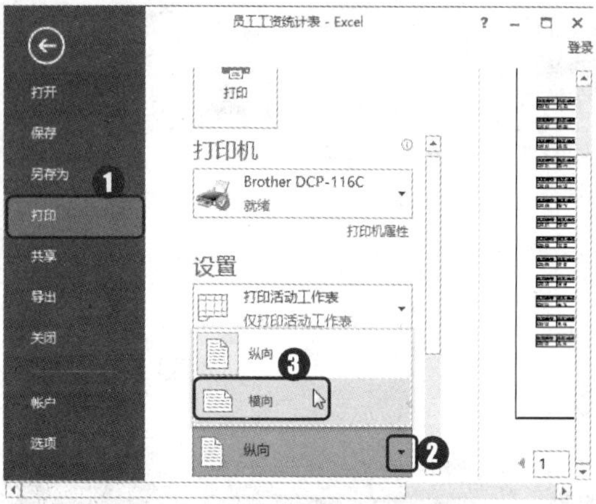

第 2 步：单击页面设置按钮。

在打印面板中，单击“页面设置”链接，如下图所示。

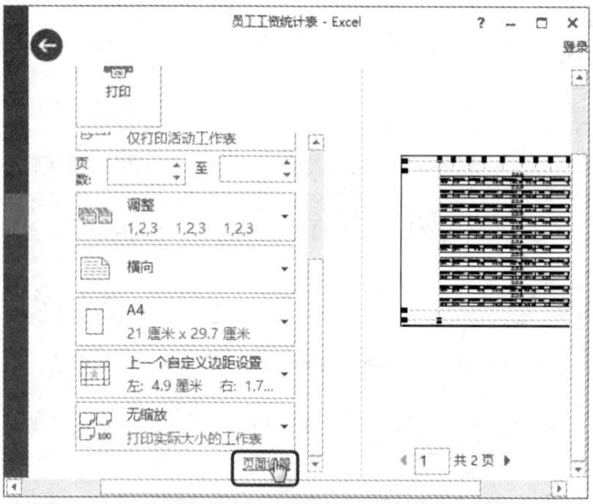

第 3 步：设置居中方式。

❶单击“页边距”选项卡；❷单击勾选“水平”和“垂直”复选框；❸单击“确定”按钮，如下图所示。

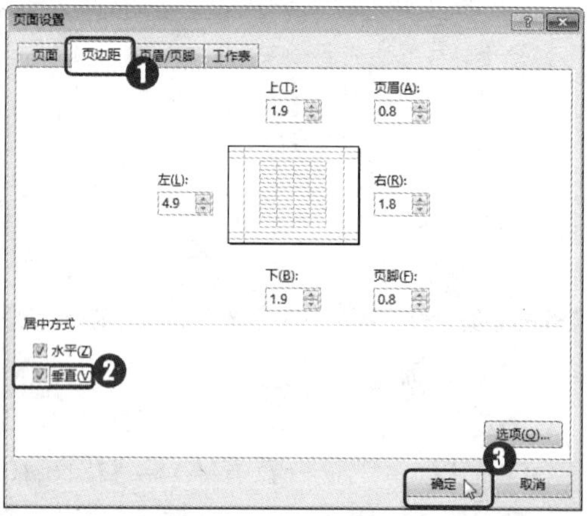

第 4 步：执行打印命令。

设置完打印选项后，单击“打印”按钮，如下图所示。

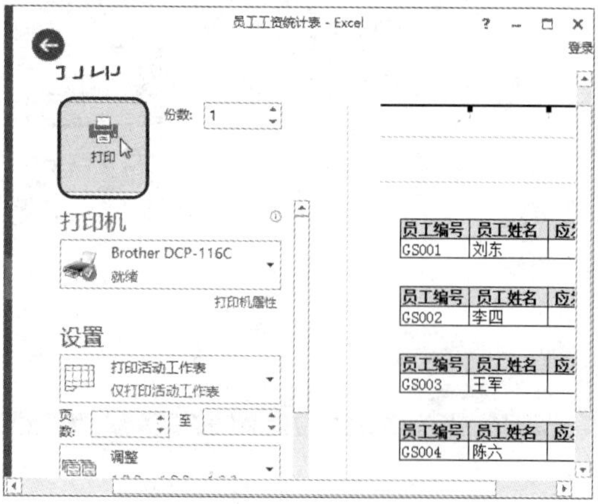

3. 制作工资系统登录窗口

为了防止他人查看或者更改工资系统信息，可以设置用户登录窗口，用户只有输入正确的用户名和密码后才可以进入工资系统。接下来介绍如何将 Excel 工作簿保存为启用宏的工作簿，然后介绍如何设置个人信息选项，如何设置宏的安全性等内容，最后通过 VBA 代码制作工资系统登陆窗口。

（1）保存为启用宏的工作簿

在 Excel 2007、Excel 2010 或 Excel 2013 版本中使用宏与 VBA 程序代码时，必须首先将

Excel 表格另存为启用宏的工作簿，否则将无法运行宏与 VBA 程序代码。此时用户即可通过单击按钮 录制宏 或进行宏设置来启用和录制宏。保存为启用宏的工作簿的具体操作步骤如下。

第 1 步：执行保存命令。

❶单击“文件”列表中“另存为”命令卡；❷单击“计算机”选项；❸单击“浏览”按钮，如下图所示。

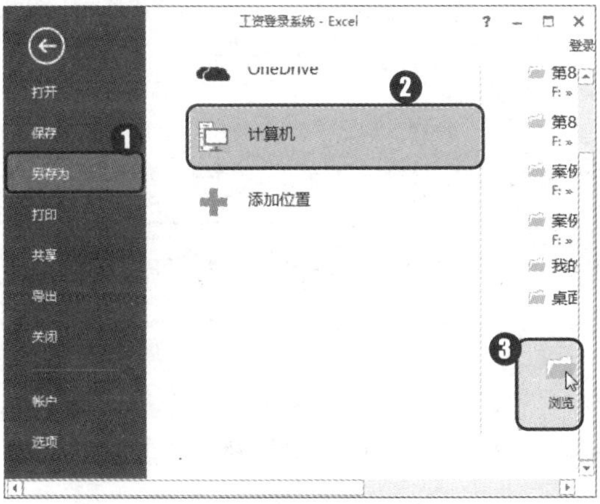

第 2 步：设置保存选项。

打开“另存为”对话框，❶选择文件存放位置；❷输入文件名；❸选择文件保存类型；❹单击“保存”按钮，如下图所示。

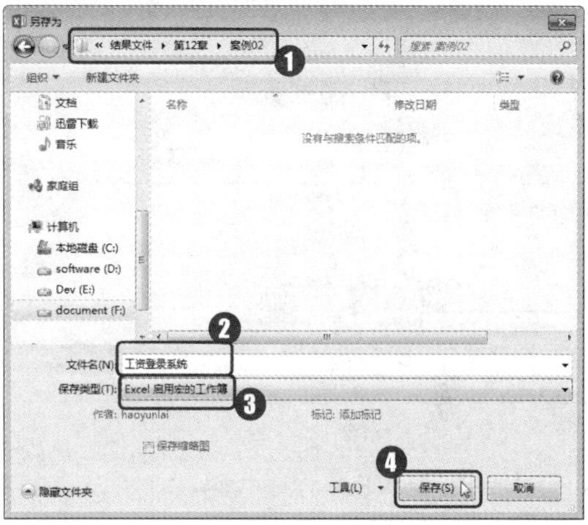

（2）设置个人信息选项

使用宏与 VBA 程序代码之前，要设置个人信息选项，取消“保存时从文件属性中删除个人信息”选项，具体操作步骤如下。

第 1 步：执行选项命令。

单击“文件”列表中“选项”命令，如下图所示。

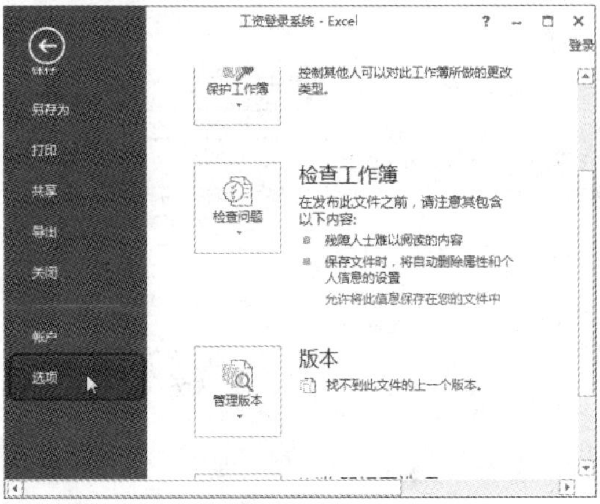

第 2 步：单击信息中心设置按钮。

打开“Excel 选项”对话框，❶单击“信任中心”选项；❷单击“信任中心设置”按钮，如下图所示。

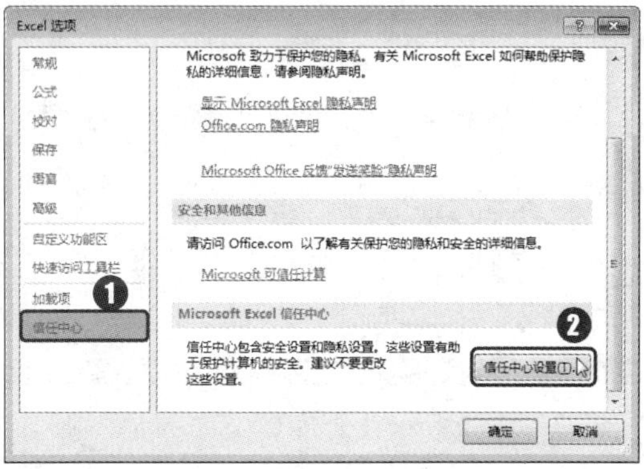

第 3 步：设置个人信息选项。

打开“信任中心”对话框，❶单击“个人信息选项”命令，❷取消勾选“保存时从文件属性中删除个人信息”复选框，❸单击“确定”按钮，如下图所示。

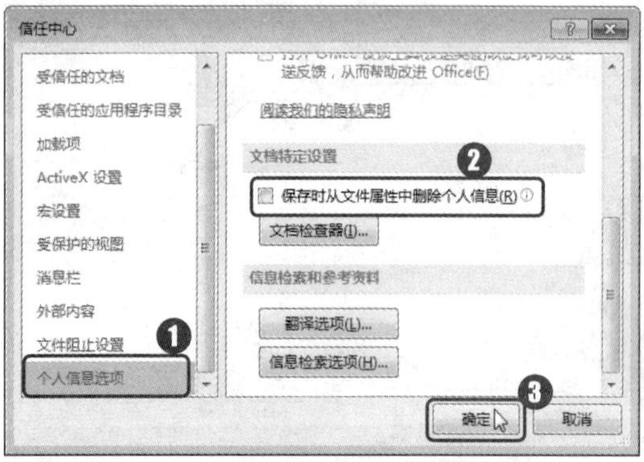

第 4 步：单击确定按钮。

返回“Excel 选项”对话框，单击“确定”按钮，关闭对话框，如下图所示。

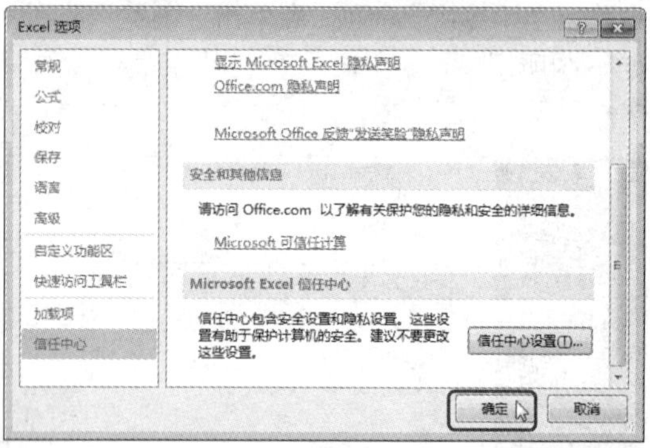

（3）设置宏的安全性

使用宏与 VBA 程序代码，除了设置个人信息选项外，还要设置宏的安全性，启用所有宏。具体操作步骤如下。

第 1 步：执行选项命令。

❶单击“开发工具”选项卡，❷单击“代码”工作组中的“宏安全性”按钮，如下图所示。

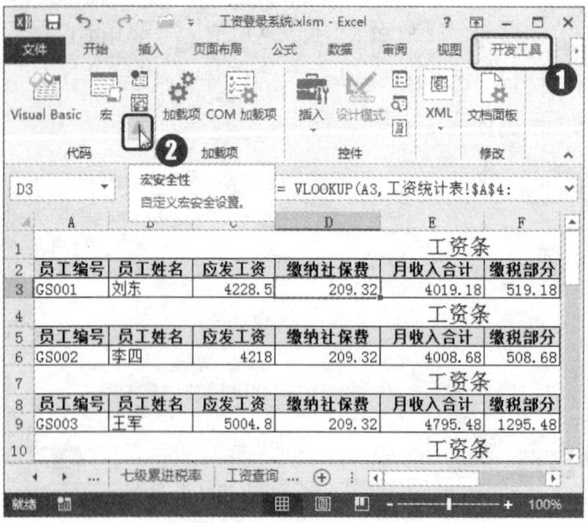

第 2 步：设置信息中心选项。

打开“Excel 选项”对话框，单击“信任中心”选项，打开“信任中心”对话框❶单击“宏设置”选项卡；❷选中“启用所有宏”单选按钮；❸单击“确定”按钮，如下图所示。

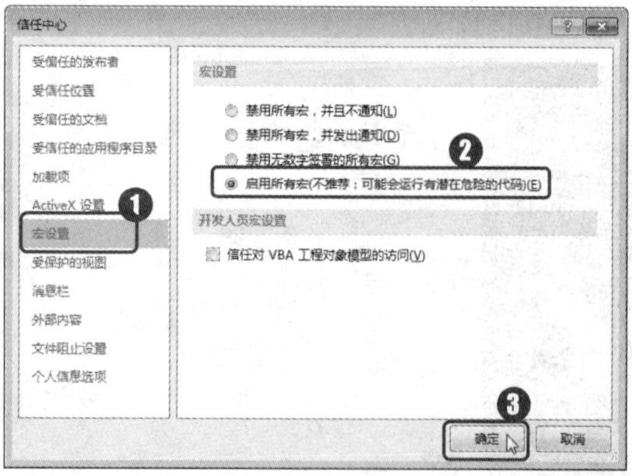

（4）设置用户登录窗体

为了防止他人查看或者更改工资系统信息，可以设置用户登录窗口，用户只有输入正确的用户名和密码之后才可以进入该系统。

第 1 步：执行 Visual Basic 命令。

❶单击“开发工具”选项卡；❷单击“代码”工作组中的“Visual Basic”按钮，如下图所示。

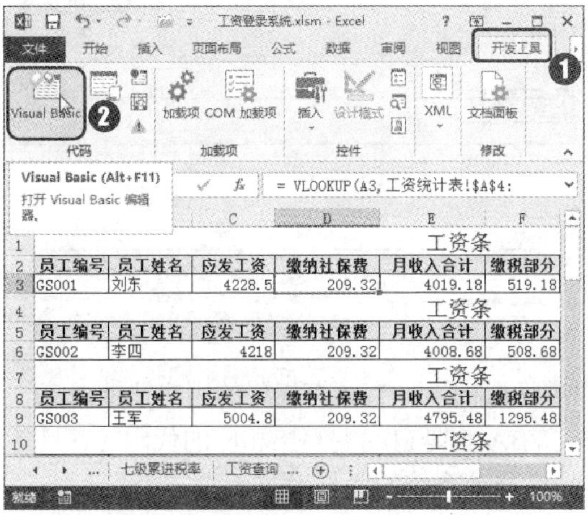

第 2 步：引用员工姓名。

打开“Microsoft Visual Basic for Applications - 工资登录系统.xlsm”编辑器窗口，在“工程 - VBAProject”对话框中双击“This Workbook”选项，如下图所示。

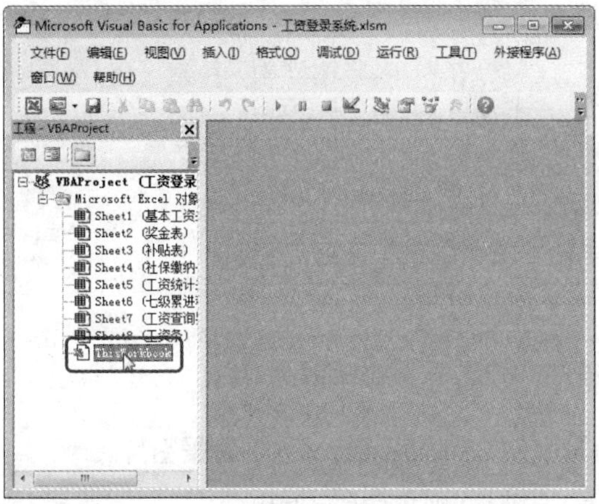

第 3 步：输入代码。

❶在弹出的代码编辑框中输入以下代码。❷输入完毕，单击工具栏中的“保存”按钮，如下图所示。

```
rivate Sub Workbook_Open( )
Dim m As String
Dim n As String
Do Until m="工资"
    m=InputBox("欢迎登录工资管理系统，请输入您的用户名","登录","")
  If m="工资" Then
     Do Until n="123"
        n=InputBox("请输入您的密码","密码","")
        IF n="123" Then
           Sheets("工资查询界面"). Select
        Else
           MsgBox" 密 码 错 误 ！请 重 新 输 入!",vbOKOnly,"登录错误"
        End If
     Loop
Else
   MsgBox"用户名错误!请重新输入!",vbOKOnly,"登录错误"
  End If
Loop
End Sub
```

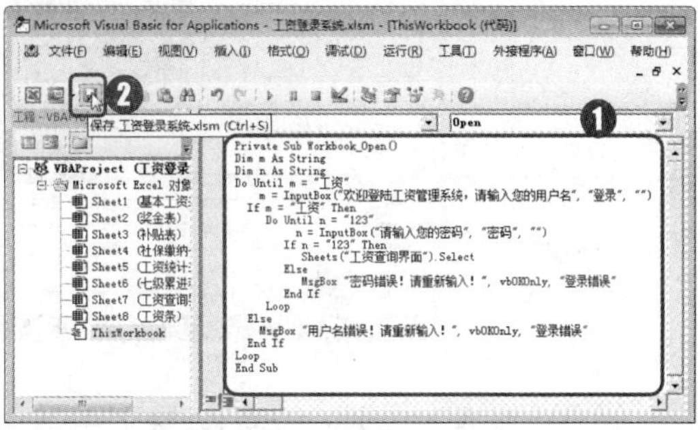

第 4 步：输入用户名。

再次打开工作簿“工资登录系统.xlsm”，此时将弹出“登录”窗口，❶输入设置好的用户名“工资”;❷单击“确定”按钮，如下图所示。

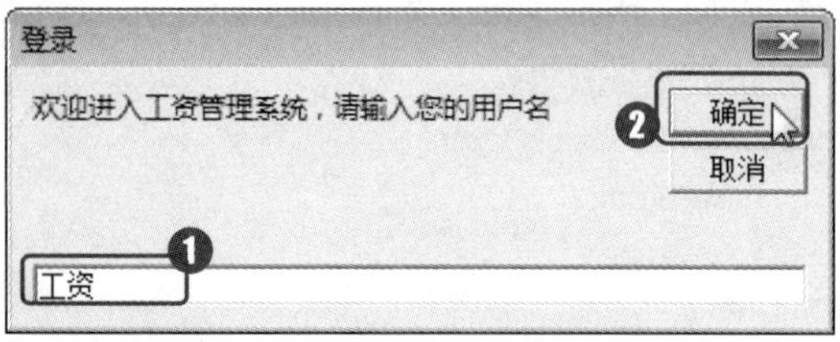

第 5 步：输入密码。

打开“密码”对话框，❶输入设置好的登录密码“123”；❷单击“确定”按钮，即可进入工资登录系统，如下图所示。

案例 03 制作财务登录系统

◇ 案例概述

在 Excel 中可以通过代码对工作表中的数据进行保护，只有具有权限的用户才能对工作表进行操作。实际上，在工作表中的每一个操作，VBA 都是自动编写出相应的代码的，只是在可操作界面中看不见。本案例主要介绍 VBA 制作登录系统的操作。

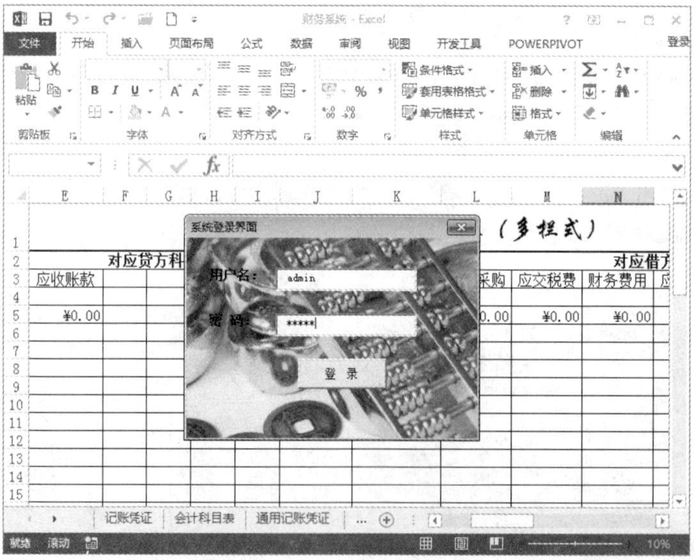

	素材文件：光盘\素材文件\第 11 章\案例 03\财务系统.xlsx、背景图片.jpg
	结果文件：光盘\结果文件\第 11 章\案例 03\财务系统.xlsm
	教学文件：光盘\教学文件\第 11 章\案例 03.mp4

◇ 制作思路

在 Excel 中制作“财务登录系统”的流程与思路如下所示。

一 **宏的使用**：制作一个删除记录的宏，然后在工作簿的其他表格中执行录制的宏，删除相应的数据。

二 **修改宏**：对于删除的记录，如果只想删除某一条记录，使用对录制的宏进行编辑，然后执行宏的操作即可。

三 **制作用户登录界面**：进入 VBA 窗口，利用窗体制作登录界面，然后输入代码完成登录界面的制作。

◇ 具体步骤

在制作本案例时，会应用到宏和 VBA 的内容，利用宏可以快速操作重复的步骤，提高工作效率；使用 VBA 窗口编写代码，则能实现一些在 Excel 界面中不能实现的内容。

1. 宏的应用

宏是存储于 Visual Basic 模块中，在需要执行该项任务时，可随时运行的一系列定义好的指令。VBA 是程序语言的一种，事实上执行宏时就已经在使用 VBA 了，宏其实就是 VBA 的一个子过程。

（1）录制宏

录制宏就是启用宏录制功能，按需要对工作表进行操作，将操作过程录制下来。简化工作量，提高工作效率。例如，录制宏删除“通用记账凭证”工作表中的记录，具体操作步骤如下。

第 1 步：执行录制宏命令。

❶单击“开发工具”选项卡；❷单击“代码”工作组中的“录制宏”按钮，如下图所示。

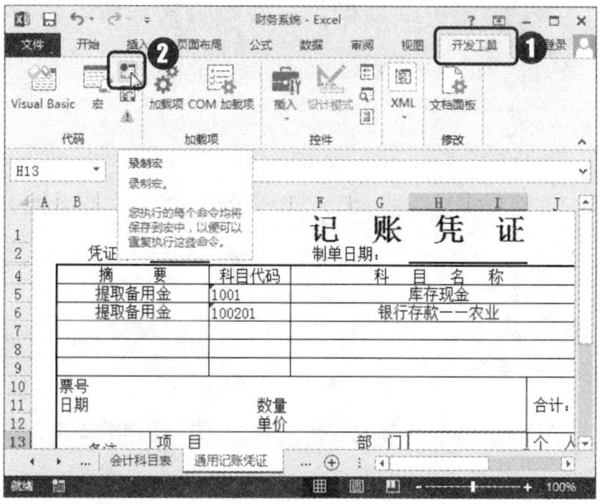

第 2 步：输入宏名称。

打开“录制宏”对话框，❶在“宏名”框中输入“删除数据”；❷单击“确定”按钮，如下图所示。

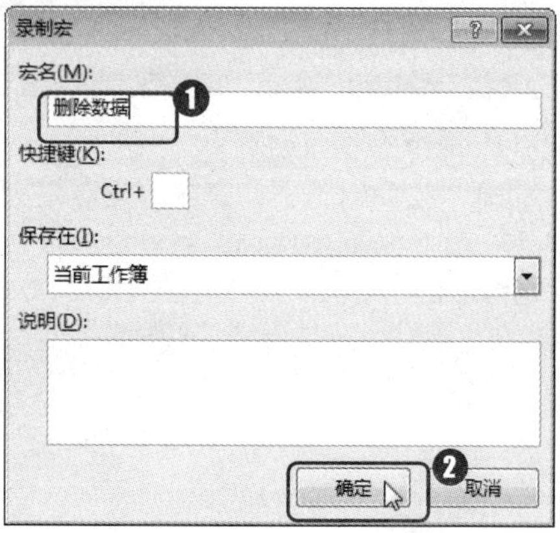

第 3 步：停止录制宏。

❶执行“删除数据”宏命令后，在记账凭证表中删除信息；❷单击“代码”工作组中的“停止录制”按钮，如右图所示。

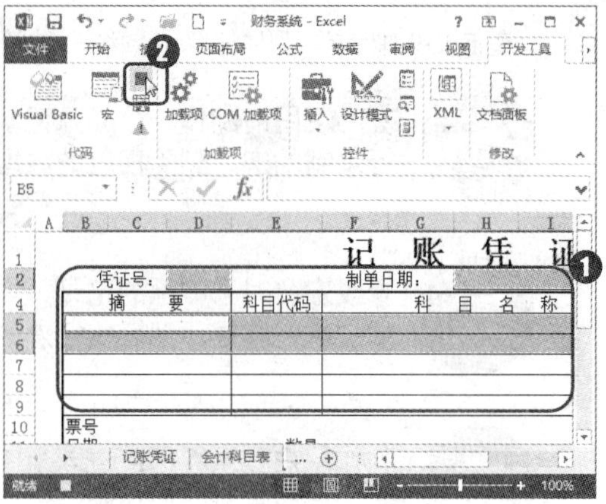

（2）运行宏

在工作簿中如果需要重复操作删除数据，可以通过录制的“删除数据”宏进行操作。例如，在记账凭证中删除记录信息，具体操作步骤如下。

第 1 步：执行宏命令。

❶单击“记账凭证”工作表；❷单击“开发工具”选项卡；❸单击“代码”工作组中的“宏”按钮，如下图所示。

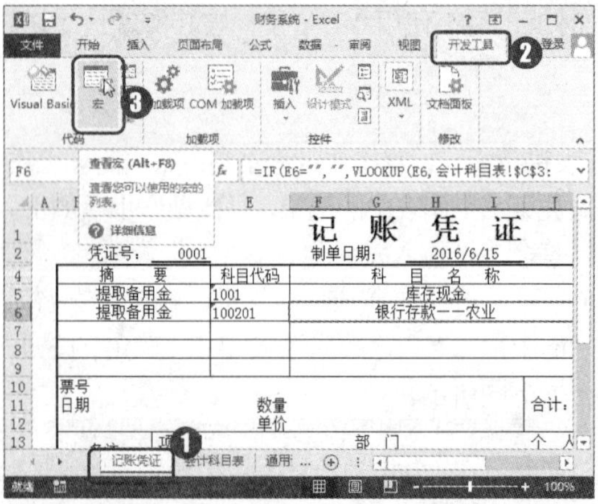

第 2 步：运行删除数据宏。

打开“宏”对话框，❶在“宏名”列表框中选择“删除数据”选项；❷单击“执行”按钮，如下图所示。

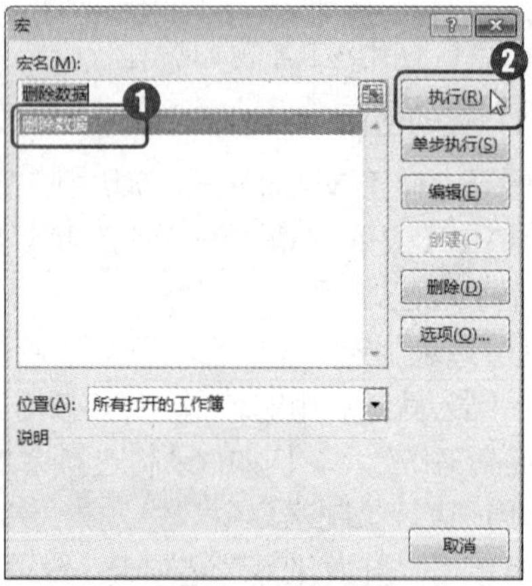

第 3 步：显示执行删除数据的效果。

经过以上操作，执行删除数据删除记账凭证中的数据信息，效果如下图所示。

（3）编辑宏

在 Excel 中录制宏时，VBA 会自动将这些操作生成代码，如果想改变宏中的某些操作，则需要对录制的宏进行编辑。例如，通过编辑宏删除记账凭证中的凭证号和第二条记录，保留第一条记录，具体操作步骤如下。

第 1 步：输入记账凭证记录。

在记账凭证表中删除数据信息后，重新输入信息，如下图所示。

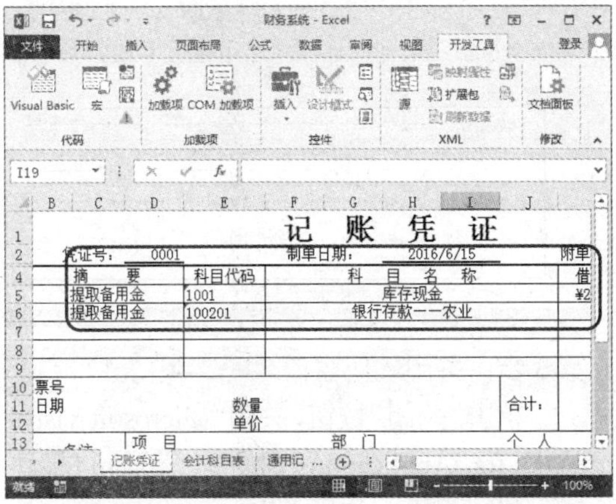

第 2 步：执行宏命令。

❶单击“开发工具”选项卡；❷单击“代码”工作组中的“宏”按钮，如下图所示。

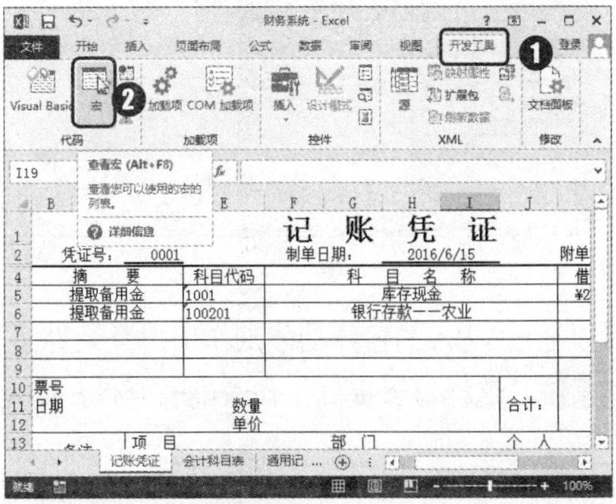

第 3 步：执行编辑命令。

打开“宏”对话框，❶在“宏名”列表框中单击“删除数据”选项；❷单击“编辑”按钮，如下图所示。

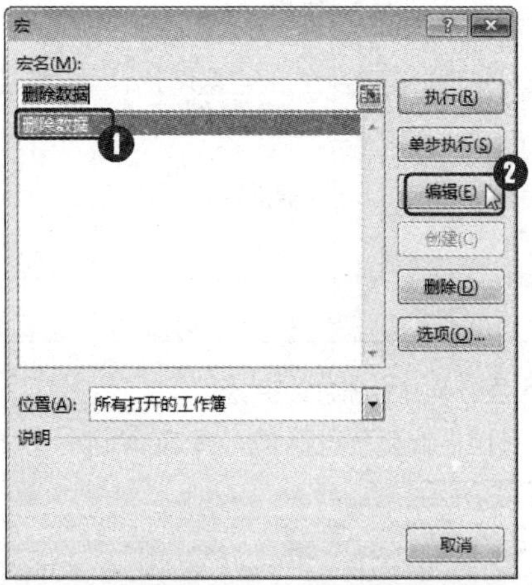

第 4 步：在代码中修改要删除的单元格。

打开“Microsoft Visual Basic for Applications-财务系统.xlsm-[模块 1(代码)]”窗口，❶选择代码中的“B5,F5:J5,E5,B5:D5”；❷单击“剪切”按钮，如下图所示。

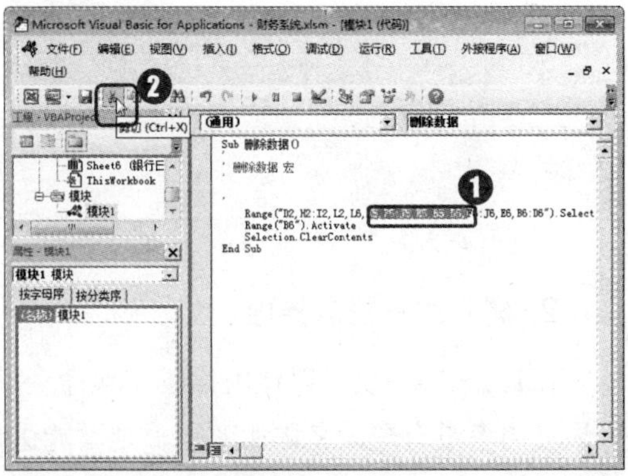

第 5 步：运行删除数据宏。

修改完宏后，单击“保存”按钮，按【F5】键执行运行命令，如下图所示。

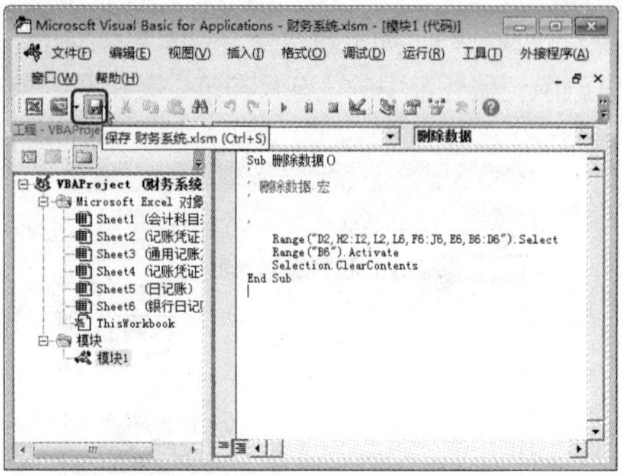

第 6 步：运行删除数据宏。

打开“宏”对话框，单击“运行”按钮，如下图所示。

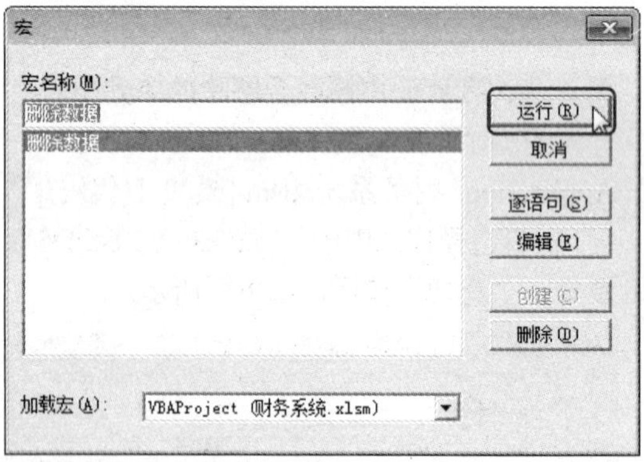

第 7 步：显示删除数据的效果。

经过以上操作，执行修改的宏后，保留第一条记录，删除其他信息，效果如下图所示。

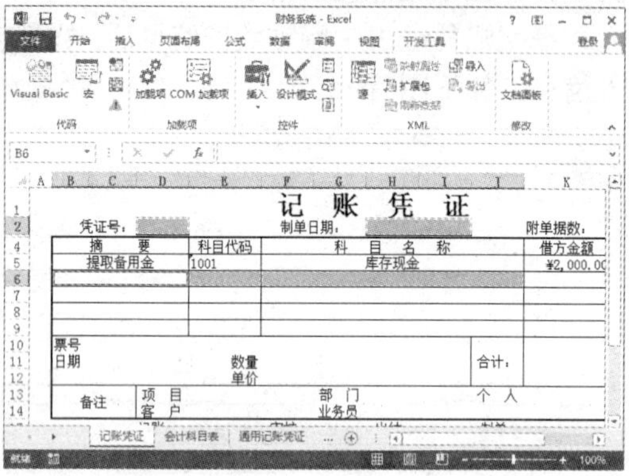

第 8 步：关闭代码窗口。

单击“关闭”按钮，关闭“Microsoft Visual Basic for Applications-财务系统.xlsm-[模块1(代码)]”窗口，如下图所示。

2. 建立用户登录界面

在Excel中不仅可以使用代码实现命令，还可以通过VBA的窗体功能制作用户登录界面，如果使用者没有登录名称和密码，则不能进入该系统。这样可以提高工作表的安全性，防止信息泄露。

（1）为表格添加控件

在 Excel 中利用控件可以在表格中添加按钮，直接单击即可执行相应的命令，例如，制作一个删除数据的按钮，直接指定删除数据的宏，具体操作步骤如下。

第 1 步：执行插入命令按钮的操作。

❶单击“开发工具”选项卡；❷单击“控件”的工作组中的“插入”按钮；❸单击下拉列表中的“按钮”选项，如下图所示。

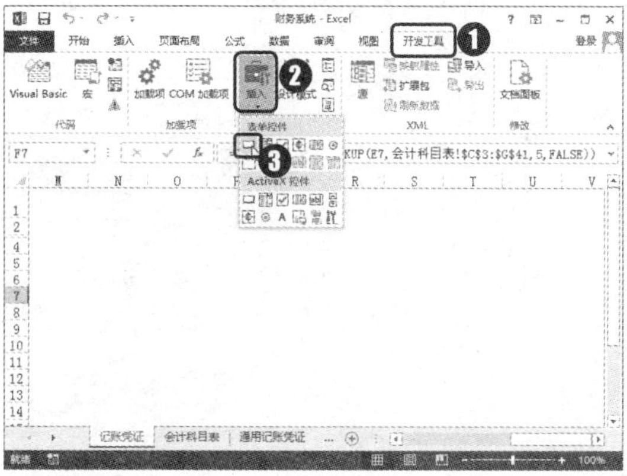

第 2 步：绘制命令按钮。

按住左键不放拖动，绘制命令按钮，如下图所示。

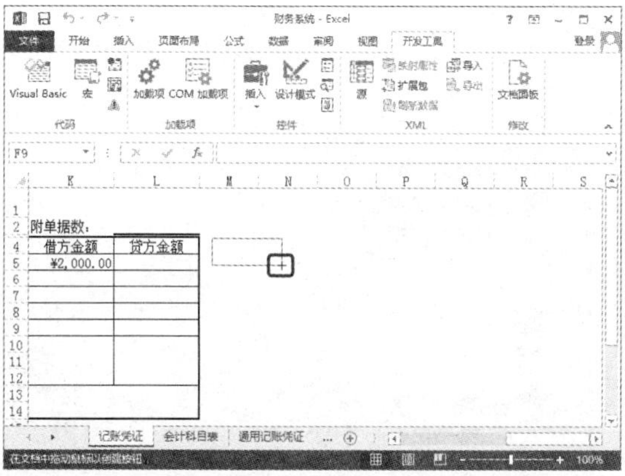

第 3 步：指定宏选项。

❶选中“指定宏”对话框的“删除数据”选项；❷单击“确定”按钮，如下图所示。

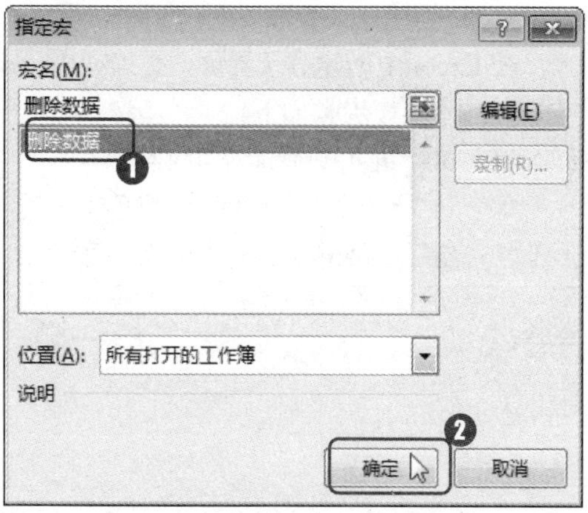

第 4 步：执行编辑文字命令。

❶右击命令按钮；❷在弹出的快捷菜单中选择“编辑文字”命令，如下图所示。

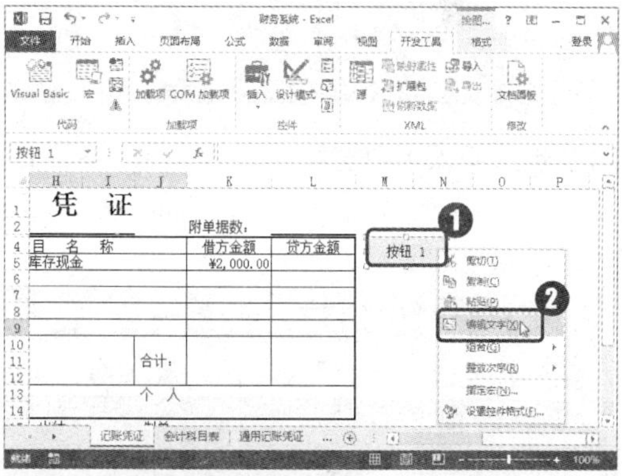

第 5 步：输入命令名称。

当命令按钮处于编辑状态时，输入“删除数据”名称，如下图所示。

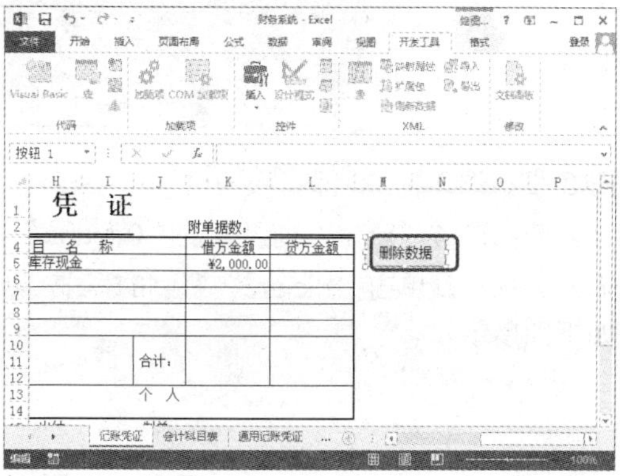

（2）创建登录界面

在 Excel 中创建登录界面，必须在 Visual Basic 窗口中进行操作，下面介绍创建财务登录界面，具体操作步骤如下。

第 1 步：执行进入 VBA 窗口的操作。

❶单击“开发工具”选项卡；❷单击“代码”工作组中的“Visual Basic”按钮，如下图所示。

第 2 步：插入用户窗体。

进入 VBA 的窗口，单击“插入用户窗体”按钮，如下图所示。

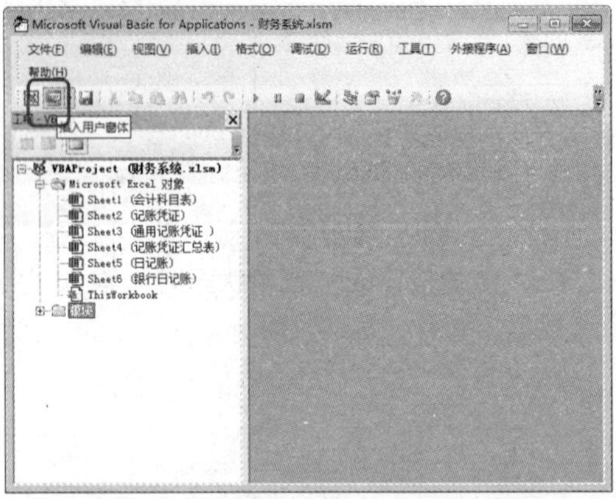

第 3 步：输入窗体名称。

❶在窗体“属性”列表框的“Caption”中输入名称；❷单击“Picture”右侧的 ... 按钮，如下图所示。

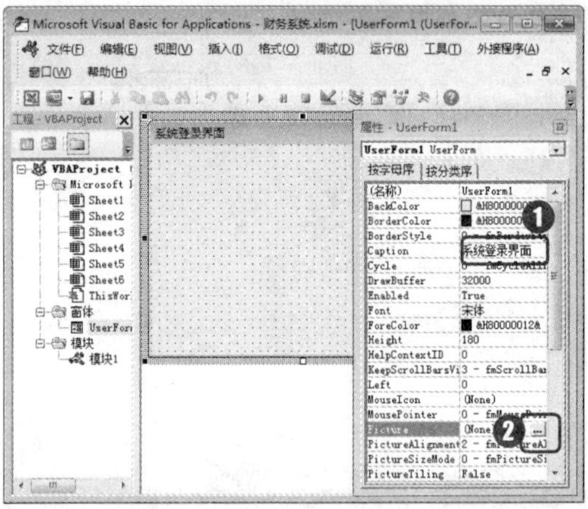

第 4 步：选择要填充的图片。

打开“加载图片”对话框，❶选中“背景图片”图标；❷单击“打开”按钮，如下图所示。

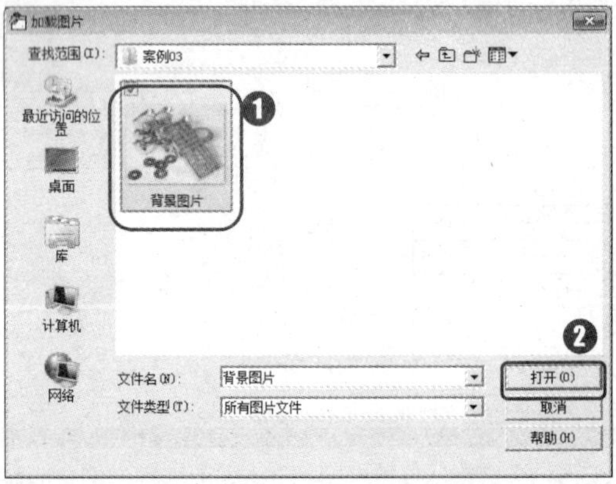

第 5 步：执行标签命令。

❶单击“工具箱”按钮；❷单击“工具箱”中的“标签”按钮，如下图所示。

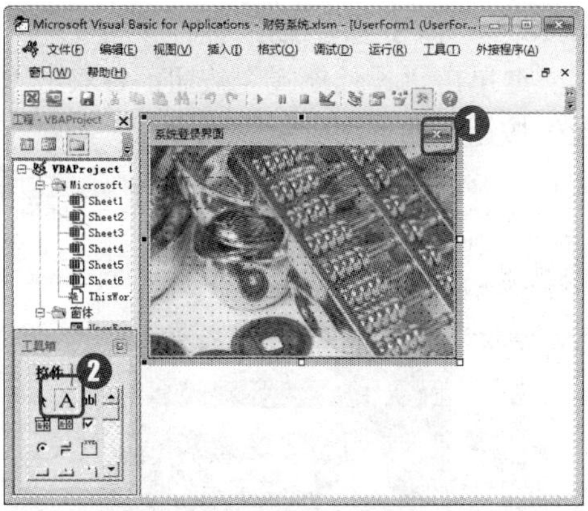

第 6 步：绘制标签大小并执行标签命令。

执行命令后，在窗体中绘制大小合适的标签，单击“工具箱”中“标签”按钮，如下图所示。

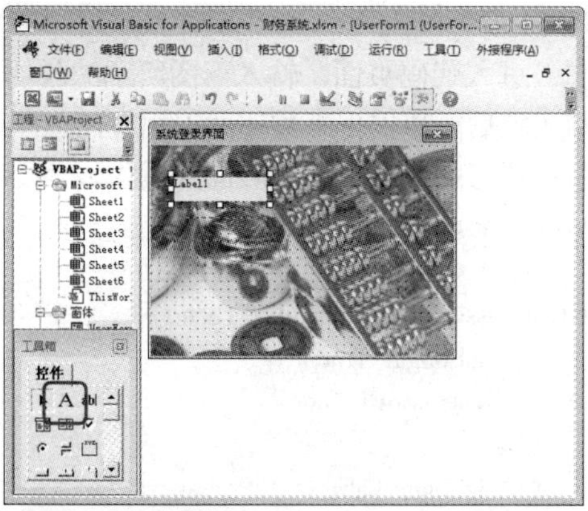

第 7 步：绘制文本框。

❶单击“工具箱”中的“文本框”选项；❷绘制两个文本框，如下图所示。

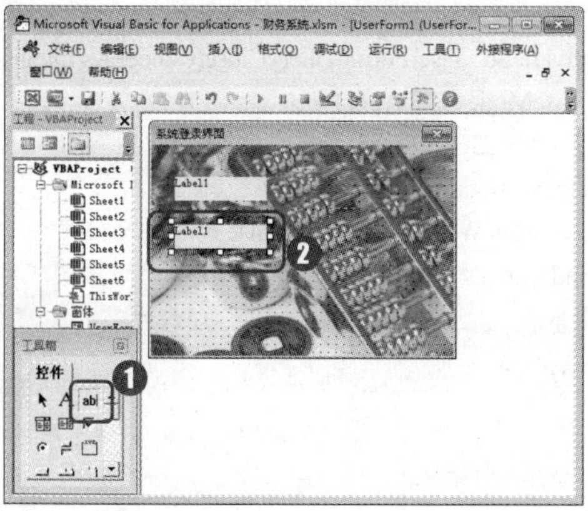

第 8 步：输入标签 1 的名称。

❶选择标签 1，单击“属性”按钮；❷在“属性”对话框的“Caption”文本框中输入名称，如下图所示。

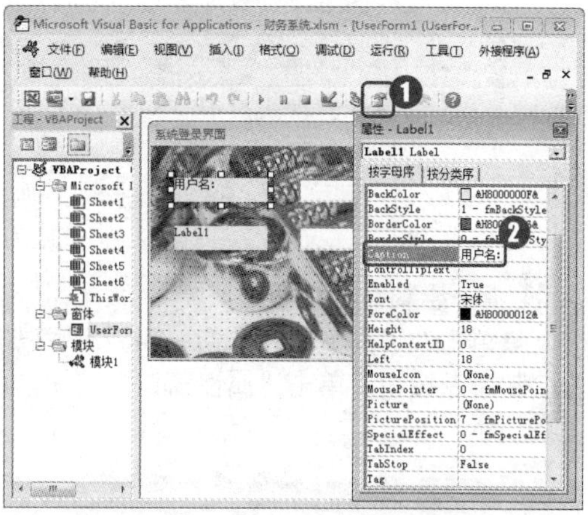

第 9 步：输入标签 2 的名称。

❶单击标签 2；❷在“属性”的“Caption”文本框中输入名称，如下图所示。

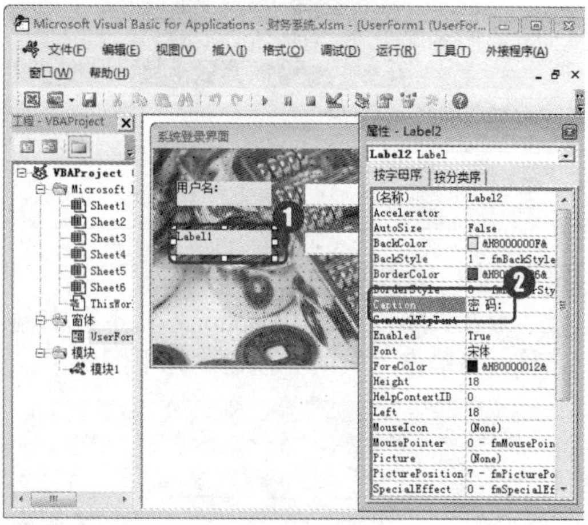

第 10 步：设置密码属性。

❶单击文本框 2；❷在“PasswordChar”文本框中输入*号，如下图所示。

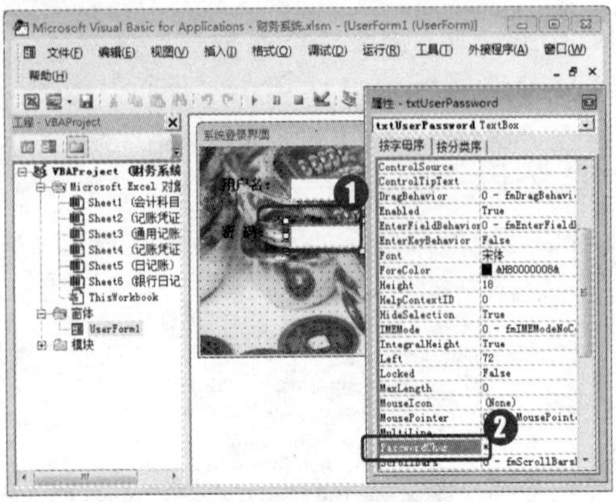

第 11 步：绘制命令按钮。

❶单击“工具箱”中的“命令按钮”按钮；❷绘制命令按钮，单击“属性窗口”按钮，如下图所示。

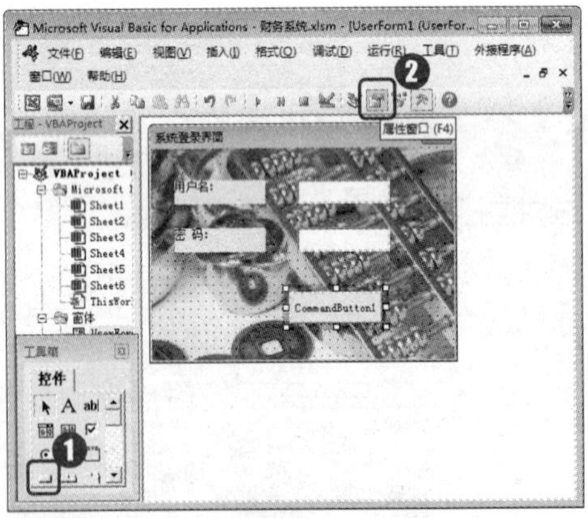

第 12 步：输入命令按钮名称。

❶在“属性”的“Caption”文本框中输入名称；❷单击“关闭”按钮，如下图所示。

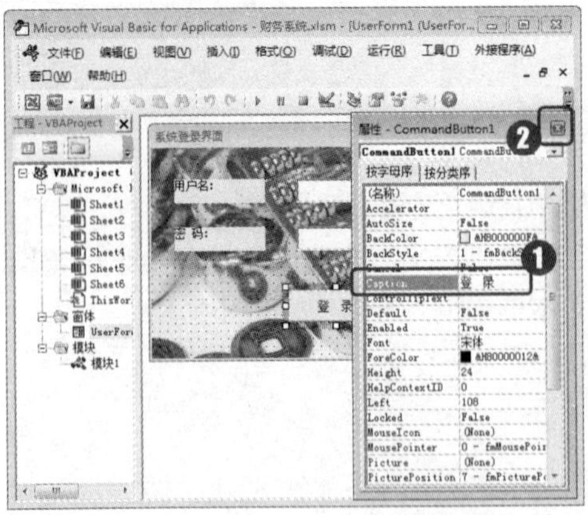

第 13 步：双击登录按钮。

❶单击“设计模式”按钮；❷双击“登录”按钮，如下图所示。

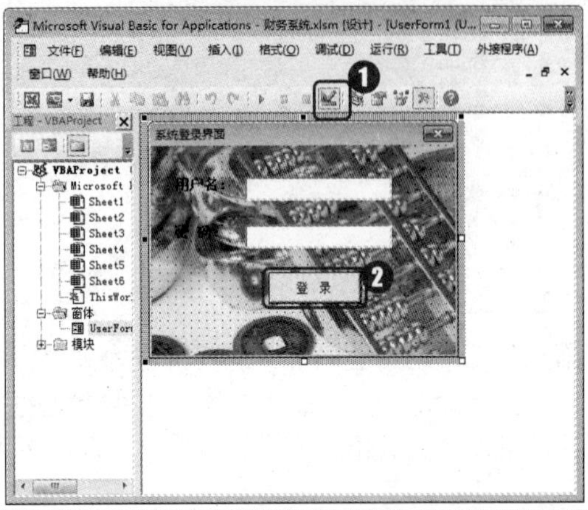

第 14 步：输入代码。

进入代码页面，输入下图所示的代码，输入完后，单击保存按钮并退出 VBA 的窗口，即可完成制作登录界面的操作。

```
Private Sub CommandButton 1_Click( )
    If txtUserName.Text="admin"And
txtUserPassword.Text="admin" Then
        isLongin=True
        UserForm1. Hide
    Else
        isLogin=False
        MsgBox"用户名或密码不正确！",
vbCritical, "出错啦"
    End If
End Sub

private Sub UserForm_QueryClose(Cancel As Integer,
CloseMode As Integer)
    MsgBox"您尚未登录，  系统退出!"
vbInformation, "退出系统"
    This Workbook. Close False
End Sub
```

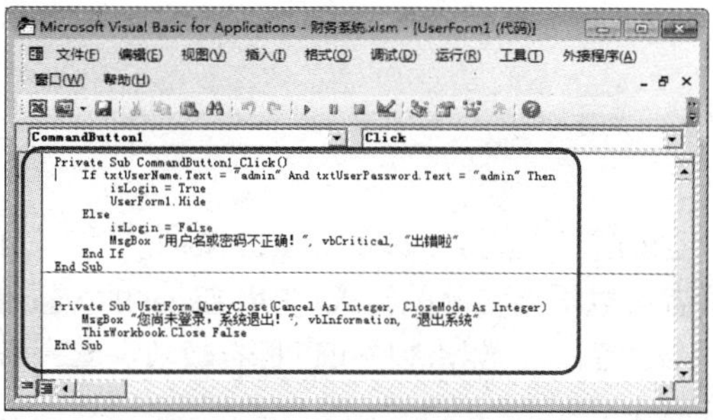

第 15 步：输入 ThisWordbook 的代码。

❶双击“ThisWordbook”选项；❷在右侧页面中，输入如下图所示的代码。

```
Private Sub Workbook Open( )
    User Forml. Show
End Sub
```

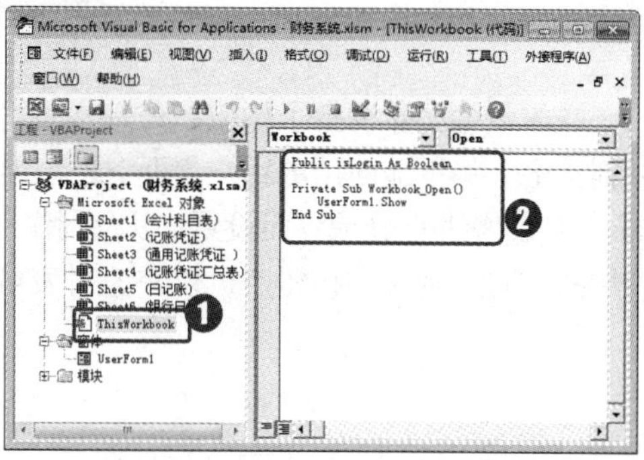

（3）运行用户窗体

制作完窗体后，直接双击“财务系统”图标，即可进入制作的窗体界面，然后输入正确的用户名和密码进入。具体操作步骤如下。

第 1 步：双击启动财务系统。

在素材文件\第 11 章\案例 03\财务系统中，双击“财务系统”图标以打开它，如下图所示。

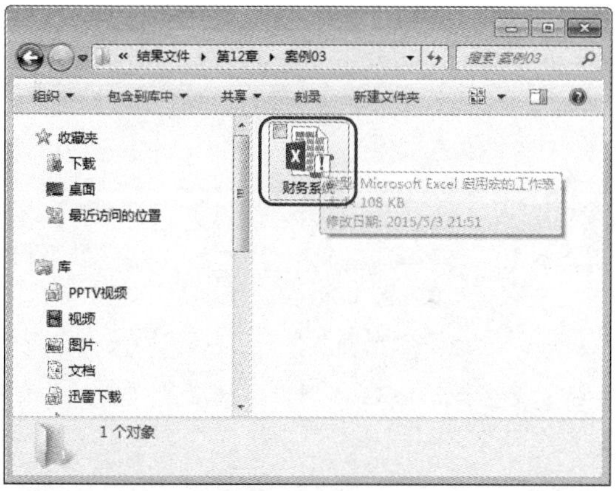

第 2 步：输入用户名和密码。

打开“系统登录界面”界面，❶输入用户名和密码；❷单击“登录”按钮，如下图所示。

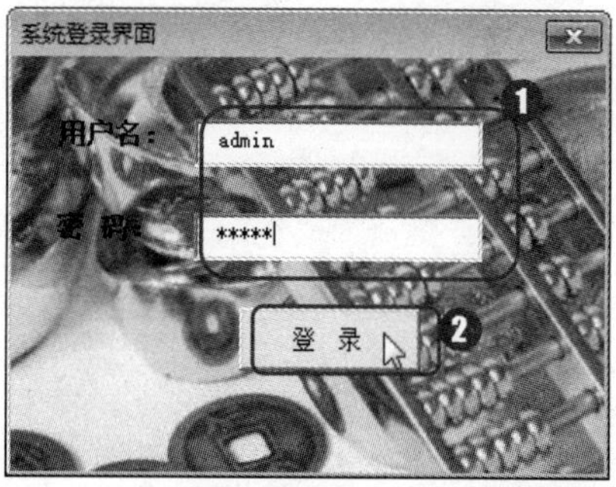

第 3 步：双击启动财务系统。

输入的用户名和密码正确后，即可进入 Excel 中，效果如下图所示。

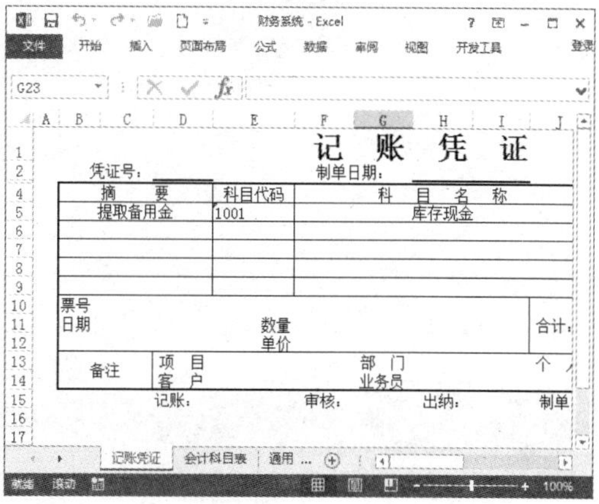

本 章 小 结

在本章中，除讲解了如何制作基本表格外，还讲解了利用 Excel 的 Visual Basic 功能，可以制作出一些更加简洁的用户界面。最后，希望读者可以根据实际的需求，利用 Excel 的 Visual Basic 对表格进行登录界面设置，以及制作一些窗体界面，让数据表格可以拥有像数据库一样的界面，通过制作的按钮，可以快速对表格进行操作。

附录：Excel 高效办公快捷键索引

使用一个软件，我们最主要的目的是提高工作效率，简化某个事件。通过前面知识的学习，Excel 在我们平常办公中的作用已经不言而喻。有了它，我们的工作会变得更加简单、快速。当然，前提是我们必须熟练掌握这款软件。下面，笔者还将为大家献上精心收集的 Excel 常用快捷键大全，适用于 Excel 2003、Excel 2007、Excel 2010、Excel 2013、Excel 2016 等版本。有了这些 Excel 快捷键，保证你日后的工作会事半功倍。

Excel 处理工作表的快捷键	
插入新工作表	【Shift+F11】或【Alt+Shift+F1】
移动到工作簿中的下一张工作表	【Ctrl+PageDown】
移动到工作簿中的上一张工作表	【Ctrl+PageUp】
选定当前工作表和下一张工作表	【Shift+Ctrl+PageDown】
取消选定多张工作表	【Ctrl+ PageDown】
选定其他的工作表	【Ctrl+PageUp】
选定当前工作表和上一张工作表	【Shift+Ctrl+PageUp】
对当前工作表重命名	【Alt+O H R】
移动或复制当前工作表	【Alt+E M】
删除当前工作表	【Alt+E L】
Excel 工作表内移动和滚动的快捷键	
向上、下、左或右移动一个单元格	【箭头键】
移动到当前数据区域的边缘	【Ctrl+箭头键】
移动到行首	【Home】
移动到工作表的开头	【Ctrl+Home】
移动到工作表的最后一个单元格，位于数据中的最右列的最下行	【Ctrl+End】
向下移动一屏	【PageDown】
向上移动一屏	【PageUp】
向右移动一屏	【Alt+PageDown】
向左移动一屏	【Alt+PageUp】
切换到被拆分的工作表中的下一个窗格	【Ctrl+F6】

续表

切换到被拆分的工作表中的上一个窗格	【Shift+F6】
滚动以显示活动单元格	【Ctrl+Backspace】
弹出“定位”对话框	【F5】
弹出“查找”对话框	【Shift+F5】
查找下一个	【Shift+F4】
在受保护的工作表上的非锁定单元格之间移动	【Tab】
在选定区域内移动的快捷键	
在选定区域内从上往下移动	【Enter】
在选定区域内从下往上移动	【Shift+Enter】
在选定区域中从左向右移动。如果选定单列中的单元格，则向下移动	【Tab】
在选定区域中从右向左移动。如果选定单列中的单元格，则向上移动	【Shift+Tab】
按顺时针方向移动到选定区域的下一个角	【Ctrl+句号】
在不相邻的选定区域中，向右切换到下一个选定区域	【Ctrl+Alt+向右键】
向左切换到下一个不相邻的选定区域	【Ctrl+Alt+向左键】
以“结束”模式移动或滚动的快捷键	
打开或关闭“结束”模式	【End】
在一行或一列内以数据块为单位移动	【End+箭头键】
移动到工作表的最后一个单元格，在数据中所占用的最右列的最下一行中	【End+Home】
移动到当前行中最右边的非空单元格	【End+Enter】
在 ScrollLock 打开的状态下移动和滚动快捷键	
打开或关闭 ScrollLock	【ScrollLock】
移动到窗口左上角的单元格	【Home】
移动到窗口右下角的单元格	【End】
向上或向下滚动一行	【向上键】或【向下键】
向左或向右滚动一列	【向左键】或【向右键】
Excel 选定单元格、行和列以及对象快捷键	
选定整列	【Ctrl+空格键】
选定整行	【Shift+空格键】
选定整张工作表	【Ctrl+A】

续表

在选定了多个单元格的情况下，只选定活动单元格	【Shift+Backspace】
在选定了一个对象的情况下，选定工作表上的所有对象	【Ctrl+Shift+空格键】
在隐藏对象、显示对象和显示对象占位符之间切换	【Ctrl+6】
选定具有特定特征的单元格快捷键	
选定活动单元格周围的当前区域	【Ctrl+Shift+*】（星号）
选定包含活动单元格的数组	【Ctrl+/】
选定含有批注的所有单元格	【Ctrl+Shift+O】（字母 O）
在选定的行中，选取与活动单元格中的值不匹配的单元格	【Ctrl+\】
在选定的列中，选取与活动单元格中的值不匹配的单元格	【Ctrl+Shift+|】
选取由选定区域中的公式直接引用的所有单元格	【Ctrl+[】（左方括号）
选取由选定区域中的公式直接或间接引用的所有单元格	【Ctrl+Shift+{】（左大括号）
选取包含直接引用活动单元格的公式的单元格	【Ctrl+]】（右方括号）
选取包含直接或间接引用活动单元格的公式的单元格	【Ctrl+Shift+}】（右大括号）
选取当前选定区域中的可见单元格	【Alt+;】（分号）
Excel 扩展选定区域快捷键	
打开或关闭扩展模式	【F8】
将其他区域的单元格添加到选定区域中，或使用箭头键移动到所要添加的区域的起始处，然后按“F8”和箭头键以选定下一个区域	【Shift+F8】
将选定区域扩展一个单元格	【Shift+箭头键】
将选定区域扩展到与活动单元格在同一列或同一行的最后一个非空单元格	【Ctrl+Shift+箭头键】
将选定区域扩展到行首	【Shift+Home】
将选定区域扩展到工作表的开始处	【Ctrl+Shift+Home】
将选定区域扩展到工作表上最后一个使用的单元格（右下角）	【Ctrl+Shift+End】
将选定区域向下扩展一屏	【Shift+PageDown】

续表

将选定区域向上扩展一屏	【Shift+PageUp】
将选定区域扩展到与活动单元格在同一列或同一行的最后一个非空单元格	【End+Shift+箭头键】
将选定区域扩展到工作表的最后一个使用的单元格（右下角）	【End+Shift+Home】
将选定区域扩展到当前行中的最后一个单元格	【End+Shift+Enter】
将选定区域扩展到窗口左上角的单元格	【ScrollLock+Shift+Home】
将选定区域扩展到窗口右下角的单元格	【ScrollLock+Shift+End】
用于输入、编辑、设置格式和计算数据的快捷键	
完成单元格输入并选取下一个单元	【Enter】
在单元格中换行	【Alt+Enter】
用当前输入项填充选定的单元格区域	【Ctrl+Enter】
完成单元格输入并向上选取上一个单元格	【Shift+Enter】
完成单元格输入并向右选取下一个单元格	【Tab】
完成单元格输入并向左选取上一个单元格	【Shift+Tab】
取消单元格输入	【Esc】
向上、下、左或右移动一个字符	【箭头键】
移到行首	【Home】
重复上一次操作	【F4】或【Ctrl+Y】
由行列标志创建名称	【Ctrl+Shift+F3】
向下填充	【Ctrl+D】
向右填充	【Ctrl+R】
定义名称	【Ctrl+F3】
插入超链接	【Ctrl+K】
激活超链接	【Enter】（在具有超链接的单元格中）
输入日期	【Ctrl+;】（分号）
输入时间	【Ctrl+Shift+:】（冒号）
显示清单的当前列中的数值下拉列表	【Alt+向下键】
撤销上一次操作	【Ctrl+Z】
输入特殊字符的快捷键	
输入分币字符¢	【Alt+0162】
输入英镑字符£	【Alt+0163】

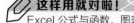

续表

输入日元符号￥	【Alt+0165】
输入欧元符号€	【Alt+0128】
输入并计算公式的快捷键	
键入公式	【=】（等号）
关闭单元格的编辑状态后，将插入点移动到编辑栏内	【F2】
在编辑栏内，向左删除一个字符	【Backspace】
在单元格或编辑栏中完成单元格输入	【Enter】
将公式作为数组公式输入	【Ctrl+Shift+Enter】
取消单元格或编辑栏中的输入	【Esc】
在公式中，显示“插入函数”对话框	【Shift+F3】
当插入点位于公式中公式名称的右侧时，弹出“函数参数”对话框	【Ctrl+A】
当插入点位于公式中函数名称的右侧时，插入参数名和括号	【Ctrl+Shift+A】
将定义的名称粘贴到公式中	【F3】
用 SUM 函数插入“自动求和”公式	【Alt+=】（等号）
将活动单元格上方单元格中的数值复制到当前单元格或编辑栏	【Ctrl+Shift+"】（双引号）
将活动单元格上方单元格中的公式复制到当前单元格或编辑栏	【Ctrl+'】（撇号）
在显示单元格值和显示公式之间切换	【Ctrl+`】（左单引号）
计算所有打开的工作簿中的所有工作表	【F9】
计算活动工作表	【Shift+F9】
计算打开的工作簿中的所有工作表，无论其在上次计算后是否进行了更改	【Ctrl+Alt+F9】
重新检查公式，计算打开的工作簿中的所有单元格，包括未标记而需要计算的单元格	【Ctrl+Alt+Shift+F9】
编辑数据的快捷键	
编辑活动单元格，并将插入点放置到单元格内容末尾	【F2】
在单元格中换行	【Alt+Enter】
编辑活动单元格，然后清除该单元格，或在编辑单元格内容时删除活动单元格中的前一字符	【Backspace】

续表

删除插入点右侧的字符或删除选定区域	【Del】
删除插入点到行末的文本	【Ctrl+Del】
弹出“拼写检查”对话框	【F7】
编辑单元格批注	【Shift+F2】
完成单元格输入，并向下选取下一个单元格	【Enter】
撤销上一次操作	【Ctrl+Z】
取消单元格输入	【Esc】
弹出“自动更正”智能标记时，撤销或恢复上一次的自动更正	【Ctrl+Shift+Z】
Excel 中插入、删除和复制单元格的快捷键	
复制选定的单元格	【Ctrl+C】
显示 Microsoft Office 剪贴板（多项复制与粘贴）	【Ctrl+C】，再次按【Ctrl+C】
剪切选定的单元格	【Ctrl+X】
粘贴复制的单元格	【Ctrl+V】
清除选定单元格的内容	【Del】
删除选定的单元格	【Ctrl+连字符】
插入空白单元格	【Ctrl+Shift+加号】
设置数据格式的快捷键	
弹出“样式”对话框	【Alt+'】（撇号）
弹出“单元格格式”对话框	【Ctrl+1】
应用“常规”数字格式	【Ctrl+Shift+~】
应用带有两个小数位的“贷币”格式（负数放在括号中）	【Ctrl+Shift+$】
应用不带小数位的“百分比”格式	【Ctrl+Shift+%】
应用带两位小数位的“科学记数”数字格式	【Ctrl+Shift+^】
应用含有年、月、日的“日期”格式	【Ctrl+Shift+#】
应用含小时和分钟并标明上午（AM）或下午（PM）的“时间”格式	【Ctrl+Shift+@】
应用带两位小数位、使用千位分隔符且负数用负号(-)表示的“数字”格式	【Ctrl+Shift+!】
应用或取消加粗格式	【Ctrl+B】
应用或取消字体倾斜格式	【Ctrl+I】

续表

应用或取消下划线	【Ctrl+U】
应用或取消删除线	【Ctrl+5】
隐藏选定行	【Ctrl+9】
取消选定区域内的所有隐藏行的隐藏状态	【Ctrl+Shift+(】（左括号）
隐藏选定列	【Ctrl+0】（零）
取消选定区域内的所有隐藏列的隐藏状态	【Ctrl+Shift+)】（右括号）
对选定单元格应用外边框	【Ctrl+Shift+&】
取消选定单元格的外边框	【Ctrl+Shift+_】
使用“单元格格式”对话框中的“边框”选项卡	
应用或取消上框线	【Alt+T】
应用或取消下框线	【Alt+B】
应用或取消左框线	【Alt+L】
应用或取消右框线	【Alt+R】
如果选定了多行中的单元格，则应用或取消水平分隔线	【Alt+H】
如果选定了多列中的单元格，则应用或取消垂直分隔线	【Alt+V】
应用或取消下对角框线	【Alt+D】
应用或取消上对角框线	【Alt+U】
创建图表和选定图表元素的快捷键	
创建当前区域中数据的图表	【F11】或【Alt+F1】
选定工作簿中的下一张工作表，直到选中所需的图表工作表	【Ctrl+Page Down】
选定工作簿中的上一张工作表，直到选中所需的图表工作表为止	【Ctrl+Page Up】
选定图表中的上一组元素	【向下键】
选择图表中的下一组元素	【向上键】
选择分组中的下一个元素	【向右键】
选择分组中的上一个元素	【向左键】
使用数据表单（“数据”菜单上的“记录单”命令）的快捷键	
移动到下一条记录中的同一字段	【向下键】
移动到上一条记录中的同一字段	【向上键】

续表

移动到记录中的每个字段，然后移动到每个命令按钮	【Tab】和【Shift+Tab】
移动到下一条记录的首字段	【Enter】
移动到上一条记录的首字段	【Shift+Enter】
移动到前 10 条记录的同一字段	【Page Down】
开始一条新的空白记录	【Ctrl+Page Down】
移动到后 10 条记录的同一字段	【Page Up】
移动到首记录	【Ctrl+Page Up】
移动到字段的开头或末尾	【Home】或【End】
将选定区域扩展到字段的末尾	【Shift+End】
将选定区域扩展到字段的开头	【Shift+Home】
在字段内向左或向右移动一个字符	【向左键】或【向右键】
在字段内选定左边的一个字符	【Shift+向左键】
在字段内选定右边的一个字符	【Shift+向右键】
筛选区域（“数据”菜单上的“自动筛选”命令）的快捷键	
在包含下拉箭头的单元格中，显示当前列的“自动筛选”列表	【Alt+向下键】
选择“自动筛选”列表中的下一项	【向下键】
选择“自动筛选”列表中的上一项	【向上键】
关闭当前列的“自动筛选”列表	【Alt+向上键】
选择“自动筛选”列表中的第一项（“全部”）	【Home】
选择“自动筛选”列表中的最后一项	【End】
根据“自动筛选”列表中的选项筛选区域	【Enter】
显示、隐藏和分级显示数据的快捷键	
对行或列分组	【Alt+Shift+向右键】
取消行或列分组	【Alt+Shift+向左键】
显示或隐藏分级显示符号	【Ctrl+8】
隐藏选定的行	【Ctrl+9】
取消选定区域内的所有隐藏行的隐藏状态	【Ctrl+Shift+(】（左括号）
隐藏选定的列	【Ctrl+0】（零）
取消选定区域内的所有隐藏列的隐藏状态	【Ctrl+Shift+)】（右括号）